光化

（一）

復刻本說明

* 本期刊依《光化》第一卷第一期到第一卷第六期全套復刻，為使閱讀方便，復刻本的尺寸由原書的14×20公分，擴大至19×26公分。
* 本期刊因尺寸放大，但每期封面無法符合放大尺寸，故每期封面皆對齊開口，使裝訂邊的留白較多。
* 本期刊為復刻本，內文頁面或有少數污損、模糊、畫線，為原書原始狀況，不另註；唯範圍較大者，則另加「原書原樣」圖示 原書原樣 ，以作說明。
* 本期刊為復刻本，目錄與內文有部份不符或目錄未依內文順序排列，為原書原始狀況。

【導讀】特殊背景下的文學刊物：《光化》月刊

蔡登山

《光化》月刊在上海淪陷區的文學期刊中，扮演一定的角色，雖然它只有短短的六期，但每期內容篇幅不小，第一、二期，各有二百頁左右，三、四、五、六期各一百餘頁，而且名家輩出，可想見其背後一定有其號召力，雜誌的社長，也就是資金提供者寫著李時雨，他又是何許人也？他曾任汪偽上海警察局司法處長，後又任國民黨軍統上海區第二站第二組組長（少將軍銜），但其實真正的身份是中共高級秘密情報人員。

李時雨，一九〇八年生於黑龍江省巴彥縣興隆鎮，一九二七年春入北平法政大學預科班學習。一九三一年九月加入中國共產主義青年團，同年十二月成為中國共產黨員。十二月十四日在南京被各地學生推舉為向國民黨請願示威行動總指揮；抗戰全面爆發後，一九三九年八月被中共地下黨華北聯絡局派遣以國民黨北方代表身份去參加汪偽第六次代表大會，打入國民黨上層部門。他從中尉辦事員幹起直至國民黨少將，曾任汪偽政府立法院立法委員、上海市黨部常務委員兼秘書長、淞滬行動總指揮部軍法處長等要職，深得汪精衛、陳公博、周佛海等人的信任，成為搜集汪偽第一手情報的「竊聽器」。像他那樣潛伏於敵偽政權核心並握有實權的中共秘密特工甚為罕見。他在《敵營十五年》、《烽火歷程》等回憶錄中說：「通過參加大會過程，我對汪精衛一夥投敵賣國的罪惡活動，有了更深刻、更全面的了解，取得了對我黨來說十分珍貴的第一手情報資料。」一九四一年四月，陳公博擔任上海偽政府市長兼上海保安司令，李時雨則被委以黨部常務委員兼秘書長的職務。陳公博又讓李時雨負責籌備成立保安司令部，在這期間，李時雨集黨、政、軍、警幾個處長大權於一身，他充分利用這一有利條件，收集到許多極珍貴的情報。

一九四四年十一月，汪精衛病死日本。陳公博代理政府主席，周佛海任上海市長兼警察局局長。李時雨被周佛海任命為偽上海市警察局司法處處長。李時雨像跟隨陳公博一樣，出入周佛海的公館批閱文件，及時將收集到的情報送出。周佛海主政上海不到一年，日本便宣布投降，工於心計的周佛海早就給自己留了後路——與重慶蔣介石政府秘密勾結。此時，重慶國民政府要接管上海，蔣介石便任命周佛海為「軍事委員會上海行動總隊」總指揮，李時雨則任行動總隊軍法處少將處長。

一九四五年十月，軍統局局長、特務頭子戴笠率隊乘虛而入，開始接收上海。李時雨便以「黨國特遣地下工作者」的身份進入了軍統。在余祥琴推薦下，戴笠親自任命李時雨為軍統上海二站第二組上校組長。戴笠於一九四六年三月十七日墜機身亡。軍統內部相互傾軋更為加劇。督查處和軍法處開始對李時雨暗中偵察。在九月十七日將其逮捕，關押在軍統看守所。三個多月後，轉押至上海提籃橋監獄。後被判處有期徒刑七年六個月。經過共黨多方營救，一九四九年二月李時雨終被取保釋放。根據黨組織的指示，李時雨以上海匯中企業公司副總經理的名義繼續從事情報工作。一九四九年四月，李時雨和夫人孫靜雲取道香港來到北平，新中國成立後，李時雨曾在中共中央社會部、政務院情報總署、軍委聯絡部等部門任職。後任河南省政協秘書長、北京中國佛學院副院長等職，一九九九年十二月二十八日於北京病逝。

《光化》月刊的主編離石，用的是筆名，他的真名是江石江。他一九四九年之後來了臺灣，根據《二〇〇七臺灣作家作品目錄》查得他是一九〇九年八月十五日出生，四川人。而根據他《光化》月刊創刊號的〈自供〉、〈重陽淚〉文中得知，他在大學畢業後，曾任職於重慶《愛國日報》，「九一八」事變，《愛國日報》停刊，流浪幾年到貴州投靠易軍長任秘書長兼黔北新聞社社長，半年後當了銅仁縣縣長，但後來因軍隊打了敗仗，棄城逃到湖南鳳凰，在他的叔岳車師長處當秘書長，並在重慶《新蜀報》發表雜文。後來他由湖南轉湖北而到南京，《二〇〇七臺灣作家作品目錄》說他曾任宜昌《星光日報》、漢口《武昌日報》主筆，《上海日報》等大報記者，並當過上海《生活日報》總編輯，來臺後曾任《和平日報》、《大聲報》、《東南晚報》、《自立晚報》主筆、副刊編輯。他來臺後常用的筆名有「東郭牙」、「衣谷石」、「虫二先生」、「悟無子」等。他創作的文類以小說為主，兼及散文。多以民初中國記憶與背景為題材，寫男女間的小情小愛，風格為略帶文藝腔的抒情。江石江早期的著作有小說《三別》（一九二九年）、散文《宋江論》（一九四一年）等，來臺灣後出版的有小說散文合集《湖海飄零記》（一九四九年）、散文《浪漫生涯》（一九六三年）、小說《近似風月談》（一九七五年）、小說《今夕只可談》（一九七八年）、小說《浪漫乾坤談》（一九八二年）等。而根據他在《湖海飄零記》書後列出他早年的著作有《尸與鷹》、《愛嗎》、《她的心血》、《夜郎遊蹤》、《湘黔行》、《某人傳》、《石江散文集》（三集）、《遊戲女人間》、《賭博士》、《寫作經驗談》等，由書目此觀之，似乎寫的大都屬於言情小說。而在《光化》月刊的第一期有預告離石近著四種不日出刊，分別是遊記《湘黔行》、小說《白門白門哀》、《桃花源》、散文《自供》。但離石主編《光化》月刊，只編了第一、二期就因身體不好，而去養病了，第三期換人主編。

《光化》月刊創刊於一九四四年十月，創辦者以「光天化日為理想的明朗時代」，表示「希望昏黑時代快點過去，光化時代早些到來」，「也是想給文壇提出一種希望的指標而已」（引自該刊創刊號〈次發刊詞〉）。學者陳青生認為由於該社社長李時雨的特殊身份，因此這些話語的具體含義，讀者有必要多加斟酌思索。而由於李時雨的關係，《光化》月刊除了刊登陳公博回憶錄《寒風集》的廣告外，還在第三、第四期推出嵇損的〈《寒風集》評述〉、〈《寒風集》評述乙篇〉的長篇書評，而到了周佛海接任上海市長時，則在第五期有丁芒〈讀《往矣集》雜感〉的文章，《往矣集》是周佛海的回憶錄。由於有著陳公博、周佛海的護持，似乎對於稿件來源和紙張印刷等有著相當的幫助，在內容上作者的陣容相當堅強，紙張上也不成問題，最後還能維持每期百餘頁，就相當不容易了。

《光化》月刊的作者亦不限於上海一地，來自北京、南京、杭州等地的，在所多有。其中包括陶晶孫、丁諦、楊絢霄、柳雨生、紀果庵、傅彥長、周越然、譚正璧、章克標、林微音、洪山道、應寸照、南星、張金濤、許季木、蕭雯、周楞伽、文載道、陳煙帆、路易士（後來改名紀弦）、胡金人（紀弦的妻舅）等人都可說是當時赫赫有名的作家。據主編離石的本意，該刊內容「初意是文藝綜合性」（除文學創作外，還包括史地常識、風俗獵奇、科學研究、醫藥解剖、地方通訊等），但由於稿件問題，卻辦成「純文藝」性質。內容又以回憶散文及文學評論和翻譯文學居多。

其中，第一期陶晶孫〈新文學的末路〉、丁諦〈小說中的語言〉、楊絢霄〈論翻譯文學〉、柳雨生〈看書偶記〉、紀果庵〈讀「思痛記」〉、傅彥長〈論出門〉、何戌君〈華林論〉、譚惟翰〈惻隱之心〉、譚正璧《詩人吳梅村》（劇本）、錢公俠譯捷克卡貝克的〈母愛〉（劇本）、余拯譯普希金的〈決鬥〉、戴望舒譯西班牙阿索林的〈好推事〉。第二期柳雨生〈四年回想錄〉、紀果庵〈道學〉、周越然〈環境與道德〉、吳江楓〈談文摘〉、湯雪華〈禍〉、周楞伽〈無鹽〉、陳煙帆〈人間味〉、林微音譯嘉爾得惠爾〈白人對黑人〉、汪麗玲〈雪人〉、馬博良〈秋夜狂想曲〉、洪山道〈應寸照論〉、楊絢霄〈契科甫逝世四十週年祭〉、金滿成〈離婚十年〉。第三期賀之才譯法國薩爾都《無忌夫人》（歷史名劇）、傅彥長〈從天何言哉說起〉、文載道〈閒話〉、楊絢霄〈譚崑崙奴〉。第四期張東蓀〈知識社會學與哲學〉、謝魯〈少年中國學會的史實〉、胡金人〈秦娜的煩悶〉、周楞伽〈變〉、文載道〈是非成敗一席譚〉。第五期傅彥長〈黑色的靜坐〉、徐斐譯義大利皮藍狄洛的〈義不容辭〉、陳天〈憶中國文藝社〉、路易士〈季感詩抄〉、應寸照〈瀰漫與繚繞——詩論百題〉、胡金人〈爸爸歸來〉。第六期傅彥長〈即你便是之談〉、徐斐譯義大利皮藍狄洛的〈孽子〉、陳天〈庚甃翁〉、洪山道〈夜曲〉。都是內容紮實，言之有物的精彩作品。

主編離石在第二期談到柳雨生的長文〈四年回想錄〉時說，該篇文章原本在《新中國報》發表，因文章太長，只刊了前兩段，現在《光化》全文一次刊登，它「並非私人瑣事憶念，乃是四年來港、滬、京、平，文壇一角的實錄，也就是將來『文壇史料』之一。由柳先生清明流利的筆法敘述出來，讀著令人有非常快慰之感，為本期本刊，增光不少。」而第二期有金滿城的〈離婚十年〉的刊前語，據他說是離石向其邀稿的，他與離石在一九二七年在上海《民眾日報》同事，一九三五年又在南京《新民報》同事。而離石也在編者按中說：「金先生過去在上海文藝界的地位，用不著我再介紹，愛讀他的文章者，當然知道。他是法國留學生，無政府主義者，一個立志終身不做官只作文章的文人，浪漫的天性，造成他文章特異的作風。《現代雜誌》他發表的作品很多，出的單行本也不少。這一篇〈離婚十年〉是他離開上海八九年來在上海第一篇作品，與讀者久別重逢，一定倍增親切之感，但內容所講，並非夫子自道，因為他只結過一次婚，現在還是『夫妻好合』的。前文所說的鳳兮，便是他的太太陳女士，所以這〈離婚十年〉並不是什麼『自傳式的小說』，乃是金先生的『創作』。」離石並預告這一小說的十五章目錄，而很可惜的在離石離開編務後，小說並沒連載，只留下〈離婚十年〉的刊前語。

而繼任的編輯在第六期的〈編後語〉中，也特別對第三期至第六期連載賀之才譯法國薩爾都《無忌夫人》（歷史名劇）做了說明云：「賀先生是北京大學的老教授，是從事於文藝戲劇運動的老前輩，他的譯筆，可以斗膽說一句是爐火純青的，我們且看他以前先後譯出羅曼羅蘭的戲劇叢刊各種偉大作品，如《群狼》、《七月十四日》、《哀爾帝》、《理智的勝利》、《李柳麗》等就可以知道了。」又說：「本刊的俄國文藝與德國文藝，是承范紀美先生譯寄的，聽說范先生是留德的，且在法、義、俄、奧各國居住了十年以上，並於文學、美術、音樂各方面的造詣，都很精深，尤精識德、義、法、英、俄、荷蘭各國文字，從前亦曾為黎烈文先生主編的《譯文》譯作不少。……翻譯義大利皮藍狄洛小說的徐斐小姐，譯筆清麗細緻，她從前在《泰晤士報》、《字林西報》譯過不少的文章。而張契尼是成功的譯著家，他的譯筆十分洗鍊，創作亦極精沉。」其他「傅彥長是為難於執筆的老作家，作品渾簡蓄深。署名清映、問天的是鞠清遠先生，也是很難握管的，他是以『辛辣』見長的大作家。他如王予先生、洪山道先生、文載道先生、離石先生、伊林女士、聶淼先生以及不斷賜稿的各作家，使本刊增色不少。」

在如此強大的陣容，文章內容又相當具有水準，但因抗戰的結束，汪偽政府的垮台，因此依附在它招牌下的刊物（其實是共黨地下黨支持），自然就在一九四五年八月出版第六期後停刊了，但撇開其特殊的背景不論，《光化》月刊在當時淪陷區的刊物而言，是頗具份量的。

但也由於它只出版六期，而且在抗戰勝利前半年才出版，因此保存上較為不易，許多圖書館根本沒有這份雜誌。藏書家、史料家秦賢次先生蒐集到完整的合訂本，歷經數十年的收藏，願意提供復刻出版，嘉惠研究學者，在此特致上萬分的感激。而原雜誌為大三十二開本，字體較小，為便於閱讀，我們將原開本放大成目前的開本，並做出六期的總目錄，便於查閱。

《光化》全套六期總目錄

第一卷 第一期

第一卷　第二期

第一卷 第三期

第一卷 第四期

第一卷　第五期

第一卷　第六期

光化

創刊特大號

新文學的末路・張愛玲手扎

胡適外傳・無名氏的捐款

小說中的言語・惻隱之心

華林論・西蜀神仙與姨太太

光化出版社發行

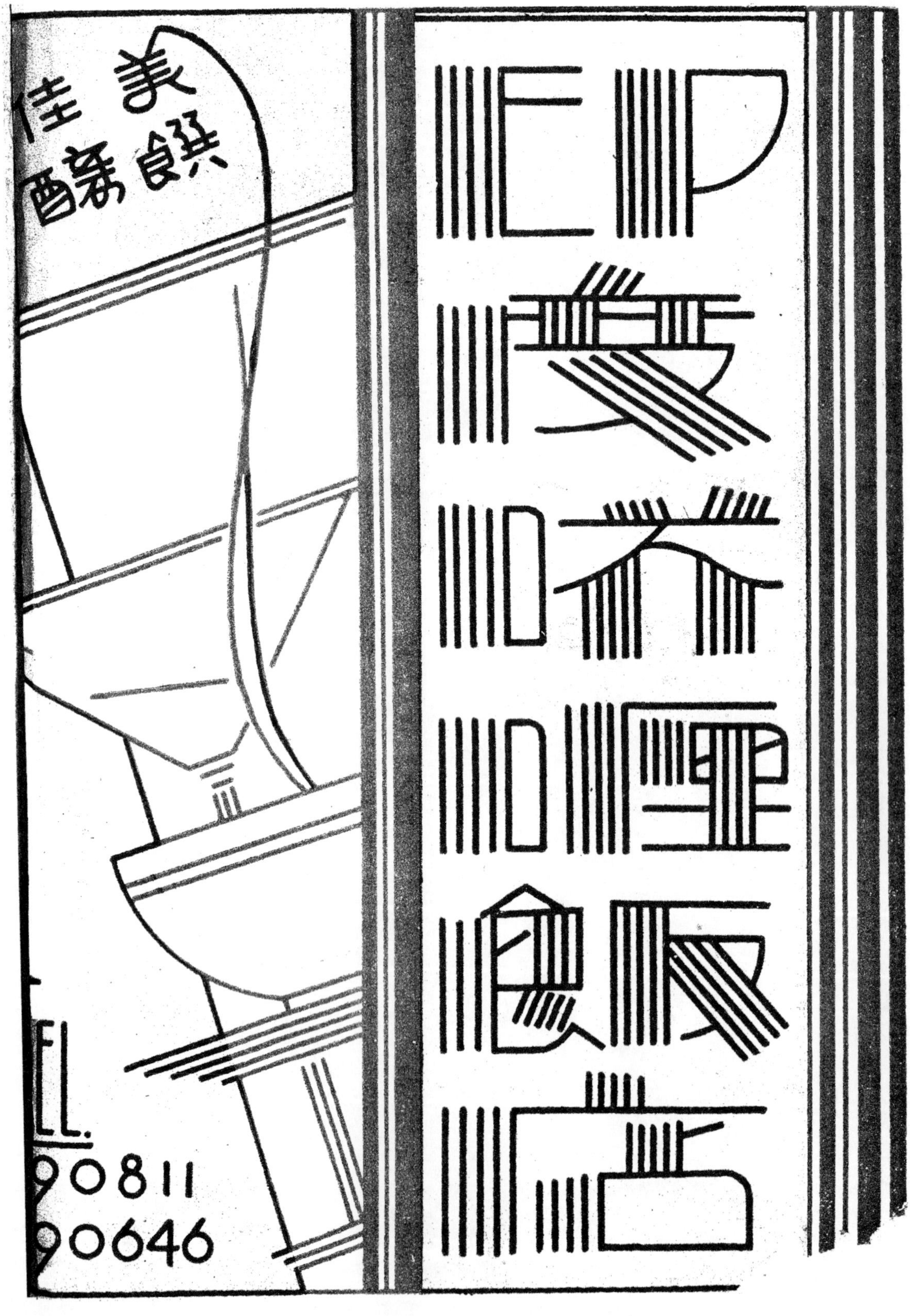
印度咖喱飯店
美饌
佳醁
TEL.
90811
90646

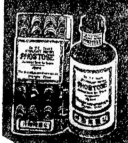

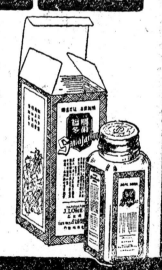

光化 創刊特大號 第一年 第一期 目次

詩人吳梅村

好推事

犬先生

·漫畫與木刻·

特載

徵稿簡約

(一)惠稿不拘(一)史地常識(二)風俗獵奇(三)科學研究(四)醫藥解剖(五)地方通訊(六)季節報告(七)人物素描(八)文化報道(九)創作小說(十)散文小品一律歡迎。

(二)惠稿如係翻譯，請附寄原文，否則請將原書名或原文題目，及著者姓名，出版日期賜示。

(三)惠稿請繕寫清楚，並加標點。

(四)惠稿發表署名，由作者自定。

(五)惠稿稿末，請註明姓名通信處親自簽蓋以便寄奉稿費。

(六)惠稿概不退還，但附足退還郵資者，不在此限。

(七)惠稿如決定採用，當先行函告。發表後每千字酌致酬金自一百元至二百元，特約稿另議，其已在他處發表者，恕不致酬。

(八)惠稿本社有酌量增删權，其不欲增删者須預先聲明。

(九)惠稿經發表後，其版權概歸本社所有。

(十)惠稿請寄上海雲南路二六五弄B字八號光化出版社。

光化 月刊

創刊特大號 第一年第一期

□□三十三年十月十日出版□□

社長 李時雨

主編 離石

經理 石玉祥

發行者 光化出版社

印刷者 中國科學公司

經售處 全國各大書局

本期售價每冊國幣壹百伍拾圓

宣傳部登記證在聲請中

本刊徵求紀念優待定戶

三個月	三冊	特價僅收四百元	實價四百五十元正
半年	六冊	特價僅收八百元	實價九百元正
全年	十二冊	特價僅收一千六百元	實價一千八百元正

社址：上海雲南路二六五弄B字八號
電話 九〇二〇八

次發刊詞

紙貴「東亞」的今日，要辦刋物，眞是一件不容易的事，大凡在今日能出刋物者，不但不怕紙貴，還要有不怕「人賤」的勇氣，因爲想辦刋物而得利與貴人，那全是幻想，往往只是作賤（非賤）自己。當我們在籌備創辦本刋的時候，就有朋友說：

「今日什麽事業不好去做，偏要來做出版事業呢！」

言下頗有譏我們不識時務之概，誠然在今日辦刋物，確是「不識時務」的人，况且我們的動機至爲平凡，既不是爲了要爭取文壇正宗，亦無力熱心宣傳國策，更沒有什麼主義要運動，更沒有什麼思想要闡揚，一切大志宏願都說不上，動人聽聞的名詞更沒有，唯一的原因，還是在於要辦與能辦吧！

所謂要辦者，是了却朋友們的一樁心願，所謂能辦者，是有一點籌成資本，和一點友誼拉稿，更有幾位基本執筆者。這樣說出了本刋因何問世的老實話，頗覺不大冠冕堂皇，也爲一般刋物「發刋詞」所未見，但不這樣說，就是虛僞，就是吹牛，我們不願虛僞與吹牛。

本刋定名「光化」，在此也應當照實一說，初由離石取名「人生」，殊不知登記表被退回，理由是刋物中已有此名，不可重複，因此離石便去與時雨社長商量易名，走進房去，恰聽見時雨正在說：

「在光天化日之下，竟敢行此不法之事……」這是他正努力發動司法處防犯工作，碰見了什麼犯法案子，所以衝口說出這兩句話來。

離石把更名的原因告訴了時雨，請他題名，時雨就說：「那末，就叫『光化』吧，這『光化』兩字，亦頗於文藝有關，如解爲：『光明的文化』或『光前的文化』。都是極有前進思想而帶藝術性質的名詞，不過我們還覺得稍有點『自誇』之嫌，好在凡事言人人殊，或者別人倘有別解，也說不定。如解爲『光是化錢』之類，亦無不可，苟有人如此一解，則我們自誇意味自然就失掉了。」

後兩天，離石往訪柳雨生先生，一則請求寫稿，二則託代拉稿，柳先生聽了刊名「光化」，便笑道：「是取聲光電化之意麼？」

離石也笑了，想不到此名會令人別解一至於此，因爲柳先生的見解，倒給「光化」又有了一種解釋：

「光是有色，化則無形。『光化』的希望是以有色文光，使讀者受到無形感化。」

但，問題就在於色之明不明，形之顯不顯，務要企求光而有明色，化則無顯形，（即潛移默化）色明而形不顯，其「光化」之所由辦歟！這是得柳先生之啓示而如此說，並亦希望如此作。若不然，雖是要辦而能辦，亦大可以不辦。

若夫以光天化日爲理想的明朗時代，那末，當然反對那暗無天日的昏黑時代，我們都歡喜光化，而恨惡昏黑，希望永遠是光天化日的白晝。不要有暗無天日的黑夜，可惜在光化之前必定是昏黑，但總希望昏黑時代快點過去，光化時代早些到來。

再說。世界上沒有亮光，則一切都永遠在黑暗之中，世界上不生變化，則一切都永遠沒有進步，可見光化都是世界上最需要的。論到今日這個文壇情狀，似乎也需要光化一番了。這樣說不是矜誇，乃是希望，所以「光化」之辦，也是想給文壇提出一種希望的指標而已。「光化」之名是如此取出來的。眞是「文章本天成，妙手偶得之」，妙手之功，當歸於時雨社長了。

本刊欣逢國慶日出版，也希望與國同慶。同人們更懽樂的慶祝國慶日了。

（註）次發刊詞之次字，作次殖民地之次字解。

光天化日之下

聰明人

石玉祥

我記得金銀世界話劇裏，有過這樣一句話，「什麼榮譽道德，完全是聰明人借來欺騙別人讓別人上當，而他趁此好分贓」「因此劇中的張先生；動搖了初衷而轉變了人格，這在張先生本人想來，自以爲勝利，其實何嘗不是人由於頹廢，輕浮，贏弱，而墮落呢！的確這不單純是張先生一個人的問題，而是一個整個社會問題，環境强令你這樣，又誰能逃避這個環境，結果怎樣我們自己有眼睛會看得出的。

魯迅曾經說過，世界上的人分爲三種「聰明人，儍子，和奴才」

所謂聰明人大概是這樣「心裏覺得不是，而嘴裏說得好，」一說到正事，就是「今天天氣，哈哈哈……」的這種聰明人是由於他的狡猾，欺詐，和不負責任養育起來的；結果他們也許做了大官，也許做了隱士，可是社會的黑暗，民族的危亡，在他們却是管不着的。

所謂儍子大概是這樣，「本着眞理，不惜犧牲，不畏艱困的去實地奮鬥的人也就是說，我們大家都應該各各的打定主意，不得已也要做那千分之一，或萬分之的儍子。這就是自己認眞地以自己來深深地思索事物，認眞的看那像書樣子的書，認眞地學那像學問樣子的學問而竭了力去做那變成的修業去。」

聰明人所具備的條件，你知道嗎？他們都是一些貪生怕死，苟安取巧，而應付環境的人，他們會唱高調，喊口號，而求美名詞的其實他們貪汚，更爲可怕，嘴裏說不要錢，然而越多越好，他們善於諂媚，善於奔動的，所以可求得一時之安獲得一時之利吧了；

儍子應具的條件你知道嗎？要鎮靜，古人呂心吾說：「處天下事只消得『安詳』二字，雖無貴神迷，也須從此二字去做，然『安詳』非遲緩之謂也，從容詳審，養奮發於凝定之中耳，是故不閒則不忙，不逸則不勞，苦先怠緩，則後必急遽，是事之殃也，十行九悔，豈得謂之安詳。」所以鎮靜並非滅滅奮鬥之精神，乃充實奮鬥之實力，其次我們本着「衆志成城，衆擎易舉」的訓條，要愛羣，同時要正直不苟安。

所謂奴才，大概是其願失去了做主人的地位，讓人摧殘毀滅，不知廉恥，沒有血性的人吧！

我們抑爲聰明人，呀還是願爲儍子，和奴才呀！願自裁之。

所謂藝術家

木尚

我這樣的人也來談藝術，眞是荒謬極了，然而現在，姑且不去說這些吧？

藝術。這是多麼偉大的二個字啊，它的包含是多廣——戲劇，音樂，書畫，金石……正是五花八門，美不勝收——高雅，大方，榮譽。

藝術是需有天才，聰明，和苦幹而能成功的。然而或許是中國人都是有超越的天才，絕頂的聰明，和不屈不撓苦幹精神吧，所以身為藝術家的特別多。尤其是在目下的上海，他們是拚命的在發揮着天才，畫廳和劇院等是不會有停休的一日的。呵呵，那正是藝術界的極好現象呢！中國人到底有中國的「風格」，有與衆不同獨到之處。吟風弄月，賞菊醉酒。高雅得像天際明月，風中仙鶴。看見人家在研究科學，却說是俗不可耐。炮火在頭上飛過，一壺在手，却是萬事全休。

× ×

從前我曾聽到過一句話，大凡是藝人者，大都是窮困的，所謂「窮而後工」，可見現在我們却不能想信這句話，看看我們上海的藝術家吧！袋裏都是「麥克，麥克」，西裝革履，眞是儼然藝也。也許是時代關係，現在不比從前，從前人都不會識人才，不知欣賞。現在呢，欣賞的人多了，對於萬藝人之結晶品，大加賞識，不肯埋沒，不惜重金而覓得。情願一擲屬金，毫無吝色的去購一張畫，却不願花幾千元在貧學金上，那就是所謂賞識藝術啊。

藝人，識者，識者，藝人。在想像中！或許有這樣的一日。

藝人和識者的身上都不著衣服，只要圍着一幅畫或者是書，就可禦寒了，晚上儘可不睡，只要有月亮和藍天，臥在水門汀上也不妨。肚了餓了，只要聽一隻交響曲……這樣才是達到眞正純粹藝術的一步哩。

健忘

史郁

他先天並無不足，後天也未失調。醫學博士及精神分析家，均不足以證明他是神經衰弱的患者。他能熟記五十種股票的不同市價；且對於棧房中民國廿六年所進的紙貨，即於姨太太的懷抱中，也未嘗稍稍忘懷。當紙張的價格五步，併一步走的時候，他是微笑的，但他總覺得應該再漲些。可是當兒子的教科書一冊需數千金，或者當報攤上的雜誌，每冊自六十元漲至百元的時候，他却皺眉了。他大駡書局老闆與雜誌編輯人之市儈化，而只忘了自己。因為在那個時候，他大概是有些健忘了。

也許在某種情景下的某一個時候，我們是「必需」健忘的。我們在悲哀的時候，很少能憶起末婚妻美麗的笑靨，及稀米布丁的美味。因此當煤球商人因猪肉又漲一倍而搖頭的時候，早已遺忘自己的煤球已漲達五倍了；當守財奴左手用去一元錢的時候，也很難記憶右手所收入的一百元錢。

最有經驗的人對於紳士們的高談闊論，很少肯永遠信任，尤其對於所謂智慧的人。他並不恐怕他們「懵懂一時」，而只恐怕他們太容易健忘自己的言論。因為那些最聰明人，也即是最善於健忘的人。根據種種原因，在平價會議上發表儻言偉論，甚至貢獻取諦囤積的熱心人士，是智慧的人；但根據種種事實，他們是股票市場的掀動者，八座堆棧的主人……因此他們是健忘的人。他們在平價會議上忘記了股票市場中的他；在股票市場中，又忘記了平價會議中的他。

我頗同情於貪官汚吏，因爲他們永遠是最健忘的人。大概每一位在貪汚上有些成就的先生們，在表面上總是淸高的。假使機會允許的話，他們總要發表些激昂的言辭，諄諄地訓誨自己的屬下；假使事情應該這麼辦的話，他們也會殺一儆百，以肅一肅人心。顯然，當他們替別人「通融」，或者不小心將公家的錢放入自己袋中的時候，他們是早已健忘以前的一切了。

祖母也許告訴過你一則笑話：說某宅失竊，當主人剛剛發覺的時候，即有一人狂呼「捉賊！」他喊得最響，並且東奔西走，也最熱心。但結果並無所獲，因爲那狂呼捉賊的朋友，即是那眞眞的賊人。他不過在當時偶兒健忘自己是賊吧了。

當我們在祖母的膝下聽這一則故事的時候，是覺得很可笑的。然而當我們親眼看見這故事在開展的時候，我們却一無笑意，因爲在現實的世界中，很多人已將它付諸實際的應用，而我們却一無所知。「健忘」騙了他們自己，更騙了我們。

我不想健忘那些「健忘」的人，因爲他們或許是不僅可笑的。

張愛玲手札

告白

據秋翁在海報上「最後的義務宣傳」末二段云：

末了，我得聲明：後此永不重提這事，更不願我的筆觸再及她的芳名。深怕墮她「生意眼」的計中。這非空話，有信爲證：

「我書出版後的宣傳，我曾計劃過，總在不費錢而收到相當的效果。如果有益於我的書銷路的話，我可以把曾孟樸的「孽海花」裏有我的祖父與祖母的歷史，告訴讀者們，讓讀者和一般寫小報的人去代我義務宣傳——我的家庭是帶「××」氣氛的，……」

上面一段話，是她在六月十五給我信中所說的。那麼，我所敬愛的諸同文，試想，她只要書能多銷，她只要賺錢，什麼——祖父，祖母的歷史「香」「臭」，任人宣揚都不計較。那我人爲什麼要做她的義務宣傳員呢？任說——「流貴族血」，在她總認爲有「相當效果」的一回事。諸同文若再提她，我猜她正暗自得意着，要笑得前仰後翻咧。話就此打住。算我發儍，最後替她義務宣傳一次；但下不爲例。

原來這位張女士，讀中國書學外國法，出名（並非成名）之後，而有如此爲「生意」的打算，那麼，將來他在「生意浪」一定更有「紅」的一天了。不過，世上事往往前台可觀，而後台不必看，如她給秋翁的「手札」，是屬於後台的，一上給讀者看了，實在有些令人對於女人害怕。

可是在胡××先生筆下的張女士，不但不可怕，而且太可愛了。聞胡張有一次在××花園的精彩表演，是亦一九四四年的文壇佳話，惜知之者尠耳！若人要證明麼，請去問一問胡太太吧！

馬的雜話

老調

從今年起，我也在一個機關中，當上個掛名的事情了。治事之所是臨窗的，向窗外望去，卻是一片廣場。在這場上發見得最多的，乃是馬，起伏臥立，狀至不一，好似讀了不少幅趙子昂的八駿圖。在這裏，不免又深深悔起來，我從前為什麼不學畫？不必說是精於繪事了，祇要是能來上一筆兩筆的話，在今日的耳濡目染之下，怕不今天也是一幅八駿圖，明天也是一幅八駿圖！又怕不也成為畫馬名手趙子昂第二！

在二三月之前，忽在眼前發見了一幅淒慘的景象！怎麼說是淒慘的景象呢？不知從那裏來了非常瘦瘠一羣馬，——不但是瘦瘠，而且還像是受了傷的，把牠們的馬毛都完全剪去了，在光光的皮膚上塗著什麼藥水，五色斑爛的，望去煞一是可怕！這和以前所見到的那些神駿非凡的名馬，眞是不可同日而語的了！不禁暗自忖想，在這廣場中的這許多馬，不都是供養馬之用的麼？那自以神駿者為貴！像這些又瘦瘠又可憐的一羣小東西，以之拉垃圾馬車，尚恐不克勝任，還能供什麼養馬之用！如今卻把牠們弄了來，不是太多事吧！想到這裏，不覺暗暗又有點好笑。

不久，暑假到臨，我既不大到辦公的地方去，牠們在驕陽之下，自然也不會出來，倒和牠們久違了！直至近日天氣漸涼，方又和牠們再得見面。——在驟然見及之下，不禁使我呆住了！啊呀！所謂「士別三日，便當刮目相看！」這話竟是不虛的麼？而前日瘦瘠如許，如今竟壯碩如斯，前日馬毛全脫，如今竟油光一片，倘不是我親眼目覩，而係由旁人轉述而來，不要疑為是一種神話吧！

但在一轉念之間，又笑我自己的思想太是不廣了：別說是馬，就是人呢，像那些花枝招展，一笑傾城的北里嬌娃，好像一個個都非凡間所有，而是由蟠桃會上或是廣寒宮裏掉落下來的！而一究其實，當她們初來之日，尚未受到薰陶以前，又那一個不是鼻涕拖拖醜陋不堪的黃毛丫頭呢！由此而觀在見世面以前的這一種調教功夫是少不了的，仗了它，什麼都可改觀了！

又在偶然之間，忽聽到了一個不歡的消息，說是某一匹駿馬，以前在出賽之際，也曾屢奪錦標，名動一時的；如今卻因老邁無能，不能出賽，祇好着牠去改挽馬車了！其實，這也是新陳代謝中所應有的一種過程，算不得什麼希奇！但在我聽聞之下，卻立時竟會引起很深的感觸，心上怪是難過，幾乎要把眼淚掉落了下來！——唉！這也難怪，少年名場鏖戰，老來賈肆傭書，以此例彼，又何嘗不同深淪落之感呢！

標榜主義

茅不盾

當然我們不可能知道過去的人類社

會道德的墮落，是否也會達於令人齒冷的地步；不過證之於這現實的人類社會中道德觀之墮落，就難免使人有生於這世界之內是難受的感覺了。

不談別的，單就「吃一行談一行」來說說吧！——掉着筆桿的人，自然容身在這個所謂文壇的環境裏，於是咱就從這見來落下咱的筆。

從五四運動勃興到現在，已經有二十五年的歷史，這其間自然有着驚人的進步，可也有驚人的墮落。假使你曾經厠身在這文台的一角裏，曾經用你的冷眼觀察這文台的內部的情狀，那你就不難獲得許多形形色色的醜態，假如不怕別人譏為濫用主義（ism）的話，那末，可以報道的是：其間有標榜主義，攻許主義，自我誇大主義，霸盟主義，頹廢主義等等。……因為有這末多的主義的出見，存在，發生作用，於是就點綴了咱們這文台的熱鬧得鑼鼓喧天的場面。當然「仁者見仁，智者見智，」各有見地，——亦許有人覺得這正是促使文台進化的應有的現象。然而在咱，只覺得這是文壇上的道德的墮落而已！試想：別人家（這應該指國度而言）的文台上鬧得五花八門的是現實主義新現實主義，未來主義，象徵主義，達達主義，……而咱們所有的，乃「標榜」「攻許」「誇大」……等等吧了！（咱並不反對咱們的文台上為有過別人家的主義然而幾時倒有過真實的，深切的表見呢？）以此視彼，實在不禁令人搖頭興嘆！

降至最近的年代，許多主義的花頭都玩夠了，於是正如歌唱者的「老調重彈」演劇者的「舊戲翻新」，「標榜主義」，重又走着了大鴻運的路道。

看官試拭目以觀吧？若干的文道中人，為了求文名的雀噪，求稿酬的豐厚，就不惜互相為用，彼此協力，互助合作，今日我捧你的詩篇如何想像高超，辭句絢爛，明日我捧你的文章如何簡練冲淡，內容充實。或則利用懷舊，發掘記憶，以弟子捧夫子，以晚生捧先進；再不然，利用天生的兩性的差別，以男性捧女性，從而復以女性轉捧男性，於是滿台（文台內）的老作家，新作家，優秀作家，女性前進作家，鬧的不亦樂乎，標榜既遂，名利雙收，皆大歡喜！

謂予不信，試瞧今日域中的巨型刊物，大報副刊，小型雜誌上，標榜之文，多得「車載斗量。」只要略予翻閱，立刻便見分曉。

客有問咱今年文台上什麼主義最流行？則咱毫不遲疑的答曰：「標榜主義！」

標榜主義其實由來已久，實行者各有巧妙不同，今年則大有不顧臉皮，講良心，只着眼於如何出賣作品，收獲鈔票，自然在利之外還要得名。為了名利雙收，不惜出以任何手段而標榜。

但大家須當知道，西洋鏡総有戳穿的一天，標榜主義的末日，就是那「穿」的一天了。

光天化日之下

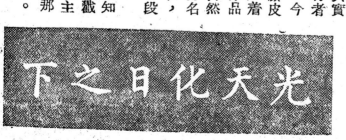

新文學的末路

陶晶孫

外國文明初到中國，我國人少見多怪，初很不喜把他模倣，等到試了一試覺得倒也不錯，就樂於應用。

過去我們已經見過肥胖總經理嘴裏的雪茄，原以爲外國人是用手吃的番菜（現在要叫大菜）衛生襯衫，男女平等（指攜手而行），等等？

我國過去有南畫山水花鳥，苗條的美人畫，可是有些外國留學生從外國帶來叫油畫的，甚至於有裸體之畫，我國人一看之下似乎有些不文雅，可是等到覺得肉感倒也不錯，於是乎產生像那個排在四馬路的月份牌，上面畫有女子的乳峯，如或小男的生殖器的一部分，這兩件物什原來外國文明人在純粹藝術品可把他曝露。在應用美術品，要把他隱蔽，我國月曆牌上有這兩品，這是我國人的胃口這樣，簡單些說，我國人同化力大，沒有一個事體不改爲中西合璧的。

一般，留學外國的我國學生，在外國想到母國，再把他比較外國，不禁慨然愛國，因此有種種主張，也有種種新的文化帶回來。

在這裏面，初期有各種文明，後來有一種就是新文學運動。

我想把新文學運動分四期：

嘗試期：主張不用文言用白話。可是白話非照大家的談話照抄不可，因此抄出來的白話一看之下很不像樣，所以那個時期理論雖有，還沒有好好創作。

創造期：白話文當然不難寫，寫了更不難修飾，後來有許多通曉古文而不把他用者，以古文的精神來寫白話文了，他們的文章很美麗。

苦悶期：提倡白話最初的目的是要叫一般人讀，可是許多書報，和新聞紙，都不肯改用白話，中學高級，愈讀愈古，教師很少白話精神之訓練，讀書人仍是讀書人，不識字人仍是不識字，一個時期有人在棄去推進白話而從事拉丁化等等，可是苦悶止於苦悶，不能走上一步。

復古期：八一三以前，上海未成孤島，已有古文風，後來沉悶，以至現在，一句話說起來，刻刻在復古，有的新文學家說何必橫寫，談話之中「之類」，「等等」都隨口出來，新聞人說改用白話要增加紙章，其實是他寫不慣白話。這個復古有他的必然性。爲什麼？

我國人之愛看影戲，他們要看長的，我國人之愛讀小說，要長而紛糾多，我國人之愛短篇小說，要情節感情之多。如果說一個月夜的感覺，一個心中的境地，一個怪美之愛，都不受歡迎。所以紅樓夢等等，我們看來可以短縮些，不必那樣再再反複之文章，他們就不可把他縮短。

在外國，也有這一類的人，醫院看護，家庭使女，她們無事，陸續讀那種長篇，永可以解無聊之悶。我國也這樣。那麼說不到要對不識字人做什麼工作了。這是白話文的末路，我把他諷刺說叫做新文學的末路。

那麼，我順便說一句他的出路：

一、不要寫勉强翻時文的白話，去老句子。

二、不要寫新對句新八股的肉麻白話文。

三、少用難字，限制字數。

四、不要寫對着紙面陸續做出接長文章。

五、官廳舊式公示文之廢止。

六、創造不陳腐的新古文，有新文學精神的古文例。

可是，我對於這個改進很悲觀，我近來爲某誌寫一段文章，附以幾個圖，解美術者說這些圖倒很有趣，很好，不過許多人以爲這些圖不好，因爲——不合中國胃口。

我的小說，愛讀者很少，爲什麼，因爲沒就紛糾，沒有情節，不長，這是他的感觸和我國人胃口不配。

這兩個例，表示我國同化力大，不復古者概不歡迎。

要把舊勢力改修，在我國的確是難，再三革命，洗不清舊的，這是我覺得給國人成消極的。

小說中的言語

丁諦

關於小說的研究文字，我最近寫過幾篇，一篇是「小說中的人物」談構成小說故事情節的主人翁或配角，一篇是「小說的表達形式」，談一篇小說的故事或思想如何表達出來的方式問題。還有一篇是去年舊作「談背景」，雖然不是專談小說，但也可以說大體是談的小說的背景。構成一篇小說的條件不外這幾種，人物，背景，故事——即所謂一篇小說的表達形式，所缺的就是「言語」一項尚未談到。

小說中的言語雖不如戲劇在表面上更形重要。因爲小說中究竟不完全是言語，代替言語的有更多的敍述。敍述可以代替言語，也可以發展故事。但這畢竟還是皮相的說法。小說中的言語是確有其重要性的。

第一，小說的發展不外有一個故事，（不論其簡單與否）有了故事勢必有人類的種種表徵。啞子或是默不作聲的畢竟是少數，有了人物就有言語。

第二描寫人物性格固然可以根據他的動作出發，但是，動作，比起言語來畢竟還是不如言語的多。同時，有了動作也必件之以言語，而有言語時則不一定都件以顯明的或時刻變異的動作。

第三，分析一個人物的內在特徵，或其思想的轉變或其感情的流露，固然也可以用敍述，用動作及表情，但這些方法在有時也失效，不是嫌迂緩就是嫌不充分，言語的不同是各個不同典型的最好的流露，同時表達他們的思想感情也最爲透澈。

第四，文章形式進步到「新文藝」的這一個階段，牠最異於過去的章回體的便是廢去報賬式的平面敍述，而代之以立體的彫塑式的敍述，與其說是追敍既往事實，毋寧說是摘取當時的一片段如實的將理想的現實反映到文字上來；在這種場面，言語是較敍述多的。

根據以上所說，我們可以知道小說中的言語是如何的重要！小說中最通行自然是「對白」，這是和戲劇相同的。京劇的獨白較多，話劇的獨白較少，像莎士比亞「哈孟雷特」由皇子的長段的獨白是極少的例子。

但是，小說中也有一種變體，我們稱他爲獨白也無不可。這種體裁的小說全篇就是獨白，藉第一人稱的言語開展一篇故事，像亞倫坡（Allan Poe）的小說有好幾篇就是以一個人的獨白爲體裁的。王魯彥的「胖子的故事」也屬於這一種。這種第一人稱的敍述的小說用在恐怖，緊張，生動的場面特別適宜。

對白可說小說中正常的言語，因爲說話的畢竟不止一個人。假使我們以人數分，則有時是羣衆的語言，（三人以上的）雙人的語言。羣衆的語言在集會或偉大的場面是常常被應用，高爾基的「燎原」中有多數人複雜的言語，吳組湘的「一千八百擔」也包含着一族中各式人等的形形色色不同的談話。

嚴格說，雙人談話是比較羣衆的談話略多。尤其是短篇小說，最普通的例子如：

我好像很鎮定似的，一逕就跑到柴門斯基路口……

我抬起眼睛，謝謝那人，感激得幾乎淚下。

「東西你給我拿！小姐。您放心，什麼都沒有事。你只管走上來上電車吧。」

「謝謝你，謝謝你。我要五號的電車。那一輛是呢？……請你……天啊！……你帶我到那裏去呢？……我是要到港口去的。這一輛是到那裏去的？到那裏的？」

「趕快；趕快；小娘子！您要躭誤最後一次車了。正是這一輛！到佛雪利天斯基去的。」（賽朱諾夫「餓」）

盧生欠伸而悟。……呂翁坐其旁。……生蹶然而興曰豈：「其寐夢也？」翁謂生曰：「人生之適，亦如是矣。」（沈既濟「枕中記」）

上舉兩例都不是長的對白，因爲這兩個故事，當時并不是純粹採用言語。前面一篇「餓」的對白夾雜着主人公的心理描繪和車站上的背境描繪，後面一篇的「枕中記」的言語也極爲簡短。這些不能算精彩的對白。最有趣的是兩個主角在故事高潮中的對白，重要的故事關鍵藉一問一答而表現的對白，這比次要的故事行進中所夾帶的言語都有意思多了。

這種對白常是比較長的。但爲了篇幅我們只能引出一小段來做例。

「你愛着信之助嗎？」

「……」千代沒有回答，但微頷其首。

「你被信之助調戲是這晚才開始的嗎？」

「不是。」

「最初信之助對你調戲是在甚麼時候呢？」

「以前曾說過許多話了。至於什麼時候說過一些什麼話，不能淸楚的奉告。」

「信之助在愛着你吧？」

「五六年前是完全承他像妹妹一樣愛着的，到他還在市上的中學校時止，不，到東京去進大學後也還承他把我放在眼上的。」

「信之助曾在你面前誓約過甚麼將來的事情嗎？」

「有的，是在出中學的那年的春間。但是這樣的事情我想他大概已經完全忘了吧。——這也是當然的事情。因爲我是傭人呢！」

「誓約着甚麼事情呢？」

「娶我做他的妻子。他說過父親是頑固而守舊，但他是不對父親讓步的。」千代的口邊微微的浮着冷笑。

「唔，這樣的誓約雖然忘記了，但他要求你的事還不會忘記啦！那麼信之助最初挑引你是甚麼時候呢？」

「今年的三月上巳的晚上——」

「你這時怎樣辦的呢？」（加籐武雄「祭夜的意外」）

不再引下去了。下面的對白還很多。總之，這種一問一答的二人間的對白是有其緊張密凑之趣的。牠們有幾個特點：

第一問答祇有二人，在言語的前後不必標明是何人所說，依他們的口氣身分自然而然的可以看出是何人所說。

第二，這種一問一答因爲不標明爲某某人所說，連帶的也不大說到他們的動作。往往是問後答，答後再問，當時的心理活動和生理活動（表面的行動和表情）都不大描寫。例如上引的「千代的口邊微微的浮着冷笑」，祇是佔少數。

第三，這種對白常是包括具體事實的問答，因爲，具體事實的問答才能維持一貫的緊張，加强故事的氛圍氣。在這裏，一人心緒的獨白，冗長的報告和片面的牢騷都是不大多見的。

下面舉的一個例是魯迅的「孔乙己」！

一喝酒的人說道，「他（孔乙己）怎麼會來？他打折了腿了」。掌櫃說：「哦」！「他總仍舊是偷，這一回是自己發昏，竟偷到了舉人家裏去了。他家的東西偷得的麼？」「後來怎麼樣」？「怎麼樣？先寫服辯，後來是打，打了大半夜，再打折了腿。」「後來呢？」「後來打折了腿了。」「打折了怎樣呢？」「怎樣？誰曉得？許是死了。」

這種對白不如前一個例的緊張。因爲前例是關涉主角的談話，後例祇是議論他人的事件。「孔乙己」中的喝酒人和酒店掌櫃的談話原來就是以掌櫃所說的故事爲主，喝酒人祇不過是引出這一個故事來。這種問答可以說是比較空虛的，問的人一句句追究下文，藉一問一答是所以減輕掌櫃一人陳述的冗長沉悶。其實就是由掌櫃一人敍說，由孔乙己的偷了舉人家東西而被打，打折了腿，成爲一連的答話也無不可。

但是，這種化整爲零的「言語」在小說中也確有牠的用場。牠可以使故事的進展階層化，說明人物遭遇的不同程序。具體說，也就是使孔乙已的故事聽到人耳朶裏不突兀。

雙人問與多數人問的談話前面已經說過，雙人問比較更需簡短的談話。每一個問答之間常須要化整爲零。最簡短的例子在中國筆記小說中尤爲顯明。

白行簡的「李娃傳」裏面有幾句動人的對白。當男主角初看見女主角李娃時，他和他的友人曾有這幾句熱中追求的言語：

友曰：「此狹邪女李氏室也。」

曰：「娃可求乎？」

對曰：「李氏頗瞻。……非累百萬，不能動其志也。」

生曰：「茍患其不諧，雖百萬，何惜。」

下面再舉兩個日本小說的例子！

「不是A先生嗎？」

「是的。」

「我總覺得有些相像……」

「唉，祇是想見見面，我也是先生的愛讀者……」（芥川龍之分「齒輪」）

「仙吉近來用功嗎？」他問。

「唔，還好，算術很有進步了。喂仙吉」美代叫仙吉取了算術的參考書和筆記簿來，在從弟之前解問題。

「來，把這裏的第五題做做看。」

「唔，這容易。」（片岡鐵兵「立志」）

「李娃傳」的對白是不必什麼動作的，第二例也不夾，只有第三例夾一點。但是，牠們都很扼要。有一種言語超過普通的扼要，是用在緊張的場合的。這種「言語」特別需要簡短。

這時候，突然地鳴響起來的是床邊的電話。我吃了一驚，連忙立起來將受話器拿到耳邊。

「是誰？」

「是我，我……」

對方是我的姊姊的女兒。

「什麼？有了什麼事情嗎？」

「唉，起了了不得的事情了，所以，……因為起了不得了的事情，所以敍母那裏也打電話去了。」

「了不得的事情？」（芥川龍之介「齒輪」）

這種緊張的言語插入的動作也極少。言語中必動作而每有一言語必有一動作的往往是通常言語的時候。緊張的問答實際是不需要一切來打擾的。不用標明說話的人自然也不夾心理或動作或表情的敍述。我們要明瞭，小說中言語原來是有幾種形式出現的。言語固然表現於「言語」，但也所表現裏敍述。

屬於一篇故事的主要核心的描寫「言語」不可省略，而在次要的方面則可用「敍述」代替言語。所謂情節緊張時候的言語便屬於故事的主要部份。但是「敍述」「言語」要也是打成一片分不開的。一連片的「言語」中可以夾進片斷的動作，例如前舉的「餓」大段對白中夾着主人公走到柴門斯基路口的一段插敍，這是任何小說都有的。

最普遍的例子，如：

「喂，在上面的朋友，你給什麼東西迷住心了？你忘記了從前！」在基台一角的一塊小石慢吞吞地說，宛如喚醒醉人，每個字音，都發來清楚，着實。

「怎麼樣？」上面那石頭覺得出乎意料，但不肯放棄傲慢的聲氣。（葉紹鈞：「古代英雄的石像」）

在一問一答的下面附帶說明說話時的語氣和態度，姿勢，這是中外小說所共同的。

還有一種言語的形式，不是完全繼續的言語，而祇是摘取言語的精華用對白的形式表示出來，另外有許多無關緊要的言語則採取二種方式：一是用節略的方法，一是完全減免的方法。第一種例如李岳瑞的「紀大刀王五事」：

歲癸未，太守出河南南陽知府……一日，王五忽來求見，門者却之，固以請，乃命詔入。

這中間求見和拒却原來是都有講話的，「固以請」是更有話了，但是作者却都省略掉，固請也可以說是代替「言語」的一種「敍述」。

第二例如谷崎潤一郎的「惡魔」！

姑母熱心地講着話，不住用烟斗在烟草盆中撥灰。

波里斯畢力涅克「苦蓬」的：

那泰利亞講些暑熱的事，……最近的事。

至於這姑母和那泰利亞具體講些什麼的事都沒有指明，這可算是減免的一例。

運用敍述代替言語的方法唯一優點是可以節省篇幅。這種形式的特點是以「言語」爲主而以敍述爲輔。

但也有一種形式是以「敍述」爲主而以「言語」爲輔的。例如：

十月已過半了，學校中的講義已是很進步了，而他的筆記簿子一毫也不厚起來，却漸漸說「什麼，不是每天去也不妨的」，或「啊，今天精神不好，」那些不怕羞的話，兩三天不上學校去。（谷崎潤一郎「惡魔」）

美代二十九歲，仙吉七歲。她存了出家一樣的思想，再嫁什麼是想也想不到的。……不過，娘家的父母說：

「把倉地那一脈有由來的舊家血統斬絕，是不行的。……你始終要撫養仙吉。」

所以美代在丈夫死了之後，不從倉地家除去戶籍。（片岡鐵兵「立志」）

這種言語的特點是沒有具體的時間性，祗是在敍述一個故事中提出某人重要言語安插在故事間，這種言語祗不過是輔助說明一個故事或者一個典型的。

這種言語可長可短，但大都採用一種追敍的形式。因爲，牠們多是過去的話語。

上面分析的「言語」形式大致完備了。以下我還要說明幾種特殊的「言語」。

第一，思想式的言語。這原來是一種思想而以言語形式出之的。如柴霍甫的「寒蟬」：

她閉着眼想：「他實是腦筋簡單，[illegible]卒歲的人，太平凡了。讓他們定我的罪吧。讓他們捕拿我吧。我要享一切樂而死。……我們一定要嘗人生的各種滋味。……」

這可稱爲一種心語。

第二，片斷的言語。這種是在神智恍惚狂喜狂怒或緊張情態時發現的，意義時常不完全，不具體。

於是那位重要人物笑着，叫道：

「够了，够了，我快要死了，啊唷！我的親愛的人兒啊！連我都笑着！連我的靈魂都返老爲少了。」（德羅希費「豬的歷史」）

第三，雜亂的言語。在騷動或羣衆的場合，多數人的言語，可以不用標明出說話的人的。牠們的表現祇是一個「羣衆」或者是被羣衆批評的人物。例如淺原六郎的「男衣男子和我」：

「巴黎和紐約那一處是時髦的頂點呢？」

「諾託爾達姆寺去過嗎？」

「法國女子不是很多儉約家，即所謂好管家婆的嗎？」

「巴黎特別給你留下印象的是什麼？」

第四，外國言語的插入。在表現其一種氣氛或適宜在描寫某一種典型時，本國文小說中常夾入外國的言語，英美文中時常夾法文和中日文中夾用英文都是一理。

下面引用「齒輪」的例：

Bien Tres mauvais pourquoi?

Pour Quoi? Le diable est mortal

用這一種言語以感覺主義派的小說家為多，尤其是在運用都市的描繪上。多用自然是也不適宜的。

論繙譯文學

楊絢霄

在戰前，繙譯的文藝作品的稿也會出過風頭；特別是在一九三四年九月十六日「譯文」的創刊更使繙譯文學呈現出一種欣欣向榮的氣象。那時，不但一般刊物競以登載國外名家短篇作品相標榜，就是書店方面也都相率地刊行大量的繙譯的國外巨匠底長篇宏著。不過，這種繙譯的風氣不久便冷淡下來；尤其是在這幾個年頭裏，繙譯的文藝作品更是少得可憐。這一現實之對於一向反對或厭惡繙譯文學的人們當然會被認做是件可喜的事，但由關心新文藝發展的人們看來，這實在是中國文壇前途底一個嚴重隱憂！

實際上，近數年來繙譯文學的消沉，主要的還是以往一般投機家的胡譯、趕譯、曲譯所種下的禍根。由於這種率爾操觚自欺欺人的結果，便使一般讀者對於繙譯的文藝作品失却了信心；使一般潔身自好的譯者因不甘同流合污而放棄了繙譯的企圖；同時，更使一般刊物或書店都不願登載或出版繙譯的文藝作品。於是，繙譯文學便踏上了沒落的破敗的途徑。但是，針對着這一現實，我們究竟應該採取一種怎樣的態度：還是就這樣聽牠發展下去抑或是設法圖謀挽救？事實上，這已經成爲當前中國文壇底一大課題了。

恕我不客氣地說，中國自從五四運動提倡白話文學以來，到現在雖然已經過了二十多年，但足資我們觀摩借鑑的優秀作品，還是稀罕得像鳳毛麟角。多數的作品還祇是用一堆堆事實來砌成——牠們僅現出了單調，枯寂和無力，是沒有所謂描寫這樣東西的；但我們回頭瞧瞧國外名家的作品，牠們却多半是些描寫——不論是實物的抑或是心理的——而祇有一些簡單事實的陳敍，所以不論是在形式或內容上，牠們都是既豐富，又活潑，更有勁。其實，中國作家在他們的作品當中之所以鮮有描寫，根本不是作者之有意忽視描寫而是完全基於缺乏描寫技巧的緣故，因而就不能充分地利用他們的想象力來把那些放在他們眼前的繁賾材料刻劃地傳達出來。可是怎樣才能充實這種描寫技巧呢？這無疑地是需要學習。姑不論是生成的天才，他要是想在文壇上留下了一些不滅的偉蹟，那就得時刻學習；換言之，不學習的天才而想成爲一個名家，那簡直是「痴人說夢！」我們知道李白是天才，但他還是靠着他的學習才能替寂寞凋零的中國詩壇注下了一股活潑潑的生氣。再就杜子美來說，他的天才似乎不及李白吧，但他却能孜孜地刻苦自勵，竭力磨練，所以結果也就終於成爲當代的巨匠。又如英國的濟慈（J. Keats），縱使誰都明白他是一個天才橫溢，但誰又知道他每天總得耗上十六個鐘頭來閱讀世界的名著呢？再如俄國的屠格涅夫（I.S. Turgenev），他要不是受到別國無名作家所倡導的農民文學底影響，他又怎能完成他那一鳴驚人的「獵者記事」（Annals of a Sportsman）。這一切的一切都說明了一個作家要在文壇上立下一些垂遠的功業，那就非要學習不可。繙譯的文藝作品就是在提供那些不能閱讀原文的人以一種學習的典範從而去充實他們的描寫技巧的。彷彿法國的法朗士（A. France）曾經這樣說過，我們移植外國的文學，正如把別家爐裏的火種移到自己爐裏來燃燒；這一比喻，由洞悉文學介紹的重要性底人們看來，是祇有覺其不足，而絕不會責其「言之失實」的。老實說，要使中國的文學在世界的文壇上放出一線燦爛奪目的光彩，那末，我們就絕對不能老是鑽在我們土貨的中間；換言之，我們該得從國外的文藝作品上去吸取足量的描寫技巧。可知繙譯文學之在中國的價值不但不亞於創作文學，而且還比創作文學更要來得大！

繙譯文學的重要性如此，但我們究竟應該怎樣繙譯？關於這一問題，學者間的主張大有出入。有的主張直譯，有的主張意譯，有的主張順譯。所謂直譯，就是根據原文逐字逐句地加以繙譯，既不肯稍稍遷就一些本國文字的成法，所以也就不再顧到筆調之是否通順流暢。所謂意譯，就是儘量採用本國固有的語法以及最自然的文句從事繙譯，牠祇顧到原文的大意而仍以不失原著眞諦爲原則。所謂順譯，就是單祇顧到行文的流利而不惜損及原著眞諦的一種繙譯。主張直譯的有魯迅等——他們是倡導一種「與其順而不信，不如信而不順」的硬譯。主張意譯的有林紓和伍光建等。主張順譯的有梁實秋趙景深等——他們贊同一種「與其信而不順，不如順而不信」的繙譯。如以這三種方法的繙譯列爲公式，當如次列：

直譯（純粹的）　原文＝譯文

意譯（純粹的）　原文－x＝譯文

順譯　原文－x＋y＝譯文

因爲我們中國的文字組織和西洋的文字組織截然不同，所以就根本不能採用純粹的直譯，否則一定會犯晦暗艱澀贅牙結屈的毛病，結果不但使讀者不堪卒讀，甚至會使他們茫無頭緒。雖然魯迅曾說「多讀幾遍，日子長了，也許能懂，」但他既然說是「也許能懂」，不也就有「也許仍不能懂？」不知這種譯法縱使對於原著毫無所損，但總不免有陷於「過度極端」之譏，同時，也就喪失了繙譯的原始宗旨。至於純粹的意譯，那祇不過是借意行文，祇能說是原著的節錄，根本就談不上繙譯；所以像這種把原著刺戳得滿身都是創痕，把舶來的洋貨變成道地的國產底繙譯，在現階段實在是無法使我們再能承認牠底存在價値的。至於所謂順譯，也顯然不足以取法，因爲牠的目的便是「不如順而不信，」既不惜「不信，」那也就不配稱做繙譯。魯迅說得好：「至於順而不信的譯文，却是倘不對照原文，就連那『不信』在什末地方都不知道；然而用原文來對照的讀者，中國能有幾個呢？」的確，利用這種方法所譯出來的東西是無論如何不會像樣的，而牠的流弊也比直譯更來得大；因爲直譯最多不過使人看不懂，而順譯却愈看得懂就愈糟！

我們要知道：所謂語文原祇不過是些意義的表符；因爲語文的不同，於是就不得不借助於繙譯。隨着，所謂繙譯，也就是應用一種表符來替代另一種表符，在保持着原來的意義下使讀者藉這種變換過了的表符而得瞭然於其原來的意義。可知繙譯的最高理想便是在各方面都能和原著相吻合。所以一個謹嚴的譯者，誠如許理吉爾（A.W. Schlegel）所說：「不僅能够移植一部巨著的內容，並且還懂得保護形式的優美和原來的印象——這樣的人才是傳達天才的信使。」不過要達到這個目的，究竟不是一件怎末容易的事。意大利的美學專家喀羅斯（B. Croce）曾經這樣說過，「已用美造成的東西，我們可以將牠用理論的形式再度表現出來；但是想把那些已經具有美的形式底東西改爲美的另一形式，那就不可能了。繙譯的結果或者是減少並損及原有的表現，或者是把原有的表現放在溶爐中再滲進一些譯者的印象，由是而創出另一個嶄新的表現來。……『忠實的醜女或者是不忠實的美女』這一俗語，正說明了每個譯者的尷尬局面。」迪士卡尼多（E. Diez-Canedo）也有同樣的意見，他說：「在每部文學作品當中，總有一部份是無法繙譯的；這正是一個不容忽視底所在。譬如把一幅圖畫製版印刷出來，姑不論印刷術是如何的高明，但在這種再現的過程中，也往往會漏下一些不可捉摸的東西。同樣，在用筆墨譯成的作品中，也有這種類似的情形。」的稿，在兩個不同的民族之間，民族心理以及反應這種心理的文化狀態——風俗，習慣，言語，文字，宗教，政治等——當然也有莫大的差異，所以要使彼此間能够有某種程度上的了解已經不是一件容易的事，更何況乎要用審美的文字將牠「適如其分」地傳達出來呢？特別是空間的和文化的距離隔得那末遼遠的中國和歐美，自然越發不易透過文字的翳障來理解體會並用另一種文字來表現了。不過這却不是說中國不配繙譯歐美的文藝作品，而是說明了中國方面之歐美文藝作品底繙譯方法實有重加考慮的必要。

在上面，我們已經說過直譯，意譯以及順譯都有相當的缺憾在。所以我以爲文藝作品的繙譯應該滲用下列的兩個方式：（甲）逐句的繙譯，而句法照原文；（乙）逐句的繙譯，而句法不全照原文。至於遇到原文中土語俑語的時候，那就祗有斟酌情形，譯成一個比較切合的本國土語和俚語（不過，在這些場合，譯者對於那些給他犧牲了的地方是應該予以聲明的）。這樣，一方面不但能够適合本國語文的慣例，一方面也能準確地傳達出原文的神韻和意境。此外，在若干可能範圍之內並應介紹一些本國語文中所未前見的新詞新句——例如布克（P. Buck）在她的作品中就常常應用虎骨酒（tiger bone wine）一類的漢式英文——使讀者在新的思想感情之外更驚奇地接觸一些新異的表現（但這種新異却以不致破壞漢文的基本構造爲原則）；同時，就連作品中的地方色彩底活力也得保存無遺。此外，更可以使本國的語文在不知不覺之中吸取了一些外國語文的優點而得逐漸地演變而為一種更加優美更能表現的語文。所以我總以為：翻譯的基本條件便是要使那些本國的讀者在讀了之後所得到的感覺以及所引起的反應該和那些閱讀原文的該國讀者所得到的感覺以及所引起的反應完全相同。因而翻譯實在是包蓄着兩重標準：第一就是我自己，第二就是在於讀者。在我自己一方面，我要問：「這樣的表現是否是我在讀原著時所得到的感覺以及所引起的反應？」就讀者方面，我要問：「這樣的表現是否能使讀者在閱讀時得到和我同樣的感覺並引起和我同樣的反應？」祇要這兩個問題都有了滿意的認可，那我們就根本沒有問牠是用那種譯法的必要；說得具體些，也就是：翻譯的方法祇是一元的而不是多元的。倘使不能滿足上列的兩個問題，那就毋寧放棄翻譯的企圖。因為一個譯者所負的責任是要比較一個作家更來得多；他除了要對自己負責，對讀者負責，對文藝負責，同時，更要對原著負責。凡是能够對這些對象負責的譯文，那才能盡介紹外國的文學和思想以及予初學者以模楷並肩起促進本國文學開展的使命！

翻譯既是一樁這樣艱巨的工作，因而一些從事翻譯文學的人，就得密切地注意於下列各點：

譯者在可能範圍內應該多讀他所翻譯之該作家底各種作品，同時，還應該對該作家的生平加上一番深邃的研究，俾對作者的背景，心境，人生觀以及所受的影響有一系統的把握並心靈的體會。因為這樣才能將原作者之思想上的，作風上的以及文詞上的諸種特點在譯文中充分地刻劃出來。英國的靡德 (A. Maude) 便是在俄國伴了托爾斯泰 (L.N. Tolstoy) 多年之後才着手於托氏作品的翻譯，所以他終於成了一位馳名全球的托氏作品的權威英譯者。再如以翻譯契科甫(A.P. Chekhov)作品而馳名的格爾納脫 (C. Garnett) 以及以翻譯屠格涅夫作品而馳名的哈柏戈達 (I.F. Hapgood)，他們對於該些名家的生平和作品也都具有一種深切的認識。要是一手拿着字典，一手握住筆桿就來從事這種艱巨的翻譯工作，那結果是絕不會令人滿意的。

鳩摩羅什好像曾經這樣說過：一個譯者（指翻譯佛經的譯者而言）底基本條件就是他對於佛法必須具有十二分虔誠的信仰(大意如此)。這句話在驟聽之下也許覺得「言過其實」；不過，假使我們應用冷靜的頭腦仔細地思索一下或者是對翻譯這門工作已經獲有相當經驗以後，那就不難理會，這句話原是含有絕對的至理的。因為一個譯者要是和他所譯的作品及作家之間沒有一種感情作用——心靈的共鳴——那末，他在翻譯的時候就決不會謹慎將事，因而也就無法做到奄諾爾達 (M. Arnold) 所說的那種「譯者和原作者融為一體」的程度。試問在這種情形下產生的譯文怎能纖毫不遺地表現出原作的神韻和意境？

一個譯者應該明白自己的思想，性格以及所處的環境，而他所翻譯的最好也是限於那些和他自己的思想，性格以及所處的環境大致相同的作者底作品。再，如果自已覺得對於小說最感興趣，那就專譯小說；如果自已覺得對於戲劇最感興趣，那就專譯戲劇，餘此類推。唯有這樣，才能理解所譯的作品並顯出自己的特長。俄國丘科夫斯基（K. I. Fchoukovski）說得好，「優伶是依自己的性格而擇定扮演的角色，同樣，一個譯者也該依自己的性格之所適而擇定所譯的作品。」要是今天譯小說，明天譯戲劇，後天譯詩歌，那不但不會獲致理想的成果，並且又易陷於「三脚貓」之譏呢！

這裏，我們再來談談複譯問題。所謂複譯，便是對於某一作家的同一作品底第二度第三度……的繙譯。像這種事實，在國外的確也曾屢見不鮮；就拿托爾斯泰的「阿娜．克理尼娜」（Anna Karenina）一書來說，據筆者所知，其英譯本就在五種以上，例如 Oxford University Press 版本，Modern Library 版本，Everyman's Library 版本，此外還有其他書局（名稱已忘）出版的托氏全集中的「阿娜．克理尼娜」的譯文。關於這種複譯，以前生活書店刊行的「文學」上就曾經竭力鼓吹過。不過，筆者總以爲：並不是一切的複譯都應不予選擇地加以嘉許，主要的還是應該取決於複譯者的動機。複譯的出現，根據筆者的意見，大概不外乎：無意的和有意的兩種。無意的複譯是因爲譯者無法統覽國內所有的文藝出版物，因而他所繙譯的或許早就有人譯過；可知這種繙譯的動機原很純正而是無容我們厚非的。還有一種是因爲不滿於早出的譯文而由自已再來一下，所以倘使牠眞的能夠糾正前此的譯文底錯誤，那不但對於粗製濫造的譯文具有某種擊退和懲罰的力量，並且還足以促進整個文藝的進步。一種却是利用別人已經絞過的腦汁，僅僅對那早出的譯文加上幾個不必要的更動；像這種剽竊式的複譯，不但無補於實際，抑且助長了文壇上的「取巧」風尚，使一般連原文都看不懂的人也來一下所謂繙譯。所以這種複譯是無論如何不値得提倡而且又是無法獲得我們的同情的。

關於繙譯的論列，到此爲止。我不是一個什末繙譯家，所以根本就不配討論這一問題。祇是因爲有鑒於國內繙譯文學的消沉，爲中國文壇的前途着想，也就忘掉了自己的譾陋，提出這一嚴重的問題來喚起大衆的注意；同時，爲了要使這一文學的奠基得以垂遠並使不久的將來在我們自己的創作裏能夠看到那雖融合外來文學的影響而却具有我們自己民族氣質的內容和形式起見，特又提出如次的幾個建議，藉作本文的結束。

一、希望國內的文藝刊物多多揭載譯文並出版專載譯文的雜誌；

二、希望嗜愛繙譯文學的人能夠組織一個堅强的團體，以鼓吹倡導繙譯文學爲職志；

三、希望各大書局能夠特約名家往事國外作家的全集底繙譯並迅速刋行之；

四、希望忠於繙譯文學的人一方面能夠努力研究本國文學的運用，一方面不斷地試譯別國的名作；同時，更須切實注意於各人試驗的成敗並檢討其成敗的緣由。假使研究和實驗並進，那末，中國的新文藝無疑地是有一個光明燦爛的前途的。

八月廿一日寫完。

冒前與故失

應寸照

——詩論百題二章——

歌唱者有對某一支曲子異常純熟之後，他可以任意冒前，也可以隨心故失——也是說，他不妨在固定的時間上保留若干伸縮——再換一句說，他能够在某一個音符正當落拍之前，他就先事將那個音符所歸的字句呼叫出來；也能够把同樣字句的聲響，抑制在音符點落以後的時間當中發出。

不過，這種做法在形式上彷彿是不規則的，任性的，野蠻的，我們知道，如果歌者都可以把樂人的作成之譜，隨意塗抹，這不是還不如不要曲譜的好嗎？因爲大家都可以自作主張時，那似乎會使合奏的各種樂器陷於淩亂之境的。但是實際上，實在也少有這種事象發生，除了某幾個樂器演奏者的不純熟，或歌唱者還沒有將這個歌曲練到相當的程度之外我們也常有發見並不討厭的冒前或故失的。

不敢冒前，也無能故失的那種「按步就班」的做法，在他做到頂美滿的境界之時，我們僅覺得「無懈可擊」而已。要能够冒前故失的，才可以聳動人家的聽覺。只不過問題是在於你究竟是否純熟，要是你對所唱的歌曲尙還沒想相當純熟，也想這末做了的話，則那個情景便一定是不堪設想了。

無論冒前故失，那一定是當在短促險要的境地當中顯示出來的，這是不要讓發出的字句聲響被同時點着的演奏聲響所掩蓋，它並且可以表示在悤促倉猝之間，還有其餘裕，還有其迴旋伸縮的餘地——使在一處節拍之間的音符，每個都見得有漾溢，豐滿，生動活潑的氣象。

在沒有冒前或者故失的字句，當着音符的正面迸發之際，那除了着力重嚮之外，總是難見凸出。而在冒前故失的定隙透露之中，只須輕輕點出便能嗎絲毫淸晰，聲韻畢顯。——與其豪奪，毋寧巧取，此中意義，亦不過如此罷了。

細碎一些的說，所謂冒前是把應呼的字句比樂譜超前半拍或二分之一，以至四分，八分之一。而故失也便是在同樣的時間之內使字句落後。但在冒前之後，仍須故失；故失之後，又必再要冒前。因爲這樣，才可以使連下一節，不至脫環。你若果只做一端，那便要成爲沒有校準的幻燈一樣——一片糢糊了。

還有一層，冒前故失，它僅止於偶一爲之的事，它不能自始至終都是這樣，我們也知道全部冒前，那必然要與原譜分裂；整個的故失，這簡直便是「跟不上的小鑼」了。

上面所說，限於歌唱一面的事情，讓我說一些身體運動的事，以作倍襯：

聽說一萬公尺的長跑競賽，老於此道者，總不肯先露聲色，只見他懶洋洋地，鬆散着骨節的樣子，同有些精神抖擻的競賽者相較起來，像見得巴望極少。可是你不防着他在半程以後，就能看見有些起步昂爽的選手們，似乎在向他的途程之上縮了回來。也許那位老手，忽然與那些同伴，取得並肩之勢。於是在最終的一段，只見同跑者們，一個個都零零落落的退向身後去了，他便從容佔先，達成了願望。

又聽說鬥劍之局，有一方技能較遜的，則另一方面便可以虛挑戲撥，「游刃有餘」，做了以外的事，仍得以把持勝利。

詩雖不同於歌唱和競技，但也有冒前故失，如能在侷促險峻的情勢之下，還有迴旋的餘地，它便不大受有格律節奏的拘束。但要是處在矯健不足，情詞生澀的情形當中，也出此做法，那便貽害無窮了。

回頭說來，我們自覺得「游刃有餘，」「當然最是得手，但如果有落於「跟不上的小鑼」之境地，那便遠不若「按步就班」來得平穩可喜。這裏面的取捨得失，要在於自知之明的啊！

詩之推敲

推是默移，敲是撞擊，推是安詳的動作，敲是響亮的行爲；推好像是無所攪阻而出於僅求自解的做法，敲則要求客觀的驚覺而期得感應的做法——這門是沒有拴着或扣着時，那只要推推就行，它如果是門閉了的，則非要有更求聳動的措施，便不能獲到効果了——那是一定的，你敲了幾下門後，裏面的人就給你開了出來，你若在深夜裏輕輕推着，也許推到天亮，仍舊沒人理會呢。

還有推是顯示那處地方的破落荒涼，只有些斷缺的牆垣，虛掩着的破門，其情況的慘落毀敗是一種局面；而敲則是告訴着這裏無論是怎樣的冷靜吧，它總得有自己以外的一個伴侶的存在——因爲沒有自身以外的人處於這個被敲着的門的裏邊，你立時可以知道這事情沒有必要了——這是又一種的局面。

又還有被推着的門，是不大作聲的，頂多是輕微的「伊呀」一響，而被敲着的則便激揚了，它這便佔據了一個較大的空間。概括言之，我們覺得推是暗啞的，敲是醒朗的；推僅有自覺，敲可得呼應；推是消極，敲是積極，推係保守，敲乃進取……

這樣的話，也許是有些說得滑溜了開去了，我們或者要想，假定什麼都是敲勝於推的，這世間是不是將會有敲無推的呢？是不是推窗也要敲窗，推車也是敲車，推算也當敲算的呢？——如此說來，還成何話？

我們所說的是詩的推敲，也就是說詩有時要重視一個字的出入。那一個字它佔有空間的地位較寬，呼應的氣勢較壯，象徵的効果較深的，我們就當使用它而捨棄不及和疲弱的別一個類似的字；並且，它還要求其在情景上面之相稱與貼切。如果在情景上別有所需時，我們自然也不妨不敲而推，因爲在特有的機遇中間，敲之所有的，也有全給推所佔據，於是敲之舉止，反而成爲鹵莽，敲之音響，顛倒變做喧擾，而它的身價亦即隨之低落，也許便一時上沒有它的立足之處了。

光榮是要在時際上面成立的，推敲亦並不例外，推能得時，推即是敲，敲若失勢，敲亦是推，在這種地方我們當然不能「膠柱皷瑟」，要在於系統的條件之間定其取捨——否則我們爲求它呼應，就該用「喇叭」，爲了要使它響亮，何不用「砲」？——那眞是愈說愈不像話了。

詩的推敲，實在也可以說是修辭以外的一種奢求，修辭的要求僅止於正常，而推敲則要在正常之外獲得出奇的功能。但這種事情多在詩之成立以後，才許進取，並不是只憑推敲，便可成詩。

還有推敲之者，是指兩種相差不多的動作，也就是說它們的趨向，當具備若干共同之處，你如施用不當，推之者乃竟挽之，則這個事情的結局便不可想像了。

詩底構成，推敲不能當它是怎樣重大的事情，但我們要抹掉了它，則會使我們將更優的成效失落的。但不過推敲只是推敲，它不是鑲嵌或者堆砌，它不是在推的上面敷一些上去，也不是將它括削掉一些。那只是甄選，不是搪塞，只是挑剔，不是拚接，它是餘豁而不是不及。也是說，它在有可挑選的時候，才得挑選，沒有可挑選的，它還是詩的本身之事。

總之，推敲是詩之部分的設施，它在適宜的使用上，能令詩的本身增强效果。

文藝泛談

嬰實

我對於文學，簡直是外行，有時寫寫文章的原因，也簡單的可笑。我只知道自已認識幾個字，偶然有點感觸，就把所認識的字編排起來，有時也還像一篇文章。但有些朋友們竟會批評我，說我中了什麼性靈派流毒，其實，在我眞有點茫然。我期待着別的偉大的作者多給我們一些偉大的作品，可是，能够讓新進的青年，說幾句老實話，流露一點短刃似的鋒鋩，多少還帶一點天眞，未嘗不可以原諒的罷。

本來，藝術——現在我們專談文藝罷——應該是時代的反映，離開了時代的文藝，是不見得有什麼價值的。我們生在這個時代，除了我們的血已經冰冷，總該有一切困難的感覺，因爲事實上已經不容許我們關在象牙之塔裏面來粉飾昇平了。也許爲文藝而文藝的作者有點不以爲然，但，我總覺得文藝最少還是一種工具，一種做時代先驅的工具。假如閉了眼睛，忘記了大衆的饑寒，忘記了民族的苦阨，儘管自拉自唱地替風花雪月做歌頌，未免不近人情，而且大衆也不需要這種文藝。

可是我們不談文藝則已，談到文藝，就不能不觸及技巧問題。同是一句話，有的說出來非常令人感動，有的却令人聽之無味，這，這是什麼原故呢？當然這就是技巧不同的原故。

於是我又有點苦悶的地方，文人的遭際，最好是不平凡，就是在平凡的環境中，也需要體驗比較複雜一點的生活，好像這是頗合理的。不過，這可又成問題了，社會對女性的限制，是嚴厲得可怕的，平凡的生活，就是女性安分的歸宿，假如過去有一個女性的杜牧之，或是現代有一個女性的郁達夫，那才會成了社會的奇譚呢！雖然生活的複雜，不一定專朝這一方面想，但女性多數被限制在小小的活動範圍裏面，終歸是事實。我說這些話，全是實情，你們不能不相信，這對於寫作時，尤其是女性作家，在運用技巧方面有很大的影響。

唉，時代的洪流，使人們由興奮變成失望，由恐怖覺着悲哀，而另一方面，則文人的口，常常不能暢吐所想說的話，必然的結果，就是逃避，或是寄情於另一情境。因此，我希望現在的文藝運動，應該把握住幾個必須具備的條件：

一、現在的文藝，不必口口聲聲提到愛國，國難，救國，這些名詞，而要有相當的技巧來表現這幾種意識，才是最動人，最有效的方法，才能完成文藝的使命。

二、我以爲題材並不是一個問題，因爲任何題目，都可以滲進比較重要的意識。不一定要有鮮明的題目才可以描寫。我相信，只要反映時代的文藝作品，無一不是和國家息息相關，這裏並不需要有絲毫勉强的成分。

三、我們應該把描寫範圍推廣一點，我們要把一切生活中的痛感，例如失業，饑餓，罪惡，以及無恥的奸商——等等問題，很巧妙地把牠們綜合起來，儘量的暴露，使大衆明瞭一切災難發生的必然性。

四、我希望現在的文藝，不僅是着重一切災難情形的暴露，尤其要正確地指出解除一切災難的路線。可以一般作者的任務，應該是提起大衆的精神，鼓起大衆的勇氣，激發大衆鬥爭的情緒。此外就是注意現實的描寫，由個人的敏感以大衆的苦悶，都應該成爲描寫的重心。這樣我不相信有缺乏材料的危險。

上面所說的，只不過是提供了我幾個比較重要的意見，其它只好陸續的討論，陸續的補充。

這些事情，似乎還在建設理論的時期，但僅僅是理論是不够的，我希望熱心討論的朋友，儘量地把自己的「貨色」拿出來，也許最初不一定能够產生什麼成熟的作品，可是我們不必過求急就，只要大家走的路線不錯，只要大家肯努力，只要大家記着文藝的時代使命，當然不會沒有成就的。

外行人說的外行話，請別見笑。

光化信箱

編者

關心本刊一切友人們，本刊經過二月多的籌備，方始得今日出版。錯誤之處在所難免，至希指政。

紫燕瑩洲，兆河先生：本刊暫時不擬採用新詩。

斐覲允，其艸，音茹，似齊，高穆蒼萃，楊劍花，姚守成，野軍，掃蕩，銀絲，中成，栩雯，宋尙冉諸位先生，大作均已收到，甚謝，一俟審查之後，再行函覆，知關錦注，特此先白。

向雪先生：尊意欲組織「光化文藝社」，我們也早有這動機。可是組織社團，實爲麻煩，且恐良莠不齊，諸多阻礙，我們現在擬先從友誼下手，不拘形式的作朋友，將來人多了，再看情形如何，若有實在需要也是可以組織，暫時還說不上。

有若先生：文學者大會代表人選，向來不曾關心，今年滬上人名單無從知道。

才渙先生：你所舉出一些取材方法，我們也是想到的，並且決心照那樣的辦，辦得好不好，那是另外的問題。

占雄、華堂兩先生：本刊不代人訂購書籍。許愼先生：「黎明」是蚌埠文藝社出版主編是錢弱草先生。

看書偶記

柳雨生

一

拙著『海客譚瀛錄』第九，題曰『箸』，去歲在雜誌上發表之初稿爲：

> 食物亦用箸，箸多較吾國爲短，且略寬扁，木製。未用前，二木微連，置紙袋中，書御箸兩字。用時，去紙以箸左右半分，始相脫離，紙袋中常附牙籤一枝，更有小紙條，上多吉利語及格言。昔有留學生某，不明箸之用法，取而攔腰折斷，遂成笑柄。然誤用者甚多，讀某君文中，亦嘗自言之，初不祇某生一人也。日人好潔惡臭，故木製皆潔白美新，値又甚便宜，一用卽棄，不虞取用之偶或盡竭也。

刋出不久，即獲實藤穗秀先生來函，謂拙文所述之箸實爲客用之箸，普通家常用箸，決非如此，非但不寬扁，亦不微連，亦不限於木製，且亦未必一用即棄，蓋與中國之箸，並無顯著不同也。實藤先生掌教早稻田大學，近十餘年來精勤蒐羅中日兩邦交往史料不遺餘力，即吾華儒所著之旅日遊記，所藏亦達數百種，蔚爲大觀。對於拙著，於其所作『所望於日本研究者』一文中，譽爲『極佳的記載，但對日本的箸方面，似稍嫌不足。』讀之惶悚莫似！今夏編『懷鄉記』書中收譚瀛錄一文，首句已改爲：

> 食物亦用箸，旅舍飯肆中所用者多較吾國爲短……

或亦可以無大過矣。惟箸形如彼，仍是日本之特產，吾華罕見者，則旅人偶記，倘亦實事求是者所許與。

二

『海客譚瀛錄』第三十二『幽趣』，記云：

> 公度（黃遵憲）又有詩云：『滿院桐蔭夏氣淸，汲泉烹茗藉桃笙，竹門深閉雲深處，盡日惟聞拍掌聲。』注曰：『喜園亭，貧家亦花木竹石，位置幽而雅。門常設關，行其庭，闃然如無人者。余嘗訪友，筆談半日，不聞人聲。呼童烹茗，亦拍掌而已，使人翛然有出塵之想。』此語亦甚確當。予在東京時，訪友未値，其寓在鬧市之背，甚靜僻，門扉緊閉，微露燈火而已。過京都時，獨赴吉田方覓親戚李君，該地有一神社，紅垣綠樹，饒有幽趣。李君寄寓人家爲房客，所居傍山，庭院闃然，屋宇係舊木所構，雨後階石有薄苔，落葉無人掃，

似可入唐人詩境。

當時因讀公度『日本雜事詩』，曾兩引其文。而淸光緒六年王之春著『談瀛錄』，對日本家庭之事，記載極詳，惟多承襲公度，如云：

尤喜園林，貧家亦花木竹石，位置幽雅。余每至各東人家，門雖設而常關，行其庭若闃然無人也者。客至則出寒具或呼酒漿，出妻子跪獻盤盞，雅意殷殷。筆談半日，不聞人聲，呼童賚茗，則拍手即至。

而公度原注中，亦有『客來必出寒具，或呼酒漿，出妻子跪獻盤盞殷殷之意，可感也』之句。事既相同，文辭亦復相倣，必非偶然者矣。

三

傅雲龍之『遊歷日本圖經』餘記中，光緒十三年十二月二十七日記云：

自西京至此（大阪）七十八里，逆旅輒患人滿，投中島一丁目第一號之自由亭，與西人狎，而中國人前無宿者。

而葉松石（煒）所著『夢鷗囈語』，成於光緒七年，已云：

光緒六年庚辰夏秋之間，煒避暑浪華江（大阪之別名）之自由亭。

其『煮藥漫鈔』復云：

余以光緒六年夏，重游日本，滯大阪十閱月，辛巳暮春，再客西京，忽患咯血疾，就醫葛野郡，既而還大阪，養痾自由亭。

更前，則光緒三年十一月丙辰（五日），首任欽差日本國大臣駐（日公使）何如璋（子峨）亦嘗於其『使東述略』記其由神戶至大阪云：

晚宿於自由亭。

則傅君所謂『中國人前無宿者』，語非甚確。實藤先生於此考辨甚勤，排年釐比，又著有明治日支文化交涉（光風館），中國人日本留學史稿（日華學會）諸書。與豐田穰君共譯黃公度日本文雜事詩。

讀「思痛記」

紀果庵

暑假中知堂老人寄贈「書房一角」一冊，雖然天氣那麼熱，這樣好書，也還是用兩個午後讀完了。有的是已竟拜讀過的，如棄下叢談，看書偶記等，但重新讀一過也有不少新收穫；關於江寧李小池的思痛記一書，先生已提倡了許久，我却是不會買到，書架上只有鴉片紀略，而且是「內亂外患叢書」的排印本，現在尙是壯年，不意晚間在二十五支光燈下已不能讀新五號字了，對於非在睡前雜覽一小時才能安然入夢的臥讀主義者，這眞是個很大的威脅。不過現在書價則是報紙印本漲得頂多，刻本尙稱便宜，有錢沒錢不必提，總算個福音罷！書房一角記此書云：

「李小池著思痛記二卷，余於戊戌冬間買得一冊，於今已四十餘年矣，時出披閱，有自己鞭尸之痛。李氏別種著作，亦曾着意搜羅，見思痛記尤欲得之，至今已有三冊，新舊稍不同，內容則一。……洪楊之事，今世豔稱，不知其慘痛乃如此，……往日嘗讀魯叔容虎口日記，楊德榮夏蟲自語，李召棠亂後記所記，覺得都不甚奇，唯此記殆可與揚州十日記競爽，思之尤可畏懼，此意正亦不忍言也。余收集思痛記已有四冊，本意亦擬分給他人，唯解者不易得，故至今未損一冊，前曾借給胡適之君一讀，不知其印象如何當時不願追問，適之亦是識者，想亦以此不會給什麼回答也。」

揚州十日記是讀過的，差不多有十幾年了，去年在書店遇到商務本的痛史叢書，專收晚明野史，二十餘薄冊，索至四五百元，未敢即收，如今恐又成便宜貨矣，然思痛記迄不見，江寧乃太平亂事之中心，李公又是本地人，而其著作零落如是，兵燹之可畏，殆又不獨洪揚了。因爲先生有要分贈他人之意，在寫去的信上便道其仰慕此書之情，這不啻向人張口索贈，殊爲未合，但在旬日之內，就收到先生的贈書，且有函云：

「……思痛記至去年止已得有十一本，曾以其一分贈松枝君，由其譯爲日文，而多被抽禁，儘零星揭載於刋物上，未嘗單行，今當以一冊奉贈，日內即當付郵，即是第十一本，以爲敝書房收集此集之紀念。此後如再有所見，仍當自十二本起，繼續收存也。此記不可一讀，但讀之亦實難過，揚州十日記非不會有，唯那裏有一個洞，可以出氣，即是種族觀念，此則全是自家人幹的事，張（獻）李（自）的紀事多是統計報告，或又年代久遠，故印象亦不同。——看了只是悶極，難怪胡博士借閱後見還，不作一語批評也。」

關於洪揚的紀事頗不少，近人大致如先生所云的「蠱說，」實在看了太平詔旨和種種宗教上非驢非馬的儀式，已經感覺有些不像成功的帝王了，這大致總是與中國傳統的思想生活習慣不相吻合之故，斬蛇起義鬧玄虛說讖諱的平民革命者，也只能把這些迷信作爲臨時手段而不可當作百年大計的。至於民族觀念的動機，這裏是略去不計，而完全從事實上來估計其價値也。爲某一觀念所蔽有時也是危險，可以使人混淆黑白甚至短視，對於太平軍之估量，是否吃了這個虧，這裏不敢武斷，然那時人民之得不償失，則是的的確確的事，不能隱諱的。昔讀汪悔翁乙丙日記，似頗右袒洪軍之濫殺主義，以爲其法律除殺以外無他罰，實爲治亂用重之典型，後來曾公戡定亂事，亦甚得力於申韓之道云云，此意見淺識亦無從置議，唯用之於部曲或者可以，用之於百姓，不無使人戰戰兢兢之意。生物還是好生，不願看見屠殺之慘也。思痛記下卷第三頁云：

「十九日汪典鐵來約陸疇楷殺人，陸欣然握刀促余同行，至文廟前院，東西兩偏室院內各有男婦大小六七十人，避匿於此，已數日不食，面無人色，汪提刀趨右院，陸在左院，陸令余殺，余不應，以余已司文札，不再逼，而令余視其殺，刀落人死，頃刻畢數十命，地爲之赤。有一二歲小兒，先置其母腹腰截之，然後殺其母，復拉余至右院視汪殺，至則汪正在一一剖人腹焉。」

民國二十四年知堂翁作「關於活埋」一文曾徵引此文，有云：

「光緒戊戌之冬我買得此書，民國十九年八月曾題卷首云：『中華民族似有嗜殺性，近三百年中張李洪楊以至義和團諸事即其明徵，書冊所紀錄百不及一二，至今讀之，猶令人悚然，今日重翻此記，益深此感，嗚乎，後之視今，亦猶今之視昔乎？』」

此所慨嘆，眞是極悲天憫人之至。可惜是不幸的我們老展轉在戰亂時代，想起古人之所謂不知兵，殆是可望而不可即矣。洪揚殺戮之慘，實尙不止於此，如同書卷上十八頁云：

「殺戮之慘，蹂躪之酷，無日無之，筆難盡述，姑略言以見其概焉：其被擄之強壯者，以白刃逼令居前隊，當矢石，無論矣；弱者存活，十不二三，餘則或亂槍戮死，亂刀砍死，或帶活剖腹摘取心肝，或繫首於樹，積薪胯下焚灼；若火槍擊死，怪刀殺死，猶死之善者。婦女貌陋者亦多死，美者至沿路逼淫，力拒慘死者十之六七，或帶至賊館充貞人，少違意，使衆賊輪姦，至憊極而復殺之。有賊目汪典鐵喬巴眼者，俱楚南人，尤殘忍嗜殺，汪擄一婦，及其五六歲一女，留館多日，忽詭稱送其婦及女回家，婦欣然，使女前行，婦居次，汪賊提刀以隨，才行數十武，忽向婦頸後力砍一刀，婦仆哀求，再一刀，頭落，置頭女肩使負回，女力不遠倒地，汪掖之起，舉刀向女顖門盡力劈之，立斃，狂笑而回。喬賊一日擄數人至，慮其逃逸，設毒計以警之，乃遞刀與其同伴，使互相割耳，逼令自食，內一人不割，喬賊曰：汝不欲割渠邪？渠爲汝何人？實告則赦汝，其人曰：渠我叔也，曰：汝不喜割渠耳，或喜殺渠頭，乃另喚一人，曳渠叔辮髮，使跪地，與刀，令砍之，謂如不砍，即砍汝，復以他賊刀擬其頸，其人寧死不應，喬怒甚，立殺二人，更皆剖取其肝，即使同伴者捧入炒熟，衆分食之，荒淫穢惡，不一而足。……各館有私逸者，追回必殺，殺時衆賊爭先取刀，一若以殺人爲極樂事者，間有不殺，必割耳剜鼻，或來鍼五六枚，就其人兩頰或額上，刺『太平天國』『眞心殺妖』等字，塗黑水使透入骨，謂之切字。……」

大致我們在心理上可以說這已近於變態的發狂。我常感覺到人是最不可靠的生物，雖然說是具有理性，這理性也是被驅遣於比獸類更野蠻的慾望之機會爲多，說一句文言，正是足以濟惡耳。戰爭便是搶奪與佔有，瘋狂之下，「殺妖」之意識化爲一味殺人，把婦人的脚和乳堆成山飲酒作樂與此處所云烹肝而食皆是平常人難於想象的。而一時竟使許多人都有這種稀有的嗜好，恐除去天性之外，正有環境與情緒的感召之力在內，使人不得不懍然自危者也。陸疇楷本是落魄不成才讀書人，在軍中掌書記，李氏記其行動曰：

「是晚賊敬天父後，將寫文書，與僞侍王賀金邑攻破也，陸疇楷蹲踞椅上，李賊坐其旁，呆置紙筆黃封套，又一長刀，裹以綠綢，陸賊殺人具也，各有小賊立其旁裝水烟，他賊亦團聚以觀，陸賊手拂黃紙，提筆苦思，良久，寫一二十字，不愜意，則扯碎入口，爛嚼唾去，如此者三，余立他賊後竊觀之，一賊曰：爾敢來看，亦能寫否？應聲曰：能。陸賊怒，取刀來擊，李賊詢爲誰？賊曰：老周。曰：渠旣能寫，即令渠寫，曰：汝來試寫幾字與掌書看。……」

頗畫出一個無賴文人的樣子，也是不可多得的好文章。此人吸食鴉片，又擄了好幾個女人，倒有點像民國初年的軍閥。

黃淸憲先生（崇明人）半弓居省墓日記記戰後蘇常一帶殘敗之狀，前曾由徐一士先生徵引，此亦思之可痛之事，現在不妨拿來再抄一二，以爲李氏所述之續篇也。

「初十日（同治三年五月）日加午至太倉城，城外民居盡爲灰燼，余由北門入城……流連半時，仍出北門，登舟沿城隍至西門，於時天陰無日，河中無一船往來，兩岸無一人行走，但見頹垣敗瓦，叢薄紛如，雉叫鳥啼，駭人心耳，蕭森之氣，懍於深秋……。」至崑山云：「平明由東門繞城行至西門，俟開城，舟人入城市菜蔬，余同往。見城守者露刃左右立予緩步前行，而亦無譏查者。行二里許，無物可買，人迹罕見，淒涼景況，更甚於太倉，城中舊時試院及熟遊之地，盡爲瓦礫之場，學宮大殿僅存，餘悉爲茂草，……徘徊久之。出城，舟行，……由關而西，見兩塘，茅草蒙茸，白骨滿地，敗壘縱橫，絡繹不斷，荒村中怪鳥哎咯，人烟斷絕，情景殆不能堪！……」蘇州城內云：「徐行至玄妙觀，見吾鄉鐵竹道人所繪三淸殿羣丐棲止其中，丹靑剝落，像設不知何往，……自閶門至觀中約三里，滿望皆瓦礫場，道旁間有架草棚爲貿易者，往余讀史見所言亂離景象，每爲憫然，不謂今日乃親見之。」記常州尤痛切云：「常郡江蘇之大郡也，六街三市，車轂擊，人摩肩，——烏乎盛哉！及今觀之，其人民無有也，幸有存者，則衰老者，孤弱者，疾病者，斷肢體者，孿瘻而蹣跚者，鳩形而鵠面者；其棲身，則敗舍者，柴棚者，土窟者，沿途而僵仆者；其餬口，則糠粃者，藜藿者，死尸肉者，有數日而不得一咽者。而行其野，則瓦礫也，蒿萊也，白骨也，敗壘而叢葬也，野獸而怪鳥也，數千里無人迹，窮目力無林木也。日過中而鬼哭聲已啁啾，日方落而燐火已絡繹也，嗚乎，何一衰至此！」

此所述雖離今日已逾五十年，然其經驗似並非生疏。歷史就是這樣，使我們覺得新奇而實在並不新奇。甲申八月尾夜雨燈下寫完校畢，忽又想起韋莊的「秦婦吟」。所說「內庫燒成錦繡灰，天街踏盡公卿骨」二語，竟使韋公在臨死時尚不放心，囑咐兒子不要發表，於是在敦皇石室沈藐千年。可見戰亂之慘固是可憐可畏，而能老老實實紀出，則尤爲不易，於此，不免感李君之書，尤爲難得矣。這兒還是用了周先生的話：「此意正不忍言也。」

讀日本小說選

郁風白

適值去年大東亞文學家第二屆會議之前，章克標先生編譯的「現代日本小說選集」，與潘予且先生著作的「予且短篇小說」，同時出版印行，殊覺得有意義。

「予且小說」，曾獲日本文學獎賞一節，是題外話。這裏要介紹的是；章譯「現代日本小說選集」第一集的內容，並附記讀後感想。——關於章譯「選集」，出版以來，將近一年，似未見過批評文字。今年暑天意外的閒散，看書消夏，乃得讀完三百二十五頁的一册選集。以下所記，當作讀書隨筆可也。

× × × ×

選集總共十五短篇，包括橫光利一等十五位日本現代作家。茲分別將每篇內容，作簡單敍述於後：

秘色　橫光利一著。本篇寫出身寒苦性情怪僻的矢代老人，一日，他虔敬而感奮的偕同老妻參拜神宮，矢代老人看到莊嚴的神宮，一路森森的松林，有紀律的消防團，都受感動。因而想起自己父親在臨死時大聲罵他：「你是不能成佛的」。但這一天，矢代却是跟了消防團長喊出口令：「立正！敬禮」！在殿前肅然的一淘拜了。老人這時心情愉快明朗。以後再去鳥羽看海。——結構與文字都很閃爍，但何以題作「秘色」，不大懂得。

不開的門　丹羽文雄著。是一篇傑作。記述孀婦會津牧二十年間的非常的悲劇。牧子幼時曾與桑村同學。兩相愛慕。後因桑村家沒落遷居別處，牧子不敢違背父母之言，遂嫁會津春吉爲妻。生子名叫幸彥。幸彥六歲，會津春吉病死。牧子與幸彥就此成了寡婦孤兒。辛苦過活，牧子把一切未來希望寄托在一子幸彥身上。——其時桑村還獨身着，同在東京牧子看桑村爲可以商量的幫手，想有些兒靠托，故與桑村常常接近。幸彥十六歲了，不免疑惑桑村。實在桑村與牧子之間關係純潔。悲劇之發生，是幸彥偷看了母親做姑娘時的日記。其中寫着求學時代之牧子，是如何的愛慕桑村。年輕的幸彥完全誤會，受了恥辱的反撥，寂寞而高傲的獨自出走了。牧子一直等待幸彥回家，經過了二十年，失望了二十年。——寫得文情並茂。

往海洋去　葉山嘉樹着。記敍作者自己爲了兒子的前程，是如何的操心憂慮。字裏行間有慈父的心與愛。作者的貧困，友情的可感。和文學者對時代昂揚的認識。譯抄錄幾句警句如下：

「一點淚當中，包含着無數的思想。」

「不中用的無聊的父親，是爲給孩子接木而已。我是澀柹，而在孩子的枝條上，可以結出甜柹來的。」

「祖國是由青年人來實現那個夢想。老的朽去。」

葉山嘉樹這一篇「往海洋去」，態度極其誠摯。思想深刻而明朗，是强有力的作品。

山師　中山義秀著。在字數上，這是中篇。寫鄉村小學敎員鵜飼，厭倦執鞭生涯，做了鋸木廠的小商人。有錢時候，歡喜狎遊，特別傾倒於能唱「三十三間堂」的名曲的藝妓阿柳。鵜飼失敗之後，非常狼狽，被人嘲笑冷淡。於是失蹤。潛修神代傳下來的鎭魂歸神之秘法。七十餘日成功。大修廟殿，組織禊會。一時善男信女風從，甚之藝妓阿柳也參加着祈禱。成了敎主以後的鵜飼，還是遭遇人間挫折。後以秘法傳給自己盲目女兒。——情節很是複雜，寫宗教方面各種規矩法門及修鍊經過情形，極爲精到。對日本佛教各宗派缺乏研究理解的人，是絕對無能翻譯。

大學生　林芙美子著。描寫日本大學生的風度，思想，生活，心理，性格，以及抱負，筆致玲瓏活潑。出征場面，刻畫得非凡的悲壯而熱烈。是一篇「不技巧而是技巧」的極其新穎的小說。

在山峽裏　火野葦平著。以中國人的立場讀這一篇小說，情緒上是不免引起異樣的感應。內容是這樣的：作者在戰區，受了大部敵軍襲擊，當最危急之際，拔刀躍入羣集的中國兵中間去，結果斬殺中國兵九人，自己受傷。有如此的神勇，完全歸功於少年時精習過劍道。傷癒以後，想起老師鳴譯彥馬。（劍術先生）於是至誠至敬特地去拜訪，豈知老師已經故世幾年。作者乃祭掃老師之墓，並爲之立墓碑。

枯木　舟橋聖一著。內容敍述男主角俊的母親，與女主角春的母親，二人之間，有過深刻的不快。因之俊與春的婚姻，顯得悲觀。一日，俊與春去山中，拜望養病的母親，二人都懼怕母親堅決不許。但一個月後，俊的母親終於死了。——這一短篇，作風非常新鮮，文字簡潔。

解冰期　大瀧重直著。看來作者是在北滿服務的。小說中描寫北滿的寒冷荒漠的風光，筆致很是凝鍊。內容記述作者與農民，村長，屯長，譯員之間關於職務上的交往。側重之點，是作者善意培植忠誠的青年劉森一事。結構略嫌繁瑣。

風車　壺井榮著。這一短篇描寫一個五歲一個七歲兩個孩童的生活簡直逼眞。五歲的是男孩，七歲的是近乎盲目的女孩。做母親的，對自己兒女的關心，特別對近乎盲目的克因的憂慮與愛憐，寫來婉轉動人。

幸運兒　荒木巍著　本篇寫研究癩病的高米太郎，因工作上很少進步，乃從事於醫學批評之寫作。以其議論潑辣尖銳，竟意外的成名。經濟寬裕了之後的高米太郎，生活變得浪漫，寫作漸漸馬虎。假使無所動靜，高米的徐徐沒落下去必將是定命。但幸運的是高米被徵召出征了。高米的心境；「若得生還，經過死生之間的鍛鍊，必定有所獲得而歸來。」——全篇寫得從容不迫，可以說是成熟的作品了。

鴿　窪川稻子著。記述丈夫買了小鴿回家，妻子飼養。一雌一雄，有時飛去不歸，有時鬥啄，以後還是相親相愛。反射夫婦之間心理感情。——這一篇將它當散文讀，則不乏安詳寧靜之意味。將它當小說看，未免平淡無奇。

蟋蟀　太宰治著這一短篇，形式是出走的妻子寫給丈夫的一封長信。丈夫是畫家，妻子是相當富裕父母寵愛的一位智識女性。他們兩人能够結婚，最初完全在妻子的「崇拜藝術之一念」所產生的力量。畫家未成名時，極其貧困，做妻子的確能安於貧困而不謟不怨。以後畫家發跡了，就前後判若二人樣的變了，是這樣地，失去了清高孤傲，好學深思之風的畫家，變成異常俗氣甚且是市儈化的人物，既會享受，又會吹牛，說謊，欺騙，誇大。對於丈夫的人格的墮落，妻子是深刻的失望傷心。經過好些時候思慮，妻子的心境如此：『自己去求死，像是最大的罪惡，因之決定跟你分別。照我自己所認爲正當的路上，努力去求生活。』這篇小說極富有激動力。讀了可以使人感極淚下。思想高尙，文字幽雅明澈。

冬初　芹澤光治良著。內容：父親是希臘哲學研究者。深秋。同了女兒去箱根看紅葉。父親想起亡妻。女兒回憶旅居在法國的生活。回家之後，父親想對女兒說：「今天起，要和大家同苦，滿足於物質生活，即使消瘦也無妨。」之後三天，便是十二月八號。

日麗天和　宇野浩二著。小說是第一人稱的。可不知道是否是作者自已眞實的事。敍述作者結識一個藝妓，因限於經濟力，未能結婚同居。所以結果是敗於藝妓的經紀人之手。論到結構描寫，都不算壞　。可是沒有什麼意義，引以爲憾。

冬街　上田廣著。記敍龍吉二次接到徵召令後，與老母同去父親墓前祭告。老母沉默愁慮。孩子患着重病，妻子十分辛苦。三日之後出發，可以接見親友。同部隊戰友們都被家族所圍，龍吉孤獨，只是靜觀。——幸而延期，龍吉老母，妻子，次男和患病的孩子，走很遠路，到達部隊得與龍吉語聚。沒有故事，但是寫得眞切生動。讀這一篇小說，很可感覺日本一般國民戰意之昂揚。

×　×　×　×

「現代日本小說選集」第一集內容，大致如上所記。選集沒有序言，也未介紹作者，讀時稍微感覺一些不便。至於章克標先生的譯文，明淨暢達，那是沒話說的。

讀完選集以後，有二點意思想說一說。但不知是否對。第一：日本現代作家所寫小說，在內容方面，都不免乎過於繁瑣。（有東拉西扯之感）可是他們對藝術上的苦鍊的一致，實在使人驚嘆，是不能不佩服的。

第二，有人批評日本文學，不够深遠偉大。說：「日本文學工作者，只是屬於世界的。不是生於世界的。」

這是極難解釋。因爲文學究竟可否超越現實，同時超越民族性，也成問題。

三十三年七月記於杭州明月山莊。

下期佳作

媚霞記——譚雯

「山蛾集」後記

南星

五月。鵓鴣去了，沒有風，沒有聲音，而天色是陰陰。

我看見我的寂寞飄閃在窗外
那些閉了眼睛的樹枝上。

陪伴他而且窺視着我的只有多變化的灰色的雲，它們不肯回答我的詢問，我便開始整理舊日的詩篇。那些舊日的心思在紙上平安無恙，雖然它們的語聲太細弱，它們總是盡了最大的力量招喚我回到山城和鄉野和遙遠多夢的日子裏去。然而「不見」四章永遠是述說着我的心境的：

但我翻開一卷書册，
恍然覺得千百年過去了。

這些生活中的變化多麼可驚，多麼堅硬，多麼殘酷。「我們是互相知道各人每一分鐘的生活的，而今完全隔斷了，這怎能令人相信呢。」我看見HT把這幾個字用他的挺秀的筆跡抄寫在紙上從幾萬里外寄了回來。而那一年的七月他自己終於從幾萬里外回來，和我過了幾個淸晨和午夜，我們那樣地興奮而又惆悵。我們還和他的弟弟和兩個女孩子到郊外一個林園裏去，走在湖邊又坐在河邊，處處是蟬叫。我們各自折取了幾片葉子投在水裏，却沒有太多的話說，因爲一種盛夏中的秋之預感忽然來到我們每一個人的心裏，今天聚合，明天便分散，誰也不知道有沒有再見的日子。那兩個女孩子臉色尤其蒼白而憂鬱，整個的林園也溢着濃重的憂鬱的，HT和我無可奈何地提高了聲音說起將來印書的計畫來，我們的語聲聽來幾乎有些奇異，那時候我就知道連那個小小的印書的計畫，也必然沒有實現的日子了。然後HT便遠行了，匆促得令人不能相信，別離的期間無限長，書信又太稀少，正如他自己所寫的：

一天能有多少
落日的光景，
滿天鴿的哨音，
帶來思念的話語。
瑟瑟的蘆花白了頭，
又一年的將去。
城下路是寂寞的，
猩紅滿樹。
零落只合自知呢，
行人在秋風中遠了。

這一篇詩是就我的記憶寫下來的，我珍藏的他的詩集和我的詩集一起失蹤了。……我聽說有他親手簽名贈送給人的「珠貝集」被標了價放在舊書攤上的時候，心裏重壓得透不過氣來。HT的弟弟沒有消息，兩個女孩子沒有消息，HT沒有消息，我也沒有消息。密爾諾在他的自傳裏寫道：「從一八九八年後我沒有想着你，不過我似乎永遠不能完全忘記。」

HT變得實際了，冷靜了，他必會笑我的愚蠢。

關於也在千山萬水之外的PH我在這兒不說甚麼話了，因為我寫了二十幾篇給他的詩預備另印一個小冊，也因為我說到他便覺得滿心疼痛。PH，PH，這名字讓我在我的紙上寫一萬次。

寫着「啊啊，我的懷念在北方。」的YS平安在上海。一九三六至一九三七年他寫給我的信裏處處是青春的熱情，而其後幾年他遇見的是一些流離，苦難，疾病和迫害，我蠢笨得不會安慰他，然而他寫的詩更多而且心靈更強壯起來了，雖然「好日子，在遠方。」我念誦着這兩行，感覺到了過去未來的一切人類的哀愁。

我的「鄉野人」和「三月」和另外幾篇的主人，那個住在城中的充滿山澤氣味的孩子，現在到哪兒去了？「在那邊的靈山背後埋沒着我們的青春，現在到哪兒去了？」

感謝KA兄給這些過於幼稚的詩篇戴上光輝的華冠。他不常寫詩，而他的散文裏流盪着深沈的詩的氣息。他今年在冰雪中北來，不等春天開始又匆匆南去，幾次短促的會見變成可珍視的記憶，而他在信上說這荒城裏的人都是可愛的，我且指給他我的天空的灰色的雲吧。

作為這小詩集的題名的「山蛾」在我的美好的夢裏。我常常夢見它，也夢見那小小的楊林。「你們也許很難相信我，親愛的讀者們，不過你們若把你們的夢講說給我聽我一定完全相信的。祝福你們。」

一九四四年五月。

論出門

傅彥長

從二十九年四月初，一直到現在，我是一個常坐火車的人。出門的生活之中，愉快的節目不是沒有。像有一次，那一個總在排場裏出出進進的某先生，却只有他自已一個人。又有一次，我正在等待上車的時候，那一個在白日之下不容易會面的某少爺，却一路而來了。在這一種情形之下，能够見到某先生與某少爺，的確是一個而又是一個愉快的節目。

目的地只有兩處，不是到上海，便是到南京。

關於上海，我無話可說。

至於南京，它曾經叫我在感情方面有過一些變化，所以談它一下吧。第一，我的祖母與母親，都是南京人。二十九年這一年之前，我到南京去過若干次，可是却無話可說。現在一定說我有何高見，也不見得。我是一個在上海長大的人。上海人所能寬容的視野，我也看得慣。這一次，先就我的常坐火車這一個節目來開始我的談話吧。我在南京站下車的時候，往往是十分可愛的黎明。

別人怎樣把這一個個黎明來利用，却與我的感覺無涉。那末，我真的能有一個與衆不同的處置嗎？決沒有這樣的一回事。一個一晚不吃東西而又不睡的人，在一淸早所需要的也不過是吃與睡兩者而已。

車站到自已所宿的地方很遠，於是關於睡，姑且放下不提。說到吃，却是有話即長的一個節目。我歡喜孤立地去安排下自已的吃。這一個節目，大多數人都十分隨便。別人派你吃什麼，你就會吃什麼。就是吃好東西，也是食而不知其味。那末，我自已所能安排下的吃，是不是完全不肯隨便？是不是完全不吃別人所派的？是不是所吃的一定是有味的？總括地答來，不然。

老實說，我後來一早在南京所常吃的茶麵，在二十九年這一年，十分可笑，竟無法給它一個安排。尤其是大熱天，我一看見天黑，馬上就歡喜睡在床上。我一睡下之後，決不想看什麼書。燈下的夜讀，我對之更有反感。我有一個朋友，他在白日之下，吃得很少。愈到深夜，他就愈能大吃其東西。我一看見天黑，不但馬上要睡，而且決不再吃什麼東西，連茶水也不再進一口的。上文所說，我歡喜孤立地去安排下的吃，只是這一類枝枝節節的話。

叫我發生反感的一舉一動，別人是否如此，我是不去算計的。一個朋友，只在深夜，纔能大吃其東西。一個朋友在吸烟之餘的唯一享受，就是這燈下的夜讀。與我雖然不合，對於他自己，却是一便。當我不坐夜車的時候，一早起身在我是一件常有的事。我一早所要一吃的地方，其實也十分平凡。只就這一種地方每天一早一定有許多人出現的這一點來說，那末我的每天一早，怎樣給它一個安排，實在並不爲難。

它決不是什麼苦思力索的文化生活。好幾代之前，就有許多人這樣地活過了。這一種十分平凡的生活，在我們有火車可坐之前，早已一代傳一代地存在過。我雖則自以爲能够孤立地去安排下自己的吃。其實它那疏而不忽的範圍，對於我還是一種好感呢。可笑的是，在二十九年這一年並沒有安排下，直到住足三年光景，纔有這樣的一個安排。

民國二年夏天，我從長沙要回到上海。有一個常州朋友要我在常州住幾天，結果竟在常州住了七天之後，纔回到了自己的家。二年與二十九年是一個相當長的距離吧。今年夏天，我又在蘇州住了五夜。這兩次的逗留，我都有極大的好感。想不到住在南京，竟非住足三年光景不可。現在，每一次在南京站下車之後，我總十分高興。這一個世界，好在到處都是好地方。爲了這一點，我以爲每一個人的出遠門，都是大可不必的。南京當然是一個好地方。順便要說及的，像常州與蘇州這兩處地方，當然也是如此。

人是愈活愈有安排的。愈在某一地方過活，就愈不必出門。

活過了三十年，像二年到現在的這一段，在感情方面的變化，一定可以成爲自己的歷史吧。這是不必爲的。不必紀錄的日常生活，一代傳一代，反而不會遺失。而在這種不會遺失的日常生活之中活過一世，也就是做人的最大幸福了。

文章以外

許季木

題目是文章以外，其意義是說本文所寫的，並不與文章本身有關，只是寫些文章以外的瑣屑而已。既不在定出好文章的標準，也不在寫作技巧上發表一通「高論」，關於創作指導之類，且讓那些專家們去執筆吧。

首先，我得假定一篇文字已經完稿了。如果不單純供給自己看的話，總要找一個發表的場所。就我貧乏的寫作經驗看來，寄稿時務須掛號，這是第一要着。我作此論，並不在推廣郵局的業務。却爲了兩個理由。第一，寄掛號信，比較鄭重，至少可以表示作者珍視自己作品的微忱，連帶也可引起編者的注意。其被擲進字紙簍的成分，想來要比平遞稿件少得多。第二，或者說是筆者的偏見，覺得退稿並不可慮，因爲稿件爲了篇幅的長短，雜誌的風格，以及其他原因，退稿是很可能的。在退回以後，往往一處不可用，另一處却正投其所好，不久便付排了。所害怕者，就是不用掛號信寄，應有遺失的危險，而筆者向來不留底稿，懶得另錄副本。倘被錯失，似很可惜，所以我十九連退稿郵資一同寄去。寫到這裏，順筆想起一則關於退稿的笑話，原文是載在以前的某西文報的「補白」(In Parenthesis)欄內的，大意云：

甲：諸大編輯家都在稱道我的文章呢！

乙：爲什麼？

甲：他們退回我的稿件時，総是說謝謝的。

如是云云，正是絕妙的解嘲措辭了。

其次，寫文章須有一定的條件。有時，有了宜乎寫作的客觀環境，窗明几淨，却寫不出一個字來。有時，想到了若干題材，文思湧發，彷彿至少可寫十來篇似的。然而你所置身的地方，不允許你抽紙揮毫。有一次，我在電車中，懸擬了許多題目，有的可寫詩，有的可寫散文，有的可寫小說，當時覺得每篇都可寫上五、六千字——詩除外——。但是在擁擠的車身中，無法書寫，即使不擁擠，在電車中寫作総是不甚方便的。等到我到達目的地，坐在筆墨全備的桌旁時，却不想動筆了。私衷認爲在有好題材，又有好的書室時，當可寫出第一流的文章來。在大半的情形下，不是有材料而無好環境，便是環境好而無材料這是從環境立言，就時間說來，不免有空的時候不想寫，沒有空的時候偏想寫。自覺始終寫不出比較滿意的作品，這一點可作爲一種解釋也。所謂好環境，只在求其淸靜，沒有外人或瑣細的事務來打擾你。假使我沒有記錯，我曾在一本紳士雜誌(Esquire)的選集內，讀到一篇短稿集錦，說原作者撰文時，不時受到外界的滋擾，一會兒兜買電氣掃帶的銷貨員上門了，一會兒家中人喚他去做什麼事了。結果他只能寫成若干未完卷的殘稿。其中有劇本，有偵探小說，有無線電台廣播稿，都只有開端，並無結束，棄之未免可惜，姑且集起來作爲一種闋文看吧，這純粹成爲環境的犧牲者了。筆者於此頗有同感。

至於啓發筆者的文思的，亦即所謂「烟士比里純」者，也許是一齣戲劇，鄉間的好風景，一幅上乘的圖畫，一本好書，（不必一定名著）或者更是一個美麗的女人。另一次我在電車中，見到幾個年輕的女人恕我坦白的說，我甚至想到了一個荒唐而放肆的題目：「談女人的腋毛」，雖然我並不想在該文內寫上一些荒唐或下流的文字，再說談女人的腋毛是否下流，那是另一個問題。最少我在西洋某作家寫的長篇小說賊伯伯（They are thieves like us）內讀到一節描寫，述及一個質樸的少女在洗浴，舉手用毛巾洗拭肘時，站在旁邊的她的男友說：「你是一個多毛的小東西。」（You are a little hairy thing）當時我只覺得原文寫得天眞可愛，並無絲毫不純潔的感覺也。總之我覺得女人，尤其是絕美的女人，在文學上有她的功績與地位，通過作家的筆下，成爲許多美麗的句子的泉源。

現在，我要提出的一個問題是：文章可是一條走得通的路麼？某前輩作家曾提出一個忠告謂：最好在文學以外另外找一件事。再出其餘緒寫文章。這樣做去，生活比較有保障，下筆時心境比較寬泰而靈活，不爲柴米油鹽等的盤算所窒塞，所寫的總可有一二獨得之妙也。語云：「文窮而後工。」爲求文章的「工」，而去「窮」，在實利思想瀰滿社會的今日看來，自然大可不必。即使眞的窮的話，我想也有相當的限度，萬一眞是窮到沒有立錐之地，或如俗諺所說「吃了早頓無夜頓。」我想也勢必沒有心思拿起這管撈什子的毛錐或鋼筆了。至少在肚子餓得發慌的時候連握筆管的氣力都是沒有的。

因此，不久以前，我在一張報紙的副刊上，讀到一篇文字，竭力在捧一位新進的詩人。不禁有些替被捧者寒心。假使這位詩人出身於良好而富有的家庭，我的担心自是多餘的。如果他將來要爲自己的生活謀出路，如果他聽信了這篇文字的褒奬，眞的望詩歌這條路上鑽進去。我覺得寫這一篇文字的，簡直在引他上一條末路了。在資本主義的社會中，詩歌只能成爲有閑階級的一種玩物，絕不能成爲換取「物質享受」的工具。已經具備相當的物質的，固然可以不論，而就須要或缺乏「物質」的一般文學青年而論，尤其指的是想以文學爲終身事業的清寒子弟，實在應該在「文學」以外另尋一條大道的。某一個時期，我替某報副刊接連寫了五六篇小文章，後來在報上讀到報館當局請領稿費的通知時，因爲那天適巧很空閑，便自己踱到報館去。看見領稿費的很多，十九都像中學生，或唸過幾年書的小職員，衣服穿得很寒傖。其中固然不乏利用空閑，寫些文章，換若干元稿費來添購一些文具或書本的。但我想其中一定有某些人，得到了一些薄酬，竟認爲筆墨生涯是一椿可羨的職業，便將孜孜於此了。在文章無用的中國看來，我替他們的前途，是不敢怎樣樂觀的。在外國便不然

・據說著名詩人司各脫（Walter Scott）以文字起家，並置有宮殿式的寓邸云。當時我所領到的稿費，就這時期的水準而言，頗爲菲薄，同時我又見到有這麼多的人，他們對於一元錢的須要比我更迫切。我雖然寫得不高明，不過因爲多寫的關係，文字比較純熟。我想我何必要奪去他們發表的機會呢！以後我對該副刊，便擱筆不寫了。

作家寫文章時，往往有不同的癖好・蒙泰格（M. P. Montague 美國作家）氏在某期的大西洋（Atlantic）雜誌上，寫了一篇談作者（On Anthurs）的稿件，其中有一段說得很有趣：

「這麼有一位作家，在運筆構思之前，要他的黑保姆，把他的腦袋，按摩一小時。再有一位，自己說寫到戀愛的場面，她的屋中一定要有一股爛香蕉味。真的世界上倘使沒有這些小段的軼聞，更加要憂鬱不快了。」

我並不是作家，僅是一個歡喜以文字爲消遣的人。寫作時也談不上說有任何癖好。假使一定要說有的話，那末我寫作時，往往忘記吃飯。通常我在下午六時左右，便覺飢腸轆轆，要吃些什麼了。然而一提起筆時，秉管直書，寫到興會淋漓的當兒，連晚餐都不想吃了。以前我聽過某公的妙論，以性慾解決食慾，其意謂多養育子女，即以子女烹而食之，這自然是一句幽默及新奇成分多過慘酷成分的警語，否則其殘忍性是不堪設想了。就鄙見看來，倘使一般人與不佞具有同樣感覺的說法，在担米萬金的目前，寫作也不失爲療飢的一道。說得確切些，功能延長挨餓時刻，繼續不吃，自然要軟癱得筆都提不起了。只是文章而能換得稿費，在世俗的眼光看來，倒眞是療飢的法門矣。

化

錢海一

什麽叫「化」？改變舊形。

為什麽要「化」？適應環境，或是利用環境。

「化」有幾種？一種是改換舊形而實質不變的，一種是形換而實異的；前者是適應環境或利用環境，後者却為環境所支配了。

為環境所支配的，姑且不談。談的是前一種。

「梁王趙王，國之近屬，貴重當時。裴令公歲請二國租錢數百萬，以恤中表之貧者。或譏曰：「何以乞物行惠？」裴曰：「損有餘，補不足，天之道也。」（見世說新話）乞物行惠，果然是不經見的事，難免遭惑人的譏刺，可是一經裴公申述「損餘補缺」的道理，便覺天道是應該如是的。這個理由，就是一個「化」字，化得好，化得對，就合於天道。

「狄仁傑在武后朝以鸞臺侍郎同平章事，常以調護皇家母子為意。后欲立武三思為太子，仁傑以姑姪母子之喻動之，后感悟，迎廬陵王於房州，唐祚賴以維繫。居位蓄意薦賢，所薦如張柬之，桓彥範，敬暉，姚崇等，後皆為中興名臣。」（詳見唐書）狄仁傑以三朝元老（歷事高宗中宗睿宗）而為武后相，事又不經見者，觀其後來反周復唐的功勳，則其成就之大，又在徐敬業輩上。他明白了一個「化」字，化得好，化得對，就有裨於國祚。

「義和團起，西太后下詔備戰，東南各省以兩江總督劉坤一之發起，聯合湖廣總督張之洞，兩廣總督李鴻章等相約不奉命，與各國領事訂互保之約，乃得無事。」（詳見近代史）以地方大吏不奉詔而與各國領事締約，是又不經見的事，可是保全東南元氣，其功則在一個「化」字上，化得好，化得對，就有利於人羣。

「化繁為簡」，「化難為易」，「化危為安」，「化大事為小事，化小事為無事」，非熟悉「化」字的深理邃義，何能應付此千變萬化的大千世界！

光天化日

章克標

光天化日和青天白日不知有分別沒有。依照字面望文生義的意義以及感覺而言，青天白日來得顏色鮮明，不過光天化日却意外的有些嚴肅之感。

光來自天，光來自太陽，光天乃是輝燿燿的眩眼的天，是熱帶地區白晝間的天。照得人間不敢爲非作歹的晃晃的天。如說白天，白是皎白淨潔，白天的天我覺得比青天的天更可以使畏懼與起敬，所以在白天，惡人也不敢肆無忌憚與恣意作惡。而喊「青天大老爺」要求伸寃的，一定是先有了受寃枉的事情存在，就是在青天之下，有寃枉事件的發生與存在，青天畢竟是輸於白天的。白天、白日、白晝，凡是白的一切，都是潔白無疵的，　都是明朗坦白同白紙一般乾淨的。

白天是如此，光天可以說是比白天更進了一步。鐵燒了紅，像開了血花一般，是赤熱，再增加熱度，再燃燒下去，便發出星一般的火花來，那是白熱了，到了白熱，便有光芒，白天的進到光天，也是如此，也是此理。光天是白天的更加純化醇化，光熠熠閃閃，無一處不照到，即在九幽地獄，也是普照無邊，光天的天，是明朗而且是普遍的明朗　，絕無一些陰翳的。

光天已經說明如右。

再談化日。化日通常作爲太平日子的意思，太平盛世，變化一循常軌，而太陽的每日東昇西落，即有一定不易之常軌，所化，指有常度之變化，自然叫做造化，即是此意，化日乃是舒舒服服，人間像要羽化而登仙的日子。

但是光天接上了化日，却仍舊不過是較爲嚴肅和青天白日之意，比之光天與化日本來所具有特殊意義，是消殺了些的，光天化日，是人間所祈求的太平景像。

在這個光天化日之中，假使天沒有了，日也沒有了，那就成了光化。本來沒有天，也沒有日，是要成爲暗無天日的，現在却成了光化，而像是要光被四表，化及八荒這豈不是一個奇蹟。但是光有最高的速可以追及一切而無遠不屆，化假使作爲孔夫子的化及三千之意，那麼即是以東洋之光來化及寰宇了。

如此，在沒有天日的時候，光化之意義是十分重大的。

試想現在是一個甚麼的時代呢？我們決不說這是

一個暗無天日的混亂時代，不過在黎明之前，天一定是黑的。所以這時，光化更有其必要了。

甚麼是光，怎樣來化？

聖書上說：光來自東方！是的，東方的光，放射出去，是要化及宇內，無遠不屆的。「光化」的出版，希望其傳播也是無遠不屆，而以它的光，來化育萬衆。（鬧離石編光化，文藝綜合性月刊忽然就想到光天化日字樣，便以此四字爲題，雜掇若干字，用以祝光化的誕生——筆者）

編者按：在接到章先生大作的時候，發刋詞已經發刋了，不然！就借重大文作發刋詞，實在恰當無比，因爲是第三者的話，雖然「自誇」一些，也只歸入「阿好」之列，爲了章先生與我們是朋友，無論如何比自己發刋詞中的自誇之言，使人不大肉麻一些，現在的發刋詞云云，並不是沒有所「云」，但，還得推許這「光天化日」一文爲「代」發刋詞，我們除了感謝章先生之外，希望「光化」有此希望。

其實「光化」原爲一特別名詞，就是唐昭宗的年號，又是縣名，屬於湖北襄陽府。既有了出典，當可以免却杜撰之說。但本刋的目的，既不是如皇帝年號那樣的鄭重，亦不是如一個縣名那樣的窄狹，就是爲發刋詞中所能希望世界乃至文壇，永遠有光，時刻在化而已。

華林論

何戌君

我！我就是與社會對抗去。
我！我就是開闢新蹊的人。
——華林

「不會做詩的詩人」華林，大概不是陌生的名字吧！近日來頗多論作家的論文，如張愛玲論，蘇青論，胡蘭成論，周作人論，似乎成了風尚。我所論的華林先生，今已作了古人，大概不想得到被論者的回論而有互相標榜之嫌。

我認識華林（不必再稱先生費墨又費紙），是在南京的中國文藝社。時間是秋初，由以「母親」一書而出名的論語派作家盛成先生的介紹，那時候他任了文藝社的總務主任。花白頭髮近視眼，短髭、修幹、瘦臉、一口楊州南京話，穿的是派勒司長衫，舊皮鞋，我們握手之後，寒暄幾句，他知道我是新聞記者，就不放鬆我，要求我爲文藝社作義務的宣傳。因此我們成了朋友，每個星期四的「交際夜」，我一定去文藝社參加，總得與他談一會。漸漸我明白了他的性格。

在初期新文藝運動中，他以法國留學生的姿態出現，也盡了不少的力。不過他是浪漫的，在他著作的：「枯葉集，」「藝術思潮」，「新英雄主義，」「藝術文集」，都是在他歸國以後，出版於上海的，到了南京，他不大寫文章了，雖曾編輯過中央日報的副刊。還是很少提筆，所以也沒有專集出版了。那時他已到了中年，近乎搖落，做的是文藝團體工作，却不大有興趣談文藝了。

我們常談的倒是女人，他最不忘懷是一個他的女學生鄧敬言。他在暨南大學司教，鄧女士恰恰選了他的課。因爲羨慕他，就常到他的家中去領教，有一次他乘着醉意用汽車送鄧女士回校，在汽車內他摟着她狂吻，鄧女士毫不拒絕的接受了，因此在他的心中鄧女士永遠是他的情人。

這件秘密，據他說，只告訴我，別的任何人，他沒有告訴的。我想；這也是個原因，鄭女士是我的同鄉，華林是想藉我而傳播出這一段佳話，或者能得轉到鄧女士的耳中，激化她的回憶。

其實鄧女士不但是我的同鄉，並且是我的一個同學周君的太太，我是可以直接轉達這個「吻」的消息。然而在鄧女士面前，我只談起華林，她也還在留戀她的那位詩人教授。這樣我決定華林說的吻消息是眞的，就不便提起了。以如此浪漫的華林。無怪乎他會拿刀斬愛人，演出文藝家空前的「婚變」。

倒底他是怎樣的浪漫呢！在思想上更看得出他已超乎社會，也不同流俗。在藝術文集的引言中云：

「但是我的思潮，始終是尊重個人自由，而集中在「愛美」方面。從前極端反對社會，現在更蔑視道德。」

又在枯葉集「序」中云：

「這是我的枯葉，隨風飄來，雜亂的堆成坟墓，把我心，永埋沒在裏頭，和他一同腐爛也好。」

在「藝人生活」文中把他的個性，完全表示出來了：

「世有獨嘯於山林，行吟於澤畔，或孤憤以自殺，遁跡而出世，此乃他人之所爲，吾人所不能，吾人惟有曠達吾人之心情，以與世俗之虛僞宣戰，任憑社會一切的醜詆與惡罵，吾人在人格上雖寬恕之，在正義上，已戰勝之矣。

藝人者與社會對抗作戰之勇士也。舉世毀之，不以爲辱，舉世譽之，不以爲榮，彼惟有自信之決心，以求心之所愛；蓋勇敢之光榮，惟在最後之勝利，即臨死之哀鳴與垂絕之奮呼以総結其偉大之歷史，盲從之勢力，演成人間之寃獄，懦弱之人，遂爲命運所支配，惟藝術家創造公道之光明，伸訴人間一切之寃獄，則盲從混亂之勢力，只得失其權威而已！

故藝人之生活，惟「愛與戰」顚沛流離，爲世人所不容者，被獨昂然以自慰，常人所謂無聊，藝人所謂榮幸。」

以上的一切，是他的人生觀，他當然是一個浪漫成性的藝人。現在引幾段他自己著作中足以表現他的思想與個性的文章，來作證明。

——所以藝術家，常立於時代之先，亦最易受時人之嫉妬，也和探險的科學家一般，須眞理而犧牲，……使各人以誠信的愛情爲先，打破自私自利的範圍，盡力發展他自己的本能。而如文化的創造……以眞心爲利刃，與世界一切虛僞宣戰。——愛與戰

——所以能克己能犧牲的人，才是有意識的生命。

——藝術與社會

——林明知人心之虛僞不厭也，處此逆流，愈不復不以眞心，與人相見，世人皆尙虛僞矣，林更不能不以誠信之心，與虛僞宣戰。

——我常追想「人心中果有眞情者乎？」以此爲問而自答之，終無美滿之解決。

——世人多以情義爲狂愚不是尙，而不知伯牙碎琴，季子掛劍，夷齊不食周粟，屈原投身汨羅，古今來能留一點情義，以換回世道人心者，不過一念之誠而心身殉之， 林心慕之，愧未能也。

——與某某書

——藝人的眼光，與常人不同的，就是以殘缺爲圓滿，以痛苦爲榮譽，以愛人爲生命，以犧牲爲樂趣。要修養成這種特性，所以他的創作，才能發現新人生的祕奧，才能警醒社會沉醉的意識，不然！若專以技能迎合社會腐敗心理，趨炎附勢，這種平庸

生活，是藝人最忌的。……所以藝人非但創造作品，他要把他的「人格」當做作品來創造呢！ ——藝人的創作

——就是臨到死，不要有一個朋友來安慰的。失望中的努力，方才是眞正的生命。 ——孤獨的生命

——藝人的特長，就是見人所不能見的情思，留人所不可的印迹。……人生最痛苦的，就是幻想消滅時，怎樣去復生？迷夢已醒時，怎樣去沉醉？ ——沒有辦法

——可歎一片荒野的中國，一片沉沉死氣數千里的長途，遇不見一個人影，這是什麼世界？ ——世界不幸的東方

——中國缺少的，第一是忠於民衆的有誠意的人 ——告少華

——可見愛情，是把時間和地位的界限，一齊打破的，無古今，無人我，無階級，無區別。 ——人生與科學

——與人結交，我以爲「不爲良友，則爲仇敵，仇敵亦吾友也。人類都變成仇敵，世界亦至可愛，人類若盡成假友，世界則至感寂寞」。

——惟獨現在東方的中國人，喜因循，喜調和，處處好面子，好討小便宜，欺善怕惡，趨炎附勢，簡直沒有一點兒血性，沒有一點兒人格，這種民族，應當把他放在懸崖絕壁上，叫那些野禽爭食去，這個活世界，是不要這種死民族的。 ——怯弱的懦夫

——要社會進步，必要有好的國體；這國體中的分子，必定要健全的個人，他有最大的力量，就是古人也，能犧牲，他的知識，感情，意志，都含有充富飽滿的羣性，他的筋骨，態度，眼光，舉止，皆表現他偉大的人格，和高尙的民族性。 ——我夢想的東方和今日

——個人天才的發展，在當時必不見容於社會，在這繼續不斷的努力中，社會終必受到他的影響，產生一種新生命的秩序，最後勝利，仍然操之於個人，所以創造家就是犧牲者，生前幸福是享不到的。 ——社會的束縛和個人的天才

——我主張藝人自由發展個性，不受社會一切之強制與束縛，故國家主義家教思想及極端之物質主義和專制之社會思想，凡有妨害個性自由發展者，皆在我所排斥之列。 ——我之藝術觀

——「眞正偉大，是淡泊而來。」故藝人生活，在物質上總要儉至最低限度，而精神上要求，以至於無限。

——眞正的敵人只有激勵我們勗勉藝們。……彼之醜詆，惡罵，陰謀，陷害，正使吾人有用武之地而發展抵抗之能力。 ——羣衆藝術

——如此偉大之藝人，他不願在他的工作房中，消磨歲月，他要將江河作爲琴絃，山岳作爲鼓板，此民族之高歌者，創造人類之新生命。 ——民族高歌者

——人生者，是永遠不能告成之紡織物也。

——盧騷及哥德之浪漫影響，演成世界最大之變動，莫謂孤獨之飄泊者，其力甚微也。 ——藝術思想與社會問題

——獨中國人冷冰冰蒙了一張皮，內里無一點生人之情緒，見人作乾笑，隱藏許多之欺詐，商業式之教育家，機械式之道學家他們安知做人？安知人有高尙之情緒，更安知一聲一色一言一動之中，皆含有充富飽滿全人類生活之環境，而知人與人之間，乃有如是之險惡凶頑，至於此極也。

——我們要做人，要從文藝上表現吾們理想之人物，富於熱情，富於智慧，富於意力，全身之骨格，筋肉，動作，姿勢，以及一髮一孔皆充滿健全之意識，他一舉一動一言一笑，皆有不朽

之價值，如張飛一吼，驅退曹操，楊妃一笑，傾倒全國，樊將軍一諾，親自授首，方孝儒一罵，血染千秋，我們要做人，做健全的人就是每根毫毛上皆有他偉大的個性。 ——生活之節奏

——鄙人最愛吃咖啡，覺得吃杯好咖啡，雖南面王不屑爲也。 ——偉大的個人主義

——我對於世界，頗懷悲觀，但是絕不流於消極，我的朋友抱朴君他說我是個積極的悲觀者，我是承認的。我當說：「我們第一步工作是造就自己，將自己的精神，集中在思想的一點，而繼以長久之努力。 ——各人幹自己的工作

——文藝運動，不外「心火之燃燒。」……中國民族暮氣已深，垂死無生氣。急需要「火」來燃燒也。 ——與某君論藝術

以上費了不少功夫抄寫，原是想使大家對於華林文字的回憶，他這種思想在中國是得不到同情的，雖然他以「無政府主義者」自居。一般大人先生都目他爲「瘋子」。我們在上面這些瘋話中，能够得着一些什麼刺激吧！我想至今還會刺激人。而他所說的都還不大錯。

不但大人先生們以瘋子目之，在文藝界他也很少得到同情，在上海時一般作家對他的文章並不重視。因爲沒有「血」「淚」的描寫，到南京以後，他好像是老了的名伶，「休唱」了。即使登台也不叫座，心中藴藏的只有悲哀。不久他變了，變成無言者，只用眼睛「看」，爲了生活，又不能在文藝界混下去，所以大家都認爲他在中國文藝社是「混」了。

終其一生，是鬧婚變，講戀愛，寫文章，當教授。別的事不會作了。不但他沒有信徒，也沒有同志，有的只是世俗的朋友，所以他覺得孤獨，覺得該當「休唱」了。跡其志與行是應在中國文壇上放一回異彩的。然而沒有，這是他太天眞，太誠實了。我們對他是十分惋惜的。

假若有人心閒而力足，將華林的一生寫作加以整理，剔拔而成爲「特集」。他的學術思想，人生觀察，以及社會感染，或於後來的文藝愛好者不能不說是有其裨益的。可惜在這世亂年荒的時代，他又是人們不大看得順眼的人。這種工作是不會有人做的。

我覺華林一生，絕對不失其爲「藝林之華」啊！

爲了紀念故人，再記出他的幾則軼事：

他第一次到法國留學時，買的是全程火車票，在途中概不下車宿店。汗衫與襪子汚髒了的時候，更換下來，不用洗滌，就扔在車窗之外。到了巴黎之時，僅剩了身上與脚上所穿着的一而已！

回國後曾在徐朗西先生府上作食客，高談安那其主義，並宣言不喝酒，可是放在他的房中有兩瓶白蘭地，日漸涸竭，有一天在席上徐先生勸他喝酒，他仍是推杯不飲。徐先生笑道：「在你房中的白蘭地兩瓶，何以一天一天的低降。雖道它是溫度表中的水銀柱麼？」

他臉紅紅的笑道：「那是兩瓶好酒，有時候我嘗了一嘗！」惹得全席的客人都笑了。

他是最歡喜喝咖啡，更歡喜自己煮的咖啡。不但考究咖啡的質料，還注意到煮咖啡的壺，他說以意大利的咖啡壺爲

最上品，家中藏有大的小的兩具，有客來了，都是他親手煮以餉客，我是常往飲客之一，果然味道鮮美，他爲了癖好咖啡，還將咖啡二字改譯爲「佳妃」。比較加非添上口旁美麗而有意思多了。

雖然在文章中他是一個愛情論者，似乎對於愛人非常之愛，可是在我們成了朋友的時候，他已把愛情移到孩子身上去了。當孩子鬧脾氣之時，他手足無措的「將就」他。遂其所欲，於是對他的老太太加以呵責，對於他的太太更加漫罵，爲的只是給孩子得到「無知的滿足。」這兒可見他是天眞，是孩提的天眞，竟成自已孩子的朋友。

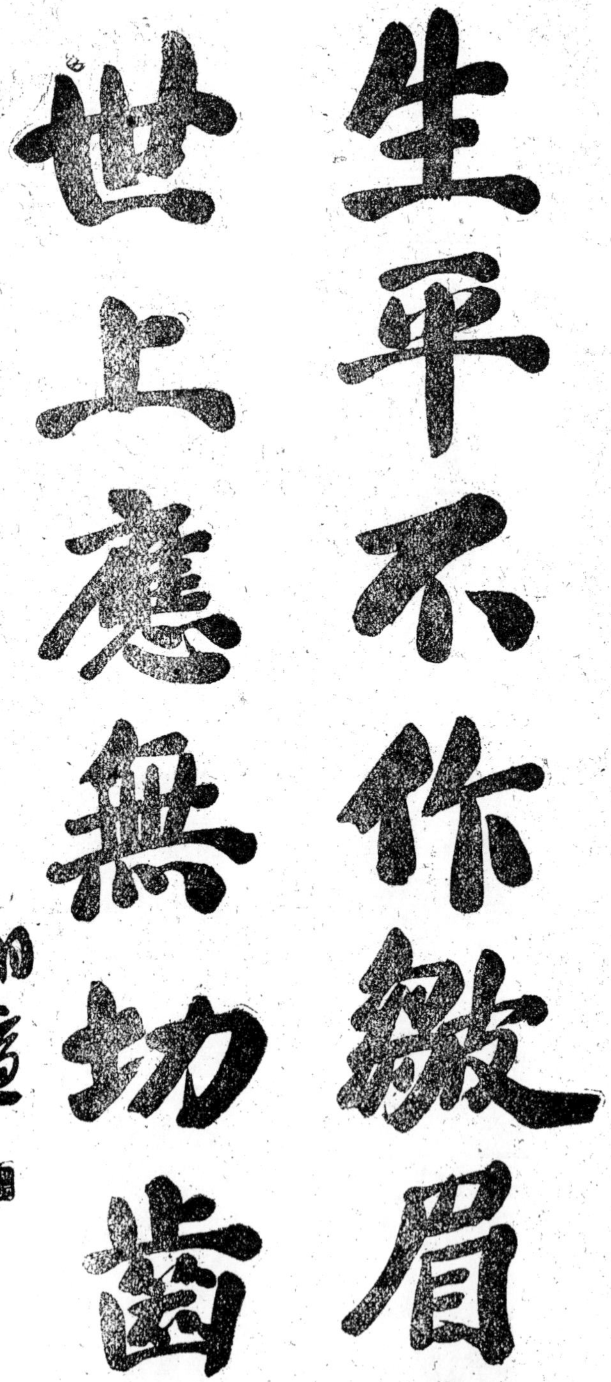

胡適外傳

程一平

傳前的閒話

記得小時在初中讀書的時候，從國文課本上讀到胡適之先生的一篇新詩，題目是「上山」。當時我們一班學生跟隨國文先生大聲地讀着詩句：

「努力！努力！
努力望上跑！」
我頭也不回
汗也不揩，

拚命的爬上山去。

後來，先生提起了作者，口口聲聲地說胡適之博士是「五四」新文學運動的一位大功臣。又談起博士的平生，說他倘是一位孝子，有這樣一段盡孝道的事實：

據說在美國留學，那時他年少英俊。常同「小雨點」作者陳衡哲女士在一起，日久雙方均生愛慕之心。陳女士竟要他結為永久伴侶，經過幾次三番的考慮，他拒絕了她的美意。因為他在國內已有了未婚妻，是他母親代訂的，為了盡孝道，不違母命，只好割愛。結果，把陳女士介紹給他的朋友任鴻雋，後來陳任兩人果然結婚了。他返國後，在北大任敎時，學生們常在他授課前，在黑板上大書「胡適與陳衡哲」來取笑他。

當我進高中讀書後，從書局中買着一本他的「四十自述」，因為有些親戚關係，所以，我很關心他。「四十自述」裏頗能表示出他對父母的孝心，同時也引起了我對父母的愛心。讀完這書後，使我發生了一種傳記熱。那時，因為知道他的家庭瑣事甚多，以及過去曾常到他家遊玩，就想替他寫一篇外傳。可是，為了文筆遲滯，直至現在方才就了心願，又經過不知多少次的修改而完成了這篇不成樣的東西！

我的朋友

胡適之先生今年是五十四歲了，為人歡喜結交朋友，是一位好好先生。因此，寫文章論及他的人，題目就常愛用「我的朋友胡適之」。並且，朋友們還常叫他「胡大哥」！一團藹然可親之氣對女子尤其是更體貼入微，這有一些歐美的風氣。在女子前獻殷勤，打招呼，入其室必致候夫人。見女生衣薄，必下講台親手關窗。待人體貼入微確是他的特長，像某一次他替別人打鞋結，有一次替人擦火柴點烟，有些人却藉此來諷刺他，正如貓頭鷹看到日蝕而洋洋自得。

有人說，梁漱溟多骨，胡適之多肉，梁漱溟莊嚴，胡適之豪邁，梁漱溟應入儒林，胡適之應入文苑。分類他的性格是四分學者，四分才子，二分留學生。論他的相貌是氣色不甚紅潤，但做了駐美大使後，氣色總因養尊處優而紅潤了。天庭是那麼高，兩眼是大而有光，毫無陰險之氣。嘴唇豐滿常帶幽默風味，發出呵呵的笑聲，是機智，坦白。所以，他的詩文是清順明暢，像一泓秋水一般，晶澈可愛，却很少波瀾曲折，闡理則有餘，抒情則不足。人是老實人，文正如其人。思想穩重演化，態度誠懇負責。他不像徐志摩，沒有熱狂的情緒，也沒有沉痛的悲哀。然而，他的情感是不肯十分暴露，讀過他的詩可知一斑：

病中得冬秀書

一

病中得他書，不滿八行紙，全無要緊話，頗使我歡喜。

二

我不認得他，他不認得我，我總常念他，這是為什麼？

豈不因我們，分定長相親，由分生情意，所以非路人？

海外「土生子」，生不識故里，終有故鄉情，其理亦如此。

三
豈不愛自由？此意無人曉：情願不自由，也是自由了。
（六年一月十六日，嘗試集第十一頁）

胡適之的婚姻是父母之命的舊禮教結婚，「我不認得他，他不認得我」這兩句中可以知他們在未結婚前是互相不認識的，不反對這種婚姻是爲了盡孝道。當時，有許多朋友嘲笑他這位實驗主義的信徒，却不愛自由，故末幾句是他因解嘲而作。聽說他留學美國不到半年，就寫信給女家，要求未婚妻不纏足要讀書，並且，聲明他決不會與女家解除婚約的，因爲其時女家恐怕胡適之留學後會解除婚約，一切就都依了他。所以，他的夫人冬秀女士是小脚放大了，送入私塾求學，那時頗引起鄉里的一般議論！

胡大哥

胡大哥善盡主人之誼，無論誰都能進他的住宅，都可滿意而歸。爲人慷慨，肯幫助人，朋友特多，所以，到了夜闌人靜，才執筆做文章。但是如此，他邃善做上卷書，這就是一生的一個缺點，而常受人批評的。

朋友篇　寄怡蓀經農

粗飯還可飽，破衣不算醜，人生無好友，如身無足手。吾生所交遊，益我皆最厚。少年恨汚俗，反與汚俗偶。自視六尺軀，不值一杯酒。倘非朋友力，吾醉死已久。從此謝諸友，立身重抖擻。去國今七年，此意未敢負。新交遍天下，難細數誰某。所最敬愛者，也有七八九。學理互分剖，過失賴彈糾。清夜每自思，此身非吾有：一半屬父母，一半屬朋友。便即此一念，足鞭策吾後。今當重歸來，爲國效奔走。可憐程（樂亭）鄭（仲誠）張（希古），少年骨已朽。作歌謝吾友，泉下人知否？　（六年六月一日嘗試集第十九頁）

從詩中可見其對朋友情誼之深摯，故「胡大哥」這綽號的由來並非偶然的，只要有朋友介紹，就可以獲得他的筆跡，寫扇面呀！對聯呀！隨人之愛，有求必應的，字跡留傳在外面也就比任何人多！不過，近年來不常替人寫字了，也許已覺得多則近乎濫！

胡博士

一般學校裏的教員和學生們，總是稱呼他「胡博士」！「胡博士」是美國哥倫比亞大學哲學博士，他們所以表示敬仰之意，並不因爲一個博士名銜，而是他有功於「五四」新文學運動。今日我們寫白話文，就會想起了他不朽的功績。「五四運動創造了中國思想上的黃金時代，當言論的自由使各種政治理論互相燦爛地閃出不同的光芒，而推翻了軍閥政府。他提倡白話文和標點符號以及社會制度的改革，像婦女解放，廢除纏足，禁蓄奴婢等在歷史上確值得大書特書的。不過，他的政治主張是忽略了中國社會的本質，受到失敗的遭遇。但他堅持着他的政治見解，拒絕了做官。事變後，才放棄了堅持的主張見解，忽然出任外交官，「胡博士」變做「胡大使」了。他那滔滔不絕，口若懸河的演說在美國雖到處受人歡迎，結果，因缺乏政治的手腕，做官的本領，就得不到重慶政府的信任。先是有名無實，後來竟失意而解職了！現在，他尚未結束政治生涯，但誰都肯判定他決不會青雲直上，交足官運。我想一定有許多人希望，他繼續致力於學術上的貢獻，把下卷書毅然著作出來，完遂「下回分解」的諾言，一笑！

惻隱之心

譚惟翰

「十九號那個老的剛才擺平了！」

「眞的？病了多久啦？」

「拖了將近一個月頭了。——心臟病呢！」

「那麼小翠那孩子怎麼辦？」

「你是說那個十六七歲的小姑娘呀！可憐她哭得死去活來的——你聽！」

沈二姑把手指朝天花板一指，劉家奶奶側耳細聽，樓上的確有淒切的哭聲。她們不再說什麼，手挽手直往樓梯上跑，深怕把最精采的場面遺漏了似的。

十九號的房門口擠滿了男男女女，小孩子也不少。沈二姑拖着劉家奶奶，用盡了氣力朝人縫裏擠過去，鑽到了十九號房裏。攀着別人的肩頭往房中間瞄，祇見古老的鐵床上躺着一個死屍，床沿有個女孩子伏着在抽咽。

雖是夏天，陽光却始終射不到這房間裏來。光線是黯淡的，空氣又是沉悶的。死人的臉上留着她生前愁苦的痕跡，好像還不放心離開她的孤女，因而眼皮尙未完全闔上，兩目中存着恐怖的死光。

許多人同情的望着跪在地下的小翠：她的頭髮鬆散，眼皮紅腫，然而她依然沒有失去她的美——看上去，越發令人發生憐愛。

「媽呀……媽呀……媽……」

她哀慟的叫着，握着媽的手，手是冰涼的，似乎還有粘粘的濕汗。她從悲痛中帶着一些恐懼，但沒有一點辦法，一絲主張。表面上她像近乎成人的樣子，其實她還是個小孩。十六七年的經驗裏，從來沒有逢着這樣的大變故，父親的死在她是十分渺茫，惟有這一次却眞正的使她心傷。彷彿從高山上被擊落的一隻寒鴉，她在空中打着盤旋，迷迷糊糊的聽候命運的吩咐。她的周圍有不少的人，但這些人與她都隔着一層障礙，沒有誰來給她一點安慰，——安慰有什麼用？她感到一切都是空虛，她的活力全部喪失了，不知將來的日子怎麼樣？即使是今天賸下來的時間她都毫無主意安排。她所知道的祇是哭，莫明其妙的哭！

大家覺得空氣太缺少變化的當兒，有人從樓梯上帶叫帶罵的走上來，精明的沈二姑一聽就辨出是公寓的老闆娘的聲音：

「……什麼地方不好死，偏要死在此地！不要看着我這人好說話，房租小帳欠了兩三個月不付，就這麼挨下去了！……媽的，這麼大熱天死人！公寓裏好讓你停屍！……」

老闆娘的嘴角掛着半截烟捲兒，擁着一身的肥肉跑到十九號裏，看熱鬧的人閃開了一條路，讓她走近床頭。

「你說怎麼辦？怎麼辦？大熱天，難道要看屍首發臭！……」

「老伯母，我求求你！我求求你……」小翠轉過身子來對老板娘叩頭，「你替我作個主吧！我……我在上海沒一個親人！」

「作孽！作孽！」一個綽號「十三點」的舞女在旁一說，她用手帕在擦眼淚。

老板娘又在吼叫：

「不是我不講道理，你憑別人說說看：兩三個月的房租不付，還把人死在我這兒！公寓裏這麼些人，要全都像你們這樣，那我不要餓死！旁的不說。死人，你趁早搬出去，還有房租你給我一句話：什麼時候可以付淸……？」

老板娘把烟屁股一扔，氣勢洶洶的拿小翠的肩膀搖了兩下，似乎一搖就可以搖出個答案來。小翠不敢看她的臉，但那可怕的臉色是不難猜想得到的！

「我求求你，老伯母！我沒有一個親人……」

任她的話講得如何淒哀，老闆娘祇當它耳邊風，誰管你有親人沒親人——這不是談人情的時候！

「你拿錢來我就沒話說，本來你家老的活着，我還可以逼着向她討；此刻她死了，我不找你，找鬼去！」

小翠給這幾句話激動了更深的悲哀，她越發哭得難過，連「十三點」都按不住傷感，她蒙着眼睛溜跑了。

想不到在人堆裏閃出個中年男子來，把兩旁的人一推開，衝着瘦瘦的身子對老闆娘說：

「老闆娘，馬虎點兒吧，……人心全是肉做的。我不是說叫你不要房錢！不要房錢，你吃什麼，喝什麼的？我是說，公寓裏上上下下七八十個房間，那一房間按月不是八千上萬的，你在乎這一點？再說，好事也是人做的，我們都要修兒修女，人總要有惻隱之心，你瞧這孩子哭得多慘，年紀青青的遭到這樣不幸的事，我們大夥兒正應當替她出個主意！你老闆娘也不是不明白的人，這麼大熱天，總不能看屍首生蛆！趁早把死的打發出去要緊，其餘的，不妨緩兩天再談……」

老闆娘見這位生意人哇啦哇啦的說了一大套，當着衆人的面她又不好得罪他，因爲她看出四周的房客都在表示這位先生的幾句話說得有理，她也祇得忍住了。過了一會，她還是不服氣的說：

「陳先生，你剛搬來，不明瞭實在的情形。你不知道開公寓得費多大的開支，房租水電不去說，單是一筆應酬費也就十分可觀的了！你別見八千一萬的就眼紅，我們拿出去的你是瞧不見的！」她又對所有的房客掃了一眼說，「有誰嫌我們的房錢太貴，祇管請另找別處，這兒不愁沒人住！」

「老闆娘，你別誤會了我的意思。」陳先生的手搖了兩搖，他的鍍金的錶練便在絲棉短襖上邊了兩下，「我不是說你的房錢收得貴，我是說你有這些房間出租，就不必在今天跟這可憐的孩子計較。她的媽剛死，她說過，她沒有一個親人，我們總該憑良心幫她一點忙，要是你不願意這麼做，我想上上下下七八十個房間的客人，各人拿出三十五十的，替這死去的老太太買口薄棺材總還不致於辦不到！」

陳先生的義憤的言詞使聽話的人都非常感動，祇有老闆娘在一旁堵着嘴。許多人都看不起她，暗自咕嚕着。忽然劉家奶奶也走出來說話：

「小翠這孩子，平素對她的母親很孝順，她是個好孩子。母親死了，她連一個相商的人都沒……剛才陳先生的話不錯，我們何妨大家湊幾個錢，做點好事，讓小翠的媽有口棺材睡，大熱天，免得，免得傳染了什麼病症給旁人，很不那個……」

「對呀！」陳先生又接上來說，「這位奶奶也是有見識的人，我們總得幫幫這孩子的忙，拿出一點兒惻隱之心……
……」

陳先生對老闆娘白了一眼，又望望大家。然後走進了十九號房間，輕輕的拍了一下小翠的肩：

「姑娘，別哭了！哭是沒用的，快站起來；你瞧，公寓裏住的人多着，我不相信個個都是鐵石心腸，他們一定可以幫助你，別哭了！」

「小翠，你就聽這位陳先生的話，站起來吧！」劉家奶奶插嘴說，「天要黑了！事情要做還得趕快。——天氣又太熱！」

不知在什麼時候，陳先生又找到了一個舊簿子，他一手捧着簿子，一手捏着自來水筆說：

「我們在這兒的都先捐助一點吧，讓我來開頭。」他想了一想，從口袋裏摸出了幾張百元的鈔票，「我……我祇能算是表示一點意思，寫上五百元。還希望大家多幫助幫助，看在這無父無母的孤女身上……」

接着他非常和氣的問每個人，男的女的，能够捐助多少。他把收來的錢鈔全數交給小翠，一面對小翠說：

「快跟各位叩頭！」

小翠感動得手直抖，聽從陳先生的話跪在地上接連的叩頭，眼淚汪汪的，使旁觀者都不忍心再看見這種凄傷的景象了。

隨後，陳先生帶着小翠沿門哀求，樓下跑到樓上，小翠的頭頸都磕痠了，膝蓋已經磨破了皮，可是為了料理母親的後事她不能不這麼做。幸而募捐的成績不錯，不到三小時兩萬元已出了頭。小翠忘了自身的苦痛。陳先生說：

「鈔票我全交給你，叫誰陪你去買口棺材吧——買這東西要內行，不然，會給人敲竹槓的。」

「找誰陪我去呢？」小翠啜泣着問。

於是有人建議：

「你還是一手託付這位陳伯伯吧！祇有他最熱心。」

小翠是懂事的，忙回身又對陳先生叩頭。

陳先生很不過意的樣子說「起來，起來！」想用手去攙她，但很有規矩的在半當中把手縮了回來。

「我跟你辦！我跟你辦！——不過最好你跟我一同去看，我怕人家說我揩油，這是衆人頭上積下的錢啊！」

「陳伯伯一個子去好了……」小翠很信任的樣子，「我要伴着我的媽……」說着，她的眼淚又一串串的掉了下來。

「不，你一同去比較好，好在路不遠！」

躊躇了片刻，小翠點點頭，理了理頭髮，就隨陳先生走出了公的大門。

在電車上，小翠將一包鈔票遞給陳先生，輕輕的說：

「您拿着好，我怕扒手！」

陳先生的頭搖搖，微笑着，把鈔票接在手裏。

下了車，陳先生帶小翠進了一所高樓。兩人乘電梯上去。小翠奇怪的問：

「這是什麼地方？」

陳先生仍舊帶着微笑說：

「我有個專做棺材生意的朋友住在此地。」

圍着穿堂繞了半個圈，停在一個房門口，陳先生敲着門，門裏有牌聲。

開門的是麻皮，白紡綢短衫褲却比他人顯得漂亮。麻皮一見陳先生，便打趣的問：

「老四，你打那兒又搭上了一個——」底下的半截話被陳先生的眼風掃斷了。陳先生說：

「小翠，叫黃先生！」

「黃先生！」小翠低下頭，不敢朝麻皮看。

他們進了房門。

裏面有三男一女在打麻將，另外有一個女的坐在牌桌邊。陳先生偷偷的對小翠耳語：

「這麻皮就是棺材店裏的老板，稍坐一會兒我就跟他商量，決不讓我們吃虧。」

麻皮進門，那打牌的女人就喊：

「老黃，還是你自已來吧，我的手氣不行。」

麻皮毫不客氣的坐上牌桌，那女的移到另一男子的背後點上了一枝香烟。這時大家才把目光轉到進來的兩個人身上，坐在老黃上手的是個蒼白面孔，生着肺病的「小開」。小開斜着眼望了望小翠，又對麻皮做了個鬼臉。麻皮說：

「老四，請坐呀！」

「坐，坐。」陳先生搬了把椅子放在麻皮背後，附着麻皮的耳朶說了句什麼，然後望着小翠將椅子一指，「小翠，你在這兒坐，歇歇脚，黃先生回頭有話跟你說呢？」

小翠愁着眉，沒移步。牌聲打得她的心亂跳。

「陳先生……」

陳先生看出她胆怯的神氣，忙說：

「不礙事，你坐下吧。黃先生是自家人。」

麻皮摸着一張白板，心裏一陣光滑的感覺，朝這邊站着的小翠瞇了瞇一隻左眼：

「小姑娘，別害燥呀！這兒沒有老虎，不會吃你的！」

小翠勉强的坐下，頭也不敢抬。她心裏衹念着兩件事：母親的屍首怎麼安放？老闆娘如果再逼她的錢可怎樣辦？

……

她低着頭，想到母親往日愛護她的情態，就是昨日半夜裏還不放心她看守在床邊，叫她早些安睡。母親的聲音是世間最溫柔的樂曲，永遠環繞在她心的四周，此刻她還似乎聽得到母親平日對她的叮囑：

「翠兒，你交朋友要謹慎呀！媽祇有你這一個孩子……」

默默的，默默的，小翠沉在幻思裏，直到人家兩圈牌打完了，她才驚覺她不能久待。

她站起身，想找陳先生。

朝四處望望，陳先生並不在，她急得慌。可是麻皮反手拉住小翠的胳臂說：

「還早呢，再坐一會吧。一個鐘頭還沒到！」

小翠擺脫了身，不理黃麻皮。她不顧一切的喊：

「陳伯伯，陳伯伯！」

「什麼陳伯伯？啊，你說的是老四呀！他，他剛才說有點急事先走一步。」

「他到什，什麼地方去了？我的錢……」

「錢？你的錢不會少你的。告訴我，一個鐘頭多少錢……一百塊够嗎？」

麻皮在她腮幫兒上擰了一下，遞了一張百元的鈔票給她。她驚呆了！

「這是什麼鬼地方？你們把我當作了什麼樣的人？」她又是羞辱又是氣憤的說，帶着哭聲。

大家都弄得莫明其妙。

「你不是菱花社新近加入的歌女嗎？——剛才老四說的。」

「放屁！」

小翠咒罵了一聲，拔起脚就往外跑。一張百元的鈔票落在地上。

到了公寓，她直上樓，跑進十五號房間去找陳先生。十五號裏沒有人，行李也沒有。

小翠大哭起來，「呀！媽呀！媽」聲音驚動了四處的人。愛看熱鬧的又都跑來。沈二姑便夾在人中間問：

「翠姑娘，你媽的棺材買好了嗎？怎麼！陳伯伯沒陪你一路回來？」

「他，他不見了！錢也給他拿走了！」小翠又哭到媽的跟前，頭在床上碰，她恨不得和媽一同死去。

「不見了？」這時大家才起了疑心。有的趕忙查問姓陳的來歷，有的翻帳房裏的記事簿看他是什麼日子搬進公寓裏來的。結果，才知這姓陳的是臨時客人，昨日下午才搬來的。除了付過三百元的定洋之外，空手大巴掌，連個小提箱也沒帶……小翠聽了十分寒顫。劉家奶奶見小翠哭得實在傷心，特地再託人到小翠剛去過的那大樓去打聽姓陳的消息，別人都回說不知道，就連麻皮也說對老是牌桌上認識的，並無深厚的交情；猜想大概他是跑單幫的，今日來，明日去，也未可知。總之，沒有誰能確實的說出陳先生的底細！

「那麼我們為什麼會那般的信任他？」忽然有人提出這樣一個似聰明而又像愚蠢的問題。

「十三點」在旁邊忙插嘴說：

「因為他有惻隱之心呀！」

無名氏的捐款

洛川

風用着一種執拗的，激怒的，迴旋形向這都市推着，帶着刺耳而尖銳的呼嘯聲，好像受刑者的慘叫，在天空中響着。灰色深厚底雲層，緩緩地捲動，伸張，顫抖，天，幻變出許多難以描敍的受難者底臉。不太牢靠的高樓建築物，發出一種骨節鬆離支支的聲音，使每一個樓居的人，都對於死亡的危機，產生着不可思議的預感。好像自己的生命有被狂風捲去的惡兆。

屋瓦陣陣掀動着，街市的招牌，可怕的搖盪亂擺，隨時有下墜的可能，街樹，有許多已斜倒了身軀，在風中打戰，「嘩啦！」不時有什麼東西傾倒下來巨大底響聲。

店家全關上了門，蒼溟天色下被颶巨掃盪着的市街，更顯得寂寥，偶然有幾個行人，也恐懼地，掩着頭在風中奔跑。汽車捺長着喇叭，帶着一屁股烟，從狂風裏竄了過去，烟隨着風的迴旋形打了一個旋圈便在空氣中消滅了。風愈刮愈大，雲層也愈壓愈低，氣候像在蒸籠中積悶着，突然，霹靂一聲，一道大閃電，劃破了天空，急驟的大雨點，立刻瀉下來了。陰暗的雲層也亮了起來，而狂風驚雨也和瀑布似的傾壓下來，像要冲掃去這整個都市，街道與房屋。

在對着外灘江上的一家高貴旅館建築的十三層大廈樓上。修長的玻璃窗已放下了。雨點瀟洒在玻璃窗上，又結成一道道水痕流下去，雨雖然洒得那樣急，可是還可由窗內望着那被一片白霧似的急雨所籠罩的江上和停泊着船舶的影子，碼頭上，滿堆着木堆和銹鐵苗的吊橋頭，有一個着了黑雨衣的關稅吏立在那裏，似乎在守望什麼走私者。此外便人影都看不見。祇有狂風的怒吼和傾盆大雨沙沙的聲音，充滿着耳內。

大廈的一間寬大的室內，是死靜的，靜得連呼吸也聽得見，埃及式的古花瓶在壁檯上閃着細碎的反光，像一個溫順的，怕被蹂躁而躲立在牆角裏的少女的眼。一張畫着拿破侖與約瑟夫人相會的油繪，在陰暗的光線中模糊看去，像兩個瘦長被縊死了的人，懸在上面。織着暗藍色與紅絲花紋的古波斯地氈，被窗外射進來的暗淡天色光線，映成一種死囚徒的眼色。不注睛的瞪着，使人頭腦發暈玄。

室內窒氣，一切似乎帶着犯罪感，使孤獨地坐在室中高背椅上的桑立先生覺得胸前受着非常沉重底壓迫，連呼吸也失去了氣力一樣。他感到在大室內陰暗的四週有許多流血披着散髮的臉在浮動，對着他獰惡地嘲笑。

「桑立先生！還我們底生命來！」

「還我們的財產來！」「還有！「還有我們的孩子！」

窗外，狂風帶着急雨震撼着，好像還夾了女人底哀哭。

桑立先生的眸子裏，被恐怖的黑翳所蒙蔽。他想爬起來逃，可是他沒有氣力。他麻痺在那高背法官坐的椅上。像一個風雨黑暗中待審的囚徒。

突然他覺得一陣閃光，他自己已經離開了這廣大死寂的屋子。

他正穿着深灰色的洋服，帶着黑帽子，坐在一輛急行的馬車裏。他忘却了攜手杖，那根平日出門必攜的心愛手杖。因爲他爲急迫的匆促所弄昏了。

正如今天惡劣的氣候一樣，大雷雨還夾着狂風。馬車顚簸地地冒着大風雨在野郊中奔馳着，馬的鬃毛全淋濕了，可是那踡縮在車前中的老頭兒車夫却爲了一筆高價的車資，不斷地用鞭子在馬身上抽着，馬騰躍着蹄子，盡着自己的力量，擺動着潮濕的鬃毛和身軀向前奔馳，口中吐出的白氣和白色的雨珠混成一片。

四郊的樹林，被風刮出一種排山倒海似的怪聲。野郊是風雨，雷電的白茫茫的一片。祗有桑立先生瞑目地獨安坐在車中，不染一絲風雨的，讓身子跟着車子上下跳動着。他沒有第二個念頭在他激怒而藏着一種可怕預謀的心裏，他祗有一個十分單純的企念，希望立刻按時趕到琪君寡婦的別墅裏去，他得在琪君的私友沒有來到以前解决一切，不然他的生平與事業底一切也將從此完全陷於破滅。

他將從一個最有權威的高高位置上跌落下來，跌得粉碎。他將被人咒駡是一個强佔寡婦財產的人，而且是一個毀害寡婦丈夫的凶手，並且簡接弄死了兩個無辜底小孩。他不僅會把琪君寡婦那筆享用到手了很久的豐富財產失去，而且由這筆豐富財產運動來的官爵，地位與名譽，也永遠不在人世間留存。他不能拋棄一切享受者習慣了的榮耀，他寧可再做得罪惡點，狠心點，不能讓自己犧牲，他記得母親臨死對他哭訴着說：「你母親，父親就是爲了良善被放印子錢的債主逼死的！」「記着，你得替我們報仇。」於是他懷着對人類最惡毒的印象而生存着，可是他却沒有找到放印子錢的仇人，他沒有和印子錢爭鬥，他沒有找到可復仇的對象，而把人類一切當着醜行而憎惡着。把理智與忿怒，浸透在惡行裏，認爲這是人們應該的行爲，把殘酷視爲最輕微的快樂，把違害旁人當作防衛自己的唯一眞理。

他由一個年青純良安份守己整日伏在辦公室桌上的銀行小職員，一變而爲機警，深謀，毒狠的人物。他覺得唯有用他的聰明與狠毒才能攻除社會上對他的狠毒。他不再是一個臉上死板而心內溫和地微笑的人了。他變成了一個臉上永遠微笑而心中冷酷可怕的人了。他用盡一切機智，諂媚，權變，卑鄙的手段，他由一筆侵呑的公欵成爲一家虛張聲勢字號的企業公司的總經理了。他更由這總經理的身份而獲得了許多朋友，更誘到了一個最富有朋友王安蓀的妻子，那是全市最著名的鉅富之一。安蓀妻子琪君是遊歷過歐美的名交際花，更是妖艷聞名的尤物，曾爲許多富翁與貴官們包圍着，當她下嫁王安蓀的時候，還祗念三歲，她的豐厚聘金與震動一時的名貴手飾，全是由外國定購由飛機保險寄來的。全市最大的衣飾店藝術木器店，曾聯合爲她的結婚典禮出了一本精美的特刊，並在本市最高的M飯店中連舉行五十天的大宴，據說成了本市第一次最奢侈壯麗的婚禮。

婚後的王夫人琪君女士更成了紅人，常常在××慈善會中出現，在報紙的社交欄中，也永遠少不了王安蓀夫人活躍的消息。

而桑立却靠了他漂亮的姿態，瀟洒的風態，高明的手段，使琪君厭惡了體重二百餘磅的王安蓀先生了。不久，社會也有了一種風流新鮮的傳聞，使王安蓀先生大發雷霆，整天在家裏吃加當止頭痛的安神藥片了。可是當桑立聽見王安蓀已買通了人要計算他的時候，他便和一個王蓀安親信的女侍勾通了。用一種强烈的麻醉劑使體重二百磅的王富翁心臟衰弱而突然中風死了。於是新寡的妖姬，琪君別墅中，桑立成了公開的入門之客。不但如此，桑立爲了財產的關係，更把安蓀兩個兒子叫人刼去遠處賣了。使琪君死心踏地的跟着他，他驟然得了這筆財富，他不但成了社會金融界的巨子，而且成了喧嚇一時的聞人，同時成了一個相當高的財政官吏。他有用不盡的金錢，揮不去玩不完的女人，炙手可熱壓不倒的勢力與權威，他覺得他是一個人類至高無上的能力。

他用他的金錢與權力操縱各種市場，他可以使各種市場片刻崩潰，使物價漲得停板無市，他可以使許多人在一分鐘內快活得哈哈大笑，也可以使千萬人在片刻中財產化爲烏有，無家可歸。

他每天調換服侍他的少女。使琪君終於也感到妬火的焚燒了。 於是她又交結了新的男朋友，作了別墅中冷寂的入幕之賓。

當桑立得知政界最大的勁敵吳雨生也成了他舊愛人琪君的一個知友時，他的臉氣得蒼白，他怕琪君因妬而把過去的一切隱秘告知他底敵人。他不但忘記了早膳，忘記了每行必攜的手杖，連天氣也忘記了。他由一個秘密的山林機關裏，攜帶了滿裝子彈的手槍，特僱一輛馬車在大風雨中趕去，另外却用電話叫自已的汽車在別墅的附近俱樂部門口等候。

當馬車在別墅門口停下來的時候，風雨還是急降着，他這時才在車廂裏把帶來的一件黑雨衣斗蓬披上，更在拉下的帽沿下，戴上一副黑眼鏡，由車中跳下來逕向大門高高的石坡上跑。

女僕照例來開了門，他把一張印着李某的假名片送上去說：

「見你們琪君太太，有要緊的事，快點！」

太僕很懷疑似的打量了一下便持了名片進內室去了。

「請！」

他跟着女僕由客廳走入深大的臥室，淺黃色的巴黎花紙裝飾的壁，很幽雅的配着棕黃色的傢具，一切似乎顯出主人底安閒。

他入了內室，揮手叫女僕人出去，又帶上了門，而且把帶來的鑰匙把門鎖上。

他沒有看見琪君，但看見梳裝台上化裝品零亂地放置，洗澡間有放水的聲音，知道她也許是正梳洗。果然，當他鎖門時，裏面却喊着：「李先生！請外邊坐一下，我就出來的。」

桑立帶着一種非常鎮靜的態度坐在沙發上，好像一條準備爭鬥前的獵犬。但他的神經是緊張的。

不久，琪君頭上蒙着一條毛巾，頭髮上的水珠還滴下來，身上穿着一襲花綢睡衣。很嬌媚的蹝了出來。當她一看見這個戴黑眼睛的怪客時，立刻驚異衝擊着她，她如一個受驚的小雞般，呆在那裏，她刺銳的目光已看出來客是誰了。

「桑立！你！」為什麼不先打個電話來？這樣大的風暴雨你趕來什麼事？」

「琪君！問我麼？是呀！好大的風暴雨，起了風暴雨是沒辦法的。如果你今天不聽我話，離開吳雨生避到北方的家那裏去，那我們之間是有一場暴風雨的，我們過去的感情是永遠完了。將為暴風雨吹散了。」

「吳雨生！你說的是吳雨生？哈哈，一個普通朋友也不准交？」

「是的，我不准你交。」

「你？……哈哈……！」琪君坐在牀上，以難堪而嘲笑的大聲笑得向仰。蒙在頭上的手巾也取在手裏。「你以什麼資格管我？丈夫？朋友？愛人？」琪君說完就從床上立了起來。走向化裝台邊去。

「當然，以愛人的資格，我不准你交吳雨生。」請你留意我的好意 。你是知道我底性格與脾氣的。還有我的地位與名譽。」

桑立的脚斜放在椅上，態度却更冷靜了，聲音充滿了一種無情的冷酷。

「謝謝你，我不需要你這假殷情的好意，是的，我知道你的性格脾氣和卑鄙無恥的毒辣行爲，但是你的名譽地位却是那裏來的？你想看，你那帶女人香粉氣的錢，那帶血腥氣的錢，想在我面前擺手段嗎？狠什麼？別人怕，我琪君不怕！」

琪君把持在手上的梳子，發嬌的在桌上一拍。這一來，使桑立感到已經談判到最後關頭了，但又被一種憐憫的感情所動，希冀她能反悟，免得這樣一個嬌好愛人浴血在自己的手裏，希望她能不再緊迫他自己，這種突如其來的觀念，把他的忿怒壓了下去，而且在他的眼中，琪君今天也特別可愛的動人了。

她那嬌小的圓臉上，浮着一種動人的光彩，眼睛發射着出清瀅的秋波。小巧的殷唇紅得像熟透的櫻桃，滿了甜密的汁液。兩條雪白的手膀子，如兩條小溪似的美麗。露在綢睡衣外邊。赤裸而豐潤的脚，宛如出水的嫩藕。一切在今天對桑立特別起着蠱惑。他凝視了許多，不禁對於自己來的目的猶豫起來了。他如醉漢似的跑了過去，用一種故戀抑壓得很低很和善的聲音說：

「琪君！你聽我的話吧！我實在愛你，我的小東西！」

「不料琪君拚命用手推開他，用一種極厭惡的聲音說：

「哼！高興就愛，不高興就摔，現在遲了。」

外面的風雨聲音沙沙很急，一個閃電從窗外透來，接着一個巨大的霹靂響着。桑立的忿怒與殺意可隨着這霹靂而起來了。

「好，琪君！你不聽我的話！」桑立的臉現出可怕的鐵青。額上的筋暴張着，胸前的呼吸也急促起來，好像一塊才放進火中去燃燒的玩鐵。屹立不動。突然，琪君一聲驚呼，桑立的大手已扠在琪君雪白的蝤蠐之間了。她的咽喉爲一種難受的力量窒息壓迫着，她用全身最大的氣力掙扎，扭動。睡衣也散開了。雪白肌膚的身子半裸在外面。桑立的眼睛充着血，手上的力也爲她可驚的掙扎而愈用愈大了。他不知道這種可怕的腕力那裏來的，只覺得如果手一鬆，他自己的生命也立刻就失敗地完一了樣。他如一個搏羊的猛狼。逐漸看在他手下嬌小的琪君臉色變成紅再變成蒼白與紫色，終於如被殺的鷄一樣，四肢不動了。他才如大病似的吃力的鬆手下來，他從沒有親手殺人，這是第一次。

桑立的手一鬆，立刻發現琪君是死了。那零亂的頭髮，那停留在着苦痛與忿怒的死眼睛，使他立刻想到他是一個殺人的現行犯了。他立刻慌張地把披在身上的黑斗篷一整，立刻又故意擬了一個鎮定的姿態，把帽子拉得更低的壓在黑眼睛上的走出了臥室。再把門鎖上。那個女僕又從別邊走廊上走來了。

「先生！就走了麼？」

『是的……我走了！小姐還要睡覺，她身子感到……感到不適……』

他下了大門的石坡，那馬車早已回去了，他急遽的在風雨裏奔走，當他走到附近俱樂部時，他把雨帽斗篷翻了轉來，拿在手裏，因爲他的斗篷裏面是另種格子的顏色的。他把黑眼睛也除去了。冒着雨點，在門口找到了自己的汽車，立刻跳上去，用手一揮着說！「回公館！」

當他爲了避免一種極度可怕的刺激與恐怖，他摒絕了一切人，孤獨地開着旅館藏在這裏，已經有一個星期了。

在報上有登着失縱的消息，登着他過去與交際花琪君戀愛的艷史，並且說已捕獲到一個最大的嫌疑犯吳雨生，正在偵察中，因爲在琪君枕邊發現一封吳雨生約好那天去別墅的信。而吳雨生平常可是愛穿黑斗篷的。但那張怪名片，却並無其人。連上面的官銜與地址都不符合。

桑立孤獨地伏在高貴的旅館中，白天看雲，看陽光，聽江畔的濤聲，碼頭上的許邪聲，黃昏在窗邊看暮靄，晚上伴着淒涼的燈光，寂居的生活，使他一切過去罪惡的影子，在他良心的懺悔中出現，鋸出無痕的苦痛，一滴一滴地在悠長的時間下滴着。

今天的暴風雨，更提起了罪惡的鞭抽，那冥暗的天色宛如地獄，陰暗廣大的屋子中，則滿着鬼影。啾啾的聲音圍繞着他，他想跳出窗去讓大暴風雨淋一個痛快，把自己全身的罪惡洗盡，但他可沒有那樣做，耳畔是嘩嘩急雨，雷聲和洞燭奸隱似的閃電。他神經痛苦得快陷於錯亂了。

他由高大的坐椅上奔向門邊，把門打開，門外是黑洞洞的長走廊，遠遠一盞鬼火似的寫着 Niat 字的紅燈，風冷颼颼的吹來，他一個寒噤又縮了轉來。

他決定一劑最後安定靈魂的藥劑了。他立刻如獲大赦似的，心襟寬大起來，他提起了筆，寫了幾封信，懺悔的信，隱約地把自己的罪行寫了出來，再把幾家銀行的支票簿取出，把所有大部份的財資，簽了四張伍百萬元的支票，分別捐寄於三家報館作貸學金。另外一張寄給他最尊愛的一個老而貧的奶媽和一個朋友。

第二天三家報上的貸學金欄上，都突然發現無名氏捐資五百萬元的消息，大家一直資爲美談，對這個人士示敬佩，讚美，或者訕笑與辱罵，有些女人更對這豪爽的無名善士想得發昏了。到處打聽這位大善士的消息。

同時，在報上小小的社會欄中，有條不太使人注意的消息中云：

「昨晚赴寧波之華泰輪，行至吳淞口途中時，一着西服之單身高貴怪客，躍海而死，並無片物存留，當時風浪頗大，斯時天色濛溟，有降大暴雨風之勢，故不及搶救云。』

掉包

江洪

太陽由東方放出他的紅光來，籠罩了雙龍鎮全市，一切景物，都化爲美麗了，在那鎮口有一個舖家——長順和——是出賣乾菓糖菓的，老板王心浩，雖然四十多歲了，還是天天在日出的時候起來。

今天正値趕場的日期，王心浩披衣下牀，洗漱完畢，出來打開舖子，擺攤子了，那些作爲壁頭的木板，他一塊一塊的下了來，先用兩根高板櫈做攤脚，然後把下了來的板壁，一塊一塊的舖上去，排成了放貨的攤子。

這之後，又進門來，打開了貨櫃，取出那些乾菓小筐來，乾菓就是石花，海帶，黃花之類，此外還有的糖果，沙仁糖，薑片，軟糕，桃黏，豆黏之類，至於胡椒，花椒，西瓜子也是一筐一筐的陳列着。

最後才是發賣大宗的鹽箕與糖盆，糖又分有紅的白的，鹽亦分爲塊粑粒子，接着他的大兒子正隆起來了，幫忙掃地，整理內面的房間，接着他的小兒子正才也起來了，提着書包到學校中讀書去。他的妻子早已預備熟了早飯。

由鄉下來趕場的人，漸漸來多了，買糖買鹽的人，都到「長順和」照顧，他們的生意就忙鬧起來，在他們父子忙不過來的時候，他的妻子，也出來坐櫃房中代爲收賬了。

一樁生意來了，先是看貨，繼而講價，價成了過秤，包貨，最後才是收錢，手續是相當麻煩，買主多了，正隆也就出馬，這一個攤上，三人忙得不可開交，但在王心浩的心中是高興的，因爲生意若好，賺錢就多。

正所謂「打湧堂」（熱鬧）的時候，來了一個鄉下人叫張炳然的，遞了一個手巾包裹給他的妻子道：「王老板娘子，這包東西是張岐江保正的首飾，拿到鎮上來修理的，三對手鐲，兩對耳環，四隻簪，他一會就要來取，請你看一看吧！」

張炳然說時就打開來一件一件的數點給王心浩的妻子看，她雖然知張岐江保正是熟人，但，以前並未寄放過這種貴重的東西，當初想不願存放，便看了一下要還給他——張炳然。

那張炳然很乖巧的也就接在手中，轉身想走了，他正想拔步出門時，似乎想起了什麼，忽的又掉轉身來，把那小小首飾包裹，放在櫃台上道：「還是請你收存一會吧，張保正叫我寄在這裏，我只好寄在這兒了。」放下之後掉頭走了。

她因爲一方面忙着收賬，也就只得把包裹拿過去放在「錢斗」（裝錢的木箱）中了，又繼續她的收錢工作，生意好得來一直忙到正午。才較爲鬆散了，她這時就抽身進房去預備午飯。

他們每逢場期吃午飯，都是在攤子前吃的，菜是同飯盛在一隻碗裏，每人端着一碗自吃，一面若有買主來，還要做生意的。她正把午飯預備好了，端了兩碗出來，給心浩與正隆，端着才開始吃的時候，她又進去自己吃飯了。

張炳然與張岐江保正來了，心浩先開口叫道：「請吃飯！保正！」

張岐江笑了一笑回答道：「不要客氣！我先前使炳然來寄放的一包首飾，謝謝王大哥！請取出來給我拿去銀匠舖修理修理。」

「我不知道！要問正隆的娘吧！」心浩又取了水烟管給張保正吸烟。

正隆的娘在內聽見了，便端着一碗飯走出來，她原是認得張保正的，看見張炳然也來了，便才開上錢斗，取出那個先前放入的小包裹，遞還張岐江保正

張保正接過手去，打開那包裹一看，內中那兒有什麼手飾，全都是爛銅廢鐵，他大驚失色的叫道：「王大嫂！你取錯了吧！我的包裹是銀首飾呀！」

她這時倒也驚詫起來，果然以為錯了又埋頭在錢斗去看，並沒有別的包裹了，心中不住的狂跳，便說道：「並沒有錯，只有一個這樣的包裹。」她說時就把那錢斗抽出來給張保正看，果然內中除了錢以外沒有別的東西。

他於是掉頭罵張炳然道：「你這個狗東西，一定是你掉換了我的首飾。」

張炳然便也臉紅筋漲，大驚失色的叫道：「保正老爺！我在你家做了八年的工，斷不會如此大胆的，況且，我交給王老板娘時，是先打開檢點給她看過的，幾件什麼手飾，她都知道，我那兒會掉換呢！」

「我不管什麼，是你帶來的，我就向你要首飾！」張保正怒氣大發的向着張炳然說。

「我也不管什麼，我是打開點交與你的，我也只有向你要首飾。」張炳然又向着心浩的妻子說。

這一來，心浩擱下了碗，正隆也擱下了碗，心浩的妻子也擱下了碗！大家面面相覷，心中都疑惑這個包裹怎樣會變了呢！

心浩才開口道：「保正！我這長順和舖子，在雙龍鎮已開了二十年，來往的顧客，朋友，親戚是很多的，就是來趕場寄放東西的人也不少，從來沒有貪圖別人這一點好處。今天出了這種奇事，我們不是壞人，斷不會昧了良心來掉換的，我們父子夫妻，願盟誓明心好麼？」

「不行！不行！我無故受了這大的損失，是不行的，盟誓發咒，對於實際毫無補益。無論如何，我要我的首飾，我只問這個奴才張炳然要。」張保正又說出他的希望來。

「我只能與你們發咒就够了！我問心是無愧的。」心浩的妻子急得要哭了。

「媽媽！」正隆叫了一聲，又補充說道：「張炳然交東西給你的時候，還有旁人看見麼？」

「沒有別人，我最初因為忙，表示不願寄放，他也就掉頭要走了，那知他想了一會，又才轉身來交我，我接過來就放在錢斗中，絲毫沒有動，誰曉得鬼會變了呢！」她對他的兒子說。

「那末！只要我們的那一包，還他

那一包就是了，管他是銀子是銅鐵呢！」這是正隆的答語。

「呸！」張炳然開口駡道：「你們長順和是在開黑店麽？放了白銀變成廢鐵。」

他們這樣吵鬧起來，看熱鬧的人一層一層的堆多了你一嘴我一舌，分不出是非來，有的主張王心浩賠償，有的又主張由張炳然賠償，說來說去，都無結果，於是大家只有到「小麟閣」茶社去吃講茶了。

小麟閣是韓介眉大老爺開的，大老爺就是雙龍鎭的團首，又是鎭上的掌旗大爺，每每鎭上發生了糾紛的事體，都要到小麟閣來吃講茶，請他評理的，只要從他評論之後，就算是最後裁判了。

所以張保正王心浩們，都一齊到小麟閣去，只剩下正隆在舖中看守，在「小麟閣」中共坐一桌，每人泡了一杯茶，由張保正請了韓介眉團首來到他們的席間，坐了首座，又敬上一枝捲烟。

看熱鬧的人，也圍了一圈，要聽他們這一場糾紛如何了結，也有七八個人另坐在一桌叫拿茶來喝。

張保正先講，張炳然後說，王心浩的妻子又後說，王心浩是最後說，兩造都把事實經過說完了，靜靜的專待韓大老爺的批評。

韓大老爺吃着烟，聽他們講隨時向張炳然看看，又向張保正望望，後來他就說：「你們這件事依我看來，大家不要擴大的好，王老板是老街坊，在雙龍鎭上做了二十多年生意，他是個忠厚商人，我們斷不相信他的女人會來掉包，不過要說張保正存心來敲詐這也失實，不過你已經是公事場中的人又那肯做這種昧良心的事呢！至於張炳然是保正家中用了八年的長工，也怕不會如此大胆的。

總之，看這情形，銀子已是變成廢鐵，確是被人掉換了，大家爲了息事起見，由王老板賠出十元錢了事，好好的不要傷了大家的感情。

聽不聽，了不了，都在於你們。」

看熱鬧的人們，都佩服韓大老爺，說話公道，大家都表示贊成，張保正首先聲明不肯，惟因是韓大老爺「斷」的話，就願意遵守了，王心浩這時也無話可說，只點點頭看了他的女人幾眼，在腰袋中掏出了十塊錢來交與韓大老爺，便算完事。

「講理」已畢，他們夫妻向韓大老爺打了招呼，先行回去了。

於是韓大老爺拿了十塊錢笑道：「我只要五塊錢，你們的掉包生意，怎樣做在這樣的忠厚人身上去呢？以後是不可以的！」

張保正笑了，沒有答話，接了那五元，只給了一元錢與張炳然，他們主僕兩人也向韓大老爺告辭，離開了小麟閣茶社一同回家去了。

王心浩回到自已的舖中，非常之嘆息，他的妻子更是傷心，正隆却安慰道：「爸爸！我們不會有不好的名譽，我剛才聽他們趕場的人說，這是他們主僕合做一幕騙人把戲叫做，「掉包」生意。」

「啊！」他的妻子驚叫道：「一定是張炳然拿起包裹轉身要出門時就掉了的。」

「那末！你先前又怎麽不在小麟閣中講出來呢！」心浩似乎有些埋怨她。

「我那時想不着是他們的鬼計策呀！」她也抱怨的答道。

「罷了！蝕財免災！」正隆又勸道。

他們正在談論的時候，正才已放學回家來了，他聽了家中被張保正騙詐的事，便非常的不滿，他自告奮勇的向心浩說道：

「爸爸！我去向他們把錢要轉來，我要去揭穿他們的秘密！」

「弟弟！你也太不量力了，小孩子有什麼能力呢！少去替大人惹是非吧！」正隆說話壓住了正才。

漸漸太陽落坡了，趕場來鎮上的人們，也都漸漸散盡了，心浩與正隆，又慢慢的收攤子，關舖門，算是這一場期的生意安畢。

那一夜，正才在床上睡不着，他總想要設法去取回那十元大洋來表示他這小英雄是有能力的，這是他一人的理想，他的父母和哥哥都不知道，他想：「做了鄉下的一個保正，就應當替人民辦理公事，還敢到鎮上來欺騙忠厚的商人，反有那個韓大老爺，明明知道這是一幕騙局，公然判斷我的父親賠償一半的，這些都是强盜行爲，我一定要設法打倒他們這些土豪劣紳，爲我的父親母親報仇。」

他想到這些，心中很是興奮，然而自己只有十五歲的年紀，現在眞也沒有力量去收回那十元錢，那末，要達到這個報仇的目的，只有等待將來了。從此以後，他對於此鎮上的地方管事人，什麼排首，保正，百甲，鄉約，客總，乃至團首如韓大老爺等都非常的憤恨，認爲是他們的仇敵了。

雙十節無感之感

璉製暇

雙十節數至今年恰爲三十三個。一個與一個都給我的感想不同，今年似乎無感了，有的只是無關重要之感，只感覺得世道大變，人心亦大變，不幸大變的是變壞而非變好。

所謂「仁義道德」，只在人們口上提起，肚子內都盡是男盜女娼，人心大變到了這步田地，似乎應該有人出來糾正與指導，即所謂正人心，換言之是肅正思想，其責任應落在文化人身上。

近年人們的思想，實在不正之至，如奸商，奸工，奸農，奸士，奸兵，乃至奸官，都是人心大變到不正而來，這諸色人等之所以敢於奸又樂於奸者，大家都推在客觀環境上，所爲遭逢亂世，理合混水撈魚，於是上行下效，此興被起，視爲當然！處之泰然！不期然而然！然則何以善其後呢？

最近聽說大開言路，以期利用文化而挽回人心——即肅正思想，可是今日的言路，是可有可無，若有若無，簡直是出路由路，各有各路，上者不論，下者則多爲文氓政客路，文丐竹槓路，像這樣的言路，若欲其肅正恩想，恐怕還有大不正之路插入。

假使大不正之路插入了今日的言路，豈不等於白白的替別人開路，何況這種走大不正之路者既會鑽路又會趕路，一旦「彼」路通了。就是雙十節的慶祝，恐怕不能再藉此唱戲募捐做善事，與其如此熱心而等於零，不如早些做「正」那大不正人心的工作，還覺重要一些，不知前進的文化人們，以爲何如！

無感之感止於此，希望明年雙十節，頗有所感而多說幾句話，如「國慶是可慶的」之類。

最後的覺悟

趙苕狂

一

老邁的馬義生，行在街中時，似乎已預料有禍事到來了，刹那間果然一彈嗤的飛來，打在他的肩上，他只臉上略略有些泛白，其他並無什麼受傷的表示，即取出一塊手帕來，暗暗塞入衣內，墊在受傷之處。口中咕嚕着說道：「他們居然找着我了，但是還不足致我於死啊！」一壁咕嚕着，一壁仍迅步前行，暗中覺得有濕淋淋的東西，從傷處淌出，已緣脅骨而下，額上也滿堆着冷汗，但是他毫不在意，祇把眼四面偷瞧着，防有覺察咧！他一步步的向前走着。傷處也逐漸的劇烈起來，有如火灼一般，如果不是他打起精神，竭力支撐着早已倒在街上了，好了好了，總算一點血也沒有滴在外面，不會貽人以滋疑之點，已到了他的寓所。上了扶梯，進了那間小小的臥室了，可是張眼一瞧那傷處的血，早已流到了小腿上。差不多要滴下來呢！

他把室門關上以後，微微地噓了一口氣，似乎已把一塊重石放下，心頭安慰了好多，他這心頭一安慰不打緊，頓時可就失去了自制的能力，四肢立刻癱軟下來，轟的一聲，倒在地上，約摸隔了五六分鐘，方始甦醒過來，身體覺得疲倦異常，好像不能動彈似的，勉强掙扎着起坐，却又抬不起頭來，兩耳上又都染着是血淋淋的滴下來，狀態十分狼狽。但他是何等意志堅强的人，一轉念間，早咬一咬牙齒，克服了一切，重把精神恢復過來，舉起眼睛，骨碌碌着，向室中四下瞧着，一瞧到了室門前，見有一個年輕的傭人立在那裏，露着驚詫和恐怖的神氣，正向自己瞧着呢！跟着又見伊扳動門旁的電燈開關，一壁說道：我剛才聽見你跌倒在地上，以為你……啊！你且瞧你自己的手，說這句話時，露着十分驚恐的樣子，向後退了幾步，馬義生竭力鎭靜着說道：且住！這是我自己的血，沒有什麼害怕的，我生平從未害一個人呢。伊聽了，向他細細相了一相，似乎很相信這句話。可是一躊躇間又要轉身退下去。馬義生忙問道：你去幹什麼？伊道：我想去替你請個醫生來，馬義生道：這可不必，我祇問你，我剛才傾跌在地上的時候，也有他人聽得麼？伊迴過眼光，向黑黝黝的扶梯底下望了一望。說道大概沒有，此刻並沒有什麼人在屋中，就是住在下面的那位先生，我也在半句鐘前，親眼瞧他走出去了，馬義生把頭點點，想要立起身來，伊見了，連忙走過去，攙扶了他，把他扶到一張椅中坐下，他緊靠在椅背上，咕嚕着說道：祇望不要再暈跌就好了，我現在別無他求。要……伊不等他說完，早已知道他的意思，連忙奔過去，取了一塊毛巾，在冷水中浸上一浸，把來蓋在他的額上。他腦海中頓時清楚了好多。即聽他朗聲說道：你這般厚待我老年人，我是感激之至！說到這裏，又向地板上那塊殷紅的血跡望上一望接纔着道：你明天早上可對你主婦說。我已生了病了，很是惱煩，不願伊走進室來呢！伊道：伊決計不會來的，伊已於今天回娘家去了，大約須隔一二星期始能回來，此刻屋中除打掃等事，都歸我一人担任。他聽了，向伊那張柔嫩無比的臉上望望。說道：照我瞧來，你不像是幹這等事的。伊笑道：這不止我一個人，現在有許多人，都是去幹他們所不願幹……唉！此等事不必談了，我要問你，你如何不許我把醫生請來呢？他帶苦痛的神氣，微微笑上一笑道：你且聽我說來，我所以不願把醫生請來，實恐他問我時，我有許多話回答不出，他萬一生了疑心，第二步就有警察到來了，你也明白了麼？不過我還有幾句話要對你說。我生平還不曾做過十分卑劣的事情，尤不肯欺侮婦女，不知你聽了也滿意不滿意，如今你可出去休息一下，對於今日的事，我很是感激你。伊道：且慢！我的事情還沒有完呢，說着取了一張椅來，放在他的面前，又拿一盆水放在椅上，自己把袖子捲捲，說道我來替你將傷處洗淨，包裹起來罷！他不便拒却這番盛意，也就把頭點點，伊一面向他裹傷，一面露着憐憫他的神氣。

二

傷已裹好，女傭也已去了，馬義生還在椅中假寐着，他這幾年來，完全幹着不正當的營生，在犯罪中過活着，既沒有一定的住所，更沒有密切的朋友，也不覺得孤獨與寂寞，但是從這女傭在他室中登上了半句鐘，談上了幾句話，他忽發生了一種新感想，覺得自己歷來所犯的罪，雖幸而逃去了法律上的制裁。然而他有幾件失去了的東西，永遠不能恢復過來，於是他更想到他的妻子，伊是發覺了他是個卑鄙的小賊，突然和他離異的，不覺自言自語道：我如果一向幹着正當的事業，一定可以得到家庭中一點眞正的快樂，就是小孩子，也一定有幾個，或者也可得到像剛才那女郎一般的一個女兒，承歡膝下，這不是可以安慰許多麼？他一壁想，一壁連連嘆氣，又咕嚕着道：唉！一個人過了五十歲後，沒有親密的人在一起作着伴，一定要感到孤獨與寂寞的，他正想到這裏，又是一種劇痛，便又令他想到了剛才以一彈相餉的那個人。前一陣子，當地一個賊黨，曾招他入夥，他沒有答應，又不即離此地，這是因此事發生的一種示威運動。可以不言而喻啊！他便又把那人咬牙切齒的恨起來，可是他孤立無援，萬不是他們的對手，也想不出復仇的好方法，祇能付之一嘆，他這樣的思潮起伏着，不覺已把漫漫長夜度過，早又曙光一道，射入窗來，精神爲之一振，忽覺口渴異常，急想進杯熱茶，正在他渴想萬分的當兒，那女傭竟托了一杯熱茶，推進門來，他忙取來飲了，欣喜萬分的說道：這杯茶的味兒，竟和瓊漿玉露一般咧！伊笑道：這眞叫做渴者易爲飲了，好的，稍停我替你送點心來時，再帶一壺熱茶來，說完，去了。

這一天，伊替他換裹布，送飲食，噓寒問暖，十分殷勤，到了晚間，伊恐他一人寂寞，又來伴他閒談着，他把自己的姓名告訴了伊，照年齡講起來，他正可算得伊的父執輩。伊也把自己的姓名宣布，說是姓王，閨名喚作薇貞，一會兒，他又說道：我昨天不是對你說，生平沒有害過一個人麼？唉！但是我也會害了一人，就是我的妻子，當伊發覺了我那不正當的行爲時，心上不知怎樣難過，他想了一想，便把自己的歷史，滔滔的向伊說了一遍，說完以後，又道：像我這種人，原是不配和你親近，但我決不損害你一點的。伊仍很頑靜的說道：這種意思，我一點也沒有，我聽了你這段歷史後，祇覺代你不歡，因你和你妻子離婚以後不是要感到十分不快樂麼？他道：當時糊裏糊塗，一點也不覺得。自從昨天以後，方始覺悟起來，覺得生活萬分的枯寂了，但是到了今日覺悟，不是已嫌太遲了麼？伊道：你也會去找過伊麼？他把頭搖上幾搖，不答伊這句話，反向伊問道，你爲何到這裏來的，我瞧你的模樣和舉動，都不像執此賤役的啊！伊道：我是不得已而至此的，我是從家庭中逃出來的，於是伊便把自己的身世講上一講，他便又問道：你不想再回去麼？伊道：我不想回去了，我的母親已死，父親是對我不關痛療的，我負氣出來的時候，他恰恰不在家中，但我曾寫信給他，說我已得了絕好的地位，很是安樂，並沒有把眞情告訴他。

在這兩天中，他把伊說的話，想了又想。第三天早上，便決定了一個主意，乘伊在樓下執役的時候，偷偷溜進她的臥室中，在箱篋中，搜得了一封信，這是她當憂鬱之時，寫了想要寄給他的父親的，等得少年的傲心一起，又留着不寄出去了。但他並不要看此信的內容，一見收信人姓名住址，即已十分滿意，就悄悄走了出來，比及她走到他室中時。只見他已把衣服穿好，剛要出門去，問他時，他只說是去就醫，到得街上，便走入家舊貨店，出來時，滿面含着笑容，精神十分煥發似地身上已沒有了什麼痛苦，旋又照她信上的地點尋了去，借着覓事爲由，和那邊的看門人，着實周旋了一番，不知用何神通，竟把那素昧平生的看門人，拉上酒接痛飲，直至深夜始散。

三

王亮臣這人五官雖全，却少了良知這件東西，不過一個人沒有了良知，倒也是件幸福的事情。這晚，一二句鐘的時分，他那一班打撲克的朋友，剛剛散了出去，他對着桌上散堆的那一大疊鈔票，悠然自語道一場撲克，能贏他們三萬多塊錢，如何消耗了去，正在此時忽有一人站在他的背後低聲恫嚇着說，快把桌上這些錢遞給我，如敢說半個不是，可就要對不起你。此時即覺有冰冷的槍管，在他頭後碰了碰，這一來嚇得他魂不附體，那裏還敢不照辦，那人將鈔票接去後，又說。我還到你其他各室中去察看一下，當我未去以前，你須好好兒坐着，千萬別要動，一面說，一面把室中電燈捩熄，王亮臣果然乖乖兒的坐着，約隔了十分鐘，方想立了起來，忽又聽那人說道，別動，我還沒有走呢！那人就是馬義生，說完此話即悄悄離室而去，但是王亮臣並沒知道。仍嚇得戰戰兢兢的，如石像般的坐在那兒呢！

馬義生回來以後，狂熱大發，兩眼赤如火炭，四肢也抖戰個不住，但他毫不在意，即把王亮臣家中取來的許多錢幣包成一個小包，外附一條，寫上寥寥數語，偷偷的去放在王薇貞臥室內一張椅子中，然後把精神整作一下，悄然走出門去，二十分鐘後一個警察發見他倒臥在街上，便把他送醫院。

第二天王薇貞發見了這包錢幣，只見附着那張便條上寫着說「請你拿這筆錢，去創辦一件事業，以後我們合作，馬義生」於是從這天起，她天天盼望着他回來，但是他永不回來了，原來他經醫生剖視以後，血中已含毒過深，無可救治，不到天明即已魂歸天國了，衆人把他衣袋中的東西檢視一下，也辨認不出他是什麼人，不過見他藏着一柄小兒玩弄的手槍，很爲詫異，內中一個醫生說，看來此人决非善類，但這一柄手槍，不見能顯什麼神通啊！可惜知道此事眞相的王亮臣，並沒有把這件案報告警署，因此他對於一個垂死的人用着玩具似手槍去脅逼他的這件事，也始終蒙在鼓裏啊！

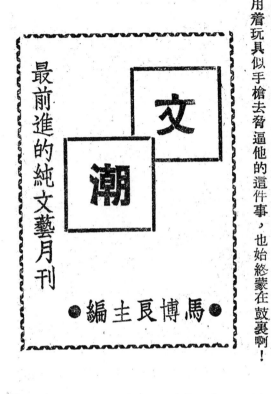

破夢

喜金芝

遲暮的秋天，雲一朶朶的堆了起來，人抬頭看看天，偶而當空撲過一支老鴉，就總會在心裏添起一撮疙瘩來。連太陽也是那樣乏勁的，從早到晚永遠祗撒一片懶懶底黃光，誰都擱着一肚子厭煩說不出所以然的到處亂竄，彷彿有一個微妙的感覺說：——天將塌了，死期到了。

老張偷閒靠在第一科與第二科之間的走廊上底柱子旁想什麽，半晌搖搖頭，落寞地輕撫着油漆剝落的柱子支直了身體，右手伸進衣襟裏，但一回又驚覺地縮了出來，看看流雲，推測該是四點多了，於是拖着沉重的兩腿踅進「科」裏，一溜眼看着其他的同事們底勤謹的態度，不由得從心底裏勾起一縷同情來，然而不多久對他們底那副蠢相又引爲可惱的了。他呆呆的坐落了自已的座中，裝作得若無其事的翻出一疊卷宗，按件簽註了些例行的語句，然後偷偷向科長瞅了一眼。

科長也正好向他看，抬抬跨在鼻子背上的金絲鏡：「老張，牌風如何？」

老張咧開嘴笑笑，不置一詞，同事們却都用非常豔羨的視線掃了過來；科長又問：「昨天在何秘書處？還是李委員處？」臉上帶幾分老張認爲應有的不同於前的熱誠。就由於熱誠，老張也不得不勉强敷衍幾句了：「昨天休息，輸贏小。」

科長：「哦！——」

科員們則都把「哦」咽下腹中。

驀地老張覺得自已騰高了好幾十丈，科長費力地舉首望着他，科員們是連望一眼也不敢的祗是低頭辦公事。他對科長很抱歉，因爲不久以後那張籐椅是要輪到他老張坐了，到那時科長祗得拍拍屁股走路。這裏他挪動一下臀部，感到板椅頂得尾椎骨發了疼。如今老張的臀部竟也有了因籐椅而必須做科長的要求，如再不高陞實在是過於委曲牠了。他站起來走到牆角裏「哈——禿」一口痰吐進磁罐中，想向外走時，科長叫住他：——

「老張，今天打個通宵吧，我參加怎麽樣？」

「當然歡迎。」科長笑了，然而老張却又拖上一句叫科長笑不出來：「就祗怕搭子已全了。」說完話，飄了出去，十分威風的。

一飄可就飄進了秘書室，溜一眼何秘書然後倒進沙發椅裏。何秘書從什麽書裏抬起眼睛來，臉一沉：「怎麽？下辦公啦？」老張一頓，委曲地緊鎖了雙眉；「我的天，够苦我的了，辦公到現在足足二點多呢！」

秘書重再把視線鎖進書本裏：「是什麽時候了？」——

老張機伶地伸手進袋裏，可是挨到的不是錶而是生有芒刺底「押票」，他估計着作爲今天底賭本的以一枚錶押來的四百來塊錢的運命，半晌伸不出手來。何秘書又追問了一句：「是什麼時候了？」他覺得彷彿被故意挖苦了似的，惱恨着默默向外走去，答一聲：「近五點了吧，我的錶壞了，——去修了」。

那個躲在書本子背後一撅臉：「怎麼？連輸了幾場就累錶也倒了運？嘿！」

老張雖無所表示，但也不能再緘默了：「說眞的，要戒賭了！」

「坐坐，坐坐。」

於是回到沙發裏。何秘書丟開那本書挨了過來，摸摸微黃的髭鬚，笑說着：「戒什麼賭呢？再下回功夫撈轉本來啊，輸了不翻是寃大頭，何苦呢？」

「一月拿過頭的薪給都孝敬這一百三十六了，那兒再有本來翻呢？這是眞話」。這確實是眞話，不過他沒有說出「幸而還有枚錶。」

何秘書打量了他一下：「要錢我這兒有，你放胆來好了。」以長着粗拙的肥指底手掌拍拍衣袋。老張禁不住樂得笑了起來：「眞的」？樣式有點像引為知已或被引為知已，然而秘書却冷冷的：「就祇怕搭子已全了。」

老張如被當胸擊了一拳似的，再也透不過氣來，他所焦急的倒不是為了發現人情的虛偽，而是怕長官們別眞丟了他，於是急急掏出四百來塊錢來幌了一下，直幌得何秘書兜心裏笑了出來：「我原說，你還沒有到全軍覆沒的時候呢，那裏肯罷休？」老張則一笑置之。至後他們討論今天戰局的人選，何秘書主張可邀第二科科長田仲宣，因為他已好幾次向他說過願意參加的話了，老張却表示：「田科長賭品不好，聽說常常會把牌撒開好幾丈的」。秘書感覺到了他與科長之間的隔膜，也就不便再勉強了；結果是約定：五時半，在何秘書公館，拖庶務季占運連同審制委員李謌庵。——老張於是退出秘書室。

他跨到走廊上，一臉喜悅很快的消逝了。他清晰地認識了自己，一個有野心而在「不擇手段」的戰略下損折了本的傻蛋，想儘量籠絡一批「能說一句話」的長官而連二十元底的牌也冒了險去打，一個月的薪水輸了，連下個月預支的也輸了，連僅有的一枚金戒指推說存在家裏而其實也輸了，所得到祇是何秘書很含糊很含糊的一聲：「看機會吧！」然而機會又不知何時可看到？雖則命相專家馮雲士說了：「脫運交運，近在眉睫。」但這也是保證不了的事。——可是事到臨頭，他不能「功虧一簣」啊，於是「押」了錶。論理，他賭不「精」，輸是應該的，然而眞要戒了賭又怎麼再能籠絡他們呢？

「哇！哇！——」當頭烏鴉。

「呸！」他想今天又準是輸定的了。為了要看鐘點，向會客室那兒繞了一轉，四點四十三分，他勉強可以退值了，因為秘書科長委員都有車而他必須步行的緣故，祇得早退十七分鐘。——即就「車」一端來講，他亦自應有「陞科長」的要求了。向外走去，劈面碰到同科的楊光頭。

「老張，你早退？」

「有點事，何秘書公館抹牌，」他臉上不斷閃着華光，甚至連傳達衮的那頭小哈叭也遠遠聽見了他的小牛皮鞋聲躲開過去。走出大門，四個警衛祇乾眨眨眼，他想總有一天，秘書給他遞了簽呈，主任批准了，田科長免職，老張升陞，於是坐車進出，看你們這班孱頭不舉槍：「敬禮！——」而且這一天也不遠了，他一走上街就向秘書公館去，默默地祇繞小巷走，他想：荐任科員，薪給透薄，一妻二子，怎堪維持？要不望陞如何得了？每天吃的儘是番薯掛麵鍋餅之類，那裏談得到營養？他從心裏對不起他的妻兒們，他滿想自已陞了官發了財够他們享樂的。然而升官發財談何容易？要不是他有他的「籠絡」的手腕，怕不就當一輩子的荐任科員嗎？再一想，「籠絡」至今，也着實輸了不少，可是這彷彿是盡了「輸錢事小陞官事大」的責任，也儘不必掛懷了。

到何秘書公館是恰恰五時三十分，他們三個早到了連牌桌也端正妥貼。季庶務一開口就是：「老張你媽的，怎麼不雇輛車？累我們久等。」

「對不起，對不起。」他滿臉是笑。「我是雇車了，就不過回了趟家，來晚了，對不起，對不起！入席啊。」

何秘書從嘴裏摘下半截雪茄來：「入席吧！」

於是入席。頭一副牌老張就是個滿貫，大家囉唣了半天，笑說他藏牌的砌了花樣的，鬧得亂哄哄地；接着湊巧他乂二番三番的連「和」了四副，大家益發鬧得厲害了，老張祇笑得合不攏嘴，湊趣地說：「我昨天一夜讀完了麻雀秘訣呢！」

幾個輸了的都鐵青着臉，尤其是何秘書，扳得緊膽膽的，並且命令另二個：「別胡鬧了，對付牌要緊！」這副勁叫老張也無法再笑得出來，他感到相當難堪，簡直沒有再可以插句嘴的餘地，他祇得把他此行的使命悶在肚子裏，等着等着，直等到何秘書也倒了個滿貫。

何秘書一邊抹牌，一邊輕快地笑着，眼睛儘盯着老張：「嗆，怎麼樣？小鬼到底跌不了金剛，估計你結局要輸個二三底呢！」

「我本來那裏有能耐來贏你們三位的呢，祇有帶了本跑來領教啊。」老張也居然八面玲瓏的扮了副鬼臉，引得「上」「下」「對」三家的戰友都笑了起來，是笑得那樣鄙薄的。何秘書由於已推出了門前清不求人斷么九嵌中心一般高五番倒「辣」三千二，自然是樂不可支的了。老張估計說話機會已到，於是洗着牌說起話來：「何秘書，關於第二科科長老田的事情，您知道嗎？」

「看牌吧，先別談正經！」李委員撒骰子：「七點，開門，摭牌。」

老張摭起第一簇來就是四張「發」，他順手向外一拍：「看，我發財該發定了！」摭第二簇時回答李委員說：「本來我乂不是談正經，隨便說起聲罷了。」接着頭乂偏向何秘書：「老田這一陣在外面相當活躍啊，當地士紳跟他都往來，也許他野心很大呢！——中風嗎？拍！——」

季庶務吆喝起來：「牌都上手了，等下一隻吧！」

兜過來，幸而摸到了那張季庶務所說的「下一隻」，中風於是成暗刻，挺一四七餅三張，是副中發餅子混四番。可是他還抽出一部份精神來儘向何秘書叨叨的：「所以這個問題，很應該留心一點，於公務方面影響極大。」

季庶務楞了他一眼：「老田是你直屬上司呢！」

老張做得很正直的樣子：「公務上總不能講交情，上司下屬一樣辦。」

李委員拍着桌子：「是不是這科長要叫你當？」

老張向大家笑着：「祇要何秘書幫襯。」然而何秘書祇顧死盯住自己的十三張骨牌，絕不置一聲可否。

「想昏你媽的頭！」季庶務摜出一張牌來：「三餅」。

老張將牌往外一推，沒等得及說出「四番」兩個字來時，何秘書也倒出全副牌來，氣急敗壞地說：「你們看看，你們看看，我這副萬字一色都和不出來！」大家看他的牌時，是「一萬」三張「二萬」三張，三四五六七八九萬各一張挺的是一二三四六七九萬，四個人不禁都惋惜起來。——老張看自己的牌時，發覺是和錯了，心裏亂嘈嘈的不知該怎麼樣才好，像是闖了場大禍似的，急得滿臉通紅。李委員探頭一看牌：「怎麼？你和錯了！」

於是何秘書咧開了嘴吼叫：「你鬥花牌！原說你是怎麼贏的，這個牌我們打不下去了，在我們面前鬧把戲未免太不睜開眼睛了，……」

老張結嘴結舌的還想分辯：「是我眼花看錯的，不是故意這樣的。」

季庶務因爲是大輸家，正好趁勢站起來離了座，鼻孔裏還透出二聲輕笑來：「嘿嘿，算你是眼花吧，反正這個牌是打不下去的了。」向何秘書李委員睇了睇眼，三個人就一起走進了裏屋去，老張盤算籌碼是贏了約有五六百元，五六百元就是吹了也可以，要就此鬧翻了可怎麼辦呢？他呆了好一回，央聽差去請他們出來讓他好賠個不是，然而聽差去請後的回答是：「不必再打下去了，請回府吧！」再呆了一回，沒有法子，祇得走路。

回到家裏，使性子打了二個兒子幾下嘴巴，哭聲震得椽子都顫慄起來，黃臉的老婆胆怯地伺候在旁邊，輕輕問着：「你要吃點泡飯？」他却衝了她喊：「一餐不吃餓不死！」就一骨碌倒進混有孩子的尿氣的床裏去，讓女人壓着嗓子哄孩子。

他從豆油燈裏看見自己的希望給小小的飛蛾帶進火中熾滅了，明天一定得挨幾頓斥責，並且將無法再有「籠絡」的可能了。雖然他還能記得起在他接連輸錢的幾天中底他們的笑影，可是一轉眼間他又爲他們的震怒惶悚着了。他一夜沒有睡得安穩，滿腹打算着明天應有的措置，偶而嘆聲氣，便連挨在身旁底黃臉的老婆也會驚懾得顫抖起來。

第二天起得甚晏，因爲一夜失了眠，且老婆非但不敢像往日一樣叫醒他，反而禁止孩子們作聲，所以老張上「科」裏已經是十點有零了。——科長似還沒有來，那張籐椅空着，老張覺得倒好，省得麻煩。他呆呆地坐着儘納悶，到再也坐不下去時抽空往秘書室走。走到秘書室正待跨進去，裏面湊巧走出二個人來，差一些就會撞着，老張一看，却是田科長與季庶務二個傢伙。

田科長從鼻子裏壓出半個音來：「早。——」

季庶務對他笑笑：「今天再來打個十六圈，怎麼樣？」

「好，好，」老張連連點頭。

「可是我們倒不敢奉陪了。」那二個傢伙走向第二科裏去。

老張走進秘書室，何秘書就把頭鑽進了公文堆中，不待老張開口先自喝了起來：「有事嗎，過後談，我沒有空，沒有空。」老張頂了一鼻子灰，祇能退了出來。

他回進第二科，田科長還跟季庶務在嘁嘁喳喳談什麼，一見老張進去，姓季的就走了，他發覺到情勢有點不同，大家都帶着鄙視的眼色在看他，田科長還甥頭給他添了一句：

「想不到我的活動勁兒還沒有你厲害呢！」

他在生了針刺的板椅上不安地坐了大半天，直到接着了「免職令」爲止，那是用着機關全銜說他「辦事不力品行欠佳」的開不了口的一紙文書，然而牠倒確實是叫他跌落了好幾十丈，跌在沒有人跡的一個深淵裏。看看週圍，誰都跟他隔離得很遠很遠，尤其是姓田的那個科長。他想再去見一趟秘書，可是難保不再碰釘子，於是整理整理文件交代給了坐在對面的同事，站起來向大家一點頭就走。他心裏異常憤懣，因爲現在不是他看田科長走而是田科長看他走了。

走到廊屋裏，身後有人在叫：——

「五點半，在秘書公館，還有李委員。」

他回頭一看，是季庶務，正向着第二科裏叫，多半今天的牌局是添了姓田的了。他說不出是悲哀是什麼？更不知道這失業的緣因是爲了自己呀還是爲了他們幾個？走上街頭，那樣落寞而倦乏地拖動着雙腿；身旁有條狗在悽厲地叫，當頭還飛過支老鴉：——

「哇！——」

現在他連啐口唾沫也提不起勁來了。

毀滅

周子輝

到今天能够發表這一個短篇，實在有不能不附誌一下的私衷，在心頭强烈地燃熾。

是去年的春初，由K兄轉輾的傳達了某一個什誌需要我的不成器的作品的約，才開始執筆完成了這一篇東西；然而在這任何刊物知道能生長到若干壽命的五十年代裏，終於這篇「毀滅」隨着那份刊物的毀滅而遭了禁錮於編者的箱篋內的厄運。然而以編者的辭意懇切的來函中，知道他無時無刻不在謀那個刊物繼續生長的出路，可是命運却注定了牠夭折已定，這才於去年的臘冬，由郵司的手中，重復回到了我的案頭。我並不餒了重讀的勇氣，相反地更經過了一番的修正和增損。待到完成了，已是花落春殘的時節，碰巧另一個編者要，於是胡亂地便又把牠送上了郵航的途程。常言道：「霉運來，一齊來」，不道此作竟符了卜巫之類的口讖，「毀滅」歸根又不幸碰了壁，而重復投回了故主的案頭。我並不難受。——紙荒如是，走這樣命運的，豈獨區區的「毀滅」為然？雖然若干不入流品的東西，到如今還有白紙來把黑字印上去。

我不再想讓「毀滅」去碰霉運，而盛情的O君，却又善意地給牠送到了一個專供女性賞鑑的刊物上去，可是受了三個月的刑，以不合性質的罪名，重又退了回來。

厄運如此，我望着「毀滅」，再也沒有使牠刊上白紙頭的情興。

現在，居然能走盡霉運，逢到了跟讀者見面的日子，是安可以不記了。

附帶須要聲明的是：此稿雖是用的自傳體，却總是小說。—— 因為讀過此文原稿的二三友人，殷殷以事實垂詢，所以再附記此一筆。

七，廿七，一九四四附記

一

三囡，是她的乳名，本名她叫芝蘭，姓呢，我想你不知道也不打緊，就讓我埋了吧！跟三囡是稚年交，彼此在青梅竹馬中開始認識一個時光，我八歲，她六歲，兩相湊合起來，也不滿成丁之年。不懂得天高，也識不得地厚，然而無邪的童眞的心靈中，彼此都明白有一種什麼樣的情緒在相互之間牽攀着，我意會到，自然她也意會到。

三囡有一張圓臉孔，但並不像滿月，成了滿月樣的臉，還能惹人歡喜嗎？

一對雙眼皮的眼睛上，貼兩道針葉眉，不濃也不淡，纖細得宛比一彎新月。尤其醉人的是兩顆蝌蚪似的墨晶大眼睛，藏在濃濃的睫毛裏，假如天上眞有安琪兒的話，最多也不過有這末樣的一對靈活的眼珠，嵌上她的眼眶。

當她，可愛的小三囡，一高興起來的時候，微微地把捲簾似的眼皮向下一瞌，而那對動人的眼仁，接着就向你閃電似的一瞟，於是就彷彿有一道電流，從她的黑得透明的眼珠裏放射出來，而你，即使在跨着竹馬兒奔騰的辰光，也會像無軌列車似地倏的停下來，瞧着這小姑娘，不大肯捨得離開：

——多漂亮的毛頭小姑娘呀！

心裏會浮起這樣的一種讚嘆，而巴不得立刻跟她結交個朋友。

她，挺喜歡梳兩根烏油光光的丫角辮，纏上兩根猩紅絨繩的結，分開來披在她的左右高聳聳的肩峯上，覺得靈活而有風致。當我這個八歲大的哥哥在逗愛着他的丫角辮的時候，他會仰起一對墨晶寶石似的眼，投你以天眞的，稚氣的笑，而且她還會打開了她的柔嫩的，充滿了一股甜勁的乳嗓說：「杏哥！你喜歡我的辮子嗎？」聽着，我就感到一種比試着父親所給我帶回來的甜橙更來得愉快，我知道三囡一點不嫌惡我，否則，她幹嗎不像別的小伙伴玩弄她的丫角辮時一般地嗔我呢？

最初認識三囡是在一個仲春的傍晚，要不是她媽牽着她的白皙的小手臂上我家來拜訪鄰居們，那我還不知道我的左鄰是搬來了一份新從華橋鄉遷居到城裏這條街上來的人家呢！一瞧見三囡，當時我就給一種莫名的衝動震撼了：小伙伴裏有不少天眞的毛丫頭叫我做哥哥，然而沒有趕得上三囡這鄉孩子。個子很瑣小一點也不顯得太細瘦了臉蛋够漂亮，一點也不會讓你檢出她的一絲半毫的缺陷來；衣服眞合式，一點也沒有殘留下些微的鄉埜氣。孩子們所特具的天才是：任你怎麼樣陌生的淘伴，一下子便會漸熟得如同有了好幾年交誼的老朋友。我，一切的智慧也許比誰都開化得遲，獨有這一分天賦的本能，上帝却分外優厚地賦予了我。前庭的那株石榴樹做了我倆的紀念碑，在那兒她開始打開乳聲的細喉，叫着「杏哥，」而我也開始把她當作我的妹妹。

從此，我的狹窄的小天地中多了一個淘伴。我以她的稱叫我「哥哥」認爲無上的光榮。理由是：像我這末樣一個頭爿上長着個大癩疤，左眼稍生起根斷眉毛的孩子，居然會承受了她的垂青，居然會博得她的一聲親親暱暱的「哥哥，」你想，最滿足的還有什麼能超過這個呢？

每天傍晚，從枯坐的塾館裏像插上翅膀樣的撲出來，丢下藍布書包兒，一溜烟滑到隔壁去，找着三囡我就喊：「三因妹妹，騎竹馬兒，來。」這樣的要求我沒有碰過釘子。然而從多久的遊玩裏，我窺察出這毛丫頭有一種忍心，——當某一種不如意的事件觸動了她的忿怒時，那過分的忍心的動作，便會非常明朗的流露在她的動作之間了。然而我原恕她，我不承認這是她的缺陷，一朶紅色的玫瑰上也作興有些微兒的斑痕，然而這決不致於會傷害了她的美的完整。

一回，是她家的後園裏的一株薔薇上的刺，劃破了她的嫩手皮，三囡光起了火，活潑的眼珠裏充滿了怒燄，發着狠，拿把小刀把薔薇的嫩枝條切去一大堆。我說，「幹嗎呀？妹妹！」「我恨牠，我要把牠切乾淨。」她的洩憤還沒有達到滿足，然而我却欷歔了，「你這樣切，牠不會再開出花來了。」這才牠停住手，把刀子在花圃的爛泥地上一扔，「看，杏哥，你哭了呀！」於是，用一塊掛在她襟口上的紅絹帕，拭着我那斷眉毛下的一支眼睛，「好吧！我饒了牠的狗命。」

一回是在天井裏，我的馬尾兒，不知怎麼的偏擊撞了她的馬尾巴，突變叫我無從措手去拯救這決將從馬身上倒栽下去的她，倒驟下去的三囡倏地縱起身，拎起不再是馬兒的青竹梢，「該揍！」於是我的大臘疤遭了殃，一個饅頭大的腫塊長了起來，然而我沒有哭，自己也不明白幹嗎，薔薇的受損傷倒會賺得我的眼淚，而自己的被殘害却並不覺得痛楚？大概這還沒有滿足她的殘忍，她望着我的創疤，睜出墨晶寶石的大眼睛，「痛吧？你知道我跌下去多痛呀？」於是她倖倖然地跑了。

三分鐘過後，三囡却又跑來了，方才的忿怒完全消散得乾乾淨淨，墨晶寶石的眼睛裏充滿了同情的，憐惜的光芒，纖纖的嫩葱葱的小手指捫着我的腫塊，「杏哥！痛吧？方才太狠心了，你恨我嗎？」雖然創疤上的餘痛還在心裏隱隱作疼，然而我根本沒有生起恨她的心，因此，這樣的憐憫與同情，更助長了我對她的感激與歡愉。

單純的，童稚的友情，在這樣的許多相類似的情景下更長得濃厚起來。

二

我們開始懂得「愛」的這一個深奧的神秘的字義了。

這不能稱是早熟，一個十三歲的孩子懂得愛，不能算早，而一個十一歲的毛頭姑娘同樣能够懂得愛，也一點都不能認爲奇怪。

彼此不再是稚孩了，我感覺到不能够再以「三囡」來作爲對她的稱謂，於是改了口，起初她表示反對，隨後她覺得應該，因爲她意識到自己不再是個毛丫頭，那乳名是該讓牠隨着稚年的長逝而長逝呀！

十三歲的秋天，我負起笈，告別了父親和母親，上一個古老的都市裏去求取一點較高的，準備將來依此爲生的學業。跨上火車的那天早上，天空裏浮着幾塊白雲，牽牛在籬笆上開着殘餘的紫沉沉的花，促織在一叢夜晚花的微黃的綠葉裏跳，找着芝蘭我就用兩支愁悶的眼睛望着她，「再會！芝蘭！不會忘記我的話，時時通通信。」「怎麼會忘記呀？單就你的臟疤，我就永遠不會忘記你！」她露出玫瑰似的笑靨，說：「要半年才得會面，倒有點難受。」「是嗎？我中間也許可以回來一次。」「爲了瞧我？」我笑着，沉下頭，默認了。

是這樣，我們分了手。一踏進古城的學校裏，繁重的功課，攫奪了我無數的時間，本來一個月至少通信五、六次，漸漸地降至於止能通一二次，中學三年級的時候，幾至於一個學期不過通了二、三次。然而我知道我們的友愛不會爲了通信的減少而至於冷淡下去的。每個假期回到故鄉去，她照樣是活潑地陪着我暢玩，而且總愛在甚麼樹上採下一片葉，夾進我的書本裏，「杏哥，你祇要一翻開，就會想起我。」於是她笑笑，那對顧盼生姿的墨晶大眼睛裏充滿了濃厚的情意。

「芝蘭，你還像從前騎竹馬時候一樣的歡喜，不，愛我嗎？」

「爲什麽你要問這個呢？」我知道她已經懂得「愛」，不錯，十四歲的姑娘決不會單有敏慧的外形的。

「因爲我聽說有人也在像我一般的愛你，」我嚅嚅地說。

「可是你不能管這些呀！」她的童年時代的忍心又施展了出來。

我無言可答地泫然了。

「哈呀！你還是那末傻，中學生了呀！我老實告訴你吧，我愛你也許比你愛我更要深得多啦！」

「是嗎？」我破涕了。

想：三囡到底是屬於我的，是她六歲的時候我就跟她有了情。然而想到她是遷居到城裏來的一個大地主的女兒，而且又是祇有她這末一顆掌上珠；而我呢？一個破落戶的孩子，一個僅僅是教一個月門館只能賺十二塊老洋的父親的兒子，想着，想着，心裏就結冰。幾回我想說：「芝蘭，你爸不會肯把你配給一個窮小子」，然而話一升到喉間就消失了勇氣，爲的是不忍因我的這一句話惹起了她的悒鬱。

惟一的期望是自己奮力向上爬，走完了中學的一段里程，再走上大學，好在父親允許我只要能够踏得進大學的門檻，那怕售去三間老屋，賣掉老祖先遺下來的六、七畝破田，他也決不會吝惜。

光榮的憧憬，在面前煊耀，於是鼓着勇氣往上爬，要說是爲了自己，還不如說爲了要占有她而才有這種鼓勵。

三

民國十六年的春天，我正在做着準備升學的夢，芝蘭却忽地從故鄉的中學裏，轉到上海的一個男女同校的中學裏去了。

我不反對她離開故鄉，然而我反對牠到上海，這玄色的都會是一個大陷坑，然而我的勸阻却並沒有發生效力。

這一年的夏季我爲了不負自己的宿願，居然在京都的一個大學裏的榜上題上了我的名字，挾着一顆歡喜的心回到了老家，一口氣跑到芝蘭處，趕到她家的後園裏，把喜訊送到她的耳官之後，她含着一種內心的慚愧之態微笑着：「恭喜你！」說吧。便坐到了那塊精光橙亮的青石上。

「我想，」我喃喃說：「請你答應我訂婚的要求。」

「你別存這一條心吧！」

「什麼？」我幾乎如同從山巔上一下子墮入了深谷。

「因爲我已經……」

「難道祗有半年你已經？……」

她痛苦地點着頭，抱憾地望着我的斷眉毛。

「完啦！」我叫了，「什麼都完啦 ！我還進什麼大學？」

「唉喲，你還是不脫傻勁。」我發現她一些也沒有憐惜的，那稚年的忍心，並沒有隨着她稚年的消逝而消逝。「難道你還要愛着一個已經不愛你的姑娘嗎？」

「是的！」我獃勁地說。

「那你不太傻嗎？」

「唔！告訴我，芝蘭，那比我更值得愛的人是誰？」我差不多有點瘋狂了。

「你還是不知道的好。」

「你一定不告訴我？你這麼忍心？」

「可以告訴你的是：他比你活潑，比你熱情，比你大胆。」她似乎在回味着她的愛人所給予她的興奮，笑容更如早霧似的滿佈起來。

「難道你已經給他……？你媽沒有知道？」

「知道了怕什麼呢，現在是解放的時代了。」

「嗯！」我恨恨地點着頭。

「你可以把你的愛去找別一個對象，杏哥 ，你不要傻！」

「不！」

「你還是不能忘記我？」

「假如有一天生命告終，那也許會……」

「傻到這樣，這叫我有什麼辦法呢？」

我滿望她能像逝去了的稚年時代的揍了我的大膿疤，會心疼地慰藉我，然而她不，她揮着扇讓那貼在她的豐腴的肌肉上的薄綢衫飄呀飄的。

捧住了一顆給利箭創傷了的心，懷着滿腔的怨與憤，我恨恨地在她的面前離開了。

不幸往往會湊成淘兒向一個受創者圍勦，失戀的悲劇的第二幕，便嘗味了失恃的酸辛。父親在使他喘息的講壇生活上，結束了侘傺的一生，爲了贍養母親，我決意丟了那個向上爬的機會，預備用我五年來所混到的一些薄技，去換取一家數口的口糧。於是在數度的營謀下，我居然成了一個師道嚴尊的教界人物，走了父親所畢生憎恨的同一的路道。

我離開了家，雖然使老母不免味嘗着孤寂，然而自已却由此沖淡了那失去了戀情的難受的苦悶。

四

最容易催人老的是時間，幾年教師一當，我早已超越了弱冠之年，唇頰上頗覺有些于思于思了。對鏡自照，我發現我老得多。然而這生活並不使我厭倦，因爲孩子們的天眞純潔，完全使我忘却了對於芝蘭的苦惱。

是一個初夏的黃梅時節，這暌違了足足三年的芝蘭姑娘，突然故意出乎我的意外地來到我的校中，現在她全然是一種少婦的豐韻，墨晶寶石似的大眼睛，更顯得嫵媚而且多情了。

我憎恨她爲什麼要在一口古井裏，再投下一片碎石掀起波瀾？同時却又不可止遏的喚回了過去的成了死灰的友情。——到底她沒有能够完全忘記我呀！

「杏哥！」她還是不忘這一個童年時候的我的乳名：「你還沒有結婚？」

「唔！因爲沒有愛人。」

「我不相信一個也沒有。」她彷彿完全忘記了她過去跟我的友情。

「有是有一個，可惜已經給別人奪了！」

她了然於我的回答的深意，盯了我一回兒說：「難道你眞的爲了我到現在還不結婚？」

我苦苦地點着頭。

她不再有勇氣使出她的忍心了，我觀察出她的兩根新月樣的修長眉毛在皺起來，眼角皮似乎有些溼滋滋的。

「你眞傻！你還在愛着一個已經給別人占有了的女人？」

「是的，在淸夜裏我總忘不掉！」

「眞嗎？」

我不能再回答了，我的眼角皮在跟她一樣的濕起來，憎，完全從腦海裏消失了。

終於，她欷歔了，聲音含着抖。「你，老了，瘦了，而且憔悴了！到現在我才知道我對不起你，原諒我，杏哥！到現在，我才知道眞心實意愛我的祇有你！」

「聽到你這樣的一句話，我發誓從今以後，不再恨你，怨你！」

「那末，過去你一直怨我，恨我？」

「在上帝的面前我不能撒謊。」

她注視着我的斷眉毛，那支纖纖的，柔荑的手，揑附着我的大腿疤，童年的純愛，從她的眼眶裏全復現了出來，她抽起塊絲綢帕，拭着我的眼角。我想俯下頭，讓我的嘴唇貼上她的嘴唇，也好消失過去她說我缺少大胆的那個嘲謔，然而她却突然用使人惶惑的目光望着我：

「假使有一天，三官能够不辜負你的這一片癡情，你不會拒絕我重復回到你的懷中？」

「原諒我還不明白你這問題的底蘊。」

「我是說，如果有一天，我跟他離開了，你會要我嗎？」

「不，」我失神地震驚於她的這樣的一個發問。

「爲什麼？」

「我不願意別人也來嚐味像我所嚐過的苦味。」

「是眞的？」

「對着上帝我不敢撒謊！」

「那你說是愛着我……」

「是的，在我的靈魂沒有毀滅之前，愛你是永遠不會消滅的！」

她不再發問了，我知道有一種苦味在她的心中刺激着，雖然面部是裝點了笑容。方才的那份狂妄的大胆的勇氣衰退了，我再也鼓不起勇氣，沉默着，我的斷眉毛下的那隻眼角早給她拭乾了。半晌，她喃喃着：「杏哥，你還是跟誰結婚吧！」我搖着頭沒有回答。

送她到小站上去搭火車回上海的時候，她熱烈地握住我的手，彷彿一個姊姊在諄諄地慰安着她的弟弟：「杏哥，希望你到上海玩一次，希望你在今年或者明年請我喝喜酒。」

我沉下了頭不說話，我的掌心在發燒，一股熱情震撼着我的全身，我後悔了，爲什麼我不苦苦地留她一宵？爲什麼我要讓無情的火車立刻又帶她上玄色的都市？

然而一想到我不能讓她的丈夫在北站上覓一個失望而返的悵惘，我的沸騰的熱血冷了下來，我瞪着眼，讓她給無情的火車駛走了。

五

意測不到的變故，從玄色的都會飛到了我的眼前。一封快信裏落上了幾句簡短的天藍色的鋼筆字：

杏哥：速來滬一晤，蘭有要事面托。如尙愛我，請勿拒却！心亂如麻，匆祝

旅安

芝蘭手啓

突兀的信，使人猜不透她到底遭受了什麼樣的命運。

懷着信，我趕緊踏上了火車廂，一到玄色的都市裏，按着信封上的住址，在電炬光芒耀得如同白日的街衢上，我找到了她的住所，摸索着黯淡的扶梯，在三樓的房間的門上捺着電鈴。

「誰呀？」

「我。」

門立刻開了，我定着眼睛呆視着目前的她：身軀是依然苗條的，圓月樣的臉蛋依然沒有走樣，兩根纖纖的修長的針葉眉，依然新月樣的有韻致；然而櫻唇上褪盡了絳色，兩片淺渦似的笑渦上消失了醉人的紅暈，墨晶寶石的眼珠，顯得那末的呆滯滯。

「你怎麼啦？芝蘭！」

「我完了！」

「什麼？」

「他丟了我。」

這眞出乎意外的一個霹靂，我原在恐懼着也許芝蘭會丟了他，可永遠想不到他會丟下了這麼樣的一個漂亮的妻。

「這怎麼樣的一回事端呀？芝蘭，你得從頭告訴我。」

「總之，我給他丟棄了，我現在才明白男人們的心，我不能讓痛苦永遠埋藏，我要報復。」

「可是你錯了，世界上的男子不會全像他的無情呀！」

「我知道，可是我不能讓痛苦埋起來。」

我奔向前去，熾烈地握住了她的冰冰冷的柔腴的手，我

意會到了那次她下鄉來的預言似的問題，爲了恐防這世界上會有第二個像我一樣受痛楚的人，所以我斷然的回答了「不」；然而天知道這爲我體恤着將嘗味失愛的痛楚的人，却竟會把她丟了呀！

「芝蘭，我不能讓你幹錯誤的報復！」

「你？」

「如果你沒有忘記上次你到鄉下來的那些發問，那我情願你回到我的懷裏。」

「你不拒絕我了？」她頹然地緩緩的坐到了沙發中，我也坐下去，貼近了她的身。

「他那樣的無情，當然我……」

「可是這遲了呀！」她抱憾地說。

「遲了？怎麼遲了呀？」

「告訴你，我已經報復了不少的人，我今天玩弄一個，明天又玩弄別一個……」她顯出淒苦的笑。

「玩弄？這就是報復？」

「當然，我給人玩弄了，難道我就不能玩弄人？」

「你用你的肉體來報復？」

「你覺得奇怪嗎？」

「一點也不。不過，從今天起，你應該停止你的報復，我請求你，回到我的懷中。」我並不爲了她的荒淫而憎惡，並不爲了她的憔悴而嫌厭，我熾烈地開始擁住了她的羸弱得盈握的纖腰，我的有着閃閃發亮的大臙疤的頭偎上了她的肩膀，然而她的手却把我推開了，繼之以瘖啞的語聲。

「杏哥，這不成了。」

「你爲了要報仇不再愛任何的男人了？便是我也只能成爲你報復的對象嗎？」

「不！」

「那爲了什麼呢？」

「因爲我已經毀了呀！」

「不，青春是會在你的身上復活的。」

「你，錯誤了，我是說我已經有了嚴重的毒症。」

「啊！」我的雙手軟攤地垂下來，一雙眼睛死一般的定，「三囡」，我又開始呼喚了她的乳名，「你怎麼糊塗到……」

「爲了報復我管不了這。」

「你情願眞的讓自已毀了？不，三囡，你馬上去醫，我決不會爲了這個而有纖芥的嫌惡！」

「不，我不能累你，不能！不能！」她突然柔媚地掛上一縷笑，用她的柔腴的消瘦的臂腕摟着我的頸顆，我重又偎上她的項頸，然而當我的髭鬚長得如同叢莽似的嘴唇，正想破天荒地貼上她的芳唇的時候，陡的她從沙發裏直彈了起來，她捫着我的大臙疤，眼角皮裏閃起了晶瑩的一道光，——濕了。

「不，我不能害你！」

「不要緊，我重復奪回了你的愛，什麼我都不怕。」

「讓我的靈魂永遠是你的，你算是已經在你永遠愛着的人的嘴唇上落下了你的吻。」

辨味着這詩意的句子，我的心寧靜了起來。

「知道三囡今天要你上這兒來的用意嗎？」倏的她又坐下沙發去，問了。

「在你沒有說明之前，我怎麼能知道呢？」

「唔，我請求你答應我，明天一早把我的孩子帶回給我的媽！」

「孩子？」提到這，我才意識到這閴靜的房間裏還有第三個生命的存在，我的目光已經瞥見那一張有着緋色被褥的床上，靜躺着一個像芝蘭一樣臉龐的孩子。「你有了孩子怎麼一直不說起？怎麼你要我帶回去？難道你預備……？」

「我沒有臉回去，可是這無辜的生命我不能讓他受糟塌。」

「那末你？」

「我自己不知道自己今後將怎樣了結我的生命。」

「啊……三囡！你……」

「別驚慌，杏哥，你答應我帶這孩子回去給我媽。」

「我答應你。可是你也得答應我。」

「答應你？」

「讓我再回到你這裏來一次。」

「好吧！」

「你不會欺騙我？」

「相信我，杏哥！」

這一晚我做了她的留宿的客，在她預先安排好的一張潔淨的榻上做了個暢甜的夢。

覺醒來，她已經什麼都準備停當。動身的時候，她抱起孩子伴着我下樓，銀色的汽車，載我們駛到了北站。送我上車的時候，我的眼角皮又濕濕的。

「再見，我等着你。」

「我一定回來！」便這樣，我們暫時分了手。

六

然而，我的上帝……

當我藏着滿懷熱情趕回上海的時候，(同時我接受了她媽諄諄的囑托，一定得設法讓她回到故鄉去) 我發現昨天朝晨還是留着一切陳設的房間精空了，臉肉肥得過膩的一位房客遞給了我一張走了天藍色的箋條：

杏哥：恕我不能再見你，良善的，忠誠的朋友，我的靈魂永遠屬於你！願你忘記了我的影子！ 蘭

我慌急地不憚別人的厭煩，兜住那位房客問：

「請你告訴我，她搬上那兒去了？」

「紙條上沒有寫嗎？」

「沒有。」

「那我跟你一樣的不知道。」

呆着，我幾於忘記了該退下扶梯。

上帝，她走了。離開了玄色的都市？離開了罪惡的人間？是在天之涯？是在地之角？是滿足了她的報復？是毀盡了她的青春？

讓這退盡了天藍色的箋條，做我的永久的紀念！……

詩人吳梅村

譚正璧

序幕

人物：牧童六七人，樵女六七人，柳敬亭，王愚

時間：清聖祖康熙十五年——公元一六七六年——的清明節。

地點：蘇州玄墓山下吳梅村墓前。墓上有大圓碣，正面題「詩人吳梅村之墓」七個大字。那時楊柳正青，桃花還沒有完全開放。

幕開：牧童樵女十多人，聚集在墓前玩耍。有的把草籃或柴籃放在地上，有的依舊背着。一個最頑皮的牧童，却背着草籃爬到碣上去，然後再把草籃放在碣頭上，俯下身子念碣面的字。

牧童甲　這塊碑石的確有些異樣。你看：光光的七個大字，旁邊一行小字也沒有。像這樣的碑石，在這裏附近怕找不出第二塊來。

牧童乙　（站在碣下）阿大，爬得這樣高高的做什麼？你碑上的字都識不識？不都識，你雖然爬得高也不希奇。

阿大，我問你：第一個是什麼字？

（大家都停了游戲看他們問答。）

牧童甲　怎的不識？天天看見的碑上的字那會不識？

牧童乙　那麼你讀出來！

牧童甲　「尸」！（大聲地）

牧童乙　不錯！第二個？

樵女甲　（插入）這個字如果不識，那裏還好算人？虧你好意思指出來問他！

牧童乙　那麼，好！你既然也識，我也來考你一考。這第一第二兩個字併起來應該怎樣解釋？「詩人」？

樵女甲　（嬌笑）你要考我嗎？我不是阿大。待我先問你，你回答得對了，然後你拿下面的字再問我，我才回答你。

樵女乙丙丁　（拍手）老四，你今天可受窘了！梅姐，你叫他快些解釋出來

牧童甲　（大笑）哈！哈！老四，你上當了！

牧童乙　（若無其事地）這有什麼上當不上當！我們講明在先，阿梅她既然看不起我，要先考我，當然我沒有反對的道理。可是，我也有條件。

樵女甲　你也有條件？

牧童乙　正是。我說出來，約好了，大家都不能賴。

樵女甲　好！你說出來！

牧童甲　（拍手）好！「君子一言，快馬一鞭，」我坐在上面做見證，誰都不能胡賴。

牧童乙　你解釋得對，明後天我代你扒兩天柴；不對，我要你給我——（嘻嘻地笑）

樵女甲　（嬌笑）你要我給你做什麼？

牧童乙　（狡猾地）說出來依不依由你，只是你不能翻臉。我要你給我——（又是嘻嘻地笑）

牧童丙丁　老四，不要賣關子了，快快說出來大家聽！

牧童乙　（狡笑）我要你，阿梅給我親十個嘴。

樵女甲　（嬌嗔地）放屁！你倒要榻我便宜！我不解釋了，讓你們去胡鬧吧！（撅着嘴走開了）

牧童乙　哈哈！可見她是解釋不來！否則我的條件又不是要吃掉她，她為什麼不敢同我賭？

牧童甲　好了，還是我們來吧！你給我講，講不出，你替我割二天草；講得對，我替你割，我們公平交易，老少無欺。

樵女乙　你們講了大半天，還是這麼一套。我們等着的人要是來了，大家還是賭不成。

牧童甲　（望望地上樹影）還早，他似城裏的人那有這樣早會來的？老四，你講！

牧童乙　這有什麼難講，詩人者，念詩的人也。

牧童甲　（拍手）哈哈！對極！明後天煩勞你替我割二天草！

牧童丙丁　樵女乙丙丁哈哈！好極！

牧童乙　（有些窘）你們笑什麼？難道我解釋差了不成？

牧童丁　那麼你也是詩人了，因為你會念詩。

牧童丙　那麼不客氣，我也是詩人了，我讀過一本千家詩。

樵女甲　（又走上前來）那麼我的弟弟也是詩人了，他昨天正讀了一段「天子重英豪」。

牧童甲　（拍手大笑）好極了！你也是詩人，我也是詩人，大家都是詩人，詩人眞多極了。老四，我要問你，既然誰都是詩人，為什麼別人的墳碑上沒有這二個字，獨是這個碑上有？

牧童乙　（突然似有所悟）啊呀！我想着了，詩人者，做詩的人也！這一定對了，那麼，阿大，你明天就代我做一天工作吧！

牧童甲　這眞正豈有此理！自已錯了沒有罰，倒要罰起別人來。

牧童乙　一個人說錯了不能改正的麼？改正了，當然不錯了，還罰什麼？

樵女甲　（又走上來）也要罰！一差一對，剛巧對銷。阿大，你明天不用替他割草。

牧童甲　阿梅的話很公平，我們就對銷過了吧！

牧童乙　阿梅她幫着你，不算數，我沒有錯！

樵女甲　（用手指刮臉）羞！羞！我為什麼幫他？他又不是我的——（作嬌羞）

牧童乙　（笑）好！不打自招，他原來是你的老公！

樵女甲　（老羞成怒）放你媽的屁！你媽偷老公，我那裏來老公！我要給你

吃耳光！（伸手撲向牧童乙）

（大家把樵女甲扯住。）

牧童丁　（拖着牧童乙到另外一邊去）你這呆子！還不快些躲開，乖人不吃眼前虧！

牧童乙　（狡笑）打甚麼緊！歎歎的手兒，吃她兩個耳光，倒可以舒服好幾天呢？（做鬼臉）

樵女乙　阿梅！不要去理這野孩子。我們根本不必和這種人多交代，也不值得去打他。算了吧！

牧童甲　（仍坐在碣上看着他們鬧，忽然抬頭向左旁一望，面上笑容突現）啊！不要吵了，他們來了！

（大家頓時寂然，各人照管好自已的籃子。）

牧童乙　仍舊是二個人嗎？

牧童甲　（頭仍向那邊望着）怎的不是？一高一矮，一個白鬚，一個黑鬍子。

牧童乙　那麼我們來歡迎一下吧！你坐在上面發令，喝一二三，我們大家拍手喊「歡迎」。

牧童甲　好的！大家聽好，他們走得更近了！大家聽好！一！——二！——三！

（牧童樵女們都向着台左上場處拍手，大家嘴裏都嚷着「歡迎呀！」「歡迎呀！」柳敬亭同王愚慢慢從左邊上台。王愚背着琴，琴袋已破舊不堪。）

敬亭　（面現喜色）這班孩子倒有趣！你們怎的知道我們今天要來？為什麼歡迎我們？

牧童乙　（仰頭對牧童甲）阿大，快些下來，我們推你做代表，同這位老公公說話。

敬亭　（走上去拍拍牧童乙）你這種孩子很好！你們大家一起來和我們說話不好嗎？

牧童甲　（已從碣頭上跳下來）來了！（向敬亭和王愚）兩位老公公，我們都在這裏恭候你們大駕光臨！

敬亭　（笑着對王愚）愚兄，你看這班孩子倒有趣。我們每年到這裏來，他們人數一年多一年，人也一年長大一年。今年，他們也玩起新花樣來了。

王愚　（笑着問）你們幾位在這裏等候我們做什麼？

牧童甲　（必恭必敬地）我們都在這裏等着，洗耳恭聽（指着敬亭）這位老公公唱書，（又指指王愚）你這位老公公彈琴！

王愚　哈哈！你的記性很好！你怎的知道我不會唱書，（指指敬亭）他不會彈琴呢？

牧童乙　那麼，好，今天就請你這位老公公唱書，那位老公公彈琴吧！阿大，快些發令，我們都散開來坐下靜聽。

敬亭　且慢！我也有話我對你們講。（嚴肅地）你們應該知道：我們到這裏來彈琴唱書，不是彈唱給你們聽的，（用手指指墳墓）是為了這墳裏的吳先生。因為他活着的時候，很歡喜聽我們的彈唱，所以我們每年趁着來上墳的時候，必要對他彈唱一回。現在你們既然靠了他得到聽我們的彈唱，那麼你們也應該跟着我們對吳先生表示敬禮。

牧童乙　那很不錯！阿大，你剛才不該爬在碑石上，這是你對吳先生的大不敬，你應該先行禮謝罪，然後我們排了隊，跟兩位老公公再行禮。

（牧童甲果然必恭必敬地對着石碣行了三個鞠躬禮。王愚從琴袋中掏出幾支香來，用火點了，插在石碣前。）

敬亭　我來做贊禮，你們聽着我喊，也照着我做。

牧童乙　我們快來排隊！

（全體牧童樵女都向裏排成一字形，把敬亭王愚圍在裏面。）

敬亭　大家聽好！（作贊禮腔）行禮！一鞠躬！（向墳一鞠躬）

（全體都跟他一鞠躬。）

敬亭　（同前）再鞠躬！（又向墳一鞠躬。）

（大家又都跟他一鞠躬。）

敬亭　（同前）三鞠躬！（又向墳一鞠躬）

（大家又都跟他一鞠躬。）

敬亭　（同上）禮畢。（轉過身來）好極！好極！你們都是好孩子！

（王愚也已轉過身來，孩子們都靜聽敬亭講話。）

敬亭　我今天要告訴你們：我們兩人，在三十年前，他的彈琴，（指指王愚）和我的說書，（指指自己的嘴）都是天下聞名的。平常的人要聽到我們的彈唱，不是容易的事。這墳裏的吳先生，（指着墳墓）也是當時沒有第二個人能够及到他的大詩人。我們是老朋友，他替我們做過許多詩，我們也常常彈唱給他聽。今天，你們既然很誠意地歡迎我們，我還要把這位吳先生一生的故事說給你們聽。這故事雖然不比西遊記那樣有趣，也不及景陽岡那樣好聽，可是這裏面有可歌可泣的國家興亡大事，也有可欣可羨的志士成仁事跡。你們如果聽得好聽的話，不妨再去講給別人聽，讓大家知道這墳裏的吳先生是怎樣一個人物。——現在你們可以散了，讓我們先來彈唱一番，然後我再說給你們聽。

牧童甲　（給牧童乙做鬼臉）謝謝兩位老公公！（換做高聲）大家散開，在地上坐下來。兩位老公公要彈唱了！

（大家果然散開來坐在地上。王愚拿出那隻舊琴，調整了絃，由輕而重，由徐而疾的彈起來。）

敬亭　（用很悲愴的調子唱）

詞客哀吟石子岡，
鷓鴣淸怨月如霜。
西宮舊事餘殘夢，
南內新詩總斷腸！
漫濕青衫陪白傅，
好吹玉笛問寧王。
重翻天寶梨園曲，
減字偷聲柳七郎。

（白）此下即講吳先生一生事跡，請大家側耳靜聽：

——幕下

第一幕

人物：吳梅村　卞賽　侯朝宗　卞敏
李香君　柔柔　柳如是　申維久
柳敬亭

時間？明思宗崇禎十六年——即公元一六四三年——的秋天。

地點：南京城裏秦淮河上卞賽的妝閣中。閣後臨河，窗明帘淨。左置床榻。右有門通客堂，爲來院遊客宴樂的場所。閣中陳飾，相當地富麗。中間置一書桌。靠壁架上，盡是牙籤玉軸。桌前爲一琴几。

幕開：卞賽濃妝端坐几前，按琴而彈，作離別之聲。梅村躺在左側一椅上，頭微仰，悠然若有所思。琴聲忽停，朝宗和卞敏從門外進來。

朝宗　志衍還沒來，你們已在彈琴送別，不太早了嗎？（微笑）

卞賽　我們等得有些悶了。本想畫一幅畫，又怕他們來了中斷了畫不成，不覺順手彈了一曲。你看，（指几旁香爐）爐中香也沒有上，這那裏算得彈琴！

梅村　（站起來）朝宗，你爲什麼不早些來？志衍這時正在向各處辭行，要來還得稍待一會兒。我正盼着先有個人來大家談談，你來得正好。（忽然想到）香君呢？你爲什麼不同她一起來？

朝宗　我這時正從她家裏來。不待你說，我本來也想和她一同來的。可是她們娘兒們總有些牽絲攀藤的事，叫人等得不耐煩。所以我就先走了。

（這時卞賽，卞敏把肩搭背靠在窗檻上微語，笑聲略略可聞。忽然兩人都回過身來，走向門去。）

卞敏　姐夫，你伴侯公子說話，我同賽姐到外邊去照料。倘有客人到來，我叫柔柔進來通報。（微笑）你們爲什麼不坐了說？大家又不是客氣朋友？

（同卞賽出門）

（梅村果然仍舊在椅上坐下，朝宗就坐在卞賽剛才坐着彈琴的那櫈上。）

梅村　（忽然長歎）唉！志衍遠去，你又要回河南故鄉。在這樣的亂世，一別之後，不知在什麼時候再會？一想到這種事，不免令人很是惆悵！

朝宗　本來我昨天就要動身的。自從我聽到李自成打進潼關的消息後，便知道故鄉十分危急，很是不安。前天接到家書，知道故鄉雖無恙，老母却臥病很重，所以還是不能不回去一行。我想：志衍不比我。他在這時候遙遠地到四川去做官，却很有些不智。目下荆襄一帶既爲張獻忠所陷，不能通過，儘可借此向朝廷告辭。況且他家裏又不少了這升斗之祿，何必帶了全家去冒這大險！他既決定要去，却累我也不能不留下一天來送他了。

梅村　朋友們也都是這樣說。連賽賽也勸過了他好幾次。只是你知道他的脾氣，你越說這事不好辦，他越要去辦辦看再說。這次勸他的人越多，反而使他的去志愈加堅決。前天他還對我說過：他友們都說四川地方很不平靜，張獻忠很有西上的意思；可是誰敢担保，他一定不會驅兵東下？所以這裏和四川，實在是五十步與百步。況且潼關既破，山西告急，京城也將非樂土；加之松山錦州既失，後金國又虎視眈眈，很想乘機而入。眼見中國亂象已成。所以他這次入川，決計帶了全家同去，那麼一朝有變，生死可在一起，省得彼此提心吊膽，各各放心不下。我一聽他的話也不錯，所以從此便不再勸他了。

朝宗　他這番話確很有理。只是生逢亂世，平民總比做官的要好過一些。就是同樣要遭到變亂，家屬住在故鄉不比在客鄉有照顧嗎？但人各有志，誰也不能勉強他。只是，我倒有句話要問梅村兄：志衍的話不差，誰敢担保張獻忠的兵不會南下，萬一這裏發生了變亂，你將作怎樣打算？

梅村　我早已不想做什麼官了。這裏國子監司業一職，因爲比較淸閒，又是沒有人想奪取的窮位子，所以我爲便於和在這裏的朋友們來往起見，便就了下來。萬一有變，我便棄官回鄉。姑且想法保全了一身一家再說。

朝宗　我以爲不是這樣說。我這次回去，便想看看故鄉情形，如果可以有爲，我必暫時不出來，在那裏聯絡志士，以應變亂。梅村兄，我們文人個人雖不能去應付任何變亂；可是有了團結的隊伍，這力量就不能估計了。

梅村　你話果然說得不錯，可是我的家庭情形和你不同。我家在故鄉是個大族，況且我不但雙親都健在，上面還有祖父母。他們決不容許我幹這種事。至於除了故鄉，譬如這裏，那麼我們簡直無從下手。你想：老阮他們正在尋我們的岔事，你如有行動，不正給他們一個報復的好機會嗎？當時我勸定生他們對待老阮，不要操之過急，就因鑒於天下將亂，當從大處着想，不要多招小怨，以免將來受他們的牽掣。自從防亂揭一宣布，那麼敵對之勢已造成，從此他便和我們勢不兩立了。

朝宗　我想：如果要做，也未見得沒有辦法。梅村兄，我們是知無不談，言無不盡的老朋友，不是我批評你，你也有着一般文人們共有的毛病，就是太缺乏勇氣。我知道你決不像牧齋老那樣的隨波逐流，有王代長樂老之風；只是一個人缺乏了勇氣，到了緊急存亡關頭，便容易受人劫持，而喪失自己平日的志向了！……

（柔柔揭開門帘進來，後面跟着香君。）

柔柔　二位公子，李姑娘來了！

香君　（微笑）我挨在門外聽你們談論了好久。朝宗，你老毛病又發作了。幸虧吳先生是你知己朋友。否則這個一偏之見的批評，誰也不會領你的教！

梅村　（含笑）剛才我正怪朝宗不帶了你同來，你爲什麼這時才來？現在我正在這裏聽朝宗的指教，你又忽然來打斷了。我常說：像朝宗那樣直爽的性格，如沒有李姑娘來管束，那他老早要在南京站不住了。但我們是老朋友，什麼話都可以說。可是你一來，他當然又不敢再說下去了。哈！哈！

香君　吳先生倒很會打趣。賽姐她追逐了你好久，你竟到現在還沒絲毫動靜，使她天天晚上爲着你哭個通宵。我想，你如果有了她，一定再不用領受你這位（指朝宗）老朋友的教了。吃！吃！（笑）

朝宗　好了！好了！大家不要打趣了！香君，你進來的時候碰見了卞姑娘姊妹倆沒有？

香君　（點點頭）已經碰到。她們倆正在忙着招呼廚子和下人們。我看，時候還早，客人還不見得就會到來，趁朝宗在這裏還沒動身，我想問吳先生一樁事，（突然停止，回頭對柔柔）呀！柔柔，你有事儘管自便好了，我在這裏又不是生客。（柔柔含笑着跑出門去）吳先生，你應該有個決斷對賽姐究竟有沒有要她的意思？今天這時候，你不妨明白告訴吾們。

梅村　（笑容盡斂，長歎一聲）香君，承你好意見問。其實在南京的朋友們誰不希望我們早些有個收場。可是，香君，我倒先要問你：你和朝宗爲什麼不早些結了婚，偏偏形式上打得這般火熱，而名義却老是不肯有個決定？你們的情形不正和我們一樣？所以別人問我是不理的，獨有你們倆問我，我却要請你們先答復我！

香君　哈！哈！這倒給吳先生問倒了！但是，吳先生，我們的事却和你們有些不同。譬如：朝宗，她原想娶我，後來經我一考慮，覺得朝宗這時不該有家，因爲這很妨礙他的前程。於是我們便同意於目前的形式，我們的意志和情感儘管合而爲一，我們的身體不妨各各自由。但是你，吳先生，賽姐屢屢向你表示，你始終含糊其辭，不叫她難受到極點嗎？我以爲：吳先生如果有什麼苦衷，儘不妨明白告訴她。否則你索性娶了她。你要曉得賽姐不像我，她生性既已多情，又久已不耐飄零之苦，很想擇人而事。你吳先生如果無意於她，爲什麼不早些表示，現在你害得她有些像熱鍋中螞蟻似的，不上不下，委實難受。……

朝宗　（不待香君說下去）香君的話不錯。我也早想同梅村兄說。從我們旁觀者看來：你們似乎早已到了不能分離的程度。所以當姐妹們和卞姑娘打趣時，常常累她忍不住流淚。她的苦痛，只有香君最知道得清楚。當初她在姑蘇和你相識後，即有嫁給你的意思，可是你總是若即若離，沒有個肯定的答復。近來她看見柳如是，顧媚兩人都已嫁人，而所嫁的人又是和你齊名的牧齋和鼎孳，更使她相形見絀。加之國家變亂迭起，南方也必非樂土，愈引起她過去所受飄零的苦痛的回憶。所以昨晚我同香君談了一晚，很想在我未回故鄉以前，勸你將這事解決。我想：這是件再也沒有容易辦的事，只要你一下決心，她立即就脫籍跟你了。

梅村　（一壁聽，一壁在想，又是長歎）唉！朝宗，香君，你們的好意我豈不知道？就是賽賽對於我的情分，也正是無微不至。人非太上，我又不希望吃聖廟兩廡的冷猪肉，本來是件極易解決的事。可是我剛才正同朝宗說過：我家是個大族，我還有父母在堂，祖父母也健在；祖父和父親都是極端崇奉理學的人，他們自己都從來不曾有過姬妾。到了我，因爲賤內沒有生過男孩子，所以勉强替吾娶了個姓朱的小妾。可是在他們已認爲這是家門不幸，不得已的辦法了。要是我瞞着他們，在這裏另立門戶，却又非我本心所願。因爲我生性不肯做不能告人之事，所以有時情願犧牲了幸福以實踐我這主張。况且現在國家亂象已成，一家一身已顧不了，對於她，除了平時情誼上的幫助外，到了亂時，我實在也負不了什麼責任。這就是我的苦衷。我想請香君婉言轉勸賽賽。她心目中如有相當人物，不妨別謀出路。她得我的好意，只有待將來再行報答。我決不會說她是負情的。

香君　（聽到這裏，有些不以爲然）吳先生，恕我直說。你的苦衷確是苦衷，所謂人各有志，我們也不便硬勸你。可是你看賽姐却看錯了。你徒然和她相識了這許多時候。她除了你，心目中還有着誰？她的好意雖然她不一定要你報答，但在你却非有以慰藉她不可。我知道她早已決定她的意志，除了你以外都不嫁。如不能如願，她早巳決定出家修行，了此一生了！……

（卞賽同柔柔從門外進來。）

卞賽　錢先生，申先生，陳先生都來了！兩位可以出去招待他們。香妹，你的談鋒很不錯，梅村今天可要受窘了。（强笑）

梅村　（起身）好！他們一來，才熱鬧得有些像樣了。這時志衍怕也就要到來。賽賽，我把招待女客們的事全權托給你和敏姑娘。香君，你也不要作客，拜托你驚驚她姊妹倆的忙。（一邊說，一邊拉了朝宗，一同走出門外去。）

香君　（微笑）這才有些意思！（卞賽示意）卞賽（有些不好意思）好，你放心！但也沒有什麼女客，只有一個如是姊，也算不得是客，我想她也快要來了！

（門外人聲熱鬧，是招呼客人和談話的聲音。）

香君　敏姐呢？

卞賽　（微笑）你沒有聽得我的報告嗎？他的申公子來了！

香君　（大悟）哦！我眞糊塗！——他們倆是分不開的一對兒。聽說他們不久要正式結婚了，不知道確不確？

卞賽　（若有所感）確之至！而且日期也有了，是下月的十五日。（微喟）

香君　（長歎）賽姐！想不到你的命運，反不如你的妹妹！我們這輩到了年齡的姊妹們，誰不想馬上成家，可是眞不容易，有幾個人能如心所願！

卞賽　（有些淒然）香妹！不要提這種話了！我是個生來苦命的人，那會有我妹妹那樣的幸福！申公子倒和她很合得來，而且待她也很誠意，看了我自己，我很希望我妹妹永遠的幸福！

香君　賽姐，你還沒有到出家的地步，說話却已到了出家的程度。什麼苦命人不苦命人，你倒已純熟得吐口而出。我們剛才正在說你的事。吳先生，我看他不過膽量小一些，而且又受了家庭的束縛，所以對你不能如他所願。不是妹子誇口，待侯公子回河南後，我必用全力來撮合你們的事。只要這裏平靜沒事，包在我身上，你一定終能和你妹妹一樣，在這一年之內。（笑）

卞賽　（垂淚）香妹！我對這事早已絕望，求你不要再提到牠。我不怪梅村，因為他待我的情分始終不薄，就只差最後的一點兒；等到時局有變，他一回去，我立刻也出家。這是我最後的決定。我想，到了那時，你或許可做我的同志呢！

香君　你的主意固然不錯，我們除了嫁人之外，只有這是唯一的生路。但我以為一個人在沒有走到不得不走這條路之前，還是再繼續努力於自己的志願才好。我嘗和侯公子談起你們：覺得吳先生才情華艷，高人一等，只是缺少勇氣。但這也是文人們都有的缺點。你們如能結合，他時常得到你的鼓勵後，或可潛移默化，成為一個時代的人物。所以我們常想從旁效力，希望能得到最後的成功。

卞賽　香妹，你的眼光眞精明極了！梅

村的不如侯公子，就在你所說的那一點上。他如果有了勇氣，加上他的才識與地位，在這時代，什麼事做不到。但這是天性所造成，誰也沒有力量改變得來呢！

香君　這倒也不一定。朝宗也有朝宗的缺點。他爲人沒有涵養，所以很是鹵莽。但經我勸告後，確已改過不少。所以我想：一個人如在滯疑莫決，去就兩可的時候，旁人的正當的督促和勸告却是很需要的。……

（柳如是無聲息地從門外進來，想偷聽她們的談話，但已給柔柔看見了。）

柔柔　柳姑娘——（連忙改口）錢太太來了！

卞賽　（含笑歡迎）如是姊，你爲什麼不早些來，你家錢先生不早就來了嗎？

如是　（媚笑）我和他是一同出門的。剛才經過十姐家，進去看了她一看，不覺就來遲了。好在你們請的正客還沒到，我這陪客想總不至受罰吧！（回頭看香君）香妹！你來了好久了嗎？

香君　（也笑）我來的時候，除了朝宗外，一個客人也沒有呢！我那裏可以像你尙書太太擺架子。

如是　好了！我們姊妹相逢，什麼奶奶太太這些小家子話不要提吧！香妹，我們好久不會了，今天正好暢談別來一切。（回頭向卞賽）咦！賽姊！敏妹呢？

卞賽　她在自己房裏伴申公子呢！想來這時申公子也早該出來會客了。不知她爲什麼還不到這邊來！

如是　你不要怪她。當她們倆攪得正熱到極度的時候，一切事情都會忘掉了的，像我家的老頭兒……（忽然自知失言，連忙停止，但臉上已發紅了）

香君　如是姊！（打趣地）爲什麼不說下去了！我們姊妹相逢，正好暢談別來一切。你何必臉嫩呢？我要問你：你家尙書公還照樣愛你的「如雲之髮，如玉之膚」嗎？你當然還愛着他那「如玉之髮，如雪之膚」的，所以我不另外問你了。（嘻嘻地笑）

如是　香妹憨態依然，怪不得侯公子官可以不要做，但是一天不可以沒有你。彼此一樣，不要談這些了。

卞賽　我倒想起一樁事來：如是姐，最近媚姐那邊有沒有信來？自從她北上之後，眉樓雅集，從此停頓，姊妹們就少了一個敘集的機會，秦淮河畔頓時也冷落下來了。

如是　我正要告訴你們兩位：她剛巧昨天有信到來。信裏說：北方近來情形很不好，遼左旣喪師失去，山西又受李闖蹂躪，京師適當其中，一有變化，正如甕中捉鼈，逃命無從。所以他家龔侍郎很有搬家南下的意思。龔侍郎另外有信給牧齋，就是托他在這裏替他們預先找定一所公館。看來不久她仍舊要南來了。

卞賽　照這樣說來，國事竟危險到了極點了！

香君　所以我們都應該有個打算。如是呀？我不和你說笑了。我看，到了變亂實現的時候，你應該嚴密監視你家這位尙書爺的一舉一動。做到大官的人，爲了捨不得名和利，往往容易失節，而你家尙書爺又是位以「無可無不可」出名的人，越發要留心。如是，姊，就是爲了你自己的名，你也須把這責任担受下來。

如是　承香妹瞧得起我，給我這樣一個人家不肯說的忠告。我雖然生性柔弱一點，可是因爲多讀了些書，別人我不敢担保，我自己是一定敢自信不致失節的。但爲了自己，當然要把這責任担受下來。香妹，你看着吧！

（卞敏從門外進來。）

卞敏　吳大爺到了！來客已齊，要坐席了，姐姐快快招呼一切。這裏的一切交托給我吧！

卞賽　那麼，柔柔，你先出去招呼廚下出菜。如是姊！香妹，我們都可出去了。

（柔柔先出去。卞賽，如是，香君也魚貫而出。門外頓時人聲熱鬧，推讓聲，叫喚聲不絕。卞敏獨自躺在梅村坐的那椅上，露出十分疲倦的樣子。一會兒，人聲稍靜，外邊似乎已在開始筵飲。「某姑娘到了」「某姑娘到了」的聲音也一陣陣送進來。如是忽然又入。）

卞敏　（含笑）如是姊！你爲什麼又逃席了？

如是　（搖搖手）輕些，你們又沒請別的女客，獨有我一個人。我又是多麼受束縛，不像別的姊妹們可以隨便說笑。所以我想還是過來和你談談的好。

卞敏　（天眞地）果然我們沒有想到這一層。你現在是一位尙書太太了，怎能像我們一般在客人面前厮混呢？那也好，我一個人正冷靜得很，我去叫柔柔吩咐廚房送些點心來。我們一壁吃一壁談，豈不是好？（起身出門去，一會兒就回進來）我們坐着談吧！如是姐，你這裏坐。

如是　（坐下）我們可以隨便吃一些兒，等一會我還要出去的。恐怕他們還要我猜拳呢？

卞敏　我却忘了！他們請你來，本是爲了要你大獻身手，讓大家多喝些酒。也好，他們猜拳還沒開始，我們儘可慢慢兒吃一會。

（柔柔送進點心二大盆，移隻櫈來放在兩人中間，把點心放下。）

柔柔　二位姑娘先吃起來，待一會兒我再送進來。

如是　够了！這許多已吃不完，不必再送了。

卞敏　姊姊不吃，我要吃呢！你不用客氣，儘吃好了。（拿點心授給如是）

如是　（受點心）謝謝你，不要客氣，待我自己拿來吃。你也請。

卞敏　那麼你不要客氣，儘量吃些。（自己也吃點心）如是姐，我剛才正同維久談了一回我們的事，有一件要拜托你家尙書爺，今天趁你在這裏，就托你先替我們轉言，明後天待維久自己造府再來拜懇！

如是　敏妹！我們都是慣熟了的姊妹們，用不到什麼客套。有事你只管叫我轉言，也不再叫申公子專誠去拜謁他。我想着了，你們不是已經有了結婚的日子了嗎？

卞敏　（含羞地笑着點點頭）正爲了這事。他已決定於下月十五日舉行。可是他還有一個難題沒有解決，他家裏的人，除了父親以外誰都知道了，而且沒有一個人不贊成。因此想請一位有大面子的人去替他父親疏通一下，想來也不致發生什麼阻礙，因爲他父親對他素來也極放任的。這樣，我們就想到了你家錢先生。

如是　原來這樣！那包在我身上，明天催他就去說，一有好消息，我立刻自已來告訴你。只是將來你該請我多喝一杯喜酒。

卞敏　這不用說，我們還必定多請幾位會喝酒的姊妹們來陪你猜拳。可是，我們還想「一客不煩二主」，就請錢先生做——（妞妮地不好意思再說下去）

如是　（笑）好！這也包在我身上，他就算了男家的媒人，那麼女家的媒人呢？我就毛遂自荐吧！省得你們再操心，就由我來做了吧。——可是你們另外已請了人沒有？我是說說笑話兒。

卞敏　沒有！這不是笑話兒，就是這樣吧！剛才我說「一客不煩二主」，如今就「一媒不煩二家」吧。一切都拜托二位，明天我叫維久正式下帖恭請。

如是　這倒不必亟亟，我們就一言爲定。關於你的事，到了這個地步，我不能不恭賀你了。在這樣的年時，早得一天歸宿，便可早放下一天心事。可是我要同你談談你姐姐的事，現在他們攪得究竟怎樣了？

卞敏　（微喟，搖頭）很難說。我看姐姐到現在爲止，還是一心向着我那姐夫。她那天不是趁着沒有人的時候，點了香在窗前對天禱告，希望她的好夢會有一天能够實現。可是姐夫方面總不見有什麼動靜，說是他另外有人呢？却又不是。他和她感情始終很好的。

如是　（也微喟）我也曾問過牧齋。他說，這是吳先生受了家庭的牽掣，否則老早可以解決。聽你這樣說，果然很像。這事待我慢慢兒托牧齋設法，從吳先生家庭方面入手。只要這個難關一打破，其他我想都是不成問題的

卞敏　我姐姐似乎也已知道這情形，所以很覺絕望。她近來常常露着要出家的意思。前天她還對我說過，等姐夫一離開南京，她立即出家當女道士去

如是　這也難怪她。她不像香君那樣曠達，又且吃苦吃得够了，很想早早得個歸宿之處，偏偏又碰到吳先生有那樣的家庭。（歎氣）她眞不幸極了！

（門外送來一陣簫聲。）

卞敏　原來張魁那厮來了！這班狎客們的鼻子眞長，院子裏有一些針也似的小事情，他們沒有不知道。但實在和少不了他們，張魁的簫，張卯的笛，柳敬亭的說書，有了他們，場面就熱鬧得多了！

（簫聲忽住，拍掌聲大作。卞賽從外面進來。）

卞賽　如是姐，你逃席了好久，這時要輪到你了。快些出去，梅村正在發起猜拳呢。

如是　好的，我就來。（跟着卞賽同出去）

（外面猜拳聲大作，又雜以男女嘩笑之聲。維久拉了柳敬亭走進來。）

維久　你一個人不在這裏實寂？這邊很熱鬧，爲什麼不出去走走。

敬亭　二姑娘，你眞像做了奶奶了，外邊這樣熱鬧不想去，在這裏修行似的

坐得住？

卞敏　我今天身體不好，很想靜一回兒。客人們如果想不到我最好，省得我一出去又要幾天不舒服。這會兒他們有的是姑娘們，也不少我一個。但不知來的有那幾位姑娘？

敬亭　有王滿姑娘，王月姑娘，尹春姑娘，李宛君姑娘，范珏姑娘，馬嬌姑娘，李香君姑娘，柳敬亭姑娘——呀！說錯了！錢尚書太太，而且她不在姑娘之內。

卞敏　你們不去喝酒，他們倒肯放鬆你們？

維久　我已喝得不少了。我知道你很寂寞，所以拉了敬亭一同來替你解悶。如果我一個人進來，他們又得有話說了。（笑）

（外面又送來一陣琴聲，大家都側耳靜聽。聲調很悲悽，卞敏竟流下淚來。）

敬亭　這又是王愚那廝兒。他跟了吳大爺許多日子，這會子送行，他爲什麼不彈一曲快樂的調子？現在這樣，使得大家心裏很難過的！

維久　（微喟）這也難怪他。音樂是最能够表現一個人的情緒的。你想，他潦倒一生，全靠志衍收留他，才免了凍餓。這次志衍全家遠去，他將要依舊淪落，怎叫他不悲傷到極點？我看，這個人還不錯，我們不妨幫幫他的忙。

卞敏　可是這人不比張魁那些人，志氣很高。從前他窮到沒有飯吃，他還不肯把琴彈給他所不願彈給他聽的人聽。我想，吳大爺一定不會隨便放棄他的，他必已把他托給別人。

敬亭　一個人到了這地步，還講氣節，確很可敬。可是單講氣節有什麼用，一個人應該要爲自己的生活而去行動，把行動來滿足，自己的生活，這才有意思。

維久　敬亭的話不錯。像你的身世實在還不及王愚。可是你能靠了你的說書，自食其力，這他就不及你了。

敬亭　承申公子謬贊了。可是我如有機會，也很想幫幫他的忙。一個人靠了把自己的技能在娛樂別人而吃飯，在自己想想總是悽然的。我不能不對他同情。

維久　我們不要作閒談了。我想外面這時正喝得差不多了，不久就要散席，趁他們還沒想到你，你還是先在這裏說一回書給二姑娘聽吧！只是須輕輕的，不要給他們外邊聽見。

敬亭　這倒不容易，但不妨試試看。說一回「金篦刺目」吧！那不好，故事太悲慘了，要引起二姑娘的傷心。

維久　我看，還是說一回「金山桴鼓」吧！又有意思，又使人爽快！……

（外面人聲又雜作，似是客人告別的聲音。）

敬亭　呀！他們已經散場了。吳大爺就在這裏下渡船出城，我們快出去送他。

（維久和敬亭從門內急急出去，卞敏也起身跑到窗邊去探看。外面人聲漸遠，卞賽，香君都由外面進來，也跑到窗邊。大家都拿出手帕來向着窗外揚。）

卞賽　卞敏　香君　再會！再會！再會！

窗外志衍的聲音　再會！再會！謝謝諸位！再會！

——幕下（保留上演權）

母愛

捷克卡貝克作
錢公俠譯

（所有的人都已死去，祗剩下母親和她的幼子湯尼。她正和那些死者談話。）

母親：你們都不愛湯尼，沒有一個人愛他的！

父親：我們豈有不愛他，親愛的，我們眞正非常地愛他。可是我們知道那可憐的孩子太苦了，因為你逼他守在家裏。我們正在談論這件事。……

母親：讓他苦吧！要是跟母親一道守在家裏對於他竟是這樣大的一個犧牲，那末即使放他出去，他也不會怎麼樣愛了我。

昂德爾：他愛你，媽，他非常愛你。我們都愛你，你也知道我們都愛你。

母親：別這麼說，昂德爾。你們並不知道愛一個人是怎麼一會事。你們在人生中都有別的目標，都有比愛情更偉大的目標。可是我並沒有別的目標，理查；我不能想像還有什麼比愛情更偉大的東西。湯尼這孩子，小的時候我總是牽着他的手走路。……天哪，你們都是瘋子！要我答應這樣一個孩子出門，誰都不知道上那兒去！

猶烈安：你一定要……要讓我們去，媽。

母親：連你也這樣，理查！你簡直完全不知道當時你在我的心裏佔據着什麼地方，一個男子睡在我的身旁，兩唇分開着；我靜聽着他的呼吸，他的一切歡樂，無論是身體的或靈魂的，我知道都是屬於我的。

父親：這是很久以前的事了，親愛的。……

母親：不，理查，這都是目前的事；正像你一樣，昂德爾，你總是一個性子暴躁，脾氣執拗的孩子，一臉的聰明，不合你的年齡。我和你一道在公園裏散步，我的手放在你的肩膀上面，一半靠着你。還有你，喬治，仍舊一天到晚地爬樹。你可記得我每天晚上怎樣在你滿身擦傷的地方搽上碘酒去嗎？

猶烈安：這些話說它有什麼意思，媽？眞無聊。……

母親：有什麼意思？你知道，我正是我似乎不能明白的地方。這些無聊的一點一滴，似乎比你們所有的戰爭重要得多。這些瑣瑣屑屑是我的整個世界。自從你們有了那種虛浮誇張的觀念以後，你們都從我的手裏溜了出去。……

為什麼，為什麼從古到現在，總是母親，總是婦人，要為你們這些高尚的事業付出最大的代價？

祖父：別跟他們發怒，女兒。

母親：我沒有跟他們發怒，父親，我是恨這個世界。它繼續不斷叫我的孩子們出去送死，爲了一種天所不容的光榮。告訴我，父親，這世界究竟比從前好一些沒有？這一切究竟可有什麼用處？

祖父：當然有。偉大的過去對你也有它的重要的地方。

父親：我知道，我的最親愛的，這對於你一直是一件非常艱苦的事。可是，我告訴你當我向你看的時候……

母親：別向我看，珊查！你們也別向我看，孩子！在必要的時候，我也能變成可怕的人……

父親：是啊，我的親愛的，在必要的時候，你也會上戰場上去。

母親：不錯，可是祇爲了你們，祇爲了我的丈夫，爲了我的孩子。……不，我不會將湯尼給你們的！

（靜默）

昂德爾：你知道，爸爸，媽的話並沒有十分說錯。湯尼的身體不大强壯；他發育沒有完全。

喬治：他的性格也不大剛强。天性熱狂，可是同時却又非常膽小。

母親：你們沒有權利說這樣的話！湯尼早想投軍去！他來問我……我沒有答應他。

父親：爲什麼不答應他呢？

母親：因爲我不願一個人剩在家裏……我現在沒有別人，祇剩下湯尼了，珊查！孩子們，請你們讓他跟我住在一塊兒吧！要是他也走了的話，我就沒有生活下去的理由，沒有人要我服侍，什麼人都不剩了。哦，我的孩子們，你們難道不明白我實在並沒有放棄湯尼的必要嗎？……請你們回答我！你們不聽見我的話嗎？

（靜默）

祖父：天哪，也許他們並不需要這個孩子。也許現在已經太遲，也許我們已經戰敗了。

父親（俯身看着一張地圖）：還沒有，祖父。這一條防線，要是我們集中我們所有的兵力，一定能夠防禦敵人的進攻。

彼得：我相信我們的人民，父親。他們已經武裝起來……即使在街頭巷尾，他們也要開槍射擊。你將看見，連小孩們也會開步行進！他們會拿起他們父親的槍來！

猶烈安（四面望着）：母親，你將這兒的鎗拿去了放在什麼地方？

母親：我藏起來了，因爲我怕湯尼拿去。

猶烈安：有一枝馬槍需要擦油。

父親（觀察地圖）：這兒有一個極妙的防守的地方，我們能夠守住此地——我但願自己來組織防線。

猶烈安：對不住你，媽，你將馬槍藏到什麼地方去了？

母親：你老是不是要這樣，就是要那樣。（她將櫥樹衣廚打開。）拿去。

猶烈安：謝謝你。（他拿起那枝馬槍，仔細審查一下。）這是一枝好槍。（他動手用一塊破布和一點油來擦它。）

（靜默）

祖父：女兒，你的家庭可算重新團圓了。

彼得：你聽見嗎？

喬治：什麼？

彼得：這個靜默。……

昂德爾：好像有人要說話一樣。……

彼得：可是誰呢？（他們互相望着，然後轉向無線電機。）哦，我明白了！

父親（抬起頭來）：你們有什麼事？（他凝視着無線電機。大家都望着那擴音器。靜默。）

母親：要是你們想……祇要你們不再談起戰事。……（她轉開無線電機）。

男子的口音（從擴音器中放出來）：敵軍先鋒隊逼近江邊。志願兵已經將橋樑炸燬，準備守衛大路，雖至一兵一卒，也決不放棄。無論如何，必須阻止敵軍前進。兵士們都在說：「我們或者不免失敗，可是我們決不退却。」

女子的口音（從擴音器中放出來）：喂，喂！你們在聽着嗎？命令全國男子武裝起來，全國的男子！我們現在並不是爲了保衛自己而戰，我們是爲了我們祖先的疆土，爲了我們子孫的疆土。用他們的名，我們命令全國武裝起來！

母親：我不願將他交給你們！

男子的口音：喂，喂！北路軍司令報告，我方在退兵的時候，仍舊在繼續作戰。每一寸土地，每一塊界碑，每一所房屋，都要發動一次戰爭。農民都不願離開他們的家，他們都拿起槍來抵抗了。死亡的人數一分鐘一分鐘地增加着。

昂德爾：可憐的同胞。……

父親：這才好……他們在幫助阻止敵軍的前進。

女子的口音：喂，喂！從戈共納艦上來的一道無線電報。請站開些讓我們將它譯出來。我艦戈共納……哦，天哪！（聲音忽斷）……請你們原諒我，因爲我有一個兒子在船上。……（靜默）……喂，喂！我方的見習軍艦，戈共納，有四百個海軍學生在船上，企圖駛過封鎖線開進我們的滿口來。五時零七秒爲水雷所炸。現在軍艦正在沉下去。……（嗚咽）……戈共納艦上的海軍學生要我們向他們的家屬轉達他們最後的思念。我要求我們爲他們……最後一次……奏起我們的國歌。……我的兒子！我的兒子！

母親：什麼？這樣激昂慷慨，你也有一個兒子嗎？

男子口的音：喂，喂！我們暫時停止播音了。喂！給戈共納見習軍艦！給戈共納見習軍艦！你們聽見我們嗎？戈共納艦上的海軍學生，立正！你們的國家向你們致最後的告別辭了。（擴音器中放出國歌來 。全體死者都默默站起立正。）

母親：四百個小孩就是這樣淹死了嗎？

彼得：媽，這一分鐘時間就請你別作聲吧！

男子的口音！喂，喂！我們已經不再聽到見習軍艦的消息了。

猶烈安：別了，同志們！（他拿槍靠在牆壁上。）

女子的聲音：喂，喂，你們在聽着嗎？命令全國男子，命令全國人民作戰。武裝起來了！武裝起來！

母親：一個母親，你還作這樣的請求？你自己不是够苦了嗎？

男子的口音：喂，喂！東路軍司令報告我軍全線都在和敵方的優越兵力作戰，戰事在逐漸更加猛烈起來。我們的飛機報告有一隊敵機正在飛近來。（有叩門聲。

湯尼的口音；媽媽，媽媽！

母親（關上無線電機）！別作聲！

（叩門聲又起）

湯尼的口音！你在房裏嗎，媽媽？

母親：是啊，孩子。（她關了電燈。）我來了。

（黑影，靜默。）

母親（開了那扇被叩的門）：你來幹什麼，湯尼！

湯尼：燈也不開坐在房裏嗎？

母親：你開了吧。……（湯尼走到門邊開燈。室內忽亮，空無所有；桌子上鋪着幾張軍用地圖。）

湯尼：媽，剛才你對誰說話？

母親：沒有人，孩子。

湯尼：可是我明明聽見幾個人在這兒說話的聲音。

母親：就是這個東西（她轉開無線電機）。

湯尼：你把這些地圖攤在桌上幹什麼？

男子的口音：喂，喂！參謀本部報告今天上午敵機一隊轟炸首都的南郊。被炸死的有八百人以上，大部分都是婦女和兒童。我國的有名建築物城堡大廈也遭毀。

湯尼：你聽見嗎，媽媽？

男子的口音：維萊米達醫院被炸。六十個病人當場炸死。全城都燒着了。

湯尼：媽！我請求你！

女子的口音！喂，喂，你們在聽着嗎？我們要求全世界聽我們的報告。請全人類聽着！……今天上午敵機進襲聖愛里村，向學校區投彈。當兒童向安全地帶奔逃的時候，敵人在飛機上用機關鎗掃射他們。八十個兒童受傷，十九個兒童死亡。還有三十五個被炸彈炸得肢體四分五裂。

母親：你說什麼？兒童？

湯尼（查看地圖）：在什麼地方？……在什麼地方？

母親（站起來，身子強直）：可憐的嬰孩！可憐的兒童！

（靜默）

（她從牆邊拿起鎗來，以英勇的姿勢，將它雙手捧給湯尼）。

去吧！

（幕落）

本劇作者卡貝克（Karel Capek）爲捷克著名戲劇家兼小說家。一八九〇年生於波希米亞省；曾往柏林，巴黎，研究哲學文學，並任捷京京城國民藝術劇院監督。四年前逝世。生平著作頗多，其中如『蟲之生活』，『人類』，『强盜』，尤膾炙人口，風行一時。此外並曾服務新聞界，爲故總統即開國元勳瑪薩利克博士知友之一。本劇選自『我們生活的時代』。

決鬥

普希金著　余拯譯

一

我們是被派定駐紮在H——小鎭裏。軍隊裏的一個士官的生活是誰都知道的。在早晨，操練和習騎；陪着大佐或是在猶太人的飯店裏吃飯；在晚上，喝酒和賭牌。H——地沒有一所公開的房子，沒有一個可以結婚的女子。我們常在彼此的房間裏會集，那兒，除了我們的制服外，我他還沒有看見過什麼東西。

只有一個公民是被允許加入我們的團體的。他大約是三十五歲，所以我們當他是一個老頭子了。他的經驗給了他遠勝於我們的優越，還有他的習慣的沉靜，堅定的性質，和諷刺的舌頭，在我們幼小的心上生出了一種深切的印像。他的生存繚繞着某種神秘；他有一個俄國人的狀貌，雖然他的名字是一個外國人的名字。他以前曾在輕騎兵隊裏服務過，幷且地位顯高。沒有一個人知道那使他辭退了職務而住到一個卑陋的小村子裏去的原因，那兒他困苦地，而且同時也揮霍地生活着。他常常徒步往來，而且常常穿着一件破舊的黑外衣，可是我們聯隊裏的士官們在他席上總是受歡迎的。他的筵席，這是確實的，從沒有過兩樣或是三樣以上的餚饌，——餚饌是一個退伍兵作的——但是香檳卻像水一般地泛流着。沒有一個人知道他的境況如何，或者他的進款是什麼，幷且也沒有一個人敢將這些去問他。他有很多的書，大部是關於軍事的書，也有幾本小說。他願意將那些書借給我們讀，幷且從不將牠們要回去；在另一方面，他也從不將借到的書還給原主。他的主要的娛樂是放手槍。他的房間的四壁都給子彈打上了眼兒，幷且眼兒多得像蜂房一樣。手槍的宏富的收藏是他住着的卑陋的小屋裏的唯一的珍品。他從他心愛的利器上得來的技能，只是太離奇；幷且要是他說要從某人的粗料軍帽上射去一隻梨，我們聯隊裏的任何人都會毫不遲疑地將那東西放到他自己頭上去的。

我們的談話時常講到決鬥上去。西爾維珂——我也這麼稱呼他——卻從不加入這類談話。當我們問起他會否格鬥過，他便枯燥地回答說他會格鬥過；但是他不再仔細說明，這顯然是他不喜歡這類問題。因此我們斷定在他的良心上一定印着一個他的可怕的技能的不幸的犧牲者的回憶。此外，疑心他是胆怯這回事卻從不會跑進過我們任何人的腦裏。有許多人，單是他們的外表已足夠驅除了這麼一種疑念。但是一件出乎意外的事情發生了——那件事使我們沒有一個人不驚愕。

一天，大約有十個我們的士官陪着西爾維珂宴飲。他們照常地喝酒，那便是說，喝得很多。飯後我們要求我們的主人做莊家來玩伐絡。他拒絕了好久，因爲他是差不多不會玩過的，但是最後他拿出紙牌來，放了五十個杜卡特在桌上，便坐下來分派紙牌。我們周圍繞着他，於是遊戲開始了。遊戲時保守一個完全的沉默是西爾維珂的習慣。他從不辯論，并且從不作解釋。假使玩牌者在計算上弄上個錯誤，他立刻將差數付給他或將餘數記下來。我們熟悉他這個習慣，我們總是答應他，照他自己要做的做去；但這時有一個新近改隸在我們聯隊裏的士官正在我們中間。玩牌的當兒。這個士官不經意地多算了一點。西爾維珂拿起粉筆來，照着他往常的習慣，記下了改正的數目。那士官，以爲是他弄錯了，開始作起解釋來。西爾維珂沉默地繼續分派着紙牌。那士官不耐煩起來，拿着刷子擦去了他以爲是錯誤的數目。西爾維珂拿起粉筆來重又將那計數改正了。那個被酒，遊戲，和他伴侶們的笑聲所激起了的士官，以爲他自己是受到了極大的凌辱，他便在憤怒中從桌上抓起一個黃銅的燭臺向着西爾維珂擲去，他差些避不了飛擲過來的東西。我們都充滿了恐怖。西爾維珂站起來，怒得了發白，閃耀着眼睛說：

「我親愛的先生，請你退出了吧，并且謝上帝這事是發生在我的家裏。」

我們中沒有一個人懷着一些兒對於這結果的疑念，并且我們已經將我們的新伴侶當作一個死人了。那士官退出了，說他準備着莊家喜歡怎樣便怎樣地贖他的冒犯。紙牌戲又繼續了幾分鐘，但是覺得我們的主人對於遊戲上不再有興趣，我們便一個個先後退出，并且在交談了幾句，說到團裏不久將有一個空缺的可能之後，便回到我們各自的駐紮地去了。

第二天，在習騎的時候，我們已在彼此詢問，究竟那可憐的中尉是否還活着，而他本人却在我們中間出現了。我們以同樣的問題去問他，他回答說，他還沒有從西爾維珂那兒聽得什麼話。這事使我們驚奇。我們跑到西爾維珂家裏去，看見他在天井裏正向着黏在門上的一點，一彈一彈地射擊着。他照常地接待我們，但是關於昨晚上的事一個字也不提起。三天過去了，而中尉還活着。我們驚異地彼此詢問着：「西爾維珂不打算格鬥了——這是可能的嗎？」

西爾維珂不曾格鬥。他是滿意於一個極不完全的解釋，而和他的攻擊者重修舊好了。

在我們一班年輕人的意見中這事使他降低了許多。缺少勇氣是年輕人第一件不肯饒恕的事，年輕人往往將勇敢作一切人類道德的首要，并且是對於每一個可能的過失的寬恕。但是，逐漸地每一件事都忘去了，於是西爾維珂又恢復了他昔日的勢力。

獨有我不能照常地去親近他。因爲天賦了我一種狂妄的想像力，我比所有其他的人更喜歡親近那種人——他的生活是一個隱謎，而他在我看來是一本神秘的書的主人翁。他是喜歡我的；至少，只有和我一個人他纔不用他的慣例的諷刺的語調，而以率直的，異常嫻雅的態度來談論各種不同的事件。但是從這不幸的晚上以後，這種思想——他的光榮已經被沾汚了，而且那汚點是他自願讓牠留着的這種思想，——永遠地存留在我的心上，并且阻止我去照先前那樣地待遇他。我羞向他看。西爾維珂是那麼智慧而且有經驗，自然是看出了這種情形，并且猜到了她的原故。這似乎使他困惱；至少我也有一兩次覺察了他有一種想和我解釋一下的願望，但是我避免了這種機會，於是西爾維珂便放棄了那種嘗試。從那個時候起，我只有在我的同伴之前和他會面，并且我們心腹的談話也就終止了。

首都的居民，心裏裝滿了那麼多的營業和娛樂的事情，想像不到那許多鄉村與小鎮的居民所稔熟的感覺，例如等待信差來到這一類事。在星期二和星期五，我們的團部總是充滿了士官們：有幾個等候銀錢，有幾個等候信件，餘者等候報紙。一包包的郵件照常是立刻就打開來的，一段段的新聞由一個到別一個地傳報看，而部裏便往往顯出了一種很有生氣的景像。西爾維珂往往讓他的信件寄到我們隊裏來，而他通常總到那裏去接收牠們。

一天他接到了一封信，他模樣非常不耐煩將牠的封口拆開了。他讀着信的時候，他的眼睛閃爍着。許多士官，各人都對付着他自已的信，不注意到任何東西。

「諸位，」西爾維珂說，「環境要我立刻分離了，今晚上我就走了。我希望你們不會拒絕和我最後一次的聚餐。我要等待着你們。」他轉身向我繼續說。「我希望你不要失約。」

說了這番話他便怱促地別去，而我們，商定了在西爾維珂那裏聚會後，便散歸我們各不相同的駐紮地去了。

我在指定的時間到了西爾維珂家裏，而發見差不多全隊都在那裏了。他的一切物件都已經包紮好；剩下的只有那精赤的，給子彈打着眼兒的牆壁。我們就了席。我們的主人這時性情極好，并且他的歡快迅速地傳給了其餘的人。輭木塞每分鐘發着爆聲，酒杯裏不斷地充溢着泡沫，而用着最大的熱誠，我們祝賀我們將離的朋友有一個快樂的行程和各種幸福。我們散席的時候已是很晚了。向各人道別後，西爾維珂執住我的手留阻了我，正當我預備辭別的時候。

「我要和你談談，」他低聲說。

我在後面停了步。

賓客們都已走了，只有我們兩個人留着。彼此對面坐下了，我們靜默地點着了我們的烟管。西爾維珂似乎非常地不安，他先前震動的歡快已不留一些兒痕跡。他的臉兒異常灰白，他的閃爍的眼睛，和他嘴裏呼出來的濃厚的烟氣，使他變成了一個確實是鬼怪一般的模樣。幾分鐘過去了，西爾維珂只纔打破了沉靜。

「恐怕我們彼此不會再見了，」他說：「在我們分離之前，我想和你解釋一番。你或許曾察覺我不顧着別人的意見，但是我喜歡你，而我覺得要是在你心上留着一個錯誤的印象而離別了你，那我準會很痛苦的。」

他停住了，開始叩去了他烟管裏的灰。我坐着默然地看定了地面。

「你以爲這是可怪，」他接着說：「我不需要從那喝醉的蠢物R——那兒得到快意。可是你要承認，若是用武力來解決，他的生命是在我掌握中，我自己的却沒有大危險的。只能將我的容忍歸源於寬大，但是我不願意說謊。要是我可以懲罰R——而對於我自己的生命沒有絲毫危險，那我就不會饒恕他了。」

我詫異地看着西爾維珂。這樣的一番自白十分地使我驚訝。西爾維珂繼續着：

「確實地如此，我何必將我自身去委給死亡呢。六年前我臉上曾受到一掌，但我的仇人依舊活着。」

我的好奇心受到了非常的激動。

「你不會和他格鬥嗎？」我問。「環境或許將你們隔開了。」

「我自然會和他格鬥，」西爾維珂回答：「還有我們決鬥的紀念品在這裏呢。」

西爾維珂站起來從一隻厚紙板盒裏拿出一隻綴着金纓和彩繡的紅帽（法國人稱做 Bornet de Police）；於是他戴上了——一粒子彈曾穿過牠，大約比前額高一英寸。

「你知道，」西爾維珂繼續說：「我曾在一個輕騎兵隊裏服役過。我的個性你是很明瞭的，我慣愛做手領。從小我的脾氣就是這樣。在我們那時候，放肆是流行的習尚，我又是軍隊裏最不守法的人。我們常常誇耀我們的飲酒，我在喝酒的賭賽中打敗過那曾經代尼斯・大維篤夫（一個俄國不甚重要的詩人——原註）歌詠過的著名的波爾特索夫（著名的騎兵將校——原註）。在我們團裏，決鬥是時常發生的，而在他們中間，我不是第一便是第二。我的同伴都崇拜我，可是領隊的長官們——他們是時常掉換着的——却將我當作一個不能避免的災患。

「我正在安享着我的聲名，那時一個出身於饒富又顯貴的門第的少年——我不願將他的名字宣佈——加入了我們的隊裏。我生平從不曾遇見過這樣一個幸運兒！想一想你自己的少年時代，機智，美麗，無限的歡樂，最粗忽的勇氣，赫赫的聲名，不計數的財產——想一想一切，這些，你就能想到他在我們中間準會確實地產生出來的效力了。我的尊貴的地位受了搖動，因爲被我的聲名所眩惑，他開始來請求和我做朋友，但是我冷冷地接待他，并且他疏遠我，我絲毫也不後悔。我惱恨他。他在隊裏和在婦女社會中的成功將我帶到了絕望的境界。我開始和他尋釁；他回答我的機警語用的是那些在我看來總是比我的更自然又更尖刻，并且是顯然地更揶揄的機警語，因爲我發怒時他諧謔着。最後，在一個波蘭有地產的業主所發起的跳舞會裏，看到他是所有婦女們的，尤其是那家女主人——我和她是非常親密的——的注意的目標，我低低地說了一句粗魯地凌辱的話在他的耳裏。他激怒起來，在我的臉上打了一掌。我們握着我們的劍；婦女們都昏倒了；我們被人分開了；便在那一晚我們出去格鬥。

「天剛在破曉。我和我的三個助手站定在指定的地點。

帶着說不出來的煩燥，我等候着我的敵人。春天的太陽起來了，牠已經在一點點暖熱起來。我看見他遠遠地到來。他徒步地走着，伴着一個助手。我們走上去迎他。他走近了，握着他的充滿了黑櫻桃的帽子。助手們爲我們量好十二步路。本該我先發槍，但是我的激動是那麼大，竟使我不能倚賴我手的穩定了；爲要使我自已有安靜下來的時間，我讓他發第一槍。我的敵人不肯答應這件事。於是决定了我們應該拈鬮。他拈得一字，那幸運的永恒的愛者。他描準了，他的子彈穿過了我的帽子。現在輪到我還擊了。他的生命畢竟是在我的手中；我熱切地望着他，努力着察看他可有一些兒不安的模樣。但他站在我手槍之前，從他的帽中檢出那些最熟的櫻桃，并且吐出許多果核來，果核差不多飛到了我的脚邊。他的淡漠使我異常地着惱。『取他的命有什麼用呢，』我想，『當他看得牠一無價值時？』一個惡毒的意念在我心頭閃過。我沉下我的手槍。

「『此刻你似乎不預備受死，』我對他說：『你想去吃你的早飱；我不願來攔阻你。』

「『你絲毫也不在攔阻我，』他回答。『請發槍吧，否則也聽你的便——現在射擊之權是屬於你了；我將永遠地準儲着聽你的吩咐。』

「我轉過來向着助手們，通知他們我那天是無意於射擊了，於是一場决鬥就此結束了。

「我交卸了我的任務，退息到這小地方來。從那時起，我沒有一天不想到報復。現在我的時機到了。」

西爾維珂從他袋中拿出他那天早晨接到的信，將牠拿給我讀。信是一個人（似乎是他的業務代理人）從莫斯科寫給他的，說『某某人』將和一個年輕而美麗的姑娘結婚了。

「你可以猜想到，」西爾維珂說：「那個某某人是誰。我將到莫斯科去。我們要看他在結婚的一晚，是否他將依然那麼冷淡地面對着死亡，像他前次吃着櫻桃一樣！」

說了這些話，西爾維珂站了起來，將他的帽子擲在地板上，而開始在房間裏上下地踱着，像一頭猛虎在牠的樊籠裏。我曾靜靜地聽他講；奇異的交爭的情感使我煩擾。

僕人進來說馬已預備好了。西爾維珂緊緊地握住我的手，并且我們互相擁抱着。他坐進了他的四輪車，車裏放着兩隻箱子，一隻箱子裏裝他的許多手槍，另一隻裏裝他的動產。我們重又道別，於是幾匹馬急奔地馳去了。

二

過了幾年，家庭的境況强迫我住到那卑陋的M——小村裏去。忙碌着農事，我并不終止秘密地嘆息我先前的喧鬧和荒唐的生活。最困難的一件事是要使我自已習慣在完全的寂寞中，度過春晚和冬晚。直到晚餐時候止，我一直計畫着用這種方法或那種方法來消磨光陰，和地保談談天，騎了馬到處去省工，或者兜着圈子看看新的建築物；但是一到了天開始黑暗的時候，我便絕對地不知道我自已該怎麼樣纔好。在食櫥裏與儲藏室裏尋出來的幾本書，我已經熟記在心上了。我的管家基利爾夫那能够想得起來的一切故事我已經聽過又聽過了。村婦們的歌唱使我覺得沮喪。我試飲烈酒，但是牠使我頭痛；并且，我自認，我害怕着畢因憂愁而變成一個酒徒，那就是說，最悲傷的一種酒徒，那種人在我們的地方上我看見得多了。

我沒有近鄰，除了兩三個酒徒，他們的談話大部份是飽逆和嘆息。寂寞對於他們是更中選。最後我決定了睡眠儘量地早，而晚飧儘量地遲；這樣，我將晚間縮短，將日間延長了，我試出那個計畫很有成效。

離開我的屋子四里遠是一座屬於V——伯爵夫人的富麗堂皇的房屋；但是除了管家外，那裏沒有一個人住着。伯爵夫人僅僅在她婚後的第一年到過她的房子一次，并且那個時節她在那裏住了不上一個月。但是在我隱居生活的第二個春天，一種消息流傳着，說是伯爵夫人和她的丈夫將到她的房屋裏來消夏。那個消息證實了，因爲他們在六月初來到了。

一個富有產業的鄰人的到來，在鄉民的生活中是一件重要的事情。那些有地產的地主和他們的家人，在事前談論這件事談了兩個月，以後又談了三年。至於我這方面，我必須自認，一個年輕又美麗的鄰人到來的消息，强烈到使我燃燒着。我燃燒着想見一見她的煩燥，於是在她到來後的第一個星期日的飯後動身到A——村去，我以他們最近的鄰居和最卑微的僕人的名分去進謁伯爵夫人和她的丈夫。

一個小厮領我進了伯爵的書室，便去通報主人。那間寬大的房間陳飾着各種稀有的珍品。環壁都是充滿了書畫的橱架，橱架頂上都是古銅的半身像；大理石的爐架上是一面大鏡子；地板上是一方被幾條地毯遮着的綠絨。因爲在我自己的卑陋的隱處，不習慣於奢侈，而且又好久沒看見別人的產業了，我等候着伯爵的出見心裏稍微有些兒慌亂，像從各省來的祈願者等候着祭司的來到一樣。門開了一個約莫三十二歲年紀的漂亮的男人走進房間來。伯爵帶着磊落又親善的態度走近我。我竭力地使自己鎭靜，并且開始介紹我自己，但他已預先知道我。我們坐下了。他的安閒又雅適的談話立刻消除了我的拙陋的羞澀；而我已經在開始恢復我往常的鎭靜，那時伯爵夫人突然地進來，於是我變得從沒有那樣地煩亂起來。她確實是美麗。伯爵將我引見了。我想做出安靜的樣子，但是我愈竭力裝出不强制的態度，我覺得愈拙陋。他們，爲要給我時間使我鎭定自己，并且對於我的新朋友慣熟起來，開始互相談講着，像將我當作一個要好的鄰居，并且不拘拘於禮節。那時我在房間裏往來蹀躞着，檢看各種書籍和圖畫。我對於畫是門外漢。但是其中有一張引起了我的注意。那幅畫繪着瑞士的風景，可是使我感觸的并不是繪畫，却是畫布被兩顆子彈所射穿，一顆子彈剛打在另一顆之上的那種情景。

「好槍手，啊！」我轉向伯爵說。

「是啊，」他回答，「一個出衆的槍手。……你射擊得很好嗎？」他接着說。

「不很出色，」我高興地回答着，因爲談話畢竟轉到了一個我熟悉的題目上去了。「三十步外我可以射中一張卡片，不致於落空……當然我是說要用一枝我用熟的手槍。」

「眞的？」伯爵夫人說，十二分有興味的樣子。「你呢，我親愛的，你能够在三十步外射中一張卡片嗎？」

「日後，」伯爵回答說，「我們倒要試一試。在我那時候我也射擊得幷不壞 ，但是我到現在已有四年沒有握槍了。」

「哦！」我說，「那樣，我儘可以打賭——閣下在二十步外射不中卡片了：手槍是需要每天練習的。那是我從經驗知道的。在我們的聯隊裏我是被認爲最好的槍手之一。有一次我整整的一個月不會接觸過一枝手槍，因爲我將我的手槍拿出去修理了；那你會相信嗎，閣下，我重行開始射擊的第一次，在十二步之外或連射四次竟射不中一個罐子！我們的隊長，一個滑稽而喜歡笑謔的人 ，他站了起來，對我說：『這是顯然的，我的朋友，你的手不肯將牠自己舉起來向着罐子。』不，閣下，你一定不能忽略了練習，否則你的手將立刻失去了牠的技能了。我生平僅見的那個最好的槍手，總是每天飯前至少要射擊三次。他習慣着這樣做，恰和他喝他每天的白蘭地一樣。」

伯爵和伯爵夫人似乎高興着，我已經開始談話了。

「他是怎樣的一種槍手呢？」伯爵問。

「哦，他是這樣，閣下。要是他看見一個蒼蠅停在牆上——你笑呀，伯爵夫人，但是，天日在上，這是眞實的，要是他看見一個蒼蠅，他會喊道：『柯士嘉，我的手槍！』柯士嘉會拿給他一枝實彈的手槍——砰！而那個蒼蠅會被壓死在牆上。」

「神奇了！」伯爵說。「他是什麼名字？」

「西爾維珂，閣下。」

「西爾維珂！」伯爵驚跳起來喊道。「你認識西爾維珂嗎？」

「我怎會不認識他呢，閣下：我們是知友呢；在我們隊裏他是像一個親切的同僚似地被接待的，但是到現在有五年沒有得到他一些信息了。那麼閣下也認識他？」

「哦，正是，我和他是非常稔熟的。他會和你講起過他生平一件極奇怪的事件嗎？」

「閣下是說他在一個跳舞會裏被一個匪徒臉上打了一掌的事件嗎？」

「他向你講過這匪徒的名字嗎？」

「不會，閣下，他從不會講過他的名字。……啊！閣下！」我猜到了那件事實，繼續着：「恕我……我不知道……可眞會是你嗎？」

「不錯，正是我，」伯爵神色非常激動地回答：「那幅給子彈穿破的畫便是我們最後一次相見的紀念品。」

「啊！我親愛的，」伯爵夫人說，「爲了上帝的原故，不要講起那件事；牠會恐怖得使我不敢諦聽呢。」

「不，」伯爵答道：「我每講述每一件事。他知道我怎樣凌辱了他的朋友，他也該知道西爾維珂怎樣地替他自己報復。」

伯爵推過一張椅子來，我便意興活躍地諦聽着下面的故事。

「五年前我結了婚。第一個月——蜜月——我是在此地，在這小村裏消磨的。這所房屋給了我一生最幸福的時候，也給了我生平最痛苦的回憶之一。

「有一晚我們一同出去騎騎馬。我妻的馬倔強起來；她着了慌，把韁繩交給我，徒步地回家去了。我在前面騎着馬走。在庭中我看見一部旅行馬車，并且我得到通報，說有一個人在我的書室裏坐着等我，他不願說出他的名字。但是他只說他有事和我商量。我走進了房間，在黑暗中看見一個人，風塵滿面，并且生着一叢長了好幾天的髭鬚。他站在那兒，近着火爐。我走近了他，竭力地回想着他的容貌。

「『你不認識我了嗎？伯爵？』他顫聲說。

「『西爾維珂！』我喊出來，我自認，我覺得似乎我的頭髮會突然地直立起來。

「『一些也不錯，』他繼續着。『你還該我一擊，我特來開放我的手槍的。你準備好了沒有？』

「他的手槍從一隻夾袋裏伸了出來。我量好十二步路，在那隻角落裏站定，請求他在我妻還沒有來到之前快些發槍。他遲疑着，要求一個亮。好幾枝燭火拿了進來。我將門戶都關好了，吩咐誰也不要進來，於是開始乞求他發槍。他掏出了他的槍，描準了。……我計算着秒數……我想到她。……！可怖的一分鐘過去了。西爾維珂却放下了他的手。

「『我懊悔，』他說：『手槍裏裝的不是櫻桃核——子彈是沉重的。我覺得這不是一個決鬥，却是一個暗殺了。我素來不慣向着不帶武器的人描準的。讓我們再從頭來過吧；我們可以拈鬮決定誰先發槍。』

「我的頭腦旋轉着……我想我曾提出反對過。……結果我們裝實了另一枝手槍，并且捲好了兩個紙捲。他將兩個紙捲放在他的帽中——便是那頂經我穿過一彈的帽子——而我又拈着了一字。

「『你的運氣太好了，伯爵，』他帶着一種我將永不會忘記的笑容說。

「我不知道我是在幹什麼，也不知道他使我這樣做的是什麼一回事……但是我發了一槍而射中了那幅畫。」

伯爵用他的手指指着那幅穿過孔洞的圖畫；他的臉兒像火一般地紅熱；伯爵夫人是比她自己的手帕更白；我禁不住發出了一聲驚呼。

「我發了一槍，」伯爵繼續着，「而感謝上天，沒有射中。於是西爾維珂抬起他的手向我描準。突然地門開了，瑪夏（瑪麗的暱稱——註）衝進房來，高喊了一聲，撲上我的頸項。她的到來恢復了我所有的勇氣。

「『我親愛的，』我對她說，『你不看見，我們正在開玩笑嗎？你是多麼驚嚇啊！去喝一杯水再到我們這裏來；我要將你介紹我的一個老友與同伴。』

「瑪夏依然驚疑着。」

「『告訴我，我丈夫在講眞話嗎？』他轉向那可怕的西爾維珂說：『當眞你只是開着玩笑嗎？』

「『他老是開着玩笑，伯爵夫人，』西爾維珂答道：『有一次他玩笑地在我臉上打了一掌；還有一次他玩笑地拋一顆子彈打穿了我的帽子；剛纔，他對我開了一槍而沒有命中，這全是開玩笑呀。而現在我覺得酷愛着這個玩笑了。』

「說了這些話，他舉起手槍描準了我——正當着她的面！瑪夏投身到他的腳邊。

「『起來，瑪夏；你不覺得羞慚嗎！』我盛怒地喊道：『你啊，先生，你可以不再作弄一個可憐的女人嗎？你要不要開槍？』」

「『我不要，』西爾維珂回答：『我已經滿足了。我已經看過你的煩亂，你的驚慌。我强迫過你向我射擊。那是足够了。你將記得我。我將你留給的你天良。』」

「於是他走了，但是在門口停了步，看着那幅經我射穿過的畫，他差不多不加描準地向牠發了一槍，於是不見了。我妻已經昏過去了；僕人們都不敢阻止他，單是他的模樣兒已經使他們充滿了恐怖。他踏着梯級走出去，叫喚着他的馬車夫，而在我能够鎮靜我自己之前駕着車走了。」

伯爵靜默了。便是這樣我知道了那個故事的結束——牠的開端曾給過我這麼深切的一個印象。那故事的主人翁我永不會再見過。據說西爾維珂在阿萊克桑特爾·依珀西朗第（海太利斯特的領袖。一八二一年海太利斯特開始作希臘獨立之戰——註）爲首的叛亂中，統率着海太利斯特（在奧代沙的一個秘密團體的團衆之稱，那個團體在一八一四年成立，與土耳其人爭希臘人的自由。）的一個分隊，而在斯科拉那一役中戰死了。

（完）

好推事

西班牙·阿索林
戴望舒 譯

一

我很願意說幾句話；可是我不知道我是否要寫一頁搗亂文字。那是爲了巴賽洛拿的加爾鮑奈爾愛思德伐出版所——詩人馬爾季拿便是這出版所的文藝編輯——出版了一部馬紐推事底判詞的西班牙文翻譯本。這書的一部，從巴賽洛拿的書局裏，來到了芒却省的省會；這裏，牠六天，八天，十天地被放在一家舖子的陳列窗中，在一個帶寒暑表的墨水盒和一本紅簿面的記事冊之間，灰塵已在這本小小的書底封面上舖了薄薄的一層；大平原的炙熱的太陽已經開始把書的題名弄得褪色了。城裏沒有人買這本小小的書嗎？在塵封的陳列窗中，在記事冊和墨水盒之間，看過了那些信徒們，教士們，漂亮的女孩子們，咳嗽着并在街沿上響着手杖的聲音的老人們底遲緩的，沉默的行列之後，這本小小的書難道就不得不回巴賽洛拿去嗎？不，不：一個崇高的，一個奇特的運命等待着這本書，在那陳列窗前，一位先生剛站住了，一位矮矮胖胖的先生，有一雙小小的眼睛，佩着一條在黑色的背心上發光的粗粗的銀鍊條。這位先生看着陳列在窗中的那些沒有用的東西，又讀着那些書籍的標題，這些標題他已經讀過過了一百遍了；可是這本小小的書的標題却是第一次走進他的腦海去。

——「嘿！」這位陌生的先生想。「嘿。馬紐廳長判詞，這位那天報紙上談起過的那麼稀罕的推事！」

想到了這樣的事之後，這位胖胖的先生露出了一片特別的唯一的微笑，然後移步踏進書店的門限去。讀者要曉得，在人世之中，沒有一樣東西是不帶着一種無量的超越性的，而這位胖胖的先生進店去剛才所跨的那些步子，是歷史的步子，是異常重要極其重要的步子。因爲這位先生要去買那本書，因爲這本書要跑到阿龍梭爺的書房裏去，因爲阿龍梭爺在讀着這本書的時候要感覺到一個未知的世界在自己面前展開來。可是我們不要趕上事情之前吧。當這位胖肥而冷嘲的先生走出了書店的時候，他的頭腦中還帶着那和進去時同樣的思想。「我要把牠送給阿龍梭爺」他一邊把書放到衣袋裏去，一邊想。接着，到了客棧裏，他把那本書放在皮箱中——你瞧書籍的命運吧——，在一個球形的乾酪和一個用來誘捕鷓鴣的假鳥之間。然後，在下午，他和那隻皮箱都搭了驛車向一個下省的小鎮而去。

在一切的小鎮中，或者這個芒却省的，或是不論什麼其他省份的，在夜裏，（在早晨和下午亦然）只有到俱樂部裏去。這位胖胖的先生免不掉也把他到達的那一夜消磨在那裏；在俱樂部裏，那些每晚聚會的先生們等待着他；他和他們大家打了招呼，大家閒談着種種有趣的事，而最後，那位胖先生取出了他的書來，對阿龍梭說：

——阿龍梭爺，我今天早上在王城買了這本書，拿來送你。」

阿龍梭爺說：

——呢。多謝！」

於是他便把那本小小的書拿在手裏。現在，我們又要請讀者對於阿龍書爺取書的這個動作特別看重，因爲這動作在我們的祖國的現代史上是具有最高的超越性的。阿龍梭爺的動作會是一種朦朧的好奇心的動作；或許實際上他並沒有感到好奇心；而這細微的動作祇是一種對於別人送給他的禮物的謙遜。後來，阿龍梭爺看了那書題：馬紐廳長最新判詞，而這書題對於阿龍梭爺也並沒有什麼意思。可是那位帶了書來的胖先生却說：

——這馬紐是一位十分少有的推事，在法國做過一些異乎常人的事……」

——是啊，是啊，」那位不知道馬紐是誰的阿龍梭回答：「是啊，是啊，我常常聽人說起這位推事。」

於是他們談了一會之後，便分手了，到了家裏的時候，阿龍梭把這本書放在他書房的桌上。一位事物的靈魂之洞察者準能够看出，在這本書以及在桌上的其餘的書之間，一種對敵的隱暗而巨大的潮流突然生了出來。其餘的書是——我應該說——民法，刑法，訴訟程序，抵押法，法典釋義，幾本法律雜誌，幾冊最高法院的判例。在這些可怕的，鐵面無情的書和這本小書之間，固然生出了一種相互的慊隙，反之，在對面的書架上，却有另外一點書在着，向這本小書打着親密的，熱烈的招呼。這些都是瘋癲的，荒誕的故事，感傷的詩，長篇小說，企劃家的夢，渴望革新世界的面目的人們的計劃和設計。而在這一切書籍之間，有一本對於那新伴侶的光臨是表示最心滿意足的；牠的題名是：精明的世家於拉芒却吉訶德爺，而人們可以說，由那本小書在桌上的那短短的時間中，在牠和賽爾房德思的書之間便有了一片熱烈的，懇摯的談話，而我們的那位出名的評斷者桑丘，聾薩的靈魂，也向他的著名代替馬紐推事的靈祝頌着。

可是我們不要岔開去吧。那一隻手拿一份報一隻手一枝蠟燭走上書房去的阿龍梭爺又回了進去。他已走進了書房，在桌子前面站住了，從桌上取了一本很大的案卷冊子——這是他第二天要審判的案子——以及那本小小的書。接着他走了幾級樓梯，在經過一間臥房的時候，喊了一句：「瑪麗亞，明天早晨八點鐘！」於是走進自己的房裏去。於是阿龍梭爺動手脫衣服。我們的這位朋友是瘦長的，沒有肉的；她的年紀是快到五十歲了……

阿龍梭爺已經上床了；他於是把那些大葉的案卷拿在手中一會兒，翻閱着牠們；可是這一定是一件容易判决的案子，因爲這位好先生立刻又把這些廢紙放在小几上了，那本小小的的是在等待着；阿龍梭爺伸出手去，抓住了牠，於是便讀將起來。關於這位先生在讀書的時候起縐紋的臉兒上所反映出來的種種情感，寫書的人却不想多說，因爲害怕說來話太長了。可是我們得記下來傳之後世的，便是當阿龍梭爺讀完了這本神奇的書的時候，天已經破曉，而當這位好先生在把書合上又輕輕地放在旁邊的小几上之後——這眞是奇特的情形！——又拿起了那以前略微看過一次的案卷，從新遲遲地研究着牠，一直到門口有一個聲音喊着：「阿龍梭；八點鐘了；」的時候。

這裏，讀者朋友，我們就要結束這聞所未聞的神奇的故事的第一部了。

二

芒却省的城中的那些早起的沿街小販剛開始用他們的不倦的舌頭把他們別有風味的喊聲，如「煤啊！」，「賣麵包的！」送到空中的時候，阿龍梭爺已穿好衣服，梳洗整齊，下樓到餐室去找他的天天喝的朱古律茶了。可是阿龍梭爺今日下樓和往日不同。瑪麗亞夫人從他臉上看出了一種不可言狀的奇特的神情，便問他：

——阿龍梭，你沒有睡好嗎？」

小姨蘿拉去望看他，說：

——好像你沒有睡好呢，阿龍梭。」

而珈爾曼西姐也注意着這位先生的瘦削的臉兒，迂迴地咬定說：

——爸爸，你沒有睡好。」

那位正在把黃金色的烤麵包慢慢地浸到芬芳的朱古律茶裏去的阿龍梭爺，停住了一會兒，和藹地看着三個女子，微笑着。阿龍梭爺的這片微笑是神奇的；這是一片充滿了未知的磁性的光的微笑；這是在人類裏每兩世紀或三世紀才可以看得到的一種歷史的微笑。而當阿龍梭爺微笑完了的時候，便把那一片一時懸空着的小淋淋的麵包放進嘴裏去。可是瑪麗亞夫人，蘿拉，珈爾曼西姐對於阿龍梭爺的微笑都不滿足；她們沒有看見這微笑的無量的超越性；她們是單淳，天眞，親切，她們想不到這天早晨在家裏吃的這朱古律茶，是將載在人類底史籍中的，可是阿龍梭爺帶着一種深沉的默想的姿態，低頭向着朱古律茶杯。瑪麗亞夫人開始驚愕了；蘿拉惘然起來；珈爾曼西姐動着她的金髮的美麗的頭，不知這樣想才好。

——阿龍梭，」瑪麗亞夫人說，「你出了什麼事情嗎？」

——爽爽快快地對我們講呢，」蘿拉補說着。

——爸爸，」珈爾曼西姐喊着，「告訴我們你碰到什麼事吧。」

阿龍梭爺抬起頭來，用那種長長的柔和的目光凝注着她們三人。

——這種目光便是我們在人生底困境之中好像用來安撫我們所愛的人的。

——你們不要心焦。」他對她們說，一邊又微笑着，「你們不要心焦：我什麼事也沒有……」

於是這位好先生站起身來拿了手杖。瑪麗亞夫人，蘿拉和珈爾曼西姐仍然坐着，緘默着，好像被一種神秘的力量，一種她們解釋不出來的氣流所弄得目定口呆一樣，而這時阿龍梭爺却軒然昂然精神十足地走出了餐室，接着便走到了街上。

胡昂爺在自己門口，兩手交叉在胸前。

——今天好，胡昂爺，阿龍梭對他說。

——上帝給我們今天好，」胡昂爺喊着。

昂多紐是在更那邊，在他自己大門口，在正望着那一片從天際顯現出的小小的雲。

——今天好，昂多紐爺，」阿阿龍梭爺也對他這樣說。

——這話我們晚上說吧，」昂多紐爺回答；他有點是自然現象的觀察者，為此之故，有點是懷疑論者。

貝德羅爺是一動也不動地站在街沿上，望着一個攜筐而過青年女人。

——今天好，貝德羅爺，」阿龍梭爺第三次說。

——不會壞吧，不會壞吧。」貝德羅爺回答，一邊望着那小女人，意思說有上她這天不會過得壞的。

現在阿龍梭爺是已經——在還向拉斐爾爺，路易思爺，萊昂得羅爺，克里桑多爺和馬德奧打過招呼之後，關於這些人，免得讀者厭煩，我們不談了——現在阿龍梭於已經坐在一張有一個銀墨水盒和許多東大張白紙的桌子前面了。在阿龍梭爺的後面，在一個華蓋下面，映出了一個基督像。這亦都表示——人們已經會懂了——阿龍梭爺已經在施行職務，或是這位好先生正要處理那名為「正義」，而人們却肯定說是並上所沒有的那種極微妙的，看不見的，差不多是幻想的東西了。可是這一次我却肯定說，這微妙而可怕的東西將在這個廳中顯現出來了。阿龍梭爺已下了決心。這便是瑪麗亞夫人，蘿拉，珈爾曼西姐不了解的那種驚人的微笑底動機。我可再要說阿龍梭爺已經叫人把判決詞錄在那他昨夜看過的案卷上嗎？我可要描寫這整個小小的法界在知道了這個判決詞時的吃驚和未來的震愕嗎？我怎樣來向他們說明那芒却的城中最精明的律師弗魯克都奧梭爺所擺出來的面相，以及那最老的檢察官華金爺嘴唇抽搐時所做出來的特有的聲音呢？

下午，吃完飯之後，在俱樂部中，阿龍梭爺一到大家就突然靜默下來。你們是已經知道一羣人正在談論一個人而這個人走近來的時候所發生的這種靜默了的，這種靜默，或者是一種無心的敬意，或者是一種有意的排斥，可是，無論如何，這靜默是很快的打破了，於是交談便又照着所談的這件事或那件事而興奮地或沉鬱地起來了。今天所談的是什麼呢，實際上，是沒有理由爲了這天早晨的那個判決詞而說阿龍梭爺不好的。那訴訟失敗的弗魯克都與梭爺和華金爺肯定地說這是一個很大的荒謬之事，可是在俱樂部中却沒有一個人竟至於感到這樣地忿怒。

——這是一個稀罕的判決詞，」路易恩爺說。

——以前從來沒有人這樣判。」洛道爾福爺補說着；他是一位老人，曾在一千八百五十四年在中央大學跟胡昂・馬努艾爾、蒙達爾鸞，伊。艾朗恩學過民法。

——然而，」巴柯大胆地說——他是一位年輕的律師，有點是雄辯家，曾經讀過了二三本聖達・馬里亞・德・巴雷德思的論文——「然而，如果我們注意到一種社會的，集團的利害關係，一種超乎個人之上，超乎個人權利之上的最高的利害關係，爲了……」

可是那些嚴肅的先生們却不讓他說下去。

——嘿，巴柯，嘿！」萊奧巴爾陀爺嚷着，有點生氣了。「你把問題弄糟了……」

——呃，巴柯！」貝德羅爺說，「你今天眞叫人受不了。」

——可是，天啊！巴柯！」胡昂爺用一種柔和的聲音說，「你想破壞社會秩序底基礎……」

然而巴柯却並不想破壞什麼；巴柯是一個很好的人。而在爭論了一會兒之後，這位在一個月之後要和路易恩爺的女兒結婚的巴柯，便因而同意說，阿龍梭爺的那個判決詞是稀罕的，並且還甚至像洛道爾福爺一樣地認爲這是不能找到先例的。

此後我須要說出，當阿龍梭爺來到的時候，在這俱樂部中發生了怎樣的一種靜默嗎？我要說差不多是一種介乎冷嘲和憐憫之間的靜默嗎？我需要補說。以後在說話之中，人們常常有意地小心地穩指着那出色的判決詞嗎？可是阿龍梭爺並沒有失去了他的美好而高貴的平靜。「眞正正直的人——拉・洛式弗哥在他的一節箴言中說——便是不爲任何事情所動的人。」這位好先生儘讓大家說着；他和靄和滿意地微笑着；以後，在三四點鐘，他到園子裏去散步。

可是，正當他在那些幽隱的小徑上與城市隔絕着來往漫步的時候，城市漸漸地充滿了早晨的那個判決詞最初在那些吃衙門飯的人之間所發生的驚愕和詫異。而在傍晚的時候，這位好先生便回到他的家裏去，女僕們已經把街頭巷尾的傳言蜚語帶回家裏去了。在吃晚飯的時候，瑪麗亞夫人，蘿拉和珈爾曼西姐都一言不發；可是最後瑪麗亞夫人耐不住了，說道：

——阿龍梭，你做了什麼事，叫別人在那裏說？」

蘿拉委宛地說：——女僕們告訴我們說……」

珈爾曼西姐張着悲哀的眼睛，懇求着：——爸爸，告訴我們出了什麼事吧。」

——阿龍梭爺回答說：——什麼事也沒有出。」

可是瑪麗亞夫人卻固執地說：

——阿龍梭，既然別人在紛紛議論，一定有些什麼事了。」

——什麼也不要隱瞞我們吧，阿龍梭，」蘿拉又說。

——爸爸，」珈爾曼西姐喊着，「爸爸，不要對我們這個樣子。」

於是阿龍梭爺微笑着說道：

——什麼事也沒有出。今天早晨，在你問我的時候，我稍稍變成了一個引起別人興趣的人，於是你們便滿心不安着，我其實也沒有什麼，祇不過沒有睡覺而用了一夜功罷了。現在我看見你們也吃驚起來，而其實卻並沒有出了別的什麼事，祇不過我今天下了一個使我和法律相背的判決詞，然而卻是合於我的良心的，合於那在這情形之下我認為公正的事的。我不知道你們是否懂得這一點；可是「正義的精神是那麼微妙，那麼地多變化，以致在某一個時期之後，那人們製造出來範圍牠的模子，那就是說法律，便變成狹小了，古舊了，因此，當那些立法者還沒有製造出新的模子來的時候，一位好法官便應該為了自己固有的用處，在他的良心的製造廠中臨時製造幾個小小的質樸的模子來…………

瑪麗亞夫人，蘿拉和珈爾曼西姐打算微笑了；可是心裏總還有點什麼東西在着。

——我知道，」阿龍梭爺繼續說下去，「我知道你們會担心別人要說什麼話。人們不瞞我，全城都騷然；可是這是並不奇特的。在世上有兩個奇特的東西：「正義」和「美」。「美」呢，大自然自然地供獻給我們，而我們也在人類中看到牠；可是「正義」吧，如果我們觀察世上一切大小生物，那麼我們可以看見，正義是永遠地被一切生物：鳥，鬼，和哺乳動物之間的可怕的鬥爭所否定着。因此那「正義，」那洗淨了自私的純粹的「正義」，便是一種那麼稀罕，那麼壯麗，那麼神聖的東西，所以當牠一個原子降臨落到世界上來的時候，人們便充滿了驚愕而譁然起來了。因此之故，如果有一小部份的這種「正義」偶然降落到這個芒卻的城中來，而牠的居民都憤慨而騷動起來了，我是覺得很自然的。

於是阿龍梭爺最後一次微笑了，一種異常的，廣大無邊的微笑，在人類中每兩世紀或三世紀才可以看到的微笑。

註冊商標
Comfort Hosiery
康福
夾底花襪
式樣最新
花色最多
耐久經穿
最新出品
各大公司商店陳列發售
加厚夾底
上海康福織造廠出品

秀老師

張金壽

回憶起來，幼年該是多麼值得留戀的時代呀？像是一個夢，又彷彿是才過去不久的事情似的，像一團清烟，抓也抓不着，只輕渺渺地薰着人的心，使人回憶起來便有些感傷，但忍耐了感傷却仍極力去回憶的，這幼年該是多麼值得留戀的時代呀！

× × ×

最先讀書是入的私塾，爸爸帶我到學塾的前兩天，特地把我叫在跟前，和顏悅色地說：

「你過兩天該去念書了，因為年歲大了，應該讀些書，不讀書就作不了事，連學徒也沒人要。」

我翻翻眼皮，看了看，沒有言語。我知道人到了相當年歲該念書去，但一時沒有離開過家，究竟捨不得媽媽。可是這話又不能說，只好不言語。

「去吧，」媽媽也說：「明兒個作了當舖當家的或是金店大掌櫃，不認識字那是不行啊！」

之後就是請我吃了好多我愛吃的東西。過了兩天，便被牽到門額上有着「眞武廟」三個大字的大門裏來。

「這是老師，作揖！」

我依了爸爸的話，向那人作了一個揖。眼睜睜看爸爸託咐託咐就走了，滿屋盡是陌生人。

老師教一位師哥教我「三字經」：「人之初、性本善、性相近、習相遠」這十二個字，因為我在家中已然讀過兩頁，不必他教便先會念。之後便留心那位老師——

小矮個子，留兩撇鬍鬚，臉很紅，聲音不算太亮，說話時彷彿咽喉有點阻塞似的。

我忽然又發現一位老太太也在屋裏出來進去，老太太背都駝了，十分不容易似地極力往起揚着她的頭。有時她端了鐵鍋到廊下去淘水，艱難地端進屋裏去。後來才曉得這房子的一間暗間是老師的住宅，兩間明間便是學堂，因為是大殿，房特別大，所以四十多個學生並不算擠。老太太呢，後來才知道那是老師的嬸子，她的丈夫早就去世了，一向是倚仗姪子教書養活。

老太太是我們的師奶奶，但是她並不如這名稱那麼尊嚴，這位老師就時常對她生氣？說是生氣，却並不暴聲叫喊或者臉上變色來用質問的態度相對，很奇怪，他却完全用了譏諷的口吻對付她。比如說她才從他桌旁過吧，他就很不經意地哼一聲，彷彿隨隨便便不是故意，可是其實是特意這麼作的，而且作的程度也彷彿足到了使師奶奶明白的程度。屋子佈置的形式是老師的桌子靠屋門，所以老太出來進去必須由他面前走，因之這鼻子聲連我們也聽得慣了。雖不每見她就哼，可是哼的時候多，那時我尙小，不明白書中的大道理，大約以老師那麼大的學問哼那麼大聲一定就是表演所謂「嗤之以鼻」的吧。

老師也有不哼的時候，那就是得了充分的酒喝之時，這樣老太太便幸福一些，可以看看老師微笑的臉，不過這可以繼續到多久的時間完全要靠那些酒到什麼時候喝完，酒完了，哼的聲音接着出來。

老師買酒的錢，只是每天一個點，不够一次買一大瓶，大瓶酒都是別人送的。人爲什麼送老師酒呢？因爲他的字寫得相當好，在鄉下也頗有些名聲，如同洋貨店開張，藥店開張等等，那些廣告就託他寫，寫完了就送他酒喝，送的多少以他受的累大小爲準。有時老師教我們念書之後他又命同學磨墨，這就知道他有可寫的東西；又見他寫半天還寫不完，就知道他的酒又有幾瓶要進門了。

大家都稱老師爲「秀先生」可是我看他那「時樂齋」中下欵署名「李秀卿」，我便向別的同問學那李秀卿是誰，同學告訴我那郎是老師。納悶了半天，後來才明白他是旗人，而旗人都是以名爲姓的。

沒有人送他酒喝，老師便用小瓶命我們到不遠的小酒舖去打，瓶是小白瓶，回憶起來，彷彿如今的漿糊瓶，簡直也許眞是這種東西哩！用小瓶打酒只須一小枚或一大枚，三小枚便滿了，瓶裏往往有橘子皮，他最喜歡泡酒喝，喝乾了的時候也許嚼嚼他，嚼完，彷彿才意識到酒已沒有了，用力一唾，橘皮便飛到遠遠的地方去。學生注意，這就快挨打了。資格老些的學生是明白這個的，盡力老實些，新學生呢，仍是照平常樣子，於是就不免被他拉過左手來，用竹板子——：

拍！

接着便是求饒的聲音，我們可以看見老師的瞪圓了，鑲了紅絲的眼睛。

漸漸的學生乖了，打酒的時候偷偷加入一小枚，叫老師多喝一點，那麼彼此都方便得多。

「這酒——」老師用右手按了瓶蓋，微笑着問學生。

「我加了兩個子兒的。」

老師點點頭，又微笑着拿起酒瓶來，仰起頸子，酒被倒下肚裏去。

他的酒量有多大呢，那時候不懂，不過可以說他有酒就喝，喝完爲止吧。還忘記提他兒子，他有三個兒子，大的在清華大學担水潑道路作一份苦工，二的也不是學什麼手藝，三的則與我們在一起讀書。三的很鬧，在同學間比較是年歲大些，讀書也多些的，時常領了頭玩。記得最淸楚的是他趁老師出門的時候，把一個細聲細氣的外號叫「小姑娘」的姓葉的同學摟抱着，嘴裏還作着猥褻的聲音，那「小姑娘」自然不願意，他說「待一會兒你再抱我」可是沒有見過一回「小姑娘」會能抱他的。

顯然的，他的學生既不大多，兒子又不能交多少錢，那裏一家三口生活是相當困難的，發愁也是不免，於是就常常看他的愁容，雖然對他面的牆上掛着

「時樂齋」的齋名，可是樂的時候實在不很多。

老師是有過好多錢的，也玩過好玩的，吃過好吃的，聽說家裏起了一把火，把整個的家產燒光，以致鬧到這步天地。當時的困難與昔日的光輝對映，他的苦悶更爲增加，於是便也增加了酒量。師娘是早就死了的，老師上有那個孀嬬，下有兒子和學生，又沒有知心朋友，便整天和酒纏在一起，說來也是難怪的。他的齋叫作「時樂齋」的原因恐怕也是因爲太「時不樂」了。

記得寫「照格」常照他的字寫，他有一張寫了「余知時樂齋中景奇非凡，淡疏之花架，乙丑……」一共是二十幾個字，忘了大半，但卻記得淸淸楚楚那年是甲子次年是乙丑，算起來有二十年了。

老師的去世是在「李字兵」駐紮北京之後，安穩的家鄉突然駐了好多兵，兩家移一家去擠，閒下的房屋他們住，我們十分駭怕，因之也就沒上學。有兩三個月躲在城裏的舅舅家，隨了媽媽。後來習慣於與兵接觸了，覺得久住親戚家也不是事，便搬回來。那天同學張恩俊找我，第一句話告訴我：

「老師死了唉！」

我吓了一跳，於是下午便去搬書桌，彷彿老師含了一包紅紙直挺挺躺在床上，我不敢看，悄悄地回來了。

× × ×

一直不知道老師的家搬在哪裏以及駝背的師奶奶和師哥們的生活情況如何，一直過了好多年，當我長成一個大人模樣而且容易誤認爲三十多歲的時候，老師的種種事情已被埋在腦子裏了。但事實眞的有如傳奇小說般，前年當我到我舊日受苦地工廠去串門談天時，來了一個幫忙的工人，他看了我半天，便問我是不是在「秀先生」那裏讀過書，我的神經受了大震動，幾年的事又都回憶起來。我告訴他我的確是秀老師的學生。

「我一瞧你就像×××！喝！個兒這麼高了！」

我趕緊問他的姓名，原來他是我老師的大兒子，我險些流下眼淚。原來記的大兒子作澀道工人錯了，那是二的，這個才是我大師哥呢。又聽說師奶奶早就死了，剩下了師哥們在鐵道迤東的荒僻村裏住，都各找營生了。

和師哥說話的時候是前二年，直到今年，我連大師哥也沒見着，我眞關心他們，回想起幼年來的事，實在對自己是一種殘忍，但冒了痛苦的險卻仍舊去回憶，我是多麼懷戀我的幼年啊。

秋海棠

羅湘綺
旖旎風光
秋海棠
煙味芬芳

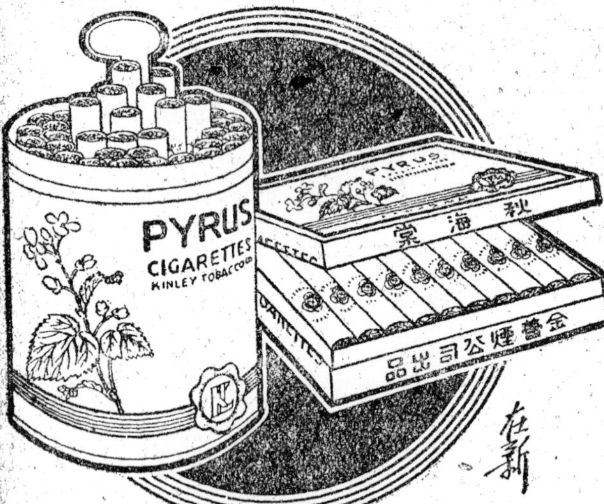

算盤牌香烟

先施 永安 新新 大新 麗華 中國國貨 上海百貨

七大公司及各大煙號均有發售。

金蕾煙公司出品

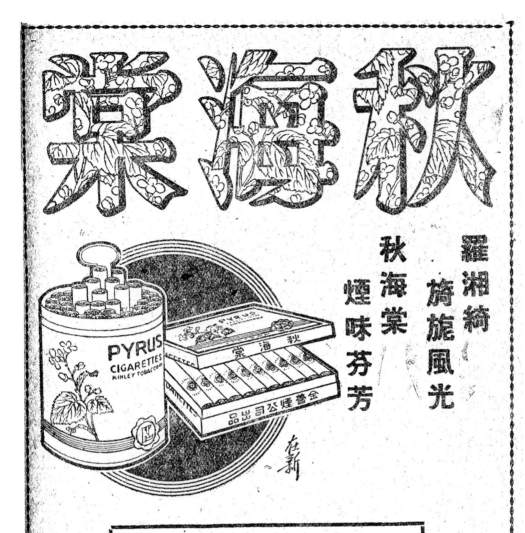

鼓樓一夜

浩村

十五年前河水與淑貞同學，彼此非常相愛，可惜那時候淑貞已經訂了婚。雖然有心於河水，以家庭是舊式的，不能由她毀約而與河水結合，因此就把永遠不能滿足的一種愛的缺陷帶着而與另外一個男子——徐公權結婚了。

河水憤而逃到日本，足足住了十年，學成後才返回祖國，從事於著作小說，他的筆下，幾乎全都是描寫戀愛的，男主人公是他自己，女主人公就是淑貞。因爲他受了法朗士與柴霍甫們的影響很深，筆調都彷彿相像，所以雖然千篇一律的戀愛意識，但是以其技術很巧妙，也就使人百讀不厭，所以在社會上很有一點名聲，不過他用了「錦羅」的筆名，是淑貞所不知道的。

當河水小說暢行的時候，淑貞也是他的一個忠實讀者，她讀了之後，很想見一見作者，但是無法子，退一步，她便想打聽作者的眞實姓名和住址，以便與他通信，表示仰慕他學問的熱忱，但也還是沒有辦法。後來河水的一部新作「九塊橋」出版了，她購去細讀，使她大爲驚詫而又欣喜得不可以言語形容，原來在「九塊橋」這部小說中，完全記述的是他倆的戀愛經過，所以她知道錦羅便是河水，同時在報上刊出啓事，請河水到她家中會面。但，河水是沒有去的。

淑貞的丈夫徐公權，也是一位有爲的青年，並且考取了黨員留學英國的官費，他以自己英文根底太差；就開始補習英文，每天由清涼山他的家中到中央大學去，都是騎自行車，有時淑貞也坐在車後，伴他去上學，夫妻倆感情是極好的，自從她知道錦羅就是河水之後，登報又招尋不來。她就時常掛記河水，其所以三天有兩次的坐在公權車後同行街上者，是想在偶然中會碰見河水，可是總沒有這麼一個機會。她的心中既愛自己現在的丈夫，又想自己過去的情人，於是按不住心中的矛盾，有時也顯露出一些神色，就是她無論何時，除了出街之外，在家中總是手執一部河水作的小說細看。

一天公權耐不住的向淑貞問道：「你是迷了錦羅作的小說麼？」他坦白的答道：「是呀！我還想會一會，這作者的面呢！」

「那末！我爲你探聽探聽，你難道還不知作小說的人只是一枝筆作怪，本人是沒有那樣靈活的，我就見得多了，會寫三角戀愛小說的張資平，讀者多以爲是翩翩公子，那知道原是一個黑大漢呢。在南京的作家，我認識得很多，却不知錦羅是什麼人，想來打聽得着的，限一個禮拜我答覆你。」公權的這些話，使淑貞非常的滿意。

末上三天，公權已經知道了錦羅就是河水，在國民日報任總主筆，於是他照實的告訴了淑貞，却料不到報告這個消息，還有其他的作用發生，淑貞在當天的晚上就到國民日報社去訪問河水。

他們見面之後，也談了一些別後情況，只是河水對她十分的冷淡，同學時代那種熱情已經沒有了，淑貞正如冷水澆頭一樣垂頭喪氣而回，也沒有告訴他的丈夫公權，竟把這件事隱匿了。

河水本已鰥居五年了，乍見過去理想的而又追求過的愛人，心中引起了無限的愁思，只是她乃有夫之婦，非分之想，是不可能。見面不如不見面的好，此後他片面的又生了愛情，而且不能公開表示的愛情，他知道若是再與淑貞往還，定要破壞她們夫妻的情感，所以寧願自己難受一些，也不會與淑貞再通往來。

淑貞呢！見了河水之後，知道已不是過去那樣熱情的河水，便誤會到女子嫁人之後，就失去了戀愛的資格，也就暗中悲涕起來，但在她心中對於河水的過去情感，並不會忘掉。這樣的事，公權一點也不知道的。不過，看見淑貞近來不大如先前那樣專於捧讀河水的小說，却又生了疑心，會這樣的問道：「淑貞！你先前不是歡喜讀錦羅的小說麼？還要打聽他的眞實姓名，我已爲你打聽出來了，怎麼你就不再愛他的小說呢了」！

淑貞似笑非笑的說：「知道了就得了，讀過了也得了，他又沒有新作品出來，何必再讀已讀過的小說呢！」

「好書不厭百回讀呀！」公權逞趣的說。

「我從今以後，不讀錦羅作的小說了。」 淑貞果斷的說。

「爲什麼呢？前此那樣的愛讀，而今又這樣的惡讀呢！」公權追問他的原因「……」淑貞不再答話，便掉頭走開了。

就在他們夫妻討論讀不讀河水的小說問題的夜晚，公權生了急性盲腸炎，送到醫院，開刀不久便死了。這一個天外飛來的打擊，幾乎使淑貞成了神經病，但從此以後，這個未亡人也就如雨打梨花那樣的凋零頹唐了。

有一天她讀報，看見了錢虛山作的一篇短文，開頭便說：「假使眞有上帝的話，我會見了便先給他兩記耳光……」她看了甚爲稱讚，因爲她也覺得上帝太不公平把她的那個有爲而年青的丈夫收回天堂去了。「假使眞有上帝的話，我看見了便給他兩記耳光，」正是淑貞心中要說的話，所以她對該文作者——錢虛山發生一種莫明其妙的感情，也想會一會錢虛山了。

她本知道錢虛山在京滬小說界負有盛名的，想來河水一定認識，於是她布衣素裳的再去拜會河水。見面之後，把公權暴病而亡的消息報告了他，並請他介紹虛山與她認識。河水很同情她而又可憐她作了寡，但不知她要認識虛山的原因，便承認與他們介紹，淑貞得了這個滿意的答覆，告辭回家去，一心期待着有會見虛山的一天。

當淑貞走後，恰巧虛山由上海來訪問河水，討論他與他的夫人——茵子離婚的事情，所談的話，却是抱怨茵子如何不守婦道，不體貼丈夫，不愛惜女兒，發了很長一段牢騷話。河水勸慰他一番忍耐的道理之後，忽的想起方才淑貞要認識虛山的事來，便帶笑的說道：「虛山兄！你早來一刻鐘，還可以有一個奇遇，就是一位新寡的年青太太要認識你」。

虛山聽了這突如其來的消息，將信將疑的答道：「你又在作文章欺人了！」

「眞的啊！誰騙你呢？」河水堅决的說。

「這位寡婦是誰呀！」虛山信以爲眞的問道。

「我過去的愛人。」河水似笑非笑的答。

「她爲什麽要認識我呢！現在她是寡婦，你是鰥夫，豈不正好結婚而完成你們的宿願麽？」虛山說。

「我也不想他爲什麽要認識你，但我已答應介紹你們相識，我正想完成我們的宿願，所以才想介紹你們相識，要求你從中撮合呢！」河水說。

「我來是請你爲我們夫妻辦理離婚，你倒反要我爲你們一對舊愛人辦理結婚，我苦你樂，你眞是太幸福了。」虛山感慨的說。

「這也不然！你之離與我之合能否成功，都是很難說的呢。」河水也有些悵然！

「只要你承認替我辦，我當然也願替你辦，那末，你定個時間約了她來我們見面談一談吧！」虛山說。

「就是明天晚上，我請你與她一同到皇后酒家吃飯，準於八時到齊，先到先等」。河水定約的說。

虛山告辭去了，河水那夜竟致失眠，他自已對自已說：「這是千載難逢的機會，可以抓着淑貞，能够相隔十五年的一對愛人結婚了，豈不是一段佳話麽？」於是那幼時與她同學相戀愛的情景，一幕一幕的在腦海中浮現，他又悔兩次與淑貞會見，都太匆促，沒有說出自已心中還在戀慕她的話，並且第一次見面時，簡直是冷淡的對她。

第二天晚上，他們三人在皇后酒家共同晚餐，先到的是主人河水，虛山與淑貞同時進房間來在未經介紹之前，淑貞已知道他是虛山，而虛山也知道她是淑貞，所以河水就簡單說一句：「你們已經相識了。」

淑貞和虛山，也彼此一笑，但未交言，虛山看，她年青而又貌美，雖然全身着素，却顯得她的溫雅風流，尤其是在她微笑的時候，眞有勾人靈魂的魔力。他的心中起了不知其妙的作用，以爲河水眞是傻瓜，爲什麽這樣美麗的女人，自已都抓不着，反而讓她投到別人的懷抱中去，於是先開口說道：「淑貞女士，我在河水兄口中知道得很淸楚，希望你們繼續努力……」

「什麽話？錢先生，我與河水爲什麽要繼續努力？」這是她看見虛山的人品比河水漂亮一些，自已又受了河水兩次的冷淡，誤會了河水的心，已不屬於她，也就把虛山的話加以否認。

虛山是曾留學法國的，浪漫色彩很濃厚，他的行爲呢，却大有「文如其人」之槪。現在聽見淑貞似乎否認了與河水有什麽密切關係，便也乘機動了邪心，想在她的身上求得一種安慰，便陪笑的說：「努力的事太多了！你倆是老同學，舊朋友，無論國家社會的事，都是大家應當共同甘苦，繼續努力的。」

淑貞正要答話，河水便看出了這開幕就有不合劇情的演出，急忙叱口說道：「大家坐下喝酒，在席上慢慢的再談吧！」

於是三人分品字形落坐，茶房送上了酒菜來，河水提了酒壺先斟給淑貞，次及盧山，最後才是自己，又舉杯向二人笑道：「我們三人是三個不同的痛苦環境，現在把自己的憂愁却暫時丟開，多喝幾杯，做到古人說的今朝有酒今朝醉，」他先喝乾了向二人照杯。

盧山和淑貞也同時喝乾了，他却驚奇年青的女人怎末能夠把白蘭地一杯的喝完，便問道：「淑貞女士，你的酒量很好吧！這樣的酒，可以喝幾杯？」

「我來告訴你吧！」河水搶嘴的說：「在我們故鄉的古家，都是以飲酒出名的，尤其淑貞的府上，無論男女老幼，都能喝酒。她的老太爺曾說過，不能喝酒的，便不是他的兒女，所以淑貞從小就能喝酒，經了我們分別後十五年的努力，恐怕白蘭地至少能喝三瓶。」

淑貞接着道：「舍間的確是愛喝酒，家父更能豪飲。至於我的酒量，如河水所說的，要打個一折八扣。想來盧山先生也是一個海量吧！」

這一說大家都笑了，又斟又飲起來。彼此談了一些無關緊要的話之後，盧山已存心要向淑貞進攻，便突然笑問道：「我聽河水兄說，淑貞女士是特地要與我見面，倒底有什麼見教？」

「啊！真的呀！我主要的話還沒有談呢！先生的文章，我是很愛讀的，尤其是一月以後在一篇短文中你說：「假使真有上帝的話，我會見他，先得給他兩記耳光。」我因此便想認識你。我的丈夫本是年青有爲的人，而且正要留學英國研究政治，他在黨中也曾出死入生的幹過不少的工作，存心爲國効用，乃立志到外國留學以求深造，突然得病死了。像這種有志氣又純潔又能幹的人，爲什麼不享天年就短命呢！上帝還有眼睛麼，假使眞有上帝，我會見了，眞要先給他兩記耳光。你說了這兩句話，我想你也有不可告人的苦衷，才發出這樣的怨，所以我同情你，才想會見你」，淑貞說出了她要會見盧山的原因，同時也悽涼的流淚了。

本來大家都是很高興的，這一來室中空氣轉變了。三人有各自的心事，河水這才明白淑貞是爲了此事而要會見盧山，盧山這才知道是他的文章感動了淑貞，淑貞也才吐出了自己的眞情。沉寂了一會兒後，河水又斟酒奉菜，開口談話，把先前歡樂的空氣喚回來，果然大家又喝了兩杯酒，話又說得多了。

盧山竭力的用了作文章的筆法做句詰，說了一大篇勸慰淑貞的理論，她聽了始而是含悲收淚，繼而是同情點首，後來竟至舉杯道謝，依然恢復了原狀，又高聲無忌的說起笑話來了。

河水便敬了盧山一杯酒道：「今夜不是老兄會說話，淑貞怕要哭着回家了，現在她是這樣的高興，完全是你的偉大理論給了她的幫助」。

「我不過隨便談談，時間不早了，我還要趁車回上海。」盧山舉杯似乎告辭的說。

「今夜不回去吧！我想留先生在南京住一天，明天我做主人，請兩位到舍間便飯，我親手作幾樣小菜來下酒。」淑貞在說這些話的時候，又用脚觸了一下盧山的腿。

「那末！我就再住一天吧！」盧山送了一個迷眼給淑貞，但是河水沒有看見。

本來河水是請託盧山與他們撮合，聽到淑貞留盧山再住一天，心中也是願意的，以爲盧山才有時間與淑貞講話，就附和的說道：「很好！盧山兄多住一天，我也陪你玩一天，今晚我還有一篇文章要交卷，這兒吃完了，你們隨便到那兒玩玩，我準十二時再來找你們。」

「這樣秋夜的好月亮，我們到玄武湖去盪舟好麼！」盧山又看了淑貞一眼的說。

「很好！心中也太悶了，在湖中呼吸一點清涼的空氣，又得再向盧山先生領教啊！」

於是他們出了皇后飯店就分散爲兩組，河水回到國民日報社，盧山與淑貞同去遊玄武湖。在臨別的時候，河水與盧山與淑貞同去遊玄武湖。在臨別的時候，河水與盧山耳語道：「我託你的事啊！一定要得個結果。」

盧山便答道：「我盡力，我盡力。」

河水所以故意離開了盧山和淑貞，原是要求盧山與他們從中撮合，把河水仍然愛慕淑貞的誠心替他表白，並且探試淑貞有否完成大家宿願的心思，因爲他與盧山是多年老友很相信他的，況且盧山正與其夫人在鬧離婚，一定痛恨女人，所以大胆的把淑貞交給了她。

河水回到報社，在室中埋頭寫他的文章，想早一些兒寫好到玄武湖去同盧山淑貞們遊湖，並要往盧山那裏知道淑貞對他的態度，所以奮筆疾書，如龍蛇競走，剛將那篇三千多字的論文寫完時，盧山來了，却沒有淑貞同來。他很驚詫的問道：

「淑貞呢！怎樣不同老兄一道來？」

「她回家去了，我有句話，不想在此刻告訴你，然而又不能不在此刻告訴你，」盧山很慨嘆的口氣向河水說。

「你也來玩花樣了！無論什麼話咱們都可以說的，難道十年交情還有不够之處嗎？」河水心中已測知一二的急求道。

「她並不愛你！」盧山爽快的說。

「她不愛我，我却十分愛她。」河水有些慘然的說。

「明天我要到太湖去，她也要同我去，你贊成麼？」盧山發着驕傲的論調。

「我贊成你們去，但我也要同去。」河水決意的說。

「她已說過，你若去，她便不去。」盧山更神氣十足的說。

「我不去也好！那末！你不去可以麼？」河水央求道。

「我是非去不可，因爲我有要事。」盧山激昂的說：「老兄，我並不是要爭奪你心愛的人。」

「那末！……」河水只說了這兩個字。

，「老兄且慢！」盧山截斷了河水的話頭便說：「女人是神秘的東西，要佔有是很容易的，但須得把握着一個極好的機會，錯過了機會，就很難得佔有了，老兄對於淑貞，依我看來，佔有的機會已經錯過了，看樣子她已有另外的對象，而且她決心愛她選擇好了的對象，所以我覺得老兄快些斷了追求她的念頭，最好把她當着歌女玩玩，悶來時約來解悶解悶。這樣自已心中也坦，大家都自由。我素來對付女人的方法，是用嫖客對妓女的手段，愛則進攻，不愛則退却，也就是合則留不合則去，把愛情當作兒戲，那末便宜得多，若把愛情當成「正經」，那就是自討苦吃。老兄！你以爲如何！所以我對於敝內茵子，也是一樣，她現在不愛我，就讓她去吧！我決不留戀她的。」

河水聽了盧山說這一篇大道理，不知如何答覆，他想：「與淑貞十五年以上的相識，到現在才有一個可以結合的機會，然而盧山偏說他已失掉了這結合的機會。」便心中不自主的向盧山說：

「那末！好吧！你倆去太湖，我不去。」

「不過！請你放心，我決不是她的對象，我也決不追求她。」盧山說了這幾句就與河水分手了。

河水見盧山走後，立刻打電話給淑貞，連打三次，都沒有打通，只叫她的用人說：「太太還沒有回來，」到了一點鐘，又打電話給淑貞，連接電話的人都沒有了，這却使他在床上睜眼睡到天明。

太陽剛從天邊放出光來，河水就到了淑貞的家門，敲了三下門環，一個老媽子來開了懶懶的問道：「先生尋找誰呀？」

「你們的太太！」河水說時又取出了一張名片給她。

「太太在昨晚夜車到無錫去了。」

「她一個人去嗎？」

「一個人！」

「什麼時候回來？」

「不知道，她沒有告訴我。」

「好！我下次再來看她，你把這名片給她留着，等她回來時交與她。」河水向老媽說完了，帶着滿腹怨氣回到報社。

他想：「盧山這傢伙，眞是豈有此理，我以十五年的單相思，才獲有一個可以實現愛情的機會，被在一度同餐的時間就奪過去了，我一定要報復他，難道他可以搶我的愛人，我不可以佔他的妻子嗎！」於是他立刻打電報給茵子說，盧山在南京有了對象。

茵子本來與河水相識，接了河水的電報，下午就由上海到了南京來見河水，方得知盧山與淑貞一切認識經過，並同遊太湖去了，河水也才知道他們夫妻要鬧離婚的原因，是盧山在上海有了新歡。茵子既已在爲「上海事件」而生氣，現在的「南京事件」更使她痛心了。同時她在從前也與河水有相當的好感，經了這樣的非常刺激，又被河水溫存的誘惑，便不顧一切的把過去不會向河水表示的愛情，赤裸裸的貢獻給他了。

當他倆發生關係以後，河水暗自的說：「這是盧山告訴我的好方法，對於女人不可錯過佔有的機會，但，也是我對他的報復。」

茵子在南京與河水玩到第三天，淑貞與盧山由太湖返來了，只是淑貞打個電話約河水到她家去吃晚飯，座中却沒有盧山，河水很詫異的問道：「盧山怎末不來呢！」

「他轉上海與茵子辦理離婚手續去了。」淑貞得意的說。

「他眞的要與茵子離婚麼？」

「當然是眞的，聽說離婚之後，他還要到南京來找工作，立法委員葉德俊是他的親戚，對他的工作已有八分成就了。」

「你對盧山才是初交，這些事你都知道得如此詳細，難得難得。」

「因爲我們先先前雖未見面，却已神交很久，所以一見如故。」

「啊！聽說他與茵子離婚的原因，是在上海他另愛上了一個公館的姨太太，有錢而美貌的姨太太，所以茵子才與他鬧翻，又聽說他到南京來，不上一天，也碰着一個風流寡婦愛上了她，似乎又丟開了那上海的有錢姨太太了，又聽說……」

「不要再說別的話了，我倒請問你；這次到南京來是那一個風流寡婦愛上了他？」

她光却不知道，只聽報告消息的人，聲音是與你相同，年齡、面目、身材都與你相同，在我想決定不是你，而是另一個與你一切相同的寡婦。」

「眞是天曉得！人們吃了飯，專管別人的閒事，比方說，就如像我淑貞愛上了他，這是我的自由，誰個能够干涉我呢？不過，我倒要淸查一下，倒底是誰個風流寡婦愛上了他，他倒底又有什麼値得女人的愛呢！」

「眞的呀！他倒底有什麼値得女人的愛呢，」河水說到這兒掉轉了話頭，很誠摯的說道：「淑貞，我們是從小的同學，我們的交情，恐怕不能說是淺薄，以前你是不能與舊的家庭奮鬥，現在你已是自由人，我也是自由人，難道我們不可以進一步的相愛麼？你不知這十五年中，無時無刻我沒忘了你啊！」

「河水！」淑貞握着他的手道：「你的話我聽得很明白，我也知道你現在仍然如先前那樣的愛我，又在盧山口中更明瞭你的要求，可是，我已不是十五年前的淑貞，也不是五天以前的淑貞，你雖然愛淑貞，可惜淑貞不能愛你了。往事如烟，不要回憶，只願你原諒我，這就是我今夜請你來共餐而要談話的目的。」說完了熱淚也淌出來。

河水聽了淑貞這一段話，明明知道她承認與盧山有了不可解的關係，但是依然捨不得他渴望了十五年而未得着的淑貞，無論她怎樣的成了殘花敗柳，在他總覺得有愛惜而珍藏的必要，所以仍然央求她說。

「淑貞！你的話是不錯的，但，你要知道，我等待你有十五年才得着這一個絕好的機會，難道你眞忍心拋棄一個十五年思戀的情人，而與一個只認識了一天的生人結合麼？」

「不是我不愛你，是環境的變遷，機會的錯過」，淑貞說時已收了淚，帶着幾分笑意了。可是河水又大哭起來，下席倒身在沙發上蜷伏着，正是「如喪考妣」的大哭。

傭人們莫明其妙的聽了哭聲都跑到客室門前來偷看，那倆的淑貞，便高聲笑道：「河水！你喝醉了麼，到房中床上去躺一會。」

這幾句話倒提醒了河水，知道自已哭得來驚動了用人，便收了淚急忙的走進淑貞的臥室，淑貞也跟着進來了，扶了河水躺在床上，叫娘姨端茶拿烟進來。

河水躺在淑貞的床上，愁悶的回憶到十五年前他在她家中寄食一月的往事，那時正是兩小無猜，天眞純潔互相戀愛的時候，也是有一次睡在淑貞的床上談天，並彼此相誓終身不離。十五年後的今後，又在淑貞的床上睡着，可是，情形已大變了。他於是向淑貞道：「三妹！（這是她的小名）你記得十五年前我們在家鄉時在你們府上有這樣一次的座談麼？」

「大哥！（這是小時淑貞叫河水的稱呼）我什麼也不會忘記，何況那一次在床上談話，就是我們私盟終身的一次呢！」

「那末！你既不會忘記，現在也該可憐我而實踐盟言了。」河水說這幾句話，忽然猛力抱着了淑貞的頸項，强迫的低頭去吻她，淑貞掙扎不脫也就不再拒絕了，這是他們十五年來的第一次接吻。

在河水似乎已把全身的愛情都灌注在淑貞口內之後，忽然房門被推開了，進來的却是虛山。這時候三人六隻眼一齊呆吨了，誰也不願先說話。室中的空氣沉寂得再也不能沉寂了。幸而追隨虛山之後是娘姨端了一杯茶來，看見他們三人這種緘默的表情，心中也有數的笑道：

「錢先生！請喝茶！」此刻淑貞已下床來，便先開口說道：「虛山！你又來了！離婚這麼快呀？」

「離婚還未離婚！茵子逃婚了，別人也結婚，我今天是來參加結婚典禮的。」虛山非常憎怒的說。

「虛山！你的太太並不會逃，她住的地方，我却知道，要不要我告訴你。」河水說得很巧妙的，但還睡在床上並不起身來。

「……」虛山不再說話，坐在沙發上抽香烟，再眼要冒出火來一樣的望着淑貞。

「河水下床來談談吧！」淑貞來拉河水說：「大家都是老朋友，萬事都可參商。」

河水聽了淑貞的話，便翻身下床，虛山才看見河水是合衣而臥，心中的怨恨似乎消却了大半，臉上也露出了一點笑容，又才說道：「河水兄！我實在告訴你吧！茵子我是決心與她離婚的，可是在我們未正式在離婚約上簽字以前，她在名義上，是我的老婆，所以我是不願戴上一頂綠帽子的。她到南京來，是誰叫她來的，她來南京又找誰呢？」

「這些事我想你自已應該知道，」河水冷淡的回了這一句話。

「河水！你知道錢太太來京的消息麼？」淑貞向河水問道。

「不但知道，而且會見錢太太的。」河水也是冷淡的回答說。

「老兄！你太欺負人了！」盧山從沙發上跳起來叫道，用左手指着河水的臉，氣勢是洶洶的。

「我沒有欺負過人，我只有報復過人，你記得『我不淫人婦，誰敢戲我妻？』兩句俗話麼？」河水也不甘示弱的答道。

「好了！你倆不要再吵嘴吧！在我家中鬧起來太不成話，今夜我請客，到鼓樓飯店去開一個房間，大家暢談一夜，什麼誤會都可解釋了。」淑貞說了之後，不管他們同意不同意，便吩咐娘姨打電話叫一輛汽車來。

大家靜了不上一刻鐘，汽車來了，淑貞左手牽了河水，右手拉着盧山，她在山水之間緩步的走出了大門，一同進入汽車，叫汽車夫駛到鼓樓飯店門前。又推他們下車來，開了第二百四十八號一個大房間，又叫茶房備一點酒菜。

淑貞坐了主位，盧山與河水分左右坐下，與在皇后酒家第一次見盧山面時的坐位不同，她提壺斟酒，敬了他們各人三杯，本來這是第二次喝酒了，先前在她家中與河水也喝得不少。但，她是酒的將門之後，仍是喝得下這麼多的酒，使盧山臉上有些酒意之後，她却使出媚嬌聲向他們說：

「今夜這是一個又難得機會，你倆本是好朋友，爲了我就發生了誤會，我是很抱歉的，不過談到愛的問題，我很考慮，决不會隨便，河水我是愛過他的，盧山我現在也愛他，你們都是我的愛人，但我不能做你們任何一人的妻子，因爲我有特殊境環……」她說着又端起杯來喝完一杯酒。

那知這杯酒喝了之後，似乎惹動了先前所喝的酒力一齊發着了，再也支持不住而作「玉山頹」。他們兩人急忙扶她到床上去睡，讓她休息，却只聽她叫道：「我醉了！我還明白，我是不能睡的，更是不能一個人睡的，盧山、河水，都來陪我睡呀！」她們明知這是淑貞在講「酒話」，但都以爲機會不可失掉，尤其是河水，先去伴着她，繼之盧山也登榻偎着淑貞，先前她在山水之間走着，現在她却睡在山水之間了，她並不是真的醉，乃是假醉的。爲了要使這一山一水都成了她的俘虜，所以才用這「枕席之計」，開口勸慰他們說：

「山！水！你們現在都睡在我的身旁了，你們都愛我麼？快些說呀！誰個先答，誰個就先得……」

二人同聲都問道：「先得什麼？」

她却嗤笑道：「先得救了！」

「如何救法！」又是二人同聲的問語。

「救出愛情的苦海！」

「我愛你！」還是二人同聲的問語。

「這就不好判斷了，因爲你們兩人的答話都同時同聲，既不分先後，更不分高低，怎麼辦呢？」淑貞哈哈的笑道，用左手握住盧山的右手，用右手握住河水的左手，大家緊緊的握着，全身也偎靠成了三位一體，似乎愛神的箭貫穿了他們三人的心。熱血造成的體溫發生交流的作用，在他們各人都是平生第一次的奇遇。

沉默了！在室中只聽得他們的呼吸與心跳動的聲音，然而房門忽被踢開了，這猛烈的響聲，驚破他們三人的沉默，大家注目看來時，進來一個女人。只有淑貞不認識，她却是茵子。

河水先下床來，盧山繼其後，兩人都跑過來拉着她，於是茵子又站在山水之間了。

「你怎麼會到這兒來？」二人同時同聲的說。

「……」茵子不答什麼，怒目注視床上仍然睡着的淑貞。但是淑貞却發大笑道：「今晚你這個朋友，說出話來，都是同時同聲的，眞够人高興了，對我說的話是一樣同，對這位女士所說的也是一樣同，你們可謂同德同心的同志啊」

茵子見她這樣的說話，知道她是醉了，不再注視她，便向盧山說道：「你到南京是幹這種事麼？」

「……」盧山不答。

她又轉向河水說道：「你也雅興不淺，會陪朋友來玩女人，你知道他是我的丈夫呀！所以你有了誘良爲歹的嫌疑。」

淑貞聽了她的話，已知道她是茵子了，便欠身起來，如醉似癡的笑道：「錢太太！你也不要在我們三個人面前再擺面孔了，一切你都知道，一切我也知道，他們兩位更是知道，依我的主張，爲了解除大家的痛苦，而獲大家的幸福，就照現在的事實繼續下去，公開了來，就是我們四人的快樂逍遙時期了。」

「依你的主張怎樣？」淑貞已擺脫山水之手而坐在床沿上注意的向茵子問道：「能够有個公平合理的解决更好。」

「怎樣你這不明白我說的辦法麼？露骨的說，就是你與河水結婚，我與盧山結婚，因爲都是事實」淑貞這時已不像醉人說的醉語。

河水望着盧山呆了，盧山望着河水發癡，因爲他們秘密都被淑貞說出來了，還是茵子有勇氣的說：「那末你就是我與盧山離婚的證明人，盧山就是我與河水結婚的證婚人，我是你與河水毀約的證明人，河水是你與盧山結婚的證婚人」

「好！」這是淑貞，盧山，河水三人同時同聲的答覆。

「那末！我們開始舉行結婚典禮，在這鼓樓飯店度這新婚之夜。」茵子如司儀人吩咐的說了，先拉着盧山到淑貞的床上，然後自己拉着河水到對面的床上，大家唱着臨時編成的一曲「洞房樂」，由他們四聲合唱。

：

讀者所爲這件事不近人情麼？請考查一下藝人孫師毅與藍蘭及另外一對男女，就是這樣的「演出」，其餘二人無名，故不指出了！

閒話塘棲

呂白華

當第一次春的氣息降臨到這個換上新衣的海濱，海濱的人們，一定會這麼感覺着，超山的梅花要開快了。

當第一次夏的氛圍籠罩到這個換上新衣的海濱，海濱的人們，也一定會這種感覺着，塘棲的水菓，應該上市了。

自然，超山兩個字，是常縈繞在自命風雅的詞人的筆尖，而不會消歇一些中外遊覽家的屐痕的。但是，過去超山不遠那產菓的母鄉——塘棲，却很少有人注意。它根本沒有「名勝」的幌子，除了專研究吃水菓的有閒階級。

沿着滬杭鐵路，青天白日的旗幟重復飄揚在每一處城市，跟着南屏的寺鐘重鳴，西子的臉龐再麗，附近杭州的塘棲，又趨向於繁榮了。雖然它所處的地區近乎瀕角，也可說是山明水秀的這塊土，平時安居樂業的鄉民，遭到一度流亡，菓地荒蕪了，現在，秩序恢復到平靜，流亡的居民漸漸歸來，塘河兩岸，又是好一片美麗的菓地了。

讓我來談談塘河。

塘河原來劃開了塘橋的南北，河北屬德清縣，河南就是橋縣轄的。為了土質的特殊天賦，塘棲四鄉的鄉民，都種植水菓過生活。一畦畦的水濱田地，跟着美麗的春天，夏天，飄拂着美麗的菓樹叢，行銷京滬杭一帶。我們大概還記得，十六舖的水菓行，該怎麼地繁密，這就是塘棲的出產。其次，是西子湖濱了，塘河的小火輪在兩時左右到杭州外，普通都是四十公里的長途的汽車。火車從長安站出發，就由線直達黃浦江邊的巴黎，或者紫金山下虎踞的石頭城。所以，南京的人也是常會合得着塘棲的水菓。菓販的來往是非常地闊綽，一方面為保留新產菓類的色和味，他們在菓子成熟便包了汽車無論販往京滬那一地。

著名的塘棲水菓是枇杷，還有甘蔗，上海寓公總知道「廣東甘蔗」和「塘棲甘蔗」的滋味的。一種細緻的朱紅橘，也播種在塘棲的鄉人手裏。其他如西瓜之類，總出產額年達幾十萬元，不過小小的一個水菓鄉，這數字的確足以驚人了。

然而，種水菓的塘棲鄉民是窮苦的，外來英美資本主義的毒腕，早就粉碎了內地經濟的命脈，而間接農村破產了。一個多年寓滬的塘棲人說起他故鄉的趨勢，對我發起長長的嘆息。

「我姑母還種了十餘本的枇杷，但是女子下不得田地，脆弱的身體那裏來的氣力，生活和慾望驅逼着他，在這麼的情形下雇了一個長工，固然原因是種子的先後不齊，那一年，她的枇杷只賣到三十元錢呢！」

他凝神地沉思起來了，我問他想着了什麼，他「啊」了一聲，低微的吟起謫仙李白的詩句來：「低頭思故鄉。」接着他說下去：

「我在的故鄉時候，常去的地方自然是超山，距塘棲不過九里之遙，梅花像散着雪，滿山滿谷，那一片幽遠的清香，使我陶醉着，忘了形骸，忘了風塵外的一切。同時深深驕傲自已的幸福，能够生在超山的近鄉，眞個我超然了。遊客最多要說從上海來的，梅花開了的一個時期，接着那一片的清香之後，便是故鄉美麗的菓地，像敷着錦，招展在人們眼前，不必眞投入口裏，那瓊枝，那玉液，已經使人心醉了。現在，又是夏天了，我很想回去一趟，尋摩一下游釣的足跡。

是的，爲了生活，他奔到上海來已十多年了，留下了父母，留下了妻子，白髮紅顏，鄉關路隔，他，一個人，作客在上海，旅人的思鄉是淒涼的。他應該回去一趟，因爲他的故鄉，也是産菓的母鄉——塘灘，又趨向於繁榮了。同上海一樣，換上了新衣。

菩提心紀聞

程前

從前印度有位高僧。名攞攞陀彌。他立下誓願。專誠修持彌勒佛法。以三年爲期。願在三年中一見彌勒佛。可是三年勤苦修持一日不敢稍懈的結果。却連影子都未見着。他因此心灰意嬾。不願再繼續修下去。收拾收拾行李。從修持地回家。當他走在途中。看見一位老婦人在磨一枝鐵杵。他就問那老婦人道。你磨這個作何用。老婦人說。我因爲縫衣服缺乏一根針。所以把這鐵杵來磨成它。攞攞陀彌高僧一想。爲了一根針。她尚且不惜費這樣大的氣力。我何能因爲三年無成。就此放棄慧業呢。

於是他就從中途折返。仍然回到修持地。再下苦工。勤修三年。不料三年期滿。仍未能一見彌勒佛。他很懊喪六年的光陰等於虛擲。又打斷念頭。不再修習。失意地回往家中。在半途中。經過一座高山。在山脚下。遇着一位老翁。手拿一片羽毛。在掃刷山土。攞攞高僧一看。這人來得奇怪。就問他道。你拿這小小的羽毛。掃刷這樣高大的一座山。目的何在。老者答道。我家住在這山坳裏已經幾十年。因爲有了這座山擋住道路。交通非常不便。所以我想把這山刷成平地。別無用意。這一來。又把攞攞高僧感動了。他想。羽毛刷山是何等笨拙的工作。尚且有人爲之不怠。何況我的慧業只修持了六年。若就此中止。未免可惜。不如仍修持下去。再用三年苦心。想來總可一晤彌勒佛。

光陰過得很快。轉眼又是三年。三三得九。前後一共修了九年。始終未一覩彌勒佛的莊嚴寶像。攞攞高僧至此。眞是灰心極了。灰心的結果。也只有還家。他一個人踽踽獨行。看看走了許久。離家不遠了。忽然在路側見了一條狗。那狗走起路來。高高低低。歪歪斜斜。好似受了重傷一樣。攞攞高僧就停住脚仔細觀察。果然那狗的腿上生了一個大瘡。膿血淋漓。臭氣四溢。而且潰爛處蠕動着許多蛆蟲。攞攞高僧看了這可憐的畜生。心中非常不忍。心想人畜一體。苦樂相同。見難不救。於心何安。要救這狗應當爲它洗淨膿血。摘去蛆蟲。始能結痂全愈。又仔細一想。蛆蟲也是有生之物。我若用手指把它夾下，蛆蟲體輭勢必被硬手指夾死。而且縱不夾死。它一離狗腿。無膿血可吮。也必致餓死。救得了狗。就保存不了蛆蟲。保存了蛆蟲。就救不了狗。事在兩難。如何是好呢。

有了有了。兩全的辦法在這裏了。犧牲我自己一條腿。拿我的血去養那一羣蛆蟲。再用我柔輭的舌尖。把蛆蟲一條一條舐吸到我的腿上。這豈不是兩全了麼。

攞攞高僧想到做到。說時遲。那時快。他立即跪下一膝。伸長一腿。將兩手捧住瘡腐臭穢的狗腿。用舌尖去舐吸蛆蟲。說也奇怪。等他的舌尖剛觸狗腿的時候。那狗腿却不是狗腿。倏忽變成了一塊石頭。整個的一條狗也不知道到那裏去了。猛一抬頭。而九年來時時刻刻渴思一見的彌勒佛。恰好端端正正立在他的面前。祥雲繚渺。瑞靄繽紛。寶相莊嚴。香光妙潔。這一來把一位擺擺高僧弄癡呆了。他疑心做夢。疑心自己眼花。他不相信眼前的一切是眞實境地。許久許久。他看看月影。咬咬自己的嘴唇。他忖度並非夢幻。於是帶着孩子般的口吻責問彌勒佛。他說。你老人家也太忍心了。九年來。我那一天那一時那一刻不在想見着你老人家一面。你老人家總不肯慈悲一回。使我失望了九年。心灰了三次。到今天可讓我見着了。究竟你老人家爲什麼要這樣吝嗇呢。說完了話。他到底又不敢相信眼前的事實起來了。他問彌勒佛。我到底是在做夢呢。還是眞的有這回事。

彌勒佛笑道。善男子。你不要疑眞疑幻。也不要錯怪我。現在你明明在我面前。並非夢幻。自從你發願那天起。到今天爲止。我天天都在你面前。因爲你多生以來罪孽太重。所以我能看見你。你不能看見我。今天你爲了憐憫那狗。發菩提心。又爲了憐憫那些蛆蟲。增大你的菩提心。不惜犧牲自己的血肉。不嫌一切惡穢去拯救衆生疾苦。有了這種廣大眞誠的菩提心。因此你所有一切罪業。就立刻消滅。罪業一滅。自然而然就見着我了。假使你還有疑義的話。你不妨把我背在背上。向稠人廣衆中去問。問問他們。你的背上背的什麼。這樣。你更可得到一些很好的憑證。

果然擺擺高僧把彌勒佛背在背上。走向鬧市。逢人便問。我的背上背的什麼。有的回答說。你背着一條狗。有的說。你背上並沒有背東西。有的說。你背着一位老翁。種種不同的答案。使擺擺高僧明白了各人罪業大小的不同。於是更堅持他的菩提心。勇猛精進。證果菩提。

上面的一段歷史故事。是兩月前。我在某大德處所聽得。因爲這故事深刻的感動。我時時刻刻都在惕勵奮勉。現在再把它記錄下來。獻給一切善信。

病後雜記之一

柳芹

這幾年來，有時我嫌它過得太快，但有時我嫌它過得太慢。嫌它快，是因爲個人不無「似水流年」之感。嫌它慢，因爲這幾年的日子太不好過了！

前些日子，一位朋友要我寫點兒什麼，說到寫文章，由個人的，社會的，以至國家的，眞是寫不勝寫。

這年頭兒，我還能提筆寫我要寫的東西，不能不說是一種徼幸，可是，我並不高興，我只有惶恐，惶恐到不敢動筆。

然而，記得「友邦」的一位文學家說過：『文學是苦悶的象徵。』我們的苦悶是眞够受的了。爲什麼不用血來寫呢？因此，我根本懷疑文學的價值。可惜我還是寫寫雜感一類的文章！

這幾年，我的憤慨，悲痛，那是不用細說了。但尤其難過的，還是慚愧。

近來，我很佩服我們中國人的一種「犯而不校」的雅量，眞不愧爲孔老先生的信徒。可是這種雅量，畢竟是值得「戲台上喝彩」的。當我讀到許多大事記的洋洋大文以後，除了佩服以外，不能更贊一詞。

我眞想不到我會弄到貧病交加的這個地步！幸而有一位好朋友幫我的忙，要不然，那眞是不堪設想。

前個月初，我常常覺得不舒服，到了十幾裏，可就支持不住了。後來，我在一家聖教會主辦的醫院裏住了兩個星期，同房的五位「羅宋」太太，都是曾經用過手術的重病患者，因爲我不懂俄語，所以無從知道她們的病情，可惜。

當我發熱的時候，（四十一度左右）腦筋裏老是印着一片糢糊的鮮血。夢也很多。記得有一次在夢中，有一個人，交給我一樣東西，仔細一看，原來是一張傷單，每一刀，每一棒，都好像刺着我自己的胸膛，打着我自己的腦袋，我沒有眼淚，我只有憤怒。

每天上午十時許，醫生照例來病房看病，我一看見醫生的影子，就胡思亂想，有時候我很想對醫生說：「你的本事，是讓我慢慢的死，好，隨便你擺佈，我就再看看這個醜惡的人間吧。」

醫生去後，我呆呆地，木木地，失却了記憶力，也忘了我自己。

似乎是一天的夜裏，我忽然心血來潮，巧妙地想到了人生的裝飾：假如剝下了人生那一層夢想的甜衣，只給它留下一副眞正的面目，那會成了怎樣的一個東西，我眞不敢想像。

所以人生是需要裝飾的，至於裝飾的技巧怎樣，那是另一問題。但裝飾的結果，往往會使自己先入了迷，認不清自己裝出來的幻影，則似乎常見的事，可是人人都不免有點傻氣。

這儍氣，是蒙着甜衣的眞率，這眞率，却往往會揭開了甜衣，因此，世間有不少人爲的悲劇。

但，創造喜劇的天才和創造悲劇的天才，並不是兩路的。講究裝飾技巧的人，可以創造喜劇，同樣也可以創造悲劇。譬如說，戀愛，就是一個絕妙的證明。

戀愛應該是人生裝飾的一種，愛的夢想，誰都彷彿認爲是甜蜜的，可是愛的結果，大抵都會把甜衣揭去，以後，留下來的只有苦果。

——人生眞實的軀殼，本來就是這樣的，但我們會把它當作忍受不了的悲劇看——

這是從一個地方聽來的哲理，相反地，我是不十分同意的，對於這一類的話。然而，也許是眞實的罷，我眞够儍，不是說眞實也是人生的一種裝飾嗎？

裝飾在人生是必要的，但裝飾也許是毒害人生的，我因此對人生不覺得十分迷惘，哦，這是多麼不正確的意識呀！那末，我不迷惘了。

蕭楚女二三事

蜀鵑

啼紅先生記共黨名人蕭楚女事云：

「其人實亦怪傑，自幼失學，僅入學兩年半，在常人必不能通文理，而楚女居然成學者，迭任大學教授，各報主筆，且爲共黨名人。其一生之奮鬥精神可佩，除學問上之自修外，當其未得志時曾爲苦工，又曾爲綠林中人，不信其後來竟一躍而爲著名大學之主任政治教授，據報章雜誌間所發政論，尤爲時傳誦，亦奇人矣，楚女之名至美，而其貌則甚寢，疙疤滿面，膚黑身高，望之令人生畏焉。」

所說大致不差，惟沉爲綠林中人一則，尚未前聞，此並非替他辯護，在我所知於蕭氏者，無此事，彼與筆者相識在四川。先後一年多，略知其出身與經歷，記其事者頗多什誌，報章，再說尚未經人紀錄者二三事。

楚女曾在重慶主新蜀報筆政，宣傳赤化，言論甚爲激烈。時王陵基任衛戍司令，含之刺骨，一日由秘書處致函警告蕭氏囑其勿再攻訐政府，末後有云：「汝敢於明日午前九時到部一試予之厲害否？」是恐嚇之意，蓋王渾名「靈官」。人皆呼爲王靈官，殺人不眨眼者。

蕭氏接到此信之後，更撰一篇最激烈之論文登出，痛詆王氏，讀者亦爲之寒慄不已。但蕭氏竟準時自往衛戍司令部投刺赴約。至則王氏尚未到部，坐候一刻鐘，遂留條而出，後王氏亦不追究，人皆嘆蕭氏之大胆。

彼初入川係在瀘州川南師範任教，與惲代英同事，因宣傳赤化，被當局查封，蕭惲等才到重慶，除任職新蜀報兼任省立第二女子師範教員，一時受其薰染者，學生有鍾復光，喩德權，後皆爲川中女共黨之領袖。

當時國民黨有劉玉芊初由北大回來，與蕭筆戰用「蜀男」筆名，以對楚女，藉作諷刺，殊蕭氏則告以「女」字之解釋出於「離騷」，當作「士」字解，楚女者楚地之士也。並非婦女之謂，但恨之者致信則書爲「處女」以辱之，蕭氏乃作文回罵寄信者云：「我若是『處』女，則是可以與令妹做閨友了。」其滑稽有如此。

在廣州被捕時，問官問蕭氏道：

「你是共產黨麼？」

蕭氏怒目高聲道：「你今天還不知道嗎？你今天才知道嗎？」

問官無詞再問，臨刑時面不改色。遺書友人×君云：「我肺病已到第三期，乃遭槍決，眞也死得痛快。」

這與金人瑞死時有同樣樂觀，惜其誤入迷途，竟以身殉，設使蕭氏獻身國民黨，其一生成就，當不止於任教授做記者而已。聞蕭氏死後，將屍者乃其平日最親信之學生，其時似無家眷，大概在那時，蕭尚未結婚，中國像這樣文化界中的怪傑，實在太少，但也不望其多吧！

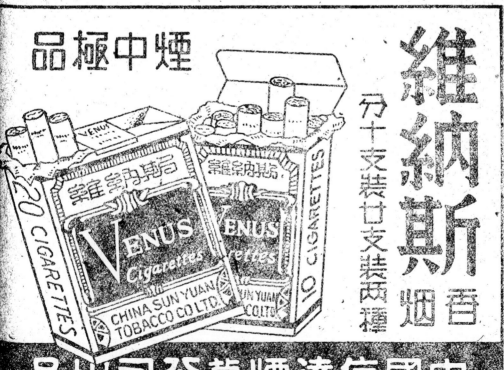

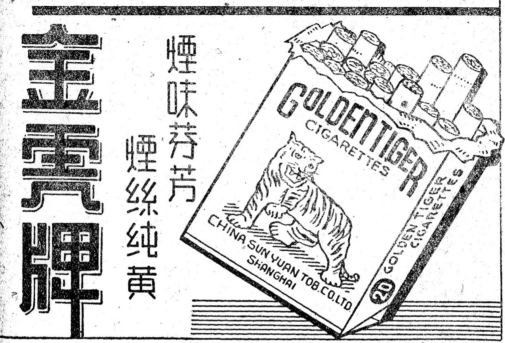

海的鼓舞

張葉舟

海，是我的生命。洶湧的浪濤，記寫着一連串童年的往事。沒有海，便將毀滅了我的回憶。看見海，好像誦讀着過去的歷史。

生命是渺小的，渺小的生命能够獲得海的鼓舞，自己該是怎樣的傲？海的氣息，和生命的氣息交流，生命中混和了海的氣息，雖是渺小，具有海的魄力，倔強，不妥協；後天的環境，孕育成堅毅的個性；十多年來流浪天涯，嘗遍顛沛苦辛，若不是幼受海的訓練？就不會有此韌力應付了。

海是我的母親，在牠的懷抱裏，承受着種種偉大的企示，告訴我人世的程途是險峻的，不平靜的，曲折的，波浪式的；懦弱者只有淘汰的份兒，一切的優先權屬於經歷過鍛煉的人們。

幼小時候我聽慣了驚風駭浪的澎湃洶湧，看慣了昏天撼地的怒濤奔馳，海的嗚咽，狂嘯，號哭，巨吼，或者是沉默，顰笑，歡樂，哀愁；儘管是瞬息萬變的姿容形態，我都熟悉；因為我是海的兒女，那裏會不瞭解母親的心嗎？

生長在海濱的我，有的是一顆活躍的，進取的，樂觀的，積極的，勇敢的心！海的母親，不喜愛呆笨，蠢愚，退縮、悲苦、消極、懦弱的孩子。只有像海燕一般矯健的兒女，是牠所寵愛的！

當兒女們成長以後，紛紛飛離海的懷抱，能够到海外去發展，便是滿足了牠的期望，尋常母親們的惜別依依，海是不會有的！

遠別了海的古城，從山嶽地帶遨遊到平原地帶，距離着海愈遠，思念着海愈深！海是衆泉之源，衆力之總匯，生命要不陷於枯澈，怎可中斷了海的鼓舞呢？

那碧綠的水波，那蒼翠的斷岩，碎錦舖的晚霞，白銀鑲的浪花，這海天一色的奇景，永遠不會淡忘呵！海，我的母親，我渴慕你，夜入夢裏，急想重再投依你的懷抱，接受你的愛撫哪！

什麼東西能勝過渴慕中的海嗎？平原的美麗，怎及得海的胸膛？山嶽的雄偉，怎及得海的暴怒？尤其是海的深情慈愛，誰也不能與之比擬的。

海的教誨，使人奮發；海的哲示，使人深省；海的沉默，使人慰安；海的咆哮，使人震悚；失去了海，便是失去了力量，失去了鼓舞；生命沒有海的點綴，是多麼平庸枯寂的生活，還値得向誰誇說？只有濱海之家，最足以對人娓談，而容易惹引同情與豔羨的。

然而，濱海的古城荒寂了的現在，城郊的故宅傾圮了的今日，海尚可戀，我已無家可歸；從渴念的海，遙想起破碎的家，我只有默默，用什麼話可以表白心中的煩憂呢？

流浪在山嶽平原地帶，海是不會瞧見的，這也吧了，免得觸動了傷懷。海是永遠值得留戀的，愛海太過，眷念濱海的家也深；而今是家破未敢追憶，甚至連海也不想重提，難言的隱衷，只有自己知道啊！

可是，海是我的生命，我能眞的將牠遺忘了嗎？

二

這裏雖然瞧望不見海的形影，但不常有飛翔的海鷗越過天空，牠會給我們傳遞海的消息。

渴慕海的我，對於海的使者——海鷗，也起了强烈的渴慕。

正像雲雀一樣，海鷗也會給我們一種歡樂的感覺，不過這是另一種非常不同的歡樂，一種完全自由的歡樂。雲雀的歡樂乃在牠的歌唱裏，海鷗的歡樂却在牠的兩幅翅膀上。沒有一個詩人會讚美海鷗的啼聲，因爲牠的歌調是很粗戾的，而且怪難聽的。我曾將海鷗的啼聲，當作一種憂傷的調子。

你們會問，比起鷹鷲及其他的肉食鳥類，爲什麼我要說海鷗是一種自由樣式呢？鷹呀，鷂呀，還有兀鷲之類的兇鳥呀，誠然是某一種自由的樣式；但牠們不是那些遊宴於狂風暴濤之中的雀鳥。我爲什麼不說海鷹，海鵝，或其他各種的海鳥呢？這些，眞的，也是遊宴於狂風轟濤之中，正如海鷗一般勇敢，或者有過之，然而牠們是這裏比較少見的海鳥，我並沒有那麼多機會可以常常瞧見牠們。就是水手們稱爲海燕的一種小海鳥，在故鄉的海濱，常見牠們隨着狂飈暴濤戲舞，在這裏也就少能見到了。

但是海鷗，則隨處可以看見牠，勇敢的牠們，常在波濤上面翩翻，衝進高漫的滔天的浪沫裏，不斷地與死亡嬉戲，却沒有什麼傷害，那種自由態度，使人不能不興起多少詩的想象。別種雀鳥至少需要屋簷，山頭，樹巔，籓籬之類；來安置牠的居巢；然而海鷗，牠飛翔數百里，除了海洋和空氣以外，其他就一無所需了。

斯溫班（Swinburne）的「致海鷗」（To a Seamew）一詩，在英文學上佔有重要的位置，不減於雪萊的「雲雀歌」和濟慈的「夜鶯歌」；他是吟詠海鷗的唯一詩人，這樣美妙的詩句值得節譯：

——我的兄弟喲，當我有翅翼，這樣的翅翼是我的，同你的一樣；這樣的生活我的心完全記憶，正如荒涼的九月一樣的這個天時，當我們現在的生活似乎是別的，雖則優美，却不是我從前的，我的兄弟喲，當我有翅翼，這樣的翅翼是我的，同你的一樣。

附原文： When I had wings, my brother, Such wings were mine as thine; Such life my heart remembles, In all as wild Septembers, As this when life Seems other, Though Sweet, than once was mine; when I had wing, my brother, Such wings were mine as thine.

——這樣的生活驚震和速動，你的飛翔的幽靜，或將你的歌調之揚揚意氣滿充，比較人的還要驕昂的歡踴，人的脆弱的心厭惜那些希望和恐慌毀傷了這樣的生活，驚震和速動，你的飛翔的幽靜。

附原文：Such life as thrills and quickens, The Silence of thy flight, or fills thy note's elation, With lordlier exul tation, Than man's, whose faint heart Sicken, with hopes and fears that blight, Such life as thrills and ouickens, The silence of thy flight.

——你從風向叫的啼聲鏗鏘，令所有的巉巖騰歡；風濤雖是將海洋被以憂愁，你的呼號却把明天來祝候；這時悲痛的陰影似乎閒蕩，在人世的最歡樂的聲音之間，你從風向叫的啼聲鏗鏘，令所有的巉巖騰歡。

附原文：Thy Cry from windward clanging, Makes all the cliffs rejoice; Though Storm Clothe Seas with Sorrow, Thy Call Salutes the morrow, while Shades of pain Seem hanging, Round earth's most raptureous voice; Thy Cry from wind ward clanging, Makes all the cliffs rejoice.

——我們，水手的子孫和祖先，我們的家鄉是海洋，人們可以要求的地方，我們要要求；但是你的要求呵……誰人的思想可能指定？自由的雀鳥享生比自由人要高上，你比我們要歡喜……我們，水手的子孫和祖先，我們的家鄉是海洋。

附原文：We, Sons and Sires of Seamen, Whose home is all the Sea, what place men may, We claim it; But thine……whose thought may name it? Free birds live hight than freemen, And gladier ye than we. ……we, Sons and Sires of Seamen, Whose home is all the Sea.

從這一首海鷗的詩歌，勾引起我從前生活的回想，我的靈魂，好像寄體於這隻海鳥的身上，遨遊於「海濱之家」了。

海洋和狂颷確是使人驚駭，不論我們是怎樣的勇敢，當面臨死亡的時候，我們便要感到恐懼了。畏懼是一種天然的情緒，是理性不能毀滅的，人人，除了最愚蠢的人以外，都要受畏懼支配！每當面臨狂風暴浪，凡人都需要他的一切勇力的時候，海鷗却反爲歡喜；要知牠的家鄉正是海洋啊！

斯溫班另有一首詩，便是吟詠海鷗的勇敢：

——因爲在你風濤響來不過是更歡樂的更多的歌調，歡樂過在向陽的天氣中大地的歌調；當穹天和海洋一起合力反抗幽寂的黑夜生下來的失了的喧鬧，因爲在你風濤不過是更歡樂的更多的歌調。

——用了更大幅的翅膀，更大聲的歡樂的曼長的號筒似的聲響，你的種族歡祝黑暗的恐慌，謬誤得眞是狂妄，却眞實得非常的當，而且驕橫過那將人作兒戲的波浪；用了更大幅的翅膀，更大聲的歡樂的曼長的號筒似的聲響。

——波浪的翅翼軒展而回翔，波浪的心澎漲而裂破，一息間的熱情激動牠，一脈湧的氣力成遂牠，而且了結牠大聲表揚的傲兀，震動生命，當波浪的翅翼軒展而回翔，波浪的心澎漲而裂破。

——但是你的和你，我的兄弟喲，却將心和翅翼高高的保管，高過無有什麼東西可以驚恐或分離；波浪，牠們的喉嚨便是雷轟，落下來彼此擊撞而響鳴，一旦消失，便又獲勝，但是你的和你，我的兄弟喲，却將心和翅翼高高的保管。

——高過激怒或痛疼，强過傲兀或恐慌，高過强過在你之中一半隱藏的感覺或靈魂，我們所禁阻的，叮嚀你不要變更，亦不要沮喪，祇是如此過你的生活，高過激怒或痛疼，强過傲兀或恐慌。

（附註：原文略。）

詩人在這裏作了一個比喻，一個人所有的生命的觀念，與一隻海鳥對於生命的認識之對照；一個人沒有一隻雀鳥那麼服從永恒的定律。是以人比雀鳥要輭弱些，人當把牠作爲模範，從牠那裏學習道德敎訓。何謂生命？生命不過是一個大海洋，生與死的大海，而我們也不過像海洋面上的海鳥罷了。若是狂風暴雨的天氣，我們便時常要尤怨。我們欲得永久的安息，長在的暑夏的天氣，無窮的安靜。這便是我們在此世間所以如此苦惱的緣故；我們欲得不可能的，與宇宙的定律違背的事物。海洋是永遠不能安靜的，因爲這樣便是死亡；生命是一大海洋，常常要在永久的激動之中，常常要爲狂風暴濤洗滌。海鳥的靈魂却與人的非常不同，每當狂飇飄忽，怒濤激湧，這正是牠最快活的時候。

斯溫班也曾這樣的歌頌過：

——我們是庸弱的，甚而我們，我們的熱情在世上與你的最相肖；我們歌唱，却不飛翔，我們享生，却夢死亡；蒼老的時光，擺着時光的蒼老的模形，宣示我們沒有翅翼的生靈裏頽了：我們是庸弱的，甚而我們，我們的熱情在世上與你的最相肖。

——雲雀不曉得這樣的歡樂，夜鶯也不曉得這樣的喜悅，像那沒有歌唱的海洋波湧，你的翅膀便享樂其中：你的愛情許是無人迷獲，你的傲兀也許不會使人短氣；雲雀不曉得這樣的歡樂，夜鶯也不曉得這樣的喜悅。

然而我們，夢魂所鼓勵的我們，我們祇能蠕動，歌唱，祇能透過太蒼的荒寂的穹空守望那目力不能窮究的飛翔，極目絕對的邊境看見無一不需要你的翅膀：然而我們，夢魂所鼓勵的我們，我們祇能蠕動，歌唱。

——我們的夢魂具有震搖的翅翼，我們的心膛負有死亡的希望；可是你，沒有夢魂可能增益一個沒有恐懼可以約束的生命，也不能增益一個沒有憂慮可能更移的傲兀，却不識何據，何因。

——啊，我要永遠心滿意足，要是你肯與我調換生命，將我的歌的野蛮取了，並且交還我你那雙光輝的媚野的永不疲闔的眼睛，與及那幅尋覓海洋的翅膀；啊，我要永遠心滿意足；要是你肯與我調換生命。

那就是說：「我們詩人，是一切人中最與海鳥同樣地愛好自由，愛好人世的歡樂，和自然律的認識的；甚而我們詩人也是一半的懦夫；我們畏怯生存，我們歌唱，可是不久便要疲累了；我們尋求快樂，可是我們却又常常顧慮死亡。這或者是因爲我們缺乏翅翼吧；及至我們老了，我們在自然的爭鬥場中漸加感得自己之輭弱無能。然而在你呵，哦海鳥，競爭是歡樂，爭鬥便是勝利。……」

每逢我瞥見海鷗劃破天空飛越而過，便會默誦着這些瑰麗佳美的詩句，使我格外渴慕這「海的使者」，承認牠的翅膀，多見到一次，便多給予自己一次的鼓舞。

遠別了海的母親，只有遨翔天際的海鷗，牠充任「使者」傳遞給我「海的消息」；若說我受了斯溫班的名詩感動而渴慕起海鷗來，爲什麼不說我是渴慕着海而兼及以海爲家鄉的海鷗，因而我再去拜讀斯氏的「致海鷗」的咏歌呢？

在這遠距海岸的江南平原，只有海鷗是時有出沒；讓我暫從海鷗獲得鼓舞，來替代海的鼓舞吧！至於，連海鷗也不會見到的時候，那只有歌誦斯溫班的海鷗詩，從詩中去尋求我的鼓舞了。

三

海是我的生命，我的母親，我的鼓舞。

我是海的兒女，我像乳嬰戀依母親一般的緬懷着遙遠地方的海。

啓示錄中的預言，在新天地中，海也不再有了！我不愛這樣的世界。沒有了海，便是沒有了生命，沒有了母親，也沒有有鼓舞，那裏還來興奮與歡笑，競爭與決鬥，還像什麼世界？

海如果有一天眞的沒有了，那可愛的海鷗，也將失去了牠的家鄉；無家可歸是多麼可憐的事。難道自由的海鷗，勇敢的海鷗，也會和自己遭遇同一的命運嗎？我是常常需要這「海的使者」，替我報告消息傳遞消息的，假使牠的家也毀滅了，「同是天涯淪落人」我的鼓舞再在什麼地方？

不會的，海是永遠不會枯乾的，海鷗也是永遠健在的，牠將儘我有生之年，替我不斷地傳達消息，充任幹練的海之使者，給予我不斷的安慰和鼓舞，療治我將近十年的懷鄉病。眞的，雖然毀滅了濱海之家，遠離了海的懷抱，只要有一個海鷗，振翅從遙渺的海岸飛來，劃過平原或山嶽的天空，却巧被我所望個正着，我就欣喜，我歡迎牠，歡迎這海的使者，歡迎這報告我海的消息的海鷗！

看哪，寫到這裏，一隻海鷗又從窗外越過，我禱祝牠平安飛歸家鄉，將海外遊子的心情，帶給尙留在海濱古城中的父老們！我相信，海鷗一定可以稱職，完遂了我的心願。

於是，我滿心的鼓舞，又像雨後春筍一般的茁長起來了。遙對渺茫的看不見的角落，致我的虔誠：

祝福；海的母親！

祝福；海的使者！

我的親戚

麥耶

我一點也不喜歡我底幾家親戚，尤其是我底二個姨父家；我相信世界上沒有一個親戚家能令人感到舒服的。

我的大姨父家是個破落戶，二姨父家則是個暴發戶，你就不難想像，這二家家裏的空氣是怎麼的令人不自在。舉個例來說，我的二姨父發財還是今年的事，以前他並沒有什麼顯赫的經歷，後來他忽然充起什麼實業公司的經理來，碰巧這家公司的股票在股票市場出過一陣風頭，我底二姨父就發了一筆大財，準確的數目我們自然不知道，可是新買的一幢花園小洋房足以證明他的確是發了財了。人家都對我母親說，爲什麼不請二姨父替我在他公司裏安插一個位子呢？就是我母親也不知勸了我好幾次，可是我生成的一付倔強脾氣，我不愛低心下氣的去托我的二姨父薦事情，因爲我實在有點討厭他。討厭他的原因說來有點可笑，原來在二姨父的洋房買進不久，我們——我，我的二姨父生的表弟以及我們的一批演話劇的朋友，一次因爲要想舉行一個茶會而找不着一個適當的地點，我就說不如借二姨父家吧，大家都說好，而表弟也答應了。誰知臨時到了那一天，當我們大夥兒到二姨父家時，按了半天的門鈴，娘姨開門出來，說是表弟病了，不讓我們進去，這是那裏的話！我昨天還碰見過表弟來着，好端端的怎麼會生病了。我不相信，然而沒有用，娘姨不招待我們進去。我也沒有辦法，我不是屋主人，不能擅自作主。這一次茶會只得取消了，我們當然都很不快樂。我回家就打電話給表弟，他也沒有來接。第二天他自己到我家裏來了。臉色很好，不見得生過病。我便問他生什麼病，他紅紅臉說沒有生病。

「可是昨天你爲什麼要裝生病呢？」我奇怪地問他。

「不是我要裝的，」他過了半响才猶豫地道：「爸爸不喜歡這次茶會。」

「爲什麼？」

「他說別叫我跟這般窮人們來往。」

我幾乎要一拳揮過去，又想把這個膿包的表弟痛快地罵一頓，可是見到他的尷尬樣子，我又罵不出來了。我只得反而哈哈笑道：

「什麼，這是什麼話！」

「我也是這麼說，窮人不是人嗎，而且大家都是幹戲劇的朋友呀。可是爸爸不管，他說戲子沒有一個好出身的。不許我繼續來往。你想他這麼頑固，我有什麼辦法呢？」

「於是你便裝病了？」我有心想挖苦他幾句。他紅着臉，怯生生地低聲說：

「表哥，你，……請你別把這話對他們去說吧。」

就是因爲這，我對於我的暴發戶的二姨父一無好感，從此以後，我沒有踏上他底花園洋房一步。

至於我的大姨父呢，他從前是一家輪船公司的買辦，事變以後，公司搬到重慶去了，他也跟了進去，留下他底一家在上海。起先他還按月寄錢來，可是後來不知怎麼的，上海的物價愈高，他寄來的錢不但沒有增多，反而愈少了，後來甚至不按月了，趁他高興時寄五百一千來。那時有人傳說，大姨父在重慶有了新相好，在堂子裏討了一個女人；這話雖未證實，可是大姨母也沒有公開否認，她也疑心有這個可能。因爲大姨父的爲人，在我們幾家親戚間都知道的，他什麼都好，只是喜歡玩女人，從前在上海的時候，常常在堂子裏玩得澈夜不歸，那時還有大姨母管束着尚且如此，如今一個逍遙自在的在外面，自然任所欲爲了。因此到如今爲止，他足足有三年沒有寄錢來了。

大姨父一家七口，包括一個年老的母親，他底妻子——大姨母，四個女兒和一個兒子。除了大姨母是個可憐蟲，其餘六個人沒有一個不令人討厭的，自然，我決不是如二姨父討厭所謂窮人一般的討厭他們。

這幾個人中，我最討厭的是大姨父的母親，我們是叫她大婆婆的。大姨父的父親在前清曾經做過一任不大不小的官兒，身後並沒有遺下多少家財，只遺給他妻子的一身官派，與大姨父的喜歡女人的習慣。如今住在上海的一條弄堂房子的廂房樓上，在兒子有了相好的女人，連家用錢也不寄來的情形下，大婆婆還是常常要擺官派。雖然說，大姨母已經四十開外了，大婆婆還是把她當做一個初進門的媳婦使喚責罵着。大姨母是個可憐蟲，生性懦弱，因此大婆婆在兒子處招來的氣，全洩在媳婦的身上。甚至大姨父不寄錢來，她也怪是大姨母不好，她常常對我母親說：「要是那一年你的大姊跟你大姊夫進去，還會有這種事情發生嗎？男人家哪一個不喜歡玩女人？可是做老婆的該好好的管束管束呀！當年你大姊夫的父親可也不是喜歡玩女人？而且還討一個小的進家呢！可是我沒有像你大姊是個爛好人，那個婊子不是沒有吃過我的苦頭，你大姊夫的父親後來也不敢怎麼胡鬧了。……」

其實，她是在扯謊。誰都知道，大公公是因爲姨太太跟人捲逃氣死的。而在他在世時節，大婆婆見了他是禁若寒蟬，非常懼怕的。可是在大公公死後，她是一家之主了。每天早晨起來，一家大小必須到她面前去請安，每天還要大姨母侍奉她湯水。一有什麼不周到，就要發脾氣。怨大公公早死，怨兒子不寄錢，怨自己命苦給人折磨，……其實這全是在折磨大姨母。我說過大姨母是個可憐蟲，她滿臉皺紋，半頭白髮了，還是小心謹愼地在做媳婦。她一共養過十個孩子，剩下來只有五個。大女兒今年二十三歲，剛從一個教會女中畢業，二女兒和兒子還在高中讀書，三女兒在小學。這四個兒女，一腦袋的虛榮與驕矜。從前大姨父在上海的時候，於玩女人之餘，也偶然管到一點兒女的教育問題，他自命新派，比如說，常常叫兒女們圍成一圈，唱一隻「蜜甜的家」的英文歌。大女兒在教會女中讀書，英文歌詞自然識得，至於其他三個，完全是隨着瞎唱。在這些表姊弟中，我最討厭這位表弟。他非常虛榮，喜歡吹牛。比如說，他一共只二套西裝，而且全是父親穿剩下來的，可是他還今天這一套明天這一套的「翻行頭」。我忘記說我最小的七歲的缺嘴表妹了。這個表妹跟她底姊姊們一樣有個洋化的美麗的名字：曼麗。可是這名字只在她的市民證上派過用處，平常大家都叫她「缺嘴。」她是在大姨父離滬的那一年生的。那時候大姨母的有幾個孩子還沒有死掉，她在隔年生一個孩子，接連了二十年之後，對於生產實在感到忍受不下了，便決定要把這最末的一個打胎打掉。可是大婆婆不答應。她起先極力反對：

「這怎麼成？好端端的孩子爲什麼要打掉？我一共只有一個孫子，如果有了三長二短還當了得嗎？也許這末一胎生的也是個男孩子呢爲什麼要打掉？」

於是孩子沒有打掉，大姨父也離開上海了。過了幾個月，大姨母的肚子逐漸的大起來了，許多家事她都不能做，幾個女兒都在讀書，又沒有僱娘姨，大婆婆簡直沒有人服侍她。這樣，她才感到不便來，口氣也軟了：

「……唉，這也是沒有辦法的事。家裏這麼多人，沒有人做事這怎麼行呢？你這孩子生下來以後，事情還要忙哩，該想想辦法哪！」

「那末，僱一個娘姨吧。」大姨母遲疑地建議道。

「僱一個娘姨？」大婆婆睜大眼睛：「你算算現在的米價是什麼價錢！工錢三十五十是有限的，一天三頓飯吃不起呀。」

僱娘姨既然不可能，唯一的辦法，只有把孩子去打掉了。可是，時候已經晚了，要是早二個月，醫生說，是毫無問題的，如今結果呢？……孩子沒有打掉，大姨母的耳朵卻給打聾了。這還不算，過後孩子養下來，還是一個女孩子，而且嘴唇裂開是個缺嘴的。大婆婆又怪大姨母不該去打胎，不然，也該早幾日去打。

「我不是說過嗎，不要去打，不要去打，可是不聽話，現在你們瞧，做娘的打成聾子，養下來的又是個缺嘴，將來這種缺嘴姑娘嫁給啥人去？」

可是這話，我的大姨母已經聽不見了，她已變成了一個聾子了。

那孩子一生下來就不招人喜歡，成天裂開那一張缺嘴嘩嘩大哭，彷彿知道她是來承担不幸的痛苦的命運似的。大姨母奶水沒有，又僱不起奶媽，起先幾個月只給孩子吃奶粉，後來吃薄粥，吃得那孩子又瘦又小。大姨母自己照顧一家上下也來不及，這缺嘴就一直無人招顧，稍大了一點後，成天的獃在弄堂裏，學來一嘴野話，一身骯髒，更令人討厭，作爲大家出氣的工具。不管誰跟誰吵嘴，最後遭殃的總是這缺嘴表妹。

待她年紀稍大了以後，缺嘴表妹就變成一個使喚的丫頭了。每天早上天還沒有亮，她就得起來生煤球風爐，燒熱水給姊姊們洗臉燒粥給她們吃，因爲她們七點鐘多一點就要上學去。以後又得打掃屋子，給大姨母拎小菜籃上街去買小菜，回來便洗菜燒飯，下午洗衣服，……一直要做到深晚待大家睡下了，她才睡。這麼辛苦還不算，一不小心打駡就臨到頭上來。她吃的是大家吃剩的，營養不好，弄得面黃肌瘦，成天在廚房裏，蓬着一頭亂髮，面龐十分骯髒；穿的是姊姊們穿破了的大小不相稱的舊衣服。大家都叫她缺嘴，連親戚們也是，彷彿都不把她當作家族之一員，而是一個小丫頭了。

愈是給大家對待苛酷的人，心眼愈是壞。這缺嘴表妹被訓練出一種偷與扯謊的本領。起先她偷小菜吃，偷慣了便順手牽羊的偷錢，買另食吃，又偷姊姊們的手帕等等。她的扯謊本領比偷更大，當她偷東西被捉到時，她會抵死不承認，任你打駡。有一次大姨母自已也動了火，要把燒紅的火鉗來燙她，她仍不在乎地大叫，不肯討饒。說起這件事來，又得提起我底暴發戶的二姨父家。

事情是這樣的：打從大姨父的家用錢不寄來了以後，大姨母家的生活過得愈來愈拮据了。起先一年還好，家裏尚有一點積蓄，後來簡直每天要愁吃用了。大姨母的一點首飾都已吃盡當光。大婆婆也遲遲疑疑肉痛地兌去了不少戒指耳環，可是她還要硬挺骨氣，不肯開口向親戚們借錢——當然她不知道大姨母瞞了她已經借過不知多少次了。一年冬天，不知怎麼的在箱底給她翻出一塊湘繡來，當時的價錢大概很值一點錢。她便跟大姨母商量，把嘴放到大姨母的嘴邊，大聲的道：「把這塊湘繡買給你的二妹吧，諾，這塊湘繡，買給你二妹夫，他不是發財了嗎？」

「可是叫我怎麼去說呢？」大姨母感到十分爲難。

「這有什麼要緊的？你自己也不用去，叫缺嘴拿去說，他們要不要這塊湘繡，要的我們讓給他們，價錢可以便宜一點。」

事情便由她作主，叫缺嘴拿着去了。誰知缺嘴去了以後，沒有多久，帶着原物回來了，說：「他們不要！」

「爲什麼不要？」大婆婆對於這回答感到十分不快。她從來沒有向人要求過什麼，如今第一次就遭到拒絕。

「他們說這太舊了，又非常骯髒。」

「這是什麼話，我好端端的剛從箱子裏拿出來，那裏來的骯髒？」她一面打開來看，一面說。「就是說它舊，我藏在箱子不見得比店家掛在店舖中不好。」

誰知她打開一看，裏面竟有一塊污跡，也不知道是怎樣沾上去。

「缺嘴，莫非又是你？」她疑心是缺嘴闖的禍。

「我，我，」缺嘴向後退，「我不知道。」

「你不知道？」她一把抓住缺嘴：「你說出來，這是怎樣弄骯髒的？」

「我不知道，」缺嘴大聲的哭了。

「你還說不知道！」大婆婆拔下頭髮髻上的銀針要刺她，「你不要命了嗎？」

缺嘴登脚陷地的大哭大鬧，抵死不承認她弄骯髒這塊湘繡的。大婆婆沒有辦法了，叫大姨母來。大姨母打她也沒有用，最後拿了燒紅的火鉗來燙她，她還是一口咬定這不是她弄髒的。她們都感到沒有辦法把她打了一頓以後，還罰她餓一頓夜飯。缺嘴咽咽嗚嗚的，廚房裏哭了一夜。第二天清早，幾個姊姊們起來，發覺沒有洗臉的熱水，粥也沒有燒過，正要想找缺嘴責駡，却找不到缺嘴了。

缺嘴這一去，就沒有回來過。據樓下的娘姨說，聽她哭到半夜就沒有聽見她的聲音了。當然，她們斷定她是逃走了的，可是逃到那裏去了呢？——沒有人知道。

從此之後，我的大姨母家便無形中與二姨父家斷絕了往來。大婆婆當然心中恨透了二姨父。比如說，今年她逃生日便逃到我們家來了。逃生日是她的最令人討厭的舉動，她嘴上說，這麼時勢做什麼生日呀，彷彿她生日這天就有許多人上門去拜壽似的，她特地逃了出來，其實還不是她逃到的那一家倒霉，替她辦一桌酒過生日。

因此，她逃生日到我家來了，她不會逃到二姨父家去，因為二姨父家討厭窮人，可是我也一點也不喜歡她，雖然我也是一個窮人。

一九四四、八、十、大雨之夕

犬先生

莊立車

一、

阿犬的本姓，誰也不知道，據說他曾經以一個不姓犬的青年向人介紹道：「這是舍弟。」

那個青年的名片，却印着姓苟，因此人們都非常懷疑，怎麼會說出「舍弟」呢！也有聰明人想出了一個理由；阿犬的母親嫁過兩個丈夫，他與阿苟是同母異父的弟兄，所以不同姓，其實苟與犬也頗相近了。

若是此說可靠，則舍弟的舍字就欠妥當，似以稱胞弟較宜，但，嚴格的說起來，還是不妥，只是「弟弟」一詞，倒籠統而合理。

後來也有同事中的閑人，偵察出阿犬的秘密，就是阿犬不姓犬，阿苟也不姓苟都是同父母的弟兄，眞姓是尤，爲了時髦便改尤爲犬，取其形式同畫數等，並且在友邦中亦有此姓，可以使本國人「誤會」爲友邦人。

阿犬做了兩年半的布店學徒，恰逢中日事變，他覺得識時務爲俊傑，便棄商從學，進了三月的桃太郎日語專門學校，這樣一瞬間就混入了事變後的文化界，在他自視之下，總是一位有「名」的人物，因爲他在文化界一身而兼十個大會的幹事。

十個幹事都是兼職，正差事還是在國光晚報担任翻譯，所以在名片上印有十一個銜，都是他的弟弟阿苟薦舉的，有時候他講話，便愛稱「我的老弟……」

聽的人就建議的說：「最好還是稱舍弟。」

他聽了也不會紅臉的，因爲他並不注意老弟與舍弟有何區分。他想只要有個「弟」字就得了。至於他的性格，大約因爲是布店的學徒，在尺寸上常與人爭論長短的習慣，就應用到說話上也愛與人爭論長短了。同時那種小商人——市儈氣還未脫掉，加之染了點新時代文化人的顏色，頗具「風，馬，牛」的典型，即出風頭，拍馬屁，與吹牛屁耳。

言行的矛盾，他是滿不在乎的，比如他加入了節約會，却天天都買點兒不必需的消耗品之類帶到社裏來，擱在檯子上，炫耀一番，表示他的闊氣，却忘了他的衣服上佩的「節約」徽章。又在人人都可以吃得下的「定食」，他却要自己帶點魚肉之類來下飯，因爲他在做布店學徒時代吃了不化錢的伙食，拚命把肚子的腸胃裝滿，竟成了胖子，於是他一人要吃兩份「定食」，同事們都笑他在存心糟塌糧米。

關於他任了十個大會的幹事所幹何事，外人也很少知道。然而爲大家所知道的，乃是他幹過藉大會名義出版刊物而强迫或欺騙商店登廣告而頗有「成績」的大事。其餘則每逢開會之時，隨侍他的「老弟」左右，聽候差遣而已！因爲他的弟弟阿苟是總幹事。

二、

阿犬的譯筆，常是超乎信，達，雅，三個條件之外。他譯的新聞，編輯者看不懂時去請教他，他坦白的說：「我也不大懂的，馬馬虎虎吧！横順已譯成中國文字了。」這本來算是譯的不妥，但在他也不過是一笑的事而已！有時却不愛笑得，反向別人說：「編輯者連中文都看不通，還有臉來做編輯。」這一來就證明他的譯文很通而是別人看不懂了。

在他的譯文中最出風頭的是有一次譯的一條新聞，開首是：

「馬諾馬諾基地來電……」

編輯先生當然要注意地圖的，在地圖上的戰區中，尋去尋來，都尋不着「馬諾馬諾」這個地名。不得已又拿去請教他是否有誤，他生氣的說道：

「我的責任是翻譯，並不是找地圖上的地名。」

那位編輯先生也明知阿犬根本就沒有在學堂中看過地圖。也很自悔孟浪，後來拿去請教另外一位翻譯。才知道，「馬諾馬諾」者〇〇也，亦即某某也。照理應該譯作「某某基地來電……」因爲日文的「〇」字，發音是用外來語，即中文「丸」字的英語。阿犬這個大風頭出了。給報社社長知道後，用舉一反三的方法，恐怕他不能再勝任愉快下去，便調他去担任「分稿」的職務。

三、

所謂「分稿」者。是將通信社稿，或本社訪稿，或外界投稿。統統加以分類成爲國際，國內，本市三種。唯一的是不可有重複的消息，即在「國際」中有了某條消息，不可以在「國內」中亦有某條消息。果然阿犬上任之後，用力工作。最初十日竟沒有一點兒錯誤出來，這是因爲三類的分別極大，同時兩條消息相同時，文字同的很多，他也能够看出來的，這工作比把日本字譯成中國字是容易多了，所以他做得來，分類以後呈給總編輯決定次序和題目的長短。

這個「分稿」職務，阿犬却認爲是陞級了，他向報社以外的人說：「我現在的工作，就是總編輯的工作——分稿，」於是儼然自以爲「就是總編輯」，殊不知實際上乃是總編輯的當差，因爲這種分稿工作，以前是一種編輯室的練習生作的。事以人定，分稿一事在阿犬這人作來，就是「就是總編輯了。」

阿犬任了「就是總編輯」之後，半月上也出過一次大的風頭，就是有一條極重要的消息，他看不懂，隨便揉成一團，扔在字簍中，後來各報皆有而該報則獨沒有，總編輯先生大爲生氣，叫他來問道：「沒有收到那條新聞麽？」

「是的！我沒有看見」，阿犬似乎很誠實的答道。

殊不知有好事者，早已將他扔掉的那條消息的原稿呈給總編輯了，這一來他那位「就是總編輯」便大吃了「牌頭。」

阿犬却頗有阿Q精神，即向他的朋友們說：

「這算什麼！我以爲那段消息沒有什麼要緊的，所以就扔了，老板駡，沒有關係，總而言之，不會因此而打碎飯碗，我來是爲了吃飯，挨駡並不是吃飯，只爲有飯吃，自然也不怕挨駡，哈哈……」他的哈哈聲音，是同人厭聽而必天天聽到的，尤其是在挨罵以後，他的哈哈聲音更大，這當然要待那罵人者不在的時候。

在阿犬任「就是總編輯」的時候，據有人說他計劃趁此機會做兩次光耀門庭的事，第一件是於他的「祖母十週年冥壽」第二件是他的太太「三十三歲大慶，」請帖印的是「××報社編輯部代發」並在請帖上註明「親友寵錫，概惠現鈔，彙捐慈善機關，」這兩件大事做了。所得的鈔票若干，都沒有人知道的，總之現在是較未做大事以前，闊得多了。有一個證明，就是他家中裝了電話機。

提起裝電話機，他會得意忘形的向人宣稱道：「我家中新裝了一架電話機，你們知道要挖裝一架電話機，至少也要花去七八萬元，然而我阿犬却一文都未花掉呢！實在說都因我是文化人又做了幹事，才有人畏懼我而轉讓我的，號數是「四九四九九」。

這時却有一位同事說：「用廣東話說乃為「是狗是狗狗」但是阿犬並不以為打趣，依然用「哈哈」聲音回答。

他又說：「我家中裝了電話以後，不能在出門時不坐「三輪」，三輪者三輪脚踏車也，現在能够坐三輪車的人就是過去坐「四輪」的人，四輪者，四輪汽車也，我的老弟却在會中有公用的三輪，現在我也揩油坐坐，其實說來很笑話，像我阿犬在過去也想不到今日會家中裝電話，出門坐三輪的……」

這一陣得意的話，都沒有人發出一點回音，他也不再說了，可是在報社的同人，至今尚沒有打「是狗是狗狗」的電話給他，他却常常從「是狗是狗狗」電話機中打出來給報社的同人，約看電影觀京戲，或到咖啡館。

一天，阿犬的「就是總編輯」職務被停了，這在事前他絲毫無所聞的，調到已經「撤銷了的調查部」只做一種調查員最簡單的調查工作，在開始調查工作的一天，他便向報社以外的人說：

「我又調職了，工作是調查，原有調查部取消了，又來由我一人工作，將來定是我當調查部長，這是等於陞級，而且獨當一面。」

同人們聽了那些話，又給他的名為「將來調查部長」，阿犬聽了心中也在默禱早日成為事實，他於調查工作，更能勝任愉快，每日規定兩個鐘頭，但實際工作不要一點鐘，但他却要在社辦公三小時，務要使社長看見了他的面目，有時社長不到，他能够候至四，五，小時的，在等候社長的時候，自然社長不在，他就要說及他的兼職——幹事——所幹的好事了，如什麼偉人到過我們的會中，什麼長官我去拜見過，他說得十分起勁，有時沒有聽衆，他還有方法去同僕歐們談心，他以「名翻譯」，「就是總編輯」而「將來調查部長」的資格，低聲下氣的呼僕歐為「老弟」，與叫他的那位姓荀的「老弟」一樣的聲音，一樣的親熱！

他同這些「老弟」們談話起來，態度很自然，語言也流利，很能够得到「老弟」們的喝彩。但有一個「老弟」却不大看得起他，常常在他發表宏論以後愛問道：

「犬先生！你在什麼學堂畢業呀？」

這是他最不愛聽的話，他却也能用一句古話回道：「好漢不怕出身低，」再說：「莫要向我開玩笑了，老弟！」那位老弟又問道：「犬先生！你們兩弟兄都賺進了不少的CRB買地皮，打金戒子，做股票生意，將來要成百萬富翁，恐怕這兒的差事，快不要幹了。」

他聽了這種話，內心非常高興，但口頭却說：「老弟！不要瞎說三千，」接着又是一陣哈哈，有時剛巧「哈」了一下，社長突然進屋來了，他便不敢再「哈」下去，立刻就去埋頭做他的調查工作。

在阿犬的調查工作中，也出過一次風頭的，就是他尋着了編輯在題目中人才的「才」字用了一個「材」字，他便大加按話，認為不通之至，殊不知社長看了那調查表，却把叫他去，大笑他才是不通道：「才與材是可適用的。」

他當然無話回答，笑嘻嘻，紅紅臉，行了九十度鞠躬禮告退，這次的風頭正與翻譯「馬諾馬諾」基地先後媲美，可是後來同人們說起此事而問他：他還是「哈哈」了事。

又不久，他出大風頭的機會來了，調查得報上一篇文章，在他看來，是諷刺他那「幹事」機關的「大亨」亦即他的老弟的靠山，於是立刻向大亨密報了那文章作者是誰，意欲大亨要求社長，不必攻擊，這自然在他的作人立場上是未可厚非的，事實則並不如他的「一相情願，」他在眞象未明以前，就向同人們宣傳道：

「昨天的某篇文章，出了毛病，不但作者吃牌頭，連那一部的全體作者都吃了牌頭，並且在二三天內，大亨還要正式作文章辯白。」

不意這些宣傳的話，不到一天，就被那篇文章的作者知道了，老實不客氣的叫阿犬去向他訓道：

「你的謠言，我已知道，可是我告訴你一個眞的消息，本部別的作者，吃牌頭與否，我不知道，但我這個作者，則並沒有吃什麼牌頭，不信麼，你去社長那兒，「恭」問明白，就自然肯信了。」

阿犬素來對於那位作者有些「茄門，」現在正犯在他的手中，知道他是個不顧情面，大公無私的剛强漢子，於是駭得「三魂掉了二魂」的慢慢回道：

「先生誤會了，我並沒有說什麼，吃牌頭的消息，是老王告訴我的，老王說是先生親口告訴他的，我還說，我很佩服先生的人格……」

那位作者再高聲訓道：「你簡直是當着人前放狗屁，我告訴你，我寫文章罵你，你看不懂，我用拳頭打你，又汚了我的手，你要造謠言，要做情報的苦衷，我都知道，所以原諒你，同時還因你的什麼弟弟在我面前，時時老夫子，××翁的打招呼，實在是投鼠忌器，不願意給你難堪，我得再告訴你，你的弟弟，因你這種無聊言行，吃了不少虧，恐怕將來他的事業失敗，都是由你促成呢。」

阿犬這恐怕是平生第一次受到這樣嚴厲的敎訓，他不敢再做聲了，最大的原因是社長尙在內面屋中，假若那位作者眞的吃了牌頭，當然不能叫阿犬去問了，最奇怪的過了二三天，不見大亨的辯正文章，又過二三十天，還是不見了大亨的辯正文章，那作者吃牌頭的謠言，始終只是謠言。

在「將來調查部長」的夢還未實現以前，阿犬又調職了，這一回是千眞萬確的「長」了，就是僕歐長，社長見他翻譯不能翻，分稿不會分，調查只胡調，別無一長，乃叫他担任管理僕歐們，時間却是整個白天。

阿犬就職之後，想道：「眞是越調越舒服了，翻譯與調查要動筆，分稿要動手，現在來管僕歐，旣不動筆，又不動手，只是動口了，何况原來就有聯絡，早稱他們個個都是老弟呢，」爲了僕歐二字是夷語，他乃翻譯爲勤務，於是又向報社以外的人說：

「我又調職了，工作是管理，管理報社一切勤務，名稱是勤務管理長，」

本來不大看得起阿犬的那位僕歐，在他正式就職的一天向他笑道：「犬先生，你算是聯陞三級了。」

阿犬還是打了哈哈的回答：「調職並沒有關係，只要飯碗不會打碎就得了。」

但在一月之後，阿犬不知何故不到報社了。據說是罪在「招搖」與「低能」。

阿犬在今日專門幹「幹事」了。據說外快頗有可觀，比如會中請客一次，開會一次，都是「外快」的好機會。還有向外發展，不在話下。以小市儈而找大外快者，雖然阿犬不是特等人物總算一種「暴發戶」於是有人贈以一詩云：「出身原是布，發跡在於播，幹事有「財幹」，何憂忘祖先！」

西蜀的神仙與姨太太

長泿江

一　也是神仙傳

一、西蜀妖人——劉神仙

軍官之有軍師，古今皆然。凡爲高等軍師，似乎都有幾分仙氣，或者竟是「神仙」。今人大多數知道而又很崇拜的一位軍師，大概要推三國時候輔佐劉備的諸葛亮。他是被「演義家」描繪成一種通天文，曉地理，精熟奇門遁甲，也能呼風喚雨，兼知一切過去未來的神仙了。

讀者不多或出身行伍的軍官們，當然不知道歷史上的諸葛亮眞是何等人物，只曉得他是穿八卦衣，搖鵝毛扇，神通廣大的軍師，而且後來的無一個軍官不想得着像這樣有「道行」的一位軍師來輔助自已成就大業。

後諸葛亮而有資格作軍師的，無不以「賽諸葛」而邀軍官的信用，無不以「效」諸葛而作軍官的軍師。其實諸葛並非道士與神仙，他曾自比管，樂。陳壽作的三國志上說：「……然亮才於治戎爲長，奇謀爲短，理民之幹，優於將略」這就給諸葛的最好許價，後之軍官們和軍師們連這種評價都是不大明白的。

七年前的四川，就有一位自稱賽諸葛人呼劉神仙的妖人——劉崇榮。在劉湘（省主席兼廿一軍軍長）幕中，鬧出不少亂子。）

二、劉神仙的出身

劉神仙是川北人，一說與劉湘同縣，乃極無賴的端公。所謂端公者，巫士也，連道士的資格都沒有。因爲端公不是常常幹迎神禳鬼的工作，空閒時，就跑碼頭而測字營生，連算命的本領都沒有，後來不知在什麽人那兒學了看地（堪輿術的）皮毛本領，於是抱了一隻羅盤，翻山越嶺替別人的祖宗骨頭找尋眞龍眞穴，漸漸有了一點虛名，從此棄了「端公」，不幹「測字」，專門以大堪輿家的資格，進出於士大夫階級的門第，「劉神仙」的三字渾號，在那時就有人加上了。

三、作劉湘入幕之賓

一個出身端公的堪輿人——劉神仙，得入上等門第之後，看慣貴族生活，騙了不少錢財，自已性質也就變了，一心奢望「爬上去」。更是看出那些上等人家——軍官，政客，巨商，大富，都是草包多於智囊，似乎他的聰明有時還在這些上等人之上，便鼓勵他設法施行大的騙術于求利祿了。

在偶然一個機會中，得與主席兼軍長劉湘同讌會，主人是軍部的秘書長，把劉神仙的堪輿本領，竭力宣揚。劉湘本來迷信重而野心大的，他並不以現在的顯赫職位爲滿足，聽了秘書長說風水地理有這樣的名家，還想藉祖宗的屍骨，遷葬一個可以出帝王的壙地。將來可以起×代之衰，而復興先主劉備的大業，於是對於劉神仙這樣那樣的垂詢一番。

神仙乘此機會，鼓吹他的堪輿哲學，以爲自來帝王公卿皆出於祖坟風水，還有一段妙論：「我們看地人（堪輿家）普通又叫「陰陽」。凡是死人之家，都是說，請陰陽先生來「看地」埋葬，陰陽二字是代表兩性的名詞，很多代表兩性的名詞如乾坤，父母，男女，天地，夫婦，都是將男性放在上面，惟有陰陽一詞，特別把女性放在上面，這是有極大原因的，意思說：一個看地會陰陽先生，他的本領大小，就看他能不能够「顚倒陰陽」。怎麼會顚倒陰陽呢，就是使不發富貴的坟，要變而爲發富貴，使發富貴的坟，要變而爲不發富貴，前者是用來培植自己的祖坟，後者是用來制服敵人的祖坟」。

這些話當然是劉湘從前不會聽過的，深深以爲高妙，便約他以後到公館去談談。劉神仙知道自己的花言巧語，已將劉湘迷住了，不上三天就專誠謁拜劉湘，更談了些堪輿怪論，並且還要找出眞憑實據來，把四川古今名人的祖坟所有優點，風水，山向，穴道，形式，一一指出用作證明。使劉湘進一步的迷信他而迅入幕中，任了一名高等顧問。

三月之後，有一個空閒時候，他隨着劉湘轉回大邑（劉的故鄉去）看望祖坟，一連看上劉家三代的坟塋，都予以特殊的褒獎，尤其是劉湘亡父的坟更好，所以他的兒子得發，做了主席兼軍長，劉神仙又說：「但還有一點美中不足，就是還沒有做到國民政府主席兼軍事委員長，若能在這個坟上想點「顚倒陰陽」的辦法，那就會成功了。」

「美中不足，是有事實可證明的。」他繼續說：「請軍長派人到離開此坟二十里地南方一個小嶺岡上，一塊小草地的中央，左右挖若干尺寬，挖下若干尺深當有假的皇衣皇冠，那就是妨礙此坟的東西，前人用此物來破壞了地脈，摧殘了風水。」

劉湘聽了這樣的話，一則是好奇心動，一則也藉此試驗劉神仙的本領，立刻下令派了五六人按照劉神仙指定地點繪成圖樣去細心挖掘。果然不上半天功夫，去的人們抬回來了一口小小的黑漆金花的棺材，由劉神仙施了「端公」式的法術，打開棺材一看，內中眞有一套唱戲用的皇帝衣冠，劉湘此刻瞠目結舌，驚詫得不知所以，從此就認爲劉神仙是眞正的神仙了。他却不想到那皇帝衣冠與棺材，是在劉神仙入幕三月以後才出現的。這個妙計得售之後，劉神仙一人在大邑，就奉命替劉湘大遷祖宗的坟墓，整整鬧了一年半才功德圓滿，回到重慶。劉湘也安心的等到祖攻再發之期到了，他便會升充國民政府主席與軍事委員長，或者就在四川稱帝，再興師討平中國的天下。

四、掌握兵權稱老師

劉神仙在劉湘幕中由顧問遷攻的功勞，開了騙術而開成一張不兌現的支票——西蜀稱帝便進而參與戎機了。這也在事先，用了眞憑實據給劉湘看過的：

在一天的午後四點鐘，劉神仙與劉湘同進茶點，談閒話，他忽然作非常驚詫之態，一言不發，低頭尋思。過了一會便自言自言的說：奇怪奇怪！

劉湘也感應似的問道：「什麼事奇怪？」

「×旅×團×營×連有兩個兵，準備逃走」。劉神仙很決斷的淸白的這樣說。

「逃兵隨時都有啊！ 劉湘很詫異他能够說得如此詳細。

「明日午前十點鐘，他們二人就應逃到南岸眞武山的山腰，可以今夜下令派兵一排先時來追趕，若遇着了他們就地槍決，方可以警效尤。」劉神仙又指示了辦法。

迷信了他的劉湘，絲毫懷疑的態度都沒有，果斷的奉「令」而下令，便令城防司令部派兵照追。

第二天的十一點鐘，城防司令官用電話報告劉湘說：「果然十點鐘的時候，於眞武山山腰上追着了兩名×旅×團×營×連的逃兵，就地槍決了，已將彼輩臂章翻號帶回呈驗。」

這麼一來，劉湘對於劉神仙更奉之若神明，給他一種軍師的敬禮。其實這一回事很簡單，費時既短，花錢亦少，不像上次遷攻掘地，在暗自窖下棺材之後，須要歷時三月才有雜草叢生而地面無縫穴可尋。在事先他穿便服去城外閑遊，忽然碰見兩個兵士，在一家小店喝酒，他突然靈機一動，也走進酒店去了，恰與他們同席，自己高呼堂倌（酒保）「拿酒來」，一連自飲三杯，才作極驚訝的狀態向他們二人說：

「你們面上都現死氣，而且明天就該死了！」這兩個兵吃得倒醉不醉的，聽了這兩句掃興的話，不覺大大吃驚，以爲劉神仙定是一個相面先生用這樣的話來拉生意，但看劉身上下。穿得還不算壞，懷疑的心又去了，其中一個先開口反問道：「你怎麼知道？你是未卜先知的神仙麼？」

他便取出一張卡片，上面印的「廿一軍部高等顧問，劉崇榮」給他們看，不再說話了。

那反問話的兵士看了不禁大駭，因爲人人都知道在軍部有一個劉神仙渾號的高等顧問劉崇榮，是專門替軍長「看地」的陰陽先生，便起立向劉神仙敬禮，並泣訴道：「要求神仙搭救！」那末開口講話的兵士也同樣的說：「要求神仙搭救！」

劉神仙笑說：「說話不要大聲，此時雖然無有其他酒客在，恐怕堂倌聽見不妙，你們雖然該死，却有緣遇着了我」也就有救了。我原是下凡來普渡世人的，那有見死不救之理。你們若能渡過這個死關，將來兩人都有大發。」

「要求神仙搭救！」一個兵敬了劉神仙一杯酒。

「我自有道理！」劉神仙喝完了滿杯酒慈祥的說：「你們決心在今夜逃走罷！但不要攜帶槍械和公物，臂章番號須要帶上。我給你每人二十元做路費，投奔南川王師爺。逃出之後，不能就走，須買些香燭紙帛到東嶽廟去禱告，懺悔你們前世的寃孽，祈求東嶽大帝格外赦免，並許願今後改邪歸正，以後就在廟外樹林中等到天明九點鐘，動身向南岸眞武山走去。到達山腰時，不得過十點鐘，那時定有武裝兵來追趕你們，他們無論怎樣呼喊，你們決不能應聲，只可以默念：神仙救我！神仙救我！……上了山巔，追兵自然會退回，你們也就可以大胆的走了。切記切記，不可洩漏。我這裏有兩張靈符。你們在上山時用水吞食下肚去吧！好了！你們前程遠大！努力幹去，再會，再會！」

那兩個自以爲遇了神仙的兵士，照他吩咐辦了。同時劉湘已奉「令」而下令使城防司令部照辦了。因此一舉，劉神仙由陰陽先生所來的顧問而變爲至尊無上的軍師了。

從他升了軍師後，有一天夜觀天象，將所得的告訴劉湘說：「蔣介石氣運已終，四川王氣大盛，應當繼承大業的，當然是軍長，這就是一個絕好機會，須要先訓練一師神兵。」

劉湘一想，軍師帶兵自然也有，恐怕會因帶兵而生野心來。但一想，劉神仙既知過去未來，屢試不爽，我的將來，他總知道。他今日主張建軍，我若不准，他豈不要來一套「顚倒陰陽」的辦法，使我大受不利麼。況且他不是軍人出身，就帶了兵還不是不會發生作用，其幹部由我直接加委親信，他也沒有辦法至於搗亂，就慨然下令委劉神仙爲模範師師長，尅日招募兵士成立隊伍，於是劉神仙從此就掌握了兵權。使廿一軍全軍震動，知道他們有了一位「神仙師長」。

他榮任師長之後，便立了玄壇招收門徒，宣傳他的大教，弟子們都稱他爲老師。劉湘也向他叩頭下拜得了大徒弟的頭銜。這玄壇開後，凡是少校以上的軍官非入壇稱徒不可，一般圖倖進的下級幹部也藉此門而得與軍長親近。他們在壇中都稱劉湘爲大師兄，軍長的威嚴也暫那放下了。漸漸一些政客，學閥，劣紳們要想干求祿位的都入壇了。劉神劉的仙名，因此大震，以後的一切亂子便接二連三的演出。

五、奪位起事的一幕

當劉神仙鬧得烏烟瘴氣的時候，有幾位師長聯合向劉湘進言，都以爲他是妖人，恐怕將來要演出大變來的。但是劉湘的答覆很巧妙，他說：「你們諸位都喜歡打麻雀，玩女人，我是對這兩樣都無興趣，來玩玩神仙也不罪過吧！」於是大家就不敢再說什麼了。不但不說，一個禮拜之後，他們也做了劉神仙的徒弟。

在劉神仙的徒弟中，有了不少的濫政客智識份子。久了生出花樣，從事政治的陰謀，有三個便成了「軍師」的軍師。就是說：他們又是劉神仙的軍師了。劉神仙用自已的邪法妖術來騙劉湘，用政客們的政治陰謀來發展實力，於是在他的手下，公然有特工組織，從事各方活動。這一來多少事情，他比劉湘先知，更使劉湘五體投地的佩服。

但也有一個始終反對劉神仙的師長——藍文彬，不曾去叩頭稱徒。可是不久便遭劉湘拘捕到軍部扣留，解散了他的隊伍，這自然是出於劉神仙派的陰謀。

解散藍部之前，劉神仙忽然向劉湘說：「我乃是劉備轉身，你（劉湘）乃是關羽下凡，我們二人應當在四川獨立，恢復故業。」

這樣的話，劉湘公然信了，公然從事恢復他們的「故業」（皇位）。爲了名正言順，將全軍改編，以劉神仙爲總裁，劉湘退任參謀總長。經過相當時間的籌備，一切組織就緒，連宣言通電都草擬好了，擇期公佈四川獨立。一般有智識的軍官或政客們就去請出了藍文彬師長到劉湘公館以去就而諫，並說：「如果二十一軍叛了中央，省方劉自乾就會出兵勘亂。那末川省這一次兵災，誰負責任？試問本軍能夠討平全川，或全國麼麼？再不然，我帶領的全師隊伍，就要首先發難了。」

劉湘經過這一次力諫，內心也有所感悟，在劉神仙面前請示的結果，也認爲天公臨時變卦，派了黑煞星藍文彬從中作梗，暫作罷論。劉神仙從此便陰謀削平藍部。到了解散藍部之時，那罪狀便是「勾結蓉劉」。

這一幕奪位專權的怪劇之未演出，完全是藍文彬師長七年監禁換來的。（藍氏被禁七年，到「抗戰」軍興劉湘出川死於漢口後，乃得蔣介石准予開釋。）

六、剿匪軍事委員長

當藍部解散不久，共匪由江西竄往西北之戰發生，各省奉命剿匪。其時劉神仙在事實上已升了劉湘全軍的總裁，中央又命全川部隊悉歸劉湘臨時指揮。這一來劉神仙便主張成立剿匪軍事委員會，他公然被推爲軍事委員長。這個名稱一出，中央的軍事委員長蔣介石聞而惶然，便欲下令解散該會，左右力勸的說：「共匪猖獗，刻間正在用人之際，不宜給川軍刺激，區區名義相同，由他去罷，剿匪事完，那軍委員長的名義，自然取消」蔣氏苦於無法，也就裝着不聞了。

當時劉神仙就任軍事委員長川後，便宣言某月某日，可以大敗共匪於×地，決不有半點錯誤，並且共匪就在四川完全消滅。聽了這種「神說」的人，有全信的，有全不信的，也有疑信參半的。不過在劉神仙發出這種「斷論」，是有他片面的理由：

因爲川軍歸他指揮者當時數目在百萬以上，而共匪由江西逃竄，沿途損失不少，入川者不過幾萬人而已！彼想多了十幾倍以逸待勞的兵力，又得地利與人和之便，焉有不覆滅共匪全軍的道理！所以大胆的吹了那樣大的牛皮。

可惜事實上竟大大不然！他親到前方去指揮剿匪軍事，毫無進展。最使他坍台者是無預算大敗共匪的那一天，恰恰得了一個相反的結果。川軍被共匪打得大敗，喪失幾師之衆，從此共匪突圍而逃到陝西去了。這便是劉神仙的末日，宣佈下野了。

中日事變之後，那位迷信劉神仙的劉湘，奉命率部出川，已不見有劉神仙在他的軍中。不但未曾在四川稱帝而成大業，反而被蔣，逼死於他鄉——漢口。

綜劉湘一生之赫赫軍功政績，都是被那位妖人——劉神仙踐踏了。劉湘死了！劉神仙也不知下落，大概已成了下野的軍官，擁有神仙眷屬，度其快樂逍遙的神仙生活了。

自來迷信術士的，鮮有不到誤人，誤家，誤國的一天，劉湘也不過是其中的一個，雖死何足惜哉！

二　三個軍官的姨太太

一、甘願做姨太太

太太分兩種：太太與姨太太。前者是名正，後者是專寵。二者不可得兼，無巳，則女人們多歡喜做姨太太，所謂多歡喜者並非都歡喜。若說「都」歡喜，則有侮辱女界之嫌，是會引起反響的。舉一個例：

身爲名教授的湖南人陳衡哲女士，隨同她的丈夫四川人任叔雋博士到成都執教之時，她在課餘之暇，寫了一些雜感之類的文章投寄上海申報。內有「四川女學生「都」喜歡做軍人的姨太太一句話。爲了這個「都」字，惹起全川教育界的反對，與她的同鄉易君左撰「閒話揚州」一樣的吃了苦頭。以爲她所謂「都」歡喜者，是包括全川的女學生，是故意侮辱她們的人格。

在反對陳女士的時代，有一篇尖極酸刻薄的文章，除了對於「四川女學生都歡喜做軍人姨太太」她的「都」字攻擊以外，又舉出她的雜感中「連四川的鷄蛋都沒有味道」又一「都」來說：「不錯！四川的鷄蛋都是沒有味道，陳教授吃不上口，但四川的「人蛋」惟有一兩枚對於陳教授是很合胃口吧！」這兒所謂人是指任叔雋，所謂蛋當然指是任氏的「蛋」了。後來聽說被她看見了，大嘆晦氣，覺得四川人的「護短」精神很强，也就不敢再有那這諷刺性的雜感，用筆尖寫出來了。自然或者在當時當地不寫，將來過時易地寫也沒有辦沒。

其實四川女學生，是多歡喜（並非都歡喜）做軍官姨太太的。陳教授以多與都一字之差而遭到攻擊，也是自不小心，怪不得四川人了。現在且說一個歡喜做姨太太的故事。

一位姓章的姑娘，在重慶××女子師範學校讀書，她的家庭並不貧窮，父親是郵政總局的高級職員，母親還是外國留學生。以家庭教育來說，當然是高尚的，但她却打聽了一位同學郭××是一個軍長的胞妹，是李××旅長的未婚妻。於是憑她的姿色與聰慧，盡量結交郭女士，公然成了拈香姊妹，並且同盟総身，共事一夫。

果然郭女士的婚期到時，章小姐便一同嫁給那位李旅長去了。在重慶各報上登出了「千古佳話」的新聞，新婚之夜，他們三人共一榻了。

這在事實上的章女士非姨太太而何？依她的經過與存心看來，又非歡喜做軍人的姨太太而何？

二、殉情的姨太太

現在流浪在滇黔邊隅做打賣軍務的楊森軍長，是四川軍官中擁有姨太太最多的一位。據說他的子女有七八十但年歲相同，這就可以推想了。那些姨太太的來源，當然不同，最多的是女學生與娼妓，鄉下大姑娘也有，老百姓的髮妻而霸佔來的也有，自然也還有不少是丫頭（女婢）收上房的。

這兒所要講的，是一位由丫頭而收上房的姨太太，她姓什麼已不知道，只曉得她名叫秋霞，以其年青貌美，到了力能勝任姨太太之時，就被軍長收上房了。位列第幾姨太太，為了她善事軍長，倒也專寵一時。大概承歡不到一年，她却想要「深造」，便要求軍長送她到上海來「留學」，以備將來替軍長有力的「內助」。軍長深嘉其志，慨然應允，給了秋霞一筆鉅款，又派一名小勤務兵伴隨她。

秋霞得蒙軍長如此寵愛，自然滿心快樂，抱着將來學成回川，定有「拔號扶正」的希望，於是揀好日子，帶了小勤務兵登輪出川。

她坐的是華麗無比的頭等官艙，同艙的客人，自然也都高貴。恰巧在她的鄰室乘客，是一位男學生錢彬，翩翩年少，儒雅風流，在輪船上經過了一禮拜的接觸時間，因秋霞是初次出門，所以二人漸漸成了朋友，只是她把那軍長姨太太身份隱瞞了，這位偉人，在四川是無人不知的，所以使錢彬動了攀親之念。

到了上海之後，錢彬便是秋霞的嚮導，尋住所，找學校，一手包辦。秋霞在這種情形之下，對於錢彬就生了愛情，她想：雖然錢彬是一個貧窮大學生，但是年青，誠實，勤謹，將來總有他的前途，比較在楊軍長充媵妾，自然一夫一妻要快活得多，同時錢彬拚命向她進攻，使她了解婚姻自由與戀愛的眞諦，不上兩月，她便與他同居了。

他們在甜蜜的生活中，匆匆的就過了三年，三年中的寒假暑假，都沒有回川一次。秋霞除了寫信打電報向軍長催兌欵以外，沒有提到回川的話。連那個小勤務兵生病死了的消息，都不會告訴軍長，惟其是小勤務兵死了，他們的秘密才沒有人知道，所以她要瞞住了這個消息。

楊軍長因爲日子太久了，秋霞讀書讀得如此勤勉，心中很是高興，趁了第四年暑假之便，打電報喊她回川。恰巧錢彬已在大學畢業了，二人便決定回川。楊氏駐防在廣安，秋霞到了重慶之後，就泣淚而別，但是仍相約後會有期，計劃是將來有了機會，秋霞偷來重慶，所以務要彼此的消息不斷，這時候她才打電報告訴軍長說是小務勤兵到了重慶暴病而死，請另派妥人來接回廣安。

當然這一個「槍花」是掉得不露馬脚，不上五天，軍長果然派人來接秋霞，江干送別的就有了那一位錢彬先生，來接秋霞的人問：「這是何人？」秋霞很大方的回答：「這是我的同學錢先生，大學畢業了，一同回川的，他已任了二七一軍（劉湘）的秘書。」

秋霞回到廣安，在軍長的眼中，這一位學成歸來的姨太太，照「新婚不如久別」的例，當然寵愛逾恒，「專房」一月，但在軍長身上，却生起花柳病來。

平常是張三李四的亂睡姨太太，得了病不知是在誰處染上。現在因爲「專房」一月而有此怪病，當然認爲是秋霞在上海不貞，有心人如楊軍長，頗能涵養，不露聲色，只吩咐公館副官處，嚴密檢查姨太太們的來往信件，尤其是秋霞進出的信件都要先交軍長核閱，這辦法是秘密的，什麼人也不知道。

不上兩個禮拜，就查出一封由重慶寄去的平信，自然是錢彬寫給秋霞的，經軍長秘書偷閱之後，才知他的花柳病來源是出於這位錢先生。立刻喚了一個心腹秘書來將信影印一張，以作臨帖，然後把原信封固交與秋霞，待到秋霞回信發出之時，也如法「泡製」的影印一張來了作臨帖。於是這位秘書眞是秘書，聽了軍長指揮，替這一對情侶彼此回信，都是假話，兩人的眞信都被抽出來保存以備後用。

這樣的假信通了一月之久，秋霞接着錢彬的信（自然是假的）要求到廣安楊部工作，希望她竭力在楊軍長面前保荐，果然秋霞託詞她有一個遠房表兄錢彬，現在重慶××工作，不很如意，願到楊部效勞，請軍長破格錄用。賢惠的軍長慨然允許了，叫秋霞打電報給錢彬，立刻到部任高等顧問，不做事，月支薪金五百元。

秋霞歡喜得眉花眼笑的照辦了，同時還電匯三百元錢作路費，專候錢彬駕臨。過了一個禮拜，錢彬果然到了廣安，由秋霞引見軍長，立刻被聘爲軍部高等顧問，並特設宴招待，由秋霞作陪，這是他倆別後將近兩月的一次歡聚。

在席間楊軍長細心鑑賞了一幕「秘愛乍聚」的活劇，自己也放量的喝得酩酊大醉，他乘席終談天之際，高聲大氣的向錢彬說：

「錢顧問官，在公你是我的客卿，在私你是我的至戚，我們關係太深了，所以也就要偏勞你。現在我要同渝劉辦一種祕密交涉，非親信的人，不能勝任。我的意思派你爲我的全權代表，明天動身到重慶去一趟，你的意思如何？」

這一席話使秋霞吃了一驚，想到這是軍長器重他，便不答話。

錢彬呢！也自然信以爲眞，只是到了廣安一天不滿，與秋霞還未得暢叙幽情就要派回重慶，心中未免不快。但又想：「這是軍長器重我。」當然要盡力效勞，以圖立功，於是起立答道：「蒙軍長厚愛擢拔，自然遵命前往。」

「那就好了！明晨九時動身，公文隨即發下。」楊軍長說罷，就各自進內室去了。

錢彬與秋霞正想說自己私話，只聽一個弁兵向秋霞說：「軍長請秋太太進去，。」

這樣一來，就使錢彬不得不離開楊公館了。

秋霞帶着不豫的神氣走進內室去，軍長先開口說：「霞！你的表哥明天出差到重慶，我本來想送他一程，不過早上我不能起早，你代表我送一送吧！」

她聽了這幾句求之不得與正中下懷的話，嬌羞微笑的說：「又要我做你的代表，我的表哥是你的代表，我又是你的代表，這叫做代表送代表了。好！我明天準去，因爲他是內戚，否則我是不做這樣代表的。」

「不要多說了，你只做這一次代表就完了。」軍長鄭重的說，可惜秋霞不知軍長的話中還有話。

第二天早晨九點鐘，錢彬乘着大轎出了城門，衛兵便叫轎夫停足，聲明「檢查」。錢彬在轎中喝道：「我是軍部高等顧問，當代表到重慶去，你們有資格來檢查我？」

「我們正是奉了軍長命令，要檢查一位到重慶去的高等顧問。」那衛兵拔出手槍，雄糾糾的回答。

在武力的壓迫下，轎夫住足，錢彬也只好下轎，衛兵就開始檢查了。

這時候又來了一乘大轎子，正是秋霞坐的，到了城門。衛兵又上前攔阻，聲明「檢查」，秋霞便開口大罵道：「我是軍長夫人，你們瞎了眼睛，檢查什麼東西？」

「我們正是奉了軍長命令，要檢查軍長太太」。那衛兵長依然拔出手槍，雄糾糾的回答。

秋霞聽了話不對，又看見錢彬已在那兒，便也命令停步下得轎來，向錢彬招呼道：「表哥！我代表軍長來送你！」

錢彬跑過來與她握手道：「謝謝軍長，謝謝表妹！……」大約還要想說話而尚未說出。

那位摹仿他們二人筆跡的秘書出現了，向他們一鞠躬道：「軍長還有一點禮物叫我送來」於是取出一疊信箋，遞給他們，各人一半，在秋霞手上的是錢彬寫的信，在錢彬手上的是秋霞寫的信。

他們二人此刻相對默然，那位秘霞便向他們一鞠躬而退進城去了。衛兵又走過來告訴他們道：「明白了麼？這兒還有一張條令請看看！」

兩個不曾開口的男女，四隻眼睛齊看那條令：

「着將姦夫錢彬，淫婦秋霞就地槍決！軍長（印）令城門衛兵長××××月×日」

那同看條令的四隻眼睛，同時流出熱淚來了，他們的熱淚還沒有滴到身上時，砰砰兩響槍聲發出了，錢彬與秋霞同時倒臥在血泊中，這位姨太太算是但願同年同月同日死的「殉情了。」

三、出籠的姨太太

范紹增別號「傻兒」，也是擁有多數姨太太出名的師長，他爲了增進她們智識起見，請得有各種專門老師到公館去教授姨太太們的學識。

在老師們當中有新有舊，有老有少。恰巧一位「留學」海上回川的青年×君，任了范公館一位姨太太的教師。人品高尙，學問也淵博，大概爲了彼此都是年青人的關係，竟走上了「師生戀愛」之路。

殺人不眨眼的范師長，誰個又敢於「剪邊」呢？無如姨太太只知×先生可愛，×先生爲了愛上姨太太就忘記了危險。二人在胆大妄爲之下，由秘密而半公開，鬧得公館上下人等都知道了，范師長確是最後知道的人。

武人有時候是粗中有細的，他也經過一番詳細調查，證明那位姨太太確與×先生有了切膚的關係，便檢了一個日子，派出四名弁兵到×先生的家中不由分辯的逮捕到公館中來，親自審問。自然×先生知道是「東窗事發」憑命去闖，只是苦了他的父母，因爲他是獨子，聽說此去有死無生，便跟縱追到范公館來，向范師長跪地求饒，願認罰欵，保全性命。

范師長打趣的問道：「你們知道我捕了×先生來爲什麼事？」

×先生的父母却回答不出來，因爲他們根本不知道爲什麼道，只是叩頭不已，依然要求道：「願認罰欵，保全性命，我們只有這一點骨血。」

老范不理他們了，便又向×先生打趣的問道：「你總該知道我叫你來爲什麼事了！」

「我知道。」×先生從容不迫的說。

「什麼事呢？」

「我愛上你的×姨太太。」

×先生的父母聽了他們兒子說出這樣的話來，更駭得魂不附體的叩頭求饒，這一回是願以父或母的一條老命代替兒子的死了。

「不關你們的事！」老范叱了他們一句。又向弁兵們喚道！請×姨太太出來。」

×姨太太被弁兵請出來了，看見×先生站着，他的父母們跪着，心中已明白爲什麼事了。

老范問她道：你愛×先生麼？」

×姨太太冷笑道：「愛了他又怎樣？死，我不怕，愛我定要。」

老范又問×先生道：「你眞的愛她嗎？能够終身愛她嗎？將來你發達了不討姨太太嗎？」

「愛她當然至死不變，我最恨的是討姨太太。」×先生大胆高聲的說。

「好！你們旣是互相戀愛能立誓終身，我也贊成，當着你的父母在作此爲主婚人，我便是她的主婚人，每人贈五千元，你們今天就算結婚，祝你們百年偕老，多子多孫。」

老范帶笑的說，同時就走了。這一干人犯，以爲是范師長在說發怒的反話，尤其×先生的父母更不敢信，依然叩頭求饒，願以一條老命作替。那知一會兒有一個弁兵拿出一萬元的鈔票送給他們說：「師長叫你們一齊回去辦喜酒。」

大家如夢一樣的疑信參半的攜手快樂的出了范公館大門。第二天的報上，也載了一條「千古佳話」的新聞，這可稱爲姨太太出籠了。

我以「舞」爲職業的經過

王淵

雖然我很想抬高頭，用一種神聖的表情說：「藝術是我第二生命，我是爲了藝術而舞的」也許沒說完一半早偷偷的笑出聲來，因爲我學舞的經過全很自然。

有一天吧，大概是看過一本美國的什麼婦女雜誌，書中講了許多關於精神呀；不進則退呀；那一類的話，合上書，研究自己，可嘆！簡直白作了幾年人，生活同思想的範圍越變越狹小，整天除了看戲就是打牌，更脫離不了那些東家長西家短，加油加醋的廢話。

作者近影

反省以後爲了想進步。精神大起革命！有那麼三四年功夫全花在學法文，學日文，學俄文，研究神學，縫孤兒孩子們的衣服，上健身房，學歌學舞，五花八門，只要對於靈魂應該有益的事情沒一件不去試試，可恨拚命馬自己，教訓自己也得不到特殊的成功，從內心發生不出興趣，惟有對「舞」特別有恒心，進步也很快，但好的舞校學費太高，我們是一個很普通的小家庭，安安分分過日子似乎很適意，可沒有一筆多餘的跳舞開消，長輩雖然有幾個有錢的，他們早已聲明在先：「我們對於你們教養的責任已完畢，從此死活自由，你們自己各奔前程，也別希望我們死，遺產全作慈善捐助。」在這種情形下把所有零花全省出來獻給教師，仍不能盡量的學。

去年異想天開，費了九牛二虎之力鑽進偉大的影圈，按月有了一定的收入，當天跑去加入了俄國歌舞劇團，後來的努力也許要歸功在這三個月短短的訓練，那時恰好是夏天，先有高級一班，教師對我這新來的笨鬼，不但不討厭，反而特別的鼓勵，弄得我不好意思不眞的用點心，就是全身痛得爬不動，也只好硬着頭皮，踢呀；跳呀；轉呀！裝出那些飄飄若仙的動作。

笑話是練了三個月，初級步子還莫明其妙，就冒充跳舞家拍了一部「凌波仙子」歌舞片子，那時同一個醫預科的學生掛牌子裝醫學博士有相同的怪感。

此後對於「舞」發生了眞的愛好，光學俄國古典派的舞覺得不够，轉入虹口的猶太舞校，地方雖然太遠，舞師是巴黎新到的，對於東方，近代，歐美各地的舞全有研究，他對於中國人的印響很壞，因爲收過的學生全是半途而廢，沒有長性，不肯下苦工，不守時刻，爲了要替中國人爭口氣，活受了不知多少罪，隨他叫我練幾小時多難多累的動作，我全咬緊牙關來幹，不管路多遠，電車多擠也不晚到一秒鐘，結果弄得親友們議論紛紛，說我在發神經病，一大半時候我爬上了樓梯，爬不下來，坐好了！站不起，每一個骨節全都在大聲喊「痛」！全身青一塊，紅一塊，紫一塊，一個近三十歲的「半」老太婆，想身輕如燕的翻幾個筋斗原來很不容易。

爲了想擴充經濟來源，不能不出去表演，表演可以賺錢，但沒有錢根本不能表演，大問題是服裝！還算好，眞算是天無絕人之路，我們家有一頂舊帳子，染成水紅色，正好是我華爾滋舞。並不難看的晚禮服，舊游泳衣變成草裙舞的新行頭，幾個菜場上買來五色的雞毛帚子，就是野人舞的盛裝，過時的旗袍改改剪剪，縫上些珠子亮片，弄得我自己都不認識了！

很快的出去表演，取半工半讀的方針，上午練習，下午表演，當中的時候縫縫新的舞衣，雖然沒有多少成就，在精神方面是痛快的，我不敢高談「藝術」只願在可能的範圍並環境中努力學習，別人把「舞」是爲我的職業，在我自己「舞」是件好玩的娛樂，工作的時候心中充滿了快樂同興趣，往日空洞的無聊早改爲熱烈的希望，很可以偷文人的一句話作爲結語，「我的心靈已找到了寄託」！

（編者贅言）王淵小姐的大名，在京滬人們的耳中，已是遠在第一屆全國運動會的時候，她是以東北選手出席榮膺女子百咪冠軍，得着了「短跑健將」的桂冠，人事的變遷是無常的，她已經把趣味移在電影上去，又轉而爲跳舞了。並且還聲明以跳舞爲職業，這大概是她一跳即紅的原故吧！

還有一件事値得報告，有一位貴公子，也許是「唯我獨尊」的令戚吧，曾到舞場去看王淵小姐，他們原是東吳大學的同學，因爲這個關係，約她同飲咖啡，並向她說：「您的生活到了賣舞，實在太苦了，假使您願放棄賣舞，我願每月津貼五萬元。」她聽了不禁憤激的說：「你的錢在那兒得來的？是勞心而得呢？還是勞力而得呢！恐怕是不勞而獲的吧！如我賣舞而非賣淫，得錢是流了自己的汗，出了自己的力，這樣比不勞而獲着是問心無愧的，還請您收回津貼我的善意。」

於是那位貴公子連咖啡也喝不下的告辭去了。在此我們可以看得出她這位賣舞者，不是鄧肯形的舞女而是純粹職業家了。**我們又能不欽佩她的人格麼？**

重陽淚

離石

序

甲申立夏的一天，離亡兒沁告死期——重陽，整整七個月了，想着他可憐的十八年生涯，不禁悲從中來，居今思昔，似乎有好些心事，要向沁告訴說，但，他已死了，死去七個月了，於是決心開始寫紀念他的這一本小書……重陽淚。

這書，本來在他死後的一星期就想動筆，那知當時心緒既不寧，人事亦繁瑣，加之無錢付印，便未曾動手，一直擱延到今天。

今天我依然心緒既不寧，人事亦繁瑣，自然更無錢付印，還加上了他死後七月的苦悶，認識了流浪於亂世的人心，社會，是怎樣一種非常的狀態，常常問己又問天。問己之言無從答，問天之言亦無從答，可是對於這書，却熱情洋溢的大有非寫不可之概，原因是昨天早晨下床時，我吐了一口血。

「吐血了！」我驚奇的說。

「沁兒不是以吐血而死於肺病麼？時歷七月，棺猶未葬，我繼他而吐血了，這是死的預兆吧！我應當注意些！那末！紀念沁兒的「重陽淚」是應當開始動筆了，現在不寫，病中就難寫，不幸死了，就無人寫。」

我之決定要寫這書，並不是想做文章，實在是對於沁兒，有一種寫這書的責任，因此對於這本書的寫作情緒，就熱情洋溢起來，能否付印，那是另一回事了。

對於死，我的看法並不奇怪，因爲生也不奇怪，生生死死，都是極自然的事，既無可喜，亦無可悲，乃是我的感覺。若夫別人之喜生而悲死者，我亦有這種感覺，原是「未能忘情」而已！

我是一向待沁兒以嚴，擺足了嚴父的面孔，在小時我沒有好好的教育他，大了，他又不敢常會見我，雖屬父子，恰同參商，因此他在中學時代的行止，就不大明白了。

他給我印象最深的有兩次：

第一，當他六歲的時候，他的母親與我「意見不合，勢難偕老，」正鬧離婚的時候，終日吵鬧，使我不安於室，到了絕對要分手的一天，她攜着沁兒的手問道：

「沁兒！我同你的爸爸要分開了，你歡喜跟我呢？還是歡喜跟着爸爸！」

沁兒却不加思索的回道！

「我歡喜跟着爸爸！」

他的母親聽了他的答語之後，氣得話都不能說，便順手端了一個花鉢擲到他的頭上去，幸而他閃躲得快，那花鉢就擲到一隻老白貓身上，登時頭破血流氣斷而死了！沁兒哭着跑到我的身邊，依然大聲叫道：

「我歡喜爸爸！我要跟着爸爸在一塊！」

那時我的憤怒，我的感慨，我的哀鬱，都交織着，決心又決心的與他的母親離婚，便帶走了沁兒。

第二，在事變以後，我又爲了一個女人，不，兩個女人，在取舍之間，鬧了不少的閒氣，非到上海來不可，也是爲了工作關係，不能再住南京，因此在上海的有一段時間，收入極微，痛苦流浪，這時候沁兒已十三歲了，父子倆住在帶鉤橋的——公寓內，有一天他悲戚的向我說：

「爸爸！環境這麼困難，你又沒有工作，我想不繼續讀書了，我願意去當學徒，一則你不必躭心我的教育費，二則我早一點有機會掙錢來孝敬你！」

他的話是由天眞，誠實中說出來，竟像千百顆鋼針一般的尖銳刺入我的心，使我的熱淚不住的浸潤了眼眶，似乎告訴他道！

「讀書是青年的責任，做學徒也要做讀書的學徒，現在我們窮困不要緊，我能奮鬥，我該奮鬥，我去奮鬥，爲了你，我要奮鬥，你是不能輟學的。

他又答道：「爸爸！你流浪多年了，尚無安身立命之所，你的運氣太不好，失業下去怎麼了呢。」

我從此知道這孩子並不是只會玩皮的孩子，心中感覺非常的慚愧，便對他有了成人的認識，更疼愛他，想起昔日離開他的母親情形，不禁大哭一場，是後悔麼！不是後悔，乃是哭沁兒沒有得到母親七八年來沒有得到母愛的溫承，隨着我東西飄流，正是一個無告的孤兒野孩子。

× × ×

那知後此五年，我正靠筆耕生活替他尋着了一個母親，並足以供給他繼續讀書的費用時，他竟患了肺病，一誤於奸人的讒言，再誤於庸醫的欺騙，終於白送了性命。

沁告是我的第二個兒子，可是在我與他的母親結婚之前，我已受了所謂愛情上極大的刺激，到他出世以後，我才把愛情寄託在他的身上，眞是我只愛兒子，不愛妻子，這成了我的「隱痛，」在今日我不必要寫「懺悔錄」之類的文章時，這「隱痛」還是隱着吧！

然而我悟到了人生原是糊塗的！

我就是糊塗人生之一，誰個能說他看淸白了人生，誰個也就是過的糊塗人生，人們都認爲的罪惡，未必眞是罪惡，反之，人們都認爲的良善，那也未必眞是良善，所謂糊塗人生者，就是這個理由。

沁兒正是糊塗的生來，也是糊塗的死去，但是留給我的不免是一種淸醒的痛苦，爲了他我流淚的次數不少，在巫山，在重慶，在廣州，在南京，這一次，是最大的一次在上海，可是他却生在夔府。爲了他死於重陽，便取名這本小書爲「重陽淚。」

（甲申立夏之日在上海咯血含淚書）

一　由故鄉到南京

沁告生在夔府松柏街萬宅，那時我供職於郵政局，夫妻感情原來甚好，得了兒子，大家更是高興，正是人們所講的「心肝」「寶貝」一樣看他。半歲後就調任巫山局長，那時我正在英年，出學校不久，頗以郵局飯碗雖是鞏固，總不是我這好動的人幹的終身事業，因此往來的人，都是當地智識界活動的青年份子，不久就拋下了局長的職位與可愛的妻兒到上海來。第一次分別這孩子，他才一歲零二月。

那次出來，是冒險的求學，每到事情不如意時，頗爲想念家庭，更想念孩子，記得在廣州時我寫了一篇「小流生日的禮物」爲沁告第二個生辰寫的，不久到香港工作，他的母親帶着他到上海來尋我。於是我便由香港轉到上海來。這孩子雖然兩歲多，已經會說幾句話了，我進門他便開口叫爸爸。這是他的母親教授他叫着我的照片叫熟了，所以並不如古人說的「兒童見面不相識」，我因此更爲喜歡他。

我們夫妻常談笑的說：「小流（沁告乳名）將來够稱爲老上海，」這是說他在兩歲時就到上海來了。他幼小便聰明，弄堂中小販的叫喚聲，我是永遠聽不明白，他却聽得淸楚，且會說上海話，年紀雖小，性極强梁，在弄堂中常與大孩子們爭鬥，我想這正是西南人的野蠻性的暴露。他本來打不過別人，然而偏要打別人。被別人打了也不哭，於是在弄堂中成了一個「小霸王」，這是他三四歲的時候，就如此倔强，因此我很担心他大了是要吃虧的，爲了疼愛他不願加以壓抑，他的母親更是疼愛，幾乎他在家中也成了「小霸王」。這時我供職民衆日報，夜間工作，天亮了才得回家，他已經起床了，鬧得我不能睡，他的母親只好帶他公園去玩，以便我得安眠，但我因喜歡他，有時也不讓他們出去，倒是在鬧聲中我也會熟睡了。

一年多，得家電，父親去逝了，全家回故鄉奔喪，母親就不准我出門，要守服滿期，才得到外面作事，本來守着祖宗積下的一點田地，我們是可以收租吃飯過一世的，但，我年青，還有我的野心，老死鄉黨的生活，當然過不慣，未滿兩個月，我們夫妻帶着孩子又到城中工作呢！就闖入政界了，自滿的說，我那時也是一個炙手可熱的「官」，兼了十一個差事，收入頗不少，就以沁告來說，有兩個傭人帶他玩，一個丫頭陪他睡，五歲多的孩子，用了三個人服侍，他的母親，更是東家應酬，西家應酬的無暇照顧他了。因此他沒有受到家庭教育。

不幸爲了一件事，惹起妻的誤會，便同我大鬧特鬧，終於激動了我的盛怒而離婚，在條約上是孩子歸我撫育，那時沁告已六歲了，因爲平日我歡喜他，他又不常同母親見面，所以也願跟着我。從此以後，我兼了他的母親職務，更弄得他不成一個孩子樣子了。

爲了補救這缺點，我特別捐了一筆欵給福音堂的幼稚園，又給那位幼稚園主任（記得姓袁吧！）小姐特別津貼，送給她代爲教育，袁小姐成了他保姆，大致有一年的時期，他這樣過着有秩序的生活。能識字又懂禮貌，每星期我去看他一次，他却漸漸的明白了他的母親與我離婚是爲什麼事，有時向我要媽媽，我聽了忍不住流淚，可是已不知他的媽媽到那兒去了。好幾次我回心轉意的，想到爲了沁告，犧牲成見，來一回「破鏡重圓」的表演。但，她的消息都不知道了，原因是我在做官，頗有「勢力」，她不敢使我知她的下落，恐怕「打」死她，所以訪問多人，訪問多次，都不得知。

同時做媒的，介紹女朋友的人也很多，我爲了沁告需要母親，我自己也需要妻子，不得不結婚，陰差陽錯的認識了立莊，後來立莊又成了我的學生，由學生成了妻子，在當時的「師生戀愛」風氣，尚未開通，頗受物議，其實我們是戀愛以後才成師生，在師生時間乃結婚的，於是轟動了全城。都以爲是大笑話。

沁告在立莊撫育之下，恰如親生母親一樣，我很放心，他也有靠，不久貴州有位軍長約我去任秘書長，並說他在半年之內，有升主席的希望，對於我當以民政廳長爲酬，但，先要打仗，要打倒現任主席，我是爲了朋友關係，也爲了民政廳長的虛榮，便決心去幹，也就因此拋下立莊與沁告。

當她帶着沁告移家南川與我在重慶對岸黃桷埡分手上轎之時，立莊說：「石哥！你到貴州後，莫不要我們母子了！」我當時熱淚直流出來，心想她爲什麼說出這種懷疑我，又是不吉祥的話呢？拭了淚安慰她，又撫着沁告的頭，囑咐他：「乖巧些，聽媽媽的話。至多半年後，我就派人接你們到貴陽來的。」

殊不知那次一別，過了八個月，我在銅仁充任縣長，視事十天，便得電報，說是立莊產後失調死了。遺下一個女兒——石蘭，和沁吉，由他們的外曾祖母撫育着，這是如何的不幸呢！然而環境不容許我回家，戰事正是激烈，誰也不能請假，何況我負了後方兵站的責任，更不能離開職務，除了傷痛立莊之死，更懷念沁吉與石蘭。因為沁吉又成無母的孤兒，石蘭却是未見父親一面的孤女。人生至慘之事，也不過如她們兄妹的慘了。於是我决心要設法離開軍政生涯，回去把孩子們安頓安頓，因為岳祖母已是八十八歲的高齡，自身還要用人服侍，如何能够撫育幼小的沁吉與石蘭。叔岳是在漢口中央銀行不能分身回家的，便打一電報，囑我快去領回兒女自養。

費了不少心血與犧牲，才脫離了我們那位要打倒主席而自當主席的軍長，由湖南轉湖北而到南京，算是生活有了着落，便寫信託人把沁吉帶到南京，石蘭送回家鄉交給她的祖母撫育。母親聽了大不高興，駡我「重男輕女」，為什麼不把石蘭也帶出來。

二　在南京

記得是什麼兒童年（？）那一年，在兒童節的前一天，忽然有人由中央飯店打電話給我，拿着聽筒一聽，知道是王亞明，他是立莊的姑父，現任武漢日報的社長，平時我們不大過從的，我是素來不愛攀附富貴親戚，所以他雖然常往來寧漢，我都不會加以迎送的，在電話中他告訴道：

「我把你的兒子沁吉帶來了，你來領去吧。」

我聽了如霹靂震耳一般的驚駭，這孩子何來如許幸福，竟由亞公帶來了，在電話上感謝了幾句，便立刻到中央飯店一百廿五號房間，推門進去，沁吉見我了，熱淚一湧而出，撲到我懷中，大聲喊道：「爸爸！」

我也不禁流下淚來，緊緊的抱着他，連一句話也說不出來。亞公看了似乎有些發呆，按了電鈴，叫茶房進來，囑去僱車，他要謁見宣傳部長。我也只好衷心的向亞公致謝，待他出門之後，我才與沁吉談話。

他的第一句話是：「爸爸！媽媽死得眞苦呀！」

我不要他再說了，帶着他出來，叫車回到我的住所，照理說他已經十二歲了，然而身體太弱，面黃肌瘦，正如十歲不滿的貧苦孤兒一樣。他為什麼到了這步田地呢？我於是回憶與他母親離婚的情況，又想到他繼母立莊產後的死亡。知道他是生母無靠，繼母亦無靠，照迷信說，他的命是太苦了，也可以說我的運太蹇了。父子們只是相對大哭。

這時他很會講故事了，他給我講述他的繼母立莊死時的情況：

爸爸！我們在黃桷埡別後，到了南川，住在×區長的公館，待我們很好，不久三外公在貴陽結婚，帶着三外婆來同住，奶奶（外曾祖母）很高興。只是媽媽天天都盼望你的信，接我們去同你一塊住，她不願長住在南川。只要三天接不着你的信，就急煞了，求籤求卦，什麼迷信的事都做，幾乎發瘋。

後來漸漸的將要生產了，她一定要到爸爸那兒來，奶奶不許可，這樣媽媽與奶奶鬧氣，有時鬧了幾天，奶奶是非常歡喜媽媽的，也不忍她時常生氣，有孕的身體，那兒經得住生氣呢！禍根就種下了。到了產後，媽媽很高興，打電報給你，要你來接我們，妹妹的名字在生前就是媽媽取下了，她說石是爸爸的名，蘭是媽媽的名，石蘭是你們倆人的同名，妹妹生下來很乖巧。一家人都歡喜她。僱了奶媽來，奶媽也喜歡她。

殊不知在生下來的第十天，媽媽就病了，在病中天天要二孃孃（立莊之妹）寫信給你，雖然天天寫出信去，却沒有回信來，不知怎的醫藥不靈，媽媽的病愈漸重了。她盼望你的回信更急，然而沒有信來，只聽說那邊戰事甚激烈，媽媽就疑心你發生了危險，有一天她要帶病親筆寫了一封信給你。可是寫了半天，沒有十個字，疲倦得擲了筆倒在床上昏過去了。醒來只是哭，又喊爸爸的名字。

家中的人都來安慰她，她一點也不接受，只是哭，只叫你！連妹妹也不准奶媽帶進病房中來。以後飲食也不能進口了，她性急，又心焦，在將死的那一天，她忽的跳下床來，叫着你的名字，瘋狂的撕毀了蚊帳，撕一次又叫一次你的名字，鬧得一家人沒辦法，全體都流淚了。最後她拉着我的手說：「沁兒！你大了好好照應妹妹，我死了也感激你。」這樣大家都知道她快要去了，我也哭……」

我聽了沁告說到這兒，不願再聽下去，止住他不要再說。我自己覺得立莊之死別比他的母親的生離，是慘得多了。我若不貪做什麼民政廳長，或者立莊不會在產後死亡。然而遲了，她雖然生病而死，也是爲了思念我而死，我太對不住立莊，更對不住她生的女兒石蘭。

以後我們父子常常說些別後的家事，說一回總是哭一次。這孩子似乎在憂慮中生長出來，竟忘他還有一段快樂豪華的生活。自然那時他太小了，於是成了一個多愁善病的兒童。在我的心中，也常如有一塊沉重的鉛版壓着，連事業心也沒有了。我覺得我爲女人而負了罪，不是生離，便是死別，偏還留下兒女來累贅我，那時我就想帶着沁告回故鄉去，上依老母，下撫兒女，度一輩子的小地主生活。也曾把這個主張同報社的社長討論過。他却主張我絕不能回去，爲了沁告的求學在江蘇是適宜的地方，不當回鄉，爲了大家的共同事業，不能放棄南京這個地方，我想這也是理由，就繼續留在南京。

問題又發生了，就是沁告還需要母親來照顧，我也還需要妻子相幫忙。但一想到立莊之死，前妻之離，又對於此事，頗有戒心，何況家庭無多錢可以兌出，結婚也要一筆費用呢！在第三次的婚姻，還要向母親去討錢，那簡直是要笑煞人了。只好又來父兼母職的照顧沁告，實在說來，倒是沁告侍奉我了。

十二歲的孩子，飽經無母的憂患，很懂得人情事故了，報社同人，都說他是小大人模樣，失了童心。這些話我聽了眞如針刺心腸，爲什麼連小孩子的幸福，我都給他剝奪了，婚姻倒底是幸福麼？我懷疑起來，我也憤恨起來。我開始想對婚姻施以報復了。爲了孩子似又不能，於是我便處於苦悶煩惱之中，工作也就一天一天的懈怠了。只送了沁告到香舖營小學去唸書，程度是小學一年級。

沁告科學程度雖淺，但依然如四五歲時一樣的愛圖畫，且而畫得有趣味，我想：「我就是讀了一點書，鬧到今日潦倒江湖，倒不如讓他學畫做一個畫匠，他日能餬口也好。什麼大畫家之類的盛名不望他妄想了。」因此專門買些顏色與畫譜給他練習，他也努力的塗抹。有時看他畫的自由畫，却很有意趣，我就得着十分安慰了。

本來對於女人已經灰心的我，大約是犯了國木田獨步所說的「女難」吧！我又遭逢「女難」了。這一回遇見的却是故人，就是在沁告母親之前我認識的，追求的——靜美，我因紀念她而要求沁告的母親改名鏡梅，便是影射靜美。她忽然到南京來了。而且成了寡婦。

十五年前我們在一塊兒弄詩文，遊山水，眞是一對人們羨慕的蜜友，殊不知到了現在，一個成了寡婦，一個成了鰥夫，當時我們不能結婚的原因，今日還不能公開，只是她到南京後，老友們就大開玩笑的說：「有寡婦見鰥夫而欲嫁之。」我始終還是愛她，她也還沒有忘情於我。可是中間已相隔了十五年，已相隔了十五年男人或女人的「愛」，那不能結婚的原因，依然存在着，我們再會在他鄉，都是有了兒女的大人，都是獨身者，行動自然自由了，這一來又是一回愛的糾紛，她是十分歡喜沁告的，而沁告却不知她是他的母親的前身，後來她苦苦的要沁告拜寄她。於是沁告在南京得了一個寄母。那知在繼母不可靠之後，這個寄母也不可靠，未上半年，靜美帶着不如願的心情，回到故鄉去了。沁告後來還時常掛記她。

因爲靜美的糾纏，動了我再尋女人的雄心，經朋友的介紹，認識了王魯彥先生離婚的夫人——譚昭，她供職於中山文化編譯館。介紹者以爲大家原是同文，一定談得投機，那知女作家——上過男作家大當的女作家，是不歡喜再嫁與男作家的，何況我的小名，趕不上魯彥的大名呢！但是反過來說，大抵女作家都是文字美而面貌不美，我雖然不是成名的作家，却喜歡美女而不喜歡不美之女，譚女士的美，只有魯彥先生賞識，我却不知其美在何處，記得在見面之日，我請她吃一頓皇后酒家的便飯，便沒有第二次的見面，可是我後來在報上登了一個「徵求女友」的啓事，她又來應徵了，這一回我們約會在玄武湖，是不歡而散的，我是讀了她應徵的信，堪爲第一，可是因爲有過「皇后」的便飯事件，大家心中明白，這是爲了沁告找母親的一段插話，在此順便提出。並非對於女作家有什麼不敬之處，合併聲明。

這樣的找女人，找了半年，找着了一個女人——柳絮，由訂婚而同居，却沒有行結婚禮。那知同居以後，她原是受過繼母虐待的人，竟把她繼母的虐待手段施在沁告身上，我才覺得我雖算有了「妻子」，沁告却仍是沒有母親，並且柳絮的天性，眞似「楊花」，我也老實不客氣的來一次「毀婚」。離婚，悼亡，再加上毀約的我，內心的痛苦，也受够了，在表面上何嘗不是我在玩弄女人呢！柳絮對我，不能說沒有愛情，只是她對於沁告，太不講母道，不然就是什麼不好，我也當原諒她，好在後來她已有了歸宿，我也問心無愧，這一段毀約曲，我「奏」得意志消沉極了，犧牲報社社長與我廿年的友誼，和可以出任局長的優差，我帶着沁告逃到上海來了。

三 在上海

假使眞要尋出與柳絮毀約的罪人，絕對不是我，乃是一位大學的女教授——瑤珠。她用盡了方法，割斷了柳絮與我的關係，自然她是同情沁告而如此下手的，我溺愛了沁告，就受了瑤珠的麻醉，再說，不知怎的女教授却歡喜男作家，大概是她這種女教授，只碰着了我這種男作家，所以就馬馬虎虎的結合了，倒底是戀愛，是玩笑，我至今還不明白，不過沁告却很歡喜她，希望她做他的第三個繼母，然而並沒有實現他的希望，不久她又去麻醉別的男人了，只能說我們父子是她間接拖到上海來的，用時髦話說我是「失戀」了。

從此以後，沁告仍是無母的孤兒，我還是無婦的鰥夫，與他初到南京之後與靜美未到南京之前一樣度着清淨的生活。八一三上海事變起了，兩月後我就失業，生活更艱苦起來，一種被離婚，悼亡，毀約與失戀四次或多次煎迫過的心情，什麼勇氣都沒有了，似乎生也是偷生，安也是苟安，何況，苟安偷生的機會都不可能得着呢？聰明的沁告，知道我心中的苦悶，常是在我面前表現他勤學，他努力，我却因此得到不少的安慰，這樣困苦生活中，他也在大沽路貞一小學畢業。

第二年我早已有了工作，且是公開的或秘密的都有，生活逐漸得到解決，沁告就考入新華藝術專門學校去了，校長是徐朗西先生，教務主任是汪亞塵先生，他們都歡喜沁告從此可以一帆風順，學成他的畫業。此刻他已有了第三個繼母——蝶泥，就是我現在的妻子。這時我公開的工作是生活日報總編輯，徐朗西先生任社長。

說句人們不相信的話，我的確是得到了一個妻子，但沁告也得到了如立莊一樣的繼母，可是因他性情乖張，行爲失檢，就惹怒了蝶泥的母親，上海話說是他的好婆，他們婆孫間鬧成了不可解糾紛。在我要講公道話時是袒護了兒子，在蝶泥要講公道話時是袒護了母親。弄得我們夫妻不好開口，他們婆孫繼續吵鬧。我痛苦，妻更痛苦，結果最痛苦的還是沁告，這在他的一批小同學們是十分知道的，似乎他的病也因此而加重，今日我如此說來，很有對妻不愛，對岳母不敬，可是事實如此，爲了對得起那不幸的無母的孤兒的孤魂，我大胆的寫出，要知道的人明白我的苦衷，尤其是沁告的一批小同學們。

在南京時沁告是生過一次肺炎，經張益人醫生治好了，到上海東移西遷，住無定所，食無定時，更無美食，連足食都不容易。我也是在上海續絃之後，因爲生活的高壓，政治的苦悶，走上了墮落的途徑，不求生存，只圖毀滅，後來知道沁告患肺病了，我更傷心，但，總想使第二代生存，便又竭力設法爲他治療，初期是在福民醫院治療痊了，我也很高興，那時他已又有一個妹妹和一個弟弟，他是漸漸的大了。

不知怎的他的言行，都不爲家人所歡喜，有時我也厭惡起來，那知他見我對他生厭，他完全絕望了，他就想起了他的生母，他要去尋他的生母，常無言的緘默對付家人，妹妹弟弟們他也恨惡起來，施以毒打，因此我更討厭他，責備他。他在家中的處境太不安定了。

忽然有一天得着消息，他要到內地去了，約同了幾個小同學，偷去了他自已的一切衣裳，典質成錢作路費。幸而告密者早，我知道了叫他來問，他完全承認，是去內地當兵做抗戰的兵士。我聽了眞是哭笑不得，總算制止了他的行動。

晚上，他給我一封信，說出他不能住在家中的原因，所以要離開，又因爲要尋找自已的母親，所以要離開，與白天他用「抗戰」當兵的官話完全不同，我看了不但哭笑不得，簡直大哭一場，叫他來，我安慰他一番，我向他承認與他母親離婚的孟浪，答應他將來一定會尋着他的母親，會得母子相會。他更哭不成聲的倒在我的懷中，只喊：「爸爸救我！」

那一夜我完全沒有合眼，我覺得對沁告負了一筆母親債，我當在今生償還他，不然這神經質的小孩，爲思想生母而傷感，而毀滅他的前程，但在那兒去尋回他的母親呢？離婚！有了孩子的離婚，到後來是有更大痛苦的啊！

四　病與死

這次不久，他吐血了！成了第二期肺病，醫藥費更貴了，醫治一月的錢，可以供我們全家之用。勉強醫了三月，他決心不繼續醫治了，對我說：「已經好了，」後來！在他死後，才知道他不繼續醫治的原因，是爲了我的負担太重，也無法負担，他對同學們說：「我不能爲我一人的醫病，而使全家不生，願犧牲我一人，活我的家庭，爸爸是最愛我的，只是我不能孝敬他了，希望弟妹們將來代我孝敬。」他這些話很感動他的同學們，有的說話安慰他，鼓勵他，有的送錢給他買補品，有的還想接他到家中去供養他，這些事我先前是一點也不知道的。

恰巧有一位同鄉人來訪我，見到沁告生了肺病，就介紹了一個中醫，號稱肺病專科的中醫，在當時我何嘗不知中醫之不大可靠，但爲了同鄉人的大肆鼓吹，加以現刻少錢，便想在經濟一點的條件下試一試！於是開始就中醫了。

在就中醫期中，我不准他入學校，不再看書，只准他在高興畫點油畫，身體是空閒多了，然而他的心都不閒，不知是那兒檢查了一次身體，他私自去檢查的，醫生當着窮孩子面前，當然說老實話：「你已是第三期肺病，不會好了，多吃一點你歡喜吃的東西吧！」他知道了必死的消息以後，心理上起了極大的變化，在家中更是忿恨暴燥，若我不在家，他不怕任何人了，就是先前與他不睦的「好婆」，他也絲毫不恐懼。只有在我面前，依然是一樣的規矩，可是一見面就討錢。據蝶泥說他有時偷舊的東西去賣錢來買食物一個人吃。我想就是他聽了檢查醫生的話以後的事。但，我是不知道的。

關於他的病，我是沒有一刻忘掉的，但也明知在第二期第三期之間，要醫好，除非安置鐵肺，世界上今日只有一個鐵肺人，我們怎能辦得到呢？因此早也想到他的危險，可是驚人的消息來了，在中醫處吃了兩個月（？）的藥，公然身體恢復了健康一般的，唇紅齒白，面目豐腴起來，他的心情也變得快樂多了，這時候卻偏喜歡攝影，與一個小朋友沈鳳祥三天兩天的一塊攝影，並且自己還能沖洗加印，我這時也很快樂，以爲他的病眞是好了。對於那位中醫十分的感激，還登報誌謝，深幸把沁告從絕望中搶救轉來了。

有一天沁告向我說：爸爸！我不再去×醫生處吃藥了。」

我驚問道：「爲什麼呢？」

他忿恨的說：「×伯母（同鄉人之妻）向我說；你的病已好了，爲什麼還要去醫生拿藥來吃，你知道你們出的藥錢是打扣的，別人不願意多蝕本了。」

我聽了當然也生氣，因爲我已先給×醫生兩萬元，並且還爲他幫忙不少，打折扣是他願意的，並沒有存心揩油，不去醫治也罷，現在身體既已較好，緩一點時候也無大妨礙的，我也贊成不去了。

就是這樣中斷了一個禮拜的治療，病忽然轉變了，生了「寒熱」，有了虛汗，倒在床上了，他卻不向我說，倒是我發現了叫他再去×醫生處吃藥，我又向×醫生交涉，乃開始第二度的中醫治療，咳嗽就漸漸的轉劇了。每晚咳嗆的次數極多，每次咳時，聽得我的心也發急，但到了天明時，他卻對我說：「好了一些，不要緊的。」

記得在一個清晨，他起來沒有拭面，跑到我的房中討錢，我大爲驚悸，在他的臉上，完全現了死人的顏色，我雖然手給他鈔票，早已發抖，他出門去後，我悲泣起來，暗對蝶泥說：「沁告恐怕沒有希望了。」然而她正睡得熟，沒有回答我。

可是過了三天，又有驚人的消息來了，沁告向我說：「×醫生說，現在病好了，不必再吃藥了，只是身體虛弱，需要到鄉下去休養一年半載，就完全好了。」

我是相信醫生的話，我還以爲我那早晨看見沁告的「死臉顏色」是幻覺，心中又轉憂爲喜，爲沁告祝福，我，也開始替他設法到鄉下去休養。可是在夜間他那艱苦的咳嗽聲，使人聽了心煩，使我聽了就心痛，也想快些給他尋着一個鄉間地方去休養吧！

第一次是決定到普陀去，這是我們對面廟中的住持機祥和尚介紹的，因爲那時有一個普陀和尚到上海來，住在他的廟中，我們相識了，談起休養肺病的事，普陀和尚承認了，伙食自給，只借禪房，便帶了沁告去會見那個和尚，約定了動身的日期，殊不知未到期時普陀和尚早已回普陀去了，住持機祥再三向我道歉，我又想普陀太遠，來往也不便利，不能成行也好，就在上海附近尋地方吧。

第二次是決定在徐匯桃園，這桃園是徐朗西先生的別墅，向徐先生交涉，他慨然允許了，正準備搬到桃園中去，但沁告却不願意，他說：「那兒原是守墓的地方，眞是與鬼爲鄰，我害怕，我不願意去。」

我也依了他的意思，就不讓他去，可是他想在那兒附近的地方假一個房子一人獨住，有時到桃園去玩玩也好。我又才想到了報社同事王夢若鄭仲和兩兄在那兒開有一個工廠，或者可以借一席地讓他休養，也可以到桃園去散悶的，便帶他去與仲和兄交涉。

仲和兄是個極豪爽而任俠的人，又慨然允諾了，並且說在廠中人多太鬧雜，另外給沁告租一間小房住着，吃飯到工廠，玩要到桃園，立刻冒着雨同我們在土山灣一帶尋房子，雖然當天沒有尋着，那一種熱情已使我們父子感激之至了。

回家以後，我想起了龍華寺，第三次就決定到龍華寺去休養。

龍華的老和尚是同鄉人，更與介紹中醫的同鄉人相識，我便託同鄉人爲我先容，殊不知他就先不容的說：「那兒不容易借住的，既要通過復興龍華會的主席黃金榮先生，又還要有當地憲兵隊的許可，至於老和尚，本是同鄉人，那是沒有問題的。」

我知道了他的心意，便回答道：「黃金榮先生是有辦法去交涉，憲兵隊那兒也是有辦法去交涉，只要老和尚承認就得了」我乘他未到龍華寺之前（因爲他那時兩夫妻都在龍華寺中過夏）我便去向那老和尚交涉，眞是一言而定了，回家來叫了沁告，向他說了到龍華寺的休養的消息，他也是很喜歡的，就開始預備一切東西到龍華寺去，第二天我親自送他，他在離別家門的時，眼淚汪汪不住的長淌，向他的第三個繼母鞠躬告別，一句話也說不出來了，尤其是對他那心愛的住室，依依不捨的情況，使我當時也落下淚來，還是我催他道：「走吧：你的病好了！仍就回家來的！」

我們到了龍華寺，拜見了長老和尚，沁告在他指定的一間偏樓上擱好行李被褥，長老留我吃飯，在席間談起沁告的病，他說：病是十分沉重，不過看你孩子的造化如何，我用佛法去治療他，感化他，」我聽了頗不以爲然，因爲醫生說的是「病已好了只要休養，」長老和尚說出病是十分沉重，我還不相信的。但有一點我覺得沁告的食量太少了，半碗飯都吃不了。心中又不免對長老和尚的話有些相信。再想和尚不是醫生，既經醫生診斷爲「已好」，只是體弱，只要休養，也就沒有什麼危險的。

飯後同沁告到了他這陌生的養病室，是穿過大雄寶殿向右手走，經過一片被砲火擊毀了的殿宇的瓦礫場，在一進門便有兩三個塑雕工匠在埋頭做菩薩，成形的與未成形的都類似木偶傀儡，完全顯現出本質。又有些還如僵屍，木乃伊之類，橫七豎八的亂堆着，令人有些不寒而慄，白天倒有工匠工作，還熱鬧一點，到了晚上，寂無一人，沁告孤另另睡在這屋子的樓上，他焉得不畏懼麼？我當時便想帶他返家。但一想到醫生說的「下鄉休養」，自以遵醫的囑爲妥當。倒是在病中的沁告，對於夜間的寂寞他還不感覺，他似乎在廟上倒比在家中舒服一些，並沒有什麼不滿意病房的表示。

我爲他安頓一切行李，舖好了床，坐下告訴他一些休養的話，又教他對於廟中的長老當如何的恭敬，自己每天如何安排身心。他與我都存着養病有望的信心，看看天色將晚！我要到報社工作，再叮嚀他幾句話，讓他安睡着我便離開了龍華寺。

夜間工作，在兩點鐘後才得休息，想睡却睡不熟，自然是掛記沁告在夜晚，是否咳嗽得難過，是否一人害怕那冷靜的寺樓。若在承平之世，生點小病在這樣有名的古刹休養，倒也是很有靜趣的，可是時值戰亂，龍華寺是毀壞了，沁告人還年幼，生的却是肺病，在在都不會有那樣閒適恬淡的心情，何況，還有我這兼了母職的父親在困苦環境中掛欠記他呢，料想沁告，夜間在廟上也是一樣不能安眠吧，然而我是希望他能够安眠的，在夢中就碰見了他，他哭了。他要求不再住在古刹中聽鬼叫受風寒，他願意立刻回到家中，依傍我休養。天亮了醒來時，更不放心。

沁告到龍華寺去不上一禮拜，就是中秋節，也是我的生日。那夜他不在家，吃月餅，石榴，喝酒，我都想着他的病況。以爲身體總是恢復了一些健康，恨自己是整天爲生活而忙碌，半小時的車程的龍華寺，我都沒有去看他。可是他都並未忘記我的生日還給我一封信來祝壽，信中如此說：

「……到南京來後，就依着爸爸，每個生日兒都在家，今年不得在家拜壽，但，我的心仍在你的身邊，希望你老人家永遠健康，一家人都靠你掙錢來維持生活。

……這次兒與老人家雖然才分離了數天，却時時刻刻都在想念你老人家，這也許是兒從小就跟着你的原故，兒想不到會得了肺病，害得你用掉不少的金錢，晚上空樓一角，孤燈如豆，思想父親——母親，不覺淚下了。

……廟中空氣很好，但是所食的東西，營養不良，兒實在吃不慣，鎭上無小菜可買。兒起來很早，睡也很早，請你放心無念。

……鎭上物價高過上海一半，洋燭就得每枝十二元，現在我在廟中吃白飯，小菜自己買。

……現在有一事告訴你，請你老人家不要生氣，兒臨行之前一日，郭先生（我家的三房客）對兒說：「你不必到龍華寺，我認識聞蘭亭先生，去拿張卡片送你到佛光醫院如何？」兒當時就想到佛光療養院，但，當時兒不敢向你老人家提起。

……兒現在打算在廟上住一月下來，看情形如何再說！不知你老人家答應否？

第一因此地開支太大。

第二因老和尙與其他和尙們都勸我出家，雖然兒從小飄流，讀書極少，但我還有我的希望。

爸爸！你是最愛我的人，你老人家一定明白我的心境，我不多寫了，自己保重。

代問母親，215妹妹，元宵弟弟們安好。」

我讀了沁告這一封信，酒也醒了，眼前浮起他在龍華寺中那種孤獨臥床，對月思父的情況，立刻擲杯而起，倒在床上睡了。蝶泥見我如此怪狀，自然知道是沁告的信作怪，她也不便來拂我的意思，各自照顧兒女們食罷了夜飯就睡了。

以後我因忙，不再去看他，似乎我也怕看他了，爲什麼他到今日而得了肺病呢？這問題誰也不能答覆？稍有空時我寫信給他。是安慰他。囑他安心休養，他在九月十六的一天，又給我一封信說：

「……爸爸：來信收到，你說你中了酒，和我生了病，依我想來，都是運氣不好吧！您的酒，我很明白，都是爲了家又爲你的政治環境，並不是爲了自己愛好與興趣而故意揮金如土的。兒總覺得爸爸應當爲自己保重，爲兒女們保重，你過去的工作，是有成績的，還有你的將來，現在只要您從自已的事業上去發展，一定有成功的，我們也得快樂的過日子，至於兒的病，我讀您的信以後，非常快樂，但希望越早越好！我是要盡兒子的責任的，還有我的心志很大，難道我不能在社會上成爲一個有用的人物麼？幾年來中秋節爸爸的生日都過來得很不快活，傷心啊！今年更不能在爸爸一塊兒過，今年過了。希望明年我的病好了。能夠替爸爸斟酒，好好的過一個中秋節吧！

前信是祝壽寫於中秋之夜，這信是讀了您的來信後寫的，在滬時兒歡喜看「家庭」雜誌，該報現在又出版了，省下了十元錢的小菜寄給您，請買一本與兒交郵局寄來。……若錢不夠您加添一點，爸爸！我總在晚上就深深的想念你！完了。」

我讀了這封信，很是快活，知道沁告的病體，一定很有起色，不然，還能有氣力寫信麼，我素來對他極爲嚴厲，他不敢向我多講話，現在休養病體中，讀了他的兩封信，雖然寫不大好，可是他的意思，總還說得明白，似乎他不但只能畫畫，就這樣的學習文章，何嘗又不可以呢？因此我更盼望他早些恢復健康了。天天都盼望着，也祈禱着，還盡力的湊點錢，託他的小同學周淵德君常常送到龍華寺去給他零用。

又大約過了十來天吧！那位介紹中醫的同鄉人到舍間來，滿帶愁容的向我說：「老弟：恭喜你！你的好事到了。」

我聽了大爲驚奇的問道：「什麼事？」

他頹然說道：「沁告姪兒的病已經到了最後的階段，請你自己準備他的後事，至於葬地，我們同鄉會有義塚，明天我代你去討一穴地吧！」

我眞不知他是在講瘋話或瞎說，或者開玩笑，或者來威嚇我，弄得一時無從答覆，最後壓抑着了過分刺激的情感才問道

：「老兄的話是眞的麽？」

他變了臉色回道：「誰還來扯謊呢？」

我想：「不是醫生說病好了麽？不是遵醫生之囑到鄉間去休養麽？」

待到同鄉人去後，我簡直驚悸得魂不附體了，不知如何處理這件突變的事故，同時報社來了電話囑我立刻動身到京，隨褚民誼氏北上參加曲阜祭孔大典。這一來更不知如何應付了。所謂心亂如麻者，就是當時我的寫照。

我想：我不能讓他死在廟中，第一我要去看一看爲什麽十多天不來信，就會突變到死的地步呢？又悔我在這十多天爲什麽不與他通信呢？生活逼着我，環境逼着我，我們父子就這樣的永訣麽？我哭了，我哭得沒有主意，並决心不到南京不去山東，專門爲沁告辦理善後事宜。但，辦理的基本條件是鈔票，連日食兩頓薄粥都成問題，那兒還有這一筆巨大的支出呢？我當時竟致呆住了。

半晌後我才想起了徐朗西先生，徐先生是他的校長，是我的社長（生活日報時代），任俠名聞天下的徐先生，我一定去求他幫助一下。到了徐公館，正碰徐先生，那副慈祥而俠義的儀表，我不會說話，心已安定了。知道他已是我們父子的救主。不待吃茶我就報告了沁告的病況，與我到山東參加祀孔的任務。

徐先生慨然的說道：「沁告快接醫院中去。一切醫藥費用，由我担負。你還是去山東服務要緊，萬一不幸沁告死了，一切埋葬費用，也由我担負，你放心的去吧！」

這「一切費用由我担負」的句子，打入了我的內心，感激得流下淚來。於是告別了徐氏，獨自跑到廟上，在病床上看見沁告，確實不成人樣，全身枯瘦如柴，手足已不能自由動彈了，他用盡氣力叫道：「爸爸！你來了！」再也說不下去，哭了！氣喘得非常厲害。兩隻昏淡微光的眼珠，痴望着我，似乎有無限的苦痛，冤鬱，要向我告訴。這時候我忍着心欺騙他道：

「沁兒！我知道你的病又變重了。現已决定如你心願送到佛光療養院去治療。那兒醫生很有經驗，不久你一定會好的，你放心！不要害怕，你到醫院之後，一切的費用是由你們的校長徐先生負担，所以不必要我担心了。但我已奉了報社派遣，要到山東曲阜去參加祭孔典禮，一個禮拜就回來的。」

他聽了精神一振，大槪是聽說要到醫院去治療，他還在求生，他還是要活，他還是在圖痊癒，所以他微微的露出有了希望的樣子，斷斷續續的說：「爸爸！兒好了起來，一輩子都不忘記徐先生的大恩德，總要犧牲一切報答他。他老人家待我們父子太好了。在上海我們沒有第二個這樣熱心關切的人，爸爸！你不到山東去可以麽？我實在不願意爸爸在這時候離開我，我的心中又有些害怕。」

他的話，句句都刺着我的心，沒有話再答覆他，若說不去山東，這是公務，不能爲兒子病事就誤下去，況且當時我的工作地方，頗有一些謠言，這個差事在表面說是以爲我才有資格去。別的作用，當然還有，所以我不能不去，誰願意將要死別的骨肉而先來一次生離呢！我忍心的做了。這是爲了生活，工作，家庭，乃至爲了一生的「錯誤」，毅然去了。所以我再告訴沁告道：「我到山東去，只有一個禮拜就回來，不會多天的，你在醫院安心的休養治療，病一定會有轉機的。」

他不再說話：閉了眼睛在休息，我這時才看了一回他的病房，破桌，殘几，花瓶，飯碗，污衣濁服東堆西倒，簡直是乞丐窠，却有他畫而未完成的龍華寺大雄殿，擱在壁角，伴着他那隻去年生日我給他買的畫箱。筆觸是進步多了，可是沒有力，顏色太灰暗，這怕病人病畫的象徵，正在修葺的大雄寶殿，由這一個病入膏肓的十八歲青年畫家留下了它的輪廓，應該是龍華寺復興的一個紀念品，我當時就想把那幅畫送給長老和尚，作爲臨別贈品，再看沁告的枕上淚痕深厚得不忍多看，同時在枕下伸出了一角信封，我就取了起來，原是他在前幾天寫的信，內中有三張信箋，一封給他的祖母，一封給他的生母，（求我代尋着交去）一封給他的妹妹石蘭。

他忽的睜開了眼睛，叫道：「請你現在不要看它們，你到山東公務完畢歸來時再看！」

我順了他的意，依然放在他的枕下，便囑咐他好好的休息，下午再請人去接他。當我出了病房下樓去，在山門口碰見長老和尚，他一手拉着我，慢慢的說道：「請進後面禪房喝茶，我有話同你談一談。」

於是我隨着老和尚到香堂去，彼此對坐飲茶，他含笑的說：「你今天決定把你的孩子帶到醫院去麼？」

我慘然應道：「是的！」

「其實，你也太累贅了，沁告曾將他十八年來的遭遇，都詳細的告訴我。所以我曾勸他出家，皈依我佛，了却將來的紅塵煩惱。他不願意，他想還要做一些社會上的事業，可惜他錯了，他不知道他只有靈魂而沒有肉體了。我勸他皈依，是想在靈魂給他的拯救，免得在臨終時不是大解脫而是大悲哀；大憤恨，將悲哀憤恨帶到墳墓中，但是生前他恨你，深深的恨你，同時他也愛你，也是深深的愛你。假使他不生肺病的話，這矛盾的心理支配他，也不會得盡天年的，如今早到西土，還是一個天真純潔的身體，照佛法說是可以超脫的。

不過，我却要勸你，對他不要太癡情，俗說的「賬債父子」—原是一種兒女債，就算他收濟了各自回老家去，是可以淡然於懷的。可是我希望你研究一點佛學，將來對你頗有幫助，現在你是不會信我話，我也只是說出來給你作參考而已。」

這個長老和尚的話，都是出諸慈悲的菩薩心腸，可是我却真的瞑頑不靈，在面前我都不有一點敷衍的話接受他的規勸，只知他說到沁告不可救藥我已心中忐忑起來。想到我們就是如此永訣嗎？又想到會不會等到我由山東回來以後才去呢！爲了這一點心思，我不敢再同他見面，只託了他的同學周淵德君到龍華寺去接他入佛光療養院。萬幸在同時還有老友陳女士到龍上去伴他入醫院。這在他的生命史上，算是最後的光榮的一頁，因爲陳女士在戰前在南京是頂出風頭的一名女作家。高奇峯徐悲鴻諸位名畫家，都爭爲之寫像，作畫的。就是魯迅夫人許廣平也與她有所交遊，可是她擱筆很久了。偶然見面之後，聽了沁告生病，她時常担心他，因此她熱心的到龍華寺去陪伴他。而到佛光療養院。別人的孩子患了肺病，恐怕不會得到她的如此愛護吧！我是在內心的感激她。

當夜我就到佛光療養院，去看沁告的病房，再到醫生那兒打聽他的病狀。據一位主治肺病的醫生說：「左右肺均已潰爛，無法治療，離死只是時間問題而已。」

「大概有好久的時間呢？」

「誰能肯定？一天兩天不知道？一年兩年也不知道？」

殊不知我們的談話，統統被沁告聽見了，白天的歡心完全失掉了，在床上大哭大叫：爸爸救我！爸爸救我！我不要死呀！」

我被他的哭聲像亂刀一般斬着心球，血液快要迸裂到體外來了。還要鎮靜而故意的罵醫生不該在病人面前說恐駭的話，那醫生似乎也覺得他是失言，雖然是實話，總不該在病人面前說：也就掉轉了話鋒說：「先生！方才的話是就我診視病狀而言，若是佛光療養院的佛法療養的話，常常起死回生，不藥而癒，令郎的病雖然危險，只要相信佛，佛自然會拯救他。說不定吃點藥，休養幾時，也會恢復健康的。」

可是聰明的沁告，並不會因聽了醫生這些謊話而住聲，依然在那兒大哭大叫，我因此決定不到山東去，就犧牲職位也心甘情願，便向我沁告說：「你不要再哭，再傷心，我不到山東去了，我在醫院中伴你休養。」

他聽了我的話，果然不哭了，却有氣無力的說：「爸爸！你還是要到山東去，不然，職位發生問題，一家大小的生活，依靠誰呢？你不能再失業了，你有了家庭，七八口人的家庭，還有一些無關的閒人靠你生活的。不是先前我們父子倆那樣的簡單。你老人家還是去。兒想可以等待你回上海來的……」

以下他說不下去了，眼淚像泉湧一樣的，我却被他這幾句話感動了。默了一會，什麼話也說不出來，只給他五百塊錢的鈔票。就掉頭出了他的病房，趕到北火車站，開始了到山東祀孔的征程。

× ×

在津浦路上，曲阜泰山兩地，整整消磨了七天，然而一天都沒有忘記沁告的平安回到上海來，在家中只坐一刻鐘便跑到醫院去看沁告，他的病況更趨下了。可以說完全是他在掛記我而拚命的熬過了七天，若我不到山東，怕在七天之內就已完了。在從死亡線上掙扎着的一條生命，那形狀還能給生人觀看麼？尤其是給親人觀看，我見了他毛骨早已悚慄，眞是到了不可救藥的地步了。因此反而激動了我的忿怒。

第一是那位介紹中醫的同鄉人，他的名字我不願再在口中或筆下露出，他是我們在學生時代換譜的弟兄。

第二是位聲稱肺病專家的中醫，他的名字，我也不願再在口中或筆下露出，（但到了依法律辦決時候，當然要說出的）他是在上海因醫肺病而發了大財的醫生，我們也算是共過患難來的。

我想：假使同鄉人的妻子不說出侮辱沁告的話——你的病好了，還要去吃藥，藥是打折扣的。沁告不會中途輟醫。又假使在第二次不能醫治時之前。醫生坦白的告訴我是不可救藥，不要囑沁告什麼「病已好了，只欠休養身體，」那末！我還可以另外投醫，或有萬一之救治，或竟不致於不救。

所以我便覺得沁告的病，是一誤於小人之讒言，再誤於庸醫之欺騙，因此便想去向同鄉人與醫生交涉。殊不知沁告已在十月六日那一天，最後用墨筆寫着「爸爸！誤我病者××醫生父子也，祈爲兒報仇：兒沁告」（原稿尙保存着）我看了這張紙條，怒火直衝頂門，便去那位醫生處交涉，恰巧那位同鄉人也在座，於是三人對面向他們質問，據醫生說：「第二次沁告來醫時，我知不治了，便要告訴你早想辦法，都是他老哥（指同鄉人）擋着我不要告訴你，現在你當面問他吧！」

我聽了醫生的話，乃知其中這一段秘密的曲折，便請教那位同鄉人：「爲什麼你要如此阻止呢？」

他囁嚅的說：「是的×醫生曾在那時要我告訴你，我以爲怕生麻煩，就阻止了他，我也不告訴你了。」

我當時若有手槍，或者向他胸堂放射了。便忿怒的說道：「今天我才知道，不用刀殺死沁告的劊子手就是你們夫妻。」

他低了頭，不再說話，我立刻跑出了醫生的診所。到醫院去，什麼方法也控制不住的情感，對着將要永訣的沁告淌淚，他的淚早已流完了，氣息奄奄的望着我，無言的低嘆，哼氣也覺得太費力了，因爲那個醫院是新設立的，還沒有太平間的設備。沁告在不進太平間之前他還想還不會到最後的一步，可是已經不能支持了。

當他在昏迷中，我搜索他的衣物與殘書，總尋不見先前在廟中已寫就的給他的祖母，生母與妹妹那一封三合一的信。這是他還要活還欲生的表示，然而他已不能夠了。雖然我們是父子，可是病的傳染性頗大，醫生不准我久在病房中，囑我不時應當出外來換一換空氣，或在鄰室休息，只算在隔室陪伴他罷了。

夜了；在鄰室中我向天空瞭望，星月無光的黑得可怕，窗外的秋風，一陣陣襲來，使我又寒又慄，沁告在床上嘆出了低急已極的聲音，我又急忙走進去問他：「可要喝點開水麼？」

他搖搖頭，不知怎的我就告訴了一個不吉利的消息說：「沁兒：五天前接得南翔的來信，你這個繼母生的兩歲的弟弟——牧牧（寄養在姨母家的）已經死了。」

他的眼淚拚命的湧出了。我也陪着流淚，一會兒他伸手出來要我，我就握着他的手，已沒有什麼熱度了。油滑得使我心悸，他似乎清醒了的說：

「這個病……」

以下不能繼續說，我便接着說：

「這個病不過好得慢一些，一定可以醫好的，沁兒！你放心一些。」

他又似有了力氣的說：「爸爸！媽媽！媽……我的親生媽！」以後不能成聲了。眼睛就向上在翻白，我駭極了，忙叫看護來，他又慢慢的靜默了，鼻間的呼吸又繼續起來。我那時已心不由主了。

看護小姐搖搖頭的又出去了，並叫我道：「趕快出來，裏面空氣不好！」

我那兒還管什麼空氣的好壞，看孩子已到了彌留之際，情願同他一死，無論如何也不再出病房來，兩眼流淚望着他，用手撫摸他的額角，探試鼻孔，大致過了半點鐘，沁告又喘氣起來，雙眼睜開了。還是伸右手要我，我又握着他的右手，便道：

「沁兒！你有什麼話告訴我，你慢慢的說吧！」

他搖頭也無力了，嘴唇動了兩下，張不開，但想說，仍說不出來，用一種死的掙扎在表現，我正駭得全身發抖，他就在這時候一瞑不視了。

奇怪的是電燈忽然默了。

我大聲叫喊，看護小姐們來了，電燈開不開，原來燈泡壞了。這恐怕是「神」在不要我看見沁告死時的可怕面目，會深刻的印在腦中麼？看台鐘已是午前二點廿五分。時為舊曆的九月九日重陽節。

沁告死後，厝於中國殯儀館，徐振翀，龔伯昂兩兄頗為協力。至今還沒埋葬，若今年不閏月，又該到重陽節了。陽曆是十月七日，隔去年今日，不是整整一年了麼？不埋葬的原因，當然是錢成了問題，但也想不埋時，他還在人間，不過安睡在棺木中罷了。這是痴想啊！

十八年的父子，養生又送死，我為他而遭逢「女難」。因此流浪江湖，更是一件事業也不能做成功，今日還要苦心的籌備他的安葬費。一年了！仍然無法，籌備到手這一筆費用。「活人的衣食都成了問題，還要管死者的住麼？」這是有人告訴我的理由，可是我想了他雖是孩提之輩，倒底以「入土爲安」，在現況之下，我怎樣能够使沁告的屍體早日得安呢？眞是他生不逢辰，死而尤蹇。

當沁告病重時，茗狂趙兄曾有函云：「當此亂離之世，我躬不遑，妄恤我後，」死後，定一汪兄有函：「吾兄不幸，連喪公子，殊深惻忿……且際此時代，隨時隨地可死，惟活不下去的活亦不好耳，」茗狂又有函云：「頃晤任兄，知沁告姪竟已不祿，爲之唏噓者再，而迴思亡女見奪之痛，更爲老淚橫流矣，然而今世何世！能大解脫，亦大佳事，不强似我輩之日爲衣食奔走耶！還希執事以曠達處之，無過傷心。」

他的小同學中，有一位汪世金與他極要好，常常有信給他，探詢病狀，當他死後的第三天，汪君還有一封信給他，我代拆了，不禁大慟，當時回了一封信，報告死耗，在外埠得沁告的噩耗者，汪君算是第一人，後來我到蕪湖，會着汪君，很爲可愛，也很有希望，談及沁告往事，又使他與我都流淚大哭一場，說到我要爲沁告出紀念册——重陽淚，他曾記敍了一篇他們的同學的經過，友誼的深長，不知怎的我遺失了，這是我對汪君非常抱歉的。

還有他的一個朋友雲烟先生，在報上刊了一篇悼文——「悼亡友沁告」我讀後頗爲傷感，當時剪下來保存着，現在照錄在後面，一則藉以存念，二則表示我萬分感謝雲烟先生。

附錄

悼亡友沁告

雲烟

「一朵美麗的生命小花，
生長在人生道上，
時代鐵輪輾過，
摧殘了小花生命，
這是個人生的悲劇？」

這是我獻給亡友沁告的悼亡詩，他是朵與命的小花，在人生道上，給時代鐵輪摧殘了，我爲追念兩人的友誼，故寫這詩獻給他在天之靈。

沁告，號小流，是離石先生的大公子，今年十八歲，在農曆重陽節早上故世的，在他短短的十八年生命史上，有着不知多少的辛酸淚所結成殘痕，一次他曾告訴我，他怎樣從四川的家鄉，隨着他的令尊離石先生，東飄西蕩，過着流動的生活，朔着長江，漸漸地安定在南京，事變後，再從南京而到上海，其中眞是費千言萬語，也難寫盡其中曲折情況。

我和小流兄的交遊，可說是在人生的巨海中，萍水相逢，認識只有短短的一年光景，然而時間雖短，感情却深，記得在今年的初春，我因辦戲劇刊物的失敗，頗爲消極，那時有『話劇界』周刊編輯之一，應君，把小流兄介紹給我，並且想合編另一刊物，然而，談判的結果，合編刊物的事情，是沒有成功，可是和小流兄的友誼，却因此而建立。

小流兄富於藝術思想，善繪畫，視其人就知爲放浪成性的藝術家，然而，我親愛他放浪成性的脾氣，不像一般沽名釣譽的『僞藝術家』，記得第一次踏進他的畫室，（也是他的書室和臥室）只見牆上全是照片和畫，架子上，書桌上和牀上，都是些繪畫的用具和書籍，東放西擲紊亂得很，他這時在專心一致的畫一幅耶穌基督的聖像，油畫顏色，塗滿了身上，我當時有一句戲言道。

『小流，你的傑作，能送一幅給我做個紀念嗎？』

『可以，我以後繪一幅送給你，』他很慷慨的答應，豈知他還沒有動工繪送給我的畫，而自己却先長逝了呢！後來，他想辦孩子劇團，要我替他選劇本和導演，我總答應幫助他，但是，大家都是很窮，限於經濟困難，只有了一個計劃而沒有實行，他爲這件事，曾要求我伴他和參觀戲院後台，於是在某日的夜裏，我們伴他到『麗華』後台去玩了一次，並且記得在後台的天棚上，看了一齣『傾國傾城。』

不久，我就聞得應君言小流兄生着肺病，已到第二期了，所以，連到『美專』上課也不去了，每日在家裏靜養，我接到了這消息，就立卽去訪問他幾次，和他閒談，這時，他的精神還好，還要和我合作漫畫，當我設計畫意及文字，由他作畫，於是我曾設計了十多幅漫畫，交給他繪，然而到我和他至袂別，從沒有見他繪就一張，後來我又上蘇州去住了一時，和他的來往，更是較稀了。

在上海大戲院開幕的一天，招待新聞界人仕觀賞『女人』離石先生處當然有請帖的，離石先生有事不去，就命小流兄去觀劇，於是，在戲院中，我們又相遇了，這天，他還問我：『女人的裝置，算寫實主義派呢？還是自然派？』我搖搖頭說：『中國的舞台裝置，是無黨無派，你看他像什麽，就說他是什麽派吧！』

從這次談話後，雖有見幾次見面，但是時間頗爲匆促，所以沒有長談機會，最近期內，我自身的事，也很煩忙沒有空去望望他的病體，直到十四日的新申報上，讀到離石先生『曲阜，泰山行』中的『歸來』篇，得知小流兄已亡故，不覺暗然淚下，我痛知友的死別，當然不及離石先生殤兒的悲痛，然而因離石先生不幸的遭亡兩子，更使我掬同情之淚？

總之，人體雖已亡故，但是他的印像永印在每次認識他的朋友親戚心屏上，永遠地不會磨滅！

× ×

漫畫 • •

生之哀鳴

犯罪者的供狀：「與其餓煞，不如犯法！」

黃也白

上海人的哲學

江棟良作

救救孩子！

季雎

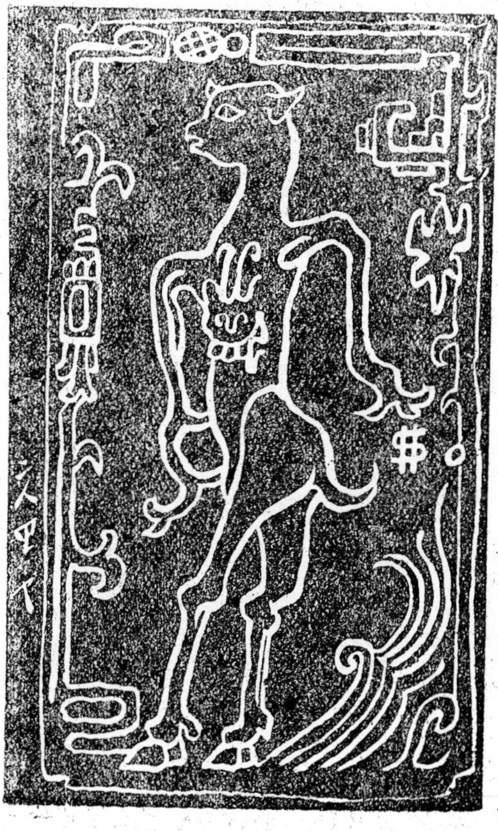

這是一個貓頭馬腿非人非獸的古代石刻，千餘年的人聰明地替我們預先設計好的，你看！電力的限度，行的問題不是都解決了嗎？

董天野

抱佛脚·

編輯者言

幾年來不會做編輯期刊的工作，而今再做，似乎生疏得不能再生疎了。費了兩個多月的光陰，流汗出力，才使本刊得與讀者相見。自已看來，已覺得實在不成樣子，既無精彩，又不特殊，反正編者低能，是不可諱言的。

謝謝這一期為本刊撰稿的先生們，編者深藉大作以為「光化」之光，諸位都是文壇宿將，久負盛名，用不着再加報道的，所以照例的介紹某人某文如何的好一個節目，也就免了，還是讓讀者們自已欣賞批判吧！

本刊初意是文藝綜合性，可是在本期所登的文章，實在不够「綜合」，這是一個大缺點，只好要待下期補足了，因為編者出題目給作者，大有考試制度的無聊，所以不願如此做。以致本期成了幾乎純文藝的內容。

本刊需要的作品中，多半為報告文學，新聞小說，文藝通訊。在民間疾苦，社會病態中去尋找材料，莫忘了時代，莫忘了環境。換言之，是要有物而不「太空」的東西。(例如本期之惻隱之心，掉包，最後的覺悟，無名氏的捐欵。)這不是題目，乃是範圍，所以公開告訴作者，要求作者。其他已在「徵稿簡約」中詳述了。

從發刊詞中，已表明了本刊的態度；平凡，平凡，還是平凡。只要堪為作者，讀者服務，或不是別人尾巴，便心滿意足了。在以「光化」的含義為今日文壇的指標的希望之外，還希望「光化」成為讀者需要品，却不是奢侈品。這是本刊當勉强而努力做到的，其實這也就很難做到了。

這難做到的不是資本問題，也不是廣告與發行問題，所難是內容的充實問題，以洋洋二十萬言的刊物，至少當有二十篇左右的文章。也就是當有二十個左右的作者，普通作者不止二十個，成名作者，每期不會有二十個，因為他們成了「供不應求」的作者，作的文章都不必投，都需要編者去拉，難就難在於拉。

因此在强「拉」之外，又要慎「選」了，務必在新進作家中，選出合用的文章來，更重視選用的文章，並不敢說什麼「提拔」，只是願借地盤，願給機會，貢獻於有希望的，努力的，以前埋沒了的作家們，得以發表作品。若果在這種辦法之下，倘有委曲之處，那只能算是編者的眼瞎了。

寄語一般給大函並佳作的先生們，若你們尚未出名或成名的話，本刊正樂於合作，期待你們出名或成名的，自然需要你們的佳作佳到可以在慎選中當選。

這編輯生疎，低能的創刊號，不妥當的地方，一定很多，幸祈同文同志，不客氣的多多指敎，編者是竭誠領受的。

忍不住把已經免了的節目——介紹作者，還是要表演一點，請讀者看一看楊絢霄，高績威，嬰實三位女作家的作品，是否與紅蓮高照之流的修養相同，作風相同。

末了！謹謝裝幀封面的黃也白先生。

我對於防止犯罪的感想

高續威

犯罪行爲是侵害個人利益，妨害社會組織，而擾亂國家秩序的具有破壞力量的動作，當然應該設法加以遏制與防範。最近據報章所載，負責當局對於這一問題，非常重視而特別提出討論，並在警局司法處長李時雨先生主持下，成立防犯科，積極展開防犯工作，三月來已收獲相當的成效。現在就個人臆想所及，略抒愚見，以供大家的參攷。

犯罪的意義

在討論預防犯罪行爲之先，犯罪的意義怎樣，自應首先加以釋明。關於犯罪的意義問題，因時代不同與思想及學說的演變，而亦隨着有許多不同的解說。譬如在最初的神權或自然法的時代，人們認犯罪爲違犯神意或違反自然法的罪孽。到了後來，有的論犯罪爲侵犯公共秩序的行爲，如 Bentham, Schultze, Kohler, Hugo Meyer 是。有的認之爲侵害社會的約束或侵害法律的行爲，前者如 Rousseau, Fichte, Becearia 等；後者如 Hobbes, spinoza, pufendorf, Kant 等。更有以形式爲主而認犯罪爲法律所規定之應受處罰的行爲。學者的持論雖不同，當然各有各理，此處限於篇幅，自然不必多加批評或討論。不過我們若以今日的眼光和純粹客觀的態度，對此問題加以觀察，則所謂犯罪，就是「違反社會的活動」（Antisocial activity）。關於這點，讓我來略爲闡釋一下。

個人是社會的組織份子，社會是個人的集合總彙，彼此有密切關係，而不能片刻中斷的，此何故呢？因爲我們生活在社會裏，有很多需要，但是我們的智識技能很有限，對於衣食住行等各方面的需要，當然不能都自食其力的以滿足自己的慾望，那末只有彼此互助，互相合作，俾得解決各人自己所不能獨自解決的問題，因此人與人之間的關係，自然是非常密切的了。這就是現代社會學權威 Durkeim 和法學權威 Duguit 等所稱的「社會聯立關係」Salidarite socidle。凡是人必然的是社會的一份子，也必然的不能脫離「社會聯立關係」而如荒島上的魯濱遜以獨自生活，因此每個人都不能有侵犯這個「社會聯立關係」的活動，否則就是侵犯全體社會組織份子的安全，或更威脅他們的生命了。至此，我們知道個人在「社會聯立關係」之下，必須互助，必須合作，這互助與合作是義務而不是權利。倘若不助他人而不和他人合作，這就是違反「社會聯立關係」的表現。凡是侵害他人利益的動作，一定不是幫助他人，也一定不是和他人合作；換句話說，一定是違犯「社會聯立關係」上之義務的，這種動作便是犯罪行爲。所以我說，簡括的講，犯罪就是「違反社會的活動」。

怎樣的預防犯罪

對於預防犯罪最具體的辦法，便是刑法內的許多嚴密規定。刑法的作用，雖因時代與學說之不同而變化着；譬如最初所採者爲報復主義，威嚇主義，進而爲博愛主義，更進而爲現代的科學主義，但是他的具體作用，不外爲對於已犯罪者，處罰其已犯的行爲，而使其將來不要再犯；對於未犯罪者，則單純的預防他們不要犯罪。犯了什麼罪將處死刑，犯了什麼罪將處無期徒刑，以及犯了什麼罪將處不同期限的徒刑，而被剝奪了自由，都很詳細的規定得明明白白。這一切的規定，使人們知道了，都有一種力量，使人們知所警戒而不至爲所欲爲，這豈不是一種預防犯罪的有力工具嗎？但是刑法雖很詳明的規定而施行着，法院亦不斷的依照刑法處罰了很多犯罪的人，人們亦都很知道犯了罪以後將有何等可畏的結果，可是犯罪行爲爲什麼仍不能消滅或減少呢？這就證明祇利用刑法的規定和力量還不足以制止或預防犯罪之發生。

講到預防犯罪的問題，眞有一部廿四史從何說起之感，內容既複雜，範圍又廣大，概括的說，簡直和國家社會的全部組織與政策都有關係。好比人民的貧窮與衣食不濟，是犯罪之最普通的原因，尤其如在目前的非常時期，人們的生活眞是朝不保夕的十分困難，往往因迫於飢寒，才至挺而走險。因此，要使他們不因困乏而犯罪，就必須爲他們解決生活問題，這就是一個談何容易的大難題。又如有許多犯罪行爲是因人民缺乏智識，不知利害，而才發生的，那末就應該從教育方面着手。人民的智識高了，思想便能走入正道，對於動作的是非既能判別，自不至任性所欲而以至犯罪了，可是這個教育問題也不是輕而易舉的。類似的問題，眞是不一而足，而確是和預防犯罪很有關係的。現在姑且拿在預防犯罪上較易辦到而應該注意的幾點提出來，作爲研究的資料。

犯罪的環境因素

犯罪既就是違反社會的活動，而個人又是絕對不能離開社會的，那末社會環境的對於個人的活動，自然很有支配性的作用了，這是在預防犯罪的措施上亟應注意的一點。我們知道酗酒是犯罪的一個重要原因，根據各國的統計，酒肆林立的地方，犯罪的案件總比別的地方多，飲酒最盛的日子，自然也是一樣。德國的犯罪案件中，百分之五十六發生於星期六的晚間，百分之三十發生於星期日，百分之十發生於星期一。其他歐洲各國的情形，亦大致相同，而每逢什麼佳節，犯罪案件總是比較平日爲多。這種確實的統計，很足爲我們的參攷，而爲實施預防工作的指南。又如有許多違反公共秩序與善良風化的罪行，每係歌舞劇場的猥褻淫蕩表演所促成，而武俠偵探片劇等所演的情節，亦每有誘使人們仿傚的魔力而趨於犯罪。我們旣知道了這種情形，那末檢查歌場舞院的內部情形，與事先制止不良片劇等的扮演，豈不都是有效的預防方法嗎？又如天氣與時間和犯罪之發生亦很有關係；據德國學者的研究，德國人的犯罪行爲多數發生於每年的八月以內，九月以後七月以前便逐漸減少，至新年時降至最低限度。這樣，對於八月份便可加緊防範了。另外如春天的多姦非罪，冬天的多竊盜罪與詐欺罪，熱天的多兇毆與傷害罪等，這也是防範工作上的參攷材料，當然能有不少的助力。照此看來，環境的對於犯罪行爲，確是具有支配性的力量，我們旣明白了這點，就可採取許多治本與治標的辦法，即不能消滅犯罪於無形，至少亦必能增加預防的效率，這是深堪注意的一點。

犯罪的生理因素

人們在生理方面的缺點，也是發生犯罪行爲的原因之一。意大利著名犯罪學家 Lombroso 說：「一個眞正謀亂犯事的人，係一種特別與衆不同的生物」。英國學者C. Goring根據研究所得，確認犯罪和低能有連帶關係，其所以的緣故，因智慧的缺陷是犯罪的大根源。照上列二氏的言論看來，犯罪行爲豈不是有一種生理基礎的嗎？有一個青年學生帶着癎病，無故的殺死了他的母親，且絲毫沒有忌憚。又有一個家中富有的青年，租了一輛汽車，並僱用一個車夫，無目的的環遊市鎭，等到了鄉下，突以鐵條痛毆車夫，又搶掠他的所有物，然後乘原車返城，在他的宅前把車夫釋放，後來他自己便眼瞪瞪的被捕。像這樣的犯罪情形，其原因自然在於生理方面。據 W.S. Hunter 的研究所得，犯罪人中之低能者，約佔百分廿五至五十，這是一個很大的成數。生理因素對於犯罪行爲的發生，旣有這樣的重要關係，那末在預防措置方面，自然是一個很堪重視的問題。對於有嚴重之生理缺陷者，可用隔離等辦法加以防範，或則責令他們的家族特別約束，更或設立特種的療養院等，强迫使他們治療，以避免犯罪行爲的發生；所以犯罪的生理因素，在預防上確是很値得注意的。

特殊地域與特別組織的防範

最後對於時殊地域與特別組織，還有一提的必要，特別如在上海等的大城市，所有水陸埠頭及交通要道等，事實上恒是犯罪行爲的淵藪；那末對於此種地帶，應該加以特別的嚴密防範，我想在預防的目的上一定很有效力的。其次爲對於若干特別組織及其內部份子的監視，我們知道，許多犯罪行爲，是很有組織之團體所幹的；那末拿這些團體和組織份子秘密調查明白以後，或加以解散，或加以嚴懲，這樣的摧毀了犯罪的巢穴，豈不都是很有效力的預防方法嗎？

婦女短袖短褲對於優生之妨礙

瞿紹衡

婦女短袖短褲對於優生之妨害：

人類之所以綿延不絕者爲其生生不息也，人之所由生者婦，而所生爲嬰，婦嬰之於社會國家，爲民族存亡絕續之機，不有婦，嬰何由生，不有嬰，人類何以長存，且欲國家之强盛，社會之健全，首須强健其民族，而欲民族之强健，則母爲婦，而子爲嬰，必使爲母之婦，充實其體質，而後爲子之嬰，得相當之發育，故婦嬰衛生之急要，視任何種人之衛生爲急要，蓋傳種，立國之基，盡在是焉，試觀吾國今日都市中之婦嬰如何？盲從歐化，誤解衛生，以纖弱爲美，以柔懦爲良，城中好高髻，四方高一尺，楚王愛細腰，宮中多餓死，風尙所趨，莫名究竟，由都會而市集，由市集而農村，風靡一時，舉世若狂，殊不知涓涓不塞，將成江河，習非勝是，能不鑄成大錯乎！秋涼矣，七月流火，九月授衣，於斯時焉，即就服裝一端而言，近代流行之短袖短褲，爲大足妨礙優生之事實，蓋健康人之體溫，不問在赤日當空之夏季，或雪地冰天之冬季，生理上平均總在攝氏三十七度上下，是蓋由於有巧妙的調節機能故也。按調節機能之定律，凡遇環境溫度高於體溫，則身體表面之血管，受擴張神經之主使，而大事擴張，放散體溫，一面限制身內各臟器之工作，以減體溫之產生，反之，若遇環境溫度低於體溫，則身體表面之血管，受血管收縮神經之主使，竭力收縮，以節體溫之放散，一面加緊體內各臟器之工作，以增體溫之產生，因如此不斷之工作，故體溫常在三十七度上下，惟調節之能力有限，如有過與不足，則體溫遂起上昇下降之變，過昇過降，則入少而出多，結果皆將陷全身於衰弱，爲防天然調節機能不濟起見，始有衣食住三者之補救方法，衣之爲用，將以防寒，亦以禦暑，所以緩衝寒暑之直接於身體者也，故寒而不衣則病，暑而不衣亦病，食之爲用，所以補體方之原質，量入爲出，量出謀入，皆爲經濟學上之原理，入不敷出，能無坐吃山空，住之爲用，一猶如衣，傳曰：服之不衷，身之災也，當代婦女，徒競誇於裝飾，轉忘却乎衣原蔽體保溫之旨，赤其足，而露其臂，薄其衣，而短其褲，無在而不欲極其裸體之美，不知寒氣上侵，由脚而腰，而腹，而頭，由冷而痠，而痛，而痳木，日積月累，蒂固根深，病亟矣！可奈何！補救維艱，不可懼耶！夫空間寒氣，由地上昇，逐漸侵陵，犯於不覺，赤足短褲者，下體之脚，必先受寒，寒從脚入，蔓延而浸潤，而至於膝，至於股，至於腰肋，以及全身固有體溫，調節之機能爲之停滯，蓋溫熱而能生長，爲生物學自然之定律，以兩足之體溫調節中樞在腰，而生殖器之調節中樞亦在腰，因兩足受寒，而腰髓中偏戒嚴阻隔，生殖器之全部營養，亦隨之而不足，於是子宮之發育弱矣，卵巢之機能損失，排卵與月經，自亦不能無病，而生育之機能，不合而知其絕矣，且骨盤發育不足，而橫徑狹窄骨盤之例，不勝枚舉，全身體力衰，則健者弱，弱者病；病者死矣。不孕之數增加，而流產難產之率日增，而靡有已，抑又言之，因上述諸種理由，以致婦女陷於體弱，則內分泌之機能自減，而維他命之消費轉多，因果循增，卒致乳峯低陷，性慾缺乏，夫婦天倫之歡樂，焉得而享受，腰痠背痛之苦楚，隨在而發生，且據血液病理學之研究，寒冷足使赤血球崩壞，而起貧血，按赤血球係骨髓之新生物，血液中之血球破壞，則骨髓之造血機能增進而爲之彌補，女子月經及生產時雖有多量出血，然急速補合者，造血臟器機能自然增進之功也。故造血機能，如起障礙，則血球之增補血不足，而陷於貧血病狀態矣。希性生活期間之女子，其生殖器中對於造血臟器，備有一種促進血球新生之特殊裝置。故女子成熟時期前，如起生殖器發育異常，則造血機能遂起障礙，而成萎黃病症，余觀現代摩登青年女子，不特備受前述種種之弊害，並且類多現出貧血之狀態者，必爲因寒冷而生殖器發育障礙，因生殖發育障礙，而造血臟器之機能不全，因造血臟器之機能不全，而不能彌補寒冷所破壞之血球，致成貧血也●更因貧血而心臟機能衰弱，心跳頭暈之徵，隨之而生，心機既衰，罔求健身，如是而欲改良人種，强健民族，其可得乎，回顧三五十年前之老式女服裝，長其袖，厚其褲，復又褰以裙，惟恐肉體之見於人，偶裸肉體，認爲奇恥，一若失足而成千古恨者，議者嫌其錮蔽，實以保護體溫，不講科學，而得衛生之實益，我中華民族之綿延至今者賴此，以今視昔，實爲天淵，補救之方，祇維有重視衣厚蔽體，且足保持體溫之原則，袖勿見其肘，褲不過其膝，秋涼冬寒之季，尤宜完其鞋襪，裹其腰部，凡屬衣物勿菲薄，而作東施之效顰，毋短俏而傚西歐之異俗，兒產脆弱，尤當注意，務使章身之衣蔽體而適於體溫，力矯時俗之胡然而天，胡然而帝，欲露體美者，卒遭體弱之惡果，家庭家長，學校教師，共同注意，救正頹風，初不獨婦嬰之體育，可循正軌而發揚習俗之淫靡，亦得準足而阻遏樹圍門之正範，作人類之福音，體健種强，天演優勝，區區微意，其在斯歟。

編者按：畢醫生自設生生醫院于南通路，專門婦科與產科頗負盛名特爲介紹。

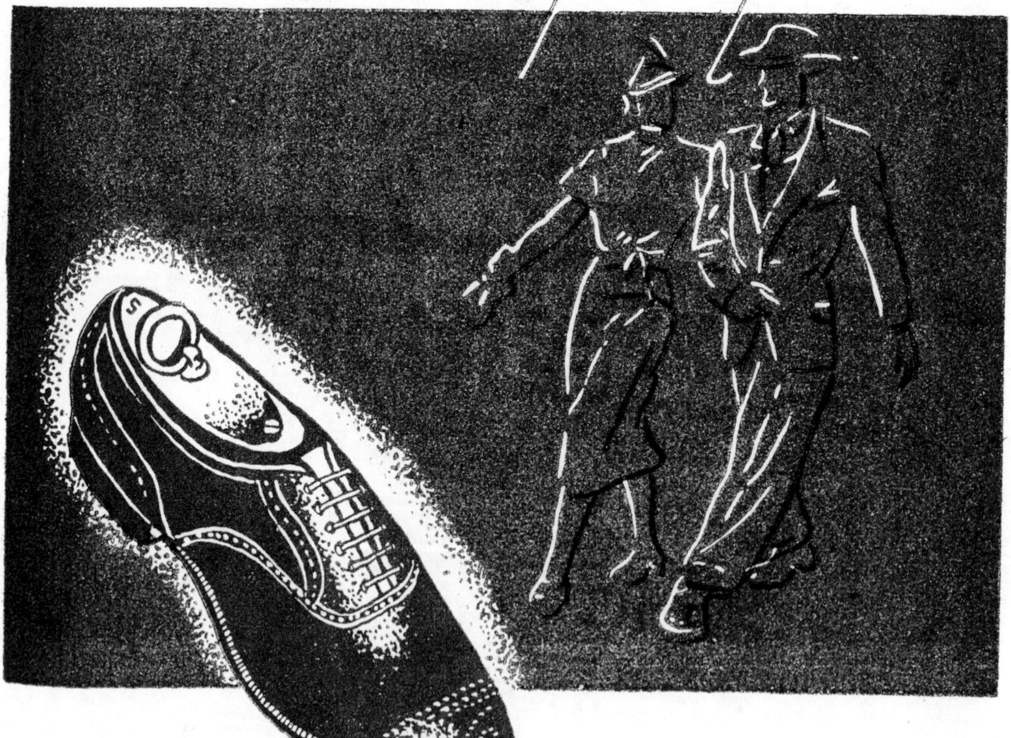

光化

第二期

光化出版社發行

中法大藥房

總店—上海北京路八五一號
製藥廠—上海大西路一七九〇號

本藥房創設迄今已五十載完全爲國人所經營自建七層樓總店於上海北京路復設分店及經理或分銷處徧及國內外除自運各國原料藥材以應處方及藥品之配製外更着意竟求國產原料研究探討陸續發明靈效藥品都凡五百餘種並鑑於製藥事業之重要特拓地念餘畝建築製藥廠於上海大西路延聘專家加意改進現已由仿製而進於自製所以期於杜塞漏卮而挽回利權也邦人君子幸垂教之

THE TONIC FOOD-REMEDY

Sanafactor

FOR NERVOUS AND BODILY WEAKNESS

賜爾福多

延年益壽粉

「賜爾福多」採取高價蛋白質乳酪素，與有機燐酸鈣鹽所煉製，乳酪素極易消化，雖胃腸虛弱者，亦能吸收，而達滋補全身之目的，有機燐質爲神經組織之主要成份，能促進神經細胞之再生，增進神經機能之活力，故歷經多數臨床醫師之實驗應用，公認爲神經衰弱，貧血與一切虛損之唯一滋補劑，應用於神經系衰弱，如長夜失眠，頭昏腦脹，不思飲食，精力疲乏等症，功效甚著，對於病後衰弱，貧血萎黃，發育不全，未老先衰等一切虛損，尤著卓效，老年人常期服用，培本補元，生精益髓，確有延年益壽之功。

艾羅補腦汁

風行四十餘年唯一老牌神經系大補劑・寧神健腦・補血生精・功效卓著

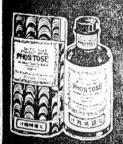

三馬路湖北路口　　電話九五六三九

泰興

洋服公司

一年一度賤賣 ● 再接再厲犧牲

去年空前盛況，軋足！軋足！

全毛花呢旗袍料每件$1500.—

買一件送一件

花呢男袍料每件 $2000. 起

大衣部	1005 馬褲呢中大衣	$25000.—
	犧牲駝絲錦中大衣	$27000.—
	英製駝絲錦中大衣	$40000.—
	精元克羅町中大衣	$36000.—
西服部	SUPERTEX 西服	$28500.—
	全毛條啥味西服	$29000.—
	草綠軍呢軍服	$28 00.—
	全黑嗶嘰制服	$16500.—
時裝部	流行影格呢茄克	$ 2850.—
	高貴影星呢女大衣	$14500.—
	全毛丹鳳呢女大衣	$11500.—
	彩色凱慕爾女大衣	$28200.—

今年盛況空前，轟動！轟動！

定衣時有效
取衣時不退

代價券
壹仟圓

犧牲品不用
每券限一次

結婚禮服半價出租

光化 十一月號 第一年 第二期 目次

罪不容恕

插圖

謎學

離石散文選

文化消息◎由僑滬日本人文學者所組織之上海文學研究會，此次已出版「上海文學」第四號，作品（日文）有朝島雨之助之五百行長詩「鄱陽湖之鷹」，小泉讓之「續詩聖故事」，及池田克己之「和平報」等，頗堪注目。◎草心平主編詩同人雜誌「亞細亞」，現已出版第一號，執筆者，爲草野心平，池田克己，朝島雨之助，以及其他在華日本詩人會員。

預告

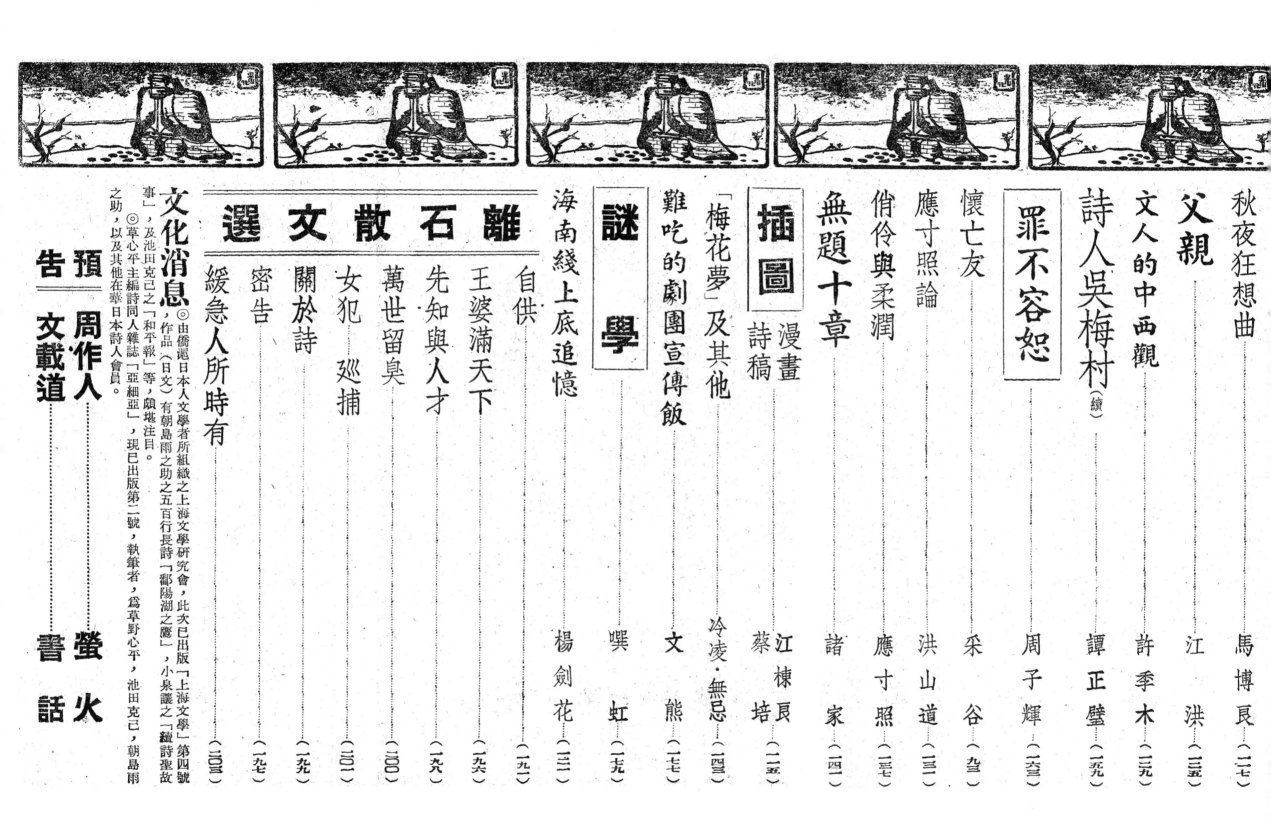

光天化日之下

見利忘義

倉夫

不用訓詁的方法，來向「利」與「義」作解釋，想時髦一點，用新意義來闡明一下。

「利」也者，舉凡鈔票銀子，金錢財帛，酒色淫欲之類都屬之。「義」也者，舉凡悲憫同情，見義勇為之類都屬之。

據說，（這決不是事出無因的據說，而是有正史、野史，外史等可例證實者）已往咱們這人類社會中的確有見義勇為，不問利害的大丈夫、男子漢、乃至巾幗英雄的出見，隨後是日益衰替，至於現在，則漸漸地充滿了「見利忘義」之徒，這到底是進步歟？退步歟？我不想下什麼判斷。

為什麼我們的社會中會充滿了見利忘義之徒？原因很簡單，因為利到底是好物事，有了利的底盤，可以恣意飽啖，可以獵豔縱慾，可以滿足聲色之娛，換句話說，也就是可以盡情的享樂，滿足官能上的刺激，然而這些享受不能不建築基礎於利字上，於是就不得不日夜勞心焦思於如何求得利？利字既在腦神經中占據了全盤的地位，於是義的思想，便退避三舍，將牠忘個一乾二淨。

盜竊宵小為什麼要犯罪，——奸淫劫掠，綁架勒索，無所不為？他們並非不知道是會吃官司，被拘禁或被槍斃的壞勾當，其所以悍然行之者，無非利的衡量兼於義，因此就不惜拚却生命，但求大利到手，能獲漏網的僥倖。這是最低等的見利忘義。

至於較高等的見利忘義的作法，就不同於此。他們會看準瞄頭，握住一般人的需要的標的，譬如大家每天要洗衣，要吃捲烟，要用筆寫寫字，（這乃是隨便舉例）於是便把這些肥皂、捲烟、紙張囤進他的倉庫裏，今天不脫手，明天不售出，迨夫價格漲到了足够他一擲萬金玩女人，（不外，長三，么二，或舞星之流）的時候，足够他買汽車，購洋房的時候，這才重新吐出來，不管要洗衣的人買不起肥皂，要吃烟的人無法過癮，要寫字的人，（如我們被列為文人學士之流）買不起紙張，只要自己於心滿足（滬語也），那裏管得到別人叫苦連天。這作風較之前者高明，只要有鈔票本錢，便可以獲厚利，就是殘害了別人，也不見半點血。

至於更高等的見利忘義，那就可以連本錢（指金錢也）也不要化，但憑三寸不爛之舌，講斤頭，挑撥生事，不管剷盡自己人格，不管出賣了友誼，從中「東說洋山西說海」的斂錢取利，飄飄然過着養尊處優的生活。

還有最高等的見利忘義，往往出於腦筋特別銳敏之徒，他覰準了可以運用權力的美缺，不惜鑽營吹拍，在未出馬之前，說得如何為公為民，及其既上手之後，敲詐勒索，無所不用其極，不論親戚朋友，叔祖伯岳，一應以竹槓為前提，可敲即敲，反正人為財生（非死也），有良機而不用，豈不傻透？

以上我們雖然歸納了這幾類，但一言以蔽之，這都是見利忘義之徒。試張目以觀，到今日爲止，有幾個人倒還在興悲憫同情之心？有幾個人倒還在鼓起枵腹專門幹「見義勇爲」的事情？許多滿口辦義務善舉的人，往往幾椿善舉一幹，潔身引退，而關起了寓所的大門，腹便便的儘可以吃他半生一世。

見利忘義的作風，橫行如此，也就無怪乎我們要用「非常」來稱這一個時代了。

如是世說

矢前於

一

做文章的專管做文章，這大概就叫安於本位了。

所以目做文章的用何種方式去做文章，也無可非難的。不說內容，單講近來文章的專用洋典，甚麼周比特，甚麼宙斯甚麼上帝等等，老實說中國可以替代這些洋典的東西並不是沒有，月老，洪鈞老祖，到處的神廟，玉皇大帝……

魯迅說過：「張三李四是同時人，張三記了古典來做古文，李四又記了古典，去讀張三的古文……」又說：「水夫挑來用水濕過的土，想喝茶的又須擠出濕土的水：那可眞要支撐不住了」。

我們翻了許多洋書求了洋典再去讀他們的詩文嗎？那眞要支撐不住了。然而不能非難他們的，他們是安於本位的工作；爲做文章而做文章出力的人。

我們看到聽到許多人講過，安於本位的工作也是救國的好方法。

他們是安於本位工作的工作者，我們能非難他們嗎？

況且旣稱新文藝，用古典俗典不嫌舊嗎？不用典也顯不出新來的。

可懷疑的，有否救國的細微力量在內？這樣說法似乎又牽涉到內容了。

二

走着路，聽街角人叢中的聲音：「……不是蛇不咬人，不是蛇不敢咬人，不是蛇而怕人……諾！有這二粒丸藥，蛇便不咬人，蛇便不敢咬人，蛇便怕人……」。

是的，際此蛇蝎時代，有蛇藥的可以安然做官，安然做蛇；沒有攜帶什麼如蛇藥的人，那行路是非常之難的。

三

聳立在一帶矮瓦屋中間一幢樓房，是紅卍字會會長的屋子。會長並無任何職業，所以可以專心致力於慈善事業上

屋子是做了會長以後購地建築的，屋門的上邊有四個用方磚磨琢起來的大字：「與德爲鄰」。

認得三個方塊字的小學生要找找這德鄰；那東屋邊是一排糞缸。

了解

卞子野

以前黎烈文主編申報自由談時，刊過一篇短文，引了一個例子說，乘黃包車的決不會想到車夫在打量你的身軀的肥瘦，認爲是一樁好買賣與否，如果是個胖子的話，拉起來便很費力了。這是坐車者所絕未想到的，於此可見人與人之間的了解，除非有身歷其境的經驗外，頗不容易。

我的朋友杜君新近和他的女友訂婚，晚間席散後。杜君的女友叫他帶兩只人家送來道賀的花籃回去作爲紀念品。杜君是住在一家公寓內的。花籃連泥在一起，份量很重，而時間已很遲了。公寓內的電燈早已熄去，他當時無可推却，雇了街車，一直到寓所的弄口停下，穿過很長的一條弄堂，在黑暗中摸索走上三樓，手被花籃累得很痠痛。假使杜君的女友能了解這種情形，一定不會叫他在深夜帶回去的，然而她不了解，雖說兩人的交誼已在一年以上了。

有時，幾個熟習的朋友在一起，大家談得很投機。彷彿彼此了解的程度很深了，然而仔細一探究，各人有各人的教育，家庭，及背境，難道眞能達到相知彌篤的地步嗎？我想是不然的。

所謂「知人知已」，本來非具有周密深入的目光不可。一個人的情緒，常常跟着環境而起變化。袋中有一百萬元時的心境，與囊無分文時，自是不同。要了解對方，先得體會他的環境，始能明白他的意志的趨歸也。

其實，不要說知人甚難，知已也不容易。誰能够準確的說出個人的短處與優點呢？依着人類的普通的心理，對短處總是設法遮蔽或抹殺，而對優點是不惜誇大的。無怪我曾經在某校的畢業紀念刊上見到某君在他的照片下自題道：「我不知道自已是一個怎樣的人。」我想這倘不失爲由衷之語。

略論名流

小可

若干年前有人談過文壇登龍術，到現在似乎已經不大風行了，但是這年頭花樣翻新，欲做名流者居然有「術」存焉。

所謂「名流」也者，是介乎官民之間，而爲一般小市民所「敬慕」的人物，在從前要成名流，非得下一番功夫，做幾件似乎有功社會，又像有利自身的功德，辦幾次慈善事業，或是收收門徒，等待一個時期始可告成，想來亦非容易。

時至今日，凡百事物都有進步，於是名流之類登龍之術閃電式的產生，洋洋乎大觀，使小市民雖日夜留意，恐倘有記不清如許大名之嘆。

據說現在要擠身名流，方法較爲簡易，初則逢會必到向新聞記者打招呼，筆下超生，明天報上不要忘記他的大名，繼則自發油印新聞，請托編輯吹一下牛，更進一步則免費的簽名式的特刊出版矣，其人則舐舐的厚嘴唇說：「這是不得已啊！」

眞才實學，並非做名流的條件，試看特刊上漂亮的簽名與夫煌煌巨著都由人「代勞」，空氣中的大吹大擂更不用說，然而第二天報上照樣有丑表功式的大文，這比登廣告要略勝一籌。

戴假面具的猴子，有時很像紳士的模樣，但是當被山東老鄉一聲吆喝，剝下外衣便還其畜生面目，愚蠢可憐，我們且看正在爬與擠的「名流」吧！

敵人與人敵

紫轎

能爲人敵者，才有敵人。無敵於天下者，又是超人敵了。超人敵的無敵者是頗悲哀的。但往往的父師們訓子弟，都以莫樹敵人爲詞，只要以多友人爲務，在社會中露頭角者，亦有兩個顯明的分野，不敵便友，這是眞硬漢，若夫以滑頭手段而得些非敵非友，結果，會只有敵而無友，再想用滑頭手段而化敵爲友者，那簡直是在作夢，雖然有時也能生效，不過終於要會到嚴重的後果，所以倒是多樹敵人而爲人敵者乃爲硬漢，是眞英雄。

近來在文化界，像上述的硬漢，實在難尋，多的以滑頭手段形成非敵非友，或欲化敵爲友，甚且不惜埋沒眞姓而姓敵姓人，使大家看去是敵人，實際一點也不是眞敵人而是狄任之類，時而他姓狄，時而他姓任，此輩的行爲本想不在樹敵人，可是大家都厭惡其冒充敵人，有「種」的則拿出貨色來，是否爲人敵亦是否有敵人，在他們認爲敵人者，所給的倒是教訓，不是攻擊。

爲什麼還要假稱是人敵而有敵人呢！省省吧！誰個是他們的敵人，他們够稱自己是敵麼？夫布衣而倖成名流，倒是常有的事，若夫布店學徒而欲硬做綢莊經理，那當然是够不上稱敵人的，因爲他本來不是人敵。

談鬼

阿朋

最近有一位朋友的家裏，突然鬧起鬼來，據說白晝尚稱安靜，一到晚上可就聲勢煊赫，大有喧賓奪主的模樣。

照迷信的說法，在光天化日之下，鬼是應該無聲無息的，如果誰白晝見鬼，那末非死即病，最低限度要化上幾張錫箔恭送西方。

然而照那些神奇小說上的記載，鬼、亦可以變化成「人」，裝成紳士名流的模樣，有時搖搖擺擺出入大庭廣衆之間，使人迷離撲朔，莫辨眞僞。

據說更有一種聰明鬼，非但會朦騙人，而且還會利用人，像倩人捉刀做幾篇應時八股文章，使人驚歎他的「鬼才」有時再加上一個簽名式的下欵，但是鬼的技能祗止於畫符，那漂亮的簽名式亦得敬求他人的墨寶了。

與鬼一邱之貉的，非狐即犬，於是狐狸精搖身一變便是一個體面的幫手，到處替鬼捧場，逢人稱贊，鬼一旦要裝成「文化人」的樣子，便一陣陰風混入了文化界，出一張特刊，唱幾聲高調，好在所謂文化界者人人得而入之，何況是鬼計多端呢？

嚐過人間甜味的鬼，大概覺得有些戀戀不捨，便索性「幹」他一下，因此不惜假命招搖，自稱「名流」，放放「空氣」，玩玩女人，連狐狸亦得意忘形自「鳴」得意起來，但是在他們鬼混之下，倒霉的却還是無辜的人。

其實在二十世紀的今天，還有誰想信鬼與精怪，聊齋上的「畫皮」不過是荒誕不經的故事，見怪不怪，其怪自敗，所以在光天化日之下行魅魎技倆的不是鬼變的人，而是人變的鬼罷了。

光天化日之下

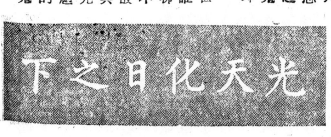

憶故居

何若

（編者閒言）由憶故居而絡及全國民居，其立意是如何的深遠廣大，從文章本身看來，儼然是一幅圖畫，眞而且美，比普通敍述者的枯燥冗瑣，逈然不同，又圖畫還是平面的，本文却恍似立體的，讀時與看映影片的感覺相同，非寫作聖手，不能有此妙筆，還有感慨人事之盛衰與夫世局之治亂，隱約於字裏行間，更非斲輪老手，不能有此曲筆，杜甫有「安得廣廈千萬間，大庇天下寒士盡歡顏」之句，何若先生的改建全國民居思想，乃駕杜氏而上之，蓋非怨貧憐困之憤言，乃安居樂業之建議，是以不是詩人的感興，而是學者的論理，試問前乎他的人們，誰個計及全國民居的安危泰否呢？

先知本是全人類的，最小限度是一國的，我於此文已見出何先生是一位中國「住」的先知了，若祗以憶敍之文讀過，那就太滑眼了，所以我寫出上面一段閒言，提醒讀者們去下細玩味。

曾因看畫有感於半世踏紅塵，未能領略竹籬茅舍的風味，享不到易得的清福，身旁的畫家報以冷笑，又說道，「遠看可以入畫，入畫後更加玲瓏清雅，你以爲經我們美化在筆底的柴扉，土壁，豬圈，牛舍之類眞的可以親近，可以安身麼？」我立刻自覺不是個藝術家，而是要實生活的平凡人。其實我生在村鄉，確曾短期置身在這種環境裏，不過當時住的比茅舍爲好，又因爲離開久了，或者兒時不覺得臭與髒，實情如何，早已忘掉，於是悠然想念那從我呱呱墮地後住居過五年的村屋。

在那村中，鄉民全有「自居屋」，而我家沒有，住的是賃來的。無論在外邊做什麼事，怎麼闊氣，凡是沒有房產地產在本鄉的都給鄉民瞧不起，他們斷定你在外邊賺錢不多，至少是沒有積蓄，缺乏做人最大的一種美德，否則責你忘本，自私，不能反哺本鄉，冀圖避免利益族人。這種見解非常之好，父親尊重它，後來有點餘錢，漸漸在本鄉買幾畝田，一所房子，又捐錢辦公益事，才不再受他們指摘。不幸他到晚年把這些一點不動產忍痛賣光，弄得非常之不體面了。前後兩種情形使我對於本鄉沒有好感，因而我的戀鄉心非常薄弱，自從遷居在城之後，沒有興致回鄉去，祗因旅行順路經過兩次，像初到的過客進去遊覽遊覽而已。惟有生在那裏，幾年玩在那裏的一所質樸的小房子，至今還分明在念。

我鄉中作爲住宅用的房子，結構一式，大的是各部放大，高的是加高，再有不同，是在材料的精粗厚薄罷了。房子的前後牆和前後兩家共用，幾家或十幾家的房子連成一串，就是最前的和最後的一家也有一牆與別家相連。這象徵着互相依倚，不可分離的生活關係。房子左右兩邊是小巷，小巷窄到一個人橫伸兩手便可捫牆。這又顯見得同排三家，密切接近了。前者是縱的，後者是橫的，所謂聚族而居，就是這麼聚法，不獨我鄉爲然。這些小巷，垂直於村前的大路；大路與戶屋之間是農家必需的曠地，打稻、曬穀、拴牛、堆草都在村前。村後村旁是一帶短牆，防衛用的。村前大路與小河平行，隔河是園圃。如果大路臨水一邊沒有列樹，我鄉的秀麗必定大爲減損，小小的我也不愛時時跟着鄰童去看他們在河濱釣魚、打鳥、遊泳、偷摘水果了。一到巷口，天然美好的圖畫就在眼前，可是一回家便困在狹小的房屋裏。前家後牆之後是方形的天井，天井左右的小室叫做「廊」，都有門通出小巷。一邊的廊是活用的，吃飯，會客，工作，閒坐都在此；那一邊的是廚房。不知何故，各家都喜歡由廚房的門進出；如非嚴冬，此門白天必大開，在廚工作的人，不時和門外過往的人打招呼，偶然有人踏進來談閒天，看做什麼菜，或分贈些少新摘的蔬果。天井之後才是正門，門前有一條通路連絡兩廊；踏進大門是廳堂，這才是家屋的主要部分，陳設雖不必講究，却必要合規矩了。祖先牌位供在廳堂靠後的小閣上，小閣下用板障隔成小貯物室，其中是米缸掃帚之類。廳堂兩旁是大房間，我家人少，一間作寢室，一間作倉庫。這主要之部通稱「三間」。在廣東，一說「三間兩廊」就指這種格式的房子。當然住這種房子的是鄉下人，比起擁有甲第名園的不免自顧寒儉，而我有幸，就在它的庇蔭下出世爲人，勝於在茅屋多多了。母親爲人很精細，每天早飯畢，就在大門內一旁放張椅子，做她的手工，位置斜對着廚房，光線由天井上空向她的左方射落，幫助她縫衣，刺繡，編織籐器，捲砲竹紙筒，而同時幾乎可以控制全局，顧及跳進跳出的我。

鄉下人之愛上城，甚於城中人之愛下鄉，所以我最喜悅莫過於聽知母親託人雇艇。雇艇是上城，上城一定是探外祖，外祖的家才眞正好玩，好玩得像天上的樂園。

小艇小得很，可容五六人，艇頭一人用單槳，艇後一人用雙槳，我們坐在中間，沒有風雨時，在四條木柱撐着的篷下四望豁然。在大路旁果樹下落艇（我們不叫登舟），循着曲折折的小河駛出珠江，橫過珠江又入小河，是廣州城外了。田疇村莊已經落後，夾河的是街道，是高屋，是花園。小河曲折縱橫，小艇穿過八九個橋洞，我知道橋的雅號，有梯雲，有柳波，有些記不起了。過了最後一度，外祖家的竹林在望了，再打幾十槳，就在竹林下登陸。廣州西郊，小河交織，四十年前，不是頗像稱爲東方威尼斯的蘇州麼？如今大的淺淤變成溝渠，小的索性填塞開了街道，剩下來的荔枝灣一帶也淺窄了，無復舊觀。

我家在鄉，有兩個理由。第一是人口少，在都會開個大家擋是無謂的；第二是我鄉有一種輿論，族中人如非大富大貴而不居鄉，便是不安本份，甚至連你家的子弟都加以輕蔑，說是不知稼穡之艱難。我們移家廣州後，鄉人來探訪的往往對我這未滿十歲的孩子也施以揶揄，提出許多我不懂的鄉間事情作爲課題，使我當衆出醜。我們搬家原是不得已的，父親在城做事，我又有個小妹妹，他要照顧家人，況且我也快要開學了，應該在廣州求師。父母在廣州結婚，回鄉住了幾年，養了一對兒女，也算無可非議，祇可惜我從此便久別我的出生地。

母親時常帶我們兄妹二人返外婆家，這樣很可以調和我的生活，我的一種半城半鄉的氣質，必定從小時候養成。然則孟母擇鄰，不免是偏畸的教育了。外祖父已到晚年，正在閒靜，他本愛刻印，寫畫，彈七弦琴，又是個多藏的收藏家。他的房子，算面積，比我們的村屋大十五六倍，後花園又比他的房子大十幾倍。園中還有假山，有可以划艇的池。他愛寫梅花，所以園裏的梅樹種得最考究，還有其他的花果和蔬菜。我一到他家，玩得不亦樂乎，下雨也留在花園裏，亭子水榭中，和小朋友無所不爲。花園的一邊是小河，艇子日夜往來，看看不足。這所花園在那時廣州城西本來卑無足道，外祖父也不替它起個名號，因為還有好多更闊氣的名園，如劉學詢的劉園，潘士誠的潘園等。

廣州的舊式住宅，論大小以「一邊過」（即江南之一開間）為單位。寬窄以瓦桁計算，由十一到二十一；深淺以「進」計，一進即一廳或連一室或一天井。二三邊過的是中上人家，我見過最大的有七邊過，聽說還有十幾的。這種大房子宜於子孫衆多，幾代同居，凡是成家立室的，給他一邊過，即使因經濟獨立而析爨，祖孫父子兄弟還得時常接近，勝於聯絡困難，這又與鄉間的聚族同居法大同小異。這種大家庭的份子，一生無須顧慮到人生三大需要之一，富豪為後代計，建造了這樣的房子才算是對家庭盡責，得人讚美。每家有其「正間」，家長居之，祖先牌位在焉，其特色是廳堂深廣，正門高大，作用不言而喻了。正間以外的叫「偏間」。

外祖父的房子不過三邊過，三進深，他老人家無寧注意花園的佈置，房子除住居會客外，好幾個大房間作為倉庫用，藏着好書，名畫，古玩，武器，石頭石塊；其餘的有刻石室，裝池室。最神秘的是一座高樓，有名號，藏畫用的，禁止闖進，他在世時，我曾蒙特許，登樓觀光兩三次。外祖父雖然已達六十外高年，却還好武，能够用新舊武器自衛。他的寢室內，大刀，短刀，長矛，手槍，森然可怖，但是床上有具七絃琴和他同臥，好像很不調和。幾處儲藏室的門牢牢關着，我從沒有窺見過內部的陳設。各處牆壁開着小洞，這很明白，如果遇盜，他祇要有槍在手，隨處可以據守作戰。由此推想，他家所藏必有寶貝，非如此不足以資保衛，而這種嚴密準備的情形傳出去，盜匪便不敢覬覦。那時廣州還沒有開辦警察這項新政。

到我×歲那年，他的秘密在幾天之內完全呈露了，消失了，我們就搬進這所大房子。我五歲離鄉，住過幾所廣州的小房子，天天上學，念書寫字，房子的好壞不必去管，好像祇是為睡覺用的。混了幾年，外祖父一病死了，喪事了結便是析產。母親帶着我含淚看她的幾個兄弟把古玩，書籍，畫卷，墨硯一堆堆擺在地下抽籤，抽畢便各各捆載而出。武器，七絃琴，家具都在幾日內分光了。我却高興，能够見所未見，看透以前的秘密。等到他們憑文件算盤來分散不動產時，我已不感興趣，仍然拉小朋友跑到梅花樹下捉池裏的烏龜。外祖全家已經化整為零，惟有大房子和花園打不破，劃不開，一時無法，祗得暫時出賃，每月的租錢就很容易平均分發了。父親幫幫他們的忙，房子由我家賃得，所以我們算是喬遷了。

搬進之初，頓覺房子仍舊，面目全非，我們那有許多人和陳設物呢？祗覺處處都太空虛，太寂寞，我此時才懂得怕鬼。那畫樓裏板壁上祗餘下櫛比的釘頭，原是掛畫用的，此時四壁蕭然，人蹤罕至，正好給我利用作爲秘製大風箏的工場。我住在這所房子的時間並不很長，有個時期到別的地方讀書去，一個月回家一二次，也不留宿。最掛念的花園每次踏進，顯見得越來越荒蕪，惟有鳥聲嘈雜，飛蟲往來，他們在此比以前更適於生存而已。廣州却一天一天現代化了，電影由日本首次傳入，沒有電影院，借得上述的劉園一個大堂來放映，映的是日俄戰事片，有樂隊助聲，小鼓的拍拍代表槍聲，隆然的大鼓是開砲。這年是乙巳（一九〇五）。

微聞房子和花園都要出賣了，幾次有人來巡視，聽說是地產公司的老闆。他們最感興趣的是我的樂園，要估計面積，估計假山的泥土是否足够塡平那大池，或者還估計所有梅花樹，高桑，梧桐及果木可以變作多少柴薪，值多少錢，太湖石，青石橋可以敲碎和混凝土作建築用，亭榭的木材是否未朽可用。父親知道無不散之筵席，預先尋得一所殘舊的房子搬家，從此我們共同約定永不再到外祖的舊居，父親有時經過那附近也繞道而行，說是不忍見它的改觀易主。花園的故址是小街和不知幾所的小房子，這是多年後我偶然注意到的，直至前幾年才夷爲瓦礫場，現在當然距離復興還遠。我不像父親那麼癡心篤舊，有生以來，整個國家正在不斷地經歷多次大變，何有於一個舊家？就是我們自己的家何嘗不變得不像樣，有突變也有漸變，安定與持久都不必想。拿廣州說，新市政施行之後，小資產階級風起雲湧，馬路開拓了，名園甲第的遺址都建起了狹小黑暗，鴿子籠式的所謂洋房，這是經濟上的漸變。人說它日趨繁榮了，國人自力經營的新都市以此爲第一，國民經濟的前途很可樂觀了，誰知幾天功夫，焚的焚，毀的毀，鴿子籠又變作瓦礫場，這是突變，不可逃的命運。

南京是我的第三故鄉，在徐錫麟安慶起事那一年我在那裏住過，至今還戀戀哩。父親不問我年齡怎樣，要我多見世面，所以我得以隨人遠行。住慣了人烟稠密的廣州，初到南京，下關上岸後，一路坐馬車入城，詫異這名都何以和鄉間差不多一樣。有人告訴我，太平天國亡後，殘破的地方還沒有復元。其實原因還不止此，後來才知道。又有人說，南京之可以久守，因爲城內多曠地，可以種田。這在古代是說得通的。當時我以爲住南京也好，等於居鄉了，如到鬧市，豈不等於上城？南京也確有幾處熱鬧的地方。在一個大城中，有鄉有市，正合我的脾胃。

土街口現在不易尋出了，誰不知道大名鼎鼎的新街口，而不知土街口就在附近。那邊一向是交通孔道，我住的是馬路邊的一所「民房」。民房同官署，結構實在差不了很多，在當時。現在民房異於洋房，官署則多是特殊的建築物了。那時我們住的民房算頗爲體面，門前大書某公館實在無愧。前牆外面鑲有幾個繫馬的鐵環，房子內有放車轎的大廳，其他門房，客廳，書房，上房等應有盡有，最可愛的是中心的大院子。廣東的舊式房子沒有大院子，因爲天氣熱的時候長，人都需要蔭涼，雨又多而大，水的侵入是要防範的，通光通氣惟靠小天井，多數還用可以啓閉的明瓦天窗蓋着。我特別歡喜大院子，尤其是北方房屋所有的，屋子圍着，既供實用，又可作爲小花園，不必在房子以外另闢小花園了。南京既富有鄉村風味，不出門也有露天的小花園可玩；沒有樓又免升降之勞，這種住宅在現代都市中求之不得，亦一憾事，所以當時覺得很安樂，有不思蜀之概。這民房又是孤立的，與菜圃小池爲鄰，雖然肥料中的亞摩尼亞氣味有時乘風襲來，終不掩佳妙的野趣。狐仙有無說漸漸成爲家內廣東人與南京人閒談的資料，我堅持否定論，以爲地板作怪，如僕婦莊媽半夜見一茸毛動物而呻吟驚叫，此物不論是狐是狸，必定從外面洞穿地板進來，從此我便時時留意地板之是否完好。迷信鬼物常與房屋的建築，佈置等有關，最新式的洋房中如果鋪陳整潔，即使有鬼，却絕不能發見狐仙之類的痕跡，即是一證。

好多年後我才北遊，初到北平，先怪房屋太矮，後又怪它各個屋子分散；直到冬季，忽然明白，矮與分散於保溫氣拒寒風有利。這和位於東亞熱帶的我鄉的房屋相反，那裏屋頂越高越好，屋內各部四通八達以求通風暢流，無須禦寒，防暑爲要。這類的房子佔地甚廣，決非新都市所能容受，大家庭也有拆散的趨勢，舊房屋在未來的我國都市中，怕漸漸罕見了。曾和日本人談及中日人住居的異同，關於整潔問題，一致認日本屋矮小故易於保持清潔，中國則反是，此與人性之勤惰無關云。

人生幾十年，室內生活實居其半；這還是指日出而作，日入而息的農人而言，其他的更不止此。居毋求安不是一般的人情，怎樣才安是需要研究的。爲都市人設想不如爲大多數鄉下人設想，爲富人設想不如爲食力者設想。建築師可以替資本家計劃造摩天樓，又可以替鉅商貴人設計造豪華的邸第或精緻的别墅，我希望同時有人替我國小民設計造價廉便用而又適合衛生的小房屋。平生足跡所及限於東部，由南而北，最遠亦僅至松花江畔而止，每至一地，必留意民房的樣式。可惜西部沒有到過，我國民間屋樣蒐集不全。數年前採取各地屋樣之長，參以西式，曾經繪成一百一十樣，想加以說明，印成一本書，爲戰後復興盡點貢獻微力；戰火猝至，一頁不留了。做這種事不必等建築師或藝術家去費心思，從泥水匠木匠得點知識的人便優爲之，我覺得中國缺少了這一本書，所以自己不妨嘗試，還望别人也像我去嘗試。各地民房的樣式眞是萬家一律，決不能適合現代複雜的生活，畫家與體育家不應該住同樣式的房子，常常打牌的太太與好拜佛誦經的太太亦然，我的圖樣如此之多是經過一番考慮然後繪成的。現在憶故居之餘，不能不憶及已燬的我理想中的民居，就把這理想的作爲我的故居看也並無不可。

在上海住了兩年多，要賃一個小房間也不知失敗過多少次，這或者就是故居頻頻入夢的原因。飄泊慣了，隨遇而安原是單身漢的本分，無奈我也有個數口之家提挈着，即使不打算給家人以舒適，那些必需的用物也得有若干立方尺的空間來堆置。沈沈大都市，不得安居，回想看書有感之時，恨不早向農村中討生活也！

（三十三年十月十五日）

四年回想錄

柳雨生

作者漫畫像

一　回首前塵

從前的人有一句祝頌用的老話，叫做『三年有成』。論語上面孔夫子還說過：『三年無改於父之道，可謂孝矣！』可見三年向來被認做是一個成數，無論什麼事情，何等事業，大而至於國家局勢，社會遞嬗，小至個人的行動思想，經過短短的三個年頭，多少應該看得出一點變遷，一點影響，何況是在這個驚風駭浪的大時代裏，又已經歷了三年以上的時間呢？正像我們試用一塊石子，遙遠向靜止的水面擲去，一個一個的圈兒，愈擴愈廣，愈淡，慢慢的水面許又恢復到寂靜狀態了，但是清綠的水，正不知已泛起過多少皺痕。

民國三十二年一月，我在一篇文字裏曾說：

> 整個世界都在無邊的戰火中猛烈燃燒着，人類的聰明和智慧使自己建設起了一半符合理想的世界，但是虛偽和自私又毀滅了它。整個世界的人類在這場劇烈的搏鬥中顯明的劃分成兩個堅固的壁壘，每一邊的人都想着，都自以爲自己是懂得眞理和正義的，而對方則全是自私與欺騙。

這種情形，在今日看起來，非但不能夠算是杞憂，簡直到了變本加厲的程度了。生活在苦悶裏。我們將拚着生命的勇氣，來忍受世界上應有的憂患和苦難。這是生而爲中國人的，與生俱來的應有的憂患啊！從晚清直到今日，四五十年來的驚風駭浪，難道我們還不能夠醒覺麼？一個沒有科學的國家民族。一個棄學術思想傳統如敝屣的國家民族。貪婪，自私，懶惰，坐吃山空，個人主義者，不正是我們所有的大多數國民執着的黏固的性情麼？我們也能夠忍耐苦痛，我們也不怕艱難撑渡，這只是我們民族性裏原有的逆來順受的信條，可是這種耐苦，這種支撑，除了尼采所稱道的『生之意志』的意義之外，我們還能夠有些什麼呢？我們是在貪生着，可是我們大多數的人從來不去想怎樣去『求生』。我們的生之意志因而也僅僅表現在我們生存着的時候，而且是在艱難與苦耐的苟安中生存着。到了我們的多數人不能夠獲得生存時，那是奄奄的死，在其餘少數的貪婪和懶惰的人們的鄙薄中無聲無臭的消逝。

我們只有貪生或偷生。在今日我們的國家社會裏，缺乏理智，缺乏信義和同情，沒有公民訓練，沒有澈底的團結。所以我們也沒有生命的擴大和開展。不用說是短短的三四個年頭，就是近三十年來國內情勢的演變，政治局面的推移，倘若我們肯痛心的去追憶起來，一個不很健全的現代國家的雛型，又何嘗不是幾經『再造』，幾經破壞：多一半是在支離破碎風雨飄搖的情形下討生活。我們國家的自然環境眞好，誠如『美哉中華』的歌詞所頌，『寶藏萬千，庶物富足』，我們當然不致怨天；即使是在飢饉遍野，水旱災禍的時候，眞像古書所描寫的老弱轉乎溝壑，父母妻子離散，我們輾轉在死亡線上的同胞們，也仍舊會想到我們中華民族悠遠的歷史，優美的文化，以及地理環境的溫厚適宜。惟在近世史上的中國，從閉關自守到海禁大開，由唯我獨尊到了人爲刀俎我爲魚肉，我們的國家民族就無一時刻不掙扎於內憂外患艱辛困苦的境地。在均勢平衡底下的中國正是孫中山先生所屢次指出的『次殖民地』。均勢的平衡打破了，我們自己還沒有立定脚，整個世界的戰火燃燒起來，猛烈的程度，中國與世界原不能够勉強劃分得開。

然而我們只有貪生或偷生。七八年來，因爲事變及戰局的推演，使人們更形虛浮，更見囂張，忽視了現實，也忽視了根本的問題。好死不如歹活的意識支配着整個社會，或者說整個國家。平時不甚顯著的個人主義者的私利觀念，因生活的高張而形成尖銳化。我們缺乏有修養的有高深學問的純正學者，無論是先進或少壯派，人數少得可憐，老輩一半凋零，一半也在抱殘守闕。青年們沒有機會受到正軌的教育，沒有知識，常識的程度亦復低落得可怕。高等和中等教育老實一點說已經瀕於破產。社會的秩序也因生活劇烈變遷而更見紊亂。欺騙言語代替了老實的主張。沒有人相信切實合理的生活，雖然他們時刻在夢想着。虛僞，欺騙，荒淫，無恥，貪婪，萎靡，支配了整個的社會羣衆。每一個人口口聲聲的對過去存着神話似的憶想，對將來展開空洞的推測，而沒有人能够緊抓住現在。少數緊抓住現在的人，又只有時刻不離開享樂的要求，不離開自欺自立言不誠的玄誕妄想，不離開絕對無比的自私自利。人人爭說過去社會秩序的安寧，人人懸想未來世界的變化，似乎過去也有着一個理想的國家，將來也要有一個理想的國家，僅是對於現實發生不滿和鄙棄。然而每個人自己在現實之中安全的生活着。沒有人發生一點微弱的勇氣來把自己的生活與現實社會完全隔絕，那就是說，爲過去的社會而殉死，可悲憫的殉死。更沒有人發出大智大慧來認淸現實，正視現實，設法把這個紛亂的局勢澄淸。在其間生活着苟安着的人們自己比擬到世紀末的前夜。

在此階段中我們的知識分子多數變成最爲無聊的分子，非但無聊，並且顯著的表露着其萬隅式的生活，飄萍式的寄存。第一，就是其職業的無常無定。所謂無常，當然與其生活的游蕩像轉蓬一樣有着密切的關係。朝秦暮楚，忽東忽西，歷南到北，歷盡了亂離之世的苦楚艱險，飽嘗了許多意外的苦辣酸辛。他們之需要生活正如他們的家人父子之需要生活，可惜他們眞正懂得政治的人很少，會鑽營投機的更不多，既不能投筆，又不會經商，而連純粹的文化出版事業，也受了國家局勢演變的影響，重整復興談何容易。於是乎潔身自好之士，或則拋頭露面，或則隱姓埋名，只能仍舊多多少少的從事於其本位的工作，爲學術文化保留一點一滴活潑的元氣。所謂無定，就是因着生活的變動，職業的範圍，往往超越常情。文化人這一個名辭一度成爲流行的口頭禪。所謂文化人，包括的職業範圍之廣，甚至可以從法律學家算起，到做官的委員，祕書，其間爲教授，著作家，新聞記者，編輯，音樂家，演員，導演，編劇，……以及書畫家等等。官吏的職務之比較清閑者，成爲一部分文化人應有的兼職，做爲適應其生活需要方面的一點保障，從而獲得極輕薄的俸給。有的人漸漸的變成政界裏面的淸客，因而拋棄其故業，同時又有在政海中未能飛黃騰達的官僚，退而致力於官僚文化或官僚教育，即使於實際完全無害，當然也不至於還有什麼裨益。於是除了很少數冷靜而切實的文化工作者繼續其對文化貢獻及對生活掙扎的淸苦生活之外，其餘虛浮的粉飾的或報銷的文化事業，在物質條件如此困躓的情況之下，不能不說是異常的無聊和可惜。

第二就是知識分子們沒有發揮什麼理想和主張。簡單的說，就是不肯負責任。我們譬喻文化如精神糧食，而供給此種食糧的人，非但不能够披沙淘金，讓寂寞而飢渴的讀者們獲得一點實際的安慰，反而拿石頭當麵餅，或在果實上塗着毒汁，去戕害我們廣大的讀者羣衆。無頭腦的，不科學的著作充斥市場書肆。荒淫而富於挑撥性的色情文字，無時不在街頭發現。這些我們現在也姑不具論。可是我們要問：我們的知識階層，什麼是我們正確而眞實的主張？我們是在生活着，繼續而健全的生活着，我們不應該推諉或逃避現時勢的知識分子本身的責任。也許你以爲現在你已經不是一個知識分子，因爲你已經改換了職業，但是你的天賦的智慧和與生活俱來的知識當然並不會泯滅。這個責任並非不是我們本身的。我們儘管不寫文章，不旁騖外務，不做一切和文化事業有關的事情，然而我們需求生活，並且我們繼續生活着在目前並不是一件怪事。我們因此也有對於生活的責任。和我們一起生活着的有千千萬萬的人，幾年來的生活並不是我們自己私人的。大而言之，整個世界局勢的突變，小而言之，國家的興廢存亡，社會的安危定亂，我們一部分的責任既不能故意從旁的國民肩上卸過來，也不能够輕輕易易的撇開去。依歷史的演變和成例來看，我們這個時期的知識分子，倘使能够立定根基，繼往開來，理應特別努力去追逐國家社會根本的大計。

我們生而爲中國人，長於中國，並且在此時此地以各種不同的方式生活着。當然我們有了對於自己國家的美麗的執着和熱愛，也只有因此我們才有了生活的尊嚴，受到旁的國家人民的尊重。我們認爲國家的不強就是我們的不強，國家社會的紛亂就是我們的紛亂。愛之深所以痛之切，我們絕對沒有苟且偷安的心理，更不應存自了漢的觀念。雖然目前中國問題並不是單純的中國一國的問題，然而即以中國本身而論，即以目前我們旅行所能夠遍歷親覩的地方而論，滿目瘡痍，災黎遍野，無論是城市鄉鎮，村落郊荒，都能夠看到同胞們切膚的苦痛。貧弱，疾病，羸弱，原是我國多年未治的舊症，却在今日格外再加上許多內在外襲的因素一齊發作。我們民智啓蒙未開，政治的力量與實際社會保持着距離，民衆的心理是最現實的，因而也往往最容易滿足，然而倘使並此『生之意志』的最基本的需求而不能獲得，結果自然也會亂上加亂。而在動盪的時代裏本格的或偶然的有所憑藉的人，乘火打劫，淫荒靡爛，更使這個時候的社會逐漸造成一種苟安的迷醉的心理。知識分子在此時期沒有人能夠負起責任說出幾句有補時艱的話。冷諷熱嘲原祗只文字格調中的一格，當然不能夠時常有效。

並且我們要問，什麼是我們冷諷熱嘲的對象。因爲現在流行在我們社會裏的諷刺或蔑視，並不完全是文字的，而是一種從實際生活裏發出的一種論調。痛快一點的說，就是我們眼高手低瞧不起人。譬如抽紙烟，假定在市上可以購買到的烟有三砲台，大前門，和另一種最廉價的烟三種。我們豔羨三砲台的烟味醇厚，裝潢高貴，看不起售價稍次一等的大前門。然而試問一問我們自己，我們可以被譬喻做什麼呢？不是連售價更低廉的幾種牌子都不如的麼？我們站在什麼人的立場說這話呢？可憐得很，我們吸收了四五十年的西洋文化，無論是精神的或是物質的，到今日爲止，除了修好奢浮，競銷外國貨，學得了物質文明最輕易襲取的渣滓之外，從通都大邑到窮鄉僻壤，我們的國家社會還有些什麼值得一提的東西呢？試看看我們辦的教育！試看看我們目前的工業商業！我們的廉潔政治怎麼樣？我們的社會風尚是什麼？一切都不必談了，我們差點兒要忘記國家，背棄民族，沒有社會道德，也沒有做人的信義了。整天在我們腦裏打旋的是幻念，暴利，損人利己，麻醉，欺騙，以及許多紊亂社會裏所常見的現象。個人忘記他應該怎樣做人，社會也失去安寧和秩序，這樣繼續下去，我們可以期待的結果只是腐爛沉淪到無底的境地。

雖然知識階層也和普通人一樣的掙扎的生存着，然而知識階層沒有說話，這也不能夠說就是隱忍，並且也不應該還在隱忍。所謂知識分子，他的努力的工作當不僅是區區知識的傳授。他要指示出來國家社會變遷的因素，他要領導大多數人的思想。如果他認爲有理由，他應該抱殘守闕，他也應該大聲疾呼。可惜我們看到的只是許多應聲蟲似的新八股文章。

二　香島十八月

我是在民國廿九年八月廿七日離開上海乘船到香港去的。我乘的船屬於英商昌興公司，船名亞洲皇后。後來這隻輪船駛行不過再經數月，竟在海洋裏沉沒了。這是戰爭中常有的現象。所記得者，同年初冬『吾家』亞子先生離滬去港，乘的也是這隻船。柳亞子先生與我絕非同宗，過去亦未嘗謬託過知己。不過因爲下文有一點因緣，所以就先順筆提一提。

我到香港去最初不過是過路，目的地是赴湖南某地國立師範學院任職，因爲截至此時爲止，我是一個在學問上弄一點中國歷史和中國文學，且以教書爲職業的人。但是到了香港後勾留不過一週，親友們多勸我留在香港做學問。香港有公立大學一所，有許多地方和國內的大學相較或許是不足道，惟其中文學院以過去捐款興學的富紳鄧志昂爲院名，而由著名的民俗學宗教學者許地山先生主持。許先生是我向所敬佩的一人，他當時也是勸我留住的。當時香港的學術界裏，比較也有一二通人寄寓講學，如陳寅恪先生即是。其餘即非以教書爲職業的，如後來我所見到的溫源寧，全增嘏，吳德生，葉譽虎，巢坤霖諸先生，我都深深感覺其篤厚的品質，專長的學問，且不論他們的學問或績業之所在，惟以其是饒有中國眞儒家氣度的現代人，爲不可及，因而受到衷心的喜悅，並且也願意時常發生淡泊的接觸。

我在上段四五百字的文章裏，竟然提到好幾個爲人們所知悉的名字，除非是意圖標榜，自己也覺得是很不應該。所幸這些人裏，實在每位都有被提到的必要，如巢坤霖先生即是介紹我在香港擔任職務的人，我想我提提他總還不要緊。這裏我說，如果我要列舉十位我所敬服的友人，這位巢先生固然是在內的，即使僅僅舉出三位來時他的名字也依然存在。他是一位年紀相當老的廣東順德人，早年受到教士們的幫助在英國某個大學卒業，歸國後曾在早期的清華學校教英國文學及拉丁文。後來回到香港，繼續做教育行政工作垂二十年。香港在那時是英國的殖民地，對當地人口佔最大多數的華僑所施的殖民地教育自是低落得可憐的。港地中國兒童的漢文程度既差，而過去漢文最高的教育，又落在一般遜清遺老翰林貢舉們的手裏。他們受到香港總督（過去如金文泰之類）的盲目崇拜或優禮，還以爲是道不行乘桴浮於海呢。香港大學的中文系過去就是他們的勢力。直到民國二十年以後，經過胡適之先生的推薦，某年暑假才由陳受頤，容元胎（肇祖）兩先生一度到港大來研究改善中文教學的辦法，其後又介紹許地山先生來擔任院長。我們從胡適的南遊雜憶一書裏，不難獲悉這事的詳情及香港教育的情況。南遊雜憶一書裏特別提到巢坤霖，講他對改進香港教育的熱心，和努力使香港和祖國在新思潮及教育水準上發生密切聯繫的功績。這些話不是有意誇飾的。關心祖國的國家民族的命運，即使在浸沉數十年在外國文學和生活的探索裏的學者如巢先生其人，也會和其餘的同胞們一樣的不落伍，並且步武也許更要健實呢！確實的例子我願意在另段裏敍述。

我的新職務並不是教書。雖然其間有過一個時候我曾被邀去幾個學校專向國文教師們講演（這些學校多以『聖』字題名，如聖保羅，聖司提反之類，全是官立性質。校長多數是外人。）而嶺南大學喬遷到香港上課之後，文學院長朱有光先生也嘗相邀去授課，我因職務關係，僅講演過兩三次，僅僅表示和教育界還沒有絕緣。實際的職務是屬於當時的香港政府之一部分，其職能的性質是研探當時中國政治思想和文化方面的動態，這責任是和我的興趣很接近的。我個人的能力自然極薄弱，專靠書本也無從措手，故不得不和一二有關的機構合作，參加其進行的工作和處理其所收集的適宜的素材資料。又因爲單靠紙面的素材未必能够和實際的動向吻合，故必須時常和許多積學之士或往還該地的通儒學者接觸。因此我的工作遂自然的與祖國的洪流打成一片。這個時候，大部分的中國學者無論其與政治是否有關，至少在思想上無不是關懷着中國的前途的，而其立論因香港當時還算是一個比較自由的地方，言論上的顧忌不多，所以危言讜論在那裏也不是絕無所聞。像代表着知識階層的大公報，非惟在見解上比較坦直，並且也相當的溝通了香港僑胞們和祖國的呼吸感情，對於某些事情的觀點儘可不同，但大概說來，我相信當時民衆的傾向是不無這樣的。純正而樸質的中國學者，如許地山，梁漱溟，張其昀，竺可楨，錢賓四（穆），沈從文，陳衡哲，他們的星期論文，常爲許多人所愛讀，就是這個緣故。像許先生的一篇極長的文字，論眞正的國粹和闢摒那般痰迷留戀着舊骸骨的人，鞭辟入理，後來有幾個雜誌都轉載它。

關於我的職務沒有什麼可以多提的地方。這種工作的細微纖瑣處，更不必爲人所知。只是有兩點我是可以確認的，首先就是我因爲生活接觸裏，見到許多上層的英國人們的長處和短處，也發現了許多腐化，低能，驕傲，不學無術妄自尊大的洋人。其次，以待遇的歧視和種性的區別而論，住慣了殖民地的僑胞們，無論老幼賢愚，都當有極深刻的體會和慘切的經驗。因此在那些所謂『高等華人』裏，如許先生和上面所提到的幾位，非惟不會替當地『政府』來作倀，並且永遠是誠懇而切實的努力着改進同胞們的教育和推動思潮的使命，我以一個略微知道他們的情況的讀書人看來，心裏那能够不充滿着感激。不唯充滿着感激，並且還自加勉勵，做人的態度要能够及得上他們，做學問的深厚寬博也要及得上他們，並且無論在什麼時候千萬不允許自己有不誠實的舉動，說無意識的虛妄話。

在這個時候我遇到的朋友們很多。有許多位是舊識，但也有不少的新知。與文化界無關的，暫且不用提了。我在旅途之中寫過一點隨筆，寄給大公報文藝副刊，其後即和該刊的編者楊剛女士相識。同時我們在上海出版的西洋文學月刊（負責編輯的是林憾廬，徐誠斌，張芝聯，周黎庵和我，名譽的有林語堂，巴金等）。剛剛出了創刊號，我就去請楊剛女士，許先生，語堂，戴望舒先生等在稿件方面多加鸞助。語堂寫了『談西洋雜誌』一文，照我所記得的，仍舊是他辦人間世時代提倡娓語筆調及作家多跑腿少閉門造車的主張，並且勸文士們不要搭臭架子，遇見自己作品不得刊登退回時就罵。該文刊在第二期，我是很清楚的記得的，因爲同期潘家洵先生的一篇談近代西洋劇本即是我寄的，而我自己也有一篇從國際文學譯出的烏克蘭作家麥珂．支蘭西納的小說在那期發表，雖然原書手邊却已沒有了。語堂此文大概是戰亂以來他在滬直接發表的最後一篇的文字。以後雖然還有一篇，即許鄭陀應元傑譯的瞬息京華，但原文是在香港發表，上海宇宙風乙刊轉載的。其後在大公報所寫的許多篇美國通訊，更無論了。我是愛讀他文章的人，繼瞬息京華而後的續作長篇小說風聲鶴唳（原名是A Leaf in the Storm），原擬先寄回原稿由誠斌及我分譯，和巴金的火同時做宇宙風兩個連載的，也因戰火的突加擴大而烟飛霧散了。我與語堂先生並無很深的交識，只不過讀他的書，喜歡他的爲人而已。不能夠常常看到他的文字，在我個人認爲是很歎念的。手頭偶有今年七月北平出版的某雜誌二卷一期，見有署名林語堂的啼笑之間一文，據說這是摘譯，原書爲去歲秋天紐約 John Day 公司出版，凡四部，廿四章二百六十一頁，然則這個語堂明明就是我所認識過的那人了。譯文錯誤不錯我當然無從知道，似乎也有兩三段是很可喜的，總之他對於東西文化及其調和的見解，目前所論我們雖然不能熟知，以吾國與吾民和生活的藝術兩書做主幹，大約是可以看得出一個概略來的罷。關心政治和世界的思潮而並不怎樣喜歡爲官做吏，忙人之所閑而嘲弄別人之所忙，大概足以說明他著書的態度了，他當然也願意同情於有這樣的志趣的友人的。於是這裏我想附帶說明一點個人的事情也許也不算怎麼突兀。

我在前文已經說過，在我的讀書及教書的生涯裏，我是一個做中國歷史和中國文學這種學問的人。這兩項學問的專門性，稍稱之就是普通所說的漢學。不過，我所特別注重的是中華民族幾千年來歷史的深厚悠遠，秉性的誠實篤重，刻苦耐勞，精進向上的偉大精神的歷史根據，以及歷朝興亡嬗遞，並與其他民族耐乏同化，融會統一之迹，而並不怎樣汲涉於文字訓詁經義考據的切磋。這種研探的工作，除了國內學術界之外，遠如英法德國瑞典，近如日本印度中亞細亞，都有許多專門的學者在爬梳剔抉，共同發掘人類文明的寶藏。遠如列格，佳理斯，伯希和，近如高本漢，章雷，斯坦因，安得生，狩野直喜，我們當然都不會忘記。民國二十七年秋天我在上海，遂和美國芝加哥大學東方語文學系的教授克里爾博士通訊，想到該校去繼續鑽研這方面的學程，請他看看有沒有什麼可能的特殊補助。因爲漢學的研究在美國是後起的學問，而芝加哥大學的基金比較多，近年購藏歐洲專研這方面的典籍很豐富，浸浸然有凌駕而上之之概。我向來不通任何外國語，只有英文的基本知識尚能談話看書，這是所以和克里爾通信的原因。這學校的東方學系主任是研究古希臘文的，專門注重古代中國文化發展做專題的只有克里爾一人，並曾著有亞洲之誕生一書，獲得學者們的讚許。不久，回信來了，他本人也到北平來了，住在燕京大學，寫信勸我到該校去工作，任期至少要十年。這在我是不能夠不謹愼的事情。親老家貧，十年遠遊的夢不是容易實現的，經過十餘日的考慮，終於謝却了。所以後來我在香港看到地山先生、語堂先生，都很自然的談到這回事。這事使語堂到美國後樂意爲我做過一點商洽。他住在落山磯，寫信爲我向幾個有關的學術機關商量，找一個半敎書半治學的機會，而時間却不要有任何束縛。在廿九年底，確實的答覆是由南加州大學的萊興博士寫來了，同情並答應有相像的辦法，惟開始至少要候到一九四二年的秋季，因爲那時才有一位擔任敎職的先生卸任。事實上，因爲不料那時已是香港發生戰爭之後的一年，當然沒有實現。我在這裏提起，是因爲近年看到別人的文章談到我自己這一個階段的生活，敍述不無與事實不符的地方。我當然不願意旁人永遠的誤會下去。而語堂先生與我更是相交甚泛，認識之初既無師友淵源，僅由於一二親友的紹介，我於敬佩他的超軼的識見和文字之外，對於他破天荒的那樣幫助的美意，何況那又是和我個人治學的志趣相合的，那裏會「斷然加以拒絕」。我往常從譯文裏讀到日本永井荷風先生的一段文章，看其浸沉於篤實而飄逸的東方生活，對其美麗發生的讚歎，是常會感動而沉思的，這是勇敢的智慧，中國人也同樣欣慕景仰着的智慧。英國原籍的小泉八雲也有類似的意境的。我以爲學問的根源必求其博大精深，非惟不應該有東西種性的歧異和區別，並且在正義和自由獨立的範疇裏，探索東西文化的異同及其進展正是人類共同的責任，對此而能夠加以認識體會和欣賞，像語堂先生過去所寫的幾本書，實在是有其獨特的見解和顚撲不磨的理性的。

因語堂而想到他的令兄林憾廬，使我腦裏登時幻現出他的蒼老的面龐和短鬚，以及他的和易的顏容，不幸他在香港戰後還[illegible]桂林，竟染疫不治去世了。他編後期的宇宙風是大家知道的，但是他在新文學運動的初期，曾以林憾兩字的筆名，由北平翠花胡同的北新書局出過詩集『影兒』，恐怕知道的人不多罷。宇宙風社當時設在香港擺花街，原是由廣州靈蓮西巷遷徙來的，由滬而粵，由粵而港，幾經遷徙，損失相當的大，辦公的地方很簡陋，後來又遷到堅道。陶亢德、徐誠斌諸先生都到香港來了，而在港的其

他友朋，還有簡又文、陸丹林、戴望舒、葉靈鳳、周新等人。簡又文、陸丹林他們辦的大風是旬刊，原是與宇宙風

照片：（民國三十年夏攝於香港）
後排右首第二人起，徐遲，徐誠斌，葉靈鳳，戴望舒。
前排左首第一人林憾廬，右為柳雨生。

合作的，後來漸漸分開，由丹林主編，簡又文做社長，用他們組織了一個叫做中國文化協進會的名義出版，又辦廣東文物展覽會，文化講座等事業。與這個協進會是相抗衡並且是集中文藝作家來組織的，另有一個內地的文藝協會的香港分會，許地山、馬鑑、戴望舒、黃藥眠、端木蕻良、蕭紅、楊剛、陸丹林他們大約都參加。我從旁的看，大約協進會的組織，龐大而廣泛，舉凡港地文化界教育界有關的人物，所謂士紳碩彥，學者名流，多數包羅在內，如李應林、葉譽虎、鄭韶覺、許地山等都被邀請加入。而另外的一個分會，當然是純粹的文藝作家的組織，在形式上恐怕也是比較的在野的民間性的。至於與文藝有關的幾個大報的文藝副刊呢，大公報由楊剛主編，星島日報的星座是望舒，立報的言林是葉靈鳳，國民日報的副刊是胡春冰編的。大公報的連載小說先是端木蕻良作的，刊完後又曾發表李健吾的劇本黃花。星座刊載的是望舒用江沱的筆名譯的西班牙小說，言林刊載的是譯稿我是希特勒的女侍，而國民日報則登載張恨水的長篇大江東去。其餘的純粹華南地方色彩的報紙，像華僑日報，循環日報……等，我們更不用去多說它了。讀者們於此不難看出一點當時文化界活動的消息。

我因為不能夠拋離筆墨的生活，除了偶爾寫些隨筆之外，並經常的為宇宙風，東方雜誌，及望舒編的俗文學寫稿。俗文學是每逢星期六在星座上露面的，內容以中國小說戲曲史的研究文學為主，發刊的時候，我也曾經略盡微

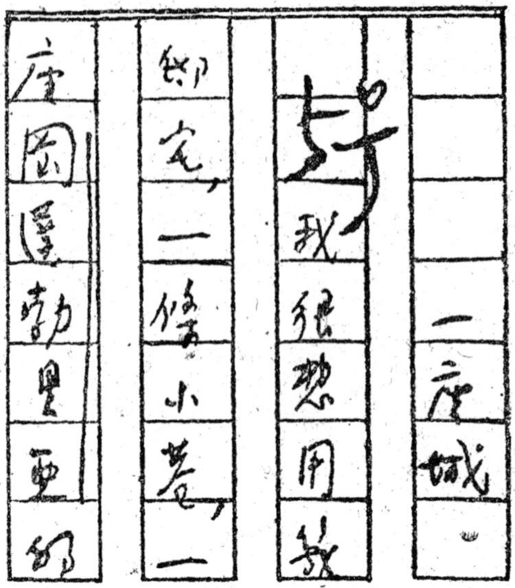

・戴望舒先生手蹟・

勞，寫信向幾個人徵稿。大約孫子書（楷第）先生的稿子就是我拉來的。其後，像趙景深，葉德均，吳曉鈴，王虹等先生也都有文章寄給它，曉鈴兄遠在昆明附近龍泉鎮的北京大學文科研究所任職，而寄稿甚多，且俱甚精審，又為宇宙風乙刊寫讀曲日記，眞是很難得的。葉德均先生今日也是風雨談時常發表著作的熟人了，然而直到現在仍舊和我未嘗一面。還有王古魯先生，當時雖然未嘗通過信，他也沒有寄過稿，但是他在北平和東渡所努力研治搜集中國小說史料的成績，我們也約略聞悉，而也是園雜劇珍籍由政府收買之後，秘笈重睹，得未曾有，孫子書先生的讀也是園雜劇的專書歸國立北平圖書館出版，更不能不認為是學術界的一件盛事。因為以後像那樣的書籍眞是很少出版了，或者，傅芸子先生在國外出版的白川集可以算是一個例外罷。

俗文學的題眉是柳亞子題的，這個時候他已經由上海到香港來了。同來的有毛嘯岑等，都是南社的舊友。他到港之後，因為所著的南社紀略剛才出版，分贈友朋很多。這時香港的文化界對他是非常歡迎的。當地的中英文化協會，不久即在告羅士打酒店（Gloucester Hotel）設宴招待，請他講演，他的脾氣是很直爽的，開口就說『這座大樓眞不好找，本人是不諳英文的，它的牆上又連一個中國字也沒有。』這當然是在雙方面都認為遺憾的事情。亞子先生雖然是病口吃的人，却擅長作舊詩，每每可以口占若干首，並且押韻相當的敏捷，有一天他給一位小姐題紀念冊，有意要把她的名字嵌進句裏，不料竟把名字弄錯了，到了第四句無從押起，只好馬馬虎虎選一個字押上算數。排日詩酒澆愁，狂歌當哭，正可為這個時候他的生涯做寫照。後來不知怎樣忽然香港政府的某機關得到通知，對於有關他的通訊，忽然要謹愼起來。結果，某日忽有該機關裏面的工作人員送來一大疊信件，字迹龍飛蛇舞一望而知是沽埋庵的手筆，其開頭的一封，就是寫寄銅鑼灣希雲街某號我收啓的。職員問我道：『你知道這位先生麼？』我當然承認，並向他表示，這是沒有什麼特殊關係的，於是未予拆視，一一照章送遞了。我自己的一封當場截留，果然是定於次日約我及丹林，亢德，楊彥岐，周新諸兄一齊去探弔蔡孑民先生的墓。第二天大家踐約，在細雨濛濛中

同赴香港仔『華人永遠墓園』，亞子又作了幾首詩，送我的一首我並未錄存，只記得有『五嶺以南人物美』一句，

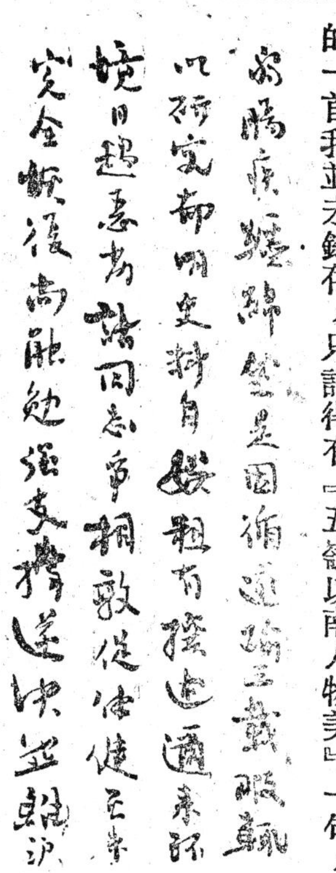

・柳亞子先生墨跡・

其餘渾都不憶了。不過當時他的詩稿，是常寄給香港國民日報及上海社會日報登載的，至於南明史料研究的文字，則多數刊在宇宙風乙刊及大風。記得宇宙風那時還常載有唐弢，周黎庵，魏如晦（阿英）先生的類似的文字，也相當的熱鬧。

這已經是民國廿九年底了。我們幾個相熟的朋友，亢德，周新，憾廬，屠仰慈等時常聚面，忽然有意辦一個週刊。亢德在當時除了宇宙風，還自辦亢德書房，發刊有滬版港版的天下事，以介紹及報道國外的動態，探討東西文化生活爲主，並且出版過幾種叢書。他過去又嘗編星期三及生活週刊，繼續其著譯『顯微鏡與望遠鏡』，『莫斯科・柏林・羅馬』諸書時的精神，對週刊的興趣還是很濃厚。周新兄嘗著國際問題書籍多種，仰慈擔任星島日報的輯務，對時事問題都很注意，所以大家容易志同道合。不過因爲我們這個週刊，目標非常簡單，就是要說老實話，發抒眞正的輿論，做民衆的喉舌，心裏雖無一定的格式，大體上却有點兒要希風過去初期的生活週刊，使成爲知識階層以及一般農工商界職工民衆的代言機構。這在當時的確是很需要的。我們也許批評當前的政治，但是要基本於善意的建議和督促。我們注意怎樣普及教育，增廣世界及國內的知識見聞，並願意努力搜羅各地的通訊及特稿。這個計劃當時談論很久，並且也曾由發起人自己認股出資。到了後來究因經濟能力薄弱，而香港政府出版法的條例相當的嚴格，所謂『督印人』（發行人）必須有數千圓港幣做保證金。我們這一班同志，除了興趣及編寫的能力而外，本無一個是小小的資本家。又因爲旨趣純正，言論不阿，恐怕將來多了什麼背景的牽涉，不能暢所欲言，不敢勞動那般有資有力的富貴中人。於是我們雖然在皇后大道中的華人行大華飯店商聚過數次，也約略推舉負責的人去進行應有的登記手續，或者還有人爲它寫過幾篇稿，週刊的出現却終於成爲曇花泡影。直到今日，我們當時的友輩裏，還有些人覺得要辦刊物，週刊是有最大的效果和影響的，也有人慫恿着想要辦，亦未始不是當時的流風餘韻在發生作用呢。

三十年的元旦很快的過去了。這年的春夏之際，在政治上和文化上都有許多新的事情發生。這些事情，爲功爲罪

，爲禍爲福，我這裏已經不願意去妄加猜測了，不過從這裏也可以看得出在這個大時代裏中國思想界的變動及政治的潮流。柳亞子先生因爲政治見解的關係，被議決開除黨籍。他在國民黨裏數十年的績業在衆人的口裏漸漸的淡逝了。報紙上不大看到他的舊詩，南明史料的研究文字也不大在雜誌上發表了。在這期間我倒是十分關念到這位戇直而豪邁的南社老詩人，不把他當做政治家裏的激烈派，而當他是中國儒教的道德裏本格的產生出來的人物。灌夫駡座固然是他的詩材，而崇拜孫總理以及主張實現民國十三年間所謂三大政策，大概亦是他的政治抱負的焦點了罷。每逢斜陽西墜，從柯士甸道出來，蹀躞於九龍的平坦的馬路上，這位策杖行遊的詩人，他將怎樣的考慮中國政治問題或中國思想的前途呢？這即使不是時常在我腦裏尋思的事情，我確實也不能够不爲他担憂的。

不久亞子先生的文章，以讀書詠史隨筆的題材爲主，零碎的發表在沈雁冰先生主編的筆談半月刊了。可惜文章太短，而香港的檢查機關，又多把它刪除剪裂，弄得不堪卒讀了，然而依舊可以看出他文字的激鬱，襟懷的冲淡來。雁冰先生我是不認識的，筆談雖然出版並沒有多少期，我却按期購讀。端木蕻良先生其時正主編時代文學，我們倒曾晤談過幾次，這兩個刊物，俱由周鯨文先生辦的時代書店支撐。周先生是張漢卿的舊屬知交，我因爲他的同鄉朋友的相邀，大家曾吃過兩回飯，暢談交換了一下對政治及思想的意見。我看得出周先生也是一位非常率直的人，在其談吐裏，很流露着北方人具備的熱烈秉質和爽快作風。後來美國的顧問拉提摩氏到香港來，有一部分文化人簽名投函請他注意釋放張漢卿自由的問題，即多數是這些位他的舊同鄉的意見。

筆談的性質是小品文，很像從前陳望道編的太白，而內容則更見活潑辛熱，雖然冲淡的筆調也不是沒有。梁漱溟先生也由廣西來了，許多人稱他是村治派，我則以爲這個派別也許並不成立，他實在是一位健實而能够硬幹的農村建設學者和理論家。他住在羅便臣道許地山先生的家裏，後來醞釀而聯合了許多黨派，成立了在野的民主政治大同盟，大約張君勵，左舜生，徐傅霖等先生都同意在內的，他們出版光明報，銷數頗暢，漱溟先生每天除了連載的『我所努力的是什麼』外，還寫幾篇文字。我們在許先生家裏會到過一次，又一次却是參加許先生的葬儀，那眞是十分悲悽的情景了。光明報雖然代表在野派，然而態度相當溫和，討論問題時語氣懇切婉轉，就事論事，常能替對方着想，所以頗獲得一般人的信任。大家以爲大公報是有點兒像是政府的機關報似的，但是張季鸞胡政之他們所寫的社評，立論之點總是爲國家民族的前途着想，並且也比較的替民衆說話。這種實例舉起來是很多的。光明報呢，雖是標明在野的立場，却並不怎樣和當局對立，沒有什麼鹵莽滅裂的主張，只是從旁對種種的設施，時加贊助，時作針砭，猶如一個對自己有益的諍友。他們也是以努力做到諍友兩個字做標準的。

然而爭論究竟是不能免的，尤其是關於政治的問題。鄒韜奮，范長江諸先生也相繼由內地到香港了。不久他們即發刊華商晚報，開始的時候，旣有鄒先生的連載自敍文字，又有沈雁冰先生的中篇如是我聞我見，除了長文以外，還有許多短評，大體上對當時腐化黑暗的缺陷很表不滿。有一部分的文字，可以說是暴露性的，所以我曾經有過一次寫過一封信給他們的公開信登在國民日報上，是給鄒、沈、范各位的，勸他們文字的態度上不要流於暴露，專爲國家的大局着眼，努力做一個評論界的柱石。國民日報是政府的報紙，但是於我個人，絲毫沒有關係。我的文字是有類於讀者投函性質的，但刊載的時候却成了代論。寫文之初，感到思想界這樣的糾紛，筆端不免帶有感情，所以發表之後，友輩們讀了都說這信寫得頗有火氣，不類我平常的文墨。老實說，我寫那文字時，並沒有什麼牽絲扳籐的考慮，也沒有就商於任何友人。像鄒、沈諸公，過去向來是我所讚佩的人，我的信本想直接寄給華商報，但是恐怕得不到答覆，所以沒有寄去。文字發表後的次日，華商報方面即有辯難的短評，又過幾天，韜奮的連載文字裏，又專寫了一段答覆的話，後來出單行本時即收入書裏。我不再在報紙上寫回復了，因爲我覺得我的「筆戰」所得到的答覆已經使我個人瞭解，即是我雖然並不能知道他們那些立論的詳細背景和因素，但是我向來是一個與政治無什麼關係，對黨派紛爭不發生興趣的人，除了願意勸他們息爭，繼續爲文化事業羣策羣力之外，更沒有旁的意見。我僅連續的在宇宙風上寫了幾篇坦率的文章，「論魚和水」，「論聽言觀行」，「論現代文人」，「論費厄潑賴」……等雜文，直接的說明我個人的立場態度。

然而我個人的筆戰停止了，其餘的文字上的抨擊謾罵却依舊進行着。暴露現實的文字很多，現實也確有亟待改革澄清的地方，不能够完全替它辯護。也有一般對實際問題缺乏什麼了解的人，徒逞一時的意氣，或爲了個人的利害，摻雜其間，寫些不負責任的文字，使是非更形混淆，烏烟瘴氣。這種情形，現在也不必更形諸筆墨了。過了些時，有一天北大同學會在溫莎餐室聚餐，我隔壁坐的是許地山。他已經讀到我的幾篇在宇宙風上寫的文字了，言下很是同情，因爲他很知道我始終是沒有派別的「溫和派」，無意於捲入意氣的漩渦裏去的。他偶然的告訴我兩件事情，這兩件事情都給予我很深的印象。一件是這幾天香港的文化教育界，有一個共同的簽名宣言，內容大約是保障人權自由一類的文字。這個宣言許先生似乎是領銜簽名，至少是簽名的。他告訴我，前天有人對他說，香港大學的教育當局向來是不牽涉中國政治的，你不應該參與這件事情。

我向他道：「那麼，你怎樣呢？」

許先生捋起他長長的鬍子，微笑着說：『我還是簽了名的。原文也在西文報上發表了，假如港大的史樂士（副校長）要把我免職，那麼也只好隨便罷。』

這是給我很深刻的做人影響的。因着有了此種感動，其後不久時代批評月刊刊行保障人權專號，徵文及我，我也用了自己的名字寫了一篇短文。當時應徵的人們很多，老輩如張一麐先生，筆戰諸君如韜奮，長江，還有其他許多位都有意見發表。我的論點大約有二，一是建立眞實的民權政治，二是停息糾紛，發展純正的學術，共同努力。這是很受了許先生的影響的。回想許先生和雁冰先生都是文學研究會的舊人，過去都是和政治絕緣的，現在因爲時代的洪流和國家民族根本所繫的緣故，都不得不時常跳出文學的圈子，對社會對青年們大聲疾呼，好像是社會改革家的樣子了，這在我也覺得是一個很有價值的實例。

第二件事情是什麼呢？那天我們喝完湯上菜的時候，許先生摒除了牛肝而換上一個豬排。他的臉龐向來是絳紅色的，血液很豐旺，這時他却告訴我，不想吃什麼補血的食物，說完笑了笑。這在當時原也沒有什麼，誰知相違不過月餘，到了八月某晨，許先生忽然患了心臟病很快的長逝了。這是中國學術界文化界一件多麼值得痛惜的損失！

許先生的死，是我們永遠不能忘記的損失。從此，容希白（庚）先生所謂鄭西諦說的『無往而不爲人歎』的好人，在朋友的情誼裏爲難得的友人，爲國家民族計是社會的棟樑，遂長眠在薄扶林道基督教墳場了。在執紼的時候，我瞧見林憾廬、陳寅恪、夏衍、楊剛、喬木、簡又文諸先生，人人含着悲辛的熱淚，所以除了遠遠招呼之外，沒有談幾句話。不過在這種場合，參加的人們不論其職業思想信仰學問，似乎都受到許先生一生的親切誠樸的精神所感化，更無一個虛偽的個人，想來亦沒有什麼不可談的事情，眞正的契合，大概亦不過是如此罷。許夫人哭得痛不欲生，時刻由親友們扶掖着，梁漱溟先生的眼圈也噙着淚，輕風飄蕩着他的短衫，在人叢裏他站得離丘隴最近，於牧師喃喃的哀辭聲中，我們目覩着這一位賢哲的歸宿。

此後的兩個月，我在餘暇的時候曾翻譯韋雷（Arthur Waley）氏關於中國經籍的研究論文，並把孫星衍的今古文尚書疏證試譯成通常的英文，很覺得費力，同時也感到濃郁的興趣。孫淵如的著作之不便於英譯是當然的。他的書自乾隆五十九年著起迄嘉慶廿年，費了廿餘年長時間的搜證編纂，又得洪頤煊，管同等人的幫助，搜羅到的漢魏人佚說很多，其中難於英譯達意雅暢的地方，幾於每卷都有。這時我常常跑香港大學的馮平山圖書館看書，又因北平圖書館袁守和先生也借在那邊辦公，北方的圖書運來很多，所以也時去打擾。慢慢的就到了十月裏了。

十月間有一件事情是我還記得的，是港地各界共同發起過一次魯迅追思紀念。這裏所說的各界，並沒有什麼煊赫的要人，而只是文士，學生，和許多職業青年們，這是很難得的。在香港當時要想公開的開一次會，照例是很費周折的，這回也沒有例外。紀念會終於在一天晚間，假座德輔道西福建商會的二樓舉行，地點很僻，但到會的人眞多。我見到的熟人，有馬鑑、徐遲、柳亞子、戴望舒、楊剛等，初次見到的是沈雁冰、黃藥眠等。開會時，由馬季明報告先生在北大時的情形，繼由徐遲朗誦魯迅先生故事新編的某幾段，再次是柳亞子演講，因爲語言的關係，僅三言兩語就說完了，但聽衆仍報以熱烈的掌聲。許多人高聲叫喊請MD先生演講，謙遜許久，最後仍由黃藥眠用廣東話做結束，觀衆在散會時從樓梯下來像潮水一般的湧出，其情形可說是歷歷在目。

我在前文曾幾次提到柳亞子。這天散會後，恰巧亞子和我，還有新文字學會的總幹事張英三個人，同乘一輛朝東開駛的電車。車內冷靜得很，幽幽的黃光，罩照着這三個乘客，並無他人。於是我們縱聲大談，直到尖沙咀碼頭爲止。這是香港戰前，我和亞子先生談得最暢的一次。世事如煙，變幻如霧，願這位革命的南社詩人豪邁熱烈，一如往日！

戰雲瀰漫，不料東亞戰事終於十二月八日的清晨發生。香港是十二月廿五日投降的，戰事進行約十八日。我在戰爭期內，不願避居防空壕，遂蟄居在銅鑼灣寓中。貼鄰住的是以前曾盛傳有出任駐香港總領事消息的老外交家刁作謙先生，於激烈的砲火之下，時相過從。大砲和炸彈的聲響震耳欲聾，不數日我們寓所牆外的房屋即告坍毀，我的臥室的牆也震壞一部分，玻璃橫飛，而隔鄰的三樓，竟全部毀去。（我住十四號二樓，刁寓十六號二樓，即是貼鄰。）在雙方「嘶……嘶」的槍林彈雨中，有幾天公共汽車仍舊駛行，我最初每晨到繁盛地段去看看，有時能到達，買些食用的東西，有時因中途警報大作，只好留在途中。到了十五日起，我才停止出外，十八日起筲箕灣銅鑼灣一帶登陸戰激烈進行，我住的附近某某房屋俱毀坍，馬路上的電線，電車線飄落皆是，有許多地方火光燭天，冒着幾丈高的濃煙，其餘的情況，這裏無須多述。

戰事停止後不過數日，我曾冒着途中的艱困，步行到半山的堅道去訪友。在路上遇見八十餘歲的港地『爵紳』周壽臣，和若干所謂名人，無一不是步行，絡繹不絕。我到了堅道一百廿餘號，看見家家門口站着某某大龍頭禁止流氓需索的招貼，很覺奇怪。應門的宇宙風社工友已經認不清楚我的面貌了，因爲我的修面剃刀已經沒有了，久不修面，滿頰的鬍髮。和憾廬，誠如諸位晤面的時候，大家欣喜得幾乎說不出話來，搶着搖撼着手。忽然我看見床旁坐着一人，身穿長衫，目光呆呆的，猶如死魚，像是很不慣的樣子，却是不戴眼鏡的，見人也不招呼。誠如問我認識否？我只好搖頭，而那人却是認識我的，仔細一瞧，險些兒叫了起來。原來此人是溫源寧先生，眞認不出來了。原來自開戰後，他就回不得九龍去，只好借住在這裏，改了華服，又沒有多餘的棉被褥，又沒有合身的厚棉袍，想起全家都在九龍，音訊渺然，一點事都不能做。於是，下一天我來看他們時，送來一張僅有的厚棉被，存放在那裏備用。千里迢迢，至今這張被又不知到何處去寄放了。至於朋友們呢？慮廬已經物故，其餘諸位多是山關遙阻，大海重洋，自也久無音訊。所以這裏我除了上述的絕少數外，不更提到他們了。從前唐代的詩人王勃說得好：『海內存知己，天涯若比鄰』，每逢沉靜的時候，遠懷昔日，對於我過去所有的熟朋友，即使不願謬以知己相託，却也自信是永遠的在保持着自己孤寂而誠實的心情，不敢被舊時的靈魂忘記。

三一　麵餅和石頭

我於民國三十一年五月八日回抵上海，恰為香港戰事後的五閱月。這五閱月間，香港及上海的情況都有很激烈的變化，這是當然的。關於上海的近況，我渴望知道，在香港陷落之後，曾在一家任人參觀的免費電影院裏，看到一些零碎的新聞片。上海雖不是故鄉，却是家人父子團聚的所在，幾月不通家書了，重因親老弟幼，終於經過相當的厭倦和艱殆的旅途，返到自己的家裏。

回來之後，所有的舊友們都沒有去驚擾，因着幾月來的勞頓，真是除了坐在自己的書籍繞壁的寒舍之外，那裏也不願去涉足。忽然有一天周黎庵先生過訪，原來是聽到某先生見告，才知道我回滬的，某先生和我同乘一船，又是舊識，在船中曾晤談過的。這算是會晤到了一位老朋友。可惜那時我尚在半病半累之中，我們談了兩點鐘的話，依舊不算暢快。但是上海及一般舊朋友的情形，我依稀知道了不少。我很關懷的友人亢德，據說也蟄居着，很願見面。但因為種種的不湊巧，和亢德先生的會晤，竟在那一天的兩個月之後，已是盛夏光景了。

黎庵先生那時主編的古今，已經出到第六第七期了。聽說最初登的文章不多，有幾位熟人，不可不湊湊熱鬧。於是我把旅途的見聞，寫了兩篇散文寄去，發表之後，朋友們知道我回來了，亦常有人以筆墨的事情相屬。但是我都沒有寫，也寫不出來，却自動的用文言連續的寫過幾篇關於母校北大的文字，計有北大人，文憑，譯學館，三考記等多篇，後來在報紙副刊上發表，總名是憶中之北京大學。這個名字很壞，不知道是怎樣起的。其後陸續寫成的像漢園夢，再遊漢園諸文，自己覺得較前差勝了，因而引起謝興堯先生的大談馬神廟，紀果庵楊鴻烈諸位的談琉璃窰，回想我拋出去的雖是一塊泥磚，却也真正感覺到榮幸的。

紀果庵先生說起來也是宇宙風的舊交，北平一顧等書中常能檢出他的文章，然而晤面實在是很後很後的事情了，在三十一年的秋天，才在南京相見的。紀先生是辦教育事業的能手，在破瓦礫中把中央大學實驗學校弄得有今日蒸蒸日上的成績，我想凡是知道的或受到其教育的子弟及其家長，沒有不感到這眞是可以感激的。我在最近二年之內，旅行過許多舊遊和初到的地方，最喜歡參觀各級學校的設備和訓練管理。夢想的新中國的元氣只寄託在這一件事情的身上了。每逢我看見年青的學生們，排列着整齊的行列，裸露着健實的脛骨和睜開着精神飽滿的眼神操作的時候，我覺得眼睛的濕潤眞是不能避免的事情了。我也看過國外的中小學校，暗流過同樣的熱淚的，但是我是多麼願意看見我理想中的中國新青年們啊，只有他們是前進和永生的。

果庵辦學的精神認眞不懈，多少年來如一日的，而他所作的散文，却復氣象萬千，包羅廣泛，與文載道君同爲知堂先生所稱道（見文抄周序）。但是這一派的散文，據說我所寫的也包括在內，都是充滿着鄉愁懷舊和執著的情緒的，說得痛恨一點，就是要被列爲淸談誤國。我想，這不免是我們一些書卷氣在作祟罷了。果庵精研文史，胸中有萬卷書，而文君載道所搜藏的新文學文獻，數量之鉅，怕也不免要說是庫藏堪觀了罷。然而果庵辦學，非唯一絲不苟，並且樸實篤厚，絕非平常人所能及，而文君他們編魯迅風的時候，又何嘗不見其蹈揚凌厲之氣呢。時代環境的不同，是每個人都受到它的影響的，但是個人的秉質和文字的襟度，假如是可以容我批評的話，我覺得還是讓作品自己去說明它的好。

初期古今的文字，以紀文諸公所作爲多，到了改出半月刊之後，積稿漸豐，頭角嶄露，成爲許多人愛讀的雜誌了。近月改爲文史性質，像瞿兌之、徐一士、冒鶴亭諸先生都常撰稿，尤覺不易多覯。這種雜誌，戰前有過逸經，却微病蕪雜，靑鶴又嫌偏於陳典，似乎都不及目前古今的普遍。我於古今，年前所寫文字既已不多，個人雖弄文史，且編過文史週刊，但近來久無一篇遮得眼的東西去供編者的采擇，每次和黎庵晤面，承他看得起催稿的時候，自己的一副尷尬神情，簡直難於形容。

這個時候，中華副刊上原有周越然先生寫的許多散文隨感發表，如辛亥革命，霓裳續譜，模範讀本，余之購書經驗，戰中之書，瓶說等，多講個人的閱歷掌故，版本評論，讀來饒有趣味。我在幾年之前，曾經和他通訊過，後來望舒兄編俗文學，我也曾函邀請他寄稿，曾爲寄過兩篇

·周越然先生手蹟·

來，原稿用的是重磅西洋紙，鋼筆字寫得筆畫極粗極大，

是老輩人而精力瀰漫的樣子。這時我們晤面了，是位非常和靄可親的忠厚學者，一口吳興官話，看不出是許多英文教學書籍的著者，更看不出周先生是海內著名的性醫學和性心理學的研究家搜藏家。此外，吳興周氏言言齋的善本圖書，也是為收藏家所珍視的。可惜遭過民國廿一年春的閘北兵燹，損失不少。我們讀了他的許多談舊書的文字，猶能窺見其撫今思昔之慨。大約我的文字在副刊登載的時候，越然先生、黎庵、亢德諸位的文章，也多在那裏發表了。黎庵寫的好像是談袁子才及隨園詩話罷，還是他的吳鈎集清明集那樣飄逸的風致。亢德所寫，第一篇露面的是悼越裔，是記述一位清苦而中年逝去的文友，讀來真是一片悽惻的情思。越裔先生我並未謀過面，但知道他曾為亢德經營的書店翻譯過許多東西。迄於今日，我還常時偶從旁處聽到亢德對其家屬略盡其微薄的存問。當此時代，不是為官作宦或經商致富，不得已抱殘守闕做了一任清貧的文士，猶如昔年之所謂墮民，幾於九世不得超升，而尚多不免於文人相輕相誚之譏，說起來真是可嘆可喟。越裔能得扶護的友好，或者也可以告慰於另一個世界了。

不久，予且先生遂為副刊作中篇小說神聖的事業，而劍影先生也多以筆記故實寄登，大約那個時候的副刊，其經常的陣容是這樣的。

十月十日國慶這天是星期六，中華週報更換了編排格調，內容也多注重在世界知識的提供，科學發明的介紹，

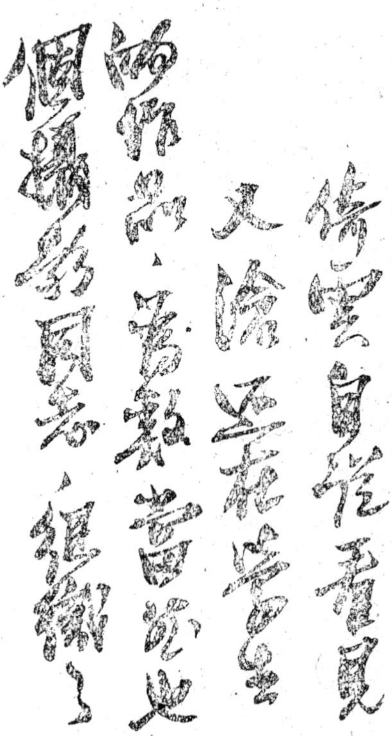

◎潘予且先生手蹟◎

及文藝隨筆，旅行通訊等部門，很有點令人憧憬於往日的生活週刊。過了一天，中華日報有亢德先生的星期論文，為引起許多人注意的警惕適恒的文字，題目就很動人，是『我們要有苦大家吃』。略云：

中國有句老話，叫做「吃得苦中苦，方為人上人。」這句老話實在有其至理，應由今日的朝野人士銘諸心版，切實奉行。以個人言，世界上真對人類國家社會有貢獻的偉人俊傑，固然很少不吃足苦頭歷盡艱辛，就是普通稍有成就的人，也不是不勞而獲。就國家論，世界上轉危為安自弱小至强盛的國家，那一個不經過朝野苦門而輕易得到。——記者最近看到一本敍述德國國民生活的書籍，對於他們戰敗以後勤勞奮發的日常生活，不

由得不肅然起敬，深深感到這樣刻苦有爲的民族，無論如何不會衰落滅亡。對於日本民族的節儉耐勞，在我國更是耳熟能詳，婦孺咸知。現在這些努力耕耘的國家已經得到應得的收穫，就是先前比較安富尊榮好逸惡勞的國家如英美，也在一改前非，人人節衣縮食，處處埋頭苦幹，因爲他們已經明白再不吃點苦頭流點血汗，無論如何也要站不住了。達爾文說優勝劣敗，適者生存，當此世界混戰，每個國家都傾全力肉搏，以求最後勝利之際，我們不妨說那一個民族最經得起熬煉，最願意只知盡力不暇享受，就有生存強盛的機會。

我們試來返觀一下我們這個立國數千年的國家看。今日世界上最臨生死關頭的國家，莫如我們中國，而今日世界上最醉生夢死追歡尋樂的民族，也要算我們首屈一指。在七七以前，政府要人一星期不到上海租界吃喝玩樂一個痛快，政躬就要違和，社會上中下人士十天八天不打幾個圈衛生麻將，身體就要不舒服；就在七七以後，達官仍要吃花旗橘子，命航空公司從香港附飛機帶去，富人也仍要用船來奢侈品，不惜重價，到處搜購，就是小有產者，也無不盡量享用，力求舒服，他們只知道窮奢極侈，那顧到民族存亡。直到現在，……耳聞目見的窮奢極侈縱慾行樂的行爲，眞是不遑枚舉。他們好像是天之驕子，應該有福我享，有難人當，他們的生活以戰前英美人的生活爲模範，夏季穿套洋服必用玻璃背帶，每天寫十個八個字必用美國鋼筆。就是中國物產豐富，工業發達，什麼東西都應有盡有，當此困難時期，也萬萬禁不起這樣的浪費，何況這些並非必需之品的東西，中國本來一無所有，件件須仰給於外人。他們好像一個敗家子弟，論本領文不能當謄錄生，武不會做救火兵，只靠着一點點祖遺的骨董古玩，賣賣當當的鬥雞走狗嫖賭吃着無所不來。一個家庭出了這麼一位寶貝，自然只有傾家蕩產，一個國家多是這種國民，其由盛至衰以至於亡國滅種，有誰敢說一句不是活該！

我們不但不反省自己的醉生夢死，是可恥與危險，甚至拿別人家節衣縮食公而忘私的生活，當作輕視嘲笑的話柄。當第二次歐洲大戰發生以前，我們的知識分子有幾個不笑德國人的以大砲代牛油。事實上倘不以牛油來換大砲，在資源不足的德國，那裏能够像今日般的耀武揚威？在深知生活藝術三昧的我們中國人，當然以爲大砲代牛油乃是損人不利己的黷武行爲，不足爲訓，殊不知德國倘不肯暫時放棄口腹之慾，事實上她將永遠在敵國的非武力控制之下，永遠嚐不到牛油滋味。我們並不以爲用大砲爭牛油吃是天經地義，但我們應明白在國際現狀之下，沒有大砲就休想獲得牛油。……

我們的最大危機，是一方面大多數平民流汗流淚，衣食不足，一方面號稱國家棟樑，社會中堅的少數分子，却吃喝玩樂，醉生夢死。他們也許以爲我用我的錢與國家何涉。殊不知國家除去國民只不過空空洞洞的兩個大字。……

這樣激切的文章，雖然發表在兩年以前，今日讀來仍舊覺得切切實實，放之四海而皆準的。文裏面引過例子，說『我們祇要一翻上海報紙的分類廣告物品出售欄，就已能看到東一條玻璃背帶減售千元，西一枝派克自來水筆千元痛讓的廣告』。在兩年後的今日看來，物價之飛漲，這竟又成爲滄海桑田，有如天寶遺事的話了。只有窮侈極慾巧取豪奪的事情，却是風氣所開，變本加厲，社會上下，男女老幼，莫不視爲當然。旁的地方我們不去管它，只這個眼見目擊的事實，瞻望來茲，却眞是叫人不寒而慄。

這年的冬季，在週報上我們開始看到署名蘇青的文字。這是馮和儀先生用的新筆名，後來竟廢去舊名不用了。譚正璧先生在這個時候常復寫些關於元曲的考證文字在各刊物發表。其餘如萬象，小說月報等在民國三十年十二月之後並未停頓的雜誌，都保持着相當的水準及銷路。予且先生的長篇金鳳影，乳娘曲，淺水姑娘相繼寫成問世。同時，雜誌的復刊號，大衆的創刊號都出版了。這兩個是目前銷售很廣的綜合雜誌，當時曾相當的轉變了讀書界的空氣。我們即使不能够給讀者們鮮甜鬆軟的好麵餅，而供給了些硬麵餑餑或更粗些的食物，但是我們也不願意硬把石子當果實，或者掛羊頭賣狗肉，這總算是差堪告慰的事。

四　「文化人協會」

這年秋天十一月，我曾到日本去觀光，爲應日本言論界的老輩德富蘇峯先生出面的函邀，參加國際性的東亞文學聚會，因得拜見島崎藤村、武者小路實篤諸大家。這次旅行的經歷聞見，記在我寫的異國心影錄及海客譚瀛錄中。下一年的八月，復因爲同樣的集會，寫過一篇女畫錄，和前文都收在我的書裏。我這裏如此的說，並沒有什麼特別的意思，只是覺得這兒不必再重贅了。如果我還有什麼可說的話，我在下文自會說知。

回國的時候，路經北平，曾盤桓三四天。這時天氣已經很冷了，但是到苦雨齋去謁周啓明先生的時候，仍覺得好像面前有溫煦的風在輕拂着。幾有六年不晤先生，其間曾偶讀到溫源寧對於先生所描寫的文字，深感酷肖，現在重行見禮，好像多了一件新發見，證實了過去的喜悅。先生這時候曾答應我爲南方的雜誌寫點新的文章，因爲藥味集在此數月間已經成爲轉載的對象，而藥堂語錄又在開始被轉載了。座中好像也有人提起郭鼎堂返國時的舊話，雖是敘舊，恰如話新，其他的談話無論是學校、物價、生活以至於天氣，都覺得很有意思。下一年的春季先生

周啓明先生速寫畫像

會作南遊，由南京而蘇州，先生自己曾撰有蘇州的回憶一文，友人如亢德果庵等亦多有記敘，這眞是使這裏許多崇仰先生的人們喜出望外的事。

照片：知堂先生在蘇州

前排（右起）柳雨生，陶亢德，周啓明，汪馥泉，楊鴻烈。後排沈啓无，龍沐勛。

於是我回到南方之後，十二月九日又返抵上海，和幾位熟識的人們談及，我們該不該有一個聯絡南方北方的文士們的筆會，略如昔日的文學團體那樣的組織。有人說：目前專用文學團體的名義，事實上也找不出來許多名副其實的作家，不如廣泛的以文化做一個範疇。談過幾回，沒有結果，錢公俠，周越然，陶亢德諸位都略有意見，互在報上討論，我記得公俠所作題目似乎是寂寞和冷靜，亢德所寫爲關於出版文化，可惜都找不到原文了。只記得陶公的文字，指出當時出版文化的最大毛病，是質的遠遜於昔，而作者們呢，一則生活困苦，每天忙於愁米愁油，再無餘裕專心於推敲斟酌，再則謂現在不知是什麼時代，凡是從事於文化工作的人，很少能心安理得的安心工作。我還記得他當時有一句警語，說『我們要升官發財，不妨待諸異日，爲出版文化稍効微勞，應該不必慢慢來。』

但是，當時的文化出版界，是個怎樣的出版界呢？商務、中華……等大書局都停頓進行了，有價値有意義的新書，也久已無處印刷了。書店無不是淸淸冷冷的，門市的寥落，早已超過了寂寞的程度，連科學數理的教科書都不容易購到。在商務印書館主持編務垂二十年的周越然先生，十二月十六日發表文化衰落與補救一文，在我的日記裏却是鈔存的。周先生說道：

今先言書：在本篇中，『書』字指『學術的著作』而言。假定這是定義，那麼一二年來，我們沒有新出版的研究高深學問的書本。我們簡直沒有文化，我們的文化中斷了。前幾天在攤上看見兩本小冊子，一本叫做『西遊記』，另一本叫做『活××九』，這兩本雖然是『專門著作』，一導游，一言情，恐怕稱不得出版文化罷。爲什麼呢？因爲眞正文化是福利人民的，不是傷害人民的。那兩種書從頭到尾都是誘惑，所以不是文化。除了這兩本書之外，還有……一類的書，他們雖無誘惑之志向，然而欠缺益人之字句，也不得稱爲文化。倒是耗費白報紙。再說定期刊物。這就是俗所稱的雜誌（日報除外）。近來街攤上陳列的雜誌，眞是多呀！……三十餘種，封面紅紅綠綠，版口大大小小。打開來一看，研究學術的果然不少，但是瞎三話四的亦非無有。……

最要的補救方法是：各文學家，各科學家應當把自己所研究而有心得的，或天文，或地理，或科學，或文藝，忠實的寫作出來，長篇刊成專冊，短篇編入雜誌。……次要的補救方法是：志同道合的文化人，聯合起來，組成一個團體，例如西方作者的俱樂部或協會。會員常常見面，正式或非正式討論進行的方針和步驟，研究在某種環境之下，應提倡何事，應制止何事的問題。著述當然要獨自一個人在家中靜靜地，連續的做上去，不過『閉門造車』，有時不合實用，倘然同志的人，組成一個小團體，常常見見面，談談天，一定可以得到許多激勵。從前各大書局，如商務、中華、世界、大東、開明所以要設編譯所，集諸名家於一處，請其在內辦事，不叫他們在家中靜做，就是這個道理。現在各書局因爲環境關係，停止進行，我們何不採仿他們的意思，自己起來組織一個像而不同的團體呢？

在周先生的文章裏，也担心到『我們都是「窮光蛋」，雖然可以寫稿子，那裏有力印書本？那裏有錢辦雜誌？我們雖然可以組織起，那裏來的開銷？』等難題。事實上這些問題當然都是很實際的。然而天下的情形眞是特別，這樣小小的一個團體，也經歷過一些它所經不起或不堪受的波折。結果是，非常困難的事情，做起來倒不怎麼困難，沒有什麼困難的事情，倒反而荆棘重重，太可知難而退了。這並不是什麼假話。

十二月二十日的午後，由熟識的友人們自相約邀，假蒲石路華懋公寓吃茶，這可以說是後來所謂『中國文化人協會』的發起會議。這些朋友都是互相約請的，本無所謂賓主，計參加的有周越然，梁式、許力求、黃警頑、錢希平、釧影、周化人、楊蔭深、楊樺、鄭允恭、予且、周黎庵、錢公俠、唐鳴時、馮和儀、柳雨生、楊光政、陶亢德、楊靜盦、蔣雲章等廿餘人。其中有幾位在我還是初次見面的，然而各人俱由各人的老朋友相邀，隨意聚談，慢慢的就談到這個問題，討論的結果，即席推定籌備人十一位，負責進行。到了廿九日，我們遂分向北平、南京、蘇州、杭州、廣州、漢口、上海各地，用十一人聯名（予且、周越然、周黎庵、柳雨生、梁式、陶亢德、馮和儀、黃警頑、楊樺、楊光政、錢公俠）的方式，寄信徵求贊同的發起人。原信稿我現在找不到，舊日記所鈔下的字句，必有『烽燧蠭起，文化衰微。同人等爲謀中國文化之重要建設，文化事業之振興保存，爰有組織「中國文化人協會」之擬議』等句。我們但說『擬議』，是因爲少數人士的意見不敢自說怎樣高明，連會名都用括弧，都是不願草率胡鬧的意思。老實說，對於所謂『會』這一類的東西，我們過去都有相當的頭痛經驗，瞭解民權主義的具體實現，固然在目前爲不可期，即依照孫先生民權初步的步驟開會，過去社會團體中所見怕也是絕無僅有。然而，生在這個艱辛苦撐的時代裏，我們情願笨拙，情願失敗，却愛好合法的形式，絕對不敢去圓滑取巧，盜名欺世，致蹈那些『有目的有計劃』而無實際表現的團體的覆轍。

發函之次日的早晨，我們約定了去訪陳公博先生。友人之中，過去和他有舊誼的頗爲不少，但我却的確是初次會面。據說，陳先生雖非文人，僅是幸而不以寫文爲職業就是，其過去所作的文字，政治議論或『軍中瑣記』那種記敍北伐史實的文章，却也頗有一種風格。武的方面，正爲行伍出身，艱辛備嘗，蓋已如一經過好些苦鬥的老兵，並非千把總，却是隨時能跳起來上前線的。在座諸公推我先說明訪見的原委。我約略指出三點，第一、我們這些人在過去雖也有組織過什麼會的經驗，但在目前却的確不喜歡這一套，不過看見出版文化的一般情況，衰微得可憐，非惟長此以往國民教育要弄得一塌胡塗，即在短時期內怕也不成體統。何況這種情形看去決不像是什麼短期。其次、目前出版事業的不振，並不是上海數百萬人口都不喜歡閱讀求知，而是大書局無機器，無紙張，新書無從說起，舊書也未能儘量發售，應有盡有。例如中小學的教科書問題，關係豈不重大，影響豈不深遠，而目前長在擱置之中，決非善策。第三、歷史上每當嬗變興替之局，或是戰亂播蕩之際，學者們所究心研探的問題，往往集中於政治的根本。政治的根本，簡言之就是純粹的學術，不論是文哲社會科學自然科學，其復興重整其實就是興寧絕廢的關鍵。我們的聰明才智或者不敢望此，但是願意貢獻這一點意見，做你們採擇的參考。

陳先生的回答皆很切實，並且懇切的談及當前出版文化的許多問題。例如上文所說馬路街攤上的許多零碎雜陳，令人目迷的小書，他都知道得很清楚，並說正在竭力取締。關於大的出版事業，或進行幫助大書局的運營，或籌組聯合性質的出版公司，也都具體的說到。最後，亢德先生提起一個成立編譯館的計劃，主張儘可能的容納各科專門學者，假以時日，著譯成書，做重建出版文化的重心。談論至此，順流而下很自然的達到圓滿的結論，一方面繼續進行成立協會的組織，一方面籌商創立編譯館，循名覈實，規規矩矩的，多少希望能够有一點切實的工作表現。

眼看着三十二年的元旦到了。三日的下午，『協會』的發起人之一趙叔雍先生相邀，請我約同幾位友人，到他寓裏去喝茶，並繼續談論有關出版界的諸問題。我復信答應，並如約代爲邀請，屆時大家來了，曾有過一回敍談歡洽的小聚。公博先生亦被請參加，這天談話更不拘束，也喝了許多杯沒有菜餚的空心酒。晚間因爲大家談得高興，黎庵兄還約了幾位同到亞爾培路古今社的房子去吃晚飯。

直到萬家燈火，然後眞算是盡歡而散了！

從這個時候起直到一月底，回信漸漸的都寄來了。遠如北平的張我軍、管翼賢、沈啓无、南星、朱肇洛……廣州的周應湘、張焯垄、郭保煥……，都覆信參加，近處如京、滬、蘇、杭、漢口等地，更可以不列舉了。在一月十五日左右曾做過一次統計，同意發起的已有八十九位，其中除了前邊已經提到的諸位外，屬於文藝作家或學者的，如龍沐勛、龔持平、周鍊英、紀果庵、傅彥長、顧鳳城、丁丁、路易士、楊鴻烈、陳大悲、平襟亞、秦瘦鷗、譚惟翰、丘石木、文載道、顧冷觀、吳江楓、張鐵笙諸先生等，藝術音樂繪畫電影戲劇界的，又有顏文樑、李惟寧、黃覺寺、胡金人、黃天始、黃天佐、陶秦諸先生等，新聞界的，又有顏煜堤、金雄白、袁殊、楊迴浪、王平、孔君佐諸先生等，多是中堅領導人物，而老輩如無錫丁仲祜先生，以近七旬的高齡，非惟復函同意，並且後來還兩度參與其會，並講述個人治學的寶貴經歷。這在後生晚學如我者，安能不說是深茲感愧呢？我們在一月十日，曾邀集滬地的發起人，又開過一次籌備的談話會，並大體同意會章草案。這個會章當初也是我起草的，共僅九條，內容十分簡單，或者也可以說是清楚，如宗旨爲『本會以集中文化人力量，發展文化事業爲宗旨』，則凡不合此兩句規定的意義者，無寧爲我們所不取了，看來似乎狂肆，實則乃是安謹耳。如會員，必須『二人以上之介紹，及理事會通過』，均是此意。餘如組織系統，會期會務，會費，工作，亦無不以簡單而切實及可以辦得通的爲原則，決不用什麼繁文縟節。到了十七日，再開籌備會，並決定下星期日或將正式成立。

十七日也是星期日，這天亢德先生曾寫過『文化人協會做點什麼』一文，在報紙登載。大意說，中國無職業性作家，就因爲稿費太低不足以謀稻粱，而一國少專事著述之人，正是一國出版文化不振的原因。當前最高稿費的收入，較之戰前最低稿費還不及遠甚，我們常見日報期刊因印刷紙價飛漲而增加售價或廣告費的啓事，却從未見過他們爲增加稿費而提高售價的廣告。中國文化人協會成立之後非做不可，而且應即做去的事，第一是對於報紙雜誌的稿費爲定一個最低限價。第二步當爲幫助出版者。如果只爲作者着想而不顧到出版者，結果至少使出版者認爲其工作不合乎情理。現在出版者最大的困難是買紙。我以爲中國文化人協會成立之後，應爲報紙而大大努力一下，做到援助眞正有益於文化的刊物能得到應用全數或一部分的平價報紙，使讀者隨之得到比較價廉的讀物。同時當請出版者盡力撙節紙的消費，至少須做到各刊物頁數有一定的限制。（在七七以前，紙價每令不過三五元時，我們的雜誌倒多是薄薄一本，現在却很多厚厚一大册起來，這好像人愈窮而揮霍愈甚，非怪現象而何。）此外協會對於單行本書籍自亦應加努力。原來據周越然先生的調查，三十一年一年裏上海的五大書局就沒有出版過一本書籍。書籍的幾乎斷種，究是伊誰之咎，這裏姑置不論，現在既將有協會之成立，此會宗旨又不外乎振興文化，那麼應有具體的計劃，切實的努力，至少使各書店將一般急需而無存貨的原出書籍立即再版，再由協會成立出版部，集全體會員力量，從事於專門的一般的有價值書籍的著譯編印。

最後，陶先生聲明『以上幾點在鄙意認爲是中國文化人協會非做不可而必能做到的區區小事。倘能認眞做到，固不能必其已可受人讚許，但若連此也不盡力，那麼必受國人之笑罵無疑。我們熱心文化人協會的人不是腐敗時代的官吏，肯來一個笑罵由他，故上述幾點雖是須待協會成立後始能着手之事，却必須在協會成立之前提出藉徵衆意。倘大家以爲這些事做做也好不做也沒有什麼，並無非做不可的決心與熱忱，那麼鄙意以爲：這種會不成立倒好，成立了反糟！』

我們讀了這篇文章，有幾點更是可以明瞭的。發起組織的人，原無背景，更無私心，其所以情願拋頭露面大聲疾呼，當時文化出版界荒寂的情狀和讀書界的渴求，應該是最好的說明了。廿四日再度開會的那天，滬地的發起人們都來了，大多數又各介紹一二人來參加，所以實際上竟有一百幾十位。不過，成立的日期，却就此遙遙無期。這個責任，當時參加籌備的朋友們，是不必去覺得惋惜的。回想我們希望它成立，只是希望通過了這個組織做出一點破瓦礫中眞正打掃修繕補罅的苦役，此外原無他求，各人本來仍舊做着自已的事務，並不會借此去貪吃懶做。所以當我們聽聞這個會即使成立，也將和旁的會依樣葫蘆，不見得能有些微的貢獻，徒成爲社會的贅疣，自然也就不聲明而聲明，不停頓而停頓了。這裏所以還要爲此說話，蓋就我個人而論，一面多得到若干益友，一面則過去在大衆的心目裏既有過這麼一點影子，忽焉消散，並且從那時直到今日，這樣的團體，也就不再能够看到，自已是総始其役的，不能够說是不知道。可以多說的話或者也就算得是盡於此了。

五　風雨如晦

我在香港的時候，客堂裏掛着葉譽虎先生的一幅立軸。上面題的舊詩，有幾句是很有意思的。『歷刼猶堪獨往來』的意境，固然鬱勃，『撥盡爐灰成起廢，眼前東海祇如杯』，又怎樣呢？同年二月初起，我開始籌辦一個小規模的風雨談社，即想盡個人的微力，做點切實推動文化的事業。

風雨談月刊之發行，是完全以個人名義進行的。沒有編輯辦公的地方，所以曾和黎庵兄商量，假用他們的辦公室，後來還到靜安寺路。沒有銷行的機構，其時恰巧有人在南京路慈淑大樓創辦商社書報發行所，可以推銷本外埠的雜誌書籍，於是委託他們辦理經銷。

經過籌資，登記，徵稿……種種繁瑣的事務手續，事情差不多確定了，眼看半載內雜誌還不至於虧折光盡，才向外間發函約請長期撰述。當時出版界的情形萎偃已極，定期刊物銷路盛的如大衆、雜誌、萬象、小說月報等等，內容多是綜合新舊，包羅並舉的，並沒有一種純文學的雜誌。風雨談創刊之前，許多友輩諄諄勸勉，最好要是純正的新文藝，他們當竭力贊助。但是我考慮了事實情形許久，決定自出心裁，就是開創的時候，並不完全撇棄流行的通俗作風，仍舊是舊的新的作品，一應俱全，但是我却有我選稿的標準。我請予且先生寫中篇小說迷離，又請包朗孫（天笑）先生寫十年後的兒童日記，都是連載。朗孫先生是中國小說界的老前輩，三四十年前即享盛名，在章回體裁的作者裏，自有其應佔的位置。但是我想風雨談上不宜刊載章回小說，尤其不宜刊載社會言情譴責黑幕那一類的章回小說。我記得民國初年，教育部曾褒獎過天虛我生著的教育小說棄兒，及包先生寫的馨兒就學記，讀書界的風氣爲之一變。馨兒就學記的內容大致與愛的教育彷彿，是用文言改寫的，而易以我國的鄉土背景，在中學教科書裏，頗有採用做補充教材的。我請朗孫先生寫的，曾說明可否請用這一類的體裁及情節，但是最好用白話，供青年學生們的閱讀。包先生覆信大爲贊成，稿子不久後即陸續賜下，一絲不苟，其後又時以筆記文字及與友人述譯的短篇小說見惠，老輩的襟懷，如此的愛護，如此的光大，我們焉能够不特別感到興奮而格外的努力。同時，我還請程小青先生翻譯一篇中篇的冒險小說，也是爲了同樣的目標。程先生是我認識十餘年的可敬佩的作者，他在那個時候寫作的興緻本不很濃，並且更絕不爲新興的刊物作稿，以免文債高築，我深信如果不是他一向的看得起我而且深信我辦雜誌的目標及誠意，我一定也要踵其他許多位發行人編輯人之後而遭遇到誠懇的拒絕。

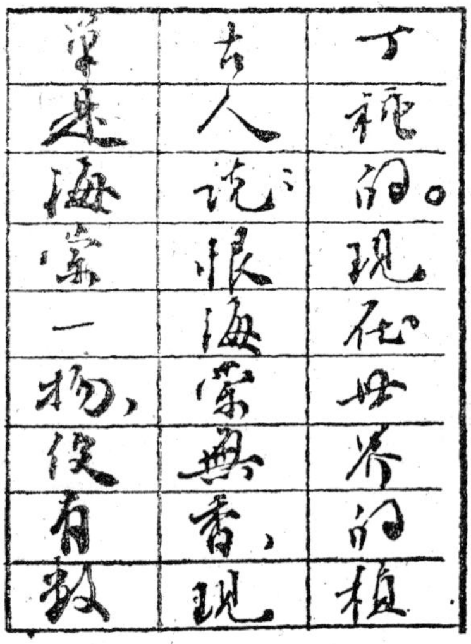

◉包天笑先生手蹟◉

讀者們看到現在風雨談出版到第十幾期了，刊載的東西，新多而舊寡，題目性質有一定，體裁格調內容，都有一點外國文藝雜誌的樣子，差可媲美戰前一般的刊物了，不知今日僥倖掙得的結果，就是昔時逆料非如此不會實現的預測。今日我們每期設法揭載創作若干篇，散文雜文若干篇，詩若干首，戲劇一二種，文藝批評理論一兩篇，讀者們看得慣了，購買熟了，看順眼了，見得純文學雜誌的尺度，引起了研究的興味，今非昔比了，也許還要怪我們進步緩慢，努力遲鈍，趕不上盧溝橋事變以前的文學雜誌。殊不知讀者們今日喜歡讀屠格涅夫，陀斯妥以夫斯基，或武者小路實篤的作品，其興趣不是一蹴而就的，是刊物的內容慢慢的發酵變化，吸引讀者們向一條堅實明徹的道途去嘗試的。成年的讀者們，未免要笑今日風雨談的淺薄乏味，除了三兩篇文字外，毫無吸引的魅力。殊不知我個人雖然是不是弄純文學的門外漢，對此又何嘗沒有濃烈的同感。不過，我却要反過來講，我們不憂慮中年以上的朋友們的認識不清，頭腦不明，却深知今日的年青的朋友們知識水準的低落，文學認識的歪曲，對文哲信仰的薄弱，正可以說得上是前無古人。『吾爲此懼』的對象並不是過去時常爲各高級雜誌執筆而現在抱殘守闕或緘默埋首的先生們，而是那一般咬着石頭當麵餅或且嘖得津津有味的學生們。嚼着飯粒去餵旁人吃當然是不好吃，甚且也許要反胃的，但是對於饑餓渴涸的人們，採用這種救急的治標的辦法，事實上怕也不能够怎樣責難苛求。如果用這個觀點來衡量，今天的萬象、雜誌——自有它的效能和力量，這也並不僅是指一兩個刊物而言。

我衷心的感激幫助風雨談的各地友朋們和讀者，沒有這些人的支撐鼓勵，我們的雜誌不會到了今天還能够在風雨飄搖的情勢下勉强維持，繼續着我們的信心，爲純文學和眞確的文化而奮鬥。本國的老輩們大家們，雖然時代生得比我們早多了，見識深廣，績業及學問尤不用說，却因爲跟我們共同生活着而能够毫不躊躇的指點我們，同情我們，怕我們不留心而走錯路，並不以爲在這樣淺陋的雜誌上爲年青人露面爲可恥，也不認爲歲月的蹉跎是令人灰心的事情，因而投身做則的告訴我們過去中外聖哲們許多有用的教訓和堅卓的偉願，即使單就文學這一方面來說，這也是促使它增長發育早復健康的清涼劑。

風雨談創刊於去歲四月。由那時到現在，約有一年半的時間，中間經歷的事情很多，因爲相隔太近了，似乎沒有詳細記敍的需要。只是由去歲初春到夏際中國聯合電影公司改組爲華影爲止，我因爲一位極熟極好的友人W君的督促，曾到那邊去擔任過一個時期掛名的『編劇』，這是我不會忘記的。然而因爲我對於電影技術毫無所知，對於戲劇的知識也不豐富，所以我在那個時候，尸位素餐，曾無一點試編一劇試分一幕的企圖。我想一個人對事業固然應該有抱負，但是尤其重要的是要能够認清楚自己的價値。我雖然對於電影毫無經驗，甚且未必有興趣，但是我知道我所認識的朋友們有許多是對這方面有着湛深的學識和濃郁的興味的，他們在這時雖然未必已經是一時的俊傑，但是如果有了相當適宜的環境，將來必且成爲這方面的專家。我替我的朋友竭力去請他們加入擔任職務，或任編劇，或爲特約，一時該公司的編劇方面，原任的有陶秦、沈鳳威等先生，新加入的有秦瘦鷗、譚惟翰、廖康民、班公等先生，特約的有予且先生等，文藝的氣息，顯得相當的濃厚。當時外面報紙的紀載，曾經說過這不像是電影圈，倒像是『造屋請了箍桶匠』了……一類深刻的批評。這一點我並不怎麼引爲奇怪。我甚至於以爲箍桶匠的形容絕妙，這或者是因爲我的個性時常不肯失掉幽默感的關係罷，這個名辭至今仍舊能够記得。那時電影公司正在醞讓着合併改組，在公司裏，劇本部的事務既與製片業務直接有關，在系統隸屬方面，又歸於董事會直轄的設計委員會，友人W先生以一外鄉人兼負這兩方面的重任，職責所在，不免常有些兒手忙脚亂，覺得東也是一重困難，西又是一層荊棘，不容易實現澈底革新的希望。W先生是我多年的朋友，現在離開他舊守的崗位已垂一年了，人也不在上海服務了，我們舊事重提，說老實話也早已沒有什麼私人方面的忌慮。我說他是一位十分戆直的人，故在朋友的心裏也常存着一番忠厚而直率的印象，却無一位不承認他是個標準的好人。廿餘年前他在嶺南大學攻讀的時候，曾用過極精細極沉靜的功夫，把圖書館裏大量的戲劇藏書讀個一乾二淨。在廣州他辦過戲劇學院，辦過電影公司，在港粵兩地還經營過戲院，華南的電影界恐怕沒有一位不是熟人。在上海方面，無論是話劇或電影，他所敬重的導演及演員或編劇，即使是初交新識，但是我們可以相信他的談吐出於眞誠，他的批評基於善意，而他對於劇本或演出成績的見解，也決不是什麼無根之談。我記得中聯改組以前，有一天晚間常務董事馮介如兄及總經理張善琨先生曾聯名宴請全體導演及劇本部的各位編劇，互相介紹，並自由發表意見。當時有幾位導演先生會有極懇切而有意義的演說，指出劇本供應的需要，編導工作的聯繫，及圓活業務之進行等三方面的重要性，要求相互間的信賴協力。這時候編劇人方面，後來是由我這位不會編劇並且絕不編劇的掛名職員，坦率而眞誠的表示我們的意見的。我當時所說過的話，這裏自然不必重複的去抄襲老辭了，只是一年以來，我們在銀幕上所見到的，陶秦先生編劇的已有多種，予且先生的別居記已由朱石麟先生導演，改名爲不求人，康民先生的電影故事鵬程萬里，最近快拍成了，譚惟翰先生更有秋之歌及草木皆兵兩片，並且後出的尤勝於前，都可以約略看得出編劇方面的貢獻。譚惟翰兄非惟編得一手好劇，在草木皆兵裏，我們還看到他演出的鏡頭。我們眞感到非常的欣慰，即今日銀壇上面的演員固然有的退隱，有的離職，却又產生出一批星光燦爛的新人，不顧艱辛爲第八藝術努力，在編劇方面，過去作者較少，供應不及，或經驗缺乏，編導脫節的現象，經過了年來的磨練合作，這種情形也因新人的增添補充而漸漸的被克服了。憑了我個人過去生活之一小段經歷，看到目前的情況，自然要祝賀這一班蒸蒸日進的編導先生們合作的成就，並且深信電影界的朋友們的刻苦努力，以其精心鏤構的故事，千錘百鍊的技術，不擇場所，無分地域，並且打破空間時間的界限來教育我國廣大的民衆，鼓勵他們，啓發他們，給他們以莫大的信心和生活的勇氣，成爲今日團結黏聚中重要之一環，如果和我們寫文章的人們比起來，我們的才智，至多不過像是誦詩書修仁義的儒生，而他們的功績，老老實實的說眞是『不在禹下』。

我們再返過來回顧一年來的文化界出版界，雖然力量不很集中，工作的單位已漸漸多起來了，過去的顧慮或困難能解決的也逐漸的解決了，所餘剩的大部分是物質方面的困躓。話劇界的活躍及其實際的發展，無論是導演，演員，劇本，恐怕都有超出水準的代表或人物，這是十年前乃至五年前所不會夢想到的。當然也有缺點，但是這裏是指的它推展的傾向，不想推敲什麼纖微細節。姚莘農、李健吾、佐臨、楊季康、石揮、或蔣天流先生的成績，永遠値得我們擊節嘆賞。談到編劇，世界書局出版孔另境先生主編的幾集劇本叢刊，不能夠不說是文壇上很大的收穫罷。可惜演劇理論的書籍，新的著譯似乎還沒有看到。五大書局經過折衝努力而組成的中國聯合出版公司的創立，也是一年來的一件大事。他們除了發刊學術界之外，最近印刷的劉大白，傅東華，瞿兌之，查士元等先生著譯的書籍，也使我們大爲欣幸。商務印書館重印百衲本廿四史，雖然售價較昂，正如空谷跫音。其他的書店，出版社，文化團體發行的新書，像風雪夜歸人，家（曹禺的劇本），傳奇，浣錦集……等等，都像是我們很久期望着，渴望着的東西，一但無意中發現的樣子，不能夠不叫我們感到空寂裏的興奮安慰。戰亂以還，我們久已看不到眞實的好作品了，女作家的文字尤其少。目前活躍的馮和儀先生過去曾有散文在西風，宇宙風等雜誌登載，楊絳先生的文章我們在朱孟實編的文學雜誌久已傾服，而張愛玲先生大概也就是昔時在西風上寫『天才夢』的作者。傳奇之出版證實了她的天才。無論文字藻彩的美麗，雕琢的工細，渲染的濃烈，故事的如怨如慕如泣如訴在目前不作第二人想，我們尤其感嘆的是在此動盪的時代環境裏而猶能見到如此精鍊圓熟的文字，未嘗不可說是一種非偶然的奇蹟。我們誠實的不希望她的作品境地的停滯。

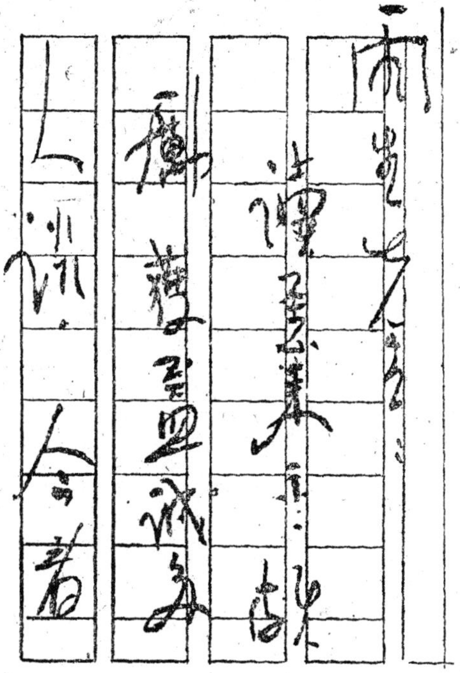

◎石揮先生手蹟◎

陶亢德先生在去年三月間發刊過東西月刊，創刊號的銷路很好，不幸因爲紙張的關係（當時仍用純白厚報紙），第三期即沒有問世，這是値得嘆惋的。最近幾個月裏，我們共同接辦了一家小小的太平書局，或者也可算是爲出版界盡了一點微力，爲讀者們擺上一個精神食糧攤。太平書局這個名稱，在兩年前就已有了，原址在香港路，曾發刊過書籍畫報等讀物。後來主持的人，無意繼續經營，把它停辦了。我們接過手來的時候，舊有的文藝書籍，像予且的短篇小說集，秦瘦鷗的二舅，章克標先生譯的兩冊現代日本小說選集等幾種，都接受承繼其發行權。同時，我們要計劃出一點新書。有十餘種近來都已印行了。正在排印中的，還有周啓明先生的苦口甘口，瞿兌之先生的人物風俗制度叢談甲集，周越然先生的六十回憶，譚正璧先生的女作家小說選，丁諦先生的人生悲喜劇……等書，不久亦可問世。我們所出版的書籍，到目前爲止，仍以純文學的爲大多數，特別可以高興的事情，像周啓明先生爲了扶掖護助這個新書店的開張，特別爲它編出一冊新集，是先生近八年來著述在南方出版的第一部。同時，先生所著的書，近著如書房一角藥味集藥堂雜文，舊版的如秉燭談風雨談苦竹雜記雨天的書……等等，現由太平經售中，時常有許多讀者們踴躍購誦。同樣的，如開明北新黎明文化生活社……等書店在事變以前出版的大量文學書籍，或爲本國文士們的創作，或係蘇聯日本德義法美英諸邦的名著，以及各弱小民族文學的翻譯，在店裏銷售的，數量亦不甚少。我們希望盡我們棉薄的努力，不敢說是有什麼能耐，尤不願說際此

俞理初論莠書

藥堂

從前我屢次說過，在過去二千年中，我所最爲佩服的中國思想家共有三人，一是漢王充，二是明李贄，三是清俞正燮。這三個人的言論行事並不怎麽相像，但是我佩服他們的理由卻是一個，此即是王仲任的疾虛妄的精神，這在其餘的兩人也是共通的，雖然表現的方式未必一樣。關於俞理初我已經寫過好幾次文章，現在再來提起，別無何種新的意見，只是就他指斥莠書這一點上，想來略爲談談罷了。

近幾年來常看筆記一類的書，沒有詳細計算，總過眼的實在也已不少，其中特別以清朝的爲多，可是結果非常的

◉周作人（藥堂）先生手蹟◉

兵荒馬亂之局而能够有什麼偉大貢獻，但是我們既不願自欺，更不敢欺人，惟想在此時期內，優遊歲月既然談不到，隱遯終世又不能贍及妻孥，尊親之養更不用說，而忠實於自己的工作，永遠以誠懇之心正視現實，愛戴國家民族以及一切以平等待我的人類，當無二致。聖賢有云：「至於犬馬，皆能有養，不敬，何以別乎？」是論人們事親之禮。現在我們推廣之以至於事奉自己的國家，尊重國家之尊嚴，崇敬人與人間的道德及信義，這不也是值得我們時常警省的事情麼？遠於去年六月十五日，申報當局因日本中央公論有集體執筆論涉中國的文字，以信來向我徵文，當時諸賢亦多有論答之者，我曾作『微思』一篇略說：

……際此戰亂羣離之局，不言則有違興亡有責之訓，言而不能積慮縝思，推心執中，亦於大局毫無挽救，轉滋禍世。

我當時的結論說的是：

但冀兩邦朝野，互作悟覺，過去種種裂隙譬如昨日死，未來種種希望譬如今日生，則九一八事變以來以迄今日錯綜繁複之變化，或竟為中華民族之新生機，亦為日本民族發展之新曙光。否則玄黃戰野，大同之境非百數世不可期，而老弱轉乎溝壑，遍地瘡痍，危垣赭壁，縻損之巨，吾華為烈，瞻念前程，何勝愴喪。

這並不是我的八股變調，却是四年以來身閱目擊感觸的結晶了。文化出版事業僅不過是一面模糊的鏡子而已，我們却可以借了它照見我們國家民族的容貌形態。是刻苦奇進，朝乾夕惕的好呢，還是隔岸觀火，等火燒上眉睫來的好呢，這不能不看我們同胞們的認識和選擇了。

（民國三十三年雙十節）

（編者按）柳雨生先生這篇文章，原來是決定在新中國報披露，繼以該報篇幅不夠分配，遂致中斷，適本刊向柳先生徵稿，即以全文交來，這是出乎我們意外的一篇力作，因此連已刊過的兩段，亦在此重刊，藉以使讀者得窺全豹。

「四年回想錄」，並非私人的瑣事憶念，乃是四年來港，滬，京，平文壇一角的實錄，也就是將來「文壇史料」之一，由柳先生清明流利的筆法敘述出來，讀着令人有非常快慰之感，為本期本刊，增光不少。在此應當向柳先生深致謝忱。

道學

果庵

周密志堂雜鈔論道學云：「嘗聞鄉曲沈子固先生云：道學之黨，名起於元祐，盛於淳熙，其徒甚盛，蟠結其間，假此以惑世者，眞可噓枯吹生，凡治財賦者，則目爲聚斂，開閫扞邊者，則目爲麤才，讀書作文者，則以爲玩物喪志，留心吏事者，則以爲俗吏，蓋其所讀書，只四書近思錄通書太極圖西銘及語錄之類；自詭爲絕學者：正心齊家以至治國平天下。故爲之說曰：爲天地立心，爲生民立命，爲前聖繼絕學，爲萬世開太平。爲州爲縣爲監司，必須建立書院，或道統諸賢之祠，或刊注四書，衍輯近思等文，則可不錯路頭。而士子作時文，苟能證明聖賢義蘊，亦可不負名教矣。否則立身如溫公，氣節如東坡，皆非本色也。復有一等僞學之士競趨之，稍有不及，其黨必擠之爲小人，雖時君亦不得爲辨之；其氣燄可畏如此。然所行所言，略不相顧，往往皆不近人情之事，馴至淳祐咸熙，此弊極矣！是時爲朝士者必議論憒憒，頭腦冬烘，敝衣菲食，出則以破竹輿，舁之以村夫，高巾破履，人望之知爲道學君子，名達清要，旦夕可致也。然其家囊金匱帛，爲市人不爲之事，賈師憲獨持相柄，唯恐有奪其權者，則專用此等之士，列之要路，名爲尊崇道學，其實幸其憒憒不才，不致掣肘，以是馴至萬事不理，喪身亡國，嗚呼！孰倡僞學之黨，甚於典午之清談乎！」李越縵論之云：「公瑾此書，成於元代，道學之風甚盛，而能爲是言，此是非之公也。近世一目之士，動以抵斥宋儒爲莫逭之罪，亦愚甚矣。至公瑾言賈似道之禍國，辭直如是，而趙雲松猶謂其依附賈氏，多爲松寃，又何其不樂成人之美也！」

趙雲松的意見也許見於陔餘叢考，不及細查，但道學之弊在這段話裏總算說得很透澈。其實關於反對道學的話已竟不必再說，因爲道學的形式早就被打倒了，雖有方東樹，唐鑑，曾國藩等想要復活他，畢竟是不行。曾氏身爲道學後起偶像，晚歲亦不甚談此，大約是 覺有點蹩扭，而且由種種記載，知道曾氏爲人，也絕不是只讀高頭講章頭腦憒憒口心兩違之流，則其不能與道學契合無間，或亦當然。不過近來却又有人主張中國所以弄到這樣不振，乃是漢學之弊，自乾嘉的文網以後，學者除逃避現實，專講名物訓詁以外，沒有別的辦法，自會造成畏葸怯懦的氣象，宋學亦即道學，乃是注重事功，注重政治的，所以應當讓他復活，可以有起衰興廢的作用。這話也許是不錯，但可惜是宋儒雖有韓范胡安定孫泰山，到底徽欽還不免於蒙塵，在中國史中，沒有再比宋代不能抗禦敵侮的了。至於南宋以後，恐怕只剩下一樣敵愾之氣在廟堂上疏，說幾句大話，如胡銓等，實與近代的打倒帝國主義標語沒有什麼兩樣，於是最後道學家陸秀夫便勇敢的背着皇帝去投海，如是而已，此外如文天祥，據說却是縱情聲色，一無道學氣味的。昔人所譏的無事袖手，臨危一死，眞是不錯，有意見的人，也無妨說這是道學末流，其實這還不算末流，像前者周公瑾之論，已比此更進一層，然猶略有靈魂在，最可怕則是成了代聖賢立言的八股一來，除「性理大全」不能讀別的東西，那才大糟特糟，且其餘風至今而不見廓清者也。

八股的毛病不在其文章本身之技巧，乃在其蒙蔽人的常識，不使視野擴大。王安石雖然喜歡事功，但却作了師心自用的字說，和許多經義，其意思乃在爲了推行我的政策，你們大家只有盲目的遵從。對於新法的本體，近代人已不反對，可是我們想想那時所謂元祐君子所以必須對變法不贊成者，也許因爲王介甫的態度過於壟斷霸道之一點。——康梁維新的病，不無與此同處。我們感覺到政治之霸道或者可以馬虎，思想之霸道，實在難於容忍。爲了不易容忍，所以八股之後有利祿，這可算巧妙的法門，無怪乎明祖自己高興的說：「天下英雄入我彀中！」原來生活與享受又是大過了思想自由的東西，尤其在士大夫階級除了作官不能謀生的中國。那麼八股制科之不能廢止，是當然了，現在雖然沒有開科取士，大家念大題文鵠，四書味根錄，但是其隱然的作用却是無往不在，可以夠得上精神不死四個字。而且往日有見解的人，雖是去應舉，到底也還曉得制藝不過敲門磚，不能作爲終身法寶，如今則不然，不會八股固不能騰達，騰達以後，仍復日日要用八股，且要人人如此，處處如此，於是由敲門的磚一變而爲屋基牆脚，這個搖身一變，可謂勢力愈來愈大，蓋正所謂「終身由之而莫知其道」耳。

如今知道屬於道學之弊的壞方面，充其量可以至於八股之無窮蔓延，這且不去管他，好處豈遂一毫無有麼？君子道消，小人道長「好處當然很顯明。當南宋的閩學受小人排斥時，誰不替朱晦翁二程周張扼腕，就是歐陽公也作過朋黨論，爲君子之朋呼籲。北宋的舊黨，南宋之僞學，大約有點淵源罷？可是不知爲什麼賈似道却利用了道學君子，此亦道學家始料所不及者。明末的東林與宋之道學也是氣脈貫穿的，但錢牧齋等又是東林中分子，而且顧亭林大罵陽明了，陽明乃亦道學者之一也。（其實陽明先生本身並不是道學氣的。）這裏我們對君子不是不同情，爲眞理鬥爭乃是絕大光榮，但是不免亦有想不到的毛病，那便是矯僞的分子也可以參加進去，東漢之黨錮，爲後世所敬仰，然其造作不近情理，蓋是歷來所無有。魯迅先生在魏晉風度與藥及酒之關係一文，曾慨乎言之，魏晉淸談，乃是這樣被激而成，古人所說矯枉者必過其正者是。儒家思想原是不外乎人情之常道，而代聖人立言與講陰陽災變的儒者把先哲塑成偶像，一倡百合，在政治的眞理後面就是聖人偶像的盾牌，是一種不可攻擊的勢力。其實政治得失只是政治得失，不一定非拉上聖人之論不可。反對小人也有輿論可憑，更無須立了學派的幌子。我覺得焦理堂論語通釋的話很好：

「君子和而不同，何也？人如一性，不可強人以同於己，不可強己以同於人，有所同必有所不同，此同也而實異也。……惟不同，而後能善與人同。

「記曰：夫言豈一端而已，各有所當也。各有所當，何可以一端概之？史記禮書：人道經緯萬端，規矩無所不貫。」（均見釋異端）

這可算很通達的見解，孔子原亦不會命三千弟子不許異說，攻乎異端之攻字，如焦說乃作反對解，自與正統之見不同。再看下面的話，更爲露骨：

「唐宋以後，斥二氏爲異端，闢之不遺餘力，然于論語攻乎異端一文，未之能解也。唯聖人之道至大，其言曰：一以貫之，又曰：焉不學，無常師。又曰：無可無不可。又曰：無意，無必，無固，無我。……聖人一貫，故其道大，異端執一，故其道小。子夏曰：雖小道必有可觀者焉，致遠恐泥，是以君子不爲也。致遠恐泥，卽恐其執一害道也。惟其異，至於執一，執一由於不忠恕。楊子唯知爲我，而不知兼愛；墨子唯知兼愛，而不知爲我，……爲楊子必斥墨，爲墨子必斥楊，楊已不能貫墨，墨已不能貫楊，使楊子思兼愛之說不可廢，墨子思爲我之說不可廢，則恕矣。則不執矣。聖人之道，貫乎爲我兼愛者也，善與人同，同則不異。……執一則人之所知所行與已不合者皆屏而斥之，入主出奴，不恕不仁，道日小而害日大矣！」

如此說，所謂聖人豈惟不作偶像，而且是廣納衆流的。唯其廣納衆流，所以才有矛盾的統一，唯其執一自是，所以才惹起別人的反感而生出糾紛，這大約是屬於心理與生理之關係，無可奈何的，我說思想的霸道無論如何不行，就是因爲太不合乎恕道的原故。道學者是要從偶像學習偶像，使自己亦逐漸成爲兩廡健者，此所以必須結纂，結了纂才會表現出思想的政治力量，以强人相同。焦氏論論語「克伐怨欲不行」一章說得好：

「因已之克，知人之克，因已之伐，知人之伐，因已之怨與欲，知人之怨與欲，克伐願欲情之私也，因已之情，而知人之情，因而通天下之情。不忍人之心由是而達，不忍人之政，由是而立，所謂仁也。知克伐怨欲之私，制之而不行，無論其不可強制，卽強制之亦苦心潔身之士，有一其不可有其二，以已之制而不行，例諸人，其措諸天下，必不近人情，必不可以平治天下，故孔子曰：可以爲難矣，難之云者，言不可通諸天下也。孔子之言仁也，曰：我欲仁仁斯至矣。……至易而無難，無煩強制其情也。」

家家道路可以通羅馬，作一個有智慧有品德的人，原亦有多端，不必非從某種修養上下手不可。我們感到遺憾的，便是道學者雖是想把天下弄好，而其手段乃出之於「不近人情」的強迫舉動。於是使小人有了攻擊之目標，使小人有更堅之團結，使作僞者可以假借了好旗號，到頭來不但自己是失敗，國家往往也是滅亡，在歷史的例證上，倒是可以怵目驚心的。

這樣一來，我的主張有點成爲楊朱的爲我主義了，似乎亦爲執一之論。其實不然，楊朱乃是強制他人主張爲我，我則只是要求思想上該當有點自由。不但是八股之束縛應該解放，即是認爲好的，應該的思想也不必拿出噓枯吹生的特別力量，或是結成一派的向異己者攻擊。因爲我十分感覺到這種強迫與攻擊其結果必爲徒然，轉不如信其自然發展的好。吃的東西原不必大家一樣，只要能有裨營養無損健康自佳耳。然而這一點似乎愈是近代愈離希望遠，所以常常令我對於人類的文明起懷疑。古來不少爲這問題而犧牲的，如文字之獄大抵可以歸入此類。好像近頃也又有言論自由的呼聲了，我以爲這不是單純的政治問題，假如道學的餘焰不息，即使一種言論自由是有了，這自由了的言論就又將黨同伐異起來，結果總是一個「許我說，不許你說」的態度，那就仍然是不自由。中國人對於政治並不固執，而是對於思想太固執，此固執之由來，不能不說自漢朝以後統一了思想界的儒者弄錯了昔賢的根本態度。即如論語的克伐怨欲一章，從漢魏以來的注疏查起，直至劉寶楠爲止，都是講聖人的天性純潔，絕無克伐之私存在，所以費盡了人力去制止的傢伙，只算作到了下工夫的地步，想高攀聖人，實在尙遠。云云。可見我的妄臆爲不謬，昨天買得莊諧選錄一部，有一則云：

「閩俗重節烈，以建牌坊官臨祭爲榮，閭閻無知，嘗有力勸新孀殉節以爲榮耀者，百計說之，若婦首肯，則卽發帖請地方官臨祭，并徧請官紳戚族，屆期爲台，婦坐椅上，盛設祭品，官紳等以次祭畢，婦卽出帶自縊死。……又相傳曰：有某寡婦已許人以死，遠登台，祭客畢具，婦忽稱猪未喂，亟下台狂奔而去。故凡有已許人而中悔者，人必誚之曰：汝猪未喂邪！然其情亦可憐甚矣。」

雖然是笑談，却可以代表道學者之態度。守節原亦道學者強人道德之一，我們現在大約都不願意自縊以死，還是按自己的意思去喂豬罷！

甲申重陽風雨中

環境與道德

周越然

環境與道德，有密切的關係。什麼環境，產生什麼道德。

何爲環境？何爲道德？

環境就是我們所居之地，所居之時——就是我們的現在。道德就是我們要做之事，不做之事——就是我們的品行。我們的現在，倘然是惡劣的，那末我們的品行也一定惡劣。我們的現在，倘然是善良的，那末我們的品行也一定善良。換句話說，好道德產生於善良的環境中；不道德產生於惡劣的環境中。

我依照這個題旨，把他們（環境與道德）的相互關係，在下文中約略說明。

先說家庭：大戶人家的子女，總比低微人家的子女文靜些。大戶人家的子女，雖然也有愚笨的，也有貪懶的，但總不像低微人家子女那樣擾鬧，那樣相打相罵。大戶人家的子女，總知道唸書，總知道習字，……總知道規規矩矩地稱呼尊長。爲什麼呢？因爲他們所見的，所聞的，都是好榜樣，沒有惡榜樣；所以他們的天性即使不良，他們的品行決不壞至極點。低微人家的子女，每天所見的，全是粗人，所聞的又是粗話。家中沒有一張紙，一管筆。他們當然不知道唸書習字——不知道上學，祗知道爭鬧。

再言地方：倘然全村人口中的百分之六十，都是賭棍，或者都是酒徒，或者都是盜賊，那末其他的男男女女（百分之四十）漸漸的也會變成賭棍，或者酒徒，或者盜賊。倘然百分之四十中的一人獨自『清高』而對百分之六十中任何人說道，『你們賭，我不賭。我非獨自己不賭，並且勸你們也不賭。賭錢不是好事情——是傷身敗德的事情。』或者說道：『不要狂飲！當此大亂之時，當此米珠薪桂之時，你們還不知道節約，還要這樣荒唐。』或者說道：『强劫暗竊，不是君子之行爲，並且觸犯國法。你們那一個拿過別人的東西的？趕快送歸原主！否則我要去報官了。』聽他話的人，一定向他微微的笑，一定暗罵他『笨漢。』倘然聽話的人，不是賭棍酒徒，而是小竊大盜，那末他非獨不能維持他的道德，並且不能保全他的性命。

據此，我們知道在大亂之時，在大亂之世，不道德的人，一定比較好道德人爲多。在大亂中求道德，求富於道德的人，好比『緣木求魚。』古時羅馬詩人裘惟納（Juvenal）有短詩四行道：

正直且無過失的人，
倘然出現於人羣中，要比一個四手四足的男孩更加稀奇；
要比農夫在稻田中捉到大魚更加稀奇；
要比雌雞產鴨更加稀奇。

裘維納生於公元（約）六十年，卒於（約）一百四十年。讓我把他的詩譯成我們的韻文罷，如下：

稻田不產魚。
雞腹何來鴨？
亂世求高人，
確然是戲狎。

最末，我敢說：一個時代的道德，一處地方的道德，必有限止，必有標準。不論男女老幼，總離不開這個標準。所謂道德全者，不是眞全，不過比較好些罷了。天下最易同流合污，最難衆濁我清。

草書論

李屋

吾國文字，不但意義深沉而其形式尤美，古今來講究書法，代有傳人，惟眞，隸，篆，草四種體例中，以草書爲最美，故亦不易學。

書之有眞，隸，篆，草恰如文之有散文詩歌，小說，戲劇，作文由散文，有詩歌，而小說，而戲劇作書則由眞，而隸而篆而草。換言之即爲變形，眞一變而爲隸，隸一變而爲篆，篆一變則成草也，文之最後階段成戲劇，書之最後階段爲草書，非精於作散文，詩歌，小說者不能作戲劇，亦如非精於作眞書，隸書篆書者不能作草書也。

是草書爲書之極，欲精於草書，則必知『變化』古人論書法變化之作甚夥，茲擇其學理精粹而文意明顯者，錄後以供留心是道者之參攷。

褚墨林先生云：唐太宗謂點要作稜角，忌圓平，貴變通，又云勿含有死是死黨力盡書之道也，又云屮在蹂躪，則古秀而意深，拙在乎輕浮則薄俗而直置，（書法正傳）蘇東坡謂我書意造，本無法。

又唐太宗論書云，圓不變，爲之環，方不變，謂之計，點不變，謂己計，點不變，謂之布棋，畫不變，謂之布算，結構聯行成幅不變，謂之印板，此不是書變而不足爲法，亦不是書，作書善變，以王羲之爲最多，查其各帖中，每一字能得卅至四十餘字之變，非他人所及，千古書經之名，良有以也，故點點變，點點立法，畫畫變，畫畫立法，字字變，字字立法，行行幅幅變，行行幅幅立法，法者何，神境也，神境何，妙萬法而爲法者也，遠望之則驚其欲遁，近視之則神采栩栩，生氣勃勃，如壯士佩長劍笑迎，如美人簪名辭對，如少壯良友，久別忽逢，傾心快語，如天上羣仙，駿馬駕鶴，列隊相邀，不覺御風等之俱。

（翰林釋言）胸中有書，下筆自然不俗，不必憑之按本，要在應變無方，凝念生神，大胆落筆，只學一家書，學成不過爲人作奴婢，集衆長歸於我，斯爲大成。鍾繇云吾精思學書三十年見萬類皆書象之點如山頹，滴如雨驟，纖如絲毫，輕如雲霧，去者如鳴鳳之游雲漢，來者如游女之入花林，粲粲分明，遙遙遠靄者也（法書考）

梁武帝云繇書如雲鵠遊天，羣鶴戲海（書林藻鑑）衛夫人云：下筆點墨，芟波屈曲，皆須盡一身之力而送之（法書考）

張懷瓘大物芒，各歸其根復本謂也書復於本上則法於自然，次則歸乎篆籀，又其次者師於鐘王，夫子鍊王尚不及虞褚況下焉者哉！（見書法考）先生作書時了了乾坤無一物，眞復於本法自然矣。

黃帝軒轅氏（墨藪）黃帝時卿雲常見，郁郁紛紛作雲書，倉頡（論衡）見鳥跡而知爲書，『荀子』好書者衆矣，倉頡獨傳者壹也，（呂氏春秋）史皇作書，倉頡氏也，（淮南子）史皇產而能書，（高誘云）倉頡生而知書，（書斷）古文者倉頡所作也，仰觀奎星圓曲之勢，俯察龜文鳥跡之象，博採衆美，合而爲字，李斯筆法云，先急迴，後疾下，鷹望鵬逝，任之自然，不得重改，爲游魚得水，爲景山興雲，或卷或舒，乍輕乍重，（書法正餘）張芝王僧處云，伯英之筆，窮神盡思（書斷）創爲今草，天縱尤異，率意超曠，若淸淵長源，流而無限，縈迴岸谷，任於造化，至於蛟龍駭獸奔騰拏攫之勢，心手萬變，竊算不知其所以然也，精熟神妙，冠絕古今，章仲將謂之草經，豈徒然用，章誕云：『多力豐筋者勁，無力無筋者病』（書法考）

張旭云孤篷自振，驚沙坐飛，今恩而書故得奇怪，凡草經盡於此，（見法書考）

釋懷素，觀夏雲隨風，頓悟筆意，嘗云：吾觀夏雲多奇峯，輒嘗師之，夏雲因風變化，乃無定勢，甚痛快處，如飛鳥入林，驚蛇入草，顏魯公贊之曰，草經淵妙代不乏人，可謂聞所未聞也。（見書林紀事）

張懷瓘云：一點畫意態縱橫，結字峻秀，數生於動，幽若深遠，煥若神明以不測爲是者，書之妙也，又云先其天性，後其習學，以風神骨氣爲上，研美功用次之，又云，奮所異狀，務於神采。（見書法正傳）

王安石書法奇古，有斜風疾雨之勢，李之儀云荊公運筆，如插兩翼，凌轢於霜空鵰鶚之後。（見書法藻鑑）

雷簡夫畫臥，聞江瀑漲聲想其波濤翻翻，迅駛折撓高下蹙逐奔之狀，無物可以寄其情，遽起作書，則中心之想，奔赴筆下矣。（見書林記事）

姜立綱嘗臨湖水作『皆壽（君）』二字，適有操舟過其前，衝濤駭浪，遂成風波行舟之勢，（同上）

釋如曉臨安山中，獨居古彌十餘年，深夜月朗，見行影在地，豁然有悟折桂枝畫爐灰遂善書（同上）高人鑑云書可觀人之富貴，貧賤，通塞，（同上）康有爲云書可以卜國運之盛衰興亡，又云岳忠武書出所餘地，明太祖書雄强無敵，宋仁宗書骨血峻秀，深似龍潛，然則豪偉丈夫，胸次絕人，點畫自異，然其工夫，亦自不淺也，（廣藝舟楫）

古之書說甚夥，雜見重出小有異同，茲因摘錄自多遺漏處尚祈博雅諒之，近年有川人百一齡老翁楊草仙，人們稱爲當代草書聖，書法多變化，尚能一與古人爭短長，然其究竟如何，仍非定評也。

談文摘

吳江楓

筆者平常喜讀雜誌文，因爲報紙文字失之粗陋簡略，而單行本書籍則類多專門性，或專集性質，宜乎細細吟味，而筆者却是一個說不出在忙些什麼的忙人，因此閱讀以流覽居多，不暇細味，而且缺乏連續時間，所以每次閱讀，總是匆匆讀上數頁，或是略一翻看，所以讀書的時間是零碎的，讀書的地點亦可說是零碎的，不是在枕上馬上，便是在車上晚上，爲了適應這樣的環境，讀雜誌文便成了我的嗜好。

所謂雜誌文，包括門類極多，有的是讜論政論，有的是清談閒談，有的談身邊瑣事，有的談奇聞異歷，有的報道科學發明，有的介紹風土人物，可以說凡可談者，無不談到，長短不一，軟硬俱備，雜誌文正投合了現在讀者胃口的多樣性。

西洋雜誌文的內容是無奇不有——中國近時雜誌文可以說全是受了西洋雜誌文的影響，因此性質也較前繁複，但其繁複尚不逮西洋雜誌文之雜一。中國雜誌文如要有進步，還得在擴大作者和取材切實上注意，否則永遠趕不上的。

當然，西洋雜誌文中也並不是完全好的，有許多簡單是西洋禮拜六趣味，或是拿牢一點細節大做文章，因此獨多形容詞，贅冗詞，而獨少事實，人云亦云的亦復不少，所以讀西洋雜誌文，第一要有門檻，像吾們這樣慣讀此類文字的人，拿起一篇文章來略爲一翻，便知道這篇文章有否內容，或是是否值得細讀，可是在一般讀者，却未必做得到，往往要白費精力時間，讀後不勝懊惱。

惟一時補救辦法是讀「文摘雜誌」，「文摘雜誌」在西洋是一種近時的產物，據陋聞如筆者所知，似乎美國的「讀者文摘」創辦最早，但也不過二十多年的歷史，其他的「文摘雜誌」歷史更短了，創辦祗有十年五年的比比皆是。「文摘雜誌」爲何產生呢？這可以說完全是現代人的要求。現代人愛讀書，但是現代人缺乏的是時間，現代人所找求的是變化。可是返顧出版市場，則由於讀者大量的要求，文化商品亦採大量生產制，市上流行的各式各種的刋物，使讀者目迷五色，不知買那一種好。聰明的出版家看準了這一點，便出來發行一種「文摘雜誌」把流行的各種雜誌上的好文章刪節了轉載過來，如果是精采的短文，也有不加刪節而全文轉載過來的，這樣一來，一個普通的讀者祗要每月買一册「文摘」，便不必多化錢去買別種雜誌，祗要備「文摘」一册，便可以將這一月來的好文章窺了大概，這眞是一件便利普通讀者而功德無量的事。

再說到被摘的文章，既然被人摘，而登在文摘雜誌上，自然是好文章，因此對於原作者固然有益，對於登載原作的原來那本刋物也有益，所以所有出版家，都願他們所刋的文章被人所摘，所有的作家，都以被摘爲榮，文摘雜誌所刋文章甚至與原載雜誌同時刋登，或竟較先刋登者，原載雜誌亦不以爲異，甚至甘願予人便利，供人摘登，於是文摘雜誌盛者，亦樹立其權威矣。

據孤陋如筆者所知，西洋文摘雜誌

之創立最早而享譽最盛，銷路最廣者，久推美國出版之「讀者文摘」，其創立在二十年以前，據說起初並不受人注意，抉擇與編摘亦不甚精，但是後來益來益好，成爲一大企業，誠非始料所及。在此次太平洋戰爭以前，聞其銷路已在四百萬份以上，衡諸美國「生活」畫報戰前每期銷二百餘萬，戰後增至三百餘萬份之例子，則目前「讀者文摘」之銷路亦必大增，或已超過五百萬份，亦未可知，以五百萬份之鉅數而與今日上海刊物以銷一萬份即堪稱擁有廣大讀者之情形相較，則誠不可以道里計矣。

美國之「讀者文摘」爲月刊，印刷精良，紙張甚佳，開本不大，極便攜帶，放在西裝口袋中不覺贅累，無論乘車或往戲院，都可得閒抽讀，內容眞堪稱「綜合性質」，五花八門，無奇不有，要讀那一類就是那一類，即使逐篇讀去，亦覺篇篇可讀。除摘雜誌之外，近年該誌又摘新書名著，將一部十萬至數十萬言之鉅著摘成二萬字至三萬字，這尤有益於讀者。此外補白亦甚好，有掌故，有妙語，有談資，有小統計等，誠是精美。據說這樣一本小册子，編輯的人倒有數十，分門別類，任閱稿，選擇，摘述之職。原作被摘後，原作者仍有稿費可拿，不像上海那樣，在雜誌上首次刊出還拿不到錢。該刊有時還出了專題，約人寫，例如「我平生最難忘的人」等。

此外有加拿大出版之「雜誌文摘」亦享盛名，性質與「讀者文摘」差不多，不過讀者文摘包含門類似乎更多，常有專談美國社會瑣事，爲美國讀者所津津樂道而他國人士所來必愛讀之文章，「雜誌文摘」則所摘國際論著較多。其最後「小文摘」一欄，甚有趣味，亦皆摘自各雜誌者，可謂精悍。

此外又有紐約出版之「世界文摘」，與「讀者文摘」相若，創刊期間亦較近，內容似乎不及前兩種，但時亦有特殊的好文章發現，像在戰前，筆者就曾見該刊刊過一篇「鬼魅倫敦」的文章，述英國之巫術流行情形，語語驚人，而語語有來歷，眞不可多得。又房龍勇爲美國某鹽業公司寫了一篇「鹽的故事」，該刊亦加轉載，甚好。該刊又常譯外國短篇小說，亦均不錯。

英國亦有一「世界文摘」，在倫敦出版，內容側重國際時事文字，談英國及英帝國事之文章最多內容似較美國出版之「世界文摘」爲勝。該刊曾摘過在香港出版之東方雜誌一文。

英國尙有一「英國文摘」，上海不大見，筆者祇在西書店見過一册，內容不詳。

近年英國有兩種文摘創刊，値得一提。一種是「檢閱」，摘得甚精甚短，並有圖畫，這是它的特色。所刊文章都不壞。還有一種叫「P T O」，P指People (人物)，T指Topics (話題)，O指Opinions (言論) 其內容蓋即包括人物特寫，時事話題，與各方言論。該刊所摘雜誌文以英國出版者爲最多，歐洲各地，如白魯塞爾，巴黎，柏林，布達佩斯，哥本哈根，奧斯洛等地刊物次之，英帝國各地，如孟買，開羅等地又次之，美國刊物被摘者較少。該刊除摘雜誌文外，又摘單行本中之一章一節，有時甚至摘報章，其補白材料堪稱獨一無二，尤爲筆者所傾到，惟其所摘言論則專屬代表英國者，這三缺點。該刊自稱是

「全世界最佳讀物之最好文摘」，這話固然有誇大成份，但與實際却並不距離過遠。像筆者，歡喜這本文摘，尤甚於享盛名之「讀者文摘」，這也許是一般人所不能同意吧，但愛讀文摘雜誌者必愛讀這一本，這是我可以斷言的。該刊創立時期最短，大約在一九三九年初，上海極少見，筆者祗有在華華雜誌公司看見過一二册，戰前筆者曾在某西人辦的流通借書處買到過五六册，有時問朋友，大都說沒有見到過，或是祗見過一二册，我有這五六册，也許要算是收藏該刊「最富」的了。

至於法國德國等國有否文摘雜誌，我不大明白，推想起來也許是有的，因爲他們的讀書空氣都甚濃厚。印度似乎也有一種文摘的，不過筆者沒有見過，而是從別的雜誌上間接知道的。

日本有沒有文摘，筆者不大淸楚，似乎並沒有，不過筆者看見過兩種日本出的英文文摘，一種叫『The Current History』，祗在八九年前見過，現在恐怕早已停刊了。此種文摘，名字與美國的「現代史料」相同，也許要被人誤會爲「現代史料」的日文註釋本，可是事實上並不如此，而是一種選載英美各著名刊物文字而加以日文註釋，便利日本英文初學者的出版物。另外一種叫做『The Current of the World』，可以譯爲「世界潮流」雜誌，也是選載英美著名刊物上的名家文章的，而加以注釋，另外還有「世界新聞」與「新語彙報」等欄，都是爲了英文學生而設的。此書所載各項文章，性質甚雜，有學術專著；有時事文章；有科學小品，有文藝，散文，作家則有英美作家赫胥黎，威爾斯，羅素，駁格，蕭伯納，藹理斯，塞松，孟肯，皆一時之選，雖然是摘別人雜誌上的文章，但所選的雜誌則種類甚多，有許多却是普通的，有許多却比較少見，雖然頗著聲望，但在上海的西書店裏是買不到的，祗有私人定戶或是搜買較富的圖書館或可看到，例如英國的「現代評論」，「十九世紀及其後」，「兩週雜誌」，「却姆勃雜誌」，「聽者」，美國的「耶魯大學評論雜誌」，「科學月刊」等都是比較罕見的。而且雜誌註解非常豐富而明白，沒有一個字的意義或來歷不詳爲註解的，這與中國過去的英語刊物又有不同。這本刊物一直到現在還在出，不過在太平洋戰爭以前，該刊所摘多時事文字，現在則多學術文章，這是由於材料來源斷絕的緣故，所以篇幅也減少了不少。不過該刊有時也選載太平洋戰爭以後的英美雜誌的文章，大都是摘其一鱗半爪，這當然是由於戰時關係，至於材料的來源，我想大都是交換僑民歸國時帶來的，或時由中立國方面輾轉傳遞過來，要獲得這些材料頗不容易，因此也可見該刊努力的一斑。

現在要談到中國的文摘雜誌，中國的文摘雜誌，似乎以復旦大學出版的「文摘」爲最早，規模也很大，每月一册，摘刊中外各報章雜誌的文章，有時全文轉載，有時摘其精華，文章的性質是各色俱備，够得上稱眞正的「綜合」。除文字以外，還加了不少插圖漫畫之類，尤其顯得活潑。該刊爲復旦若干教授與學生負責編輯。一直到事變以後，該刊還繼續出版，稱「戰時文摘」，後來移到內地去，繼續出版。

還一有個著名的文摘雜誌是開明書

店出版的「月報」，爲月刊，創刊較「文摘」遲幾個月，性質與前者大略相同，篇幅亦相若，但內容方面似乎更偏重於學術與文藝方面，與前不之偏重時事，可以成爲「老成持重」，與「銳進活潑」的對照。可惜出了幾期就停刊了。

不能稱爲純粹文摘而專門摘譯西洋雜誌文的，則著名者有「西風」，創刊亦在十年前，該刊專載西洋文章，不摘中國出版的東西，所以不能稱爲純粹的文摘，但該刊所載大都爲西洋文摘上雜誌文之譯文，被譯最多的是美國的「讀者文摘」，有時該誌也說明是譯自某種雜誌的，但實際上仍係某文摘雜誌自該雜誌者，因爲文章經過著名的文摘雜誌（如「讀者文摘」等）一摘，大體上可以說都能保持原作精華，而刪除其冗贅部分，這「摘」是相當費時而需要功力的，所以還是直譯文摘雜誌輕便得多。

後來又有大興公司出版的「世界名著選譯」，專門選譯西洋的單行本，有時也偶然摘一下中國出版的書籍，似乎哈斯里的「蕭伯納傳」（商務）曾經由該誌摘過。該誌之出版似乎是爲了與「西風社」另一雜誌「西書精華」競爭的，不過「西書精華」要豐富而活潑得多。專門摘成部名著或新出書籍的，在美國似乎就有一種「書籍文摘」，還得附帶說明一句的是美國還有專摘某一類雜誌文的文摘雜誌，如「科學文摘」之類。

太平洋戰事起，上海出版界由絢爛而歸於平淡，近兩三年來則又有幾個新的刊物出現，但要出現一個文摘雜誌，則爲期尚早得很，文摘雜誌是祇能在出版事業極度發達，刊物新書源源而來的環境中才能出現，所以中國的文摘雜誌要待諸將來。

吾友實齋，酷愛文摘雜誌，「讀者文摘」搜集得不少，他想搜集完全，可是沒有做到，早期出版的恐怕已很難搜集齊全了。有一次在他家裏，他拿出一本一九三一年版的「讀者文摘」來，有如獻寶，面孔上收不住他的笑意，我知道他是頗爲自得的。其實要發現本把一九三一年的「讀者文摘」，我想並非難事，要搜集全套庶爲大難。實齋此願，恐怕終如一夢吧了。前一些時候，實齋還受某書局之託，想自己來辦一個文摘刊物，後來便沒有聲息了，大約是爲了無文可摘的緣故吧！

禍

「舌頭在百體裏是最小的，……
却能把生命的輪子點燃起來！……」雅各書三章五節六節

湯雪華

雖然愛着靜，但靜得太長久，難免不感到寂寞，難免不想變換一下環境。因此，接到文芝叫我到她們學校裏去小住數月的邀請後，我就不加思索的答應了下來。

那時候正是初春，風逐漸暖和了。我帶着些微奮興剛在文芝爲我預備好的臥室裏坐定，有二個年輕女子笑嘻嘻地推進門來。

「讓我來替你介紹，」文芝笑着向我說，「這位是密司周，那位是密司方；她們二位，都是這裏的老教員，也都是我的老朋友！」

文芝介紹完畢，我一面微笑着伸過手去，一面湊着淡淡的陽光，向她們略略打量了一下。

是二個年齡比我略小的少女，大約都只有二十歲模樣。二人穿着同式樣的絨線外套，深藍色陰丹士林罩袍，直頭髮，臉上不搽脂粉，却有一種天然的康健之色。

人到底是好羣的。孤獨得太長久，遇到一些年紀地位相仿的人，不管陌生不陌生，極容易發生好感。所以雖是初見面，我就覺得這二位年輕女教員很可愛，我歡喜她們！

文芝是校長。爲了地位，在學生和同事面前，不得不略爲嚴肅些。但對於我，她還像十多年前一樣頑皮。那晚上我偶而又提起這二個女教員來時，她忽然帶些醋意地向我打趣道：

「小玲！我想你在這裏住一個月，朋友至少軋一打！」

「呸！你怎麼知道？」我啐了她一口。

「怎麼不知道！才見了一次面，已『她們眞可愛，她們眞活潑』地嚷個不停，以後交熟了，那還了得！」

我被文芝說得笑了出來，一時竟不知如何回答。

「不過我得關照你！這裏別的女教員你都可以同她們交朋友，獨有剛才進來的二位小姐，你千萬別去同她們纏！她們自己的私事都忙不過來，決不會歡迎你的！」文芝見我不響，又接上來說着，說完後掩住嘴巴格格地笑。

「什麼私事？」我心裏一動，好奇地問。

「你想年輕小姐還有什麼別的私事？」文芝向我扮了個鬼臉。

「喔！是那件事嗎？……什麼人？她們和什麼人？……」我跳起來了，扭住文芝定要她說。起先她還想賣賣關子，但終於被扭慌了，才告訴我剛才進來的二個女教員，和二個男教員打得火熱，恐怕不久就要訂婚。……

一晚上差不多全談了這件事。末了文芝忽然想起下星期有個教職員同樂會，說可以帶我去看看那二位沉浸在熱戀中的男主角。

× × × ×

不知名的野花點綴在嫩綠的草叢裏，雖是小小的校園，也被柔和的暖風吹得煥然一新了。

我跟着文芝穿過一排矮矮的冬青，到了前面鋪着黃沙的操場裏，就聽到一片嘻嘻哈哈男女的笑聲。我的心，禁不住起了一陣微跳。

「喔，小玲！讓我先來告訴你，到了裏面恐怕不便說，……」文芝突然想起什麼地，在前面回過頭來向我說，「一個身材瘦長，戴黑邊眼鏡，穿藏青嗶嘰西裝的，是周靜的情人陸風；穿咖啡色袍子圓面孔的，是方淑麗的情人趙光培。等一會你自己看，別再問我！」

我笑着點點頭，跟她跨上石級，走進佈置得很好的幼稚園教室，就是那教職員同樂會的地方。

以客人的資格參加在一羣男女青年中間，當然大家都很注意我。有許多人好奇地盯住我看，有許多人對我微笑招呼。周靜和方淑麗，爲了我第一天到此時，就由文芝介紹過，所以親暱地過來同我握手，並笑着說：「歡迎歡迎！」

經過一陣客套和介紹，文芝說同樂會可以開始了，大家便靜坐下來。坐位排成馬蹄形，分二排，女的在前，男的在後，我和文芝坐在最前面靠頂的二張凳上。

因我坐的地位好，所以不必旋東旋西尋找，頭略略一側，全體男女教員的臉孔一齊在我眼睛裏了。

當然很快我就見到那二個我要看的人。一個身材瘦長，戴着黑邊眼鏡，穿着藏青西裝。一個圓面孔，穿着啡咖色袍子。我知道自己不會看錯，準是這二個人！

帶着一些奮興和好奇，我對這二個滿臉喜氣的青年細細端詳一下，突然我覺得，他們中間戴黑邊眼鏡穿西裝的一個，我好像在什麼地方見過。尤其是他那副不大普通的黑邊眼鏡，似乎曾在我腦膜上刻下過一個小小的印象，一看我就感到非常熟悉。

上面已經有什麼節目在開始，但我還是默默地對那人注視着。我反覆想着文芝告訴我的名字「陸風」，不錯，他的名字好像也是熟悉的。可是，到底我在什麼地方見過這個人的呢？……

節目一齣一齣連下去，屋子裏充滿了愉快放浪的笑聲掌聲。然而我，完全爲心裏一個打不開的悶葫蘆纏住了。雖然眼睛張得很大，却什麼也不看見，什麼也不聽見，只是悶悶地在腦子裏搜索着，想搜索出這個人的影子來！……

「現在是陸風先生的拿手好曲——『千里吻伊人』！」驀地一個尖尖的聲音飛進我耳朶。接着，那個戴黑邊眼鏡的青年，笑嘻嘻地從座位裏站起來，肩胛一聳一聳的向前面走去。

「天蒼蒼……海……」

一陣宏亮着的抖音在屋子裏飄散開來，這聲音把我的心禍，猛然一震，終於我記起他是什麼人來了！

「文芝！這個陸風我認識的！他是不是杭州人？」一時太奮興，不等上面唱完，我就湊在文芝耳邊輕輕說着。

「是的，他是杭州人。你怎麼會認識他？」文芝好奇地望着我，低聲問。

「我早就認識他了！三年前我在杭州湖濱醫院養病，他也在那裏養病，同我隔壁房間，每天我總聽見他睡在床上唱這個歌。記得有一次他起勁過度，竟唱得血都吐了出來！」

「喔，原來他也有過病，怪不得這樣瘦，……」文芝輕輕接上來，但尚未說完，被一陣熱烈的掌聲打斷了。

「看周靜的臉，多窩心！」不知那一個男教員在後面低低的向別人說。我側頭對周靜一望，只見她果絲滿臉笑容，眼睛含情地盯住了正在走回座位去的陸風；他的眼睛也望着她，對她笑着。……

為了出於意外地發現一個認識的人，我的注意力便不自主地偏重於這一對。我看見周靜雖坐在前排，却不時回過頭去向陸風講話。吃茶點時，陸風把自己的二顆糖塞到周靜盆子裏，順手抓起她吃過的茶杯喝了一口。……

散了會，淡黃色的夕陽照着散開在校園中的一羣青年男女，我看見周靜嬌小的身體倚在陸風的肩旁。

「什麼時候請我們吃蜜糕？」有一個男教員走過去問他們。

「快了！快了！」是陸風愉快的回答。

回進房間，我把看見的情形告訴文芝。文芝說的確快了。今天她得到一個消息，周靜和方淑麗二對，大約同時要在四月四日兒童節訂婚！

× × × ×

人是奇怪的東西，最最奇怪的，就是永遠不會滿足。嘈雜的時候希望清靜；清靜透了，盼望來幾個性情相投的朋友；性情相投的朋友處久了，又會感到平淡，無聊。……文芝和幾位新認識的朋友固然待我很好，但一個半月，老是談天，散步，散步，談天，……終於又使我感到平淡了，無聊了！……

聽見房門上「篤篤」的叩聲，我想又定是小張或小王來找我談天，所以極隨便地喊了聲「請進來！」

出我意外，竟是那副觸目的黑邊眼鏡，竟是陸風！

「陸先生看文芝，是不是？她出去了……」我剛說着，他就截住了我：

「不不！我來看你！我來看你！」

「看我？……」我感到些微驚訝，但不得不裝着鎮定：「好吧，那麼請坐，陸先生！」

「是的。」

他坐下了。我無意中對他的臉孔一看，見他面色非常蒼白，眼睛裏露着一種可怕的光芒，似乎是憂急，又似乎是憤怒。

「陸先生近來身體好嗎？」我的心有些跳，這樣問了一句。

「身體？嘿！多謝你關心！就是為了身體，我今天特地來請問你！」

「請問我？……」見到他蒼白的臉孔突然激怒地泛了紅，我全身一陣寒慄，莫名其妙地望着他。

「是的，我要請問你，」他一面說，一面怒視着我，「請問你，你憑着什麼權利，可以任意在外面宣傳我的歷史？」

「什麼？我幾時宣傳你的……」

「你不必賴！老實對你說，你一看見我就認識我，我也一看見你就認識你。不過我認識你，却並未向人宣傳你的歷史，因爲各人的歷史只有各人自己有權宣佈！但你竟未得我的允許，就把我的歷史宣傳出來！請問你，……你到底憑着什麼權利？……」

我茫然地顫慄起來了。望着他怒氣冲冲的臉，我感到害怕，然而又有些好奇。我實在想不出自己什麼時候宣傳過他的「歷史」。雖然我在杭州養病時就認識他，但從未和他深談過，也從未去打聽過他的來歷，僅認識了他的臉孔，聲音和名字，他的「歷史」，根本一無所知，怎麼會去宣傳？

「陸先生，請你別誤會，我是沒有……」我感到了寃枉，我向他申明着，但他不讓我說，立刻搶上來截住了我：

「我同你非親非戚，……我同你無寃無仇，……你憑着什麼權利？……你憑着什麼權利？……」

像小學生領受先生的訓責，我默默地坐着，聽憑他一個人說下去，說下去，……漸漸的，我發覺他的聲音低弱有來了，暴躁的怒氣總於爲一種深沉的悲哀所罩住。他低頭沉默了，沉默得像一個沒有生命的石像！

「你毀了我……你毀了我……」隔了半晌，他才抬起頭，痛楚地戰抖着二片灰白的嘴唇，「我剛在黑暗中發現一線光明，我剛在墳墓中抓到一個新的生命，……現在又被你毀了！……被你毀了！……」

他的黑邊眼鏡片上有些水影，我看得出那是眼淚。他就帶着痛楚的表情和眼淚，又向我說了許多話，才垂頭喪氣地去了。他去後，不一會文芝推進門來。

「我要告訴你一個奇怪的消息！」文芝一進門，就這樣說。

「我也有一件奇怪的事要告訴你，剛才陸風……」我尙未說出，文芝搶了上來：

「喔！你已知道周靜和陸風絕交的事了嗎？」

「什麼？他們絕交？」我突然一怔。文芝見我沒有知道，便告訴我道：

「眞奇怪！」上星期周靜還告訴我準定於兒童節和陸風訂婚，並要我爲他們做個介紹人。那知今天走出去遇見方淑麗，她對我說前夜周靜寫了一封絕交信給陸風，把陸風氣得像發神經病！」

「神經病」！一聽到這三個字，我才恍然有些明白，我把方才陸風跑來向我問罪的怪事告訴文芝，她皺皺眉說：

「不知他們葫蘆裏到底賣些什麼藥？你問着，不妨去向周靜探聽探聽看，如果有挽回的餘地，就勸勸她！」

「好的！」我點了點頭。

× × × ×

雨下得很大。走過小小的校園和操場，到了外面一條狹狹的街上，我的襪子和旗袍邊緣，統被汚黑的泥水。濺得一塌糊塗，但我不去管牠，還是匆匆地向前走。

記着文芝的話，向左轉灣，上一頂小橋，下橋走十幾步，一條小弄底裏，十號門牌——很快我就找到了周靜的家。

「唷！什麼風把你吹了來？」

「沒有什麼風！好幾天不見你，來望望你！」

免不了幾句客套的敷衍。但終於，我很直率地把心中的疑問說了出來：

「密司周，聽說你和陸先生絕交了，是眞的嗎？到底爲什麼呢？」

「哦，你們都知道了？」她向我微微一笑，「說起這件事，我眞該謝謝你呢！」

「怎麼要謝謝我？關我什麼事？」我愕然。

「關是不關你事，不過幸虧你認識他，知道他的底細，才……」

「不！我雖認識陸風，但他的底細我不知道，我也從來說過他什麼！……」我的聲音有些急。

「是的，也許你也不知道他的底細，……」又對我微微一笑，「但他有過肺病，這是你確實知道的，是不是？」

像有什麼東西在我心中一挑，凝結在裏面的一團疑雲，突然被挑散了，我完全明白了那件事！

「密司周，是文芝告訴你他有過病，你就和他絕交了，是嗎？」

「是的。不過我早就疑心着，因爲他很瘦，又常常有些咳嗽。問他，總說沒有病。直到上星期日，和文芝偶然談起他，才知道他曾在杭州湖濱醫院和你一同養過病。那天回到家裏，我仔細考慮之後，覺得愛情雖然神聖，但明知他有過病，還去嫁給他，這不是理智的！即丟開我自己的利害，結婚對於他，也不相宜。所以躊躇再三，結果我到底硬着頭皮，寫了一封絕交信給他，坦白地告訴他，因爲他有病，我不能嫁他！」

似乎有些出我意外，周靜竟有這麼好的口才。不過我忘不掉陸風那張痛楚的臉孔。我向她道：

「你的話不錯！可是，你的手段似乎太硬了！我覺得你不嫁他，不妨仍和他保持相當的友誼，何必立刻和他絕交，使他難堪！」

「對的，我也這樣想過。但我再仔細想想，覺得陸風太重情感，這種藕斷絲連的關係，也許會更使他痛苦。還不如爽脆地和他絕了交，讓他死心了事！……」

周靜的聲音雖輕柔，但語氣裏充滿着不可挽回的決意。我看看沒有插話的餘地，只得冒着大雨告辭出來。

回到學校，把周靜的話告訴文芝，文芝嘆了一聲，授給我一個粉紅色的信封，我一看，是方淑麗和趙光培下星期訂婚，請我們吃茶點的請帖。看過後我說不出什麼，文芝也皺緊眉頭不開口，但我看得出她心裏在說：

「否則二對同時訂婚，多少好！却被我們二人一句無心的話，拆散了一段好好的姻緣！」

從文芝的學校裏搬回家中，是春末夏初的時候。

本來預備住到暑假，和文芝一同回家，但終於沒有等到暑假我就回來了。文芝再三留我，我老實告訴她爲了怕見陸風的怒目。這是眞的，自從方淑麗和趙光培訂婚之後，陸風每次遇見我，兩顆激怒的眼珠似乎要從黑邊眼鏡裏跳出來吃掉我，我害怕着他，實在不敢再住下去。

恢復了往日的孤獨，我在自己的小房間裏度過一個悠長的暑期。

涼爽的秋風吹起，有一天從外面回來，發現桌子上放着文芝寄來的信。

懷着歡悅的情緒拆開信來，見是長長的一封。我便默默地讀着：

小玲：

有幾個悲慘的消息告訴你：趙光培上月與方淑麗解約，將於下月初與周靜訂婚。趙原是周的舊友，周有了陸風，打把趙讓給方淑麗；後來周和陸風絕交，竟重新和趙要好起來！力淑麗一氣之下，與趙光培解約的那天晚上，就服來沙爾藥水自殺，雖經她家人發覺送往醫院，終於因服毒過深而死了！陸風自被周靜絕後，舊病復發，變了急性腸結核症，結果也於本月一日去世！

小玲！僅是一句話，闖下了這麼大的禍！怎麼辦？

「怎麼辦？」我心裏慘喊一聲，眼睛停留在那三個字上，再也看不下去了！

一九四四年七月寫於吳興

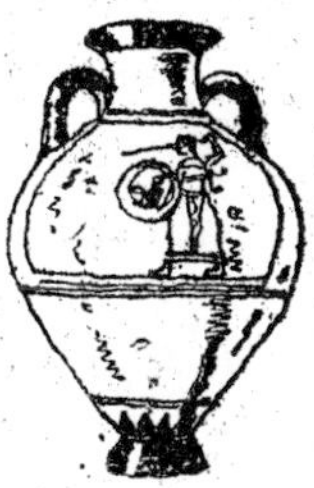

懷亡友

采谷

深秋帶來了寒意，該是單衣脫下換夾衣的時候了。我拉開衣櫥，打算找一身顏色適當的夾衣換上，可是，一看見掛在靠邊的那套淺黃色花呢西裝，不禁又懷念起亡友浩雷兄。

整整二年了，你安息在市中心那塊荒漠的草地下，我從沒有老遠地趕去憑弔你。我想，你底幽靈早被海風吹到飄渺之鄉，你底屍體已剩下磷磷白骨，留着一堆生滿野草的孤塚，凄然地躺在那荒野上，徒使人增加傷感。所以還是不去看你的好，讓那幅西天極樂世界的美麗圖畫，永生在我底幻想中，慰籍着我想念老友的心靈。

但是禁不住那套你留給我作唯一紀念物的西服底刺目，你生前活躍的姿態和死後悽涼的景況，一連串地閃過我底腦際，活現在我底眼前，又鈎起我對你深深的懷念和一種無名的悲哀。

你是我有生以來唯一的好友。自你悄悄地離開人間以後，在這漫長的人生征程上，我一直沒有再踏下一步健壯的興奮的脚步，和我們從前那樣似的。我似乎在沙漠中旅行，四週有的僅是一片荒涼，我拖着沉重的步伐，低唱着生之哀歌，孤獨地向前走去，走向那沙漠的盡頭。

朋友們一定會批評我，說我死去了一個知交，何至於就那樣消極。浩雷，甚至你亦許是那樣想吧，如果你有知的話。然而你還不知道，兩年來，這個世界變成怎末個樣子，我底境遇又變成怎樣情形。我找不着適當句子能表示出我底苦惱；雖然亦有一般熱心朋友來勸勉我鼓勵我，可是我相信，可是我相信，除了死去的你，恐怕再沒有人能瞭解我底心性。我祗有戀念着從前我們攜手合作的一段苦幹經過，把我底身心整個浸沉在回憶中，以圖咀嚼着一點僅有的人生樂趣。

現在的物價，比你活着的時候，又高起一百多倍。我又和雲終於由友誼而組織起小家庭，生活上的艱困，自然不難想像。不過這些我都能隱忍得住，使我最痛苦的是，執拗的環境始終克服不了，事業的坦途始終舖展不開，命運總是跟我爲難，僅僅一點事業上的雄心，亦不許你有機實現。還有，兩年前，我們能談得來的那些朋友，亦全星散了。現在，要我像你那樣赤誠的知己，固然絕無，就像那幾位談得來的朋友亦沒有；有的不是妒忌你，就是跟你鬧意見，再不然就是當面哈哈，背後中傷你。本來，這世界裏，道義是蕩然了。如果說還有的話，那亦不過變成了商店的金字招牌，騙人多去照顧他們一點吧了。道義的朋友又向何處去找？想到這裏，怎麼不會找深深地追念着你這中道而死去的唯一好友呢？

你正在英年，正在和我攜手前進的時候，而竟中途作了黃泉遊客。你死得那樣無聲無嗅，死得那樣凄涼。這固然是造物忌才，把你這位有作有爲的青年人的生命奪去了。然而亦怨你不該把自己的生命看得太輕，否則，那殘酷的死別，絕不至遽臨在我們中間。

記得那是前年八月初間一個下午，你躺在我們那個鴿子窩似的房間內一個僅能容你一人睡的鐵床上，發着高度的熱。我發覺你底面色，變得異樣難看，趕忙打電話到紅十字會醫院，叫他們放車來接你。當我目送你被抬上醫院的救護車之後，就返回房內，黯然地替你整理着你底東西。突然在你底提箱內，發見兆豐療養院給你的檢驗單，上面寫明是在五月間。從那單上，我纔曉得你原來生了肺病。肺病本來不是什麼了不起的病，如果及早療治，攝生適宜，一定可以痊愈。然而當時你竟不肯告訴我。當你赴醫院的前二三天，精神還很好，外表上看不出有什麼大病，你曾微笑着對我說，可否把那座從你姑母家拿來的收音機作價，向處長暫移一萬元。我以爲你在說笑話，亦就一笑了之。誰知道你原來生了貴族病，確實需要一筆鉅款，所以想出這個變通辦法。你的用心實在亦太苦了。倘如你早對我說明實情，我想我們無論怎樣窮，幾千元醫藥費總可以有辦法，絕不至就誤了你的醫治。唉，想起來，眞有說不盡的悔恨和悲傷！還有，你病倒在床上的前幾天，你就說過你底身體感覺不適，我就勸你請二天假休養一下，你自己應當知道有肺病是不好多勞動的。誰知第二天，你說要發××月刊的稿費，冒着酷暑，趕往社中又忙了整整一天，當日夜裏你就呻吟起來，第二天遂沒有起床。三天以後你進了醫院，我去看望你時，神經已經錯亂。我要你把你表姊底住址開給我，因爲你底家遠在汕頭，萬一你有不測，我好通知你在滬的親戚。想不到你底腦已支配不了你底手，你竟在我底筆記簿上塗起鴉來。這些加速度的轉變，對於我簡直是一陣暴風雨的突擊。我底眼皮阻遏不住淚水湧出，爲了避免我們彼此難過，我便立刻退出來。再過二三天我去探望你時，你已被移往一個單人房間，據醫師告訴我說，你是結核性腦膜炎，恐怕難以搶回你這條性命了。這無異一個死刑的宣告，我底頭似乎要爆裂開來，茫然地衝進你底病房時，你已經不會轉動，祇有兩條淚水自眼角掛下來。那時，我沒有什麼話再說了，掉過頭一氣跑回來。晚上，我不願再睡在我們那個房內，就在外間臨時搭起個舖躺下，可是那有心再安然地入睡呢？午夜醫院突來電話，告訴了我關於你最後的消息，一股黑影陡然壓在我底心頭，耳邊似有陣陣喪鐘在響着，我知道一切都完了。

你，一個具有天才，抱負，忠誠，熱情的青年，就這樣被環境活生生地吞噬了。

你，一個具有堅强意志剛直秉性的硬漢，竟這樣輕輕地結束了你底一生。

死後，你是那樣淒涼，靠了幾個同事的資助，總算把你安葬在市中心的一個山莊上，讓你底幽靈翱翔在海闊天空，一展你生前沖霄的浩志。然而我却從此失掉了一個患難同志，一個今生難再得的忠實伙伴。你底死，給了我一個深深的教訓，我祇有單獨去奮鬥，將來不是環境再吞噬了我，便是我俘虜了環境。浩雷，我們是一同出發的，但不知我們底歸宿相同不相同。瞻望着前程，懷念着故友，我底鼻感覺着酸楚，我底心又迷惘了。三三年深秋寫於雨聲淅瀝中

無鹽

周楞伽作
董天野圖

一

郭小姐生長在一個富有的家庭裏，從小就嬌生慣養的，要什麼有什麼，除了天上的月亮不能摘下來供她玩弄以外，凡是世上可以用金錢交換得來的東西，她都能隨心所欲，予取予求。

可是天上的月不能摘下來玩，「天」上的「花」却偏要來和她親近，造化弄人，一場天花過後，她的面孔上平添了無數密密層層的圈。郭小姐的面孔本來生得並不美，獅鼻闊口，大家都說她是女人男相，再加老天特地和她開了這樣一場玩笑，更加把她弄得宛似無鹽再世，嫫母重生，一般年青的男士們見了她，沒有一個不嚇得退避三舍，魂靈兒飛去半天。

郭小姐對於世上的一切都滿足，只有對她自身却有着填不平的缺憾，她竭力想把這缺憾填平，起初是用雪花膏來塗飾她的容貌，但結果那一粒粒的麻孔雖被填平了，而那一圈圈的痕跡却反而更加明顯起來。她沒有法想，只好去請教美容院，美容院的廣告上雖然大吹大擂，實際本領却有限得很，不但不能把她的麻孔填平，甚至連想冲淡一些都不可能。她又去買了些面麻藥水之類來自療，結果也是毫無效驗。其實就算如了她的願，把她面部的缺憾填平了，又有什麼用處呢？她那獅子般的大鼻，血盆的闊口，仍舊足以使得一般青年男士望望然而去之，不敢領教的。

郭小姐由她自身的缺憾引伸出來，覺得世界對於她也不無有一些缺欠，金錢雖然可此交換到世界上的任何東西，但却買不到一顆青年男子的心。她是個獨生女，她父母只有她這一顆掌上明珠，將來所有的產業不用說都是歸她承繼的。她曾私自懸着這樣一個鵠的，願意把她所有的財產，去交換一個男子愛她的心，然而她雖懸鵠以求，結果却沒有一個人肯來射她的雀屏，作坦腹東牀的嬌客。

不但找一個知心着意的夫婿在郭小姐是一樁難事，就是找一個貼身的婢女在郭小姐也很不容易。不過二者雖然同樣困難，意義却是各不相同的，前者是她雖然願意降格遷就，委身於人，而別人却看不中她，後者則是別人雖然願意鷲她，而她自己却選擇過苛，沒有一個婢女能够中她的意；至於所以選擇過苛的原因，不外乎是妒忌心在作祟，原來任何一個粗蠢的婢女，姿色比較郭小姐也總要勝過三分，郭小姐覺得不能讓一個婢女把她比下去，更不能讓別人相形之下襯託出她的醜陋，所以不知不覺的選擇得就不免苛刻起來了。

不過像她這樣嬌生慣養的小姐，又不能永遠沒有一個傭人跟在身邊服侍，在無可奈何之中，她只好摒除了婢女不用，改用起老媽子來，因爲老媽子畢竟上了些年紀，鷄皮鶴髮，不能襯託出她的醜陋，反而可以襯託出她的年青。

然而凡事有利必有弊，老媽子雖然不能襯託出她的醜陋，做起事體來却是粗手笨脚的，緩慢得很。郭小姐的性子素來很急，有時等了許久，事體還沒有如她的願做成，不免口口聲聲詛咒『斷命老媽子』！但爲什麼要用這斷命老媽子呢？歸根結底，她又不能不恨老天所特別賜給她的這一副雙料加工密密圈圈的尊容了。

郭小姐生平最怕見的東西是鏡子，因爲鏡子能告訴她，她的面孔是怎樣的醜陋，但她爲了掩飾她的醜陋起見，又不能不和鏡子親近，對着鏡子修飾她的容貌。無如任憑她怎樣修飾，總不能使奇醜變成絕美，所以她對鏡子，還是憎惡的成分居多，有時坐在鏡子面前，忽然起了身世之感，想到芳華虛度，春花秋月，等閒浪擲，沒有一個知心人安慰她寂寞的情懷，她忍不住恨恨的拉扯着她的面皮，於是鏡子裏便又呈現出一副空前絕後的怪相。

二

郭小姐的年齡一年比一年大將起來，由及笄而標梅，由標梅而花信，更由花信而快將成爲半老的徐娘，可是她却依然還是「小姑居處猶無郎！」

這使郭小姐的心裏暗暗着急萬分，她還沒有享受過所謂青春的幸福，可是青春却已經快要消逝了，眼見得別人鶼鶼鰈鰈，比翼雙飛，而她身邊却永遠孤零零的，形單影隻，想起來就不由得她倒抽一口冷氣，甚至連門都有些怕出了。大凡男女婚姻總不出二途，不是自己選擇，就是由父母代爲主持，現在郭小姐得天獨厚，自己選擇已經毫無希望，只好盼望父母出來主持，代她選擇一位如意郎君，誰知父母始終假癡假呆的，不作理會，郭小姐自己要想開口，又覺得羞人答答的，有些難於啓齒，她心裏一恨，往往會好端端的當着父母的面淌眼抹淚起來。

其實郭小姐的父母何嘗不把女兒的婚事放在心上，他們的心裏毋寧說比郭小姐還要急，無如他們這位千金的生相實在太好了，任憑他們東托人做媒，西托人做媒，却總沒人有這麼好的胃口來領教，因此蹉跎復蹉跎，竟把郭小姐擱到了將近三十歲還沒有出嫁，他們也知道她心裏難受，所以在她面前絕口不提她的婚事。殊不知提一提還好，越是不提，郭小姐的心裏越難受，以爲父母打算讓她在家裏做一世老小姐了，止不住又急又恨又傷心，既不便開口說她想嫁人，就只好採取消極的方法來對付，於是除了哭以外，更索性鬧起絕食來，不過爲了想嫁人而這樣鬧，給旁人知道了談起來究竟不免有些可恥，所以她只好推託說是胃口不好，不想吃飯。

看看郭小姐的面孔和腰肢一天天的瘦削下去，做母親的心裏第一個忍不住肉疼起來，不免在父親的面前絮聒：

『阿媛的年紀一天比一天大，再不趕快代她尋一頭親事，恐怕說不定會生起病來，你看她近來的樣子，一天到晚愁眉苦臉，飯也不想吃，看了眞叫人怪可憐的。』

『我何嘗不把她的親事放在心上，無奈……』父親說到這裏，忍不住皺着眉頭歎了一口氣，又放低了聲音說：『你大概總也明白，像她這種相貌，要想嫁一個丈夫，可眞不大容易！現在不比我們從前老法結婚的時代了，男女在沒有訂婚以前，先要相一相親，這就是一道很大的難關，你想，，她這種面孔，能夠出去見人嗎？包你十相九不中，何必去自討沒趣？』

『不過我們總不能永遠把她擱在家裏，現在是金錢萬能的時代，只要我們多貼她一些賠嫁的粧奩，也許有人貪圖妻財，會不嫌她面孔醜，把她娶了回去也說不定。』

父親彷彿被提醒了似的，接連把頭在空氣裏打了兩個圈說：

『不錯，重賞之下，必有勇夫，讓我代她在報紙上登一條徵婚廣告，不提她的容貌怎樣，只說我們願意花二十萬元做她的賠嫁費用，這樣，說不定會有人來應徵。』

『很好，你快把這廣告做起來罷。』母親在一旁不住慫恿着說。

於是父親很快的提筆擬了一條徵婚廣告，又打了個電話叫報館裏來接稿，這件事便算辦妥了。

可是郭小姐却還不知道她父母在她身上所費的這一番心血，當天晚上吃晚飯時，又是一副愁眉苦臉的哭相，正打算照抄老文章，說什麼胃口不好，吃不下飯，她母親已看出了她的隱衷，先向她說了：

『阿媛，你不用再發愁了，你爸今天已經代你做一條廣告，登到報紙上去徵婚，看來隔幾天一定有回音來的，你耐心等候着好消息罷。』

郭小姐聽了她母親的話，眞是出於望外，止不住喜心翻倒，原來的愁眉苦臉一變而爲眉花眼笑，她雖然竭力矜持着，不讓自己笑出聲來，可是那一副歡喜的樣子却無論怎樣再也掩飾不住。她因爲容貌生得醜陋，哭時固然難看，笑時也很難看，而想笑又故意矜持着不笑時那一種尷尬模樣分外難看，幸而這時大家正都忙着吃飯，沒有誰來理會她的面孔。郭小姐也不再說什麼胃口不好，吃不下飯了，相反地，她這天的胃口特別好，一連吃了四碗飯，還有餘勇可賈的樣子，使得她母親在一旁看了，也笑逐顏開，非常快活。

三

這一條徵婚廣告登了出去，果然沒有枉費心機，一天裏便接到了十多封應徵的信，而且因爲廣告裏有附寄照片的一項條件，所以接到了十多封應徵信，同時也就接到了十多張二寸半身的男性照片。

這一來，可眞把郭小姐忙壞了，父

親是把信和照片都交給她，由她自已去選擇決定的，她却不暇去看那些來信，先把應徵者的照片逐一排列起來。這些照片上的應徵人都很年青英俊，瀟灑風流，在郭小姐的眼裏看來，個個都是潘安再世，衛玠復生，依着她的心思，恨不得像山陰公主那樣，把這十多個男性都充做她的面首，無奈事實上絕對辦不到，就是她想從中選出一個來做自已的丈夫，也還不知道別人是否願意呢！她只好勉强按捺下她的奢望，在應徵信中挑選了多時，纔選出兩個她所認爲最滿意的應徵者來，把信和照片交給她父親，由她父親去信約他們來面談。

郭小姐這時的心理，正是一則以喜，一則以懼，喜的是自已被冷擱了多時，現在居然冷鍋裏爆出熱栗子來，一條徵婚廣告刊出去，竟有十多個人前來應徵，懼的是應徵者還都沒有見過自己的容貌，倘若見了面，恐怕都不免要絕裾而去，那麼仍舊是麻雀看見礱糠，空歡喜了一場。在這患得患失的狀態下，她的心頭更覺惴惴不安，唯一可以安慰自已的，就是這十多位應徵者中，也許有一個會貪她二十萬的賠嫁費用，把她娶回去。

然而這希望是何等的渺茫，她不敢有這種自信，她父親也是如此，約那兩位應徵者來面談的信是發出去了，可是她却聽得她父親私下對她母親說：

『阿媛的眼力倒不錯，她所選中的兩個人都是才貌雙全的，不要說是她，連我看了也中意，怕就的是她看得中別人，別人却看不中她。』

郭小姐心一跳，彷彿兜頭被澆了一瓢冷水，把她的一團熱心澆得烟消火滅了，暫時被忘懷了的悲哀又開始侵襲到她身上來，她一口氣跑回自已房裏，倒在床上就哭，十多封應徵信仍舊堆在桌上，剛才曾引起她無限希望的，此刻却幾乎連翻閱的勇氣都沒有了。

然而醜媳婦總不免要見公婆面，醜小姐也不免要見一見她所選中的對象，約會的日期很快的就到了，這一天，眞是郭小姐生命史上最重要的一天，她的終身大事有無着落全要在這一天決定，她雖然還沒有完全恢復她的自信，但却不能不加意打扮修飾一下，以免連僅有的一線希望也告落空，無如她這副尊容，無論怎樣打扮修飾，也總美不到那裏去，至多只能把她本來的醜陋遮掩掉一二分而已。

郭小姐對着鏡子凝視了多時，總不能滿意她自已的容貌，止不住長吁短歎起來，她深知今天是她一生中的重要關頭，無如天公不作美，又有什麼辦法呢？她正在暗暗發恨，偏偏不解事的母親却喜孜孜的跑進來嘵舌了：

『阿媛，快出去，外面已經有一個應徵的人來了，不但人物長得漂亮，而且非常溫文，有禮貌，你爸和他很談得來，我在門背後看了也非常滿意，這樣好的丈夫委實是打了燈籠也沒處尋的。』

母親嘮嘮叨叨地說着，充分顯出一種丈母看女婿越看越有趣的態度，可是偶然一抬頭，看到了鏡子裏的郭小姐的容貌，却不由得呆住了，似乎覺得她這位小姐的尊容和外面那位青年相差實在太遠了罷，她竟站在旁邊，好像忘記她進來的目的是爲了什麼了。郭小姐雖然生的醜，心地却並不蠢，對於她母親的模樣，豈有不覺察之理，一時又羞又恨，索性賭氣地說道：

『我不去！』

『怎麼能不去，人家是專誠來看你的，總得讓他見一見面，說不定他是重財不重貌，這樁事或者會有成功的希望。』

郭小姐也覺得自己總非出去不可，事情成不成只好聽天由命，畏縮躲避總是不行的，於是便由她母親挽着她的手臂走進會客室裏來。

會客室裏正有一位青年客人和她父親在一起談話，郭小姐一看那客人的容貌，就認得他正是照片裏的人物，不過模樣兒似乎比照片上還要漂亮得多。意中人已經站在她面前，她却不知怎樣反而感覺羞澀起來，芳心劇烈地震動着，低着頸頦子，一點羞紅從面孔紅起一直紅到耳根。她的低頭也是有作用的，因爲藉此可以使對方不能作劉楨平視，也未嘗不是藏拙的一法，可是對方正在聚精會神的觀察，那裏能容她有所遁形，她才一走出來，就已被他看了個淸淸楚楚，只見他面色忽然一變，回頭向她父親問道：

『這位可就是令嬡嗎？』

『不錯，正是小女。』

『請問府上有幾位千金？』

『就只有她一個，剛在高中畢業了不久，學問勉強還可以過得去，你們倆不妨互相談談。』父親苦心孤詣的代他們拉攏着。

郭小姐嬌羞地向對面那青年瞟了一眼，慢慢的把身子移近過來，眞的打算和他談談了，可是對方不等她走近過來，就接連後退了好幾步，遠遠的向她父親拱了拱手說：

『不用了，小可還有一些小事，不能奉陪令嬡多談，就此少陪！』

父親的面色也變了，連忙搶前一步，攔在他前面說：

『你爲什麼這樣要緊走？莫不是嫌小女容貌醜陋，不願意和我們論婚嗎？』

『豈敢！豈敢！實在是因爲有些小事，不能奉陪，過幾天當再前來領教。』

『那麼，你對今天這件婚事的意見怎麼樣？』父親似乎也有些感覺無計可施，不得不單刀直入地這樣詢問了。

『這個，容小可回去再考慮一下，並請示家父母，要是大家都認爲適當，再請媒人前來議婚。』

這答話顯然有些滑頭，但他既說得那麼漂亮，父親也就拿他沒有辦法，因爲自己畢竟不是山大王，不能强迫人家招親，只好瞪着眼睛把他送走，回到室內來，不由得歎了口氣說：

『我早知道別人是不會看中她的。』

這一句話却重傷了郭小姐的自尊心，她把手帕掩着面，哭回房裏去了。母親跟在後面勸慰着，父親却一語不發，只是默默的支頤沉思，怎樣設法送他這位寶貝小姐出閣。

因爲有了第一次的經驗，父親對待第二個來訪的應徵者的態度也改變了，他並不和來人寒暄，也不細問他的家世，只是開門見山的說：

『我的這位女兒，容貌比較醜陋，所以我情願貼她二十萬元賠嫁費用，把她嫁出去。你如若願意得這二十萬元錢，不計較容貌，這婚事就算成功了，要是抱着娶妻娶色的念頭，那就趁早請便罷，這裏是不會滿足你的希望的。』

這一番話說得非常直截爽快，可是對方卻執意要求見一見郭小姐的面，以明她的醜陋究竟醜到什麼一個程度，有沒有使他覺得還有幾分可取的地方。父親沒奈何，只好叫郭小姐再度出來獻醜了。果然，獻醜的結果比不獻醜更要壞，對方見了郭小姐的面，好像見了什麼鬼物似的，馬上回身就走。父親似乎覺得他這態度太不客氣，太不給人面子了，不禁勃然大怒，追在他後面問道：

『怎麼樣？』

『沒有什麼，令嬡小姐還是請另配高門罷。』

『可是你要知道，我願意貼她二十萬賠嫁費用呢！二十萬，可不是一個小數目呀！』

『你就是貼我二百萬我也不敢領教！』

『爲什麼？』父親止不住有些爲他那狂妄的氣焰所壓倒了。

『婚姻是一個人的終身大事，夫妻是要永遠厮守在一起的，要是娶了一個醜極不堪的妻子，人生還有什麼樂趣？我決不願意爲了物質上的享受，永遠賣掉我的精神上的快樂，所以不要說貼我二十萬，就是貼我二百萬我也不要。』

父親被他說得啞口無言，只好聽憑他揚長自去。郭小姐在一旁把他的話都聽淸楚了，覺得他的話句句都好像鋼針一樣，刺在她的心上，刺得很痛，尤其是那「醜極不堪」四個字，更不啻是在當面駡她，氣得她忍不住放聲大哭起來。父親也氣得很，不住把手揉着胸脯，不暇去理睬郭小姐，還是母親比較體貼女兒，連忙跑出來安慰她說：

『阿嬡，快不要哭，這兩個人不成功，還有十多個人在那裏呢，我們再寫信去約他們來就是了。』

父親聽了她這愚昧的話，忍不住氣得反而笑了起來道：

『依我說，老早不必再寫信去約什麼人來了，這兩個人是這樣，其他的人也可想而知，何必去約他們來自討沒趣？』

『試試看，也不要緊。』母親雖覺沒有把握，但仍舊沒有放棄萬一的希望。

『好！那就讓你們去試試看罷，我可不來管這筆閒賬了，我實在受不了那種氣！』父親說着，氣憤憤的一跺脚，走出去了。他倒並不是不把女兒的事放在心上，無奈他沒有回天之力，不能化媸爲姸，更無法勉强別人來娶他這位醜陋的女兒，正所謂愛莫能助，爲了免受無謂的閒氣起見，所以只好索性抱着不管主義了。

四

那另外十多封應徵信，在郭小姐和她母親的「試試看」的心理之下，終於都寄了回信去了，接到了信的應徵者，倒多半能夠如約而來，不過一見到郭小姐那副尊容，差不多個個都敗興而返，其中雖也不無一兩個貪她二十萬元賠嫁費用的人，但一想到拿了二十萬元錢，卻要娶一個醜妻，出賣掉終身幸福，便又覺得不大合算，不得不敬謝不敏了。

郭小姐和她母親每接見一個應徵者，心頭就加深一層希望，每送走一個應徵者，心頭就加添一層失望，到了最後，十多個應徵者都被送走了，果然如她父親所說，只是自討沒趣，並沒有一個願意做乘龍快婿的人，郭小姐這氣可就大了，她不但不哭，而且大吵大嚷，說她不願意活了，活在世上連一些趣味都沒有，一面吵嚷着，一面遷怒到她那副令人不堪承教的醜陋的面孔，拿了把小洋刀，打算像秋海棠般在面孔上劃一個十字，幸虧她母親趕快搶了下來，纔沒有實現，但已在面皮上劃破了三分長的一個裂口，鮮血涔涔的直往下落。

母親嚇得忍不住抱着郭小姐哭了：

『阿媛，你何苦這樣呢！俗話說得好，有緣千里來相會，無緣對面不相逢，這批人都和你沒有緣，你何必去理他們，有緣的人遲早會來和你見面的，你只要耐心等着就是了。我看你還是出外去散散心罷，不必老是在家裏哭哭啼啼的了。』

郭小姐覺得母親的話不錯，人家看不中自己，自己在家裏氣悶哭泣也是枉然，還不如出外去散散心，也許會有什麼意外的奇遇也說不定。不過她不敢在日裏出去，因為光天化日之下，一目了然，無從掩飾她的醜陋，只有夜裏燈光暗澹，比較可以使人不容易從中看出她的本相，所以她每天出門，也就不卜晝而卜夜了。

有一夜，郭小姐剛從大上海大戲院看了最後的一場電影出來，走到泥城橋畔，忽然被一個年青的乞丐釘上了。

『小姐！小姐！做做好事，賞我一塊錢吧！』

郭小姐起初不理睬他，後來因為被他釘得討厭，只好打開手裏的白鷄皮包，取出一張鈔來給他。這時她正走到路燈下面，在這回身授受之間，她偶然向那年青乞丐的面上望了一眼，却不由得怔了一怔。原來那乞丐垢面敝衣，却生得眉清目秀，不像是個卑田院中人物。郭小姐這時心頭忽發奇想，覺得何妨由自己來創造環境，不强似招給人家還沒人要嗎？她看着那乞丐接過了錢，回身待要走開，連忙喊住了他道：

『喂！慢一步走！』

那乞丐果然停住了步，他很詫異的問郭小姐道：

『小姐，有什麼事？』

郭小姐雖然面皮老，但畢竟沒有勇氣在人行道上和一個身分地位懸殊的乞丐訴說自己的心事，她只好勉强矜持着問道：

『你姓什麼？年紀青青的什麼事不好做，怎麼竟做起叫化子來？』

『我姓張，叫張冀川，從前也曾唸過書，因為家裏窮，到上海來找事做又找不着，日子一久，就流落了下來，做了叫化子了。』那乞丐說話時，顯得非常羞愧的樣子。

郭小姐雖不辨那乞丐的話是眞是假，但覺得他的本性還不壞，他的墮落乃是出於環境的逼迫，並不是他自己的罪，於是對他不禁更增加了幾分憐恤和同情。話雖如此，她到底不便就帶了個乞丐回家去，甚至不能和他在人行道上多留，因為兩旁注目他們的人漸漸的多起來了，她只好從皮包裏取出張百元鈔票來，交給他說：

『你拿了這錢，趕快去剃個頭，洗個澡，明天上午，仍舊在這裏等我。』

那乞丐似乎想不到會有這樣的奇遇

，接過了錢，喜歡得幾乎疑惑是在夢裏，連忙唯唯的答應着走了。

第二天上午，郭小姐瞞着家裏人，像舉行一件大事一樣的，悄悄帶了一大疊鈔票出去，在泥城橋畔，找着了那年青乞丐張冀川，見他果然已經理了髮，要不是因爲他還穿着那身破舊的衣服，看過去竟不像是個乞丐了。於是便帶他同到霞飛路上去掏了一身舊西裝，又代他買了襯衫皮鞋領帶襪子背帶，打扮起來一看，居然竟是個翩翩濁世佳公子，誰都想不到他一刻前還是個在泥城橋畔釘巴的乞丐。

郭小姐等他打扮好了，這纔把他帶進一家茶室裏去，向他說道：

『你可知道我這樣提拔你，是什麼用意嗎？』

『不知道！』

『我現在也不瞞你了，老實告訴你，我家裏有的是錢，不過我却嫁不着一個丈夫，大家都嫌我生得醜，我家裏就是貼我二十萬元一月也沒有人肯娶我，所以我只好自已出外來尋找，現在就找到了你，你要是願意到我們家裏來做招女婿的話，包你一世有得吃，有得用，不愁生活，要是不願意，那麼給我把買的東西都留下來，仍舊滾出去做你的叫化子去。』

這一席話說得那年青乞丐張冀川目瞪口呆，好半晌作聲不得，他留心細看一下郭小姐的容貌，便是已經做了乞丐的他，也感覺有些不能滿意，不過想到如若不答應的話，仍舊不免要去過飢寒交迫的乞討生活，剛到手的好運又將變成一場空，這威脅比任何都要嚴重，所以他終於不得不勉强答應了。

郭小姐見他已經答應，非常高興，便和他一同坐了三輪車回家去，在車中又着實教導了他番，教他不要在她父母面前露出馬脚，要裝出一副少爺派頭來，如若她父親問起他的家世來時，更得信口開河的瞎造一通。張冀川一一領命，他似乎對欺騙一門學有專長，不用郭小姐多所教導，早已心領神會了。

果然，當他們雙雙去謁見郭小姐的父母時，張冀川並沒有露出馬脚來，郭小姐的父母正苦於無法代這位寶貝千金找一位受主，這時見她自己居然有本領找到合適的對象，免得他們操心，眞是求之不得。雖然是招女婿，不過他們家裏有的是錢，並不嫌多一個人坐吃，而且他們沒有兒子，正可藉此作半子之靠，於是一拍即合，準備擇吉代他們完婚了。

五

結婚的那天，居然非常風光熱鬧，賀客到的很多，大家見了張冀川，都嘖嘖稱奇，怎麼醜小姐竟會找到了這樣一個俊丈夫，却沒有誰把到這張冀川的出身原是泥城橋畔釘巴的乞丐。

婚後的生活使郭小姐非常滿意，昔人所謂「如魚得水」，她却宛似「如水得魚」。每天差不多都和張冀川厮守在一起，守步不離，任何人見了他們那樣子都不免覺得太膩，但她父母却很高興，因爲這正是他們寤寐求之的希望。

不過江山好改，本性難移，日子久了，一個人的本相總不免要露出幾分來，有一天，郭小姐偶然在她父母房外走過，却聽得她父親正在批評她的丈夫：

『我覺得他處處地方總不免有幾分

寒乞相，出身似乎不十分好。』

『這也說不得了，現在還容得我們挑精揀肥嗎？正是拾到籃裏就是菜，叫化子吃死蟹隻隻好』這是母親的回答。

郭小姐心一跳，連忙走了開去，她倒並非不滿意父母的批評，反而是因爲這批評太中肯了，尤其是母親說的「叫化子」那三個字聽了非常刺心，她疑心母親已經窺破了她的秘密。

但最使郭小姐難受的，是日子一久，她那位所仰望終身的良人，態度竟漸漸的變了起來。這個「變」字也許下得不大恰當，事實上恐怕正是他本來面目的暴露，誰知道他過去在泥城橋畔對小姐說的話眞不眞呢，也許他那時不但做乞丐，還兼做騙子，小偷，這時眞面目一一的現出來了，似乎因爲向郭小姐騙錢出去花用還不大寫意，他竟實行起偷竊手段來，以前她家裏從沒有失竊過什麼東西，現在却東失一件，西失一件，連她父母都不免有些懷疑起這位東牀嬌客來了，可是郭小姐却還得苦心地爲她夫婿遮瞞。

郭小姐雖沒有和張冀川訂立什麼閨房約法，但起初監視他却也很嚴緊的，每次他要出去總得向她報告行蹤，後來却日漸不對了，他要到那裏去就到那裏去，從來不對她說。她雖自恃對他有恩，吃虧的却是她那副醜陋的容貌維繫不住他的心。本來，她就是個美人，相對日久了也難免要生厭，何況她不但生得不美，抑且醜陋難看呢，自然難怪他要不安於室了。

郭小姐初時還縱容着他，後來見他胆子越來越大，不但家裏常常鬧着失竊，甚至竟一連的幾夜不見他回來，這可再也忍耐不住了，無奈這張冀川是她自己找來的，她父母對他的根柢一些都不知道，她又不便對她父母直說他是叫化子出身，好比啞子吃黃連，有苦說不出，只好把他軟禁在家裏，不許他出去。誰知張冀川已經在外面染得一身淋病，郭小姐這一禁止他出去，正好給了他一個把惡疾傳染她的機會。

郭小姐這時眞是啼笑皆非，想到這一切岔子都出在她醜陋的容貌上，她又忍不住恨恨的拉扯起她的面皮來。

人間味

陳烟帆

世界上有許多不甚合理的東西存在，其實也是好的。我個人是愛好藝術的人，實在說起來有的時候「美」就並不是一定合理的事情。譬方說我喜歡小街小巷，我喜歡古代的建築，而現代都市建設當局所要注意的就是把狹小的街改闊，可以通行很多的車馬。古代的建築也許很不宜於居住罷，路與街過於狹了，的確也大大的妨礙了車馬交通，並且，假如有地方失火的時候也容易延燒。

可是小街小巷的情趣實在是美的。二月之前我到揚州那邊去玩過一次，揚州之所以能給我特別多的好感，那些小街小巷實在是居了一半的理由。我前十年到蘇州的時候，蘇州的中市一帶還是狹狹的舖着石板的小街，太陽落入街心的時候，已經是正午以後了，上半天一街沒見太陽光，——給一邊的房屋遮住了，不大有車子的，人們熙來攘往，饒有古風的，我喜歡那樣的街；石板濕仔仔的，光滑可愛，給百數十年來無數人踏過了，似乎大可以賣老了呢！現在中市已經拆闊，觀前也學像了上海，揚州的教場街轅門轎那一段還是從前蘇州中市的樣子。在那樣的街市裏走來過去，像是比走在上海的街上可以寬心鬆散多了。

在趣味裏面生活，那種生活才是豐富的。有一次看見一冊雜誌裏面也有一篇文字記述揚州的小巷小街的，他說街狹的時候對街鄰居可以互相招呼，實在沒有事的時候則問問吃過了飯沒有等等也好。上海的鄰居們就多是互不通問，甚至姓氏也不知道，他說「街闊了，人與人之間的距離遠了。」——好像意思是這樣，記不眞了。

我們想想鄰居互相存問寒暖，有時或甚至互送剛煮好的小菜，互送遠道親友餽送的食物，實在祇有內地有得看見。就是那一點點好了，那一點關切與存問，生活在這世間，雖有許多苦難與辛酸，也還叫人覺得是大可居留的。我一直就喜歡狹仄的街，自然也有與我同調的人；不過小街小巷之好處也不祇是這一點，大與遼闊有時是很可能叫人感覺荒涼與恐怖，而小與緊密則多半是使人覺得溫暖與親切的。曾見有一篇隨筆裏說起作者不喜歡遊歷山水名勝，而於環城河的河畔幾個婦女在洗滌東西的情景倒看了好半天，我覺得與那位作者有時是很具同感的；過於大的巨川名山，似乎於人間的生活無關，而小城市的一角瓦屋或頹牆之間的小街小巷，人們的生活趣味可以表現得更爲眞切。我們生活上的每一動作，其實也不祇是工作，走路，做小菜，上街，吃飯了，這裏面都有各別的活動的趣味，而這趣味是每次經歷時並不相同。能够這樣想而且眞能如此感覺的，生活便永不枯竭；永遠覺得新鮮，亦永遠有味道。工作的時候看看別人也在工作，別人的工作態度自然有其與我不同的地方；走路的時候看看路上同時也有許多人在走路，長短瘦肥老少，尤其在上海，有許多不同國籍的人，奇怪的服裝，不同的姿態。胖婦人，少女，或佝僂的老人，每一天走出去看到的不同；上街買東西的時候不但可以看見形形色色的人，并且可以接觸形形色色的貨。鮮花舖子與西點舖子，不同的色與香，我每一次走在街上總像是第一次看見它們一樣。我現在的住處左近有一條每天清晨總是鬧鬨鬨的做着菜市的街，早上出來總得穿過這條路的，路上擺着各種不同的菜攤，小販們大聲的說着喊着。有許多不同形貌裝扮的主婦或姑娘們提着籃穿梭般地來往着，織成一片人衆的嘈雜；那嘈雜流動而又固着在一起。我常常看着買菜的婦人們也想：她們來自不同的家庭，過着不同的生活，好比每一根線都有它的複雜的來歷一樣。見着環城河的河頭洗滌東西的婦女而能够流連半天，或者也是那種心情吧。

有一次與顏文樑先生閒談，他談起意大利的佛勞倫斯和羅馬，巴黎等處的幾條古風的街，他有一張畫便是在意大利寫生的，狹狹的街，畫面很暗，二旁有高聳的建築，於暗赭紅的磚瓦上有濕綠的雨漬。中國的舊式建築似乎在起居上不大方便，然而粉牆朱欄迴廊曲折，自然也有他的趣味；光線雖暗一點，可是於黝暗之中却有一種恬靜。有時是浪費一點，有時是故意盤曲，然而人生好像就是浪費和曲折，走路有時多費一點力氣也好，——每一活動都是趣味，假如到有一個時候茶飯有機器送入口中，從彈子房到臥室不用勞動雙足，有一種那樣的機器一移就到，那眞是不堪設想了。顏先生又說起從前夜裏趁電車從虹口經外灘，折入南京路，南京路一片燈火輝煌，剛剛經過荒涼遼闊的地方，彷彿一到燈光人聲的街已如進入室內，有一種溫暖之感。他說好比船從蘇彝士運河一出布賽的口子，便是地中海了，在茫茫無際的大海航程中回望剛經過的蘇彝士河，狹窄窄的，像一條小巷，會有一些依戀的感覺。蘇彝士河二旁的水上都浮着燈，回來的時候一過布賽船便行得極慢，在狹長的二邊有燈的河中航行，也正如電車由外灘折入南京路那時候，溫暖，平和而安寧。

我因此想起我之愛好小街小巷，與所以愛好它的理由來；那些不太熱鬧嘈雜的揚州的街，十年前的蘇州中市，也溫暖，平和而安寧。蘇州現在有許多小巷也仍舊是老樣子，它幽靜，寧謐。饒有古風，或者也可以說它是有情感的，使人覺得親切。那些意大利的狹狹的街，二旁有高聳的古代建築，於暗赭紅的磚瓦上有濕綠的雨漬，古來有許多人生活過的，踏過來的街路，這畫面使人非常懷想。

所謂人間味，原來也就是這樣的罷，數千百年來人們所做的是永遠一樣的事情，大同而不會小異的，生下來，長大，受教育，戀愛，娶妻，於是養妻活小，於是老死。但是每一個人都有他的處理自己的辦法，處處有可以尋味的地方，生活永不枯竭，教許多許多的人再這樣的生活下去。

媚霞記

譚鈎

一

在大華劇社招請男女演員的廣告登出後的第二天，社裏就接到了許多花花綠綠的信，勤務員把他們一起送到社長辦公室裏。

社長汪本嘴裏歪銜着一支紙烟，正坐在寫字檯前看報，精神很飽滿的。他的愛人同時又是社中的祕書方霞也躺在旁邊一張長沙發上，左手舉着面小圓鏡，右手拿了支臙脂膏在兩邊頰上不停地搽。辦公室裏靜得都只聽得自己呼吸的聲音。

汪本聽見有人走進來，抬起頭便看見了勤務員手裏的一大疊信，不由地滿面都是笑：

「竟有這麼多的信嗎？」話沒有說完，已把手裏的報紙放下，連忙接了信。

方霞側過頭來對他笑了笑。繼續不聲不響地照着鏡子搽臙脂膏。

勤務員出去後，汪本把信一、二、三、四地數了一數，一共有三十四封，看了看信面，其餘的全都是陌生筆跡，只有一封是一個熟朋友給他的，他就拆開了先看。

才看了沒有幾行，歡笑頓時又展開在汪本的臉上。急急再看下去，沒有看完，抬頭向着方霞，高興的喊着：

「霞！天下竟有這樣巧事，我們的難題有了解決了！」

方霞只對鏡子睜了一睜她似笑非笑的眼兒，並不轉過臉來：

「什麼？找着了墊本的老闆嗎？」

「不是的。」汪本替她說明：「前天你不是曾經說過，演員的招請是不成問題的，上海挺多的是演員熱的青年，問題却在銷票子。如果銷票子沒有把握，說不定我們會遭到失敗。可是，現在有人肯替我們包銷了，你看，這不是一個很大的喜訊嗎？」

方霞還是對着鏡子搽她的臙脂膏，扭了扭頭頸兒，臉上露出不很相信的神色：

「難道是你的什麼朋友一個人包去了嗎，你幾時交的這樣一位闊朋友？」

「你別胡猜了，待我告訴了你吧！這封信是我的朋友張明給我的。他告訴我：立德療養院裏有位姓陳的看護小姐，她是一個少有的話劇迷。各劇院裏有新劇上演，她沒有一次不去觀看。當然囉，她也歡喜看書上的劇本的。而且從前在學校裏讀書的時候，也會登過台。她曾經對我的朋友這樣說：如果有劇團請她當女主角，她願意包銷三天的戲票子。我的朋友特地把她介紹給我們，而且還附着一封介紹信，叫我專誠親自去邀請她。因爲這樣更使她有面子，更可以格外地幫我們的忙。——」

「嚇！」方霞突然脫手把鏡子掉在沙發上，又把臙脂膏很快地塞進了手袋裏，眼睛對他白了一下，仰着頭向沙發背上倒下去：

「那麼我把這秘書的位置也讓給她吧！」

「這是什麼意思？」汪本不由地吃了一驚，忙擺出一副足恭的神氣問。

方霞重新坐起來，若無其事地：

「沒有什麼！一個劇本裏只有一個女主角，有了她當然就用不到我。我是一張票子也銷不掉的，那麼當然我應該讓她了！」

「可是主角是主角，秘書是秘書，並沒有什麼連帶的關係；而且主角只是暫時的，秘書却是永久的呀！」口語改做了詼諧。

「誰說是永久的？我又不會賣給你！」方霞的紅得血也似的嘴唇撅得高高地。

汪本一陣哈哈大笑：

「好了！好了！不用吃乾醋了！你當主角爲了替自已賺錢，這一次你樂得休息一下。而且你又不是沒有當過主角，出過風頭呀。這次賺了錢，我擔保一定可以賺許多的錢，你要多少就給你多少，本來我的就是你的，你更不用爭什麼主角做呀！可是機會不可錯過，我要照我朋友所定的時間是看她了！你等着我的好消息吧！」

汪本匆匆站起來，袋了朋友附來的介紹信，又燃了一支紙煙銜着。

「啐！」方霞的紅嘴唇又撅了一撅，也放直了手站立起來，側了側身子，微微呵了個欠。

汪本眼睛看着她笑笑，取去了嘴裏的紙烟，走過去抱着她嘖嘖地吻了幾下；立即又放開了，伸手拿了壁鈎上的帽子，對她說了一聲「哥德吧」，轉過身子想走出辦公室，忽然又回頭過來：

「霞，你把剛才收到的許多信先替我看一遍，待我回來再商量。我去了立刻就回來！」

說完話，方霞沒有話回答他，任他再轉過頭，一直走了出去。

二

天才亮得不久，整個立德療養院很靜悄悄地，西南角的宿舍樓上的窗子已經打開，陳鳳獨自站在窗口呼吸新鮮空氣。臉上發出和天空裏一樣的美麗的霞光，顯得格外年青，可愛。

還是在昨天午飯後，她的同鄉張明偶然到立德療養院來探望一個病人，剛巧她在病房裏值班。她和他在故鄉早就認識了的，因此大家一見面就攀談起來。漸漸地不覺談到她所嗜好的話劇，更由話劇提到自己的願望。張明忽然想起了早上在報紙上所看見的他的同學汪本所辦的大華劇社招請男女演員的廣告，就把來告訴陳鳳，而且說：

「陳小姐要是願意參加，我可以介紹，一定可以成功。」

陳鳳妞妮了一下，但是掩不住她滿面都是高興：

「謝謝張先生，這樣眞再好也沒有了！不過，——」似乎很不好意思說下去。

「陳小姐，有話儘說。我和汪本是同學，而且還是把兄弟，陳小姐如果有什麼條件，儘管說出來，我一定替你辦到。」張明似乎很有把握地。

略略躊躇，她說了，不過有些呑呑吐吐地：

「我想：我如果能够上台，當普通角色很沒勁兒，我倒很願意擔任——」又不好意思說下去。

張明已完全懂得她的意思了，笑起來：

「好！很好！陳小姐要上台，當然不是當主角我也不介紹。等我回去立即寫信給汪先生，叫他明天親自到這裏來邀請你，可是不知道你這邊方便不方便？

「方便倒沒有什麼不方便，不過那有這個道理，應當我去看他。」陳鳳覺得這樣才合禮數。

「陳小姐，」張明替她證明，「你不知道我這位把兄弟，他有一種怪脾氣，就是歡喜搭架子。所以他對於別人，也是架子搭得越大，越看得起。明天他來看你時，你儘管驕傲地待他，有條件儘管當面提出來。」

「謝謝張先生的指教！還有一件事你可以在介紹信上先告訴他，說：如果我當了主角，那麼前三天的全部戲票子，可以由我包銷。因爲我和這裏的同事們曾經打過賭，要是有一天我上台當主角，他們可以包銷三天的戲票子。這樣，我想對於他們劇社裏的經濟方面，也不無小補的。」

「這樣更好了，你越不能不驕傲地對待他。那麼再會吧你就等候着汪本明天來邀請吧！」

陳鳳謝了張明，繼續做她例行的工作，張明也就告別回去。

這一天的晚上，陳鳳在只有她一個人住着的宿舍房間裏，一夜的翻來覆去沒有睡着。她想：如果她把這個消息向同學們宣佈時，她們將要怎樣祝賀她，羨慕她，有的甚至要嫉妒她。又預想到那正式公演的第一天，戲院裏上上下下擠滿了人，門口和台前都堆滿了花籃子，許多和她認識的人和不認識的都在終場後向她祝賀成功，他報他們以得意驕矜的笑容，……這樣一直想下去，臉上不自覺地展開了滿滿的笑。

等到神思昏沉沉地將要入睡的時候，向牀外一個翻身，看見窗子外面已經一片白亮。她不由地張着糢糊的眼睛坐了起來。拿起枕下的手錶來一看，短針已經指在六時上了。

她又想起了夜來所想種種的事，臉上立刻又堆上笑容，披着睡衣下牀來。從熱水壺裏倒些溫水來洗了臉，刷了牙，對着鏡子整整頭髮，搽了些臙脂。她對着鏡子裏的自已微微一笑，覺得鏡子裏的人給她的回笑，眞是媚艷萬分，如果在劇台上這樣表演時，一定會使千萬觀衆爲她迷醉，爲她傾倒。想得這，面上的神色不期然而然的驕矜起來。

在她感到臉上有些發熱的時候，她就離開鏡子，跑到窗前，打開窗子，在那裏對着微紅的東方，行了幾分鐘的深呼吸。臉色比臙脂的顏色更紅了。

滿院裏依舊靜悄悄地，不過聽聽遠遠的馬路上發出一陣一陣隆隆的聲音。

她站了一會，便轉身回進去，脫了睡衣，換了一件剛做不久的新衣服，鞋襪也換了新的。接着，把房間裏也整理了一下。那些掛滿在四壁上的話劇明星的照片，本來已給微塵罩蓋着的，她用鷄毛帚來一一把牠們拭乾淨了，又把她自已最近新攝的美術放大照片，放在使人最容易看到的地方。

一個人在房間裏忙了足足一早晨，忽然門房敲門進來通報，說有客人來見她。她接了名片一看，果然是：

「大中劇社社長汪本」

她忙吩咐門房，叫他領客人到裏面來會見。她一邊吩咐，一邊又站在鏡子前整理她的蓬鬆的秀髮。

三

一家百貨公司裏化粧品櫃上的一個夥計鄭狄，忽然接到了他老師汪本的一封信。

他也是愛好話劇的一員，所以在三年前，汪本在明光戲劇學校代課的時候，他正在那裏讀編導科。這幾年來，他對話劇還是那麼愛好，可是從來不曾有過一試導演的機會。

汪本是他平日欽佩的一人，因爲他以爲他的年齡並不比他大，但是已經替業餘劇社導演過幾個劇本。所以他常常想：要是他也有這麼一天，那麼他什麼犧牲都願意的。

所以他一接到汪本的信，沒有看已很高興。等到拆開看時，原來汪本新近組織了個大華劇社，由自已擔任社長，現在正在招收演員，準備公演，所以約他去談談。他當然奉命唯謹了。

約他會晤的地點是在華山路底的一家烟紙店裏。他早已聽到別人說起過，汪本因爲在劇壇上不得意，所以由他姊夫幫忙，開了一爿烟紙店，現在又辦劇社，可見他是做了商劇兩棲的忙人了。

等到公司裏一下班，鄭狄便乘了電車到華山路底，下了電車，一找就給他找到了，原來是一爿一開間的小店，櫃台裏除了香烟之外，還放滿了許多糖菓瓶。這時汪本正坐帳台上，好像還有一個年輕姑娘坐在一旁，等到鄭狄走近時，一瞥眼只賸汪本了一個人。

汪本一看見鄭狄，連忙起身走到櫃台邊來打招呼，招他到店堂裏坐下，他看見滿帳台都是糖菓紙，一個極大的空糖菓瓶和兩只空玻璃杯放在一旁。一個十四五歲的小夥計從後邊跑出來，神氣很不高興，有氣沒力地，把糖菓紙慢慢拿掉。汪本大聲命令：

「客人來了，快去倒茶！」

不料那小夥計却不賣他的帳，撅了撅嘴，嘰咕地：

「剛才泡的一水壺茶，都給你和方小姐兩個人喝掉了，叫我倒什麼來？」

「爲什麼不早說？嘰咕做甚的？」汪本怒聲地責斥，但他早已從袋中摸出一張五元鈔票，丟在帳台上，「快去泡來！」

鄭狄連說「剛喝過」，忙把話來打開僵局：

「汪先生，你的信還是上半天到的，因爲公司裏這幾天請假的人多，所以等到下班才能來。汪先生組織的劇社在報上招請演員，我是早就看見的，却不知是先生所創辦。如果早些知道，我早就約許多同學來幫忙了。」臉上立刻表出非抱常歉的神情。

「這是因爲不是我一個人獨辦的緣故，所以廣告上不能把我名字登出來。」汪本忙斂了怒容解釋，「可是我確極需要明光的同學們來幫我的忙。」

「那麼演員招得怎樣了？預備上演什麼戲？」

「這次登報招請後，一共招得二十五人，他們都是不支車錢的。因爲社裏的分子都是愛好劇藝而沒有錢的人，大家又不願學一般劇社的樣去找什麼資本家做後台，所以這次招收演員，也以對話劇愛好而不想賺錢的人爲去取的標準。這樣，開銷可以省掉不少，只要租賃場子和佈景的費用了。第一次預定的是演雷雨，因爲可以有現成的佈景可借。大家預算，票子無論銷得怎樣少，租場子費一定可以賣出來。不過有一件事還有問題，所以想請你幫忙。——」

「什麼事？」

「就是近來化粧品大漲價，公演一次，不是一二萬塊錢不够，可是社裏沒有現成的欵子，而又非買不可。聽說你從前曾經囤過一批，不知道現在已經脫手了沒有？」

「還沒有。不過這不是我一個人的，是公司裏幾個同事合資買進的。」

汪本不禁眉飛色揚地：

「那就好了！你可以賒給我們，等到公演完畢，由我負責付錢。——」

鄭狄忽然想到了他的老師過去的信用，不覺露出躊躇的神色。但是這一點，當時就給汪本窺破，不等他推托，繼續對他說：

「假如你有興，這次公演，可以由我向社中提出，請你擔任副導演！」

這一下，對於鄭狄正像買獎券突中了特獎，數年來想望已久而未能達到的希望竟然意外地實現了，就不假思索，滿口答應：

「先生要用什麼化粧品，儘管開單子給我，我沒有的，可以由我向公司裏代買。」

後來汪本又約他找幾位舊同學寫稿向各小報宣傳。他在告別後，一路上想到不久以後的報紙上將登載着「副導演鄭狄」的頭銜，不由地一個人出聲笑出來了。

四

大華劇社公演「雷雨」的廣告在申新兩報上登出來了，日子是中秋節，地點是蕙方劇院，女主角是陳鳳，導演是汪本。後面還附着一個道歉的啓事，說是：首先三天的戲券都已售完，定座須自第四天開始。

這一天，鄭狄因爲隔天聽汪本告訴他公演預告將在這一天開始刋登，所以大清早就起身，忙去買了好幾份的當天報紙。不料他的一顆熱躍着的心立刻冷停下來，因爲他打開報來看時，公演預告果然給他找到了，可是上面並沒有「副導演鄭狄」的名字。

他神思恍惚的，有些不相信是事實，因爲他相信汪本。是他的老師。決不會欺騙他。想了一想，不覺恍然大悟：

「這一定是因爲廣告地位太小，所以登不下，不是演員的名字也都不登嗎？到了正式公演的一天登大廣告時，一定會完全登出來的。」

由他自已找出這樣一個解釋之後，他仍舊覺得他這一次送給大華劇社化粧品約値時價二萬塊錢，並不送得寃枉。

可是事情有些古怪，到了正式公演的那一天，廣告上還是不見有他的名字。他這時才有些失望了，但是他的心還不就死，還在自已向找理由來解釋：

「報上即使不登，那麼公演特刋上一定會有我的名字。否則汪本眞不是人了，而且下次他還想公演嗎？」

到了日場快要演出的時間，他還是興冲冲地向公司裏請了假，逕到蕙方劇院去。到了那裏，門外已是很熱鬧地擠滿了人，紅紅綠綠的花籃從門外一直擺到票房前。他上前去看了幾隻紅簽上面的字，知道都是送給陳鳳的。

他連忙跑到後台去，演員們正都在用他送的化粧品來化粧。汪本紅光滿面，也在服事陳鳳穿戲妝。方霞一個人撅着嘴在一旁搽臙脂。陳鳳穿好衣服，在鏡子前扭着身子，照了又照，最後，對汪本獻了一個媚笑：

「謝謝汪先生，這套衣服眞好，好像專門替我做的一樣。」

說完話，又扭一扭身子，跑到桌子前，從她的手提包裏掏出一張紙條兒，直遞給汪本：

「汪先生，這兒是一張三十萬塊錢的支票，還有沒有收到的，過兩天我再和你結算。」

汪本笑着接了，但是嘴裏却連稱：

「慢些兒給我吧！放在陳小姐處過兩天一起付我吧！」

鄭狄看得聽得都莫明其妙。但他這時的來一心先要看一看公演特刋上到底有沒有他「副導演」的名銜，所以不甚理會他們的行動，只在留心找尋特刋。一會兒，給我找到了，在一張作爲道具用的矮桌子上面。他像餓虎撲食似的抓起來，翻開來看了兩三頁，臉上漸漸露出失望的神色，灰白得十分可怕，自已覺得連手脚也冷得要抖起來。

正在難堪到極度的時候，汪本忽然喜孜孜地跑過來，拍拍他的肩膊。輕輕用溫和的口氣說：

「密司脫鄭，你來得正好，我正要對你說明一件事，你跟我到這裏來。」

他像失去了魂靈似的，下意識地跟着汪本轉身就走。

兩個人走出後台，到了一條甬道裏，汪本先立停了：

「我們就在這裏站一回吧！」說到這，滿面不勝抱歉的神氣，「關於請你擔任副導演的事，那次對你說後，過了兩天我就在會議中提出。不料他們以爲這次在本社是首次公演，不宜用觀衆不熟悉的人來號召，所以作罷。可是他們却允許你等到有機會時，請你單獨導演一個劇本。我想，這要比擔任副導演的空名義好得多，所以不再堅持原議。實在對不起得很！對不起得很！」

鄭狄呆立着聽他只管說，等他說完了，還是呆呆站着，什麼「等到有機會時，請你單獨導演一個劇本」這種虛空的應酬話，早已不再進到他的耳朶裏去。

正在這樣一個難以分解的局面下，汪本忽然瞥見方霞也從後台門口跑出來，滿面挺生氣的：

「汪先生！我找了你好久，你却在這裏！那張支票呢？快快給我！」一隻潔白如玉的小手兒已經伸到他的胸前。

「過一會兒給你不好嗎？」汪本笑了笑。

「不能够，我是社裏的秘書兼會計，負着保管經濟的責任！」方霞疾言厲色地。

汪本仍舊笑着，從袋裏掏出方才陳鳳給他的支票，打趣似的：

「你爲什麼這樣不放心，難道怕我用來去軋別的女朋友不成！」

一個溫軟的小拳頭連連打在他的肩背上。

他們發現鄭狄已經不知道在什麼時候走了。

五

十天以後，氣候突然變得冷了，寒暑表一降就降到了華氏六十度。

這是一個星期六的下午，南京路上到處擠滿了人，尤其是在四大公司一帶，人多得連人行道上站不下，一大半不能不在沿人行道的柏油路上走。

一輛三輪車在大新公司轉角處停止，走下來是一對青年男女。男的穿着灰色夾西裝，臉上雪花膏塗得白白的。女的鬈着髮，兩頰和嘴唇紅得像要滴下血來。他們就是汪本和方霞。

方霞手裏提着一隻飽綻的漆提包，走在前面，汪本却跟在她後面，兩個人一前一後走進大新公司。到了裏面，方霞回頭來和汪本說話，兩個人才並着肩走。

他們到二層樓衣服部，買了一件時式的呢女大衣，代價是五萬元，又到鐘表部買了一只女手表，代價是十萬元。方霞還要買別的東西，汪本連忙陪着笑臉插嘴說：

「我想買些東西送給陳鳳小姐，霞，你看買些什麼好？」

「爲什麼？」頭不轉過來，可是也望得見她的嘴唇又已撅得高高的。

「她這次替我們掙了幾十萬塊錢，她自己連車錢也不取用社中分文，我們不應該送她些東西來表示我們的謝意嗎？」汪本仍是笑着。

「別對陌生人獻殷勤了！你不是說：她的願意幫忙，完全爲了她這次可以大出風頭。她出風頭所得精神上的快慰，就是她這次幫我們所得的代價。那你何必再拿物質去酬謝她呢？」

「可是我總覺得說不過去呀！」

「別假慈悲了！索性由我來戳穿你吧！你想送她東西，無非想借此巴結她，而且作爲你再去見她的理由。如果說是因爲她幫了我們，那麼她當主角出風頭，何嘗不是我們也幫了她。而且，其餘的演員們一樣的都爲自己吃飽了飯，賠了車錢來幫你演出，你爲什麼又過意得去了呢？」

這一問汪本果然給她問倒，不能再說什麼，只得哈哈地笑。

這一笑，他們倆才發現他們已走出了大新公司的東邊門。匆匆跨過勞合路，再沿着南京路走。

方霞突然又止了步，回過頭來：

「鄭狄的化粧品費已付給他嗎？」

「他說是送給我們的，所以我也不客氣了！」

「我看他不過是一個公司的夥計，二萬多塊錢不是容易掙的，你這次又不是沒有賺錢；我看你還是還給他的好，那麼下次還可以向他賒欠！」

「霞，你不知道，」汪本搖着頭：「他靠着囤積化粧品，也賺進過二三十萬，那麼她送這二萬多塊錢的化粧品給我，也算不了什麼。況且所謂二萬多塊錢，也是照目下黑市計算，實在他的成本和原進價，想怕不會到五十塊的。」

「那麼演員要求你請客一次，你爲什麼又不允許呢？」

「這也樂得省掉。一請，至少須兩桌，而且非頭等菜館不可，那不又要化掉我二萬塊錢嗎？錢到底還是陳鳳幫我們掙得多，他們都不過是跑跑龍套而已。況且他們的目的也是出風頭，目的達到了，他們到想破起我鈔來，正不應該極了！」說到這，不勝感喟似地。

「那麼你下次還想請他們幫忙嗎？」方霞仍舊不以爲然。

汪本又笑起來：

「上海多的是演員迷，一個新劇團成立，來得最多的便是演員。上海到處是戲劇學校，不愁沒有學生，他或她化了學費進去的目的，便是因爲有上台演出的機會。所以我們下次如果公演，除了他們，不愁沒有演員。而且，演員熟了，不易應付，不如演一次招一批，他們對我客氣，我也容易應付他們。」

「你的算計眞好，可是從此你再也不會得到一個親信的人！」方霞總覺他的主意是不對的。

汪本又是哈哈地笑，後來發覺這時是在馬路上人叢裏走，才竭力忍住：

「我有了你這個親信的人，我還要有別的親信來做什麼？」

「那你爲什麼還要買東西送給陳鳳呢？」一說到陳鳳，

她的嘴唇不由地又撅了起來。

「好了！好了！別提這事了！你看，」汪本用手指指先施公司的樓上，「東亞到了！我們先上去定了房間，再出來玩個暢快！今天，我們只許尋快樂，不許再提生氣的話了！」

「我不去！」到了東亞旅館門前，方霞突然停止不走。

汪本面上賠着笑，可是心上轆轆地：

「霞，別生氣了！有話我們進去了細細地說，任你打我罵我，我都快樂地接受，只是別在這裏生氣！給認識的人看見了，大家都不好意思的！」

方霞眼睛望在地上聽他說，聽到他說完，頓了一頓，抬起頭來一個媚笑：

「沒有話了吧！」

不等汪本回話，扭了扭腰，就向東亞旅館的正門直走進去。

這時候，一個青年站在馬路對面行人道上呆呆地偷偷看着他們，臉色發青的。他就是那白送掉二萬塊錢化粧品的鄭狄，而且現在他的職務已給公司辭掉了。

一九四四，一〇，二，下午

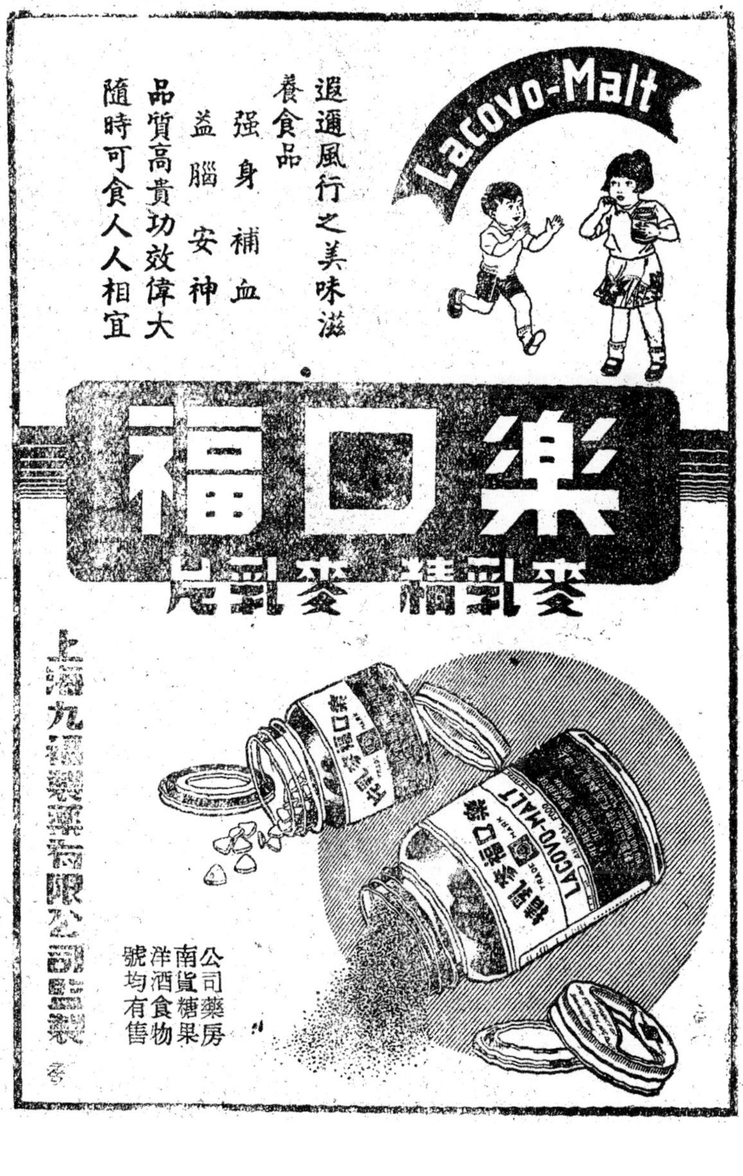
Lacovo-Malt
遐邇風行之美味滋養食品
強身補血
益腦安神
品質高貴功效偉大
隨時可食人人相宜
樂口福
麥乳精　麥乳片
上海九福製藥有限公司監製
公司藥房
南貨糖果
洋酒食物
號均有售

笑之頌

蕭雯

難得你不笑，
想逗你笑也不？
若是你再不笑，
這裏的氣候欠溫和！
難得你不笑，
你也不笑也好。
你的笑裏有一團火，
溫暖了許多花朵。
你笑一笑吧；
讓她有個春三月的夢！

——「笑之頌」前奏

一

我沉默，而我的嘴角邊露出了笑意

「你笑什麼？（抬頭看我一下，你自己在笑了。）

「我沒有笑什麼呢」。（而我的笑意更其濃厚了。）

「儘望着我笑什麼」？

（我儘望着你，所以我笑了。

我儘望着你，就是我笑的緣故。）

「你儘望着我為什麼」？

「我沒有」！

「你撒謊」。

「你怎樣知道我在儘望着你」？

（笑是你的回答，你的笑是多娬媚呢）。

——我記得我看見過他惺惺忪忪地望着莎樂美，我想他實在把她望得太利害了。

——王爾德「莎樂美」

「你也該在望着我吧」？

（你沒有回答，你儘是笑）。

眸子與眸子，笑與笑混合着，你默默地嫣然，我默默地笑，我又有默默地站起了身。

「你去了嗎」？

「你可儘不說話呢」。

（你笑了，沒有聲音的笑着，你的水汪汪的眸子也笑着，我似乎看出了什麼）。

我呆望着你，想說些什麼似的，可是又留在心頭。（我淡淡底一笑）。

你的笑裏，我無言地去了。

（這朵素色的笑之花朵，也無言地在我記憶裏，我却又怯於咀嚼她的芬芳）。

在笑之歌誦裏，我把這一段「純散文」，或人們所說文藝氣息很濃厚的東西列為上客，也覺到不類吧，而你們得看到她內在的含蓄，這不是伯拉圖式詠辯的對話，而是我的笑的故事的端由，在這一小節裏我儘力描出笑，歌誦這笑；可是寫來很平淡，很冷靜，那種表現手法也許是不成品的。惟初意如此，同時也就是寫此文的動機，則縱然有「焦頭爛額」的，也不能宴之上席。

（這朵素色的笑之花朵，也無言地在我記憶裏，我却又怯於咀嚼她的芬芳）。

二

據說你有笑的癖好
往往無故獨自而笑笑
你的笑不爲我而笑
而我的笑
却爲了你的笑

我所懂得一點的，是人世間的眼淚。而現在，我又懂得了笑，每天我在懷念這笑。我研究的笑，不是一氧化二氮(Langhing Gas)無靈魂的笑；這笑裏含着情致，有着生命。你也遇見過一個有笑疾的人嗎？晉書「陸雲傳」上說：「機初詣張華，華問雲何在？機曰：「雲有笑疾，未敢自見」，俄而雲至，華好帛繩纏鬚，雲見而大笑，不能自已。先生嘗著線經上船，於水中顧見其影，因大笑落水，人救獲免」。

歷史上曾經有過陸雲，而我又見得善笑的人。我不說他在笑，說了他笑，他是會不笑的。若是不笑，在他是酷苛，在我何嘗不是酷苛，人生是跋扈一點的好，讓他笑着，我笑着，你也笑着吧。

三

人生原有幾回笑？
你笑了，
我笑你的笑；
你也就笑笑我所笑你的笑吧。

古人說：「千金難買一笑」，笑的價值又何其珍貴，而善笑的，不是很浪費的嗎？不，惟其笑是可貴的，我們不該吝嗇，我們笑吧，也讓我們平凡的生活裏用豪華來裝飾一下。古人們不惜舉烽火，看勤王師的空勞往返，或裂帛千百；以這清脆的聲響來卜美女的一笑。紅樓夢中的賈寶玉也甘心爲晴雯裂扇。故事中的唐伯虎也心願爲了秋香賣身作書童，據說也是爲了笑。笑，眞是傾國傾城了。而柳永的詞曰：「笑何至傾國傾城，暫回眸腸千迴」。簡直連人的心也傾倒呢。或曰人心的價值是不及城國之重的；又有誰知道有些人是以自己的心的重量超越一切的呢。「一騎紅塵妃子笑，無人知是荔枝來」，就我看來，唐明皇又似乎值得如此的了。

四

笑是甜的。
笑是嫵媚的。
笑啊！笑啊！
我的太太。
——路易士「相見歡」

說郛：「東坡鬪荊公字說」新成，戲曰：以竹鞭馬爲篤，以竹鞭犬，有何可笑」？有人說一見了「笑」字就笑了，我似乎還沒有這種敏感，而我寫字潦草的時候，把笑字寫壞了，到有點像哭形，若是你會讀錯的，那該啼笑皆非呢。

柳宗元嘗說：「嬉笑之怒甚於裂眦，長歌之悲過於慟哭」。你一生中也經歷這種笑嗎？是我在笑，笑是崛强的，心裏在憤怒，而不許你發洩，你得笑，這笑是多少沉重呢！反情感的表現當然是甚於裂眦，這是喜劇嗎？不，你不會看戲，那就是最悲的悲劇。眞是：

多情却是總無情。
唯覺尊前笑不成。

「笑不成」是一件事，而笑是得笑一下的。

未到江南先一笑，
岳陽樓上對君山。

先來這一笑，大有意思，也許像陸雲著縗絰照影大笑落水，多少人抓不着癢處。而祇有這種笑，才是人類情致喜悅，眞正的流露。還有「醉臥沙場君莫笑，古來爭戰幾人還」。這不是笑，這笑不過是笑的化身吧了。

五

他笑了。（我不知他爲什麼笑）
你笑了。（我也不知道你爲什麼笑）
然而你們笑了。

黃仲則這個潦倒年輕詩人也笑了，他笑得怪有意思：

「忽然破涕還成笑，
豈有生才似此體」！

而我也笑了，我爲什麼笑？說不知道似乎不是應該，我沒有笑疾，（而且我是不時常笑的）豈會「往往無故獨自而笑笑」呢，但是我笑了，我笑了。

夢即是天國。
夢即黃金時代。
夢也許實現，
夢也許不實現，
但我活着，
實感地。
而且歌，
而且出發——
到遠方，
到明天，
我信那是有花的。
我信那是有光的。
故我微笑着。

——路易士「我活着」

這就是我笑的理由嗎？這不過是微笑而已，我的笑，也許你不會懂，又有誰懂得六祖的「拈花微笑」，就傳了禪宗的衣鉢呢。由此，笑的含蓄到也很深玄的啦！我們似乎不可小視了笑，即使是那微微的一笑。某君曰：「人之所以異於禽獸者幾希，如其會笑的，是人，不會笑的，不是人」，你也會看見過禽獸的笑，不，沒有見過。縱然牠們在喜悅的時候，也沒有笑的表情，猩猩之類有點會笑，也笑得不很像笑，人之能笑是值得歌誦的。

六

詩人們是歌誦哭泣與眼淚的，也許悲哀更能惹人心的緣故。有些女人們她們喜歡看「孿苦」的書，爲什麼？我不明白，許是在平凡中找求一份刺激。誰在歌誦笑，豈道是銀幕上的瘦子與胖子嗎？也不，這些淺薄低級的噱頭的笑，笑笑而已，笑的最微妙的境界，不是哈哈大笑，却是「回眸一笑」或「會心的微笑」。陸放翁曰：

夜來一笑寒燈下
方是金胎換骨時

據說放翁的文章得失，就在他的寒燈下

的一笑，這種笑到是值得一提的。我也曾寫過些東西，但是笑是吝於說及的，祗有一首小詩：

Rosie 去後——
沒有笑，
笑是不再 Charm 的了。
風裏雨裏出了鯉魚門，
M.V. "Victoria" 載着笑聲而去
。

現在捉到了笑，也似乎帶有份惆悵之感的。現在我在寫「笑之頌」，似乎懂得一點笑了，而我何嘗說得出笑的眞正的境界，抽象的原在人的自己的妙悟。——我笑了，你知道我是在譏哂，還是讚美呢。眞是。

那狂笑也得告訴我才好，——
莊周，淳於髡，東方朔的笑。

——聞一多「死水」頁六二

。詩人們眞的不寫笑嗎？不過數量上比較少吧了。前人的詩集裏是可以翻到的，記得邵洵美也有首詩：

爲甚你不常和我說話，說話，
祗是不相關地望望又笑笑？
你低了頭笑，你有意將背心向我
而笑，
莫非你在我眼睛中已見到了我的
需要。

——「花一般的罪惡」頁八

可是我認爲讀來很順口之外，並不出色，到是最後兩句好：「我不向你笑些什麼，我的心早已滿足了」。很可做「笑之頌」的按語呢。或人向我爲什麼歌頌「笑」，說什麼好呢：

Let us Laugh, and Make our
Mirth,
at the Shadows of the Earth

John Keats

七

好久好久，我想寫一首笑的詩，而不曾寫出，在「笑之頌」裏徒拾一些別人的牙慧，而且是片斷的，似乎不曾暢我的心，現在却看到了林徽音的一首「笑」，她到是首純粹描寫笑的詩，錄在這裏，我的「笑之頌」是會和他感應而共鳴的。

笑的是她的眼睛，口唇，
和唇邊渾圓的旋渦。
流轉如同露珠，
朵朵的笑向
貝齒的閃光裏躲。
那是笑——詩的笑，畫的笑：
水的映影，風的輕歌。

笑的是她的惺鬆的鬈髮，
散亂的挨着她的耳朵：
輕軟如同花影，
癢癢的甜蜜，
湧進了你的心窩。
那是笑——神的笑，美的笑：
雲的留痕，浪的柔波。

詩刊第三期三二——三三頁

八

我是不笑的，不，我何嘗不笑呢，若是我是不笑的，我也不歌誦笑了，我爲什麼要歌誦笑；似乎已經說得太多，濟慈的詩也許還是斷章取義，可是別的註釋也儘够坦白我的眞義。

夜來翻讀「杜詩鏡詮」，得兩句：

少年努力縱談笑，
看我形容以枯槁。

到也可做一註脚，然而那些祗不過是一

義中之一義，不是全豹。我是爲了笑而寫笑的，但是誰知道這笑，我是當然知道的，也許你不知道，可是也不礙事；我還是寫出了我自己的笑態。

我不知道笑，
是如何下種和耕耘，
而我贊美笑，
她的溫存，我的迷醉。

我不知道笑，
是如何輝發與盛放，
而我贊美笑，
她的飛揚，我的輕狂，

——笑之贊美

黑衣人

楊赫文作
董天野圖

是疲憊的身子和兩條麻木的腿，將我送進了一家小客店。

在日頭西沉的當兒，我就該在離此半里路的小鎭上投宿了，不知怎的，那時竟一心要趕晚路，不顧一切地直奔到岡子下，忽覺得兩條腿漸漸地沉重起來，而且天已大黑，若再繼續在這險巇的山道上行路，未免有點兒胆寒，於是打定主意，將原來的計劃打消了。

那個兼做夥計的闊臉濃眉大眼的店主，將我引進了後院，指着西面的一間邊房道：

「先生，你來遲了，將就些，就在這兒歇一宿吧！」

在一支小小的燭光照耀下，我看見那扇積滿蛛網和灰塵的門，彷彿許久沒有人住了，心裏頗有點兒不快，回過頭去，向院子東面的那間屋子看了一眼，便道：

「怎麼，那邊沒有空房間嗎？」

店主隨着我的視線，伸出左手，向那個房間指去，臉上立刻換了一個模樣，兩條眉毛併成爲一條直線。

「那一間，先生，是有人常住的！」

我不作一聲，他見我的那付神情，以爲非解釋一番不可，便很和藹地向我道：

「先生，我們原不是幹這行買賣的，您總看得出來，我們在幾年前，也算稱得大戶家，現在，可不行了•近幾年來外面打仗，來到這裏的旅客很多，時常有人來向我們借宿，所以我索興將前面的兩進屋子改作了客棧，若有人常年向我租借，只要錢到數，我也沒有什麼不願意！」

無庸他多說，這一切我早就猜想到了，近來年，我在這一帶來去，像這樣的客店我也曾見過，他說了一大篇，我祗回答了一個「唔」！

他認爲我也不曾明瞭，又訴苦似地向我道：

「現在日子不容易打發過去，拿祖宗留下來的屋子做買賣，眞也是不得已的啊！」說罷，他已推開了那扇門，一脚跨到了裏面。

我也跟了進去，一股陰涼的霉味直鑽入我的腑肺，幾乎連心也要嘔了出來，連忙捫着鼻子，向店主道：

「快把窗子一齊打開！」

「先生，除了兩扇門，祇有一扇窗子！」

「那麼這股味兒叫我怎麼受得了！」我有點兒不耐煩了。

「不要緊，一點點兒霉氣，這一陣子天氣不乾燥，待會兒我替你燃上一枝線香，就沒事了！」

「眞討厭！」我也無可奈何，輕輕地哼了一聲，又嘆了一口氣。

他見我沒有別的話，知道我是住定了，忽忽地踏出屋子，替我張羅去了。

留下我在這黑疃疃的屋子裏，心中有無限的悵惘，深怪自己太貪趕路，不然，早點兒在鎮上打尖，就舒適得多了，那兒會在這荒僻的地方歇宿。

不一會，店家又進來了，右手捧了一盞油燈，左手拿了一個小小的洋鐵罐，罐子裏插着一根線香。

他將油燈和罐子都放在那一張積滿灰塵的小桌子上，當罐子和桌面接觸的時候，那桌子的四條腿就好似支撐不着似地，格吱格吱地響了，他小心翼翼地將東西擺穩，忽堆下了一臉的笑，問我道：

「先生，您吃晚飯嗎？」

天啊，在這種窘息的地方，現那兒還想吃晚飯呢，何況，店家連這麼污穢的屋子——尚不知道打掃，他們所做的飯菜，想來更是不會清潔的了。

「我不餓，餓了再喊你！」我隨便地敷衍他。

他有點兒感到失望，但永遠抱着和氣生財的宗旨，對我仍是那麼恭敬：

「先生，您有什麼吩咐，儘管使我，這兒人手少，有許多地方恐怕太不周到了！」

他說罷，便去替我整理床舖，我的惱悶雖被他的和顏悅色消除了一半，但心裏還有點兒慌亂，想不出什麼需要的，默默地，沒有一句話。

床舖剛放了一半，他似乎又想到了什麼，回轉身來，向桌子上凝視着：

「我可糊塗了，我忘了給您沏茶！」

他又匆匆地跑了出去，他雖說他不是做這行買賣的人，但我看來，他招待客人的手腕很高明，好似極有經驗的。

不一會，他捧了一隻粗瓷茶壺和一個茶杯踅了進來，此外，他還替我帶了三枝線香，可作全夜之用。

店家繼續將床上的被褥舖好，在屋子裏楞了一會，見我默無一言，祇得退到門口，又向我叮囑道：

「先生，沒有什麼事了吧，請您早早的安歇……萬一有什麼事，到前面去喚我得了！」

「好的……」

他隨手將門關上了，我連忙過去，重將門拉開，坐在靠門的椅子上，凝視着浮漾在淡黃色光輝中嬝嬝的線香的輕烟，想把自己的心安靜下來。

時間過得眞慢，我的心裏覺得有點難受，我很想爬上床去，一覺睡到天明，可是在這時候，我却不感到疲乏，睡意絲毫沒有了。

霉氣被烟香驅散了些，我又將這小室察看了一番，除了一張破舊的桌子，一張椅子和三塊木板搭成的床之外，就一無他物了。這房間倒不小，就是分成兩間也還寬敞。然而愈是大，雜物愈少，愈顯得陰，森灰黑的四壁，看不出是土牆或是木板。

抬頭向天花板上瞧瞧，黑黝黝地十分糢糊，一定有許多蛛網，灰塵，說不定還有老鼠蛇蟲們盤據，我這樣地想着，更不敢上床去睡了。

或許是燈油不佳吧，燈光異常的黯淡，這屋子更顯得淒涼冷靜，從窗口裏看出去，倒是外面院子裏比較明朗，銀色的月光，舖滿在地上，牆頭上，稍過一會兒，就要射到門裏來了。

多麼可愛的月光，使我感到一陣意外的喜悅，這間小屋子留不住我了，我立刻踏到院子裏去。

我的呼吸突然感到便利，周身彷彿無限的輕鬆，內心中似乎也有一片淸澈的月光盪漾着。

在我的心靈中，除了天上的月兒，祗有我自己，不禁想起了許多有名的月夜感懷的詩句，在這個境界中，如果將我的情景放入那些詩句中，恐怕是最適宜也沒有了。

在院子裏踱來踱去，不免又感到這個地方太狹隘了，不能盡極月下獨步的樂趣，在這時，我又覺得今晚如果趕晚路，在月光下繼續我的行程，豈不比投宿在這個旅店中好得多。

但是，事已如此，不必再使自己沒趣了，背着手，仰望天空的銀河和許多星兒組列成不規則的圖案。

在這個極靜寂的時候，忽然，沙沙沙，起了一陣子低微的聲息，我慌不迭地轉過身去，看看也沒有什麼東西，祗是在後面正房的廊簷下，好似飄動着一個黑幢幢的影子。

沒有銳利的目光，我瞧不出究竟來，祗得摒着氣，支持着血液突然凝結的身子，注視着那個黑影，向這邊移動過來。

走出了廊簷，那影子也映在月光底下了，原來也是一個人，一個年紀很輕面貌皙白身穿一件黑綢大掛的人。

他見了我站在院子裏，像是很吃了一驚，立刻止步不前，仔細地將我端詳着。

我略定了神，覺得並沒有什麼駭怕，因爲那個人生得眉目淸秀，矮小的身材，兩顆烏黑的眼睛，充滿了女性美。

我也向他端詳着，他忽然羞澀地垂下了頭，躲避了我的貪婪的視線。

半晌，他忽然輕輕地自言自語道：

「原來這裏也住了人！」

說罷，很快地轉身走到廊簷下去了。

聲音是那樣地淸脆，雖然很低，却是十分的柔曼，使我倏然發生一個異樣的感覺，他雖走向裏面去了，但我不能放過他，我走上了兩步，睜大了眼，頗想窺探一下那黑森森的正房。

一陣沙沙的聲音向東移去，彷彿東首那間屋子的門，格吱一聲地推開了，接着，又訇的一聲關上了。

我若有所失地，呆立在那裏。

不知怎的，許多奇異的故事，一一在我的腦海中活躍了，在月下，有僵屍，有化作人形的狐仙，還有許多鬼怪……混身毛骨竦然，一陣冷氣沁入我的心胸，我突然覺得這月色冷冷的，更增加我的恐怖，不覺三腳兩步，回到屋子裏去。

安靜了一會，我不覺好笑起來，這個黑衣人那兒會是鬼怪，他分明是一個人，他的足步聲，他的容貌，他的舉止，他的言語，都完全是屬於人的，他沒有一點像鬼怪的地方。

我不再驚懼了，可是我的心上，還是蒙着一層疑團，我雖斷定他是一個人，但他却是一個古怪的人。

僅在這月光下的一瞥，對於這個人的印象，眞是太深刻了，他的服裝，是個男子，但他那纖細的身材，秀美的面貌，柔軟的話語，低緩的脚步，却頗像一個女子。

這裏住了一個人，原不足爲怪，可是這樣的一個人，究竟是男是女，却引起我的納悶，而且這個人，也會在深夜間出來欣賞月色，眞是神秘極了。

他雖是一個人，可是他的神秘，却超過了許多鬼怪。

在我的眼前，跳動着他的美麗的臉龐和那一對水汪汪的眸子，使我覺得非將這個疑問找一個圓滿的答案。

一陣子的胡思亂想。

他一定是女子，天下那有這麼嬌小美麗的男子，一件黑色的衣服是不能改變他原來的姿態的。

「然而爲什麼要扮成男裝呢？」

「也許她生得太美麗了，在這荒僻的山鄉中，提防歹人的緣故吧！」

「也許她有這一種愛好，穿了黑色的衣服出來賞月，可惜我破壞了她的情趣。」

但我又覺得決不會有如此簡單的原因，這僅是我的猜想而已，這裏面一定還有蹊蹺。

忽然神經過敏地，躡手躡足地又跑到院子裏，也許他見我回到屋子裏，又悄悄地出來賞月了。

但是院子裏那有半點兒的人影，祗覺得寒氣凜人，是夜半了，我祗得又回到屋內。

那盞油燈還在放着微弱的光，而那枝線香，早已燃盡了。

彷彿有千思萬慮佔據了我的心，不容許我安心睡覺，將身子躺在床上，閉上了眼，好容易才朦朧了一陣子，天還沒有放亮，又醒了過來。

坐在床上，我又想起了那個黑衣人。在這個小客店中，竟也有如此的奇跡。

大約在七點鐘的時候，店主才端了一隻面盆進來，裏面盛着溫熱的水，還有一條黑黝黝的手巾，我胡亂地洗了臉，又告訴他早飯不需別的，祗要兩個白麵饅頭與一小碟子醬油就得了！

他應了一聲，轉身出外，好半天，才將饅頭拿進來，倒是香噴噴的，便取了一個慢慢地吃着。

店主見我吃得津津有味，他就一面跟我閒談，一面替我整理床舖。

「您是往那兒去的？」

「我是往高蓮峯去，在那裏勾留大半個月，還要從原路趕回來！」

「您回來的時候，再到這兒來歇脚啊！」

我沉吟了一刻，覺得這是解决昨夜奇遇的一個機會，但我恐怕店主不肯直說，故意向他說：

「我說句老實話吧，像你這樣地伺候客人，我是挺願意來住的，不過，這屋子有點不乾淨！」

「不乾淨，是不是嫌髒，下一次，我一定給您留一間上房！」他竭力維持他的笑容。

「不是這個，是——」

「那麼您說的是那回事，有鬼？有狐仙？」他圓睜兩眼，詫異地問。

「對了！」

「什麼，這是從那兒來的話，你……怎會知道！」他的神色是那樣的緊張，「住在我們這兒的人，從不會遇到過什麼東西，我不信！」

「你不信，我分明是看見的，我不愛見神作鬼的順口胡說！」

「那麼您看見些什麼？」

「昨天夜裏，我睡不着覺，在院子裏散散步，忽然看見廊簷下有一個黑曨曨的人影，隱隱約約的，我定睛一看，原來是一個不男不女的人，兩隻眼睛烱烱有光，見我注意他，便轉身走了，我眞嚇了一跳……」誇張地說。

「哈哈！」他大笑起來，大概是笑我太會大驚小怪，「這那兒是鬼，她是住在東面屋子裏的人，她——」

他忽然把話嚥了下去，彷彿不願再說了，但我怎肯放過他，便緊緊地追問道：

「那麼，她是誰？」

「她，她就是住在這兒人，並沒有什麼古怪！」

「我不信，她究竟是男是女，生得像女人，却穿了男人的衣服，這樣蹊巧的事，你還能教我不多疑！」

店主的臉上帶着一點兒窘色，好似非告訴我一個究竟不可，況且他還希望我下一次再來住呢。

他嘆了一口氣道：

「唉，無怪您先生要生疑，她雖不是鬼怪，但也比鬼怪差不了遠！」

「什麼？」

「我索興把這件事從頭至尾說給您吧，在好您是過路的人，而且又很正道，您昨兒晚上看見的那個人，是個女子，在五年之前，她是離此二十里外小城裏的一個紅得發紫的婊子，名字叫做蕙蘭，這兒左近百十里，幾個大戶人家的老爺少爺們，都是她的老客人。

「但是她對於這一羣人，一個也不中意，祇是冷中帶熱的敷衍他們，却和一個戲班子裏唱花旦的小子愛上了，她雖想嫁他，可是那小子却沒有力量替她贖身，娶她回去！

「後來，附近鎮上有一個鄭五太爺，有錢有勢，家中有好幾房姨太太，可是還不中意，天天逛窰子，他見了蕙蘭，十分歡喜她，就不問三七廿一，花了一筆錢，把她買回去當姨太太，她雖然不情願，但那經得住老鴇的威迫，也祇得乖乖的嫁過去了！

「她做了鄭家的人，鄭五太爺倒也十分的寵愛她，可是她却不肯安分，秘密和那唱花旦的小子來往。但在那樣一個大戶人家，這種事豈是做得的，最初是瞞上不瞞下，可是不久，這風聲就傳入了鄭五太爺的耳朵裏，有一天晚上，那小子從她的房裏走出來，竟給鄭五太爺撞見了，當時也沒有說什麼，但有人從中挑撥了一番，五太爺惱了就逼問她是怎麼一回事，她一時心虛，支支吾吾說不出來，這下子可惹起了五太爺的性子，大發雷霆，決計不要這一個臭貨了，但是把她趕出去，家醜立刻外揚，若留在家裏，說不定再和別人做出些敗壞門風的事來，鄭五太爺橫了一下心，非將她逼死不可，當夜，叫人送了一包毒藥，一把刀，一根繩子，限她在天明前自己尋死，否則，他明天也要一刀將她斫死，決不會放過她！

「她見了這番情形，一時捨不得死，放聲痛哭，但有誰敢出來替她討饒，她連哭了半天，哭得幾乎氣絕，鄭家的一位老管家，覺得她太可憐了，起了惻隱之心，便趁天還未明的時候，偷偷地將她放走了！

「她雖離開了虎口，但逃到那兒去呢，這一帶她雖有許多熟人，可是都畏懼鄭五太爺的威勢，那個敢收留她，後來還是那位老管家安排了她！

「那老管家是我的拜把子的兄弟，他一想就想到了我，住在偏僻的地方，那時地方上太平，我還沒有開客店，這兒很冷清，躲在我家裏，是誰都找不到的！

「從那時起，她就住在這後進的屋子裏，後來，我把屋子改作了客棧，來來往往的人多，恐怕出叉子，給人家識破，所以我就叫她改了男裝，白天不讓她出來！」

講到這兒，他的故事便告結束了，可是我，不覺得不十分過癮：

「她住在這兒，吃喝都是你供給的？」

「是的，不過她初來的時候，有好幾件首飾，都送給了我！」

他頓了一頓，看看我的臉。

「我是憑了良心做事的，我既然收留她，我總要養她一世，但是有許多事我却不能放鬆她，譬如兩年前那個唱花旦的小子會來找她，但我不肯讓她們相會，她雖苦苦地求我，只要見一面，我也沒有答應。

「您先生也可知道，我這兒來往的人又多又雜，萬一把這事傳給了鄭五太爺，那我可担待不起，此外，我允許了她一次兩次，她的胆子就大了，再做出些別的勾當來，那怎麼可以收拾，所以那一天，我是教訓了她一頓……」

他說得眉舞色揚，我却默默地，不再作聲，吃完了包子，我就離開了這客店。

以後，我雖路過此地，却沒機會到這客店來投宿，但是我却永遠忘不了月光下的那個黑衣人和一個離奇哀艷的故事。

每想到那個衣黑人，我就覺得她將永遠在那個陰暗的角落裏生活下去，而且在月色皎潔的晚上，却不知她怎樣消磨這孤寂的時光她是否還能出來瞧一瞧月亮。

最新出品
菊花牌
香烟
Carnation
Straight Cut
VIRGINIA
CIGARETTES
20 CIGARETTES
晉中煙公司出品
大上海路七五一弄三號

黃葉也香
YELLOW
LEAF
Turkish
&
Domestic
CIGARETTES
YELLOW LEAF
YELLOW

白人對黑人

嘉爾得惠爾作
林徽音譯

阿勃叔正在騾舍裏剝玉蜀黍，路得波里克從山上的大白屋走下來，關照他把他家裏的應用物件整理好了，就搬離這個農場。阿勃叔已在稍有些耳聾，他並沒有聽清楚路得第一次所說的。

『我的這兩只老耳朶又在為難我了，路得先生！』阿勃叔說。『我就是似乎不能像我平常一樣聽得清楚。』

路得望望黑人，並皺皺眉頭。阿勃叔已立了起來，而站在騾舍的門口，在那裏他可聽得清楚些。

『我說，我要你和你的全家，把你們的傢具，以及眞正屬於你們的任何別的東西，都捆紮好了，搬到別地方去。』

阿勃叔伸出了手，緊握着騾舍的門，支撐着他的身體。

『搬到別地方去？』阿勃叔說。

他不相信地凝望着他的地主的面孔。

『路得先生，你不是這樣的意思，是不是？』阿勃叔問，他的聲音在戰抖着。『你一定是在開玩笑，是不是，路得先生？』

『你聽正了我所說的，即使你在裝着半聾，』路得憤怒地說，在旋轉身去走了幾步。『我要你在這個星期末離開這個地方。我會給你那許多時間，要是你不打算作出任何麻煩的話。而在你們把你們的東西捆紮起來的時候，當心你們不要把屬於我的東西也捆紮了去。否則，我要向你法律起訴的。』

阿勃叔這樣快變得逐漸無力，以致他幾乎無法使他不跌下去了。他稍微旋轉了一些身，而滑下在門的旁邊，而坐在騾舍的地面上。路得向四周望望，看他在做什麼。

『我是已過了六十歲的人了，』阿勃叔遲緩地說，『可是我和我的全家都為你盡力工作着，路得先生。我們工作得像在你整個地方上的任何人一樣盡力。你知道這是實在的，路得先生。我一直住在這裏，為你工作，在你以前為你的爹爹工作，一起已有四十年了。我從沒有向你提到過我的應分攤的名分，不管我為你所種的收成怎樣好。我從沒有要求過要多少，只要足够吃飽，以及少數的幾件衣裳，就這樣好了。我養了一大羣孩子來幫助工作，而其中從沒有一個人使你有過任何麻煩，是不是，路得先生？』

路得不耐地揮了揮他的臂膀，意思他要黑人不要再爭論。他搖搖頭，在表示他不要聽阿勃叔所要說的隨便什麼了。

『那都是十分確實的，』路得說，『可是我非把我地方上的一半佃戶趕走不可。我不能再在這裏供養八個或者十個像你那樣的老年紀人了。你們大家都要離開這裏而搬到什麼別的地方去。』

『你今年不預備種田，而且種棉花了嗎，路得先生？』阿勃叔問。『我依舊能工作得像任何別人一樣好，一樣盡力。有時候我也許要化稍微長一些的時間，可是工作我是會做好的。我不是剝這個玉蜀黍來餵騾子，像任何別人所能做到的一樣好嗎？』

『我並沒有時間，站在這裏同你爭論，』路得用力地說。『我的主意已定，沒有什麼別的話要說了。現在，你一等到餵好騾子，就回到家裏去，而像我所關照了你的，動手把屬於你們的東西捆紮起來。』

路得旋過了身，而開始沿着通向穀倉的小道走過去。在他一直走到了穀倉場的門口的時候，他才旋過頭來向後望望。阿勃叔一直隨在他的後面。

『我和我的全家能搬到什麼地方去呢，路得先生？』阿勃叔說。『孩子們是已長成得足於當心他們自己了。可是我和我的妻子都已年老了。你知道像我這樣的一個老黑人，出去找尋一所屋子，以及幫人工作，是一件多麼困難的事情。把我們留在這裏並不化去你多少，而且我和我的孩子們種得像任何別人一樣多的棉花。上一次我向你提到我的應分攤的名分，已是很久以前的事情了，已有三十年或者三十多年了。我正知足於像我現在似地工作着，獲得一些飲食，以及少數的幾件衣裳。你知道這是實在的，路得先生。我四十年來一直住在那面的我那所小屋子裏，而它就是我所得到過的唯一的家。路得先生，我和我的妻子現在兩家頭都年紀老了，我也不能去做以日計的雇用工作了，因爲我不再有這種力氣。可是我還能種棉花得像本地的任何別的黑人一樣好。』

路得開開了穀倉場的門，而走了進去。他搖搖頭，彷彿他甚至聽都不打算再聽了。他把他的背旋向着阿勃叔，而走開去了。

那樣以後，阿勃叔不知道要說什麼，或者做什麼。在他看到路得走開了的時候，他變得全身震顫着。他緊握着門，使得有一些什麼可支持他的身體。

『我就是無法搬到別地方去，路得先生，』他絕望地說。『我就是無法那樣做。這個是我在世界上所得住下的唯一的地方。我就是無法搬到別地方去，路得先生。』

路得從穀倉的拐角折過去走得看不見了。他那樣以後聽不到阿勃叔的說話了。

第二天，下午兩點鐘稍微過一些，有一輛運貨車向阿勃叔，他的妻子，和他們的三個長大了的兒子所分住着的三個房間的屋子的門開過來。阿勃叔和他的妻子是在靠火坐着，想在冬天的寒冷中得到一些熱氣。在那時只有他們兩個人就在家裏。

阿勃叔聽得運貨車開上來，而停止了，可是他依舊坐在那裏沒有動，在想他的最大的孩子，亨利，有時候是爲路得波里克開一輛運貨車的。

幾分鐘以後，有人在敲門，他的妻子便立即站了起來，去看看究竟是誰。

她把門打開了，她看到有兩個陌生的白人站在門廊下。他們起初什麼話都不說，只是向房間裏面望望，看誰在那裏。依舊什麼話都不說，他們走了進來，向爐子走去，阿勃叔在火爐旁躬着背坐在那裏。

『你是阿勃拉桑嗎？』他們之間年紀大的一個問。

『是的，先生，我是阿勃拉桑，』他回答，在不明白他們究竟是誰，因爲他以前從沒有看見過他們。『爲什麼你要知道這個？』

那人從他的口袋裏取出了一塊光亮的金屬的牌子，而把它放在他的手掌中，伸出在阿勃叔的眼睛的前面。

『我奉到了兩張要向你執行的狀子，』他說。『一張是驅逐狀，還有一張是關於恫嚇要傷害別人的身體。』

他把驅逐狀打了開來，而把它遞給了阿勃叔。黑人迷惑地搖了搖他的頭，先望望這張紙頭，最後抬起頭來望着那兩個陌生的白人。

『我是一個代理人，』還有一個人說：『我來是有兩件事情——把你驅逐出這所屋子，並把你拘捕起來。』

『那是什麼意思——驅逐？』阿勃叔問。

那兩個人向房間的周圍望了一忽兒。阿勃叔的妻子已走到了他的椅子後面來，而把在戰慄着的兩手放在他的肩膀上。

『我們要着手把你的傢具搬出這所屋子，而把它們帶出路得波里克的所有地。然後，此外，我們要着手把你帶到地方監獄去。現在，來，趕快動手，你們兩家頭。』

阿勃叔站了起來，他和他的妻子站在火爐的邊頭却不曉得要做什麼。

那兩個人開始把傢具聚攏來，而把它搬到了屋子的外面去。他們把在這三間房間裏的床，桌子，椅子，以及任何別的東西都搬到了外面去，就只除出那烹飪火爐，那是屬於路得波里克的。在他們把一切的東西都搬了出去的時候，他們開始把它們堆進了運貨車。

阿勃叔盡他所能快地趕到了屋子的外面去。

『白人，請不要那樣做，』他祈求。『只等一忽兒，讓我去找路得先生去。他會把事情弄舒齊的。路得先生是我的地主，他是不會肯讓你們像這樣把我所有的傢具都拿得去的。請你們等一等，先生，讓我去尋他去。』

那兩個人彼此望了望。

『路得波里克就是在這兩張狀子上簽字的人，』代理人說，他搖了搖頭。『他就是使法庭這樣執行來搬走你的傢具，並把你關進監獄的人。你現在想去找到他，對於你是一些好處都不會有的。』

『把我關進監獄？』阿勃叔說。『他說爲了什麼才要這麼辦？』

『爲了恫嚇着要傷害他，』代理人說。『那就是說，恫嚇着要殺死他。用一支木棍擊打他，或者用一支手槍射死他。』

那兩個人把餘下的家用物件丟進了運貨車，便關照阿勃叔和他的妻子爬上車子的後面去。在他們並不有上去的意思的時候，代理人把他們向車子的後面推着，並撞着他們，直到他們爬進了運貨車爲止。

在年紀輕些的人駕駛着運貨車的時候，代理人聚精會神地站在他們的旁邊，使得他們無法逃走。他們駛出了小徑，經過了別的佃戶的屋子，然後駛下到長路上，那通過小山，從路得波里克的地方接上了寬大的公路。他們經過了他所住在那裏的大白屋，可是他們並沒有看到他。

『我從沒有恫嚇過要傷害路得先生，』阿勃張抗議。『我在我的一生中從沒有做過一件像那樣的事情。我也從沒有說過他一句不好聽的話。路得先生是我的老板，從我的年紀還只二十歲就一直爲他工作着。昨天他說他要我從他的農場搬到別地方去，而我所做的僅僅說，我想他應當讓我留在這裏住。無論如何，我不會活得很長久了。我告訴他我不要搬到別地方去。我對路得先生所說了的僅僅這幾句話。我從沒有說過我想殺死他。路得先生也正像我一樣知道這個。你去問路得先生是不是這樣。』

他們已離開了路得波里克的農場，而已轉到了公路上，在向着地方法庭駛去，有十一哩路遠的。

『四十多年來我一直住在這裏，而爲路得先生工作着，』阿勃叔說；『在這所有的時期內，無論當着他的面，或者背着他的後，我從沒有說過他一句不好聽的話。他供給飯食給我和我的全家人吃，還有少數的幾件衣裳，而我和我的全家人爲他種棉花，而我是從我的年紀還只二十歲就一直這樣做着的。我搬到了這裏來，先以分攤的辦法爲他的爹爹工作着，隨後他死了，我還是好好繼續我的工作，一直到現在。路得先生知道我一向盡力工作着，從沒有違背過他的意思，而一直只要求一些飯食，和少數的幾件衣裳。你去問路得先生。』

代理人傾聽着阿勃叔所說了的一切，可是他自己什麼話都並不說。他爲老黑人和他的妻子覺得抱歉，可是他關於這事沒有什麼能做的。路得波里克那天早晨一早坐了車子到法庭上去，而獲得了那兩張驅逐與拘捕的狀子。送達那些狀子，以及依照法庭的命令執行才是他的職司。可是即使這是他的職司，他還是無法不爲這兩個黑人覺得抱歉。他並不以爲路得波里克只因爲他們年紀老了就應當把他們趕出他的農場。

在他們已到達看得到城市的時候，代理人關照開車人停了下來。在他們駛到第一列屋子的時候，他使運貨車停落在大道的旁邊。在路的兩旁有十五所或者十八所黑人的屋子。

他們停頓好了，兩個白人開始把傢具卸了下來，而把它們堆積在路旁。在這一切都被搬下了運貨車以後，代理人關照阿勃叔的妻子從車子裏下來。阿勃叔也起來要跳下車子。可是代理人關照他留在那裏不要動。他們重新把車子開走了，讓阿勃叔的妻子神志昏迷地站在傢具的旁邊。

『你現在打算把我怎麼辦呢？』阿勃叔問，在向後望着遠遠的他的妻子和傢具。

『帶你到地方監獄而把你關起來，』代理人說。

『我的妻子將怎麼辦呢？』他問。

『在那些屋子中總有個把人也許會把她收留進去的。』

『你要把我關在監獄裏多久？』

『直到審問到你的案件的時候。』

他們駛過城裏的齷齪的街道，從審判廳方場轉過去，而停下在一所磚砌的大廈的前面，在窗子上有鐵梗的。

『我們就在這裏下去，』代理人說。

阿勃叔在那個時候差不多無力得走不動了，可是他還是設法一路拖到了門口。另外一個白人打開了門，關照他一直向大廳走前去，直到有人告訴他不要走才停止。

星期六正在正午的前一忽兒，阿勃叔的最大的兒子，亨利，帽子執在手裏，站在拉姆賽葛拉克的寫字間裏。那律師望着這個黑人，而皺着眉頭。他咬嚼了他的鉛筆一忽兒，於是在他的椅子中轉過去，而從窗子向外望到審判廳方場。他立即旋回過來，而凝望着阿勃叔的兒子。

『我不要接這件案子，』他說。『我不要接觸到它。』

那孩子無望地凝視着他。這已是他那天早晨所去看了的第三個律師了，他們却大家都拒絕接受他的父親的案子。

『在這裏面是沒有錢的，』拉姆賽葛拉克說，依舊皺着眉頭。『要是我接受這件案子的話，我從你們黑人決得不到一個小錢。而且，還有，我不要再代表任何黑人出庭了。比我好一些的律師都已那樣被毀壞了的。我不要得到是一個「黑人律師」的名聲。』

亨利把他的身體的重量從一只脚轉換到了還有一只脚上去，並在咬着他的嘴唇。他並不知道要說什麼。他站在房間的中間，試欲想出一個什麼方法來幫他的父親的忙。

『我的父親從沒有說過他要殺死路得先生，』亨利抗議。『他一向總是同路得先生很要好的。我們一個人都從沒有給過路得先生任何麻煩。任何人都會那樣告訴你。在路得先生地方上的一切別的佃戶都會告訴你我的父親一向總是站在路得先生一邊的。他從沒有說過他想要用任何方法來傷害路得先生。』

律師揮揮手使他停止。他已聽得了他所要聽取的一切。

『我對你說我不要接觸這件案子，』他憤怒地說，攫起了紙頭，又把它們擲下在他的寫字檯上。『我不要到法庭上去，把我的時間費去在辯論一件無論怎麼樣弄，結果也總是一樣的案子上。每隔一個時間到一次囚人隊去，對於你們人是一件好事情。無論阿勃拉桑恫嚇過波里克先生也好，或者他沒有恫嚇過他也好，那結果總是一樣的。阿勃拉桑在波里克先生關照他搬到別地方去的時候說他不預備搬，是不是？好，那就足够在法庭上定他爲有罪了。在審問這樁案子的時候，那就是審判官所要聽取的。他會被發送到囚人隊去，比一隻蚤子所能跳的還要快。沒有一個律師肯在一樁他明知結果是什麼的案件上化去很多的時間來準備的。要是在其中有些錢的話，情形就可有些不同。可是你們黑人是不會有一個小錢來付我的。不，我不要接受這件案子。就用繩子來把我勒死，我也不會肯同它接觸。』

亨利從拉姆賽葛拉克的寫字間退了出來，而到了監獄去。他已被准許去看他的父親五分鐘。

阿勃叔是坐在他囚房裏的寢箱上，在從鐵梗中望着亨利走進來。獄卒走過來，在囚房的門口站在他的後面。

『你去看過律師而告訴他我從沒有向路得先生說過任何像那樣的話沒有？』阿勃叔第一句話就問這個。

亨利望着他的父親，可是他回答起來覺得有些困難。他搖了搖頭，把他的視線沉下去，直到他只看得到地板爲止。

『你去試過了，是不是，亨利？』阿勃叔問。

亨利點點頭。

『可是在你告訴律師們我怎樣在我整個的一生中從沒有說過路得先生，或者在他以前，他的爹爹，一句不好聽的話的時候，他們是不是說他們會幫助我脫出監獄？』

亨利搖搖頭。

『律師們說了些什麼呢，亨利？在你告訴他們我一向總是怎樣尊敬路得先生，我一向總是怎樣在我的一生中爲他盡力工作着，而且從沒有向他提到過應分攤的名分的時候，那末他們是不是說他們會幫助我呢？』

亨利抬起頭來望着他的父親，把他的頭向一邊移動着，使得好在囚房的鐵梗之間看到他。他在他硬逼出一些話的以前，不得不重重地嚥了幾口。

『我已經去看過三個律師了，』他終於說。『他們大家都說他們對於這事出不出什麼力，只有朝前走，而去聽審判去了。他們說沒有什麼事情他們能做的，因爲審判官是無論如何會判你發送囚人隊的。』

他停頓了一忽兒，從鐵梗中在向下望着他的父親的腳。

『要是你還要我這樣做的話，我要再去試試，看我能不能找到什麼別的律師來接受這樁案子。可是這不會有許多用處。他們只是什麼都不會肯做。』

阿勃叔坐下在他的寢箱上，而向地下望着。他無法明白爲什麼沒有一個律師肯幫助他。

立即他抬頭從鐵梗望着他的兒子。他的眼睛裏滿充着眼淚，這是他所無法控制得住的。

『爲什麼律師們說審判官會判我發送囚人隊，無論如何，亨利？』他問。

亨利緊握着鐵梗，在想到這一切年來他一直看到他的父親和母親在棉花田裏爲路得波里克工作着，只得到一些飯食，少數的幾件衣裳，以及一所住的房子，便什麼別的都沒有了。

『爲什麼他們要那樣說，亨利？』他的父親堅持着問。

『我相信因爲我們是黑人的緣故，』亨利終於說。『否則我就不知道爲什麼他們會說那樣的話了。』

獄卒移步到亨利的背後，用他的棍子向他推推。『趕快吧，』獄卒儘是說。『時間到了！時間到了！』『亨利從在兩列囚房之間的廳堂向通到街上去的門走前去。他並不朝後望望。

雪　人

——一條渴望着生命的小生命，在一片純潔無瑕的白雪下毀滅——

汪麗玲

沒有日光，天色陰暗得像鐵鍋底，是深冬嚴寒的天候，呼嘯的西北風吹着尖銳的哨子，捲起飛舞的沙粒，在靜寂的街道上打着迴旋，街頭的樹枝被振拽得像個醉漢，不斷地搖擺着它的腰枝，風吹來，樹枝便發出吱吱的呼聲，街道冷冷清清地，沒有一個行人，街燈時隱時現的在蔚藍的天空間微微搖拽。

道旁一座高大的洋房，室內燃着熊熊的火爐，紅木榻床上橫放着刻上西湖十景的描寫的銀烟盤，純鋼的扦子擱在一隻三叉形的小金架上，火光如豆的砲台燈上罩着透明的水晶罩，一個塗上口紅的中年婦人橫躺在榻上不住地吹着香噴噴的烟膏。

那個中年婦女是這所洋房的女太太，這幾天爲了老爺在外面新近納妾，太太的肝火上昇，胃病又發作了，脾氣變得非常的暴燥，小花小心翼翼在伏待着她，太太，還是動不動埃駡挨打。

太太吸完了一口烟望着蹲伏在榻前替太太搥腿的小花，大聲地呵斥道：「還不敲得重一點！」

從晚飯後直搥得深刻，小花的手臂酸得提不起了，眼皮沒神地在瞌上來，此刻給太太一駡，瞌睡鬼嚇跑了，她只得勉强振作起精神來，用盡了所有的氣力搥下去。

太太指東駡西地發過了一陣脾氣，忽然想起小姐心愛的那只哈叭狗，是老爺的外國朋友送給他們的，聽說還是花旗種，它會當着許多客人面前下跪，會拜，會玩各種哈叭狗能玩的玩意兒，太太瞧瞧檯上的鐘，長短針都指在「12」字上，她沒精打采地打了個呵欠，老爺今晚又給那不要臉的小孤孀迷住了，悶着不忍耐，還是把哈叭狗捉來解解悶吧！

「小花，到小姐房間裏去把哈叭狗捉來」。

「是，太太」，小花委實是累極了，她的手又酸又軟，滿着烟味的暖室。

在小姐的套房裏，侍候小姐的小香坐在沙發上打着盹兒，她躡手躡腳地進去抱起了已經睡着的哈叭狗，悄悄地向小姐的臥室裏瞧了一瞧，織着金花的野鴨絨的被兒整齊地舖在床上，知道小姐今晚又和那個姓張的小鬼去玩通宵了，她伸一伸舌尖，正待跨出套房，小香却被驚醒了，慌張地張開惺忪的睡眼，機驚地站了起來。

「小姐，您回來了……！」話還沒有沒完，小香發現進來的人並不是小姐，而是那個以善哭出名的小花，不由的啐了一口，瞪着眼睛叱道：

「該死的東西，你把哈叭狗抱了幹什麼，你可知道這是小姐最心愛的東西，如果把她弄出了什麼毛病，瞧你可還要這條小性命：」

「得了！得了！小香姊姊，我還有心兒玩哈叭狗嗎？」小花亦不服令：「告訴你，是太太叫我來找的，太太要找哈叭小狗解解悶呢？」

「聽說是太太要捉哈叭狗，小香的態度立刻變得緩和了：「好吧！是太太要的，那你就抱去吧！可是你得小心些兒，別碰壞了它，你該知道小姐的脾氣是怎麼樣的呀！」

「是！知道了」，小花雖然有些不耐煩，可是想起那天小香不留心在哈叭狗的背上燙去了一塊毛，小姐把小香打得遍體鱗傷的情景，是她一生中所不會忘掉的，想到小姐的兇狠，她不覺的連打了幾個寒噤，她答應着，一面把哈叭狗摟得更緊了，怕它會掉在地上摔壞！

太太正在抽吸着烟土，一瞧見小花抱着哈叭狗走進臥室，她高興得坐了起來，悽騖的笑容在她的面上微微一幌，然後又往床上躺了下去。

「先叫它跪，再叫它拜，然後你跟它一塊兒翻跟斗」，扦子上又挑起了一片雲土，太太這樣地命令着：這時她的臉又變得非常嚴肅了。

小花撲的一聲在地板上跪下來，她逗引着哈叭狗亦照她一樣的跪，然而那個淘氣的小動物自顧自的不去理她，她急了，小心地抬起頭來，太太正用着怒目對她身上骨碌碌的打量，小花的心裏更急，她用手拍拍哈叭狗身子，喊着「跪呀跪呀」，可是哈叭狗却沒精打采的坐在地毡上不肯起來。

「笨東西，小香多乖，她會叫它跪，叫它拜，又會一塊兒和它翻跟斗，你怎麼會笨得這樣呢？」太太放下了烟斗，指着小花罵。

「太太小香跟它是玩慣了的，我可從來沒有嘗試過！」

「蠢丫頭，你敢頂嘴，你敢……」太太一發怒，拿起了牙槍來我往小花身上擲過去，小花忙躲過了，碰的一聲，牙槍擲在高脚的銅痰盂時發出一下響亮的聲音：

太太見沒有擲中小花，不由的更生氣了，從烟榻上跳起身來，狠命地抓住了小花的頭髮，使勁的給她一個耳刮子。

小花的左頰上被打得一陣紅腫，身子搖擺着站不穩，太太的權威對她眞是一個嚴重的威脅，她畏縮着跪下來，面色慘白得像一張白紙，全體戰慄得像一棵暴風雨裏的梨花。

她的聲音發着抖，「好太太饒饒小花吧！我饒這一次，下次再也不敢了，好太太……不敢了……」

「拍！拍！」接連的十幾下耳光，打得太太的手有些酸痛了，白天裏十六圈的雀戰，此刻她是顯得有些累了，怒氣也就消了大半，她深深地嘆了一口氣，身子重重的往床上一倒，不覺又連打了幾個呵欠。

戰慄着的身子跪在地板上，偶然從窗隙間吹進一陣冬夜的寒風，小花不敢抬起頭來。

「死丫頭，還不去關照厨房送些點心來，獃着幹什麼，」太太究竟是一個秉性仁慈的太太，她給跪在地上手足無措的小花一個起身的機會。

「是，太太！」小花感激地站了起來，她的腿兒因為跪在地上過久，麻木得一時間不能舉步就走，她恨恨地向着哈叭狗瞪了一眼，心裏暗暗的罵道：

「都是你這該死的狗，害得我又挨了一頓打，回頭好好的收拾你……」

哈爬狗張着疲乏的倦眼，望着小花，它不明白這是怎麼一回事。

小花從廚房裏拿來了一鍋燕窩粥，還有四碟燻魚，火腿，臘鴨，鹽雞，她今年才十五歲，正在發育的年齡，肚子容易餓，她托着盤嚥了一口涎，她巴不得太太快些吃完，一剩下來的好讓自己吃。

太太把一片火腿喂着哈叭狗，哈叭狗受到太太的寵遇，立刻就興奮起來了，它在地板上跳躍，奔跑，活潑得和在小姐面前一樣，這就使太太亦高興起來了，她不斷地把臘鴨，鹽雞，火腿，燻魚擲給哈叭狗，哈叭狗為了要從主人手裏攫取食物，便跪呀拜呀做着各種姿態來歡娛主人，碟子裏的食物一些些減少下去，小花的肚子愈來愈覺得飢餓了，她焦急，她憤恨，她瞧着哈叭狗把她應該享受的食物一塊塊吃下去，然而她又不敢聲張，飢餓之火在她的肚中燃燒，她簡直餓得發狂了。

終於，四個碟子完全空了，小花的心沉入了冰窖。

碟子裏的食物空了，哈叭狗亦就停止了活躍，太太滿足地瞧了哈叭狗一眼，她也似乎有些睡意了，她揮揮手，命令着小花把空碟子收拾出去，小花這幾天為了老爺的不回家，太太脾氣又壞，接連有七八夜沒有好睡了，常常通宵的侍候着太太，疲乏已經到了極點，同時肚子又餓得荒，她眼睜睜看着哈叭狗把她應有的食物都吃光了，更是又飢又恨，她的眼前一陣昏黑，手一軟，不留神把碟子摔了一地，這時，正在閉目養神的太太，突然給那震耳的聲音驚醒過來，看到滿地瓦碟碎片，怒火立刻上伸，順手拿過一條拍被褥的籐鞭，狠狠的後頭後腦就往小花身上抽。

籐鞭沉重地抽在小花的臉上，一條條青色的紫色的傷痕縱橫着在小花的臉上顯了出來，她掙扎着，慢慢地脆弱的皮膚再也壓不住血波的激動了，於是血像冲一般的噴了出來，血，血，看見了血，才滿足了太太的殘酷，她放下籐鞭，摸摸自已的玉手，因為用力的過度，她的手覺得有些疼痛，她伸了一個懶腰，用脚踢着小花，憤憤的說道：

「死東西，還不把碎東西收拾出去！」

小花痛得幾乎暈了過去，在她昏迷的神志中，還是感到太太的命令是不能不服從的，她掙扎着踉蹌的站了起來，她伸出戰慄的手俯身去收拾地上的碎碟片，她感到臉上身上熱辣辣的疼痛，四肢軟洋洋的沒有氣力，她幾次要倒在地上，但是她不敢，她得勉強撐起精神來掙扎着，因為她不敢違抗太太的命令，她忍受不住太太的再度毒打，她用盡了所有的力量，戰慄着把碎碟片收拾乾淨，這時她已是精疲力盡了。

「哈叭狗送回去」太太的命令。

小花瞧着哈叭狗得意地舐舐嘴吧，靜靜地躺在地氈上，她已經沒有力量可以再旋得起它，內心的恨毒都移轉到狗的身上，這時，她的精神突然興奮起來，她抱起哈叭狗急急地穿過甬道，推開河洞門，往花園裏走，天在下着雪，她踉蹌地穿過葡萄棚，繞過假山，舉起哈叭狗使勁的往池子裏摔下去，剛才在太太面前所受到的委曲，這樣一來完全發洩了，她不禁仰天的長嘯了一下，她發狂地笑，她的神志顯然因爲受到了極大的刺激而有些失常了。

忽然，汽車的喇叭聲在大門外一陣的，接着門鈴也響了，她知道是小姐回來了，她不由的全身痙攣起來，她想小姐不見了她的哈叭狗，該是怎樣的發怒，她不敢往下想，前幾天小香爲了把哈叭狗的背上燙去了一塊毛，被小姐打得遍體鱗傷的情景是留在她的記憶裏，她不敢想到小姐知道她把哈叭狗摔到池子裏以後的情形，她對自己的生命是絕望了，她想往池子裏跳下去，但是她還是留戀着她的生命，她不願意就此結束了她可憐的小生命。

括起一陣呼嘯的西北風，雪是愈下愈大了，寒風撲面猶似刀割，她的心卜通卜通的跳着，到這家大公館裏，伏侍太太到現在足足有三個年頭了，三年來受盡了主人的責打，她恨，她幾次想自殺，然而她沒有這勇氣，她想起爸爸死後媽托陳老爹帶她上這裏來的情形，她想到媽媽，想到自己的家鄉，想到鄉間的同伴，她不禁悲哀地抽泣了。

寒氣侵蝕着她，一陣陣鞭痕的疼痛使她感到無法支持疲乏透頂的身子，她想回去，她想回到太太的暖室裏的地氈上睡去，但是她不敢，她怕，她怕小姐不見了哈叭狗後會活活把她打死，遠遠傳來一陣小姐的斥駡聲，呀！小姐在駡小香了，一會兒又聽得小姐履聲閣閣的跑到太太的房裏去了，王媽，李媽，張媽，大師傅，車夫，大家都一起來了，他們在亂烘烘的找尋哈叭狗和小花，漸漸地，他們的脚步穿過了花園的月洞門；找到小池邊來了。

小花本能地跳進一排密密的冬青樹叢裏，她蹲着耳朵同獵犬一樣，本能地豎起，向四週留神地傾聽，瞧！這是什麼？不要是廚子阿餘那只過慣於屠殺生命的手吧！她回首向後瞥，呵！並沒有什麼，只是幾片樹葉在寒風中蕭蕭發聲，他們雜亂地找尋一陣，又回到屋子裏去了。

花園裏重又恢復了死樣的沉寂，風吹得更緊，小花蹲伏在樹叢間嗖嗖的發抖，她不敢回到太太的房裏去睡，她又不願跳進池子裏自盡，她不敢想，如果此刻小姐發現了她的行跡，發見了她把哈叭狗摔在池子裏活活淹死，那她會遭到怎樣的結果，如果地面上忽然裂成一條縫，她會立刻鑽進去，只要是一條可以給她生命的路，她渴望着生，她不願意就這樣無聲無臭的死去，

雪從樹葉空隙裏飛下來，落在小花的頭上，身上，雪珠變成了冰水，一股冷氣直侵到她的全身，衣服已結了冰，蒸發出來的體溫變成了冰，雪不斷的飛來，小花冷得失去了知覺，就在樹叢間倒了下來。這樣，一條渴望着生命的小生命，終是無聲無臭的在一片純潔無瑕的白雪下毀滅了。第二天早晨，園丁打掃着雪徑的時候，小花已成一個僵硬的雪人。

夜之篇

呂白華

江上

走在梵玉渡花園的層巒曲徑中，走在顧家宅花園的濃陰方塘邊，我還是喜歡走在外灘花園的大江之涯。

當然，這是有一個我認爲的理由的。梵玉渡花園，淸泉，白石，極人工之巧，這一點無可非議，可是在我感到它太遠了。連僕僕往來的車資算起來，這一跑的支出够驚人。至於顧家宅花園呢！地點的位置似乎適中，可以免去上面的「那般」，但膩人的情調太濃厚了，假山下，茅亭上，所謂「墮履遺簪」，尤其這「已涼未寒」之夜，孤零的遊蹤有些禁受不起。

這樣，在今年，外灘公園就成了夜遊的常去地。

讓我們先來想像一下吧！大江之涯，有時候平波如練，有時候狂濤拍岸。站在江岸上，看艄着的船兒，在黃昏的輕幕下已經停了雙槳。看隔江的燈火，星星地投過「青眼」，花園在這一角，托出了離離的林蔭，白的沙道，紅的坐椅，供我們走走坐坐，而眼前景物，假使一個富於「烟司披里純」的人，會感覺着悠然懷遠起來的。我喜歡走在外灘公園的原因，就爲了它正適當的處在大江之涯，使我們的熱情保住永恒的激越。

「叢樹滲搖綠，高台多悲風。」我曾經凝視着江波，哼過這兩句詩，但再沒有好心情去拼續成一首完整的詩章，不過這寥寥十個字的兩行斷句，倒是最眞誠地貯藏着遊子的情思的。本來，像我一個餓軀之餘，被生活高壓得喘不過氣的窮小子，那裏來的雅興，常常跑公園。跑公園，終究屬於有雅興的人啊！而且，這孑遺僅有的生活，每天，奔逐着車輪，軟座，市囂的氣味也嘗透了，懶透了。然而，在今年的夏天，當過去還不到一半的時候，偶然碰着一個朋友，據說他夜夜在外灘公園的，他的工作，比我不同，整天的伏案，自少不了抽出黃昏的餘閒吸一口淸氣。但他惡作劇，暗地裏給我辦了一張派司，在如此情形下我便做了他的俘虜，做了他夜的隨從。

連亘的江波浮着天際，夜，幾聲長嘯，載滿客貨的商船漸漸靠向岸來，這，我引不起什麼注意，我的注意集中在另一邊，那無限數的小船，一燈搖蕩，他們料理着一天最後的水上生涯，預備小休了，這和我很有同感，他們的生活不是沒有一刻不在顛簸？沒有一刻不在恐慌中嗎？他們還是得在風雨飄搖下支撐過去，我想起一句前人的詩：

「江岸多是釣人居。」不是嗎？這情景如繪地恰恰擺在面前。

我那朋友臨淵羨魚，而羨他們的樂，我說：「可羨而可佩的是他們的精神。」

園中，一個高台，我就愛靜坐在上面，望隔江的燈火，閃爍出萬點光亮，不，是上天給予孤零的遊蹤以青眼。不改繁華，又何曾荒涼，不知別的遊園人怎麼樣？夜，夜之步，我有點不勝回憶之感了。

雖則回憶之感，有點不勝情，我還是喜歡走在外灘公園的大江之涯。

那是十年之前，我住在赫德路，到外灘公園和到梵王渡公園一樣的很遠，我的二房東姓沈，有着繞膝的兒女羣，沈房東略通文墨，很高興在「勞什子」中談談扯扯，大女兒是在吳淞當助醫的，例假日回家了，我見過幾次面，明媚，莊重，有頗好的風度，二女兒伴着第三個弟弟在小學讀書，回來也常把疑難的問題來要我解釋的。他們一家溶溶，對於我像隔江的燈火，特別的「青眼」，夏天了，强拉我遊公園，却遊的外灘公園，繞過東面的假山，臨江邊，披襟當風，各談論自己的志抱，覺得很睦契，從這時起，公園給我優良的印象，那時我母親還健在，但距離寓居遠和在上海的匆匆，終沒有陪她老人家來一次。

孤零的遊蹤最多回憶，而回憶往往又不堪憶的。一眨眼，許多年了，母親死了，我的寓居搬了好幾次，大江起了狂濤以後，大江之涯的外灘公園，我却重來了。

重來的現在，找不到東面的假山，原來另外派了用場，從此，我尋不着和沈房東舊遊的屐痕了，我回答不出這是人事的變遷呢？還是世情的滄桑？孤零的躑着，躑着，海關的時針指在九時，從東向北，我躑完了臨江的鐵欄干。

酒邊

怪美麗的，那黃澄的酒，從一滴一滴地，或者大杯大杯地，送進了人的口中，據說，這樣可以消愁的。

是的，它具有的是一種麻醉力，使我們的筋肉與神經無形地軟化下去，於是人相互祝頌着酒，而增加了愛好的程度。以爲壺中自有悠長的日月，像返回到太古時代的原始人民，那是無懷氏時代之人民，這樣產生的結論誰說不對，「無懷氏」的個人就是沒有愁懷的，他治下的人民，當然字典中不會給找出「愁」一個字來。雖然也有人起了反應說，借酒澆愁愁更多。反應通不過人的祝頌。

黃澄的酒，克服了許許多多人。

不過，話得返轉來說，酒，跟着人生活的不同而劃分了兩個階段，有的在工作的倦餘，借一滴一滴地，稍稍潤濕胸中的塊壘而已。而紈袴的貴族們，則不然了，高踞在曲曲朱欄的酒樓，大杯大杯地，還佐助着嚦嚦鶯轉似的女人嬌喉，他們是享樂者，這個大時代，却畸形地造成了他們的享樂。可憐的當然是供享樂的女人了，尤其是女人的命運被判定過剩的現在，那酒邊，那嬌喉，不是靡靡的情調，而成了斷續的哀音，可又不容許吞聲。

我本來不會喝酒的，偶然有時候感到心的沉悶。或者被一二個朋友拖往作數小時的麻醉，生成容納酒量的狹窄，不過一滴一滴地，居然也混沌着醉了。然而，醉後歸去，是否能够消愁，連自己也得不着解答，近來，我非常厭惡酒了，他不但麻醉着許許多多人，而且招引着叢生的罪惡，因爲夜了，酒邊那哀音，便廣播着了。

一個晚上，我和朋友，爲了無聊不過，又走上了酒樓，酒樓並不大，朋友的意思是喜歡這個酒樓的太雕味好，淡淡的燈光，照映着酒樓的一角，我們的圈圍，我們是純粹地喝着酒，酒入愁腸，大家沉悶的心情激發起來了，形成了這一角圈圍的磅礴底所謂狂態。

忽然，一聲銀鈴似的聲音，那麼尖脆，接着，一陣脂粉香，女人的臉兒出現在前面，然而，她是一個小女孩，那麼瘦短的身條，似乎是一種慘啼。

「要唱歌哦！」

從她輕動的嘴唇下面，那是風流的古詩人稱美爲「蝤蠐」的部份了，但小女孩的頸項非常浮腫，還貼着兩塊藥膏我好奇地問：「你有幾歲了？」

朋友揮揮手，叫她去，輕輕對我說：

「你還會問，我是再也忍不住了，她這樣小的年紀，已經負起了淒涼的命運，但她是一朵薄弱的花，給無情的風雨摧殘了，不久，她小小的生命就要消滅，你看見她頸項的浮腫嗎？這名叫『栗子串』，是一種醫不好的病。」

聽着朋友的一席話，望那瘦短的身條的背影去遠了，我感到了怎樣的悵惘，離開沒有多少時候，隔座飛起了巨大的呼嘯聲，夾雜着宛轉的女人的嬌喉，幾個肥大塊頭的人，牽拉地，嬲着同樣頂起淒涼命運的另幾個女人，顯出了惡濁形狀。一邊呼嘯着喝着酒，他們享樂得忘形了，但旁邊膩厚的脂粉臉子，正隱約的浮現着說不出的悲哀呢！一雙無言的淚眼，一串不容許吞聲的哀音。

「這裏的酒味是好的，然而，這反映着的情形太可憐了。我們來是爲消遣在工作的倦餘沉悶的心，但接觸的情形只有感到了悵惘。」我對朋友這樣說，但是夜了，在酒邊，又那一家的青帘不揚着不容許吞聲的哀音呢！我更非常厭惡酒了。

病後

不會忘記，我永遠記住那一夜。幾天的風雨陰森，我病了，曾經病過不短的時間，後來雖然在艱苦掙扎中把病魔趕退，但精神的消耗却不可拿數字來計算的。這麼的懶散，無力氣，走路不是軟綿綿地，只有自嘆病後的殘軀，不過我始終感着安慰的，是我到底站在勝利一方面了，因爲病魔已經悄悄遠離了我。

然而，一件事經歷的過程任何都難免吧！過程中的憂患，會追蹤跟牢你，那要看你的艱苦掙扎能不能再忍受，所以，我永遠記住那一夜。自身的大患方除，么魔小醜又乘機而起。我同樣忍受過去了，那是秋涼後，突然感到空氣的窒悶，也許是最後一度遭受臭蟲滋擾的一夜。但是，小醜似乎也知道秋涼了，他們的命運將予宣判，於是，背城借一，着實的把我磨難了一回。

風雨陰森之後，空氣變常了，四周的每一角落，好像都充溢着窒悶，是我感覺着秋涼到來第一次的還魂熱，雖然熱度不會高，而窒悶的氣氛則够受的，不過，我已經把病魔趕退，心，舒泰了許多，那一夜，平靜的躺着床，時鐘敲過十一點鐘。不知怎地，我睡不着覺，看着時針一歪一歪的移過去，它是「時光如箭」的表現：聽時鐘的機捩輕動了一下，長短針集合在一起，鐘又鳴了，那是「夜交子午」，我爲什麼還睡不着覺哦！病魔之去，心是舒泰了，躺着也怪平靜的。

噢，我知道了，這連斗都不及的小室，空氣太窒悶了，於是，我坐起來，撥開那一支光的經濟電燈，過去把窗半邊式的敞開了，好讓戶外的清氣交換一下，這麼想，我重新上了床。但不是睡不着，病魔趕得退，而睡魔却招不來。我有什麼辦法呢？本來懶散的病後身軀，這時漸漸的隱隱酸痛了起來，我低聲呼了一口氣，高樓紗帳裏面的享樂人們沒有這種感覺吧！

是的，一陣陣的輕癢，更使我再度坐起來，或斜轉身去狂搔，那么魔小醜——臭蟲。最後一度的出現，在窮小子以爲靠靠天時，挨過了炎熱的夏天，跟着秋涼了，臭蟲絕跡了，又那兒知道，仍然免不了它的滋擾。我不能咀咒天，空氣的變常是應有的事，我只有嘆恨小室的湫隘，在這樣的情形下不是最明顯的劃開了貧富的境界？如果我有錢，那麼，病後孱軀的我，應該小住在風木清幽的療養了。

臭蟲，么魔小醜，這小東西，我隨手抓住了一顆，那麼小而癢，還是新滋生起來的吧！但它的尖嘴，已足使我「痛心疾首」了。我心中很清楚，我艱苦的掙扎着，預備明天去買一磅飛力脫，小東西決不會讓你滋擾下去的。心理的作用居然很有力量，這麼一轉念，我平靜的躺着了，雖然不是睡不着，但精神不期然增長了多多，索性我下了床：憑窗看月，那皎潔的月光，撫摩着衣上，頭上，連帶外邊的屋面上，我又笑了，外面的世界還仍是那樣清寧呢！

奇相

尊駕這副尊容，將來還有將來！頂如錐子萬事皆通，眼如綠豆，一點小便宜勿肯錯過，口如血盆，喜說大話，或者專吹牛皮，面皮如車胎，不知廉恥，關於天庭地閣，部部都是奇相，將來飛黃騰達，經過此地勿要忘我小鐵口。

朝內無人莫做官

上圖所寫的售票處，指為戲票也可。其他一切票也可。從前做官有句俗語說，「朝內無人莫做官」現在看戲及其他也有這個感覺，要購票子非走門路不行。

錦上添花

銀行開幕之日，三板一眼，門前花籃當然列滿，送禮的人看見主人當然恭維一陣子，吉利語不絕，到明天雲過烟散，當他們嘸介事，錦上添花！何必！何必！在送禮人的腦子裏會不會想到雪中去送炭？

◁江棟良作▷

客歲蔡培先生回國留滬時記者特訪氏于官邸，相與談詩，承氏立書其近作一紙示記者，寫作俱佳，特製版刊出，以餉讀者。

雲山海水兩茫茫萬里
空程一日航列子御風
猶已道到今此事亦尋常

癸未九秋自東京空程返國
機中口占

◎蔡培先生手跡◎

秋夜狂想曲

馬博良

秋天的風吹得桌上的燭火黯淡了。我墮入了一種神奇的想像，是關於一個新穎的傳說的。在戶外，迷茫的，晦暗的氣氛，霧一樣撒下來。淒清的月光穿過這層霧，掠過教堂的尖頂，大廈的邊緣和顫抖的樹木，閃爍着，散發着弧形的光圈。在我的意識裏，這夜暗的都市已整個地陷在魔鬼的翼下了。給白晝的日光浸透的街，一條死蛇般躺着，充滿了樹影交織成的斑紋。車的行列，在上面急促地拋擲着交替的軌跡，車上的小油燈晃動着招搖過去，又晃動着招搖過來。如鄰舍那女巫家中供奉的「長明燈」，有像巨蟒之舌似的火燄，似乎隨時要捲食人的頭頸。我打了一個冷戰，房門上，唔，有一點聲響呢，這個酷肖湮沒沙中的巴比崙的地方，鬼魅是很多的。那些聲響，或者是一個衣白袍的女幽靈。是的，在去年，我們那公寓裏的第十五號房間，一個孤苦的女人由於經濟困迫，終於在一個靜悄悄的冬夜，偷偷吞食了毒藥。過了三天才被人發現，已經斷氣多時了，事後聽隔屋的人說，出事之子夜曾經聽到一種輕微的哭聲，淒苦絕倫，慘不忍聽，而且又聽得她整夜在地板上躑躅不息，據說那就是將吞食或剛剛吞食毒藥以後，還有，聽說有一個商人，生平很做了一些喪陰德的經營。於是一個報應來了，某深夜，他走過一條偏僻的小路，一個幻像突然出現目前，十幾個血淋淋的屍首躺在鐵絲網上，一陣寒風，那些屍首竟然一個個從鐵絲網上翻起身來，猙獰的盯住他，一個個都是目如電炬，手如鐵叉般的厲鬼，他嚇得半死，正待舉步逃遁，那班恐怖的影子已瘋似的張牙舞爪撲來，他喊叫了一聲，驚得暈倒在地。等到醒來，他連跑帶跌闖到大街，叫了車子回家，第二天就臥病不起了，以後每天他都發現屋子裏聚集了那班影子，說也奇怪，甚至連他的妻兒都看見了，沒有多少天，那商人就狂喊着翻滾着死去了。想着我又打了一個冷戰，面前的燭火打着轉，如一簇林木婆娑起舞，遠遠的有一陣鐃鈸的聲音，我又想起了那個女巫，那個鼠一樣的陰險的女人，嘴裏時常喃喃地唱着咒語，人家說她是一個湖南的蠱婆，曾經施展妖法害死過一街坊的兒童，她時常歡喜在自己的院落裏呢呢啦啦的載歌載舞，吵鬧非常。忽然，我又打了一個冷戰，原來那女巫正在我窗下踽踽行走，行了幾步又折回來，又行過去，再折回來，於是我發現她一隻手拿着水瓶，一手揑了一根柳條，把柳條沾了水向地面灑去，而她的衣服，蒼白的，極端的蒼白。我不知道她在做甚麼？我只是像一個小偷似的窺望着她的舉止，一種驚懼的潮水流遍了我的全身。只見她灑一回水，唱幾句話。總共怕這樣做了七八回吧，她改變了姿勢，她合着手，抬頭望住月光，面上流露的是一種青色，一種災禍的預兆，一種狠毒的表示。一個念頭掠過我的腦海，如果她再將在湖南時候的把戲施展一回——法國斷頭台的刀在上面落了下來，一個穿白衣的女幽靈走到了我的身後，一陣秋風，燭火跳了一跳，熄了……

第二天，我知道自己的荒唐了。

很早就有一大羣街坊的孩子在我窗外跑過，歡呼着。關於那女巫的舉動，原來也不過是一種普通的跳神。而湖南蠱婆之類亦不過是婦人們的謠言，至於那商人的死因，我既沒有認識死者的家屬，那麼聽說還是聽說而已。

於是我上街散步去了。

黃昏的街充滿了閒逸的美麗。綠樹蔭給街添加了銀灰色的圖案。在圖案上，還有裹在薄羊毛衫裏的女子們綺劃上花花綠綠的平行線，這線條緩緩地在猶太人的衣服店，羅宋皮貨店，意大利酒吧，陳列了滿格子戀愛問題討論集的西書店，金銀二色相錯的鐘錶行，法國人的麵包店門前溜過去，溜入了這黃昏的暖流末端，這線條包括着穿玄色絲襪的腿，赤裸的腿，穿肉色絲襪的腿，舞女的腿，女學生的腿，少婦的腿，交際花的腿，東洋婦人的腿，葡萄牙婦人的腿，印度女人的腿……

有一雙熟悉的，瘦長的美麗的腿在我的眼前移過去。我抬起頭，唔，我認出了，腿的主人是一個從前的同學，她的丈夫，我記得也是我們班裏的。她瘦了，但還是美得很，她好像先看見了我，猶豫地掉轉了頭，加快了步伐閃避着。跟在一個女人的背後急忙地向前奔，走着，那帶路的女人回轉頭喚車子，我吃了一驚，怎麼？是那個女巫呢！

回到家裏，街坊的輿論使我明白了，那女巫在施展那天知道的妖法以外，她還擔任着一種紹介的工作，拿她家的內室當作場所，而從中賺了一筆比出賣者所獲深厚得多的利錢。可是我想不到我的那個頗具姿色的女同學，她，她是有丈夫的呀！

夜靜靜地來了，這是一個比昨晚更怕人的夜，沒有月亮，沒有星，燭火是昏黃的（我應該告訴你，我們已經斷電十餘天了），照在油漆剝落殆盡的牆壁上，如展開了一幅山野的圖畫，茂林間蠕動着無數的蟲蛇走獸。火光帶了一點魔術的風味，詭異地，予人以一種疲憊的感覺，我如做了一場噩夢，剛自鱷魚背上攀爬回來，汗涔涔地流個不停。這一晚，女巫不知出了什麼意外，也例外的靜得很，也許因為太靜寂，四周都彷彿有了悉悉索索的跫音，白衣女幽靈的，血淋淋的厲鬼們的，眞正湖南蠱婆的，徐徐的徘徊着，一隻染滿了鮮紅的血的手顯現了出來，我記起了小巷裏的傳說。在那個女巫的內室裏，一筆「生意」正在實行，完全出乎意料地，一個頭髮蓬鬆衣衫襤褸的男子怒吼着，踢開了大門門扉，一手拍碎了那盞陰陽怪氣的長明燈，埋頭於計算鈔票數目的女巫驚惶地立起來，經驗教給她，她懂得了是怎麼一回事，熟練地迎上去，預備像往常對待別人一樣鼓起其如簧之舌，可是這回，還沒有等她開金口，兩巴掌先掃上來，然後小肚上被重重地踢了一脚，一手推得摔個半死。女巫伏在地上，一眼瞧到了寒光閃閃的刀，那男子手上握着的刀。她知道這回情景的嚴重了，嚇得啞口無言，縮做一團。那男子一言不發，朝四下裏一瞧，逕往內室奔去，拼死力推開了門，立刻一幕醜劇展開在他面前，他呆了，當那女人赤條條的披上一件衣服跳下來的時候，這僵局沒有延續得多久，那男子一清醒過來，不，也許說是更瘋狂了起來，他一手拖住了那女人便向外跑，跑，在小巷裏跑了一會，停住了，那女的突然地伏在他身上哭了。他默默地咬着嘴唇，推開了女子，推她向前走，行了兩步，他一手舉起柴刀，一咬牙就砍了下去。半晌，他吃吃地怪笑，笑了一陣又伏在那女的身上大哭，沒有等人來捕捉他，他自己又舉起了刀，照準自己腦部……

牆壁上的燭光飄搖不定，光影的斑點像一片血，一片血，也像那幽靈的白衣，那羣厲鬼的影子，從四面八方籠罩過來，我忍不住又打了一個冷戰。是的，我爲甚麼要變得如此心慌意亂，或者說，如此神經衰弱呢！鬼魅，黑暗，死亡，血跡，巴比崙湮沒的前夕也有這樣的景色嗎？這不寧靜的夜，這不寧靜的地帶呵，我的腦在轟轟作響，彷彿有千軍萬馬在我身邊呼嘯而過。我獨個兒墮入一個荒涼的深淵裏了，我幾乎是爬着，走到了窗前，看見女巫屋裏的燈亮着，後門開着。女巫正在同一個女人談話，那女人不是誰，就是我的同學。她是有丈夫的，我記得。接着，我看見那丈夫穿着襤褸的工裝走了過來，我驚悸得欲呼喚出來。可是一切很平靜，我的同學，那個做丈夫的從妻子手裏接過了一些鈔票便泰然地走開了。我呼了一口氣，却有另一個窒息的感覺抓住了我，明天，明天的太陽會不會再照到這世界上，明天這城市會否也變作了巴比崙麼？現在，現在戶外今年第一次的秋雨落下來了……

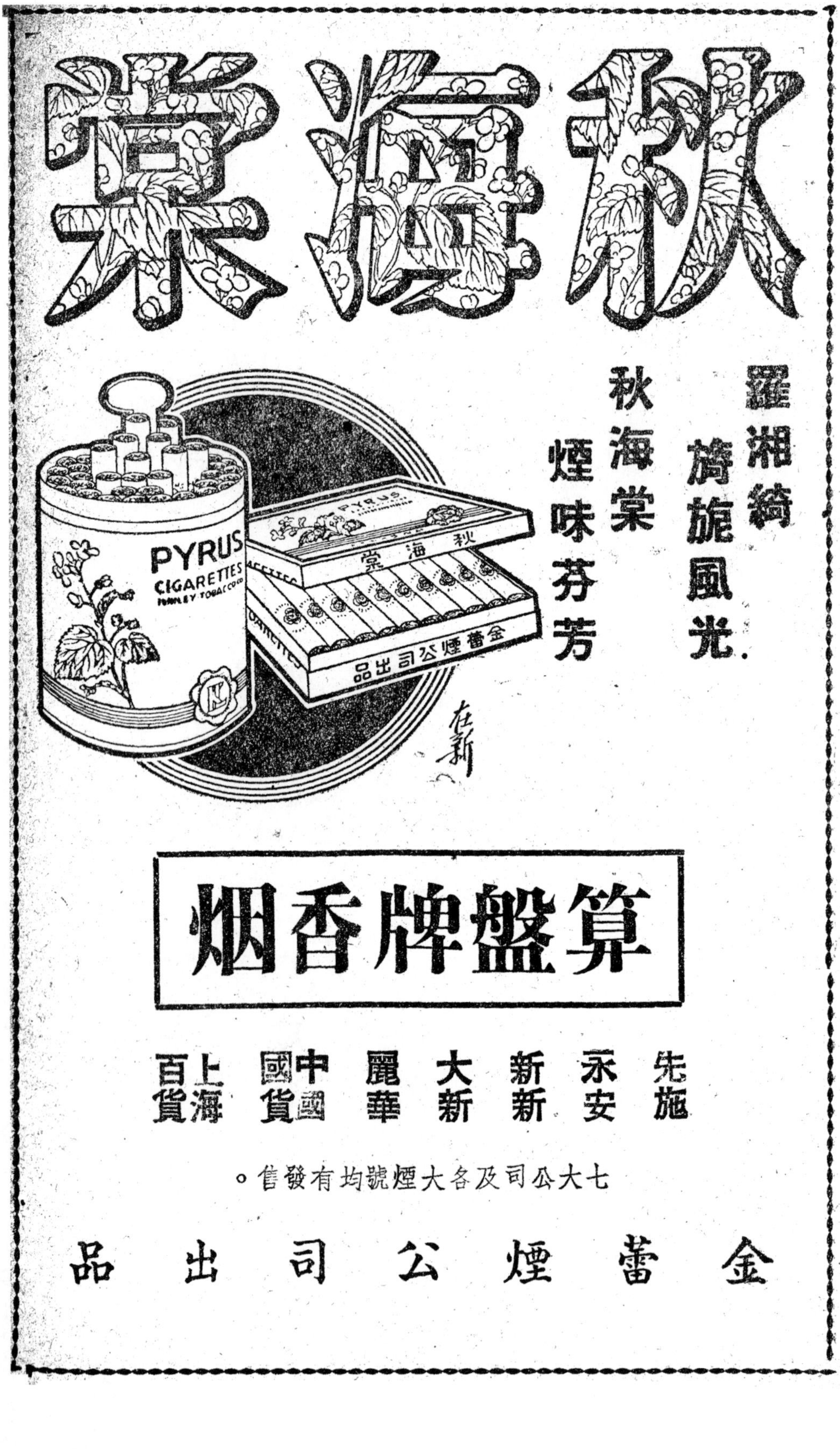
秋海棠
羅湘綺旖旎風光
秋海棠煙味芬芳
PYRUS
CIGARETTES
秋海棠
金蕾煙公司出品
算盤牌香烟
先施 永安 新新 大新 麗華 中國國貨 上海百貨
七大公司及各大煙號均有發售。
金蕾煙公司出品

海南線上底追憶

楊劍花

經年奔忙的我，在海南線上，一月裏總得有三四次往返。車窗外的野景是早已看厭了。站程也不用說是爛熟了。就是×處有什麼廣告牌，×村過去是那村，也能記憶出來。有時要想朝窗外看看時，我所要看的只是桑樹抽了葉沒有，菜花黃了沒有，稻熟了沒有，估計今年的年成怎樣。

記得事變後一年的春季，有一天，坐在三等車的一角裏，正在無聊的當兒，忽然想起是前代那位和尚或佛祖說的：——靜坐十字街頭，閒看世人奔忙，會使心地光明起來。我想在火車裏不是比街頭還好嗎？倒要試試看。

但是這節車廂裏坐的都是我看慣的：他們像比我還老於旅程哩；我知道他們是從上海回無錫的，五六個人每次總在車廂裏玩撲克牌。「要」「不要」「同花」「土配」地鬧着——不管人家頭痛的鬧着。

還地為良吧！今天想做一做和尚，只好把我底身體搬到前一節客車中去。

前一節是舊式的車廂，在中段對着窗的還有幾個座位，疏疏落落地空在那邊，我坐下去時，環視着一下我週圍的同車旅行者。

左面是兩個老婆子，一個拿着唸佛珠。她們像是剛在車中遇見的，在說着客套話。再過去是一對青年，女的側坐在右首，瞧不到她底面影。男的也低着頭，唧唧地在絮說個不了。右面是一個四十多歲的商人；他好像晚間沒有睡足，倚着包裹正在打盹。對面佔有兩個窗口者却是三位念餘歲的青年。他們的右面是二個女學生，支持着中間的提籃在談話。青年左面是一對中年夫婦，帶了一名乳媼，她懷中抱着一個小孩子。再過去是幾個短衣小販，小販那邊一個男子橫臥着，也便是車廂那一面的盡頭咧。

車終於開了，一幕幕的活劇也就開始搬演起來啦。

短衣小販在嘈雜地高談着，接着驚醒了躺在乳媼懷裏的孩子；轟隆隆的車聲，震撼得他哇哇哇地號哭個不停。這乳媼像是新從鄉下出來；黧黑的臉龐，微黃而蓬鬆的額髮；元色布褲，白柳條布短衫，呆木地似在牽記着什麼——或者是在苦念她困窘，沒落的家庭，或者是在忖思給人家領養的自己孩子。

「秀雲，好好地拍拍他！」主婦對她橫了一眼，目光中宛似有着無限的威力。

三位青年羣中左邊的一員摸出烟盒把大英牌烟捲分給了他的同伴：中坐的劃着火柴。三根老槍，燻蒸得兩個女學生連連咳嗽起來。打盹的男子也醒了：揉了揉滿染血絲的眼睛，「霍！霍！卡……」咯的一聲，吐出一口濃稠的黃痰來。他起初拿脚踏着，拖着，但是消滅不掉，他就從小褂口袋裏摸出烟盒，把烟錫紙兒向地上遮蓋。

老婆子在虔誠地唸着心經，她這樣的諷誦着：「行深般若波羅密多」，「時，照見五蘊」，「皆空度一切」「苦厄舍利子」。我諦聽了一回，不覺微笑起來，眞是苦了舍利子；舍利子聽見時，也該苦笑着。老婆子見我微笑，更得意似地朗誦起來。

天有些像悶熱。右面的一位青年，脫下了夾衫，就放在他身傍的空位上。一位站起來，拍拍身，拉拉袖口，整整衣領，手伸展到上邊去拿下一隻黑皮包，擺在身上；從皮包內拏出幾冊洋裝書，三位分着瞧；瞧不了幾頁又換；一時祇聽得硬面書本的嘁蟀聲。他們似乎在朝這二個女生進攻——賣弄自己是智識界的高等動物，要她們垂青。

青年輩一陣騷動，老婆子的佛經也不唸了。

「聽說你的女婿，是在什麼衙門裏辦事的，」唸經的老婆子向另一個說。

「省政府裏！現在要說是公事機關哪，衙門是前清時代的名兒。」

「眞的！朝代早換哩，眼前的名目委實有些難記。像從前是六部尙書，藩臬兩司，撫台大人，知縣老爺，叫起來多麼順口，聽說你女婿比兒子還孝你，對嗎？」

「哦！我只這個女兒，自然得依靠她們啦。」

「想起來，生兒子總不如生女兒。像我的媳婦，一天到晚打扮得妖精似的；男男女女不成體統地一淘說笑，還說是什麼交際手腕。不掙氣的兒子也像當她是珍寶一般，把我們老骨頭早就忘得干干淨淨了。」

「年紀輕的人們總有着他們的想頭，我們是過時了呀！」「眞的時世變了，我這次住了幾天，一些也看不入眼。她剛才說你女婿在什麼衙……機關，好像兒女也說起過。」

「是省政府！」

「唔！廿幾年前聽說革命以後，皇宮叫做政府；皇帝叫做大總統了。是不是這個政府，如今搬到蘇州了嗎？」

「不對的！這是省政府，管轄一行省的；像蕪湖有安徽省府，杭州有浙江省府……」

「哦！我明白咧！大該是要做總統的人太多啦，就各處立一個政府出來，是不是？」

近座都哄然大笑了。

車過了蘇州，從蘇州又上來不少的人，車廂裏馬上擁擠起來。在我和老婆子中間，先坐下一名粗魯而茁壯的商賈。緊接着又來了一對三十來歲的夫妻；女的坐在我那面，男的却沒有座了。他瞥見青年脫下的夾衫說：

「對不起，這是誰的？」

右面的青年故意裝作聾子似地不睬他。

「誰的夾衫？請拿一拿開！」男子又重說一遍，他明知是那青年的，却仍舊這樣說。

「不拏起來怎樣？誰叫你不早些上來。」青年回答他。

「咦！這倒稀奇，難道我一樣底買票趁車，有空位不能坐嗎？」

「要我拿起來是不行，你去稟車長好吶！」

「喂！算了吧！就在這兒擠一擠……」女的怕丈夫跟人家吵鬧，擠過一些，我和粗壯的商賈也擠過一些；這時我纔注意到這粗壯商賈在橫目睨視着三位青年，我還靜聆到他底滿腔怒氣在往上衝——「這商賈怕要打抱不平咯，」我想着。

大家沉默了好一會，外面像隱約起些雷聲，因為跟車聲混和着，也聽不真。可是，太陽已給雲朵遮住了，客車裏也比先時陰暗些。中坐的青年，從襯衣口袋裏拿出點什麼來，夾着報紙在瞧。我側身偷眼覷去，瞥覩報紙中間，還有一本似豆腐乾一樣的小册子。

那時節，身傍這對夫妻也撩起天來了。

「這裏是三等——又是天馬車；車鈿比慢等加多少？」女的發問。

「八元半。」

「叫你晏一班，你算是孝子？老太婆是老毛病啦，怕就會斷氣嗎？」

「接到了長途電話，總是早一刻到家的好；你不是猜我娘手裏還有不少積蓄嗎？假使嚥了氣，向誰去要呢？」

女的不再嚕囌了。我才知道他們倆是趕送終去的。

粗魯而又茁壯的商賈陡的立起身來，伸手在青年羣中間開了扇窗，順便吐了一口唾沫，就讓窗敞開着回座了。右面的青年向他白了一眼，把窗關起來；商人又站起把窗重重地開了。

「這樣勁的風，你這人……」青年還沒有說完。

「車廂裏這樣悶氣——你懂得衛生嗎？」商人接着說。

「你倒來到這兒坐坐看！」

「你嫌冷，你不會把衣裳穿起來？

「我穿衣服，要你管！」

「那末我要開。」

「要關！」

「一定得開，今天開定了；你不許我開，你去喚車長來……」這茁壯的商人的茁壯的胳膊，堅實的拳頭，在青年眼前搖幌着。

我挺胆小，怕他們眞會打起架來。不過，那青年見到對面的仇人强悍過於他，只得忍耐下去，默不作聲，却還把兩臂抱着胸，和窗外吹來的急風搏鬥，表示他不甘屈服。

這一刻除掉車聲轆轆外，眞的寂靜無聲哩。又是好一會兒，我沉靜的聽覺中，聽到低微的這幾句話語：

「哎！『花徑不曾緣客掃，蓬門今始為君開，』這兩句詩昨夜叫你唸，你為什麼不肯？」我迴首注視時，原來是坐在老婆子左邊的一對說：

我正在細細咀嚼這語句，揣想他們倆隔宵的情況，汽笛却在尖聲狂叫了。

「無錫！無錫！到無錫的下車！」車裏的侍役高喊着。

老婆子倆又在閒話盒了！

「你會唸大悲咒不會？」

「會唸！是這樣唸……『黑辣但哪，多辣也耶……』——這是音——老婆子比小學生背書還要唸得快。

會唪誦經懺的人，大概知道大悲咒是驅鬼的：鬼聽了大悲咒就得逃跑。老婆子唸得眞不錯，因為，火車停時，把一班色鬼，癆病鬼，魔鬼——强横鬼，甚至，連後一節客車裏的賭鬼，都一齊給趕下去咧。

一九四四、九、一五破曉，

追記於蘇州故鄉

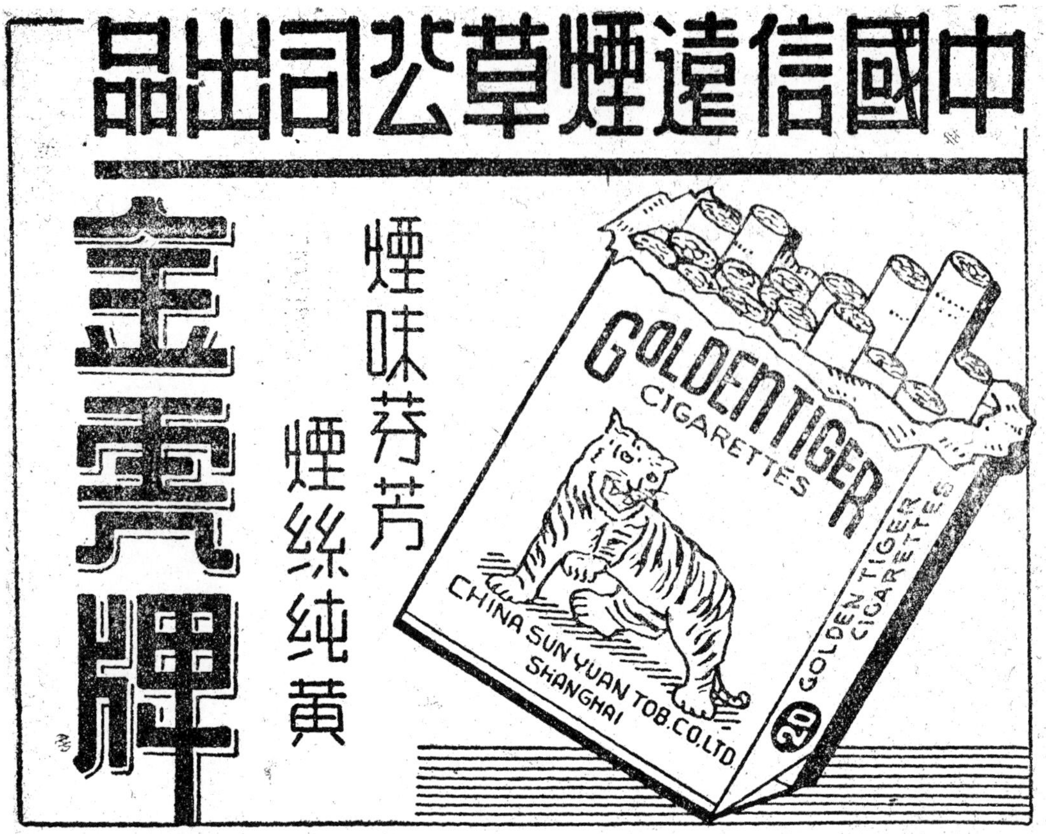
中國信遠煙草公司出品
金虎牌
煙味芬芳
煙絲純黃
GOLDEN TIGER
CIGARETTES
CHINA SUN YUAN TOB. CO. LTD.
SHANGHAI
20
GOLDEN TIGER
CIGARETTES

煙中極品
維納斯
香烟
分十支裝廿支裝兩種
VENUS
Cigarettes
CHINA SUN YUAN
TOBACCO CO LTD.
20 CIGARETTES
10 CIGARETTES
中國信遠煙草公司出品

父親

江洪

他睡了，他一直勞作不會休息！
他睡了，他在人世上做過苦力！
現在他躺上白色的松木床，
對一切——再不用煩慮。

～～～尼克拉紹夫。

一

從政姪帶來的口信和青弟自鎮上發來的信，充實證實了父親確已不在人間，原先我的假定是，父親決不會這樣急遽的離我們而去。即是患着不能救治的噤口痢，至少也得躺上幾個星期，讓孩子們得從容不迫地環着他的床幃，作最後的訣別，可是這終是被否定了的假定。

父親，是陰曆七月廿三日深晚去世的，照日子來推算，到今天正是一個半月，這些日子裏，我用着寂寥孤苦的心情，和沉默寡言笑的態度來悼念他老人家的。幾乎沒有一刻不想起他來，縱或我會不自禁地流下了淚，可是一想到父親生前決不流淚的話，我又把它忍住了。

依稀地從政姪的告訴裏，知道他老人在臨終前還惦念着飄蕩着的靈魂，他說：

「時勢不太平，用不到回鄉來送終，但信一定要帶到的！」他語猶未了，枯乾的失了神的老眼，却流下了最初的也是最後的一滴淚。

爲着時勢的不太平，差不多戰後我從沒有還鄉過。村鎮裏不是鬧着災荒，就是嚷着匪患。像成羣的大隊的飛蝗，發着令人懔慄的聲調，在每一家的田畝間，吮去了麥的穗、禾的稈。村人們好纔叩頭求神的期待着飛蝗走了，跟着却又來了新的一羣。這樣的情景，做孩子的流浪在他鄉是幸運，父親壓根兒不希望我回到他的懷抱裏去的，不過有一次却使他變了心念，在夢中他看見我血肉淋漓，露屍荒郊，這使他接連着多天的看不見微笑，他是爲一個杳無音信的游蕩的靈魂担了心。

父親太瞭解我，太宥諒我，雖然在最後的生死線上，仍讓孩子不要回到豺狼虎豹遍地的鄉井，我知道他老人會爲我們的現實割斷了最後一面的慾念，總於無憂慮的死了。

無憂慮的死，是最安祥的，最美麗的。

父親沒有偉大的夢想，也沒有遼闊無垠的憧憬，他祇是平平淡淡的來，又平平淡淡的去。來得有如一張着了淡墨色的紙，經過了陽光的蒸晒，風雨的侵蝕，自然地本能地褪了色澤，還了白紙。他是無聲息地生，又無聲息地死，像春天的柳芽掛上了樹，又像秋風裏凋零的落葉，輕輕地墜，他原是個寂寞的平凡的人！

如今，他是長眠在松風雪濤裏，沒有暗流，沒有惡浪；祇是那樣安靜的，慈祥的，勞苦的面影，始終顯現在孩子們的眉前！

二

生前，父親最愛的是騎馬、游獵、打漁。

騎馬，父親是經過嚴格的訓練的，他不但會騎，善於騎，而且會識馬。在府台前，他曾以極快速度的駿騎，在五十咪內用箭射中了正在滾的皮球，可是這畢竟是過往的事，當我出生前，他不再是個善騎者，也不再追想過去了。祇偶爾閒下來，和我還有青弟，到一望無邊的原野間，或是叢生着蘆荻的灘邊，找尋作爲目標的飛雉和野鴨，那古舊的鳥槍，由孩子送上牛角尖的火藥袋，點上了線，輕捷地描下準，呯的一響就成了。母親最誇獎的，是父親的眼力，可說是槍無虛發的。

在夏天，下過暴風雨，長江的浪潮捲進了汊港裏黃色的濁流，父親會披簑戴笠的挾着我去打漁。最有詩意的是月夜，漁網起時，在漱落的水點激成銀色的水沫裏，看啫大的鯉魚白鱗反映着月光，魚兒在跳動，父親的心也跟着跳動了。

這些，這些不過是父親最愛的，最愛的把生命寄託在原始的淳樸的自然的一面，而更單純的恬淡的生活，還是在他辛苦的勞作。父親，眞的，他是一直勞作沒有休息，他在人世間做過苦力！

在江南，最多的是破落的頹敗的小地主。祖父留傳下二百餘畝的土地，交給父親和叔父。照理這些田畝，可以僱些長工或佃農來使它成爲沃土，產生着米穀、雜糧、棉花，尤其像父親那樣騎過高頭白馬受過榮祿的，更應當多請些短工幫助耕作。可是他不，決不，他沒有一樣不是親自種植，親自灌溉，親自收獲的。

他祇無聲息地工作，無怨憤地工作，他常說：

「祖宗給他的土地、糧穀，仍得要還給祖宗！」

記得有一年，接着水災以後，又是旱災，家庭裏新結婚不久的二哥、三哥相繼去世，我們開始度着最困厄的年代，父親成日夜的和生活決鬥，他牽着頭老牛，從河底的泥漿裏掙出了水，澆着焦灼的田禾，他和四哥點着火油燈，連夜趕挖起區長限期迫掘了的溝，……他絕沒有怨言。

痛苦的生活，沒有使他戰慄。戰鬥的勞作，加強了他的興奮，終於我們度過了那艱困的年代。可是父親仍是那樣年青的，堅強的，不老的活着。

催人老的不是這，而是：

在另一年——叔父竟串同了區長，陷父親於囹圄。爲了一點家庭細故，二嫂和叔父勾結了地痞，將善良的老人拘下了獄，雖然短短的衹有一二天，可是這恥辱直到他死，還未忘情。他明知這些是吮飽了活人的血液的蠹豕，在黑暗的田野逞兇，祇待一種羣衆的力，揮起了拳，黎明就到了。他說：「沉默是積極的反抗。」

父親是個絕端沉默的反抗者。

如今，騎馬的人走遠了，善射的獵者永遠消失了背影，漁網靜靜地撒着，橫着長流的江濱的沃土上，祇是沉默的，沉默的反抗着。

三

父親也有最不愛的，這是他沒有特殊性格的特殊部份，正像許多江南鄉村的老人一樣。

大哥長大起來，父親就從沒有對他發生好感。在他結婚的那天，母親生了青弟，該說是雙重喜吧，可是父親並不怎樣高興。尤其看到大嫂那樣會說話八面玲瓏的嘴，感到了厭倦，第二年他們就分居了。

大哥搬到南海的村上去住，那是隔河呼不應的沒有村落的田野，他糾工造房，活像個士紳模樣，堂皇的要過一輩子安適的生活。父親沒有阻止他，也不會阻止他，祇是從此他不再上大哥的家。

這不是氣忿，這是反抗，他說：「穿着士紳的僞裝的勞苦者，才是最受恥辱的！」

父親是沉默的，永遠帶着沉默的微笑，母親確是相當暴燥的，暴燥是她的特性。正和屬肖同是牛一樣，爲了孩子，父親像一頭跋涉長途的堅毅的牛，母親像是暴燥坦直的牛，父親兀是無休息地勞作，母親祇是無停止的計劃，而家庭裏對外的事，都得由母親做。他倆老人家數十年來沒有發生過齟齬，也沒有發生過決裂，他倆以愛孩子的心來愛他們自己。夫妻是生前的安慰，孩子才是唯一的遺產！

記得是前年夏天，父親特地從鄉下趕來看我，爲了當地的地主要想呑沒鄰家的田畝，要我仗義執言，我答應了，我想這是應該報答父親的。在寓所裏，我們像闊別已久的友朋般，暢叙天倫之樂有好幾個鐘點，他凝望着妻，凝望着孩子，凝望着我，在他蒼老的面龐上泛起了輕盈的微笑，他沉默着未發一言。當孩子們爲着生疏的祖父而爭吵時，妻接連打了孩子幾記，臨別時，他却對我說：「告訴慧玉（妻），不要多打孩子，孩子太小受不起摧殘的！」

父親，他愛我，他更愛兒子的孩子！想不到這愛孩子的兒子的老人，現在竟離孩子們而去；而沒有給父親一絲兒愛和安慰的孩子，却祇能在流浪的旅途上望故鄉而遙祭。父親啊，還有什麽話可以訴說的呢？

沒有忘却的是十五年前，我嘗借着冰心的詩句來悼念過一個最知己的友人，如今我將重復借它來悼念永遠年青的不老的父親在天之靈：

生離——是朦朧的日月；

死別——是憔悴的落花。

（一九四四重陽前夜於上海。）

編輯者言

我們感覺最大的失望，便是本期仍沒有新進作家的佳作，只是幾段短小的什文，這似乎太不夠多了。恐怕本刊未會普及，所以收到的稿件有限呢！希望新進作家們多多投稿。

值得報告讀者的，是本期「質」的方面則較上期更爲充實，並且又出場了上期所未見的一批名作家，他們都樂於爲本刊執筆，只因限於篇幅，上期不及刊載耳。至於第三期更有驚人的貢獻，就是北方的名作家如周作人，南方的黨國先進兼學者徐朗西。與「文史」編者文載道諸先生，皆有大作。這是本刊引爲欣慰的。

今年恰逢契科甫逝世四十周年祭。爲了表示敬悼，特請楊絢霄先生撰了一文，藉資紀念。又，文名震全國的小說家——金滿成先生回重慶已近十年了，本刊得他寄來一篇「離婚十年」眞是難能可貴的傑作。

本期又有兩位女作家作品，一是湯雪華女士的「禍」眞是成功佳作，據說她是胡山源先生的義女，照今日的刊物「有湯必有胡，有胡必有湯」的習慣看來，下期本刊一定會有胡先生的大作了。第二是汗麗玲女士大作——雪人。頗有一讀的價值。

本刊甫出版第一期，獲得讀者的獎譽太多，眞是受之有愧，今後自當奮勉，以求改進。藉副讀者雅意，但，尤望各方加以不客氣的批評，愈深刻愈歡迎，我們絕對不是怕聽刺激的言語，深知道逆耳的才是忠言，在這物資極端缺乏的環境下，任何刊物萬不可浪費紙張，甚至自費紙張。本刊的目的，就是在於不浪費與不白費，所以時時刻刻都盼望有方法對於內容與形式上的改進。

末了！「光天化日之下」一欄中，立言比較尖刻，這是我們誠懇的態度，說老實話。希望聞者足戒。若謂我們存心攻訐，那就是不明我們的苦衷了。

上期預告的「蘇青張愛玲合編」已在中報發表了，故停刊。「水災」原稿，寄到時已不及排印，還有日本名作家，朝島雨之助先生的一篇傑作「海底的長眠人」因爲譯者太忙，交稿太遲，亦不及排印。只待下期刊出。謹此聲明，並希作者原諒。

徵稿簡約

（一）惠稿不拘（一）史地常識（二）風俗獵奇（三）科學研究（四）醫藥解剖（五）地方通訊（六）季節報告（七）人物素描（八）文化報道（九）創作小說（十）散文小品一律歡迎。

（二）惠稿如係翻譯，請附寄原文，否則請將原書名或原文題目，及著者姓名，出版日期賜示。

（三）惠稿請繕寫清楚，並加標點。

（四）惠稿發表署名，由作者自定。

（五）惠稿稿末，請註明姓名通信處親自簽蓋以便寄奉稿費。

（六）惠稿概不退還，但附足退還郵資者，不在此限。

（七）惠稿如決定採用，當先行函告。發表後每千字酌致酬金自一百元至二百元，特約稿另議，其已在他處發表者，恕不致酬。

（八）惠稿本社有酌量增删權，其不欲增删者須預先聲明。

（九）惠稿經發表後，其版權概歸本社所有。

（十）惠稿請寄上海雲南路二六五弄B字八號光化出版社。

文人的中西觀

許季木

在十月號的雜誌上，讀到紀果庵先生題名詩人之貧困的一篇文章。提起作爲詩人兼作家的南星君的窘境，甚至把他所藏的書，用秤論斤計算出賣了。在我所熟習的友好中，寫文章的人果然不少，但是純粹以寫作爲生的，却絕無僅有。大概文人的生活美滿與否，可以從他創作數量上，作一種推測。除掉把對握筆桿確有獨得之趣以外，文章愈是寫得多，其生活恐愈不妙，因爲他須要從潤筆這一類的酬謝上，多得一些收入也。反之，不佞以爲眞能惜墨如金的文人，一定還有富麗的生活的保障在，否則，稻粱之謀，非驅迫他握管直書不可。

有時，掄指一算，歷代的中國文人，不得志的似乎比得志的數目更多。司馬相如的衣錦而歸，還是因爲卓文君的家中，最後對他們的私奔諒解，送了一份豐厚的嫁奩。即是拿寫了史記這部若干萬言的大書的司馬遷而說，其遭遇之不佳，盡人皆知，後來有了什麼科舉之後，文人似乎多了一條出路了。但是中魁者能有幾人，剩下來的一大批士子，改而習幕，成爲官僚的附庸了。

西洋的文人，過去的不用說，如英國詩人濟慈之輩，因苦潦倒。固不待言，拿近代成名的作家而論，其生活却甚優裕的。第一，他們的收入，除版稅以外，還有許多其他的名目：如：

改編電影權

預約撰稿酬金

無線電台廣播權

……………等等。

此外，文人成名之後，另由書店當局聘赴各地演講，徵收聽衆的入場券資，酌取一部，酬謝作者，收益亦甚可觀。美國名劇作家諾爾・攷華特(Neol Coward)嘗在小說集閃在一旁邊(To Step Aside)中，有一篇以文人爲題材的小說，稱作瘋狂的追逐在何物？(What Mad Pursuit?)。敍述一個成名的英國文人應聘赴美演講的遭遇。他坐在講究的汽車內，受到熱誠的欵待，後來應某夫人之請，至他們的寓所內小住。陳設精美，起居舒適。他又參加居停主主辦的集會，認識了許多名流，其中有名噪一時的女歌唱家，也有第一流的喜劇優伶。茶會中喧鬧異常，使他深感頭痛，終於乘人不備偷偷地溜走了，潛入他的臥室，以便舒舒服服的睡上一覺，不致下一天公開演講時，精神萎頓。可是他甫入臥室時。

「他開亮門旁的電燈，大吃一驚。伸手拍脚的躺在他床上的，是一個女人，正在酣睡中，他比較仔細的一看，他認得出是白朗加蒂女爵爺。她的黑色的衣服，皺成一團，她的頭髮，像緋色的草，散在枕間。

伊凡（即英國文人的大名）大爲震怒。他抓住她的肩頭，前前後後的猛力搖撼；她絕無動靜的繼續睡覺。他跪在床邊的地板上，對着她的臉高呼道：「醒來——請醒來」，她只用低微的唔唔聲回答這問話。他再度搖撼她。她的耳環之一掉下了。他拾起來放在床畔的桌上，站在那裏望着她。他的整個身體怒得發抖。他更來一次失望的搖撼，但是她毫不在意。接着，他顯出一種已下決心的臉色，大踏步走回起居室。他在半途遇到蓬或德（Bonwit 伊凡的友人名），正從圖書館出來。蓬或德說：「我的天呀，那裏的全個地獄都打開門了。」接着見到伊凡的神情說：「你遇到了什麼事？」

伊凡幾乎高喝道：「我的床上，躺了一個女人。」

蓬或德說：「我敢打賭，她是瑪麗·路·白朗加蒂。她常常會在某處睡去的——來吧——我們把她攆出去。」

他們一同回去。女爵爺已經翻身，臉向着上面。蓬或德在她的背後拍了一下她略略牽動。他更重的再拍了一下。這樣再打了幾下之後，她頓時翻身喃喃自語說：「走開，留我獨個兒在這裏。——」於是蓬或德將她捧至床的一邊，搖撼她。她睜開她的眼睛，惡意的對他看。她說：「替我讓開，你以爲你正在幹些什麼？」

蓬或德說：「貝貝，來吧。你要錯過一切了。宴會正在舉行呢。」

她答道：「活見鬼，滾開，留我獨個兒在這裏。」

蓬或德吩咐說：「抓住她的另一條手臂。」伊凡唯命是從。他們挾住她，邊鬧邊嚷的直入浴室。蓬或德在室內用一塊濕轆轆的海棉掩住她的臉；她尖利地喊了一聲，想舉手打他。最後他們把她弄進大廳，將她安放在一張椅子中。蓬或德拍拍手，好像他方才砍下一顆樹，說：「朋友，現在你沒有事了。」——見原書145—6

這一篇寫兩個客人，對付一位女太太是這樣的不客氣，正是瘋瘋癲癲的，此種通宵之飲的宴會，其目的究竟在追逐什麼。其後該英國文人雖能找到安臥之地，却輾轉不能入睡，結果仍從屋內溜走，走了幾哩路，碰見一輛貨車，將他載至車站，回到紐約。他才從車上下來，他所寄寓的這家旅館的脚夫來前迎接。脚夫遞給他一大堆電話的通知及一封信，他回入房間，拆開信一看，係另一家美國夫婦，邀請他去做座上客，保證他有安適而恬靜的生話，全篇至此而止，所謂「安適而恬靜的生活」正是另一次的瘋狂的胡鬧而已。小說如此收梢，具有無窮的諷刺意味。

以上將故事的內容說得較多，其實，正可見到西洋文人生活的一般，出入交際社會，終日的吃、喝、與談天，並不在富豪闊客的享受之下也。有一次，我對一位朋友說：「在中國是沒有資格寫文章的。只有在西方，才有一做文人的價值。」朋友說我有感而發，不錯，我的感觸是很多的。在人家面前玩弄兩個裝飾在錶練上的金洋錢，一定比向人家誇口說，某某一書是我的作品，更容易使人肅然起敬吧。

應寸照塑像

應寸照論

洪山道

應寸照是近年來崛起的詩人。

倘使心裏存着一個浪漫詩人的印象的人去觀察應寸照，那是一種錯誤，應寸照和別的人一樣，和我們日常所接觸的人一樣，他雖然不修飾，但他絕不使人討厭，他的黑色濃而粗硬的髮總是先潔而整齊，在一件黑邊的眼鏡後面有一對銳利的眼，這是一對可以叫人害怕的眼，第一次見面時您一定以爲他是個商人，至少我初次和他見面時的感覺是這樣。

那是在一個詩歌座談會上，應寸照是以這樣的姿態出現的，在席間他用着生硬得令人發笑的國語發表他的意見，他的口才並不十分好，但是他的聲調，他的緩慢有力的見解是足以引起在座諸人的注意的，　在說話的時候他成了一個學者。

從商人的外表和學者的談吐中我們不能忽略去應寸照的本有的詩人氣質，在每一個詩人的作品裏，我們可以看出當時的社會背景——一切的作家都是如此——郭沫若徐志摩王獨清是「五四」時代的代表詩人，在目前這一個時代裏，鬥士和隱士是兩重性格的存在者，正因爲在這一個時代裏，鬥士和隱士是屹然並立着的。

和新月派的盟主徐志摩一樣，在應寸照多量的作品裏，含有好些唯美主義印象主義的要素，和徐志摩一樣，應寸照是並不頹廢的，可是也並不積極，他是一個宇宙以外的人，他處身於遙空之中眺望着一切；當一個人正趨向於消極頹敗的途中時，他會伸出手來援引他出來，他不願看到被拯救的人的結果，應寸照是基於憐憫，同情的立場上去拯救他的友人們的，但他祇肯拉一把，　就這末一把——絕不拉第二把——而這一把的成効在他是並不顧及的。

正因爲應寸照有這一份詩人的氣質，他是傾向於極端自由的，然而人生許多的苦難使他學會了節制，使他懂得了使用理智，社會所給與他的迫害並不使他氣餒，也沒有激起任何報復的心理。他祇是默默的忍受下來，像一個買到了一件膺品的古玩家那樣加以分析和研究，等到打開這鑰門後，他就微笑了，他滿足於自己的多得到一點經驗。

應寸照是以商人的眼光去觀察世界的，對於這人生觀的解說我們不應該忘記應寸照在白天是一個商人，他是一個精明的商人，他自己藏匿於道德的觀念下却不勸阻別人，他跟弗羅培爾一樣：斤斤於道德底說教是惡的認識。雖然他的本意這樣，但他還不能跳出這一個圈子，他始終是被懾伏於道德的桎梏下而含有惡的認識的。

一個三十幾歲的中年人對於人生抱着這樣的態度！

「……生活是無可佈置的，但生命可以由自已佈置，您不能要求人們溫暖您。但可以自已溫暖自已……」

——來函之一

「……人本來不病其奢望的，但病在僅限於物質的奢望，局限在這個範圍裏便免不掉苦痛……

——來函之一

「……科學是冷酷的，但它還不比自己揶揄自己更冷酷。人的知能本當讓理智與情感並進，不可以偏廢一方面，所以這裏就需要着思維……」

——來函之一

祗求「自已溫暖自已」的應寸照是照着他的意志實行着的，他非但「佈置了生命」，而且還「佈置了生活」，當賺到一筆錢後，他將家庭所必需的留開，剩餘的便「溫暖自已」，可貴的是並不是市儈的「溫暖」，詩人所必有的浪漫氣息使他會在一個黃昏中將這些費了許多精力與口舌所掙得的錢化完：他並不奢望過度的物質享受，一盞清茶，一罐香烟，一個知友，這些可以使他娓娓清談過一個長夜的。

他不是個科學家，但却是一個富於創造力的園藝家，他會為自已製造一個小天地，一個小的宇宙，他認為一切事情都是基於各人主觀的不同，他認為一切都是享受，做只是享受，受到打擊也是享受。

將七八歲的孩子背負了比他體重更多三倍的米的事情作為「美」是一個殘酷，但應寸照是這樣做着的，他承認一切都是悲劇，因之一切也都是美，失戀是美，白髮老年人在街上求乞也是美；叔本華將人生看成灰色，應寸照將人生看成黑色，但在這過濃的黑色中却反映着一片紅光，猶如一個悲哀到極點的人反而會狂笑一樣。

徐志摩是傾向於玄學的追求，應寸照却是醉心於分析世界的追求，可是與徐志摩一樣，應寸照是並沒有完成分析世界的追求的，因為當他分析得越清楚，他也越感到苦惱，在煩惱到頂點的時候便免不了喊出近求哀求的冥想：

不教秋風着惱，
莫被黃花訕笑，
我要使用你的膏筆，
畫一葉紅芭蕉。

受你溫情三升，
還你相思一勺，
我要使用你的膏筆，
桃箋上寫詩。

廢墟同乎家園？
明月異於明鏡？
我要使用你的膏筆，
描摹壯士底心。

也許是主的恩寵，
也許是魔者的意旨，
我要使用你的膏筆，
劃個十字。

——紅色吟

他認識了惡，因之也熱烈的崇拜惡，可是矛盾的是他却恩懼惡，他痛恨惡，他想拯救一切人，一切不幸的人，可是那是絕對不可能的，於是他胆怯而又勇敢的喊：

「他們傾宇宙之師，
而我僅負此一隅。
以沉吟作呼嘯，
我身戰汗流。

仁者是我，
則他們全係不肖！
勇者是彼，
我自己到哪兒去躲？

我底憤怒的劍；
祇賸了劍把；
我的嘹亮的歌喉
已經沙啞。

持着貧弱的醜惡之柄，
我又做到了什麼？
憑此殘缺底美，
他們也決難信服。——
袒露周身的是非，
任他們去審視吧！
看究竟我和宇宙！
誰是英雄？

——宇宙和我

然而這一份胆怯而勇敢的喊叫底反應給與他的依舊是失望，於是他重復回到「溫暖自己」，他繼續美的追求，有一個時期他浸沉於燈紅酒綠場所，他爲要追求十全的美，自然世界上是沒有十全的美的，他祗能一部一部的尋找，他尋到甲的眉毛極美，他發現乙的眼睛美，他捉住了丙的手膀美，於是十個女人各部的美湊合起來成了他想像中的十全的美，他滿足了。（見「神的創造」）

他沒有怨恨，他是多情的，當女人給與他失望後，他却飄逸的訴諸於紙上：

「晚風裏我踐你的約，
讓我空守着黃昏；
榴葉下探尋你的行蹤
踏碎了黝暗的夢。

× × × ×

在夕陽身邊，

攜一條紅色的柳絲，
將用以繫我成束的
雨樣的沉思
× × ×
我去湖 待月，
從三十等到初一——
想不着，您在我走了的時候，
把嗔怪丟在門首。

在這首詩裏，我們看見應寸照是沒有見到他所約的人的，雖然他不抱怨，但是他却不能忍受誤解，他用了近乎賭神罰咒的發急聲調繼續寫：

「這愛之絮的包裹，
您和我，該誰去負荷？
只要大家同見見，
那黃昏底證人之面，」
——約（致琴梯）

在這些詩裏，我們可以看到作者是曾經費了多少時間去推敲詞藻的，作者盡力傾向於美，盡力使詩的字句整齊，在作者的詩中，我們看出作者是缺乏想像力，缺乏天賦的，而且受舊詞的印象極深，讀的時候有時以爲那是詞，可是這一些缺點却並不能掩蓋住作者的光輝，且看「仲夏夜之月」：

「仲夏夜，
簷邊掛出橢圓月，
葡萄底葉子刷上月的臉，
惹她周身顫。
× × ×
花間沒有酒；
提琴睡着了，
我摸索自己的影子，
撩破蛛蜘網。
× × ×
春宵去已遠，
秋夜的夢也踟躕。
看銀河堆積相思債，
教人難說話。
× × ×
仲夏夜，
藍空邊去橢圓月。
葡萄底葉子刷上我的臉，
惹我周身顫。

在這一首詩中，我們感到裏面包容了更濃厚的舊詩氣息，在讀的時候，甚至有窒息的感覺，但是這一些小的疵點是不是爲病的，它不能抹殺這首詩的優點，應寸照僅憑這一首詩，就足够在詩壇上佔一席地了：

應寸照並不以寫詩就作爲滿足了的，他還有詩論的野心，可是應該不客氣的說，他的詩論是幾乎毫無成就的，沒有系統和魯莽是最大原因，在那些詩論中，我們可以看出作者是並沒有下過苦功的，就是說，他的詩論都是出於偶然的，他在偶然的狀態下——最明顯的例子就是在朋友們寄給他的詩稿中——發覺了一點寫詩人易犯的錯誤，基於這一點發覺，寸照就完成他的一篇詩論，這是他的聰明，但也是一種錯誤，更可以說是一種失敗，他的熱心的指謫是值得感激的，但他却忽略了從事藝術工作者應有的認眞態度，正如看見了一堵黃牆就說它是座廟一樣錯誤，在這裏，我們應該請應氏改去他的疏忽和大意。

其次是時常改變他寫詩論的方法：一個詩人並不一定是個能寫好文章的人，寸照是詩人，他雖然能寫出極優美可誦的詩來，可是他的文章却是有些生硬和晦澀，他惟惟那些詩論不會引起人的興趣，因之想力避嚴肅寫得較爲輕鬆一點，以求一般讀者之瞭解但是他做不到好處，因之他在用譬喻的時候盡量使它生動有趣，在「杌隉的遭逢與咆哮」一文中，我們幾乎讀到了佔全文一半以上的一個譬喻，雖然這譬喻的結尾使我們發笑，但是在論詩的一方面却是失策。我們所得的印象是模糊一片，即使有一點點印象，可是連這一點點印象也給那一個龐大而有趣的譬喻都遮蓋住了。

應寸照並未能依照他的理想達到他詩論的野心，可是作爲詩人的應寸照他是値得爲他的詩而驕傲的。

爲了詩壇，爲了前途，應寸照應該跳出他底「幻想的小天地中」的！

九月二十日

* * *

伶俏與柔潤

應寸照

．曲的線條，讓它委婉而緩和地抒寫開去，這就成功了柔潤，用堅挺的腕力，以微冷而敏捷的方法勾劃出來的，它便是叫作伶俏了。

伶俏是伶俐而又是綽約的，柔潤則是體貼又有些嬌慵的，柔潤是溫的美，它近於淺淺的銀紅，而伶俏是涼的美，它有同乎最淡的藍色。

柔潤是春曉的花，它是綿蜜的，溫馨的，給人以一種甜舒舒的膩滑之感；而伶俏便和這個差異了，它是涼爽，端莊，峻秀而保留一種接觸的距離的樣子。它像海空底白鷗，像用最細的芽尖泡起來的清茶，又像是中秋夜的湖面。柔潤的感覺使人安心而不安心，而伶俏的韻味則是倒過來的情形，它使人不安心而安心。柔潤要使人的情緒微癢，而伶俏則會致人的意念堅縮。

柔潤是桂院的香風，伶俏是荷面的露珠，其溫涼的境遇不同，其寒暑的感應各異，前者是涼秋之暖，後者是居暑之寒。

伶俏像「維納斯」的彫像。簡潔清麗，柔潤如水都的晚裝，沉湎纏綿。

兩者的冷熱光色雖有顯明的差異之處，但它們都是輕而淡的，柔潤加重，要成疲弱，伶俏添厚，會作冷酷的。伶俏便是「燕瘦」，柔潤好像「環肥」，但瘦要不許露骨，肥當不見累墜，肥瘠不當，美乎何求？

風骨透露，近於伶俏，容顏婉媚，屬於柔潤。柔潤是鳳，伶俏是鶴，兩者俱失，便是鷄鴨了。

詩的追求，在其獨立的風格上，俱有「相稱」的願望，願望到達時，亦即是詩的部分的完成。我們不能隨便誣蔑爲「中庸之道」而便抹煞相稱的意義。當於柔潤得宜，伶俏適度之際，也可以說是達於相稱的境界。但是詩也決不能去限於一種的氣分之間的，因之，我們就不能將一種風格認其有多方面的極對性。

柔潤伶俏，是美的境界，出於別些風格的，也一樣有其境界，限於一格。嫌其苛刻，漫無章則，則容易失却相稱的設施。極對性是限於一格的說法，相稱的要求是要它更貼近於美。固執於一種風格的是美之偏見，沒有什麼境界的成立，而却以爲「新」的，這便不能免於杜撰捏造了。

既不柔潤，亦不伶俏，粗放嫌其無因，蘊藉又尋不出什麼究竟，象徵沒有端的，夸張不知成由，瀟灑懈重，縹緲嫌濃，朦朧見實，纖巧覺粗，纏綿不足，淡寫有餘，流動得有些滯澀，映照得有點晦暗，比春宵似乎太薄，比秋月彷彿欠明，心情黝涼而詞句佻撻，意念平靜而字面重累——這許多現象的發生，全都是詩之病狀。所以各別調治，實爲必要。你若聽信讒言，一下子使用了一劑萬應的「八寶金丹」，求其立時霍然，那事情的結果，眞有些不可猜測。

論到這裏，有些牽及題外了——我說伶俏柔潤，不過是兩種喀分軟硬的美之假設而已；把持得當，擬同梅蘭，安置失策，它們便是荊棘和蘆葦。這其間的出入，相稱與不相稱罷了。

——詩論百題之一

詩九家

中秋之夜

應寸照

今晚無月，
秋夜迷離了——
我的心也迷離，
眼也迷離。

黃花失色；
你如何歌唱呢？
就僅是
披了雲錦，
迴旋着身軀，
在這個失眞底晚上，
也顯不出猝閃之光。

我曾祝禱百回，
期望千次；
乃不意人間至美，
霧樣難捉。

我的眼迷離了，
心也迷離——
今晚無月，
卸却雲衫罷！

一九四四、十月

島上

烟帆

憂鬱島，是我心上的一塊雲，
描下在灰白的窗上，
與四處絕緣。

向海的深處
藍色的深處
我搜尋一羽銀色鳥；

向夢的深處
紫色的深處
我找尋一個青色的戀女；

向雲的深處
白色的深處
我探尋一株忘憂草；

無從尋覓。
呵，呵，我的痼疾難愈了——
我獨自生活在島上。

與四處絕緣
描下在灰白的窗上，
憂鬱島，是我心上的一塊雲。

九月杪。於蘇州。

悼

洪山道

您，您們，你們走了，
默默地，毫無留戀地走了，
沒有向一切，一切人說再會，
含着微笑，
像秋天的梧桐葉
飄在舖滿金黃色陽光的大地上，
你們的生命，
和陽光一樣發着金黃色，
披上有翅膀之羽衣，
殘酷地，帶着你們的青春，

去翺翔於另一個世界里：
教堂的鐘聲引導你們，
嘵舌的黃鶯告訴你們，
說在不遠處有什麽
「永生之天國」！

母親們——
在往日的晨窗下，
撫摸你們撫摸過的
呼喚你們，

空際有你們的氣息
你們的笑語。
一顆流星在天上劃過，
錯疑你們自遠道歸來了。

燈光熄了，
你們在黑暗里走動——
寂寞而生疏地，
你們在黑暗里摸索——
紅色，綠色的火花到處閃爍
，
那是不朽生命之跳動，

你，你們，你們走了，
默默地，毫無留戀地
美與聰敏
在死神的手裏破碎
啊！啊！
可驕傲的安息喲！

沒有人爲你們悲哀，
正如你們不說再會一樣，
寒冷地，冬天雪花下，
你的度着人生第一次「蜜月
」，

一九四四，十，廿八，

題像

俞亢詠

黑的眼珠，黑的髮，
古森林之夜；
白的衣裳，白的臉，
死之國的雪。

黑與白的中間，
沒有人的顏色。
黑是我的靈魂，
白是我的心。

我的心裏
冒着冰窖的白煙，
我的靈魂
看似魔鬼的陰影。
但朋友，別害怕：
我並不是魔鬼！
過去，我也有
美的顏容，像你。

（錄自「詩一束」）

啊

長江啊！
千萬年的心曲，
還吐說不完嗎？

海洋啊！
淚的總和啊！

星球啊！
宇宙的泡沫啊！

英雄與天才啊！
悲劇的製造者！

我啊！
幻想底國王。

地球

馬祖毅

立在另一個星宿上
看地球，也是
金黃的一顆吧？
我將當它
晶瑩的寶石，
透剔底珍珠，
一盞遠處的燈火
同樣地欣賞。
那會知道
有多少悲，歡，生，滅……
……
蘊藏在裏面呢？

月之戀

孫怡

貪婪的，
我戀上了今夜——
那不是十五的團圓。
明晚要是望日，
我也許會遺忘你的。
遺忘了你時，
請莫怨尤；
我害怕的
是十五夜的團圓。

世紀

謝野

世紀擺着季節，
那些多態的日子
和美麗的黃昏，
棄我而走了。

落雨的日子

蕭金

落雨的日子，
夢也難安。
窗下雨聲淅瀝，
疑是你遠地歸來。
我希望着有一次，
燈花結上兩個蒂。
但愛情損傷了我們了——
看長空劃過生命之殞星。
初秋的風，
吹上了樓頭，
忘却昨夜，
也忘却今宵。
四月的薔薇，
漸趨枯萎了。
想起年青的遠方，
我意念模糊。

一九四四，九，八日

無題十章

亢詠

序

「詩一束」出版的次日，我邀了詩友路易士，蕭雯，應寸照，田尾，楓葉，洪山道諸兄來我家裏舉行了一個小小的「酒話會」，「光化」主編離石老兄也承光臨參加，同時喜金芝兄恰巧從蘇州來，寸照兄代我也邀了來，這樣再加我和伊林恰巧十個，團團一桌，雖沒有好菜，却有茶，有酒，有烟捲，有說，有笑，有詩，有論，有詩人的集會所需要的一切。

茶酒之間，我提出了「組詩」的問題來。「組詩」是田尾，寸照，楓葉三位所擬的一種詩的體制，現在正嘗試着，雖然作品還只有三五篇，但已經顯露着絢爛的希望。我對「組詩」有極大的興趣。但是總覺他們「組詩一」「組詩二」「組詩三」的編號辦法不妥，要求能每一組都給命一個名，也就是每一組要給它加上一個題目。同時蕭雯要求「組詩」的定義。然而田尾等他們三個兒都以爲暫時不能對這個問題，有所解答。論爭的話很長，容後另文以記之。這裏是「無題十章」的序言，似不宜寫蕭伯納式的過於冗贅的話。

可是當時的論爭的確激起了在座者共同的熱烈的情緒。彼此間發生了一種「詩的共鳴」——那是「組詩」的精髓。那時大家都已酒意闌珊，路易士首先發覺的這個「共鳴」已經有存在的感覺，接着我就大胆提出大家來寫一篇「大組詩」的建議。但以「組詩」意義的還未確立，就改作「無題十章」了。

「無題十章」既寫成，大家傳誦了一遍，都還認爲是沒有什麼大過不去的地方，但當然沒有人敢說我們那幾篇東西是怎麼成功的。成功豈是那麼容易的事！

離石素來不寫詩，今天舉筆寫來，便是絕唱，不能不說是今天的小酒話會中的大收穫。或者與其說「收穫」不如說「發現」——離石老兄的詩才的發現。

他說「暮鼓晨鐘便是亢詠」，我眞恨不到哭倒在他老先生的脚下！知音難逢，知己更不易求，啊可惜我當時沒有灌足够多的酒！我祇緊緊地握了一把老先生的手。

一九四四年十月十五日下午於亢詠家

田尾：

大哉，
酒之薄暮，
千金裘
何所惜！

楓葉：

再親近你一次吧，
酒！
年年逞雄，
獨快今朝。

應寸照：我未醉，只覺……
走在你的前面，送你，
像一樁難爲情的事情。

喜金芝：有醉意了，
爲何裝作坦然？

蕭　雯：醉者夢着，
醒者也夢着；
夢那一天醒呢？

俞亢詠：蓬蓽生輝，光輝中
我意識着灰暗在門外，
夜鶯歌唱着，
飛向門外的灰暗去。
等屋內的光輝猛烈地放射！

伊　林：恍惚中看雲；
雲間有一羣可愛的羊羣。
我的詠在其中。

洪山道：牧羊的人們，將
銀色之笛投于
愛者底懷中。

路易士：絕對清醒，
是即眞醉。

離　石：詩何解？
寺言也。
寺何言？
暮鼓——晨鐘；
這便是亢詠。

贅言：本刊創刊號已經宣佈暫不採用新詩，殊不知暫得太暫了。在第二期就採用新詩，這並不是我參加了亢詠先生的酒會，喝了酒而改變初衷，實在是我對於這一羣詩人發生了「愛情」。

他們太天眞，直率，在這幾年來是我所不曾見過的一羣，新詩我實在不懂，這一羣新人，我實在太愛了。現在我知道他們是爲詩而詩的人。在今日的文壇，這樣忠實於詩者，他們是難得的一羣。

應寸照先生的詩論，是未可厚非的，假使每一首新詩都合乎其論，那麼新詩也未可厚非了，因此我們決心採用他們的新詩了，這也是我愛他們的一種表現。

至於我，那天在末後不能不寫出那幾句話者，爲了湊趣，遣情，只能說是拆字先生的拆字玩意，絕對不能說是「詩」。然而亢詠先生還要捧我幾句而曰：「發現」，實在罪過罪過，我千萬不敢冒充詩人。

我却在十人中有了「發現」，便是亢詠的太太——伊林那一首詩中有句云：「我的詠在其中」的「詠」字用得眞好！它是二意而雙關，不知詩人們亦如我這樣「發現」否，喝了好酒，又讀好詩，是人生一大樂事，尤其是在「大時代」中。所以該再謝謝主人亢詠與伊林。

——離石

「梅花夢」及其它（劇評）

冷凌・無忌

前記

這一月來上演的劇目共計七個，「梅花夢」與「長恨歌」是歷史劇，而且已經第三次演出了，這二戲雖然是「舊戲新翻」，但可說是這一月內最合乎理想標準的戲，「一個戲的演出次數愈多，愈可以證明他的藝術價值，這是不會錯的。「金小玉」「紅菊花」與「新秋海棠」俱是實寫伶人逸事的戲，自從秋海棠賣座美滿之後，於是這般鴛鴦蝴蝶派作品，幾乎充滿了整個劇壇，這種同一類型而不同技巧的作品，實在化錢去看戲有些寃枉。「海葬」是創作，但作者的觀念太傾向於宿命論，因此思想不免歪曲，劇本中的鬼出現，未免有些近乎提倡迷信之嫌。「天羅地網」是陳綿翻譯劇，原名「緩期還債」，他的主題是「天網恢恢，疏而不漏」，「善有善報，惡有惡報，若是不到，時辰未到」，這種宿命論觀念的作品在思想講上，是舍有大量毒素的，他的中心思想，應該是被貶議的，然而這次演出已經是第三次了，第一次是「中旅」，第二次是「藝光」，演出成績當然二次超過首次，並且由於音樂配奏，更能輔佐劇情，然而這次「聯藝」的在「麗華」演出，一則因為舞台太小，佈景簡陋，二則沒有指定導演，音樂配奏，所以演出成績遠不如「藝光」時代。「歷史是前進的，是進步的」！倘若一個戲的重演，而沒有把握可以使他超過從前，那還演它幹嗎？

梅花夢

「長恨歌」與「梅花夢」雖則同樣是一個歷史劇，但是歷史「長恨歌」的時代背景與「梅花夢」不同，一個正在唐代極度動盪的時期，而另一個却正是清代承平之世。就內容論，「長恨歌」裏只是些「不愛江山愛美人」的不正確的戀愛觀，而「梅花夢」可不同了，就因為「梅花夢」是文學家譚正璧先生的原著，所以處處都從歷史的觀點出發，一切都是十二分合乎情理的。尤其台詞方面的輕鬆抒情，劇情方面的詩意幽靜，都是「出類拔萃」的，而況在一般庸俗作品濫竽充數在整個劇壇裏的時候，「梅花夢」無疑是「鶴立鷄羣」的一盞黑暗裏底明燈！

當滿清入關之初，由於一般遺老志士們的支持，所謂「國家觀念」，「民族思想」還能勉強樹立，然而日子久了，對於這一點也漸漸地遺忘起來了，後一代的人民根本不知道旗人是仇是敵，因此到彭玉麟這一代固然他明知道天下是滿人奪的明朝的天下，但是久而久之也不以拖了條辮子為羞了，相反的求功名，「升官發財」，「國家興亡，匹夫有責」，在他都認為是「理所當然」的份內事，倒是梅仙他能够深切地理解「長毛」原是「革命」，他不願意玉麟去殺害他自已為國復仇的同胞，但是玉麟究竟爲了利慾薰心，以爲她僅僅出於「戀戀不捨」的「兒女私情」竟因此不顧一切的走了，臨行說定了四年爲期。不料在離別後的第二年裏，梅仙就鬱鬱而病的亡故了！這等於一下「死諫」，一枝最後一筆的拆枝梅花，點醒了圄居名利圈內失去了民族意念的玉麟，由此他逐漸「百念俱灰」了，決意拋棄了高官顯爵到家鄉去啃老米飯，至於末了因岳二官而滋長出來的一段故事倒是次要的一點。最重要的就是梅花夢並不是一個「卿卿我我」「郎情妾意」的戀愛戲，然而却能够在嚴正的主題下穿插進無妨劇情的「羅曼諦克」氣息去。

「梅花夢」全劇以第三幕最爲風趣，第四幕人亡物在觸景生情的一段悲劇氣氛最濃，第一幕似夢非夢的幾節台詞十分緊湊。做夢時恍惚迷離的描寫更可以顯得彭玉麟對於梅仙關懷的眞切。

導演竭盡「美」的能事，一切唯美化的演出，畫面、構圖、都有詩意的旋律。節奏高潮處理得很好，就是喜歡在悲劇氣氛極濃的時候，湊以風趣人物難免破壞劇情連貫，不過也許這是費穆的可愛處。總之，梅花夢能够做到淒清這一點已經難能可貴的了？

演員大都老年勝過少年，這是一個比較特殊的現象。以演技論喬奇的彭玉麟最好，碧雲的梅仙沒有岳二官好，路珊的鄒氏潑辣的風度頗妙，雷鳴的周師爺能够做到不火，夏蒂第四幕比較有成就。只是林易較差。

最後，「梅花夢」是一個值得推荐的好戲，這裏我們也許可以爲它替消沉的劇壇投下一線再生的希望。

長恨歌

「長恨歌」原名「楊貴妃」，這次已是再度公演了，關於劇本早有定評，不容我再嘮嘮叨叨來浪費楮墨。費穆是擅長寫抒情戲的，「長恨歌」充分發揮了他的天才，劇本中動作多於台詞，許多場面多是利用音樂及細膩動作來抓住觀衆的。梅妃這一個角色台詞並不多然而戲却很重，長生殿雖則是二三句詞兒但是已經把梅妃哀怨的情緒刻劃得相當得體，這也可說費穆的導演技能是遠超他編劇的。

劇本寫得最成功的是長生殿跟馬嵬坡，長生殿的旖旎風光，馬嵬坡的失意驚慌，費穆是善於應用地位和舞台技巧的好編導，因此使觀衆一些也不感覺枯燥沉悶，這是很不容易的。音樂幫助了製造不少舞台氣氛，有許多的場面完全靠音樂來控制，舞台戲的，這使音樂產生了很大的效果。長生殿七夕的雙星似有商榷的必要，天幕上祗有「牛郎織女」二星太單調，或者可以在很多星裏面把它顯得特別亮。這次尾聲的刪去也不知何故？

劉瓊「演出」的唐明皇很穩健，最可取的是馬嵬坡一場內心的控制，表演得最成功，李慧芳的楊貴妃並不像想的使人失望，除身段太長外演出成績尙稱美滿，比起白玉薇來似乎高明得多，葉明的高力士在馬嵬坡一場年老緩慢的動作演得很神似，王琪的梅妃哀怨善妒，充分暴露了女人自私的心理，夏芒與仲夏的驛官驛卒滑稽突梯，誇張得恰到好處，方明唸詞太模糊，演李林甫很使人失望，其他演員尚稱職。

金小玉

苦幹劇團在滬尚稱「前進」，公演的劇目都在水準以上，並不以低級趣味來號召觀衆這是可喜的，可是這一次不知爲什麼也「趨炎附勢」趨向時尚，公演這種曲折纏綿的女伶外史起來了，也許是李健吾先生太愛好女肯的緣故吧？「雲彩霞」後一而再的寫「金小玉」，固然在技巧上「金小玉」是超過「雲彩霞」的，它不像雲彩霞那樣漏洞百出，使人難以相信這些故事是眞的，「金小玉」雖然這種破綻是沒有了，然而整個戲太戲劇性，除掉第一幕外，整個戲使人緊張得透不過氣來，一個戲應該有讓觀衆調劑精神的場合，不然觀衆緊張得神經麻木，到最高潮處還有什麼效果可言。李健吾先生是不能「忘我」的，因此他的戲每次把自已的思想插入劇本裏，金小玉也不能例外，他像其它劇本一樣是表現他的個人世界觀，——革命的浪漫主義，因此中間人物都是「羅曼諦克」的，范永立這個人物他正像「雲彩霞」裏的辛愛黃台德一樣，是作者的理想英雄，空想人物，既革命而又熱情的角色，因此往往全憑幻想而創造出了不正確的途徑來。

「金小玉」的導演是聰明的，他的整個戲的地位，都是那麼的優美，每一場戲都有條而不紊是令人可敬的，尤其是二三個人的單獨場面，處理得一些兒也不單調，王士琦與金小玉在客廳裏的對話導演充利分用了他的舞台技巧，第四幕的金小玉殺王士琦，王士琦被殺進去再出來，使他有化裝的機會，也是很聰明的地方。

演員中石揮的王士琦是最成功的一員，他是那麼令人覺得可憎可厭，把軍閥時代一個奸詐的老粗表演得活龍活現。丹尼的金小玉內心表情很細膩，把一個善妬，熱情、怨恨的女伶身份形容得維妙維肖，劉基的范永立唸詞缺乏青年的活力，因爲台詞糢糊，口齒不清，反而好像年老的人物，動作倘不錯。白文的孫言祥無論唸詞動作都顯得很老練。企洛的莫同太軟弱，簡直使人失望到不可原諒。

末了，「苦幹」是一個苦幹出來的劇團，我認爲不需要步人後塵「裝腔作勢」的去「嬌揉做作」挑選一些着重生意眼而不值得演的戲，來化了這些極大的人力物力資力來搬演，像「金小玉」要是不揣冒昧的談一句，未免太嫌浪費！

紅菊花

「紅菊花」的寫作是模倣吳祖光的「風雪夜歸人」的，尤其是後台的描寫幾乎完全是拿「風雪夜歸人」做了藍本。劇作者邵芭他的主題想寫出一個京劇伶人的墮落，及上海社會容易受物質的引誘而自毀想教一般名伶看了具有一種戒心，可是也許是作者的對於戲劇寫作缺乏研究，因此整個戲缺乏戲劇性，絲毫看不出編劇的技巧，幾處高潮處也被作者技巧的劣拙，輕輕地給他斷送了，因此全劇完全在平淡中過去，這是很可惜的！

作者對於後台的生活是相當熟悉的，因此像七歲丑、王管事、李二爺、這種人物都是活生生的典型，可是他因爲太熟悉於此道的緣故，所以劇本往往太描寫這些另碎的細節，如京角兒的搭架子講條件等都是些浪費筆墨，劇本中描寫最失敗的是第四幕，一些也抓不住觀衆的情緒，台詞太瑣碎，末了黃月亭回來的場面，作者顯得不够强調，因此好像這一場戲有些「畫蛇添足」，花彩舫這種善良的妓女，作者似乎太想理了，這種人物現實是不可能有的。

導演吳仞之是相當老練的，第一幕花彩舫與吳大帥的談情場面漸移至另一室相當聰明，第三幕的後台，黃月亭被毀回來踢金菊花地位，是曾經下過一番苦心的。

舞台裝置第一幕利用舞台地道以表示樓上，是改良舞台裝置的新型作風，值得稱贊的。

全劇最成功的是馮喆，他的李二爺一舉一動恰合身份，不過也許他受「風雪夜歸人」的影響，因此整個戲有點像丁力的李蓉生，一個演員最可貴的是創造，雖然馮喆的李二爺已超過丁力，但希望他以後能自創典型，則前途無量。沙莉的花彩舫把妓女及趙月亭太太前後二種改換身份的人物，演得相當成功。衛禹平倘脫不了「風雪夜歸人」作風，幾乎分不清是二個角色，唸詞太軟，使人聽了肉麻而膚慄，范平的王管事很稱職。

「新秋海棠」的演出太形多餘，無論在那方面講都不够水準，這種題材原是不值得去演出的，因此無論你化多大精力，也不能把這種鴛鴦蝴蝶派作品寫得非常美滿。「中旅」的演「新秋海棠」也許是生意眼吧？但我想賣座也不會佳妙的，因爲這些觀衆早爲「秋海棠」「雲彩霞」等戲搶光了！

「中旅」在話劇史上是有他光輝的一頁的，可是近來似乎漸漸地衰落了，他已經不能再負担推進劇運的任務了，走上高等文明戲的途徑是容易使觀衆裹足不前的。

幾年來的「中旅」因爲主角制明星剧等不合理的制度使一般眞正愛好藝術的靑年漸漸離開他去了，這是非常可悲的！不過假使他能痛改前非還是能挽回他以前留給社會的信譽的。

天羅網地

誠然，「天羅地網」是一個好戲，一個眞正表演內心的戲，不過這僅就他的編劇技巧而論倘若要談到他的主題，我們不能不爲他抱着十二分懷疑，戴耳先生爲什麼一定要替它套頂「天網恢恢疏而不漏」的「因果」的大帽子呢？

「善惡到頭終有報」，不錯，我們要讓這個世界平靜，就得把前世界所有的一切歹人全都剷除乾淨，但是這是應該應用一種科學方法來啓發的，我們不能够太去相信命運或者上帝（菩薩），「天理循環」「因果報應」都少總得帶上點迷信的宿命論調，我們爲什麼不去求之於活生生的有肉有血的人而一定要去依賴那些「不可捉摸」「彷彿迷離」的命運呢？

一個戲的演出對於社會有着莫大的影響，所以編製劇本必須要根據現實的情形，切合社會的需要，更必須含有提示現實糾正社會的意義，除此之外，並且還要加以評判兼取捨，對於一切有害社會甚至風俗人情的地方應該加以無情的撻伐，我們不能用藝術去湊合劇情，應該用劇情來烘托藝術，思想歪曲觀念錯誤的對劇都是對於觀衆有殺害嫌疑的。不值得重演！

導演雖然排名集體導演，實在是抄的佐臨的老文章，好評在前，不容多說。裝置退步，音樂效果缺乏，是不好的現象。

演員方面張伐與前次一樣，陳璐演技不逮丹尼，王薇的愛蘭尙適合，費茵也還稱職，總之要是沒有看過初演的話或許會使你感到刹時的滿足，否則也許你會驚奇時代的退縮！

海葬

「海葬」跟「晚宴」一般同樣是屬於着重技巧方面的作品尤其文藝氣息的奇重，而質的方面又跟莫爾柰的「李蓮矮姆」曹禺的「原野」馬勞威的「浮士德」歐陽予倩的「潘金蓮」有着部份的相同。就意義方面從「鬼出現」「狗哭」以及「天理循環」等等又跟「天羅地網」的宿命論觀念同樣有「異曲同工」之「惡劣」，況且有些地方有過之而無不及。

據說石華父先生是一位崇尙古典主義者，所以難免間或有些「冬烘」的透洩，甚至從哲理上科學上看來都是涉於「狗屁不通」的地方，但是我們不能一筆抹煞他的全部功能，雖則「海葬」裏時代背景糢糊超現實的地方太多也是很成問題的，不過大概這是由於作者沒有打算正視現實，因此只懂得了所謂藝術的表演，而忽略了對於現實的認識，但是這些都是可以逐步把他來糾正尤其技巧方面的成功，以及台詞方面的順口，這是寫劇的基礎，意識觀念的錯誤只要能懸崖勒馬，未始不能成爲一個成功的劇作家。

導演朱端鈞的作風一如過去，不過比他的「雲彩霞」進步多了，這是無容否認的最顯著的是大場面的處理能够避免給人零亂的感覺，最好的要算第四幕請客那一場的畫面組合，構圖是那麼地清麗！後來哭訴一場情調也安排得相當好，再有大夥去捉穆三，見了穆三反而退縮不前的情形，很可以襯托出穆三的英雄，而更強烈的對照出劉四這一羣小人。介紹穆三進場應用魚鑑先進場，來表示穆三粗魯的性格很適當。九姑推到何九牌位的小動作也相當妙，總之他的細膩手法已經在這裏發揮無餘了。不過末一幕盡用裝置來炫耀觀衆反而把壯烈的劇情氣氛……一切都破壞了，所以裝置應該留心「喧賓奪主」的地方。再有劇本不合理的場面，雖然說應該尊重作者但是對於「鬼出現」的情形未始不可删去它。

演員以穆宏的穆三最好，幾個粗線條的動作很粗魯。沈浩的發音很好，孫景路把妒忌跟潑辣混爲一談了，芷君的一副可憐相很好，胡小峯國語太差。

再要特別指出，是沈浩在舞台上，什麼都有能耐，發音準確之外。態度非常自然，化裝也無懈可擊，是以她在這個戲中，可以說到了爐火純青之候，幾次見過她的演出，都是使觀衆讚不絕口，她的成功，當然不是一蹴而跋，有其刻苦的修養。

契科甫逝世四十週年祭

楊絢霄

被托爾斯泰以及他的同胞稱爲俄國莫泊桑的安頓・柏芙羅維基・契科甫（Anton Pavlovitch Chekhov），以一九〇四年七月二日病逝於德國的巴頓偉拉（Badenweiler）；屈指一算，到今年已經有了四十年。那末，以一個生平愛好契氏作品的我，趁着這位文壇巨匠的四旬死辰底機會來對他的生平和作品加以系統的申敍，我想該是「義不容辭」的吧。

在俄羅斯南部的德甘羅格（Taganrog）城裏，有條平靜的，滿舖着綠草的街道——修道院街。在那些街屋當中，可以看到一座小巧的，兩層的樓房，上面掛着一塊：「移住民柏芙耳・奄果羅維基・契科甫」（Pavel Egorovitch Chekhov)的牌子。柏芙耳・奄果羅維基・契科甫是安頓・柏芙羅維基・契科甫的父親。在這座樓房裏，安頓・契科甫度過了他的童年。

契科甫的一家，向來是以農爲業的。安頓的祖父是契爾脫苛甫（Chertkoff）家裏的農奴。由於孜孜不倦的工作，他積起了四五千個盧布，而在一八四一年——約在農奴制廢止前的二十年——他就以那筆欵子贖得了他全家八口的自由。於是他們便從伏查尼士（Vozonezh）移居到南部來，而安頓的祖父就在離德甘羅格城不遠的柏拉吐甫伯爵（Count Platov）——一八一二年戰爭的英雄——底莊園裏充當管事。

安頓的父親是德甘羅格城裏某家店舖的夥計。具着他父親等樣堅忍的毅力，在他逐漸集貯了足量的欵項之後，便在修道院街上開設了一家小店。在那時候，他已經和德格羅格城裏某個布商的女兒名叫友琴妮・莫羅莎甫（Eugenie Morosov）的結了婚。在一八六〇年的一月十九日，安頓就呱呱墮地了。除了安頓之外，他們還有四個兒子——亞歷山大（Alexander），尼古萊（Nicholay），伊凡（Ivan）和密基爾（Michael）——和一個姑娘——瑪麗（Marie）。在這小小的家庭裏，他們過着一種古板的，端肅的，傳統的生活。父親是用嚴厲的手段來訓導他的兒子的，他教他們對於上帝應該敬畏，同時更強逼他們和教堂以及儀典保持着密切的關係。父親對於教堂的音樂具有深刻的認識以及熱烈的愛好，而當這些孩子長大的時候，他就把他們組成了一個唱歌班。

父親對於這些孩子所施的嚴格底宗教約束並不能從他的兒女身上獲得他理想的効果。「當我憶起我的童年」，後來安頓曾經這樣寫道，「我總感到牠對於我似乎是相當陰鬱的。我現在已經沒有宗教了。當我的兩兄弟和我在教堂裏歌唱的時候，人們一面帶着欽羨的神情望着我們，一面却嫉忌着我們的父母——但我們却全都覺得象是一些小小的，罰在帆槳紙身船上划槳的囚奴似的。」

宗教的薰陶祗有一個良好的收穫，這就是：聖歌之美麗的字眼和意像深深地灌進了年青的安頓底心靈裏，同時，更使他充分地吸收得豐富的俄國文字底靈感，這些都在他日後的作品中鮮明地流露出來。

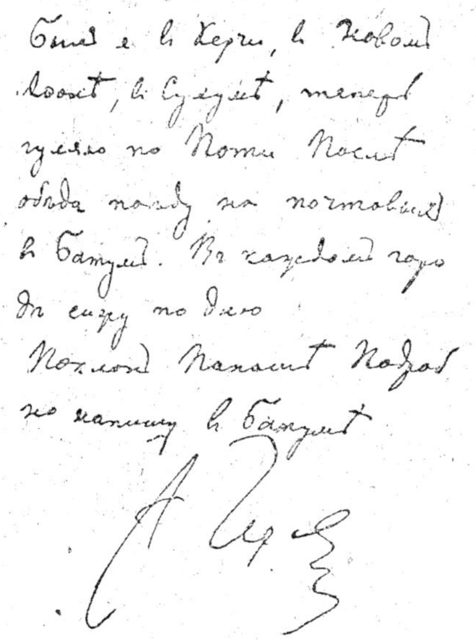

契柯甫的手迹

（是安頓·契柯甫在1888年寫給他之弟伊凡·契柯甫的信底一片斷）

安頓是在一個教區學校——在德甘羅格的郊外——穫得他的啓蒙教育的。在那裏，他和一些小職員，水手和勞工的兒女厮混在一起。教師是個希臘人，一個學識譾陋的粗魯漢，他老是不惜採用任何殘酷的手段來笞撻他的學生；所以在那個學校裏唸書是並沒有什麼興趣的。「我沒有童年」，安頓一再地對他的朋友這樣說。

在離開這所教區學校之後，安頓便給他的父母送到一個文法學校。那時，他還是一個遲鈍的，笨拙的，大頭的孩子；他的同學給他取了一個「爆彈」和「牛頭」的綽號。他雖不和他們接近，也沒有什末要好的朋友，不過，他的同學却一般地非常愛顧他；這或許是因爲他那不變的和藹，他那兩頰的酒窩以及他那親切的微笑吧。

當安頓升到較高年級的時候，他就有了一個巨大的轉變；他變成了一個活潑的，幽默的青年，一個各式各樣嬉謔和智巧的創造人物。笑話，詼諧，——這些特徵後來曾經一度搬到他的作品當中——開始象一股瘋狂的噴泉似地噴射着。他在圖書館裏發掘着許多有趣的故事，然後就在同學面前高聲地背誦起來，引得全體同學鬨堂大笑。他還慣於做那非常巧妙的鬼臉，並且還能變換他的嗓子而使別人辨不出來。

在文法學校較高年級的時候，他便開始對文學作最初的嘗試。那時，他除了在「小星」（Little Star）——一個由學生撰述並編輯的刊物——上發表的作品而外，同時更常涉足劇場並努力於法國戲劇的探究，所以不久他就完成一個名叫「無父」（Fatherless）的劇本以及一個名叫「雞雞歌唱不是沒有意義的」（Not for Nothing did the Chicken Sing）底輕喜劇。據他的兄弟密基爾所說：「我曾經把這些作品保存了好久，但當安頓經過畢業考試而來到莫斯科之後，他就把那個劇本撕得粉碎，但卻把那輕喜劇檢藏起來。我不知道那個輕喜劇的日後命運。牠或許在安頓之不斷從某地遷到某地的時候散佚了。」

那時，契科甫一家的命運眞是顚沛到了極點。父親的事業漸趨凋零，到一八七六年就全部失敗了，他甚至把他的房子和店舖都讓給別人。於是這個家庭——除了安頓之外——就遷移到莫斯科去住，而安頓卻仍然留在德甘羅格的文法學校裏，爲的是要修畢他的學程。

在莫斯科，安頓的父親便在某家批發店裏暫時容身，不過因爲每月的收入祗有五十個盧布，單拿這菲薄的薪給來贍養他家裏的兒女已經感到捉襟見肘，自然無法再能供給安頓的生活費了。在這種窘迫的經濟狀況之下，安頓在十六歲那年就開始做家庭教師來賺得他的麵包和牛酪。在一八七九年畢業之後，他就考入莫斯科大學的醫科；同年冬天，他便從事於職業的寫作生涯。他的第一篇小說「給我底博學的鄰人底一封信」（A Letter to My Learned Neighbour）是以「契孔脫」（A.Chekhonte）——這是他在德甘羅格文法學校較高年級時某個宗教教員送給他的綽號——的筆名在「蜻蜓」（Dragon Fly）日報——是一種專供普通人們酒後茶餘閱讀的幽默性底報紙——上發表的。據他的兄弟密基爾說：「我記得他（安頓）是多末焦切地等候着那位編輯在這報紙底「信箱」欄裏的回信呀。這回信迅速地來到。「並不很壞；我們鼓勵你作更進一步的努力。」從那時起，安頓就過着窮文士的生活了。我以爲這篇「給我底博學的鄰人底一封信」乃是以我祖父給我父親的那封信作藍本的。安頓在一八七八年曾把那封信謄抄一遍，現在（一九二三年）牠還保存在我的姊妹瑪麗那裏。

那時，契科甫一家是住在莫斯科的德拉哥芙卡區（Drachovka）的一間地下室裏。安頓是在一種極不適宜的環境下進行着他的工作的。「我在非常可憎的情形下工作着，」他當時在某封信裏曾經這樣寫着，「擺在我面前的是我的『不學無術』的工作，殘酷地毀滅了我的良心。在隔室裏有個親戚的孩子正銳聲絕叫着；在另一房間裏，父親正大聲地把『

感動的天使』(The Impressed Angel) 唸給母親聽。我的床鋪給一個新近來到的親戚佔了，他老是走到我的面前，和我談着醫藥上的瑣事。這眞是一個無匹的環境呀！」

在一八八二年，彼得堡幽默報紙「奧斯科爾基」(Oskolki) 的發行人拉金 (N.A. Lakin) ——著名的幽默家——來到莫斯科訪問他的友人柏爾明 (L.I. Palmin) ——詩人。當他們倆坐在一輛單馬車裏，他們瞧見了一個長着長頭髮的學生正在行人道上閒蹓着。「他是一位天性穎悟的人兒」，柏爾明對拉舍說。「但他是誰呢？」拉舍問。「他是契科甫；你應該請他爲你的「奧斯科爾基」寫些稿子。」於是拉舍便請安頓担任他報紙的特約撰述。這種邀請自然使安頓覺得非常興奮。這時，安頓的作品就不[illegible]專在「聊博讀者一粲」的目標上着想；從他筆下寫出來的文章不時地流露出他日後的作風。可是這些努力却得不到什末鼓勵。他要是忘掉了「說笑」的任務，他就得向拉舍道歉，辯明並請求他的諒解呢！

那時，契科甫一家是全賴父親和安頓來維持的，不過，安頓在鬻文上所獲得的稿費却極有限，而即使是這些微薄的酬勞，也還是由他向他的編輯先生乞得的。有時，當他向編輯領取三盧布的稿費的時候，那位編輯甚至不給他現款，他會對他提出如次的建議：「或許你是喜歡一張戲票吧！或者是一條新的褲子！到某個裁縫那裏去做一條褲子吧，記在我的賬上好啦！……」試想他當時的生活是如何的潦倒和困坷！他不時地向他的友人告貸——五個或是十個盧布——而且還得典質他的東西！「那種象牙痛般糾纏着我的疾患眞是足够殘酷呀！」他時常的他的朋友這樣訴苦着。

到了一八八四年的春天，安頓的處境更是困難。他一方面旣不能中輟他的寫作生活，一方面更須預備大學的畢業考試。當他在五月間考試及格之後，他就帶着他的文憑，陪着他的全家，到伏斯嗒理遜斯克 (Voskressensk) ——一個近於莫斯科的鄉鎭——去銷磨那酷熱的暑天。安頓的兄弟伊凡是在這個鄉鎭的某個小學校裏掌敎的。在這個鄉鎭裏，還駐紮着一個砲兵中隊，隊長是梅依芙斯基上校 (Colonel. B.I. Mayevsky)，他是一個生氣勃勃而善於交際的人。那位著名的戈羅克伐斯吐甫 (Slavophile V.D. Golokhvastov) ——他的妻子是專爲彼得堡和莫斯科的國立劇塲編撰戲曲和喜劇的——也住在那裏。伊凡除了在學校裏敎書之外，還兼任梅依芙斯基家裏的家庭敎師，所以由於梅氏的介紹，他就和那些砲兵中隊裏的軍官以及那些常來伏斯嗒理遜斯克歇夏的莫斯科文人締下了一種深切的友誼。同時，安頓也就由於伊凡的關係而認識了這些人物，特別是梅氏的家庭並他們的兒女愛妮 (Annie)，松耶 (Sonya)和奄理奧斯卡(Alioska)更是安頓日常親近的標的；後來安頓就以這些題材寫成了一篇名叫「兒女」(Children) 的小說。此外，他的劇本「三姊妹」(The Three Sisters) 也是利用他在那裏所獲得之關於軍隊方面底生活情狀爲背景而撰成的。

離伏斯喀理遜斯克約莫有一哩半路，有所叫做契基諾選區醫院，院長是阿查思吉耳斯基(Dr. P.A. Archangelsky)。他是以他那卓越的治療術而馳名遐邇的，所以一般醫科學生和年青醫生大都歡喜投身在他的院裏，協助他爲病人服務，藉此以增加他們在治療上的經驗；於是安頓也便仿傚着他們，自動地前去効勞。不久，他就和阿查思吉耳斯基醫師成了莫逆之交，同時更使安頓和那些農夫以及庸醫有個密切接近的機會。那時，有位名叫奧斯本斯基（Ouspensky）的醫師，也常從桑尼果羅達（Zvenigorod）到這醫院裏來。有一次，他對安頓說道，「聽着，安頓，我正要告假回去，但却沒有人接替我的位置。做一個好人，代我做事吧。我的拍拉格耶（Pelagaya）會照拂你的。這把六弦琴是送給你的。……」安頓欣然地答應下來，於是他便帶着他的兄弟密基爾一同前到桑尼果羅達去。這座小小的城市離伏斯喀理遜斯克大約有十五英里，而且是這一區域的行政中心。他在那裏，除了診治病人之外，更兼任法院裏的醫學顧問，專司驗屍的任務。這些工作使他得能直接接觸到鄉村的生活，擷集了豐富的寫作題材。無疑地，他在伏斯喀理遜斯克和桑尼果羅達所消磨的歲月在他整個的寫作生涯中實在是含有非常重大的意義的。他憑藉他在桑尼果羅達所感受的印象而寫成了許多小說——「屍體」(The Dead Body)，「驗屍」(At the Inquest) 等。此外，他的小說「書記考試」(An Examination for a Clerkship) 也是以伏斯喀理遜斯克的郵政局長奄達理．約甫果理基 (Andrey Yeggorych) 爲內容的核心的。

在一八八五年，安頓．契科甫終於走出了「奧斯科爾基」以及其他足以埋沒他天才的出版物底圈子，踏上了眞正文學的康莊大道。一八八三年，安頓在給他兄弟亞歷山大的信裏，曾經談到他爲那些幽默報紙寫稿的事情，他說：「我處身在他們中間，我爲他們工作，我和他們攜手，同時，我又站得遠遠地談說着，髣髴一個扒手似的。我傷心並且相信遲早我是會隱遁的。……我不會就這樣死去。這是暫時的。……」

在一八八五年，安頓經拉舍的介紹，被「彼得堡報」(Petersbury Jazette) 聘爲特別撰述。在這個刊物上，他發表了他的小說「馬般的名字」(A Horse-like Name）和「獵人」(The Huntsoman) 等。這些小說不但獲得了廣大的讀者，同時更出乎意料地受到了當時文壇碩彥格理果羅維基 (D.V. Grigorovitch) 的譽揚。翌年春天，格氏就寫了一封信給安頓，他除了談些別的事情而外，又這樣說，「你具有眞實的天才，一種遠勝於那些新作家羣的天才。」格氏的信予安頓以非常深刻的印象，她提高了安頓對於他自己的評價，並且更促使他以更大的嚴肅態度去從事他的工作。

由於格理果羅維基的提攜，他的小說得在「諾伏依佛理姆耶」（Novoye Vremya）披露，並且還和該報的主編和發行人蘇伏琳（A.S. Souvorein）締下了深切的交誼。不論這個報紙是具着怎樣的政治背景，但牠總不失是個規模最大，銷路最廣的日刊，而在文學的意義上，也和安頓昔時發表作品的報紙有天壤之別。最主要的，還是要數蘇氏並不需要什末「滑稽」的小說。從那時起，安頓·契科甫就不再應用那丑角般的「契孔脫」底別署而是用他的眞名實姓來發表他的作品了。他在這個報紙上所發表的第一篇小說「安靈樂」（Requiem）立刻就招致了俄國境內的許多讀者底愛護。此後，他的作品也就愈來愈嚴肅，愈來愈能揭映出安頓對於生活所迸出底痛苦的哀號了。安頓和蘇氏都是出自農民的家庭，他們倆熱切地眷愛着他們的祖國，他們倆都渴望着個人的自由，他們倆對於文學都有深邃的造詣並且明白文學是絕不容有絲毫的黨派觀念存乎其間的。他們倆祗要一霎眼或者半個字就能相互地理解——這祗要一看安頓在他那煌煌六帙底書翰裏大部份是給蘇氏的信就不難洞悉他們倆是如何的投契了。

那時，他得到一個前赴彼得堡旅行的機會。他來到了這個文學的薈萃中樞，得和密卡羅芙斯基（Mikhailovsky），理斯苛甫（Lieskov），科羅倫哥（Rorolenko）伯理斯基耶甫（Plescheyev）和波朗斯基（Polonsky）等相認識。這些俄國文學界的前輩都熱忱地招待他。「我覺得是處在七重天中，」他寫信給他的兄弟道，「聰穎而端莊的人是這樣地多，祗候人們去挑選。我每天和他們交遊着。」這一切的一切無疑地增强了他對於他天才的自信。

於是，這位新進的作家便促起了羣衆的注意，大家都承認他是一個上乘的作家。在一八八五年，拉舍就把安頓昔日在各出版物上所發表的小說蒐集起來，出版了一本「集錦小說」（Motley Stories）。

安頓·契科甫的名聲是越來越大了。在一八八八年，他的小說「草原」（Steppe）發表於當時最負盛譽的月刊「薩佛爾尼·佛斯脫尼喀」（Severney Vestnik）。他不久就成爲該刊最常撰稿的作家，同時，其他的刊物也紛紛地向他索稿。

等到他的「薄暮」（In Twilight）和「憂悒的人們」（Gloomy People)問世而後，他的文名就頓時震撼着俄國的文壇，而科學學會（Academy of Science）更把普希金獎金（Poushkin Prize）贈給了他。這個成功是大大地出乎安頓的意料之外的。「這獎金，電報，賀詞，朋友——這一切都使我受寵若驚。我象發狂似的，我的過去在我的腦海裏變得象濛霧一般，」他寫信給他的兄弟道。普希金獎金結束了安頓往時那種「專事迎合低級趣味」的小說底寫作。契科甫的天才給人們認識了。他的作品在俄國的文壇上掀起了一陣高度的波濤，而他的名字也被送進了每個人的耳鼓裏。

不過文名却不能立時治好了安頓的宿疾——貧窮。他依舊要考慮着翌日的麵包，他不得不成天地埋首案頭，絞腦索腸。「我眞疲憊極了，……我正等候着稿酬。在整個九月裏，我一錢莫名地坐着；我已經把幾樣東西當掉了，而且象一條魚兒似地衝撞着那冰塊」，他在一八八八年給伯理斯基耳甫的信裏曾經這樣說。象這種在貧窮煎熬下所迸出來的吶喊，在他的信札裏眞是屈指難數，因爲這原是契科甫的一貫作風呀！

那時，安頓的作品是要比較往日認眞得多了：這是由於他的新地位，由於他對於他自己以及對於他作品所抱的新態度而使然的。「以前我老是象鳥兒歌唱似地寫作着」，他說，「我會坐下來就動筆。我並不考慮寫些什末，以及怎樣寫法。象一頭小牛給放到空地上，我祗是跳着，躍着，踢着，搖着我的尾巴，巧妙地抬起了我的腦袋。」他不再象那樣寫作了；他的創造工作雖然可以說是愉快的，但同時却是苦悶的。他對於他自已的作品越來越苛求，所以對於他自已的作品也就往往表示極大的不滿。「爲了一篇小說，我曾思索了三個星期；我已經開始了五次。……」「我慢慢地寫着，中間隔得很久；我寫着，重寫着，並且我又常常在沒有結束之前就把牠丟棄了。……」「我寫着，隨即就把牠勾去了；寫着，隨即就把牠勾去了。……」在安頓的信札裏，我們時常能够發見這樣的自白。

生活的鞭子針向安頓的身上猛抽，契科甫的康健受到了嚴重的打擊。他感罹了咳嗽和咯症——肺病的前兆。他縱然是一個醫生，但他却不明白這些毛病對於他究竟會有些什末惡果；同時他也不願相信這些；此外，他更想盡方法把他自己害病的事瞞住他的家屬——特別是他的母親。每次在他咯血之後，在他給他朋友的信裏，他總要加上如此底千篇一律的附言：「不要告訴母親。母親不該知道這回事。」

安頓既不延醫診治，也不改變他的生活方式，他比往常更辛勤地繼續寫作着。他的工作園地漸次地擴大起來，他除了寫作小說和故事之外，更着手於劇本的編製。他的第一個劇本是一八八七年出版的「伊凡諾甫」（Ivanov）這劇本是安頓在莫斯科郊外的一間黝暗的小室裏以兩個半星期的短促時間倉猝寫成的，主要的還是想在獲致一些生活的糧食。「伊凡諾甫」最初在莫斯科的科西劇場（Korsh Theatre）上演，賣座極盛。觀衆雖然都是一些優秀分子，但是因爲沒有把握這一劇本的眞諦，所以有些把牠當做是「與斯科爾基」上刊載過的契氏小說式的趣劇，有些却以爲牠是比較新型而嚴肅；於是有的讚美，有的却力加抨擊。但一般地說，「伊凡諾甫」一劇是相當成功的；作者之超卓的思想以及他那新奇的佈局使大衆公認安頓是個了不得的劇作家。

「伊凡諾甫」一劇在莫斯科和彼得堡兩地演出之後，使安頓對於劇本的創作感到了濃郁的興趣。同時，更由於這一劇本的收入是相當的可觀，所以在第二年又完成了他的輕喜劇「熊」(The Bear)。這幕喜劇就在俄國境內的所有劇場裏上演了。繼之是一齣非常有趣的笑劇「求婚」(The Proposal)，後來也成為所有國立劇場，俱樂部以及私立戲院裏之紅極一時的脚本。到一八八九年，安頓又寫了一個叫做「樹神」(The Wood Demon)的劇本，但這個劇本却是失敗的，所以安頓就把牠置諸高閣，不許牠在任何地方演出；直到一八九八年，他才把牠重寫一過，不但內容有極大的更動，並且還換了一個名字——「凡雅叔叔」(Uncle Vanya)。

安頓對於人生的認識是愈來愈豐富了，同時，他對於人生的陰暗面，更不惜費上一番苦心去加以擇究。他時常想到：「在我們的監牢裏，我們已經摧殘了成千成萬的民衆，我們已經胡亂地，不加思索地，野蠻地摧殘了他們；」而這就是他在一八九〇——九一年前赴薩加琳島(Saghalien Island)訪問罪犯生活底主要動機。當時並沒有直貫西伯利亞而達薩加琳島的鐵道，安頓坐在驛車裏，在一種備極艱困的情境下跋涉了三個月：泥濘，灰砂，寒氣，酷熱，繼續地馳着，沒有一刻的寧息。這次旅行的結果，他便完成了他的巨製「薩加琳島」(The Saghalien Island)——於一八九三——九四年開始。這一作品不僅在羣衆的腦海裏鑴下了一個深刻的烙印，甚至促起了官方之極大的騷動。在牠發表之後的不久，當軸便原定了許多改善薩加琳島被放逐囚徒的生活底規律。

從薩加琳島回來，安頓的身體顯然要比較地康健了些。可是由於莫斯科之紅塵萬丈的生活，加以無數的客人都不斷地走來訪他，這些都使他感到極度的疲乏，所以他就開始想要搬到莫斯科的附近去住。此外，他還有其他必要離開莫斯科的原因。「要是我是一個醫生，那我就得有一座醫院和一些病人；要是我是一個作家，我得在羣衆當中過活，而不應蝸居在小小的達密屈羅芙斯喀街(Dmitrovsk Street)裏。我一定要有社會的和政治的生活，即使是一些兒也是好的」，這是他在給他朋友的信裏底幾句話。那時，他的經濟是要寬裕得多，這就使他能够在莫斯科的密理科伏(Milikhovo)買了一座小小的房子。於是安頓便和他的全家搬到那裏。在密理科伏，他為了要實踐「社會的和政治的生活」底夙願，就以有病之身為那些可憐的農夫治療疾患；自費設立鄉村學校，而每天更和平民接觸，所以對於他們的性格，習尚和痛苦，安頓都有明確的認識合理解。在他的「第六號病房」(Ward No. 6)，「無名人的故事」(The Story of Unknown Man)，「女人國」(The Female Kingdom)，「兩層閣的房子」，(The House with the Mezzanine)「黑衣僧」(The Black Monk)，「我的生活」(My Life)等小說裏，充分地反映出他在密理科伏的生活。此外，「謀害」(Murder)，「農人們」(The Peasants)和「在山谷中」(In the Ravine)等小說，也都是以鄉村生活的陰暗面作爲內容的骨幹。實際上，安頓是第一個赤裸裸地把俄國鄉村的實情揭示給羣衆的偉大作家，而在他之後，也祇有高爾基(Gorky)和佈寧(Bunin)曾用這樣的作風寫到這些貧病交迫底不幸的農夫的。

在密理科伏住了六年之久，安頓又再度從事於劇本的創作。在一八九五年，他的「海鷗」(The Sea-gull)脫稿。這一劇本是給彼得堡的奄理山達琳斯基劇場(Alexandrinsky Theatre)接受了。安頓期待着從這一作品上獲得巨大的收入，所以在第一次上演的時候，他便親自趕到彼得堡去。參加演劇的雖然都是一些當時挺好的演員——台芙杜甫，(Cavydov)佛拉慕甫(Varlamov)，康密薩大芙斯基姑娘(Mlle Kommissarzhevsky)，可是祇有康姑娘一個人明瞭這一劇本的主旨，因而演出的結果是招致了一種比幾年前「伊凡諾甫」在莫斯科上演時還要來得沉重的抨擊。「象這樣的一個完全的失敗，我們已經好久不會見到了，」某個彼得堡的報紙，曾在演出的翌日這樣批評道。另一個報紙則說得更婉轉些，「昨天的演出給一種空前的誹謗變得黯然無色。象這樣的一個非常的失敗，在我們的劇場史上是前無先例的。」「在劇場裏」，安頓在第一次演出之後寫信給他的兄弟密基爾道，「呈現出一種騷擾和混亂的緊張局面。」他在劇本還不會演完之前就離開了劇場，他不願瞧見或者是會見任何人，而在翌晨他就一早離開彼得堡，回到密理科伏的家裏去。「我絕不會忘掉昨晚上的事，」他在第二天寫道，「即使我活到七百歲，我也不願再寫一個劇本。」第二度上演的「海鷗」雖然獲得了較大的成功——這是因爲演員已經理解這一劇本的主旨以及把握他們所扮演的角色底個性的緣故，但安頓却並不關心這些，他在密理科伏繼續過着他底安閒的歲月。幾年之後，「海鷗」又給搬上舞台了——由莫斯科藝術劇場(Moscow Art Theatre)演出。這次演出却出人意料地獲得了驚人的成就，牠替劇藝開拓了一個嶄新的園地。

到了一八九七年的春天，安頓的痼疾是愈加沉重了，可是由於他那茁壯的體格——因爲他是農人的後裔——之能够抵抗病魔的侵襲，所以不久也就恢復了健康。他接受了醫師的勸告，在翌年就出國休養——大部分的時間是在法國南部度過的，而當他回國之後，他便在喀理彌(Crimea)住下。

在那個時候，安頓便把他全部作品的版權賣給了最著名的彼得堡出版家馬克斯(Marx)，然後他就以這筆欵子在耶爾泰(Yalta屬喀理彌)的附近買了一塊地皮，建了一座房子。安頓住在這房子裏，欣賞着南部的太陽和大海，倒也逍遙自得，但不久他又投身到莫斯科的懷抱裏。無奈他的痼疾却強逼他再度回返到「溫暖的西伯利亞」——他通常是這樣稱呼喀理彌的——因爲他自己已經不再是一個醫生而是一個病人了。他以極度的堅忍並勇氣和病魔奮力掙扎着。他的友人和親戚絕不會從他那裏聽到他的訴苦。他成天地闔上他的眼瞼，坐在一張椅子上。「你好嗎？安吐莎？」他母親會這樣問他。「我？不，我很好。我祇不過有些頭痛。……」簡直沒有一個人疑心到他的死期已經近在眉睫了。

安頓對於別人的痛苦和憂患是相當敏感的，而他自身的遭受更增加了這種敏感度。在耶爾泰，他老是幫助着不幸的病人——教師，作家，學生，他們都是懷着「南部的太陽能够治好他們的疾病」底滿腔熱情而從俄國的各部來到略理彌的。所有俄國的智識分子都知道契科甫，他們都知道他是住在耶爾泰，同時他們更明白——或許是他們感覺到——他的心境和性情。訪問他的朋友和生客絡繹地來到，要求他給予他們以各種的方便——有些是非常瑣小的事；他們會向他垂詢耶爾泰的生活情形，想請他代爲找尋寓所等；而安頓却從不會拒絕過。於是這座向來恬靜安謐的房子就充滿了活躍的氣氛。在一九〇〇年的復活節，莫斯科藝術劇場的主持人也來到了耶爾泰，邀請契氏前去觀賞將要上演的「海鷗」和「凡雅叔叔。」此外，高爾基，佈寧，庫柏琳（Kauprin）以及其他的作家又都在耶爾泰躭擱了好久。在一九〇一年，托爾斯泰也搬到耶爾泰的附近，使安頓常有和托氏會面的機緣。這一切的一切使安頓暫時忘記了他「自願的放逐生涯」底苦悶——不過，他那回到北方，回到莫斯科的念頭却是無時或忘的。人們能够淸晰地聽到安頓心裏所發出來之連續的「回到莫斯科去！到莫斯科去！」底呼聲——這是「三姊妹」（The Three Sisters）中某一角色的吶喊。「三姊妹」是安頓在一九〇〇年的秋天寫成的，在第二年的春天便由莫斯科藝術劇場演出。這個劇本受到了熱烈的擁護；實際上，牠是契氏的代表作。由於這個劇本之得到了偉大的成功，科學學會就遴選契氏爲該會的名譽會員。這個消息傳到安頓耳鼓的時候，正是他病狀十分嚴重的時候，因而在他給他兄弟的信裏，他這樣說，「這些魅力都是多餘的，因爲一切對我全是一樣！」

在一八九九年的夏天，他寫信給莫斯科藝術劇場的女演員奧爾伽．理奧納杜芙娜．妮柏耳（Olga Leonardovna Knipper）——她是安頓在那年春天當排演「海鷗」時邂逅的——道：「是的，你是對的；契科甫，這作家，並不會忘掉妮柏耳，這女演員。」從那時起，他們倆間的關係就愈加密切，而安頓給妮柏耳的信札，也就愈來愈頻。到一九〇一年的五月，他們倆就結了婚，而且立刻搬到烏發省（Ufa）去。同年秋天，安頓的體力愈益不支，於是又祗得回到耶爾泰，而他的夫人却到莫斯科去重操舊業。「我的妻子，對於她我是習慣了的而且是愛慕着的，乃是留在莫斯科，……」他給密羅萊烏波甫（Mirlolyubov）的信裏這樣說，「她很担憂，但我却告訴她不要放棄劇場的工作。……」於是安頓又獨自一個兒住在「溫暖的西伯利亞。」「我覺得彷彿我並不是住在這兒，而是象氣球一般，沒有停止地，不能避免地沉淪在，跌落到，跌落到某個地方。」

病魔正施着牠的威力；契科甫是「沒有停止地，不能避免地，跌落到某個地方。」他不復保有往常的體力，而每天也寫得很少；不過他所寫的却愈加來得精練，字裏行間充滿着他那洋溢的天才。在一九〇三年的秋天，他完成了他最後的，也許是他最偉大的劇本「櫻桃園」(The Cherry Orchard)。同年冬天，他在莫斯科一直住上二個月，他對於這一劇本的上演懷着無窮的希望。他寫信給他的朋友說是他已經恢復了他的健康——但這一劇本却無疑地是他精力的最後閃光呀。

在一九〇四年的一月十七日，正巧是契科甫的誕辰，「櫻桃園」就作首次的公演。觀衆大聲地喝采，紛紛地向他獻花，文壇和劇壇的代表也相繼向他作慶賀的演說。契科甫，臉兒蒼白，態度侷促，幾乎站不住脚，這時觀衆就同聲地嚷道：「請坐下來！讓安頓·契科甫坐下來！」於是一面給他放了一張椅子，一面請他坐下來。這個祝典簡直象是最後一次訣別那樣地慘憺悽涼！

安頓的康健一到一九〇四年的夏天是更加糟了，所以醫師就勸他出國休養。由他妻子陪伴着，他就前赴德國的巴頓偉拉。在那裏，他暫時覺得好了些。他寫信給他在俄國的朋友說道，「我健康的增進不該用盎斯(Ounce)來衡量而是應該用亨特威(Hundredweight)來計算的」。至於在他給他母親的信裏，他總象往常那樣地安慰着她：「我的健康已經增進了，在一星期之內，我就會恢復原狀。」可是事實上，他自己也知道而且也覺得他的死期已經逼近了。

在一九〇四年七月二日，這位以一生心血爲藝術而犧牲的一代宗匠就因不堪病魔的侵擾而與世長別了。契科甫夫人妮柏耳在她的回憶錄裏，雖有這樣的一段記載：「安頓是毫無留戀地去世了。在晚上，他醒了，同時，這還是他生命中的第一次，要求請個醫師來診視。……那時，有兩個俄國學生，幾個兄弟，住在旅館裏。我請他們當中的一個前去召請醫生，而我自已却動手把冰塊敲碎，把牠按在安頓的胸上。醫生到來之後，就吩咐拿香檳酒給安頓喝。他一面坐起來，一面却嚴肅地用德語對醫生說：「Ieh Sterbe」。接着他就握住酒杯，把臉轉向我，驚訝地微笑着，說道，「我好久不喝香檳了。」他乾了杯中的酒，把酒杯安穩地放在他身子的左邊；不一會兒，他就永遠地沉默了……。」他的遺體從德國給運到俄國，安葬在莫斯科。在死寂中，這棺柩就給放進墳墓裏——於是，活着的就回復了他們的生命，而契科甫却永遠獨個兒留在那裏……

「要是我必要獨個兒躺在墳墓裏，那末，真的，就讓我獨個兒住着吧，」這是契氏筆記裏的一個片段。

契氏雖然已經死了四十年，但是他的精神，他的作品，却仍然久保有着永的春天底誘惑和力量！(完)

詩人吳梅村（續）

譚正壁

第二幕

人物：卞賽　柔柔　卞敏　申維久　夏完淳　報信人　吳梅村

時間：前清世祖順治八年——公元一六五一年——春天的一個晚上。

地點：蘇州城外橫塘鎮上一所深舍裏的一個畫室。室後有門通臥房。左邊有窗有門，門通外舍。右邊都是窗子，有的半開，有的全開。窗外是院子。花木扶疏，時時可以聽得淅淅的風聲。室中置一畫桌。琴掛在柱上。此外還有些坐椅和書架子。架上放的都是畫稿，但也有幾套古書。

幕開：卞賽作女道士裝，不施脂粉，站在燈下畫桌前，執筆在畫大幅蘭花，全神貫注地。柔柔替她按着紙，不時對着門望。卞敏從中間門裏出來，服裝也極樸素。

卞敏　（很担心地）柔柔，好像有人在打門，我代你按紙，你出去望望看！

柔柔　（含笑）二姑娘，沒有什麼聲音。你放心吧！申姑爺這時決不會回來的。但他今晚一定會回來。你望得緊，所以耳朶裏好像聽見什麼。其實這時外面很寂靜，什麼聲息都沒有。

卞敏　（微微歎息）近來我的心不安寧極了！他出去了，我沒有一刻不替他提心吊胆；等他回來了，又巴望他立刻出去，把事情幹起來。眞不知要怎樣才算好！

卞賽　（停筆醮墨）妹妹，你還是睡一會兒吧！你這樣的心神不寧，是會弄成怔忡病的。爲了維久，你不能不放寬些。你可以學我。（依舊作畫）你爲什麼不也來畫一幅？

卞敏　（微弱的聲音）姊姊！我眞佩服你！這七八年的飄流，竟使你練成了一顆臨事不動的心。在這時候，我無論怎樣也定不下心來，我那裏再提得起筆！（微歎）

柔柔　今天晚上將要來的人或許很多，二姑娘還是去睡一會的好。就是睡不着，躺着養養神也好。

卞賽　（畫蘭已畢，把筆放下）柔柔，你等牠乾了，就把牠摺起來。有了這樣兩三幅，明天總可以對付一家的催促了。（對卞敏）妹妹你坐在椅上躺一回吧！我還要和你商量一件事。

卞敏　（在一臥椅上躺下）姊姊有什麼事和我商量？

卞賽　（也在一旁椅上坐下）今晚梅村也要來，你知道沒有？

卞敏　我剛才聽柔柔說過。你怎麼知道我們在這裏？

卞賽　這是如是姊告訴他的。我想，我們會會他也好。自從南京淪陷以來，我已有七八年沒有會過他。去年冬天，我到廬山去看如是姊。那天牧齋老在家宴客，他也在座。牧齋老曾命人叫我出去和他一見，你想，在許許多多人的面前，叫我和他說些什麼話的好，所以我回絕了。後來如是姊寫信告訴我，說他那次因爲會不到我，累他惆悵了好久的時候。這次，他是路過這裏，聽說因爲清政府要逼他北上做官，他才悄悄地出走，想到嘉興去暫避。不過照我看來，他的堂上仍都健在，他的失節，是遲早的問題，即使他自己的意志很堅決，但是老年人苟安的心理比他還要堅決。……

卞敏　姐姐，我不是說你，你待他其實也過分了些。他始終沒有差待過你，況且經過這次離亂之後，大家也應該常常聚首，互相告訴告訴多年來的景況。我看看姐夫的爲人雖然懦弱一些，但經歷了這回滄桑大變，意志一定要堅強得多了。不信，你只要看維久。回憶到我們剛結婚的時候，他那副吹彈得破的公子哥兒腔，那裏料得到他會而且敢做現在這種冒險的工作。但他畢竟也做了。反而苦了我，我日夜替他提心吊胆，總是放不下心！

卞賽　我要同妹妹商量的，就是這件事。關於我們這裏的一切，要否都讓他知道？

卞敏　我想：他和你有過去的那副情分，決不會出賣我們的。或者他竟會加入了我們也不得而知，那再好也沒有的事。

卞賽　決不會的，我敢料定。可是他如果能够幫助我們的時候，或許也不至不肯。不過，我們究竟已有七八年不會見了，一個人那裏料得定，誰敢說他還是七八年前的他，一絲一毫沒有變化。我們自己就是一夥榜樣。

卞敏　這是多年的磨練使你太多慮了。可是一個人有一個人的性格，我們這位姐夫，我却敢担保他。倒是我家那位，如果現在易地而處時，我就有些不敢信任。

卞賽　你的話也是。其實我們的事不讓他知道也不能，恐怕維久他們一夥來時，他也正在這時候到來，大家撞見。

（柔柔乃把畫桌收拾清楚，兩邊放了許多椅子，像預備開會的樣子。）

柔柔　（走向門口去）姑娘，時候差不多了，我們門口去等一會兒。省得他們打門的時候，鬧得人家大驚小怪地。

卞賽　很好。妹妹，你坐一會兒，我也要到房裏去一次。

（柔柔由左邊門口出去，卞賽走進室後的門。卞敏一個人躺着，室中十分寂靜。維久忽從左邊門口進來，形色有些兒慌張。）

維久　（氣喘地）敏，這兩天有人來過沒有？

卞敏　（不安地從椅上坐起來）沒有！維久，你爲什麼這樣？一路沒有遇到什麼嗎？

維久　沒有！只是這幾天外面情勢很緊張，城裏時常鬧亂子，衙門裏的人一個不小心便給人剌掉，所以城門常常在關閉。

卞敏　（很不安地）那麼你們要小心些的好！

維久　這倒沒有什麼。可是太湖那面的消息却不很好，所以我們都很担心，恐怕要幹不下去。……

卞敏　（若有所悟）維久，你坐下來歇息一會，慢慢兒再說。他們爲什麼沒有和你一同來？

維久　（在旁坐下）就因爲城裏常鬧亂子，弄得各關隘都派人注意來往的人，我們結了夥走，多少有些不便，而且大家一夥走進這裏來，也給人家注目，所以我們分批走的。

卞敏　這很好。你一出門，我早夜沒有一刻兒安心，現在一看見你，心裏就安下來了。我看你還是見機行事的好，萬一不能活動，不如暫時隱匿一時，將來乘機再起。一味的講犧牲，如果是無謂的犧牲，我以爲是很不值得的。犧牲一定要叫他們付相當的代價。

維久　目下我也在這樣想。我覺得陳先生那邊鋒芒太露了，已給清政府十分注目。如果眞的大兵壓境的來圍剿，那當得他們的一擊？今天完淳也來，我想乘便和他討論這事，最好能勸陳先生密切注意一下，免得發生意外。

卞敏　（正待發話，看見門外有人進來，連忙站起來。）

（夏完淳。維久起身招呼他坐。卞敏於招呼後走到室後裏去。）

維久　你一路沒有遇到什麼？

完淳　（笑）略略有些兒麻煩。出城的時候，他們拉住我問話，一聽我不是本地口音，累他盤詰了許多話。（拍拍胸）今天我幸虧沒帶什麼，否則一個驚慌，被他們瞧了出來，着實有些危險。

維久　那麼他們呢？爲什麼還沒來？他們不是比你先走嗎？（担心地）

完淳　（也不安起來）啊喲！果然！論理他們應該比我都先到，怎的遠沒有來？

維久　（慌張地）我看情形不大好！

完淳　不見得吧！他們都是老江湖，不見得會露出什麼馬脚。或許這裏地方偏僻，晚上一時找不到，我們靜待他們一會吧。

（靜默了約有二分鐘。）

維久　完淳，我早想和你商議一件事。在我們中間，你同陳先生的關係最密切，我以爲這件事最配你去做。因爲這是一件關係大局也關係我們全體同志的事。

完淳　維久叔，不是爲了他們故作宣傳，弄得清政府很是注目那件事嗎？

維久　正是。我以爲我們的事，要牠秘密尙且還怕洩露，他們這樣誇張地大宣傳，叫清政府預先防備，或竟先發制人，這是在自己搗自己的蛋嗎？

完淳　（歎氣）我也有此想。不過他們也有他們的主見。以爲這樣一來，可以使人心搖動，一般不忘明朝的人都來歸附，把對方的人也威嚇得自來輸誠，那麼一旦起義，附近一帶可以不戰而下。然後再作北進之計，可以事半功倍。

維久　可是世上的事那能盡像你自己的

如意算盤。風聲一傳，他們先發制人。對方的人都是首鼠兩端的，歷來多少轟轟烈烈的大事，都失敗在他們的手裏。照我看來，這樣下去，不幸的日子立即就會到來。因爲我已聽到過許多謠言。

完淳　恐怕不是謠言。據說他們已準備從這邊同湖州嘉興那邊之路同時進兵，目下已在調兵遣將。所以我們就是要向子龍伯父進忠告，事實上也已經太晚。我早已看到這一點，但我和淸人有不共戴天之仇（忿忿地），所以我明知將要失敗，我也要幹。可是維久叔你今天不說我也不便說，因爲這話說來要發生更嚴重的後果的。

維久　但是可喜的事也有，目下多去掉一個對方的人，可以使我們減少許多障礙。

完淳　（正想再說）

（柔柔慌慌張張地帶了一個報信的人進來。）

柔柔　二位爺！事情壞了！這位是太湖那邊派來的報信的，那邊已出了岔子！

維久　完淳什麼？他們有這樣的快！

報信人　這兩位是申先生和夏先生嗎？

柔柔　正是，你快些報告給他們！（急急跑進室後門內去）

報信人　二位先生，大事去了！陳先生那邊，今天突然混進了許多化裝的官兵，當地的奸細又內應，把在山同志們一網打盡。陳先生乘他們不備，已投湖身亡。我是西山那邊差來的。因爲西山同時也發生同樣情形，幸虧侯先生預防得嚴密，沒有給他們先發動，就把他們撲滅。現在東山已落官兵之手，西山也難久守，所以侯先生即將率領同志們移往湖西一帶去暫時隱匿，徐圖再舉。……

完淳　（頓足）唉！唉！完了！完了！多年的準備，竟在一天內毀了！我必須立刻回去。子龍伯父既死，我不能不回去主持一切。這是我的責任！（起身要走）

（卞賽、卞敏、柔柔都已從內室出來聽他們說話。）

維久　我也去！（也起身）

報信人　暫時恐怕沒法回去，因爲那邊已經沒有一個我們的人。就是路上也不能走，這時時候已不早了！

完淳　不要緊！我們能走到那裏就是那裏。我在這裏那裏再站立得住！（向門口走）

維久　（跟着走）

卞敏　（着急地）維久！維久！

（維久回頭來望，完淳已經會意。）

完淳　（停住）維久叔叔你不必去。我剛才同你說過，我是明知失敗也要幹的。你暫時可免則免，只要你永遠不要投降，不要有了機會不幹，我們始終是同志。（把維久推向卞敏）諸位，再見！

（完淳拉了報信人同出。卞賽和柔柔跟着追出去。室中只有維久卞敏二人。）

維久　（木立不動）

卞敏　（難堪的樣子）完淳這孩子眞不錯！一個十七歲的孩子，遭到了家國的大難，竟使他練成這副英雄的性格。他這番回去，十九是犧牲掉的。可惜，我們沒有話也沒有法子可以留住他。（不覺下淚）

維久　（長歎數聲，在室中來回踱步。）

卞敏　維久！事已至此，這裏是否能夠安居還是問題。我們為了少受驚慌，還是以遷開為是。

維久　這要和你姐姐商量。但我們不能把他們的事就丟開不管。在可能範圍內，我要幫助他們辦理善後。因為這不是他們個人的私事。

卞敏　這也是。可是你這幾天來東奔西走，今晚又受到這樣一個嚴重的刺激，我看你還是先去休息才是。一切待我和姊姊細細地商量。而且今晚梅村姐夫還要來，讓他們兩人好好兒聚談一會，你索性今晚不必出來，待明天和他再見也不遲。就是我，到時我也要避開他們。

維久　那麼，我先去睡了！（走進內室去。）

卞敏　好的，你儘管去就是。（自己仍舊坐在那躺椅裏）

（柔柔上）

卞敏　他們去了沒有？

柔柔　都去了。

卞敏　姐姐呢？

柔柔　她說：因為她看見外面河上月色很好，所以想多看一回，橫豎街上來往的人很少，倒是河裏經過的船，燈火閃爍，很好玩的。她又說：二姑娘如果也高興出去，不妨也出去看看。

卞敏　（自言自語地）她那裏有心觀賞什麼月色！我看她早等得有些不耐了。偏我那位姐夫却是這樣的跚跚來遲！

柔柔　哦！是了！剛才申姑爺回來時，姑娘不是回到房裏去過的嗎？她本已兩天不梳頭了，今天忽然又叫我把牠梳起來。她已好久不用脂粉了，剛才她又特地到你房裏去拿你的脂粉來搽了一番。當時我倒沒有想到，原來是為了今天吳姑爺要來。（很高興地）

卞敏　照這樣看來，她對姐夫一定還同從前一樣。我聽了她剛才的話，却有担些心，怕不要在會面的時候，二個人中間鬧出什麼意見。現在我可放心了。柔柔，我也要去睡了。待吳姑爺來時，你也見機行事吧。………（微笑）

柔柔　（會心地也笑）我知道。二姑娘你放心。等到姑娘吩咐我做的事一做完，我立刻躲到外邊去。我也想：姑娘和姑爺七八年不會了，今晚就是說一晚的話怕也說不盡，好讓他們儘量的暢說一番。

卞敏　柔柔，你還得準備一件事，這也是你的責任。（含笑）

柔柔　什麼事？

卞敏　你必須把你姑娘的房間整理一下，換上一副新的被褥，而且，最好還——（頓了一頓）把我櫥裏那個長枕頭放在她牀上。（忍不住吃吃地笑）

柔柔　（也笑）不消二姑娘費心，我一定辦得好的。我已望姑娘有這一天，那會不盡力的辦去？

卞敏　那好極了！不枉姑娘平日待你那樣的好！（站起來拍拍柔柔的肩）那麼我去睡了。（向內室走去）

柔柔　二姑娘請安置吧！我看時候不早，吳姑爺就將到來。（突現喜色）聽！外面已有人聲。

（卞敏急急走進內室，把門關上。柔柔忙去開左邊的門，果然梅村同卞賽都進來。）

柔柔　姑爺，你好！姑娘在門口等得你

好久了！（笑）

梅村　（瀟洒如舊，只是人蒼老了許多）柔柔，你比從前長成得多了。日子正過得快，怪不得我要老了！

柔柔　姑娘快請姑爺一同坐了講，我去端茶水來！（笑着出門去）

卞敏　（似喜似羞地）梅村，想不到你肯光臨到這裏來，在一切都變了的現在。

梅村　賽賽我們經過了這次滄桑之變，好像已另做了一番人。我們今宵仍得相會，你還同從前一樣，使我疑心是在做夢！

（柔柔端了茶水進來，捧茶給兩人。）

柔柔　兩位爲什麼不坐了講？（指指桌右的椅）姑爺請這邊坐。（把茶放在桌的右旁。又把另一盃茶放在桌的左旁）姑娘這邊坐。

梅村　（坐下喝茶）

柔柔　（又絞了手巾投給梅村）姑爺請揩一把。

梅村　（受來揩面）謝謝！謝謝！

卞賽　柔柔，你到廚下去熱些點心出來。慢慢兒的，燒得熱些，也弄得乾淨一些。

梅村　在船上已喫過晚飯，這時還很飽，慢慢再說吧！我是不客氣的。餓了我對你說。柔柔，你不要忙！

卞賽　讓她慢慢兒地去做吧！我們不要多客套了。

柔柔　姑娘，我就去。你要什麼，到門口喊我好了。（笑容滿面，很高興地走出右門。）

梅村　（又喝了幾口茶。抬頭望望書架子。賽賽，你近來畫蘭的興緻仍舊很好，還是照常的畫？

卞賽　也難得畫幾幅。多謝城裏幾家裱畫店幫助，時常替我賣掉些。想不到靠了畫蘭，也能把生活勉强支持了下來。

梅村　倒也虧你。你是過慣那豪華生活的人，這多年來的日子挨過去眞不是件容易的事。

卞賽　（微歎）不要說了，薄命人天生薄命，過一天是一天。生在這裏一個時代，只要對得起國家，對得起良心，吃苦些也沒有什麼！

梅村　近來如是、媚娘那邊都有信息嗎？

卞賽　如是姐還時常通信。媚姐，她正在得意的時候，那裏還會想到我們這班零落的人！就是想到，我也不願再多和她來往，因爲她現在已不是從前的她了。

梅村　當初李自成打進北京的時候，她曾勸鼎孳一同殉節，反是鼎孳不從。那時聽到這事的人誰不稱贊她？我看她這人還好，雖然她現在的地位果然是比從前不同了。

卞賽　你不知道：她在那時果然很有氣節，但自從她家那位侍郎爺再度失節之後，她的態度也變了。近來聽說她在家裏很會巴結貴官們的內眷，因此侍郎也特別紅起來。你看同樣做降臣，牧齋老不是相形見絀嗎？這原因就在如是姊總算沒有忘了當初吾們姊妹們間的誓言，所以她家錢尙書一紅就黑下來了。（不勝感慨地）

梅村　賽賽，我們一別多年，想不到你的志氣依然未變。你們的操守，眞可使一般士大夫們愧死！

卞賽　那也未可一概而論。你家吳志衍大爺不是在成都合門殉節的嗎？其他如蔡衡如、孫克咸、陳定生、夏允彝、以至今天死的陳子龍等許多爲國犧牲的烈士……

梅村　（驚訝）你那裏聽來這消息？子龍不正在太湖裏聚集義兵，預備大舉嗎？你怎說他是死了？

卞賽　（慘然地）死了！在你來的不到一個時辰以前，我們這裏已有了消息。他是在今天猝不及防，受了對方暗襲，投於太湖自殺的。恐怕這支義兵不日就要潰散，東南從此要受他們加倍的壓迫了。

梅村　（黯然地）想不到老友們一個個成仁取義，只有我這沒用的人還偷生人世！我雖然曾經爲了避免他們的徵辟，到過湖北的黃鶴樓頭，也到過南昌的滕王閣上，只是每一次一回到家，他們消息實在靈通，便來迫我上京。去年總算僥倖，在家裏住過了整個的秋天和冬天，沒有給他們知道。可是最近不知怎的又給他們知道了。於是我又不能不離開家。這四五年來，我已成了喪家之犬，除了今年，沒有一年曾好好兒在家過新年。所以，賽賽，我們的蹤跡不由不也疎下來了！（歎息）

卞賽　（感喟）大家的情形都是相差不多，說他什麼。我想問你那年吳志衍大爺殉節的經過，因爲我除了知道他合家殉節外，其他一些也不知道。想想當年他赴任時，你在我家宴送時情形，彷彿還同眼前的事一樣，不料一霎已將十年！他早已做了隔世的人！（像要淚下）

梅村　提起這事，眞令人傷心。他和我們別後，在路歷盡千辛萬苦，由江西、湖南、貴州繞道入川。到成都就事不到一月，張獻忠已由夔門攻入。當時有石砫宣撫司秦良玉將軍拚命抵抗，怎奈其他各路的兵都按住不動，坐觀其敗。後來秦將軍起了全石砫的苗兵同來保衛成都，終於獨力難支，也全軍覆沒。志衍一家三十六口，合門殉節，就是僕人五郎，最後也罵賊而死。這時只留下事衍一人，奉上兄命逃出邑城回鄉報信。他也歷盡千辛萬苦，一路乞食徒步東歸，在路中就擱了三年多光陰，才回到故鄉。那時他已憔悴得不像人形了。過了不久，也就身故。想不到像志衍那樣一個慷慨義俠的人物，竟有此下場，連兄弟子孫也不留一人！（感歎不已）

卞賽　（悽然淚下）原來這樣！雖然似乎慘酷了些，可是他的姓名已足够流芳百世了。比了那些降賊偷生的人，他們儘管子孫滿堂，正同成羣的豬狗一樣，有什麼意思？就是在我們姊妹行中，像王月，像葛嫩，她們的死也足與日月爭光。我一想到她們，彷彿自己也是在偷生一般，像活着是很不應該似的。……

梅村　香君近來可有信息？我最近忽然得到朝宗的信，他勸我隱居到人家不認識吾的地方去，千萬不要露面。他也寧死不再出仕。可是他沒有告訴我他現在在什麼地方。但我能够知道故人尚在人世。已够歡喜了。不知道你知道他的去處不知道？

卞賽　香君自從那年由宮裏逃出後，先到河南去找朝宗，誰知他已到這裏，她也跟蹤到這裏。你想一個沒有單身出過門的女子，在亂軍中東奔西走，她所歷的苦難可想而知了。可幸的是天從人願，兩人終得在這裏會到。陳先生在太湖招集義兵，他們夫婦也即同去。但據今天的消息，陳先生一死，他們即率兵渡到湖西一帶去暫避，以後再起。想來這時他們已脫離險地了。

梅村　原來這樣。我祝禱他們都安全離險。倘我早來幾天，還能到他那邊去和他一會。這麼一來，要相逢又不容易了。（歎息）

卞賽　那倒不一定。他如果有了着實的行蹤，我們這裏一定可以知道。只是爲了責任關係，除非像今天這樣當着你面，我却不能寫信告訴你。

梅村　（忽然有感，動情地）賽賽！我想，我爲了要答謝你從前的好意，我希望從此以後，永遠地和你在一起！

卞賽　（極端感觸）梅村！我們大家都不是十年前的我們了！就是你今天這時不對我說這話，我也會想到：假使當初我們同如是姊和牧齋老，和媚姐同鼎孳老一樣，那你是否也像他們一樣已做了大官？這在我可就受不住。外邊人不是在那樣說嗎？牧齋老的不肯死，就是爲有了如是姊。我想：這或許也有幾分對。可是換了我，我却不願把這罪名担受下來。歷史上夏桀、商紂的滅亡，一般人都把罪名加在妹喜、妲己身上；那麼沒有了妹喜、妲己便不亡國嗎？只要看我們大明朝的滅亡，難道也爲女子嗎？所以我早已決定了主意，無論如何，不願再嫁人；正同你無論如何，不肯再出去做官一樣！（堅決地）

梅村　（點頭歎息）賽賽，你的主見不錯！只怪我們生不逢辰，恰巧活在這樣的亂世，否則大家何至於到這地步！賽賽！但我總不希望我們今晚是最後的相會！

卞賽　我正也像你一樣的希望。可是我們過去的關係，不能不也跟着國家的滅亡告一段落。我們今宵相聚，就算是過去關係的一個約束吧！從此以後，我們應該以朋友的禮相見。從前人死了師長，還要心喪三年，如今我們失去了國家，還好意思常常尋歡覓笑嗎？梅村，但今晚我却極願意和你盡情歡樂一回，大家暫時都把一切忘掉了，來滿足我們這最後的歡聚！（媚笑）

梅村　（意外地欣喜）賽賽！想不到多年的磨練，竟使你換了這樣一副豪爽的奇特的性格。今晚却又不料竟實現了我多年來夢想而不得的一晚！

卞賽　我去喚柔柔送酒菜進來，你可以儘量喝個痛快。我也陪你吃點心。（媚笑）

（卞賽走到左側門口，推開了門喚「柔柔」。柔柔應聲上。卞賽吩咐了她許多話，仍回進來，從柱上取上琴，搬過琴架來裝了。又燃了一支香。）

梅村　賽賽，我多年不聽你的琴了。我正想今晚能聽你的彈唱一曲。……

卞賽　我也有好多年不彈舊調了。你看這琴（指琴架）不是塵灰積滿了嗎？爲了要彈琴，我忽然想起那年在南京目覩的許多慘事。你總還記得，我家所住大功坊的對門，不就是中山王的府第嗎？當清兵將臨以前，中山王的女兒正應了宮妃之選，還沒有入宮，清兵已經攻入。後來宮中妃嬪名册經敵人搜得了，就按名引去，一概送到北方，那天我親眼看見她被敵人來押解去的情形，那種兇暴殘忍的手段，加在一個弱小無辜的女子身上，眞够慘呢？當時我做了一隻琴曲，我從來沒有彈給外來人聽過。今天我就把來唱彈給你聽吧！

（柔柔送酒菜點心上。卞賽親自拭盃斟酒。梅村酒到盃乾，喝了三盃。柔柔跑進內室去。卞賽坐在琴架前，調了好久的絃，才把琴絃調整。室中燈漸暗，窗外送進月光。）

卞賽　好久不彈，絃子都生硬起來了！（含笑地一邊彈一邊唱，笑聲漸歛，調子也漸漸悲傷。）

中山有女嬌無雙，清眸皓齒垂明璫；
問年十六尙未嫁，知音識曲彈淸商。
萬事倉黃在南波，大家幾日能枝梧。
詔書才下選蛾眉，北兵早報臨瓜步。
聞道君王走玉驄，犢車不用聘昭容；
幸遲身入陳宮裏，却早名塡代籍中。
依稀記得祁與阮，同時亦中三宮選；
可憐俱未識君王，軍府抄名被驅遣。
我向花間拂素琴，一彈三歎爲傷心。
暗將別鵠離鸞引，寫入悲風怨雨吟。

（卞賽唱到這裏，幾至淚隨聲迸。琴歌聲戛然停止。）

梅村　（也悲感萬分）賽賽！你這首歌做得不差，只是調子太悲傷了些。我酒也喝不下了，我們還是淸談！

柔柔　（從內室跑出來。）時候已不早，姑爺姑娘請同去安置，大家再細細地談吧！（溫柔地笑）

（卞賽含羞起來，挽了梅村的手向室後走去。室門大開，內室裏燈光大明，中間放着一張沒有帳帷而放有長枕的臥榻，從外面望進去剛巧望個正着。外面的月光漸暗，內室的燈光愈明。兩人並着肩已走到門口。）

——幕徐下——

罪·不·容·恕 四幕劇

周子輝

時間：民國卅一年秋。
地點：某大都市。
人物：

傅惠興　青年，二十五歲，幹練鷙悍的匪黨魁首。
傅維嘉　惠興父，年四十五，履止方正，爲一正直不阿之士。
傅太太　惠興母，年四十二，一鍾愛子女，不明大義的老婦人。
傅惠英　惠興妹，年十二，天眞可愛。
朱菊英　女匪徒，惠興同黨，年二十一，貌妍而悍態逼人。
李霞芳　惠興女友，年二十二，溫厚賢淑，端莊持重。
翁財寶　高利貸者，年四十開外，面貌獰惡，非善類之輩。混名翁侉子。
趙作義　探長，年四十五、六，沉着幹練。
劉　山　惠興同黨，年二十四，全副流氓形相。
呂天霸　惠興同黨，年二十三，隼目，歪鼻，貌凶惡。
筱无忌　惠興同黨，年二十五，面有雀斑，胆怯者。
屠必勝　匪黨爪牙，年二十二，靈敏活潑。
警察　甲、乙二人。
僕歐

第一幕

時——卅一年初秋的一個傍晚。
地——某大都市內建興路第十三號B。
人——傅惠興　劉山　呂天霸　筱无忌　朱菊英　翁財寶　屠必勝　趙作義
景——一間裝璜得並不怎麼華貴的樓房，房的方向是坐北朝南，中間陳設一堂几椅，雖非上等傢具，却製得相當摩登。靠左距壁間尺餘之地，橫一雙人沙發，披着藍色的座套，顯得跟壁上淺灰色的粉色，非常調和。房的中央，置一玻璃面的圓桌，四圍安排着幾張圓靠背沙發。左右牆壁上，相對地懸掛着一些西洋風味的彩畫和油畫，這樣，使得這間空洞的房間，減少了不少單調氣氛。房的前壁左側有一門，門外有可以通到下面去的樓梯。左壁沙發榻的一旁，有一小門，可通至套房間。靠左壁，壁上平滑無痕，然而假使你熟悉這房間的構造，那末，只須撳動一旁撳鈴的機鈕，立刻一扇秘密的門開啓了。而當牠重複合攏的時候，你將一時無從辨別牠開啓的痕迹。

現在，正是初秋的陰霾的下午，時間約摸六點鐘，盜黨巨魁傅惠興，正在跟同黨劉山、呂天霸、筱无忌三人，圍坐於圓桌四周，對於工作的發展，作祕密的商討。

呂天霸：（後簡稱呂）大哥！（向傅惠興）咱說，咱們現在得想法再做點兒賣買才行！

傅惠興：(後簡稱惠) 別着急，老弟！我正在動腦筋！

劉　山：(後簡稱劉) 咱們大哥動出的腦筋準不會錯，可不知道動那一個戶頭的？

惠：這……(微頓) 現在還沒有確實的決定，除非探聽到的情報千眞萬確。

呂：大哥幹事情，就一向這麼樣的仔細，可是說給咱們自家弟兄聽聽，這又有什麼妨礙呢？

筱无忌：(後簡稱筱) 對呀！

惠：(抽烟，噴了滿桌的霧) 就是小西門的那個……

劉：西門的？……(猜想)

呂：啞，咱猜得了。

惠：你？

呂：不是那個人家都叫他肥猪的金老板？

惠：(點頭，微笑) 唔！

劉：這叫做英雄所見略同。

筱：既然這樣，那爲什麼不動手呢？難道還要等什麼好時辰？

惠：阿筠，性急幹嗎呀？你正是初上山門，不懂得高低，要是咱們的眼線已經弄得確確實實，那祇有傻瓜不想馬上幹。

呂：對！大哥說的沒錯兒，阿筱，別多開口，還是多考究考究你的那根傢伙，别到臨場的時候，又要亂了手脚。(轉向惠) 咱說咱們還是再派個幹練點的弟兄，別打聽得糊糊塗塗的。

惠：就爲了這個，所以到現在還不想下手呀！

劉：(忽有所悟) 大哥！屠必勝怎麼現在還沒有回來？

惠：吓！你說他去提翁侉子的那筆款子嗎？(看一看手錶) 時間還早呐，別着急，我不怕這侉子的家裏人敢跟我們作對，說起這侉子，我眞覺得要他那一筆錢是一點兒不罪過的，我們幹的是犯法的行逕，他呢？放一塊錢的債，要人家兩毛錢的利，他才是個殺人不眨眼的强盜！

劉：老實說，比咱們還要犯十倍的罪。

筱：可是人家却不把他當一個罪犯看待呀！

呂：嘔！這些廢話說他幹嗎？還是談咱們的正經。大哥，不是你說過，翁財寶這傢伙你認識他？

惠：嗯！見過一次面，可是匆促得很，而且又在黑衣裏。

呂：你相信他不會認得你？

惠：我想他不會有那末强的記性。

呂：可是咱總覺得這不大好，停回款子拿到手，到底放不放他，還得考慮考慮。

惠：幹嗎？

呂：翁侉子不是沒種的混蛋，萬一他去報告警察局，就够咱們的麻煩。

劉：如果大哥一定要講信用的話，那到少不能跟他見面，反正他來的時候，你不會見過他，咱以爲到半夜三更開一輛車，讓他開路就好啦！

惠：(果决地) 不，大丈夫不該幹鬼鬼祟祟的事情，我停回兒一定要見他，他不認得我，也罷；認得我，也好叫他受個教訓，——他放高利貸放到我父親的頭上，我就有種叫他連本帶利嘔出十倍的錢。

呂：（躊躇）大哥！這太危險！

惠：危險！怕危險還幹這種勾當？

劉：可是咱覺得呂二哥的話是不錯的，最好咱們不要多找麻煩。

惠：我就不拍這侉子敢跟我作對！

呂：還是小心一點的好，大哥！

惠：得啦！我的呂老二，（拍呂肩）你也這末樣的鼠子胆兒？

呂：讓人家把麻煩找到自個兒的頭上，這又何苦來呢？

惠：別着急，老二，翁侉子他不會認得我，何況我們今兒晚上就要離開這間屋子。

筱：咱們今天晚上就離開？

劉：就在這兒已經多天了，自然得另外再找個地方呀！

（朱菊英自樓下上，打扮得妖妖嬈嬈的像朶花。」

朱菊英：（後簡稱菊）吓！你們四個人在這裏，商量些什麼軍國大事呀？瞧！你們誰都有說有笑的。（走到圓桌的一旁去。）

呂：嫂子，坐呀！來參加咱們的圓桌會議好嗎？

菊：老呂，你說我是誰的嫂子？（嬌嗔）幾時我請你們喝過喜酒？

劉：自然是傳家嫂子啦！（轉向惠）大哥！幾時你才請咱們喝一席正正式式的喜酒？

惠：嘅！廢話少說，（向菊）菊英！坐，你也來參加我們的談話。（向筱无忌）把那邊的一張椅子拿來。

（筱无忌拉過椅子，菊英並不坐下去，靠椅背斜戤着）

菊：惠興！你瞧，人家一提到我們倆的事情，你就把牠當作廢話看待。（不愉地）難道我們倆的關係，就是一場廢話？

惠：（改口）菊英，原諒我，我又犯了不會說話的毛病。

菊：我知道，你另外有你的心上人。

惠：這才眞是廢話。

菊：又是廢話？憑良心說，你到底愛不愛我？

惠：誰說我不愛我的菊英？

菊：眞的你愛着我？（轉嗔爲喜）一些也不謊騙的愛着我？

惠：事實命令我不能不這樣說，菊英，我們現在正在商量着下一筆的賓買，你聽我說。

菊：我不高興聽這些嚕嚕囌囌的話，只要派我用處的時候，我就出馬。

惠：當然派得到用你呀！

菊：又是什麼連環計，美人計，瞧你們男子漢就都是沒中用的飯囊，動不動總罷不了女人。

劉：就是英雄也難逃美人關呀！咱們這營生，沒有美人怎麼行吶？

菊：眞是伶牙利嘴的劉老三，我不高興多管這些廢話，（轉向惠興）惠興，今兒晚上，我想到百樂門去。

呂：大哥自然得奉陪嫂子呀！

菊：又是嫂子嫂子的，人都給你們叫老了。

劉：二哥，等大哥結了婚，再改口才對，現在咱們應該叫菊小姐。

菊：對呀！老三是聰明的傢伙，（她走到沙發旁，半個身子躺下去）惠興，到底今兒晚上去不去？

惠：只要有空兒，亡八才不肯陪你去。

菊：唷，唷！今兒晚上有什麼屁的正經事？我知道啦，你又想偷偷摸摸的去瞧那個姓李的娘兒，又要去聽她一番好教訓。

惠：站在她的立場上，也不能說她錯。

菊：我知道你愛着你的循規蹈矩的李小姐，對於我，你不過把我當作一個可以派派用處的工具吧了！

惠：不，我跟她有的是友誼，我相信，我們的友誼是存在的，可是愛，這……談不上，她會愛着一個墮落的我？哈哈！菊英，你太過敏了！

菊：你保證你自己沒有一絲兒愛她的心？

惠：唔，（竭力避免繼續談話）阿筱，（轉過臉）時候已經差不多了，你到下邊去瞧，小侉可回來沒有？

筱：是。（走向下樓去的門首）

（屠必勝上，手提皮包，差點兒跟小屠撞個滿懷。）

筱：小屠你來了？

屠：嗯，（將皮包放到惠興面前的桌上）傅老板！（隨向呂劉等招呼）

惠：你回來啦！

屠：是的。

惠：錢都兌現？

屠：不差。

惠：數目都點過？

屠：小票太多，我只點了個整數。

呂：好吧！讓咱老三點。

菊：得了，沒有瞧見過花花綠綠的，急什麼，反正銀行裏拿出來，總不會有錯兒。

惠：對，小屠，放到裏邊去。

屠：是。（提起皮包，走進左壁房間內）

惠：這小子做事情倒挺不錯。

劉：別瞧他年紀輕，幹事情倒是非常老練的。

呂：大哥！你預備馬上叫翁侉子走路嗎？

惠：這自然咯。

呂：大哥你還是不聽咱的勸？出了岔子可不是玩兒的？

惠：我可不能不守信用，我已經跟講斤頭的人拍過腰，只要五萬塊錢不少半個邊，我担保翁侉子馬上可以得到自由，現在，人家的支票兌現了，我怎麼能夠讓人家背後說我一句閒話？

（屠必勝從左壁的房間內出）

惠：小屠，你去把翁侉子帶出來。

屠：現在放他馬上走？

惠：是的。

屠：等到黑夜裏，不是更加妥當嗎？

惠：不，大丈夫幹事該光明磊落，一個山東老粗的翁侉子，怕什麼？去！小屠。

屠：是！

（屠必勝走向右壁，向壁上的機鈕一撳，一扇秘密的門洞開了，裏邊是一片烏黑，因爲久居在黑暗中，突然投身光明的空間，不免眼花撩亂的。）

惠：翁老板，對不起得很，屈留了你好多天！

翁：（揉着雙眼）不，不！（注視惠興良久）

惠：翁老板認得我嗎？也許我們在什麼地方曾經見過面？

翁：（努力裝作愕然地）不！咱一點也想不起來，咱相信咱們從來沒有見過面。

惠：那也許我記錯了。

翁：對！一定你記錯了！

惠：那很好！翁老板，現在我告訴你，你馬上可以離開這裏。

翁：（快活）眞的？

惠：當然呀！

菊：（目視惠興）惠興！（搖頭，夾眼睛）

惠：唔。（搖頭）不！（向屠）小屠，你送翁老板下去，叫老滕開一輛車。

呂：大哥！（以目止之）

惠：（不理睬）去！

翁：是！（向翁）翁老板，請！

翁：是是！各位再見！

惠：再見！哈哈！

（屠必勝引翁財寶下）

菊：（從沙發上突然躍起來，迫近惠興身旁）惠興！你怎麼好這末魯莽莽青天白日就放人家走？

惠：爲什麼不能放？菊英，你眞孩子氣，我告訴你，譬如人家到我們這當鋪來贖當，交了錢，可能不把東西交還人家？

菊：話不是這末說，我們當的不是貨品，當的是人呀！我瞧你那末老的門檻，這回別失了風。

呂：我也跟菊小姐同樣的見解。

惠：你說，從那一點上你覺得我會失了風？

菊：我問你，你以爲翁侉子眞的不認識你？

惠：當然，他不會認識我。

菊：哼！我告訴你，這叫做旁觀者淸，我已經看得淸淸楚楚，從翁侉子的臉色上，我就吃定他認識你。

惠：你料得那末正確？

菊：要是不正確，又我幹嗎向你說呢？

惠：（堅決說）就是她認識我吧，我也不怕他跟我作對。我倒惟恐他不認識我，要是他認識我吧，我想他總不敢再去追我父親的債。

劉：大哥，你以爲這侉子是好人，那你眞大錯而特錯了！

菊：萬一他跟我們作對，他去報告警察局，那怎麼辦？那不是自己找麻煩？而且我近來已經打聽到了消息……

惠：什麼消息？

菊：趙探長正在千方百計的打聽我們的行動呢！

惠：吓，趙作義這傢伙；（笑）他，我就不怕對付不了他，不過，……（頓）爲了省找麻煩起見，我想我們不要等到晚上，馬上就搬場，比較妥當一點。

劉：對！咱們今天早一點兒搬的好。

惠：瞧：你也像才出道的朋友，急什麼？不見得趙探長一下子就上這兒來。

（突然房間內作起電鈴聲，連續不斷地響）

（全場的人，都注意地瞧着通到樓下去的門）

呂：誰上這兒來？

（李霞芳上，服飾很平常，但姿色秀麗，態度大方，一望而知是個良善的姑娘，當她出見在這房間內的時候，她以非常駭異的目光望着室內所有的人物，一種好奇的情態，在她的腦際盤旋着。

惠：（急走到霞芳的面前）霞芳！

李霞芳：（後簡稱霞）惠興！（立即緊握住他的手）。

惠：霞芳！坐，請坐！怎麼你會上這兒來？這兒不是可以招待你的地方。

霞：我沒有找錯地方，這好極啦！惠興，什麼地方我倒沒有打聽過？可是到今天才知道你在這個屋子裏。（向呂劉等）這幾位是？

惠：都是我的朋友，唔，我忘記給你們介紹，來，來，來！

（一一介紹）

（朱菊英走近惠興的跟前）

菊：（微嗔）怎麼？忘記了我吧？

惠：（笑，勉强的）霞芳，這位是朱小姐！

霞：朱小姐！也在這兒談天？

菊：不是談天，談的倒是正經大事。（冷冷地）李小姐找得到這兒來，我眞佩服得很！

霞：也許我來得太冒昧，眞對不起！原諒我，朱小姐，各位先生。（微鞠躬着）

呂：不，不！朱小姐在開玩笑哪！

菊：稱他是正經也好，玩耍也好！反正我總是說了出來，是好是歹，我可管不了這許多。

惠：坐！霞芳，（難受地望着她）做夢我也想不到你會到這個地方來。

霞：原諒我，惠興，我知道你一定不歡迎我上這兒來。

惠：（痛苦地）霞芳，假使沒有緊要的事情，我請求你還是離開這座屋子吧！

霞：惠興，親愛的，我已經有好多天沒有見到你的面，可是好容易找到這個地方，你又要迫着我馬上離開這兒。

惠：因爲這兒是……

霞：是？……

惠：不是一個高尚的，純潔的人所應該來的地方！

霞：（忍不到地撲到惠興身上去）惠興！惠興！這是什麼意思？

菊：（冷峻地）對呀！不是骯髒的人，不會上這兒來的。

霞：（不理睬）惠興！難道你眞的在幹着我所永遠不敢相信的事情？難道你正在幹着你父親所猜測着懷疑着的事情？這兒難道是一個可怕的地方？一個立會有不幸的惡運降臨的地方？惠興！（她撼着他的身體）你告訴我，明明白白地告訴我。

惠：霞芳！請你不要向可怕的方面去亂想。

霞：不，請你告訴我，親愛的，難道你正在幹着犯罪的行爲？

（衆人注視惠興的臉色）

惠：（痛苦地瞧着霞芳）霞芳！

霞：告訴我，惠興！我們是有着那末長久的友誼，那末深厚的愛情，便是你走錯了路，這也決不是你甘心墮落；我想：這惡劣的環境，也得担當一半的罪名。我決不會爲了這個，就減少了我對於你的愛，惠興！親愛的，你年輕，你幹練，你像一個剛從東天升起來的太陽，你有你的光明的前途，只要你能够………

惠：（痛苦地微搖着頭）霞芳！你別說下去吧！我明白，像你所明白的一樣，可是……

菊：（忍耐不住地）得啦！得啦！（冷笑）嘿嘿嘿嘿！我說這位高貴的，純潔的李小姐，請你別多躭在這兒吧！這兒是一個大汚坑，是不配一對風雅的戀人在這兒談情說愛的。

惠：菊英，你別挖苦人家！

菊：啞！我得罪了李小姐，別生氣！小姐，饒恕我這個陌生朋友一次吧！不過。恕我太冒失的，向你說一句話，只一句，決不饒舌！我說，一個高貴的純潔的人，尤其是小姐身份的人，絕對不該隨隨便便闖到這種汚坑裏來。

惠：菊英，你？（微慍）

菊：這句話說完，我就決不會有第二句啦！

霞：（沒趣地）惠興，好吧！我決不多打攪你們，請你看在友誼的分上，晚上一定到我那裏去一次！

惠：好的！

霞：你一準來？

惠：沒有意外的事情，我不會失了你的約。

菊：怎麼？李小姐預備走了？

霞：（似睬不睬地）嗯。

霞：那讓我再告訴你最後的一句話。

惠：菊英，少說一句行嗎？

霞：不，這不干你的事。（向李）李小姐，原諒我，我方才已經聲明不再說第二句，可是現在覺得這最後的一句又不能不說。李小姐，我決不反對你跟惠興有深切的友誼，可是我反對你們在友誼以外有一點點兒的愛情！

霞：（惱怒地）這……

菊：因爲惠興是屬於我的，不，我應當這末說，我是屬於傅惠興的了，我不能除了自已以外，讓別一個人也屬於傅惠興！

霞：（更怒地）再見，朱小姐！

菊：（獰笑）也許李小姐這兒的路徑不熟悉讓我送你下去！

霞：（惡感地）謝謝你的好意！

菊：這算得了什麼，是惠興的朋友，我是應該歡送的呀！

（朱菊英送李霞芳下，惠興走至門首，望着他們下去了，然後旋轉身子。）

呂：大哥！（驚疑地）怎麼你的愛人會找上這兒來？

惠：天知道！

劉：她那兒來的線索？咱以為這地方太危險了！她能够找到這兒，難道那批吃飽公事飯，專門東探西聽的警探們就沒有本領跑到這兒來？

筱：對！危險！危險！太危險！大哥！三十六着，走為上着

惠：瞧！到底是初出茅廬，動不動就鼠子胆兒的，阿筱，你定定神，別急碎了胆。（轉向呂）老二，你到裏邊去收拾一下。

呂：唔。

惠：老三，你到樓下去預備車子。

劉：是。

惠：（自語）菊英怎麼還不上來！

（呂劉二人，正待動身，壁上警鈴，忽連續作三次長鳴，各人立刻露出機警倉惶之態）

惠：快，快躲！

（呂天霸倏地扭動右壁上的機鈕，秘密門啓了，呂劉筱三人，即沒入暗室內，傅惠興捷入左壁室內）

（台上燈光漸暗，闃無一人）

（沉寂片刻，燈光漸明，惟較前暗淡）

（惠興化裝老者，自左壁室內急步走出，四矚無人，才悠然地坐於沙發上，斜欹身軀，作仔細閱報狀。這一刹那間，他已全易本來面目，除頭髮花白，與額上有顯明的縐紋外，同時左頰上又長一大疵。）

（靠樓梯的門開了，趙探長穿便服，機警地上。）

趙作義：（後簡稱趙）唵！沒有一個人！（仔細地四下張望）我……我也許跑錯了地方？

惠：（乾咳）呃！……呃！……

趙：（轉身，發見沙發上老人，急速奔去，注視惠興良久。）我可是找錯了地方吧？老先生！

惠：（艱難地站起來）請問你先生找誰？（傴僂地仰望趙探長）

趙：這兒可是十三號？惠：過去是十三號，現在吧，亂七八糟的，不知怎麼樣，就變了十五號R？（老人的口吻）唉喲！這年頭兒，什麼都在變，連釘了一二十年的門牌，也會把數目變起來，吓！說來我還忘記請教你先生的貴姓？

趙：（注目地）喔，鄙姓鄭。

惠：鄭先生到這兒來的貴幹是？

趙：找一個朋友。

惠：他的貴姓呢？

趙：唔，請問你老先生的貴姓？

惠：吳，口天吳。

趙：這兒沒有姓傅的？（努力注視他）

惠：（若無其事地）也許別一所住宅裏有姓傅的，可是我担保這一所宅子裏，決沒有姓傅的，這兒，說少我也住了十多年，可從來沒有搬進過姓傅的人家。

趙：嗯！對不起，那我也許的確找錯了號頭。（四下裏仔細打量一下這所房間。）

惠：那大概是你找錯了。

趙：吳先生，打攪了你，請你恕我的魯莽，再見！（鞠躬）

惠：再見！

（趙探長走向門首，徐徐下）

惠：（回到沙發上，扔掉報紙）哈哈哈！哈哈哈！

（朱菊英上，呂、劉、筱自秘密門中出）

衆人：（圍繞着惠興，笑）哈哈哈！哈哈哈！

呂：到底老傅不愧是大哥！（翹起姆指兒）

菊：別笑啦！方才要不是我送惠興的情人下去，要不是我跟他盤長問短，就那末多的時間，他早已衝了上來，還等得及你們的傅大哥化起裝來？

劉：所以咱常常說，咱們這一夥，少不了傅大哥，同時也少不了菊小姐。

惠：廢話少說。（立即扯去臉上的疵瘤和假鬚）現在該是走的時候了，我相信不到一刻鐘，趙探長會重新帶着人馬到這兒來的！

（衆人立即騷動起來，急忙整理物件）

——第一幕終——

難吃的劇團宣傳飯

文熊

不知怎的，我竟會踏進劇壇，担任起劇團宣傳的職務來？

考宣傳二字的解說，是有「自我吹牛，以廣招攬」的意思。在廿世紀的今日，什麼事業都得需要宣傳。上至國家，有宣傳部的設立，下至販夫走卒，也知高喊：「××便宜啦，一塊大洋買×隻」之類的宣傳字句。連小販尚知宣傳，其他事業之需要宣傳，不言可喻。

劇團之有宣傳，還是近年來的事。在劇壇商業化的情形下，各職業劇團間便有了營業性的競爭。為了爭取營業的發展，自得需要宣傳。由是劇團宣傳便應運而生。

劇團宣傳之職務，除為每日上演之劇目設計廣告外，並得寫宣傳文字，分送各大小報及雜誌上刊載。此種文字的性質，自然是有「自我捧場」的意思。

因為劇團宣傳需要發宣傳稿，而担任此項職務者，祇少是能動動筆頭的文化人或報人。他必須與各報編輯人都有聯絡，否則宣傳稿發出，而編輯不予登載，也是白費。所以劇團宣傳的工作，看看似乎很容易勝任，其實却是件吃力而不討好的工作。

先以聯絡編輯來說吧：一個劇團宣傳即使能與每張報紙或雜誌的編輯人均很熟悉，但不見得與每一個寫作者也全部認識。譬如某作者是某報的特約撰述者，按日為該報寫稿。忽然有一天他寫了一篇攻擊某劇團上演的某一個劇目的文字，而担任該劇團宣傳者雖與某報編輯很熟識，而且也早已打過招呼。但編輯者沒有理由將那篇攻擊文字不登。因為如果該稿作者向編輯質問，不登的理由時，編輯者便無詞以答，而且還會引起別人猜疑他有受某劇團津貼之嫌。甚至於因而致該使特約撰述者不快，停止為該報寫稿。那時編輯者當然得顧全自己的名譽，同時還得顧到報紙的本身，自然那篇攻擊文字便刊登了。這時候劇團宣傳的神通雖廣，也無能為力了，除非能與每個寫作者均有聯絡，否則別無他法補救。但，這是談何容易的事。

報紙上既有攻擊的文字發現，劇團老闆便會向宣傳質問：你既任宣傳之責，應該將各方面有關劇團不利的文字設法不在任何報紙上見到，這才算盡到宣傳的責任。所謂宣傳也者，除了發宣傳稿外，還得禁止別人寫攻擊劇團的文字，這種工作，你說可容易做的？

劇團宣傳的責任還不至於此，連某新戲上演後的營業問題，也大有關係。譬如某新戲上演了，你的宣傳稿發出很多，而且均在各報登載出來，甚至於各報的作者也均一致捧場，絕無攻擊或不利於該戲營業的文字發現。照理劇團宣傳的責任也應該算是全部盡到了。但不掙氣的是那個新戲的賣座，却並不見得茂盛，每場演出上座祇有二三成觀衆。這當然是劇團老闆所不樂意的。這是戲劇本身的不能賣座，當然無關於劇團宣傳的事。但他却會遷怒到你的身上來。他會斥說你宣傳不力，以致營業不佳的。在他的心目中，認爲戲劇本身的好壞與否是沒有什麼關係，祇要宣傳得好，營業自然會有把握，觀衆自然會上當的來觀看。固然宣傳文字有時候的確可以吸引觀衆，但觀衆的口碑是遠勝於宣傳文字的，所謂「口頭宣傳」的力量，也遠勝於文字宣傳。譬如你想看某一個新戲，但你不知道這戲究竟好不好？看看報上的宣傳文字，是說得天花亂墜，如何好法。而他對於這種文字有些不信任，於是便向另一位看過某劇者詢問，如果那個觀衆說好，他就決定去觀看，否則他便不想去看了。這種情形在觀衆羣中是很普遍的，不是文字宣傳所能挽救的。但劇團老闆們却不會想到這一層，總是責備宣傳者的不力，你想做宣傳者寃不寃！

反之，某一個新戲的演出，賣座特盛，老闆們當然哈哈大笑。但他們却不會說：「這個戲的生意好，完全靠宣傳的力量」而對你嘉奬的。這種祇受過沒有嘉奬的工作，實在不顧担任下去了。

還有一件飽受閒氣的事，是所謂「正統派劇評家」的對劇團宣傳的狂罵。那些自鳴爲「正統派」的劇評家們，自認爲所寫的劇評，都足以代表整個的輿論，對每個戲劇加以謾罵。而且這種謾罵，在他們看來，還算是有建設性的「正統劇評」。對於整個劇運的推進，他們均自以爲是有了不起的功績。但，每個職業劇團當局對於這種文字，均不屑一顧。以致使那些劇評家們大不滿意，狂罵起所有的職業劇團來，什麼「劇運的危機啦」！「戲劇的再建設啦！」之類的高調唱起來。同時「城門失火，殃及池魚」，連劇團宣傳也被罵入。他們認爲劇團當局之所以不重視那些「正統劇評」，原因便在於劇團宣傳的宣傳稿破壞了整個的劇評界的緣故。其實，宣傳文字與劇評根本是兩種的。一個宣傳者即使如何的巧妙寫成一篇宣傳文字，讀者也一看便知宣傳文字。而正眞的劇評也決不會混和在宣傳文字裏，當然宣傳稿也決不會破壞什麼「正統的劇評」的。但那些劇評家們因爲不受人尊敬，認爲失去了劇評人應有的尊嚴，而破壞他們尊嚴的又是劇壇宣傳，結果便懷恨在心，便亂吠一通的瞎罵起來。當然其中也有一部份人是做不着宣傳而發生了「酸葡萄」的作用。

寫到這裏，劇團宣傳的上作情形，也差不多全部說明，這碗難吃的劇團宣傳飯，我也就此丟掉不幹了。

謎學

巽虹

一 謎的本質

謎是人人會做會猜，絕無時間，空間限制，不是傳統因襲的；它富有思想，情感，想像，法式，價值；在文學上自有其相當位置。只爲謎是原始於『變常的語法』；人人語言的心理作用，常常會使用着『謎』的潛隱本能。所以從前謎的專著很多，就覺得它太主觀了——側重欣賞，不合科學歸納；並且也太狹視了——傾重歷史傳統，和六書原理。現在把謎的整個學術，用新的方法檢討一下；也是適應需要，不是無聊工作吧！

謎的原始，有追溯到黃帝的驅羊，左傳的庚癸，史記的大鳥，漢蔡邕的書曹娥碑陰等了；這不過是有紀錄的原始，不是謎的眞原始。因爲現代人物，有絕不知謎史，也一樣會做會猜；一定要說古人發明了才流傳，不覺得太幽默了嗎？

不過謎的技術方面，却不能不歸功到若干時代，若干學者的努力創製，才一天一天發展到更完善。本來就採用已成等的謎，詳加檢討，找出一條新的途徑來整理，歸納；輯成專學，做文學革新史上的一個小貢獻。但爲經濟讀者時間，精神起見；對於學理的說明，不事旁徵博引，多費詞章，只列表解析；關於學術的闡說，也只列舉已成立的謎條證明，附加必要解析；讀者已可一目了然，固不須多說呢！總之作者所希望於讀者的是：本文纂輯上是不是不合邏輯——請檢討；根據本文中的前人創作裏，檢討結果，有沒有發展不充分和不健全——請創作。這個也是現代學者的責任吧！

現在把謎的本質，列成下表，讀了也可不再需要說明了吧！

謎的本質：

謎的原始——人類的理智活動。

謎的原素——內在的——人類潛隱的本能，絕無時間空間限制，極普遍而永久的。

——外表的——人類變常的語法，技巧是變化不盡的，形式和內容受着經驗限制。

謎的成立原則——必經兩人進程交反的思考而成立。

——形式和內容必爲兩方經驗中公共的。

謎的教育價值——教育心理——鼓起自發活動；集中注意和興趣；利用好奇和競爭本能。

——教育效能——增强記憶，思考，理解，選擇，組織等能力；加進作業速率。

——教育方式——適應個性，破除學級界限；實施個別工作，智學科界限。

謎的文學位置——思想——發抒新穎深刻的思想。

——情感——富有誠摯熱烈的情感。

——想像——引趣讀者深刻印象。

——法式——具有審美條理，藝術技巧。

——價值——具有永留的可能性。

謎的一般功用——介紹學識；發智慧；陶冶情性；娛樂，消遣。

謎的特殊適應——側面進取（諷刺，試探作用）；保守秘密；密傳消息。

二　謎的本體

謎的本體是兩部對體；一爲明示部份，稱爲謎面；一爲暗射部份，稱爲謎底；這兩部分是實施上的劃分，絕不是原則上的固定位置。因爲合兩部異觀念的各體，成爲一個同概念的對體；任見其一，可概其又一。所以謎體的形式構成，有下列的定則：

謎體形式的構成定則——謎面謎底要具有互換應用可的能性——不分底面。

——謎面謎底不能有相同字形的衝突。

根據上面定則，構成謎體的材料需用，也要注意下列幾點：

謎面材料——利用固有材料，減少自由擬製，才可適合前項定則。

謎底材料——必採固有材料，才合謎的成立原則；絕對不用自由擬製。（但有極少數可能自由的）。

關於謎的一般原理定則，差不多已明瞭了！就要研討謎體構成的學術運用了。這學術運用在謎學上是最占重要的，可說是：

謎學成立的要素；

謎在文學上占到位置的基點；

謎學發展的途徑；

謎的創作出發點。

因爲謎面謎底的材料，既然都要固有的；要它備具思想，情感，想像，法式，和價值諸條件，就只靠這學術運用的技巧能藝化了。要是運用技巧拙劣，就會造成下列結果：

『只有自已能猜』；或『一望就猜着』。

所以這運用學術，就是謎學的基本。但怎樣去運用？這問題是不能論定的，全靠自已高超的理智去解決，同時也要檢討過去已成立的法式，獲有心得來解決的。（已成立的法式下章起詳述）。

但是構成謎體運用學術的主要學科，可以列表如下：

謎體構成的學術運用
- 語言學
- 文字學
- 文法學
- 聲韻學
- 修辭學
- 作文學（包括各種文件）
- 數學
- 美學

此外，謎體構成的材料，也應當有個範圍，才能適合經驗共有的條件；可是這範圍至廣，從客觀的講，謎是極普遍而永久的；那末這範圍就是極盡時間和空間的一切了。為了這緣故，絕對不能守定舊範圍（舊範圍只適合於一時代一部分人的）；不但不合現代經驗，不能普遍而求發展，並且也限制了革新和創作。現在寫幾個總目在後面，只要能合經驗共有條件，就可應用，雖只限於局部普遍，比了退回去研究過時代的材料，在實際上要適應需要得多哩！

謎體構成的材料運用——羣經，諸子，哲學，宗教，社會科學，自然科學，應用技術，藝術，文學，史地，生活環境。

上面說的，不過表示什麼都可以做材料的，絕對不是叫了謎，一定要用四書五經，唐詩，古文等句語做材料才稱。換一句說，就是謎的成立條件是經驗共有，不是材料問題。

．現在我們要做這工作，是要求『謎』從『文學上』的發展，絕不是恢復舊形式。也就是要從已經發展到相當完善的舊形式裏，找出可能保留永久的眞際學術，才可維持舊學術，企圖新發展，也才能保持謎的文學價值了。

三　謎的中心

謎的本質本體已在上文說過，將於謎的學理眞際已可明悉；現在就要研討謎的現實形式了，第一步是謎的基本方法，也就是謎學的中心。可先閱下列的系統表——

謎的現實形式只有兩種：

（橫展）複軌制——對列並行——並行線狀的；

（縱展）單軌制——單程行進——直垂線狀的。

謎的契合定律有三種；請閱下表：

- 謎
  - （橫展）複軌制
    - 同一律
      - 絕對同
      - 相對同
    - 矛盾律
      - 對反性
      - 配偶性
  - （縱展）單軌制
    - 繼續律
      - 密接性
      - 間歇性

性質——對象
- 直覺
  - 對照
  - 具體
- 統覺
  - 概念
  - 抽象

對象
- 形
  - 聲
- 義
  - 意

- 感應
  - 本然
    - 對銷
  - 支配
    - 肯定—雙重否定
    - 否定
- 引渡
  - 直接
  - 簡接
    - 寓形
    - 寓意
      - 歷史
      - 環境

讀了上表，可以明白謎是極端複雜而錯綜的；一個謎體，很少只需要歸納入一類的，所以要精密的劃分一下，不是易事。讀了上表，在思想上已可有一個完整的系統，在認識上也容易達到眞切。現在只用擬式和謎條來證驗一下，可不費詞立說了。不過從謎條檢討上歸納到系統，只能局部的，不能整個的；我們只要把證驗法式完全看過了，再把系統表檢閱一下，便可把謎的學術全部都了解了。

（甲）同一律——絕對同和相對同——

同一律可說是謎的原始形體；有兩個擬式寫在下面：

（對象）　（形）　（聲）　（義）　（意）

（絕對同）　{犬＝犬　犬＝犭}　（東＝蘷）　（舟＝船）　（月＝嫦娥）

（相對同）　（田＝窗）　（鼓＝蘷）　（車＝輪）　（紅＝熱烈）

下列的謎條都含有同一律的部分，分別提示，以資證驗。

目字加二筆不作貝字猜＝賀}
貝字欠二筆不作目字猜＝貧}（絕對同正態形）

雨餘山色渾如睡＝雪}
欲話無言聽水流＝活}（絕對同變態形）

彼此姻緣恰並頭＝韻（聲的絕對同）（諧聲格）

皂隸＝黑奴（義的絕對同）

元旦＝惟正月之朔（意的絕對同）

遠樹兩行山倒影輕舟一葉水平流＝慧（形的相對同）（舊時歸入象形和寫意類）（遠樹＝丰）

笛無腔信口吹＝愈於禹（聲的相對同）（舊註爲洛鐘格）

知之之至＝以蟲鳴秋（同上）

疏懶貧窮老塾師＝閔窮究（義的相對同）（究＝學究）

描遠山＝畫眉（意的相對同）（遠山＝眉見西京雜記漢司馬相如妻，眉色如望遠山，時人效之。）

（乙）矛盾律——對反性和配偶性——

矛盾律在聯合觀念上占有重要位置，對反性是反對律，配偶性是接近律和類似律。在心理上極易激發的，所以謎體除同一律外，矛盾律也爲對等形式。它的擬式如下：

（對象）　（形）　（聲）　（義）　（意）

（對反性）　（片／爿）　（吁／嘻）　（寒／暑）　（人／我）

（配偶性）　（韹／駱）　{蕭／瑟　簫／瑟}　（蘭／桂）　（帚／箕）

上面的擬式雖也可全列，但在謎中不能全見。不過在語言中是都有用到的，所以完全列出來，也許會有用到的機會吧！本律證驗的謎條分列如下：

毛＝由反手也　帀＝顛之倒之

甲＝使子路反見之（以上形的對反性）

聲的對反性在謎中少見，但在語文中爲修辭上的舛辭格，如說「嘻嘻哈哈大哭」，是可以有的，不過在謎中未見，故不列。

其新孔嘉＝舊不必良（義的反性）

此曲祇應天上有＝斯人不可聞（意的對反性）

形的配偶性在謎中也少見，但在聯語中是有的，如「烟鎖池塘柳」和「橫塘鎭燒酒」等絕對，就只爲左旁是「金木水火土」，所以不易配偶。

凡配偶性的謎，舊註「鴛鴦首」，「求凰格」，「楹聯格」，「流水格」，和「錦屏格」等。

楞＝董（形的配偶性）

聲的配偶性形式很多，分列如下：

柳葉兒＝桃花女　　頭繩＝對角線

畫閣＝彩樓配　　木＝華耦

蓋歸乎＝比其反也　　家父＝屋廬子不能對

愧我詞章草率＝對別人巧語花言

帚＝箕子以之（意的配偶性）

（丙）繼續律——密接性和間歇性——

繼續律是聯合觀念的中心，是思想縱展的表現。（同一律和矛盾律都是思想橫展）它的擬式如下：

（對象）	（形）	（聲）	（義）	（意）
（密接性）	（扌＋乚）	（乒＋乓）	（骯＋髒）	（烟＋酒）
（間歇性）	（沂＋才）	（甲乙丙＋丁）	（智勇＋仁）	（父母子＋妻）

根據上面的擬式，搜集含有繼續律部分的謎條，分列如下：

門＝文在中成閔（形的密接性）

丙＝稱舍於墓（義的密接性）

細腰何自始＝作於楚宮（意的密接性）

哀公何人也＝必宋之子（意的密接性）

柒＝陸續（意的密接性）

八＝豁開心（形的間歇性）

不仁不智無禮無義＝獨孤信（義的間歇性）

嘉定先生＝恒言不稱老（意的間歇性）

（甲）（乙）（丙）三律總檢討

上文所列謎條，讀了已可明白謎的幾種基本方法了，但爲更使讀者暢曉起見，特根據舊法，另製新謎，減少複化，拌削弱情感和想像，俾一見即可了解，對於基本方法，也可有更眞切的認識了。（下列各謎都採新材料）

日字多一筆＝眵
女字少三筆不作一字猜＝娑
（形的絕對同）

雨於田＝雷（形的絕對同）

左右修竹＝捉（聲的絕對同）

柔和＝軟化（義的絕對同）

寒食節＝禁烟紀念（意的絕對同）

窗前人影＝佪（形的相對同）

勞動界的呼聲＝航海（聲的相對同）

安定職工機構＝慰勞團（義的相對同）

銅鈴圓滾滾＝眼球（意的相對同）

井=反共（形的對反性）
直未佳=曲線美（義的對反性）
勞=資方支配（意的對反性）
竿=枝　稼=對等（形的配偶性）
泣別=歡迎　獅=對象　收=支配
遊=玩偶　千兩=百分比（義的配偶性）
縫衣機器　人力，獨裁（意的配偶性）
門=兌入，檢閱（形的密接性）
空=軍事，簡單化（義的密接性）
法=繼續律（意的密接性）
須=左派，右傾（形的間歇性）
銅鐵金銀=無錫
水木=金融，縱火，失土 }（義的間歇性）
茶冷飲=缺點　長富貴=革命（意的間歇性）

（丁）性質——直覺和統覺——

上面所說的三律是基本的定律，不變的，也是獨立的，現在講的性質，就是謎體的分類；只有兩法，就是：

直覺的——對照，具體——；
統覺的——概念，抽象——。

宰相=縣丞
眼花落井水底眠=昏昏沉沉的睡 }（對照）（直覺）
核=果在外仁在其中矣
雛=小者禽鳥 }（具體）（直覺）
罷低聲問夫婿畫眉深淺入時無=商容
鵲=果然是神針法灸難道是燕侶鶯儔 }（概念）
蠶=咬文嚼字
鬚=唯女子與小人爲難養也 }

（戊）感應——本然和支配——

讀了上文，可以知道謎體的第一步解決是：『切實的』還是『想像的』。它第二步的解決是謎面和謎底感應問題，也只有兩法，就是：

本然的——對銷；
支配的——肯定（附雙重否定），否定。

禹謨=夏言（絕對同）
泰山北斗=韓當（相對同）
逐臭=仇香（對反性）
支=比干（配偶性） }（對銷）（本然的）
三十六才子=月暗西廂（肯定）
扇枕溫衾=夜來香（肯定） }（肯定）（支配的）
非非想=反是不思（否定）
小樓=居上不寬（否定）
一刀之罪=劉無雙（否定） }

讀了上文，可以明白謎體的構成，是『本然相對的』還是『意匠相對的』。這問題解決了，就要解決第三步——較複雜的引渡問題了。

（己）引渡——直接和簡接——

引渡就是謎面到謎底最重要的媒合概念；也是謎學中心。更是謎的時代劃分，和程度判別的機樞；民間謎語和燈謎的定差，都只是引渡的疏密差異吧了。引渡方式如下：

直接的——；

簡接的——（寓形，寓意）。

直接的謎條可不用寫了，在上文所見的都是。（有的是簡接的，要是能較普遍化，也成直接了。）

梁上君子＝登高作賦（賦＝賊）（舊註亥豕格）

小國中也出將才＝王亦能軍（小國＝国）

沛＝法幣（上商人新製用字）（法滅去，加，幣滅敝）

以上是形的寓形。

九十九歲＝白壽（百減一等於九十九；百字減一劃等於白）

五千童子軍＝苗而不秀者（五千等於半萬；苗等於半個萬字）

以上是意的寓形。

傷心細問夫君病＝杯盤狼藉（杯盤狼藉＝悲盤郎疾）（舊註梨花格）

剪燭＝狀元（狀元＝一甲一名＝越夾越明＝剪燭）（舊註蘇黃格，又稱隔簾花影）

以上是聲的寓形。

國慶＝百合（國慶＝雙十（十乘十）＝百合）（舊註剝蕉格）

三月三＝午（三月三）＝上巳＝午）舊註重門格）

以上是義的寓形。

只在此山中＝必有吾師焉（史的寓意具體化）（註一）

紅娘隨我來＝有鶯其領（同上）（註二）

公與文姜如齊齊侯通焉＝然則有同與（史的寓意抽象化）（註三）

魯提轄拳打鎮關西＝不知者以爲爲肉也（史的寓意抽象化）（註四）

以上史的寓意。

明明＝今日是也（註五）　今天＝是清明前一日

昨夜＝除夕。　今宵＝元宵　明日＝端陽

以上境的寓意。

史的寓意的謎條，揭曉了也是看不懂的，因爲史實不明瞭，引渡方不了解，就不懂得了；這在舊謎中最占多數，差不多沒有史因的很少。本文是只採它的方法，所以不多採用，不但註解費事，並且在方法上變化無大關係呢！可是上面的幾條，就不得不加附註釋；因列於下：

（註一）謎面是唐詩（松下問童子，言師採藥去；只在此山中，雲深不知處。）中的一句；要讀了全詩，才能概想出底句呢！所以是具體化。

（註二）謎面是西廂記中的一句；謎底的鶯字，表示崔鶯鶯。不出本事，也是具體化。

（註三）魯桓公同了妻子叫文姜——齊侯的妹，歸寧到齊國，齊侯私通文姜；魯桓公本有個兒子名叫同。這謎底是很够幽默的一句話。因爲文姜是同的後母，齊侯成了同的假父；底句是挖苦的話。文謎面材料見左傳。（純爲想像，是抽象化。）

（註四）謎面是水滸回目，又借它全回事實；魯達本爲金翠蓮事，打死鄭屠；不知細情的，當做爲了買肉。純是想像的，所以是象化。

（註五）境的寓意是關係當前環境或時代背景的，說明了很容易猜想，舊註爲拾芥格。本章所列的都是時日關係，分別寫在下面：

明明（二月二日用）；今天（寒食節日用）；昨夜（元旦日用）；今宵（正月十五日用）；（五月初四日用）。這些在當時簡直不成爲謎呢！

謎的中心已有了相當研究，對於謎的認識也可說是眞切了；可知謎不能把人類靈活的思想形式做中心的，是要根據邏輯歸納的，讀了本章文字，可再閱一下後列簡表，便可了然胸中了。

定象		思考定律		感應		反應		系念	
形	正形	同一律	絕對同	直	對照	本	對形	直	形
聲		矛盾律		覺		然		接	
義		繼續律		統		支		簡	
意				覺		配		接	

↑—原始謎

照上表求出的原始謎是：

正形——絕對同——對照——對銷——形；

所以現實形式的原始謎是：

天‖天——地‖地——人——人

這是無疑的。

四　謎體的本位變化

謎體是極複化的，所以先要認識它的本位變化，才可再研究技術變化；它的系統表如下：

- 謎本位
  - 單元
    - 一元
    - 多元
  - 組織
    - 純性
    - 複雜
  - 程序
    - 順序
    - 亂序
  - 體質
    - 純體
    - 複體
      - 主體
        - 提示
          - 正提
          - 反提
          - 明示
          - 暗示
      - 作用體
        - 正常作用
        - 證明作用
        - 廢棄作用
        - 異動作用
        - 綴附作用

（未完）

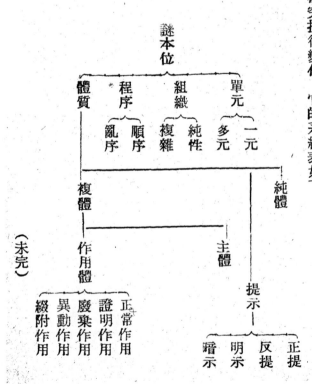

離婚十年

金滿成

刊前語

闊別上海以及上海文壇內外的友人們，將近十年了。帶着妻女回到我古老的故鄉，還是過着文學的生活，因爲不會做官，也非地主，只好夫妻倆同時在文化界做了苦工，勞力更勞心的處在我們倒也滿意環境。最初的兩年，很想再到下江去。深感四川太寂寞了。

戰雲彌漫以後，文化人紛紛西來，蠻荒的重慶，也染上了戰時文明的色彩，舊友們很有些在這兒見面，不勝其久別重逢的欣娛，他們都取笑的說：「你們夫妻有先見之明，早兩年就作了先鋒隊，到四川來了。」

這原是他們的笑話，我們之所以回川，是有不得已的苦衷，江南是我非常留戀之地，尤其是上海，我却不願離開，可是環境逼着我們回到老家，也不是眞的老家，我的老家是在嘉定，在嘉定是容不下我們夫妻的，因爲是靠筆耕生活，只好擇了這可以筆耕而生活的重慶。

我回來時無事可作，新蜀報便約我編輯副刊，第二次出川之前，我是在本報供職的，現在社長不忘舊人，我當然歡喜在老朋友多的舊報社服務，於是仍然編輯副刊。別了五年的重慶文壇，一切都進步了。報上的文藝副刊很多，文藝團體不少，純文藝的刊物較過去多了兩倍三倍，幸而朋友們都對我這遠別歸來的遊人加以收容，幹了這幾年沒有什麼問題發生。

鳳兮（編者按：作者的夫人）除了在省立第二女師教書之外：也編了一家報紙的副刊。直到這兒成了陪都以後，她才進入中央日報，舊日在京滬所相識的文友，有大半的來了，尤其是幾位女作家，同她過從甚密，她完全担任了嚮導，我們是做夢也想不到在重慶能會着這些心中常記着的文友，更想不到這些文友的足跡，會集團的來到四川，就政治上說，是一時的不幸，就文化上說，都是西南的大幸。假使不有這次事變，西南的文化水準，永遠追不上江南。現在不但水準提高了，並且成了全國文化的中心。這恐怕是天要開發西南，教化西南，使西南半混沌的民衆，受着文化的啓迪，將來都爲國用吧！

我在這幾年來，發現了一種以前未見的現象，便是文化人在重慶比在上海活躍而團結，生活也比較嚴肅，其實說來，他們在上海還是客居異地，來重慶依然身處他鄉，可是在作品中的氣氛就大不相同。頹廢的很少，像我們過去吊兒郎當那樣寫文章的人，簡直沒有，他們都很興奮，他們眞的「到民間去」，早已走出了象牙之塔，漸漸的感染了山野的農村習性，樸實而勇毅，並且眞誠，這是中國文藝界的一個不可磨滅的突變。

日子久了，我們都又懷念江南，平時是很不容易看到上海的刊物或報紙，有的地方雖然也有，其來源頗費周折，我們難得入目的，有時只得着一些零星的消息，眞假當然無法確定，在去年春天以後，我才讀到幾年來上海出版的文藝刊物，是在田漢先生來重慶時。不管其人內容如何，我都以珍惜的眼光去看它們。在五六樣不同性質的雜誌中，我粗知上海文壇人士是在走着什麼路線，平心而論，格於客觀環境，能有這些成績，也不能算爲大錯，只覺有一個異感，似乎今日的上海文壇，已不是八九年前的現象，只有地方性而無全國性了。

一部分是復古，從事於用典與引書。一部分是趨向新八股！只是我云你云的人人同云，在這樣時代洪流中，產生出來的文藝作品，恐怕不該如此的缺乏內容吧！還有幾種刊物，也頗力爭上游之心，但，看它總是十分勉强。中國是整個的，中國文壇都也該是統一的，這是我對於別了將近十年的上海文藝界友人們的期望，這樣說來未免太直率了，倒底還是我的誠意。

兩月之前，得離石兄來函，說他與二三朋友要出版光化雜誌，是文藝綜合性的，叫我寫點文章。爲了我們是老朋友，民國十六年就在上海民衆日報同事，廿四年又在南京新民報同事，有了這些關係，怎能推却呢！便回信他，承認一定爲「光化」寫作。殊不知提起筆來，簡直無從下手，對於今日上海的讀者，太生疎了，要用怎樣的體裁方能夠給雜誌有益，頗費躊躇，抽了十枝香烟，紙上仍無一字，便擱筆了。又坐思了一會，大約是靈感來了，奮筆直書，原是給他一封「我寫不出文章」的信。

加封，貼上郵票，正要叫用人拿去投郵，忽的鳳兮進屋來了，她看見是給石哥的信，便問道：「你給光化寫的稿麼？」

我苦笑道：「寫不出來，回絕了。」

「那怎麼可以呢？離石的個性甚怪，你們的關係又深，他編刊物，你能一字不寫麼？將來你要求他寫東西，恐怕也一樣的要遭拒絕。並且他在上海多年了，是如何的盼望故人的音訊，也就希望你的文章去捧場呀！」

我聽了鳳兮的話，倒想起我倆在南京分手時的情狀。那時彼此相約終身不做官，只爲文藝而努力，他本是做過官的，現在他確實沒有在容易做官的地方再做官，埋頭在幹文藝工作，我怎能不爲老朋友幫一點忙呢！給「光化」寫文章，是義不容辭的了。可是今日的交通太不便利，要每月能夠通訊，萬難辦到，給他一篇之後，第二篇也不容易如期交到的，便想起了我去年所寫的一個中篇小說——離婚十年，不如就將這篇東西給他，若能按期收到，得以刊入「光化」，便是他的運氣，若是在途中損失了，不能與「光化」的讀者見面，那也不是我的不是。所以將全稿檢出來，稍爲加以校正修改。掛號寄給離石老兄，好壞我却不管了。（一九四四，七月一日於重慶）

（編者按）關於「離婚十年」在今日發表，頗有與蘇青小姐著的「結婚十年」爭生意的嫌疑，請讀者千萬別誤會，金先生的文章是在去年就寫好了，他到今日還未看過蘇青的「結婚十年」。天地間的事，有時會這樣湊巧，可是我不能爲了「避嫌」，就把原名改過，而對不起金先生，至於內容，乃是男子的自述，把離婚的經過與離婚後的生活，絲毫不隱瞞的暴露出來。我覺得中國婚姻問題，到今日還是頗成問題，這「離婚十年」是中國婚姻問題之一角，本刊得以發表，也是尙無不合的。並且正可以與「結婚十年」參看。

金先生過去在上海文藝界的地位，用不着我再介紹，愛讀他的文章者，當然知道，他是法國留學生，無政府主義者，一個立志終身不做官只作文章的文人，浪漫的天性，造成他文章特異的作風，「現代雜誌」他發表的作品很多，出的單行本也不少。這一篇「離婚十年」是他離開上海八九年來在上海第一篇作品，與讀者久別重逢，一定倍增親切之感，但，內容所講，並非夫子自道，因爲他只結過一次婚，現在還是「夫妻好合」的。前文所說的鳳兮，便是他的太太陳女士，所以這「離婚十年」並不是什麼「自傳式的小說」，乃是金先生的「創作」。其風格還是與他的「花柳病春」相同。目錄如下：

離石散文選 （上篇）

為什麼選用我的散文

實在對不起讀者們，請先看下面一段引文：

「三年前的今天，我的最鍾愛的長兒（榮昌）夭折於青島，時距其母沈夫人之逝，祗有九個月又五天，不佞本來是一個神經質的廢物，既丁時艱，復遭家難，精神上實在不堪支持……孑然一身，意志銷沈，茫無所歸，承一兩位知友好意，勸我辦一本刊物來消遣消遣，在無可無不可之下，古今創刊號終於在兩年前三月間出版了。

古今出版的動機不過為我個人遣愁寄痛之託，絕無其他作用。　朱樸：古今停刊號之小休辭。

我之主編「光化」與朱樸先生之主辦「古今」同是一樣心情。死了痛心兒到一年後還沒有埋葬的我，在環境上說是顯不如朱先生的，因此要我提筆作文，現在實在作不出我以為滿意的文章來。這是選用散文的一因。

其二，本刊本是科學印刷公司代印。但是在第一期還未出版之時，××美術印刷公司的經理×××先生，來攬生意，開出一張估價單，是比科學低假十一分之二，依照「人往利邊行」的習慣，本刊當然樂於給××公司印了，便決定第二期給××印刷，在相當時候，就發出了第一批稿件約十三萬字。殊不相到了兩星期還沒有一張樣子交來。打電話催促，不答覆確實交樣子的日期，仍是不送樣子來。

在十五天以後，忽然由那位所謂排字房的「那麼溫」翁仲先生將原稿與排好了幾篇的樣子全部退還給我，並聲明道：

「實在對不起，做公司確實不能做這大的生意，現在才動手鑄字，至遲要一月半才得鑄好，光化出版，須後兩月半，我因不便就誤你們，所以老實的把苦衷告訴出來，請快向別處去設法。至於已排就的幾萬字，我們要求將來打紙版送到承印光化第二期的公司備用。」

我聽了翁先生的話正不知從那兒來的無名火，冒出來了。再想對他講話，是沒有用的，還是去找×經理談判，於是急忙會社長，將上面退稿經過陳明，便決定仍向科學公司交涉發稿付印。

第二天却聽來的消息是說：「他們公司本來能够印刷，只因編輯人討索「康迷信」。爲了不能應付裕如，所以退稿。」這是我連做夢也想不到寃誣。

我聽完之後，不知從那兒來的無名火，比昨天還冒得高，便要求（一）當面對質。（二）提出證據，否則我就向××公司經理從事法律解決。因爲這是破壞我的名譽。並且存心推翻我的飯碗。

社長見我義正辭嚴，又是相見以誠相知有素的朋友。於是派員叫了××公司的經理與排字房「那麼溫」當面對質，這是我到上海——或者平生所遭到第一次的不白之寃。幸而在對證之下，他們都無憑無證，並且自識情虛。

我當時提出兩個條件：一、登報向我鄭重道歉，二、賠償光化社出版延期損失。

道歉啓事的原文：「××美術印刷公司經理×××謹　向光化月刊主編離石先生鄭重道歉　啓事茲因敝人承印光化月刊業經排好數萬字稿件繼以公司規模過小無力如期出版企圖藉故解約致有對離石先生毀損名譽之謬言幸經××兩先生之調解並得離石先生之諒解不予深究謹此登報鄭重道歉。」

對證之日，所來者只有「那麼溫」，而×經理則避不見面，後經與×先生之緩頰，損失要求免賠，其已排就之數萬字不用。並不給排版工資。至於道歉，不必登報，只備酒席，桌面道歉。

結果，我便笑說：「只要證明我並未索討「康迷信」一切都可以免了。」

於是乃再送稿子到科學印刷公司，然而時間已經遲了，爲了務必按期出版而經濟時間的關係。只好在業已排印中我的散文集——自供以內，移出若干篇來湊數。

這自然有「炒冷飯」的嫌疑，可是我却將各稿加以重新校正而有所增删的，也可以說是「決定本」。讀者與其看我在如朱樸先生一樣的心情而寫不出令人滿意的東西來，不如看一看選出的這幾篇散文，倒是用了一點心思寫作的。並且那些時候，心情比較現在要好得多。

理由如上，至希讀者原諒。

自供（序）

我們的鄉中，有一個韓四老爺。

他是在鄉中很有地位的人物，大家稱爲「紳士的紳士」。當我和兩個同學要到鄰縣進高等學堂的時候，在本鄉中也算是一件小小新聞。這新聞傳入了韓四老爺的耳中，他睡在烟燈旁邊向人批評我們道：

「這些小孩子，也想能够讀書出頭麼！」

後來我聽到了這個輕侮的批評，便立志要讀書出頭了。

如今已滿四十歲，還沒有「出頭」。孔子曰：「四十五十，而無聞焉，斯亦不足畏矣已！」從今以後，自然更沒有出頭的機會。便想到韓四老爺的批評，不是輕侮，乃有「先見之明。」捫心自問，慚愧到了萬分。假使韓四老爺尚在人間，而又與我見面，他一定要哈哈大笑。我呢，一定把我的自供給他看一看是怎麼的才不會「出頭」，這是我要寫「自供」的動機之一。

× × ×

我的同學中，有一個高凱清。廿五年在南京聚首，因為他是三一八壯士之一，自然是顯貴了。一天我倆閑遊掃葉樓，品茗談心，臨別時，他正經的向我說：「石兄！您流浪已多年了，應該尋一個安身立命之所，在我看來，您是不顧百年大計的。」

當時我沒有話答覆他，僅報以苦笑，至今這「苦笑」的情態，還能記憶，也如在目前。常想：「這個世界上，那兒是我安身立命之所？我又如何尋得着安身立命之所！流浪！流浪！流浪！至終還是流浪。我的身命，怕永遠不可安立的。」

誠然！我敗了大半祖業，又沒有積蓄，東飄西泊二十多年了，何嘗安定過一月半載呢？我知道凱清是對我的行為，深表不滿的，假使他能有機會看了我的自供，便明瞭怎麼尋不着「安身立命之所」，這是我要寫「自供」的動機之二。

× × ×

還有一個我最敬畏而又引為知己的同學高吉偉。他曾在人前批評過我說：「離石頗有別才，九流三教，無不精通，將來會成一個名作家。」

後來我聽到這個「批評」，只承認「別才」二字，但不是他的「別才」解釋，乃是「別客氣」之別，即無的意思，直言之便是無才，所以我引他為最知己了。

他的這個批評，是我們出了學校，走入社會以後的話，現在他已成了古人。每一想起他，使我非常傷感，我倆生前交往，就會再現在眼前來：

吉偉是我的小同鄉，但是在重慶中學同學時才知道的。他是由聯合中學轉入本校四年級，高我一級。當時校風，高級生氣燄甚高，低級生是難得高攀的。而我却為了要「讀書出頭」的關係，就非常活動，所以高級生也有些下交於我的，吉偉便是其中的一個，或者因為是小同鄉的關係多一點吧！

在校中他很貴族化，穿的吃的都比別人好，我為怕涉及「攀高」的嫌疑，平時也不大親近，只是他在拉手風琴的時候，我一定要去聽的，他一定要約我去聽，這樣我算是他的一個「知音」。然而我却不會拉手風琴，他屢次教我練習，我因一架手風琴在那時我是買不起，學會了，也沒有用，倒不如聽的便宜，似乎在花晨月夕他高興拉時，我總高興聽的。

他不但會弄音樂，也會做詩詞。至今還記得他做的二首「圯橋弔古」：

「英雄事業俯若曹，一擊當年胆氣豪，秦皇已盡收鋒鏑，四海何人敢用刀。

英雄能伸貴能屈，前此非榮後非辱，想見當年進履時，殷勤能使老人服。」

那時校中的國文教員，是一位舉人，對於吉偉的文章，很是讚許，說他將來「定有大發」，於是常常在揭示牌上，有吉偉第一名的課卷張貼，都是濃圈重點，加以好批，這或許也是我那時「高攀」他的原因。

他是插班生，半年後畢業去了。我回到家鄉才打聽得他的家世，他很可憐，乃是一個寡婦的兒子，更知道他還有一個寡姊——月美，在女子師範畢業後就在校內幼稚園當教師。記得是某次開同鄉會吧！我認識了他的姊姊，並說及吉偉是我的同學，於是彼此往來，吉偉自中學校分別後就沒有通消息的。我同月美還相熟得多，後來我與鏡梅結婚，她帶着她的唯一的孤兒來賀喜，此後儼然成了我的姊姊，往來更密切了。

經過四五年，我吊兒郎當的大學畢業了，又轉回重慶，主辦了愛國日報。在社會上也有了一點兒地位，恰逢吉偉由北京大學畢業回來，不知怎的，在北大學生很有勢力的當時，他却連喫飯地都尋不着，反由月美姊的介紹，來會我這個不如他的老同學，並要求代謀工作。

我也就自告奮勇的四處設法，經過若干時間，都沒有相當的機會。後來我便請他担任我報的總主筆，薪水與我相等，這相等是我對他的優待，因爲照例主筆是要少我的薪水五十元，我就把我多的五十元給他，所以我們相等了。這優待辦法，當時我沒有告訴他，後來是月美姊告訴他的，他知道了便說：「石哥是很够朋友。」

在我們同事不久，他要討姨太太了，這位姨太太是他與他同姓而不宗，是月美姊的學生名叫麗華。當時重慶有「三華」之諺，即吳少華，高麗華，潘文華。前二者是女學生，後一人却是聲勢赫赫帶兵的師長。據說他她們都是交際明星，爲什麼麗華情願給吉偉做姨太太呢，我至今還不明白，大概是月美姊的力量吧！

他們結婚的時候，麗華無家「上轎」，川俗有「寧肯借屋停喪，不肯借屋成雙」的迷信，所以尋不着地方。月美姊來商量我，要借我家做麗華的「後家」，我因彼此很有交誼，也不大怕「犯煞」，便承認了。麗華於是就在我家「上轎」。記得在行結婚禮時吉偉還帶笑的唱一句戲詞：「可憐我年半百作新郎，」其實他只有卅二歲。

以後，把我的兒子沁告寄拜於麗華，彼此成了「乾親家」。吉偉與我的交誼更見深厚了，幾乎朝夕相見。我最歡喜讀他寫的社論，他也歡喜讀我的雜文。女眷們也非常親熱的時相往還，在我們的友情上，算是極濃厚的階段。

日子久了，他因我而與我的上司劉師長相熟了，就漸漸與我生疏。但我並不在意，因爲劉師長的支援，他的北大同學們也就漸漸與他接近起來，走入「北大」的陣營，對我就更漸漸的冷落，但我仍不在意，我是素來有獨行者的怪癖，然而月美姊姊却與我始終如一維持着密切的友誼，我內心中已把她視若同胞的姊姊，爲此她也勸她吉偉不要對我冷落，且說：「朋友間，務要始終合作，禍福與共。」可惜吉偉並不接受月美姊的意見，我們便在形式上也日益隔膜起來了。

九一八事件發生，愛國日報停刊，吉偉與我，正式分手，彼此就未嘗見面。記得有一次我窮得典質無物的時候，他已任了政治委員兼什麼處長，自然很有勢力和金錢，我便寫了一封信向他借貸以圖救急。回信則云：「日來手頭拮据，愛莫能助。」自此以後就完全斷絕關係了。

只是從朋友中得來的消息，他已將雅片抽上癮了。我想在四川做了公務人員，抽雅片並不算是惡德，但於他的健康却有關係。我幾次想給信勸他戒烟，後來却沒有寫成，我出川又東浪西流的過了幾年，仍然回到重慶，這一回却不如從前了。恰像吉偉第一次回四川一樣，連喫飯地也尋不着，其間却有一段「浪漫夢」(不是史)做着，日子倒還容易混，而且還不想離開重慶。可是有一位退職回鄉的易軍長在貴州招兵買馬企圖大幹一番，來信約我去合夥，我在走投無路的時候，便決心拋下妻兒去了。

出發的前幾天，恰逢吉偉由成都來，他知道我是到貴州去投易軍長，會着我，說了些別後的情況，彷彿也不甚如意，也是要到貴州走投易軍長。他與易軍長過去有關係，並且這次成軍，他是一位「開國元勛」，自然去了地位一定比我高，可是他因批評我「頗有別才」，也就在說話間露了一點兒不願我去的意思，這當然是我「頗有別才」使他害怕，但又不能阻止我，且約我定期同行，那知在期前兩日他就動身去了。我明白他的心意所在，便想中止此行，然因走投無路，且已答應了易軍長，怎能食言呢，結果還是去了。

到貴州易部後，我倆又成了同事，他任政訓處長，我任秘書長，兼黔北新聞社社長。不上半月，他就任了當地的縣長，這時我們的感情是不好也不壞，因爲大家年齡多一點，都現出有些暮氣了。同時還有敵對的同事，那末我們天然在一條陣線之中，大有「鬩牆禦侮」之概。他做了七天縣長，我們就打了敗仗，退出了縣城，他見情況不佳，討了一個代表名義，到成都去了。我因任了該師的秘書長之職，而隨着軍隊「拖灘」。臨行時他對我說。石哥！本軍前途有望無望，都在你今後幫助老師（易）出力不出力，希望你要留心政敵們包圍了老師，免受他們的排擠，我們將來在貴陽見面吧！」

這樣過了半年，我們的軍隊又有地盤，他又來了，此時我已做了縣長，這自然是他不大高興的事。可是沒有辦法，因爲我若不做，還有別人——所以他對我的態度還好，每天到我的衙門來，打牌，喝酒，抽雅片，我才證實他的確有烟癮了。我也曾當面勸他戒烟，他便說：「精神不濟非抽不可，若要戒，絕對會死人。」我就不能再勸，且給他多抽，我不是怕他死，我是怕他駡我「小氣」。

大概我們的運氣都不好吧！不久本軍又打敗仗，我就在無兵守城之下棄城走了。逃到湖南的鳳皇，全軍人馬也退入湘境，但我却被政敵誣陷以棄城之罪，扣留於總司令部的禁閉室。當時吉偉雖不能阻止上峯扣留，然而却做了一個營救我的有力者。在禁閉室中，我很明白他是爲了我們過去同學，不，同事的友誼。倒底在生死關頭，發出了同情的良心，我至今還是很感激他的。

出獄之後，我到了車師長——我的叔岳那兒任秘書長。吉偉又與我相好如初，時常一同玩耍，鳳皇山明水秀是極其幽美的地方，正合詩人的環境，他這時候常常作詩給我看。我却沒有寫什麼雜文給他瞧，不過我寄了一篇「逼起上龍背」的雜文到重慶新蜀報，被他看見了，拿了該報來訪我，彼此發了很多牢騷，都認爲這種事業並不是我們的出路。他結果說：「我希望石哥不要再求政治上的出路，依然去做文化工作，將來是會有出路的。」

我直率的答道：我不是文人，我又不能寫文章，假若可能我只想靠賣文字過活，別無大志的。」

這算是我們平生最末的一次談話，後來我就到貴陽開全黔善後會議去了，由貴陽到南京，果然應了吉偉的話，仍是過着記者的筆耕的生活，每每想念他，然而無從知道他的行蹤。廿五年十月十日，才由一個同鄉朋友處知道他已死了半年，遺下三子與愛妾，非常貧困，當時落下幾滴眼淚，不知是傷痛他，還是傷痛我。回家寫了一篇記念吉偉的文章，却遭了那位我的後輩總編輯扣留。我便向社長——也是吉偉的同學，提出抗議，終於在顯著的地位上刊出來了。

刊出之後，我又後悔，紀念朋友，做追悼文字之類，於死者並無益處，何必要開罪總編輯呢！雖然這總編輯是我的後輩，他總是現在我的總編輯，於是想寄點錢給他的姨太太鸞華，作爲賻儀，因爲打聽不着她的地址，也就作罷。

他死之後，我再沒有知己了，特別詳細把我們的交往記入這自供之中，藉作紀念，這是我要寫「自供」的動機之三。

× × ×

昨夜還做了一個夢：

「似乎在現役的機關中，被我介紹的人排斥而離職，滿腹牢騷，找不到一個可以哭訴的地方，忽然走到余母（這個余母是我智識的賜予者，後當詳述）家中拜年，當我下跪時，她也跪下來扶我，我們握手了。她說：石！這許多年不見你了，你痴愛而未成功的金妹，因寡而死了五年，東面的紫微山上就是她的坟墓，你該去看看她。聽說他臨終時還說道：「我死後給個信與石，叫他努力，且有遠大光明的前程，若有來生，我們必定相會的，我辜負了他一段癡情。」

我於是辭別余母到紫微山上去尋找金妹的坟墓，走到半山上的一個涼亭中，正碰着金妹的兩個弟弟在那兒野宴，彷彿還是童年時代，我們就共飲共食，任情談笑起來，忘却了我要去找尋金妹坟墓的事。

大弟弟平仁說：「你近年在幹什麼工作？」我未及答覆。

二弟弟農田便說：「還是在做縣長——他人的鷹犬麼？」我慚愧得紅了臉，又動了心，仍是無話可回。

以後醒了！想這個夢眞也奇怪，這一些故人如余母，金妹，平仁，農田……已是十五六年不見面了，怎末會入我夢中呢？百思不得一解，這余母和金妹，乃是我流浪的根源。

十六年前的往事，歷歷如在目前，到天明都不能合眼，心中有無窮感慨，這是我要寫自供的動機之四。

以上的四個動機，前三個是早有了而常想到的，何以至今還未寫出「自供」來呢？有一個很簡單的原因，就是我這「自供」寫出來，似乎不能給別人看，既不是偉人名人的自傳，又沒有文學上的價值，或者相反的還會給讀者一種不良的印象，更怕的是給我的子孫看了，明白「我們的祖宗，原是這樣一個荒唐的浪人，」深悔他們投胎到這樣的家中。是以每一動筆，輒又打消了濡墨的念頭。

我也讀過「盧騷懺悔錄」式的自供，不管眞假，但他到底是哲學家，文學家，思想家，一代的名人，所以寫出來被人們認爲很有價值。如我的「自供」，則是平凡人的荒唐罪惡史，在今日的社會中，滿目皆是，當然不需乎筆之成書，給人們污了眼目，若是給朋友們看了，有對他們說「老實話」的地方，或者會引起意外的不幸。自然第一要說我造謠，第二要說我荒謬，第三要說這是「無聊的東西」我還要活下去，我還要交朋友，這些也就是我不能早寫「自供」的一種理由。

不過在今日而回憶昨夜的夢境，想起了余毋金妹們的往事，這一個寫自供的動機，比較那早有的三個動機更爲有力，我想我的荒唐與流浪，都是基於女人。多少有作爲的男人，是由女人激發起來的，也有多少有作爲的男人，是由女人毀滅下去的。我自問也該有一點作爲，然而至今竟沒有者，就是由女人造成的，那末，何不把這自供寫了出來給如我一樣的男人們作個前車呢！

只此一點兒理由，我大胆的開始握筆濡墨寫這「自供」，我顧不得朋友的斥責，世人的鄙棄，以及子孫的埋怨了。

以上算是序言。一九四二年五月七日

王婆滿天下

女人是多數人崇拜的，有拜倒石榴裙下，高跟鞋下，旗袍下之類的成語或新話可證。即使此證不確，我也不管，我總是崇拜女人的。在女人中，「姐」字輩我不大愛，（不是不愛）我愛的却是「婆」字輩。若在愛上還要加「敬」，在敬愛上還要加「最」，則只有王婆了。

這兒說的王婆，不是別人，就是替潘金蓮介紹西門慶或說替西門慶介紹潘金蓮的開茶館的王婆。假若潘與西門慶的事屬於信史，則王婆固有其人，即使西門慶與潘的故事是人虛構，則古今的女人，亦定有如王婆其人。

她値得愛的地方有兩層，都是眞實的。

第一，她能利人兼利己。替西門慶與潘金蓮「拉馬」是利人，因此而得到衣料與棺材錢是利己。

第二，她也能損人不利己，定計毒死武大郎是損人，終被凌遲處死是不利己。

無論她利人又利己或損人不利己，都是眞實的，沒有半點虛假，所以可愛。

讀者一定奇怪我爲什麽想到這種「生情造意，哄騙通姦」的老婆子呢？她不是大衆皆知的惡人罪人嗎？其實不然，我覺得把王婆看爲惡人定成罪人的都是俗人，王婆是沒有罪惡的。

一個爲了切身利害而受人之託，忠人之事的人，是不算罪惡的。先考查一下她爲什麼幹那一件「哄騙通姦」的事，原是爲了她死後沒有壽衣與棺材，恰巧西門慶有求於她，她自然就答應下來，其目的有藉「成人之美」使自已的「需要」也得了着落。

王婆心中的想法是：武大郎不是潘金蓮的如意郎君，潘金蓮可作西門慶的外室，西門慶正該爲她一個備辦衣衾棺椁的乾女壻。難道替乾女兒尋個乾女壻是犯罪惡的事麼？何況還有自已一世掙不着而一事得到成的衣衾棺木呢？所以她答應了西門慶，決心幹，而且幹通了。

決心幹，是她的勇氣，幹得通，是她的智能，一個有勇氣兼智能的女人，爲了自已利益打算，並知道確實能得利益。她怎麼不決心去幹而幹通呢！這是她可愛之外又可敬了。

我對於男女婚姻問題，是一個「相配論」者，主張年齡相配，智慧相配，品貌相配，乃至一切都要相配。「巧婦常伴拙夫眠」那種不相配的婚姻，我是絕對主張解除的。無論男女只要誰被屈於對方不配者，都可以起來反抗。

王婆固然不是如我在她的茶館中提倡「男女相配論」。但是她的行動是幫助「男女相配」了。西門慶與潘金蓮在年齡上，智慧上，品貌上都很相配而可以結合的，要王婆雙方拉攏，成爲了千古一段風流佳話，西門慶死而無憾，潘金蓮亦死而無憾，王婆更死而無恨了。

因爲我有「相配論」的思想，王婆乃先我而有「相配論」的行動。而且還以身殉「相配論」，所以在敬愛上加一最字，王婆！是我最敬愛的人物。

× × ×

再捨古而談今吧！則凡是勸人倒戈以謀新生之路者就是「王婆」，民國以來，專門勸誘甲軍脫離乙軍而投降丙軍的那些政客，什麼代表之流，都是王婆行動，事成之後，他們都獲得自已的利益，似乎還沒有王婆那樣以身殉之，並且假「相配論」之名，得「相配論」之實者很多，可見「王婆法」已留傳下來了。

不但於軍界有之，其他各界，亦莫不有之。只要沒有武松出來清算，其法固靈，得利極穩，無怪乎今日的王婆滿天下了。

只是我最敬愛的王婆是她以身殉了「相配論」，今日這些假「相配論」之名，無「相配論」之實，奉行「王婆法」而未死的王婆，我都盼望快些有武松出來清算，以致他們與古之王婆同一結局。

古之王婆「生情造意，哄騙通姦，計毒一人，」遂致身死。今之王婆則生情造意，哄騙通奸（作奸犯科之奸）計害萬民萬萬民，還不該處死麼！

今日的武松在那裏？

密告

密告是一件必有的事。有些開明的政治軍事機關，正式設有密告箱，讓人告密，並且有告密條例，如保障告密者，重償告密者之類。既得保障，又有重償，告密者於是多樂爲之，因而得到那種機關所需要知道的事，人，以及其他，也是不少，這實在對機關的工作上很有便利的。

不過，凡事有一利必有一弊，在密告書中，往往有誣告，所謂誣告者，基於兩種原因，挾嫌報仇與敲詐不遂。

由於密告而致淸白良民受累的很不少，人們在家中坐着，往往憑空受到拘捕詰訊，這都是遭了別人密告的原因。但也有時以密告而誣告的告密者，受到反坐的。因爲在密告條例中，訂得有『如虛反坐』。

世之告密者，眞爲了地方安全，社會幸福而敢於告密的實在太少。多的是爲了得重償與有保障。至於挾嫌與敲詐之流的密告，那更是無聊與可惡之極了。明明有『如虛反坐』的條文，他們還是要大胆密告的誣告。像這樣的告密者，較被人密告者的罪惡尤不可恕，要避免這種密告的誣告，只有對於告密者施以重罰。

以上所論，乃係指政治或軍事機關。但密告的流行，並不限於這種機關的，就是凡有三人以上的組織乃至一個家庭，都有密告之事。

在我的家中，就常常發生密告，那密告者便是娘姨，他在我的面前，密告車夫揩油，廚役偷米，並且還說有一次車夫與廚役同時調戲他，幾乎汚了他的淸白。

自然我信實車夫一定揩油，廚役一定偷米，但說他們是同時去調戲她，則係誣告，因爲她的那副面孔實在不堪領教，車夫與廚役一定不會在她的身上轉念頭的。

後來下細調查，乃知她還想在車夫揩油廚役偷米中，抽收『二五』稅。因抽收不遂，便來告密，我才知道在敲詐不遂的告密者中，還有娘姨這一種人。他不惜來上一次苦肉計的密告。

我對這種『自以爲美』的娘姨密告的誣告，就置之不理了。

先知與人才

耶穌說：「先知在本鄉，沒有不被人輕視的。」

這理由很簡單，因爲先知的本鄉人，都知道先知的出身，有的人還是先知的前輩，所以不免有輕視先知的鄉人。可是先知之爲先知，不但在本鄉是先知，在他鄉亦是先知，並且以先知覺後知與不知。就是那些輕視先知的人，也是在先知所覺之列。所以先知對本鄉人的輕視，是不放在心上的；就是受本鄉人的重視，也不放在心上的。

比較鄉的範圍還小的機關，則可以說：「人才在本機關，沒有不被人輕視的。」

這理由亦很簡單，因爲輕視本機關人才的人多半是奴才，奴才被人才支配時，不肯受支配，所以輕視人才；若是人才被奴才支配時，奴才則自謂比人才高貴，更要輕視人才了。可是人才之爲人才，並不因奴才之輕視而不爲人才。往往奴才在輕視人才之際，都是受人才的指導，暗中偷竊人才的技術；所以人才之被奴才輕視，也不算一回事了。

先知難得，人才亦難得，偏偏要受到輕視；這輕視在普通人看來，很難受的，可是沒有輕視的本鄉人或本機關人，還不能顯出先知之爲先知，人才之爲人才也。這就是所謂「疾風知勁草」吧！

禽獸爲什麼不笑

今有人說：「人之所以異於禽獸者，即在於人能笑而禽獸不能。」孟子所謂「人之所以異於禽獸者幾希」。在今日則可以用「笑」來說明「幾希」之處了。那末，禽獸爲什麼不笑呢？

禽因有足無手，頗不像人，面部更異，其不笑似乎「命定」，獸則嘗有類於人者，第一是猴，完全像人，已有人說牠是人的祖宗。「祖宗」不笑而子孫則笑，無乃怪事。其次是猩，更能效人言，能言的獸不笑而能言的人則笑，亦無乃怪事。

禽獸雖不笑，然而能哭，杜鵑血啼猿猴悲號，牛羊就戮時的流淚，這是人們所知道的，我不是研究動物學的專家，對於禽獸爲什麼不笑，無法從生理上說明，也無法從心理上說明。

但是我想：「在人類有微笑，大笑，狂笑，苦笑，冷笑，獰笑，巧笑，媚笑……！笑得「不亦樂乎」的世界上，禽獸們則是笑不出來，都不值得一笑，並且不以一笑置之，它們似乎只覺得世界是一個可哭而不可笑的世界。

假使眞有上帝的話，查考一部聖經的記載，上帝也不曾「笑」過的。尤其是在上帝手造的人類所作的一切事業，在上帝眼中看來，都不值一笑，都笑不出來，也並不以一笑置之，所以才爲世人的罪惡，降生了一位救主——耶穌。於是我亦說：「上帝之所以異於人者，即在於上帝不笑而人能笑。」

人們要知道不笑的意義麼！就看一看不笑的禽獸吧！因爲「不笑」一定是有意義，否則禽獸爲什麼不笑呢？禽獸不笑而人偏要笑，這是天地間一大怪事。

假使有一天禽獸笑了，那笑也一定有意義，同時而人竟不笑，那末！「一切」俱反過來了。

關於詩

金聖嘆在生時，未逢五四運動，沒有進過研究科學的學堂，寫的只是舊詩，然而他於詩之見解，却頗與有些做舊詩之人不同，節錄其一段如下：

有人云：『詩在字前』……『盡出有唐諸大名家之詩，反覆根切讀之，見爲詩悉不在字，悉復離字別有其詩。』

『詩非異物，只是人人心頭舌尖，所萬不獲已必欲說出之一句說話耳。』

『除起承轉合，亦更無詩法也』一詩也，有人讀之而喜，有人讀之而悲者，則以一詩通身寫喜，而中間乃於不意之處却悄然安得一字，又安得者是虛字，而一時粗人讀之，以不覺故，於是遂喜，細人讀之，則恰恰注眼射見此字，因而遂更怨也。』『作詩須說其心中之所誠然者，須說其心中之所同然者。』

『詩如何可限字句？詩者，人之心頭忽然之一聲耳。』

『詩非異物，只是一句眞話。』

『詩非無端漫作，必是胸前特地有一緣故，當時慾忍更忍不住，於是不自覺衝口直吐出來。』

『詩者，聖人之遺敎也，天地之元聲也。』

我們看了上面所引那些話，與現在講『新詩』的理論，並無不同之處。但若用這一尺度來衡量今日的新詩，合格的實在太少。

還有些詩人的新詩，不知道是寫來自己該或是別人讀，無論何人，讀了都有點不知所云，正因如此，那就是他的新詩的高深莫測之處，以及美妙無疆之處，便披上詩人之『詩皮』以詩人之名而眩耀了。像這樣的詩人，眞是新詩的罪人。

所謂新詩者，是別於舊詩，但主要的是詩，慨乎今日之新詩而眞爲詩者太少了。雖然近日在報章雜誌上都刊有所謂新詩，其實很多是不成其爲新詩的，尤以那些整天自吹自擂的自以爲什麼詩人的新詩，是一種罪惡。

萬世留臭

這一次「中聯」，「中華」，「滿映」三大公司鄭重集中人力物力所攝製的一部「萬世留芳」影片，眞是「前無古人」，其用意之深，感人之衆，大可以「萬世留芳」譽之。

片中所表現萬世留芳者，自然以林文忠公（則徐）之「禁烟」一事爲主。但在他以前一百六十餘年即清朝開國之際，却有一位洪大經略（承疇）主張「烟不必禁」，眞是出乎常人意料之外。

下面照錄洪氏「烟不必禁」的主張；

上曰：（清朝皇帝說）朕聞外洋新出一種雅片，云是罌粟花之精液，凝結擣鍊而成，其氣薰，其性斂，能提神，止泄，避瘴。其於人也，柔而善入，狎而易溺。久則廢時失事，相依爲命，甚者氣弱中乾，面灰齒黑，何以明知其害而不絕也？

對曰（洪氏說）：「天生種類，不害其國，定害於他國，非人力所能絕也。」

上曰：「此害若遺至中國，將來伊於胡底？不若閉關絕市，拔本塞源爲妙。」

對曰：「西洋諸國通市舶者千有餘年。住澳門者亦一百餘年，其食鴉片者，止英吉利耳，今將絕英吉利乎？抑盡諸國而絕之乎？盡絕則無以服其心，專絕則無以善其後，即使諸夷盡去，而瀕海數十萬衆，一旦失業，無以爲生，小則聚而爲奸，大則引以起釁，東南之患，自此始矣。就令無患，而蛟門以外，擇島爲廛，天津江浙閩廣之船，皆得而至之，又烏得而絕之哉！」

上曰：「俟國家休養生息有年，四海殷富，金貝充塞，然而天地之數，散之甚易，聚之甚難，以中原易盡之藏塡海外無窮之壑，日增日益，不知其極，所謂無纖末之利，有世世絕大之害者也，朕甚憂之。」

對曰：「從來風氣之先，必有一人開之，我朝肇基關東，皆吸關東葉以避烟瘴。至中原傳染日久，習爲故常，這就是吸雅片的預兆，然則爲今之計，亦惟明燭先幾，兩利相衡，則取其重，兩害相較，則取其輕，弛禁者，勢也，行法者，權也。酌天下之勢以爲權。其事孔亟矣。否則數十百年後，中國之耗，又復億萬，所謂上中策均不可得而行。制治未亂，保邦未危，則何不計之於早也。」

上曰：「因流弊之所及，及其道以用之，亦是通權之一法。但耗中原之地方，奪天下之農工，則內種益難。」

對曰：「夫三熟之田，二稻一麥，稻之利八，麥之利二，按雅片三月成苞，收漿之後，乃種早稻，所妨者麥耳。其利實數倍於麥，其益農者大矣。楚人失之，楚人得之，不猶愈於夷人乎哉！」

上曰：「卿眞留心時務哉！」

對曰：「……且夷人所以專利者，奇貨可居耳，夷人若無所利，數千年之後，亦不禁而自絕，若不能絕，則內地之種日多，夷人之利日減。迨至無利而來者鮮矣。不特此也，內地所種水土和平，爲害較輕，絕癮漸易，昔淡巴菰來自呂宋，食者欲眩，而內地之產則否，非明徵乎！明以示寬大之典，陰以用轉移之術，此救弊之大權，舍此而外，臣恐聖人復起，亦別無上策。」

以上所引，概本於洪承疇之「奏對筆記」。

我們在今日讀了洪氏的這些謬說以後，眞是啼笑皆非。尤以那位淸朝皇帝，既已知道吸雅片者要「廢時失事」，「甚者氣弱中乾面灰齒黑。」而且問出「何以明知其害而不之絕也」的問題，亦可謂「聖明」之至。却經不起曲解僞辯的洪氏以「盡絕則無以服其心，專絕則無以善其後」去威脅他，又以「明以示寬大之典，陰以用轉移之術」去利誘他，還自以爲「舍此而外，聖人復起，亦別無上策」之「此救弊之大權」，使皇帝不固執其「禁絕」的成見。

在這樣「從權」而不必禁之下，到了百多年後的「難禁」之時才有林則徐氏的「硬禁」，不幸演變成了「鴉片戰爭」，至今中國人民還未跋出這個「黑海」，所以我說：洪承疇是「萬世留臭」！

女犯…………巡捕

這是一個好現象！

這幾天，各大日報，大書特書法捕房非刑拷打一個無辜學徒張金海致死的故事。

死者的同鄉會及各社團等也一致聲援，兩個律師也聯名「代表張元吉爲獨子金海被法捕房非刑拷打身死案向各界呼籲」啓事，特二法院，也已經將各被告予以拘押。

這一來，大概那「身負警衛地方之警務人員」，總要受到相當的制裁吧！

夫捕房之非刑拷打，倒也不今日始，過去在英美勢力下的公共租界，其用非刑拷打，簡直是盡人皆知，只是像今日這樣各大日報一致來披露，確是沒有的。因爲報紙在租界內發行，這種消息當然無法刋登，所以大家雖然知道，誰敢哼一句反對的話呢？

就是現在我們耳聞目覩，還有少數警務人員未能洗盡先前的餘毒，尙存着若干的惡性，他們都不以爲「犯人」也是自己的「同胞」。舉一個例：

四個星期前有一件詐欺取財（？）案，當辦案的出來逮捕人犯時，就有一些「欠」合法的演出。

被告姓陳，其未婚妻姓張，正到旅社中訪問陳某，恰巧原告帶了一干人也來尋陳，以陳不在，張小姐便受到原告的監視，做了質品，來人中有一位張的青年，由被告的介紹：「張先生就是代理陳市長，因爲陳市長出國去了」。

那位「代理市長」張先生，向張小姐說出了一些恐嚇話，無非要她說出陳某藏匿的地方，只是她因爲實在不知道，所以也無從說起。

在恐嚇話中有一段很奇怪，他說：「我看你還年青，像這樣不守法的男人，怎能夠以終身大事去托他，我看還是在事了之後，另尋辦法。」

這些話雖然冠冕堂皇，到底在旅社中向一個被監視的少女說，似乎不大入耳吧！何況以堂堂「代理市長」之尊，竟到旅社去管理這件小案呢？又，從陳市長去國到回國，在報上沒有見過有代理市長的消息，這位張先生公然以代理市長的姿態，出現於旅社中，也是奇聞笑話了。

後來，陳某被逮捕了，張小姐也被帶入捕房，以一個未曾結婚的女子，從清白的家庭中，走進捕房去，當然駭得膽顫心驚魂不附體，尤其是自己的未婚夫犯了法，當然也覺得很慚愧，所以她便成了一隻馴服的綿羊。

在陳某「擅吸香烟」的「現行犯」下，巡捕給他一記大耳光，接着踢他的下身一脚，張小姐忘記了「地方」，便向巡捕求情的說：「先生！請你原諒他，他不知道規矩。」

「啊！我打他，你來講情，你們什麽關係？」巡捕問她。

「他是我的未婚夫。」張小姐說。

「我打在他的身上，痛在你的心中，那末，我現在把應當打他的記數，來打你，你願意麽？」巡捕又說。

「我當然願意。」張小姐說。

「好！你們眞是感情好！那麽我若是被別人打了，你心痛不心痛？」巡捕又問。

「……」張小姐不答，

一會兒打手印了。張小姐是最後打手印的一個，巡捕取出了一塊香肥皂給她洗身，她却不要用肥皂。

巡捕說：「這是十六塊錢一塊的肥皂。我特別給你一個人用，別的人我是不給的，你怎麼不識抬舉？」

「……」張小姐不答話了。還是不用那十六塊錢一塊香的肥皂。

「那末！我來幫你洗手吧！」巡捕又說。

「我自己洗手，不要你幫洗。」張小姐說。

「不行！我一定要幫你洗手，我在家中幫我的老婆什麼都洗，洗臉，洗手，洗屁股……我是幫女人洗慣了的，很內行，所以我一定要幫你洗手。」巡捕一面嬉皮笑臉的說，一面就拉着張小姐的手。

這時張小姐攝於「捕威」，只有聽其幫洗了。

先擦肥皂，再入水洗滌，洗一次二次，以至於四次，在巡捕認為洗得滿意之後，才停止，可是張小姐的眼淚已如泉湧，那位有「捕威」的巡捕，還要幫她揩面，張小姐無法，只聽其揩了。

揩面以後，張小姐只好忍淚不流，以防巡捕再幫她揩面，可是那位具有「捕威」的巡捕還要幫她塗口紅，即人們稱為唇膏。張小姐表示拒絕，可是不行，巡捕非幫塗不可，她無法只聽其幫塗了。

在幫洗手，幫揩面，幫塗唇之際，巡捕還問她道：「你住在什麼地方？」

「住在×街×里×號」張小姐照實答覆。

「巧得很！我的家就與那裏相近，你出去以後，要來看我，一定要來。」

「……」張小姐不開口。

「怎樣你看不起我麼？我是歡喜女人的，待女人很有好心眼。喂！你出去了一定要來看我……」巡捕不住的說，自然他的心中樂極了，可是張小姐却悲極了。

終於時間到了，張小姐被押到另外間。

當她以無罪被釋出來向我陳訴以上一段經過之際，哭不成聲，羞愧欲死。當時我就想「特寫」出來，給當局知道，現在還有這種留下英美人不法餘毒的巡捕，將一個無罪的女子，在捕房施以言語和肉體的侮辱，但是張小姐却要求我千萬不必動筆，恐怕她又要遭到那個巡捕的毒手。

現在有各大日報天天在批露法捕房的非刑打死張金海一案，所以我也大膽的寫出這件巡捕「侮辱良女」的故事來，希望當局對於巡捕加以警告，更希望巡捕們要知道，犯罪者還是自己的同胞，斷不應當加以言語和肉體的侮辱啊！

緩急人所時有

「史記一書，俱是太史公肚皮宿怨，發揮出來，所以於遊俠貨殖兩傳，特地着精神。乃至其餘傳記中，凡遇揮金殺人之事，他便嘖嘖賞嘆不置。

一部史記，只是緩急人所時有六個大字，是他一生著書竄旨。」

以上是金人瑞對於史記的批評，是否有當，都不用我來斷定；我倒喜歡他引出「緩急人所時有」這一句話，是眞實的。

又有一位影評家孫保羅先生，對「樂府烟雲」一片的評語之前，有以下的話：

「生存在同一社會裏的人們，應該互相助援；這是每個人都知道的事。但是人們所援助的範圍却很狹，要視所援助的人，是否品行端正，是否有前途……等等。這固然是對的。

但是社會上還有一羣墮落的人，我們也不應置之不理，讓他們走向沒落之路；因爲在他們之中，也許有一些懷才不遇，偶而失檢，以致墮落的人。這一羣我們也應該予以援助，使他們淸醒過來，趕上光明的大道。這是「樂府烟雲」最主要的趣旨。

人與人之間是否有眞正的情義，在這極端動亂的時代，常爲人們所懷疑，每個人差不多都懷着功利的目的與人周旋；所謂同情，互助，似乎已成歷史的陳跡？甚至有這樣說：世界上就沒有「朋友」這兩個字！在你有錢有勢可以被人利用的時候，人人都趨炎附勢的追隨在你左右，他們的企圖，無非是賭博性地以小本錢來博大利息，換句話說所謂「友情」是有條件的。當你一旦落魄或窮困的時候，就是一個有力的明證，不但沒有「援助」，高興的話，還會在你頭上踢一脚。

凡爲路丐的人，是天生賤骨嗎？亦不盡然。自暴自棄而日趨墮落的人，是他本性歡喜如此嗎？我想決不會。環境逼促，逐漸影響心理，這是主要的因素。

犯罪有時不一定是罪過，我們不能按照目前一般的法律和論來衡析，因爲社會制度不健全，維護這社會的法律當然也不健全，時代在進展，舊的理論觀點亦就不一定是正確；此時此地，發揚「寬恕」和「援助」的道義精神，「樂府烟雲」的獻映，是値得散佩的。」

以上云云，是否有當，也都用不着我來斷定；我倒歡喜他說的：「……偶而失檢，以致墮落的人……應該予以援助，使他們淸醒過來，趕上光明的大道！」

因了金人瑞與孫保羅兩先生的話，我倒想起了前半年我曾發表過「沒有錢怎麼辦？」一文於太平洋週報，內容所說的一切，及讀者之一的王君說：「太理想了，現在辦不到；若是辦到了，當然再好沒有的！」

共實我的話，假使有王者起，從而先試驗一下，我想一定會收到效果的。爲了使讀者大概的知道我那篇文章內容，在此舉出幾條綱要來：

「沒有錢怎樣辦？」意思說這個社會若是「錢」沒有了，怎樣辦呢？所謂沒有者，是廢除的意思；就是在這個社會中廢除了金錢以後，怎樣辦法？所以我又名之爲「無經濟主義」，但現在想來還是不妥，又用了「無幣主義」來作代表。

「無幣主義」，也可稱爲無「弊」主義；即沒有弊病發生的意思。

無幣主義的三條大綱是：（一）共同生產，（二）合理配給，(三) 共同消費。

再說明白點，就是把買賣兩字在人類字典中取消了，世界上不必再有「幣制」而已。關於無幣主義，我正在繼續研究與寫作，待到完成而印行時，還當供諸社會人士參考。

這兒之忽然插入我提倡的無幣主義者，是為要說明「緩急人所時有」之緩急，在「無幣主義」實行以後，人類絕對不再會有緩急之累，也絕對不會有「懷才不遇、偶而失檢，以致墮落的人」。

反過來說；在無幣主義的社會中，連「牢騷」的人都沒有了。更不能說什麼」報復」或「墮落」。不過現在還是「有幣主義」的社會，對於金孫兩先生的話，我都非常贊成；希望大家見義勇為與為富而仁，聖經上說：「施比受更為有福。」

光化 月刊

第一年第二期

三十三年十一月十日出版

編輯者 光化出版社
發行者 光化出版社
印刷者 中國科學公司
經售處 五洲書報社及全國各大書局

本期售價每冊國幣壹百伍拾圓

宣傳部登記證滬誌二九二號

本刊徵求紀念優待定戶

三個月	三冊	價僅收四百元	實價四百五十元正
半年	六冊	特價僅收八百元	實價九百元正
全年	十二冊	特價僅收一千六百元	實價一千八百元正

社址：上海雲南路二六五弄B字八號
電話 九〇二〇八

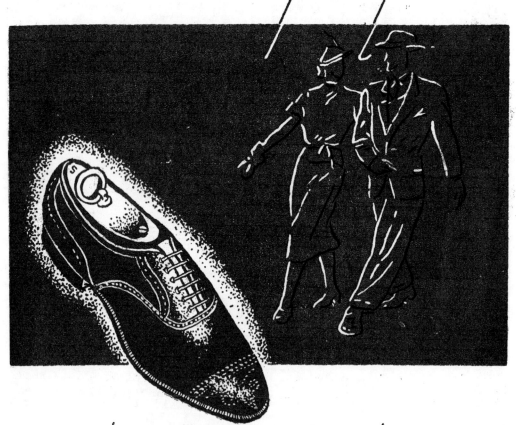

光化

第三期

目次

民國三十四年四月二十日出版

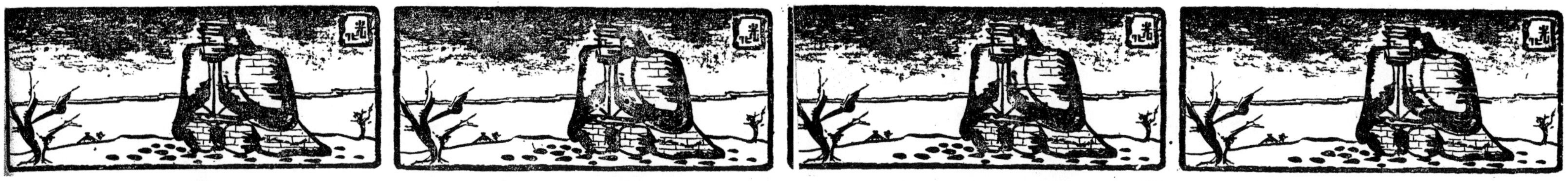

光化 月刊 目次

第一卷第三期

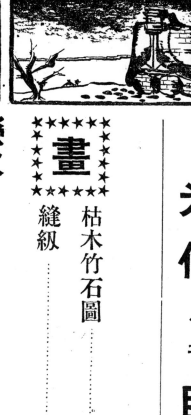

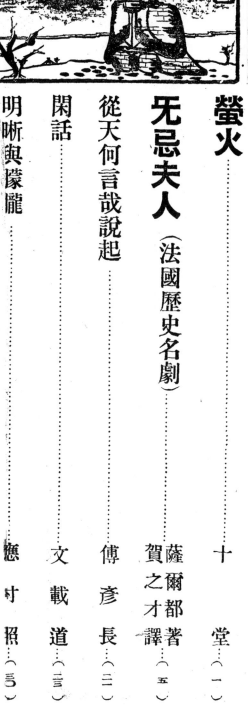

明・丁元公枯木竹石圖

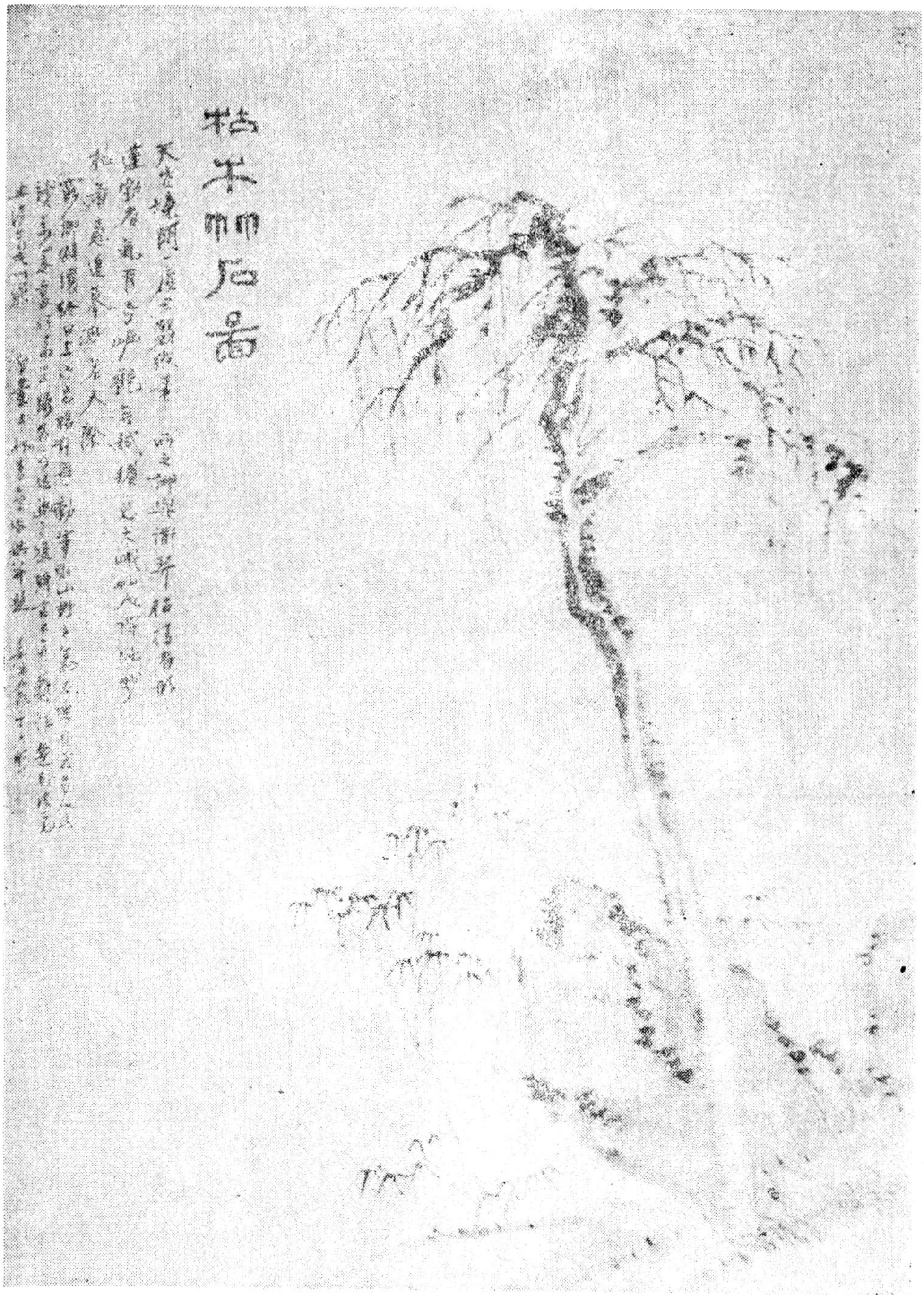

孫曜東先生珍藏

縫 紉

德國 M. 李卜曼作 (MAX. LIEBERMANN)

1847—1935

螢火

十堂

近年多看中國舊書，因爲外國書買不到，綫裝書雖也很貴，却還能入手，又卷帙輕便，躺着看時拿了不吃力，字大悅目，也較爲容易懂。可是看得久了多了，不免會發生厭倦，第一是覺得單調，千年後的人說的話沒有多大不同有時或者後人比前人還要糊塗點也說不一定，因此第二便覺得氣悶。從前看過的書後來還想拿出來看，反復讀了不厭的實在很少，大概只有詩經，其中也以國風爲主，陶淵明集和顏氏家訓而已。在這些時候，從書架上去找出塵土滿面的外國書來消遣，也是常有的事。

前幾天忽然想到關於螢火說幾句閑話，可是最先記起來總是腐草化爲螢以及丹鳥羞白鳥的典故，這雖然出在正經書裏，也頗是新奇，却是靠不住，至少是不能通行的了。案禮記月令云：

「季夏之月，腐草爲螢」。逸周書時訓解云：

「大暑之日，腐草化爲螢。腐草不化爲螢穀實鮮落」。

這裏說得更是嚴重，彷彿是事關化育，倘若至期腐草不變成螢火，便要五穀不登，大鬧飢荒了。爾雅、螢火即炤。郭璞注、夜飛、腹下有火。這里並沒有說到化生，但是後來的人總不能忘記月令的話，邢昺爾雅疏，陸佃新義及埤雅，羅願爾雅翼，都是如此，邵晉涵正義不必說了，就是王引之廣雅疏證也難免這樣。本草綱目引陶弘景：

「此是腐草及爛竹根所化，初時如蛹，腹下已有光，數日變而能飛。」。李時珍則詳說之曰：

「螢有三種。一種小而宵飛，腹下有光明，乃茅根所化也。呂氏月令所謂腐草化爲螢者也。一種蛆蠋，尾後有光，無翼不飛，乃竹根所化也。一名蠲、俗名螢蛆、明堂月令所謂腐草化爲蠲者是也，其名宵行。茅竹之根夜視有光，復感濕熱之氣，遂變化成形爾。一種水螢，居水中，唐李子卿水螢賦所謂彼何爲而化草，此何爲而居泉，是也。」錢步曾百廿蟲吟中螢下自注云：

「螢有金銀二種。銀色者草生，其體纖小，其飛遲滯，恆集於庭際花草間，乃宵行所化。金色者入夏季方有，其體豐腴，其飛迅疾，其光爍閃不定，恆集於水際茭蒲及田塍豐草間，相傳爲牛糞所化。蓋牛食草出糞，草有融化未淨者，受雨露之沾濡，變而爲螢，卽月令腐草爲螢之意也。余嘗見牛溲坌積處飛螢叢集，此具驗矣。」又汪日楨湖雅卷六螢下云：

「按，有化生，初似蛹，名蠲，亦名螢蛆，俗呼火百脚，後乃生翼能飛爲螢。有卵生，今年放螢於屋內，明年夏必出細螢。」按以上諸說均主化生唯郝懿行爾義疏反對本草陶李二家之說云：

「分驗螢火有二種，一種飛者，形小頭赤，一種無翼，形似大蛆，灰黑色，而腹下火光大於飛者，乃詩所謂宵行，爾雅云卽炤亦當兼此二種，但說者只見飛螢耳。又說茅竹之根夜皆有光，復感濕熱之氣遂化成形，亦不必然。蓋螢本卵生，今年放螢火於屋內，明年夏細螢點點生光矣。」寥寥百十字，卻說得確實明白，所云螢之二種實卽是雌雄兩性，至斷定卵生尤爲有識，汪謝城引用其說，乃又模棱兩可，以爲卵生之外別有化生，未免可笑，唯郝君亦有格致未精之處如下文云：

「夏小正，丹鳥羞白鳥，丹鳥謂丹良，白鳥謂蚊蚋。月令疏引皇侃說，丹良是螢火也。」羅端良在宋時卻早有異議提出，爾雅翼卷廿七下云：

「夏小正曰，丹鳥羞白鳥，此言螢食蚊蚋。又今人言，赴燈之娥以螢爲雌故螢赴火而死。然螢小物耳、乃以螢爲蛾，以蚊爲糧，皆未可輕信。」

從中國舊書裏得來的關於螢火的知識就是這些，雖然也還不錯，可是披沙鍊金，殊不容易，而且到底也不怎麼精確，要想知道得更多一點，只好到外國書中，去找尋了。專門書本是沒有，就是引用了來也總是不適合，所以這里所說也無非只是普通的，談生物而有文學趣味的幾冊小書而已。英國懷德以色耳彭的自然史著名於世，在這裏邊卻未嘗講到螢火，但是虫豸觀察雜記中有一則云：

「觀察兩個從野間捉來放在後園的螢火，看出這些小生物在十一二點鐘之間熄滅他們的燈光，以後通夜間不再發覺亮。雄的螢火爲蠟燭光所引，飛進房間裏來。」這雖是短短的一兩句話，卻很有意思，都是出於實驗，沒有一點兒虛假。懷德生於千七百二十年我查考疑年錄發見他比戴東原大三歲比袁子才卻還小四歲，論時代不算怎麼早，可是這樣趣味的記錄在中國的乾嘉諸老輩的著作中卻是很不容易找到，所以這不能不說是很可珍重的了。其次法國的法勃耳，在他的大著昆虫記中有一篇談螢的文章，告訴我們好些新奇的事情。最奇怪的是關於螢火的喫食，據他說，螢火雖然不喫蚊子，所吃的東西卻比蚊子還要奇特，因爲這乃是櫻桃大小的帶殼的蝸牛，若是蝸牛走着路，那是最好了，卽使停留着，將身子縮到殼裏去，脚部總有一點露出，螢火便上前去用他嘴邊的小鉗子輕輕的掐上幾下，這鉗子其細如髮，上邊有一道槽，用顯微鏡才看得出，從這里流出毒藥來，注射進蝸牛身裏去，其效力與麻醉藥相等。法勃耳曾試驗過，他把被螢火掐過四五下的蝸牛拏來檢查，顯已人事不知，用針刺他也無知覺，可是並未死亡，經過昏睡兩日夜之後蝸牛便卽恢復健康，行動如常了。由此可知螢火所用的乃是全身痲醉的藥，正如果蠃之類用毒針痲倒桑虫蚱蜢，存起來供幼虫食用現在不過是現痲現吃，似乎與水滸裏的下迷子比較倒更相近。螢火的身體很小，要想吃蚊子便已不大可能，此羅端良所懷疑的，現在却來吃蝸牛可以說是大奇事。法勃耳在螢火一文中云：

「螢火並不吃，如嚴密的解釋這字的意義，他只是飲。他喝那薄粥，這是他用了一種方法，令人想起那蛆虫來將那蝸牛製造成功的。正如痲蒼蠅的幼虫一樣，他也能够先消化而後享用，他在將吃之前把那食物化成液體。」昆虫記中有幾篇講金蒼蠅痲蒼蠅的文章，從實驗上說明蛆虫食肉的情形，他們吐出一種消化藥，大概與高級動物的胃液相同，塗在肉上，不久肉卽消融成爲流質。螢火所用的也就是這種方法，他不能咬了來吃，却可以當作粥喝，據說在好幾個螢火暢飲一頓之後，蝸牛只是一個空殼，什麼都沒有餘剩了，丹鳥羞白鳥我們知道他不合理，事實上却是螢火吃蝸牛，這自然界的怪異又是誰所料得到的呢。

法勃耳生於一八二三年，卽清道光三年，與李少荃是同年的，所以還是近時人，其所發見的事知道的不很多，但卽使人家都知道了螢火吃蝸牛，也不見得會使他怎麼有名，本來螢火之所以爲螢火的乃別有所在，卽在他尾巴上點着燈火。中國名稱除螢火之外還有卽炤，輝夜，景天，夜光，宵燭等，都與火光有關，希臘語日蘭普利斯意云亮尾巴，拉丁文學名稱爲蘭辟利思，英法則名之爲發光虫。據昆虫記所說，在螢火腹中的卵也有光，從皮外看得出來，及至蛻化爲幼虫，不問雌雄尾上都點着小燈，還在郝蘭皐也已經知道了；雄螢火蛻化生翼，雄螢火蛻化生翼，卽是形小頭赤者，燈光並不加多，雌者却不蛻化，還是那大蛆的狀態，可是亮光加上兩節，所以腹下火光大於飛者了，這是一種什麼物質，法勃耳說也並不是磷，與空氣接觸而發光，腹部有孔耳開閉以爲調解。法勃耳叙述夜中往捕幼螢長僅五公釐，卽中國尺一分半，當初看見在草葉上有亮光，但如誤觸樹枝少有聲響，光卽熄滅，遂不可復見。迨及長成，便不如此，他曾在螢火籠旁放槍，了無聞知，繼以噴水或噴煙亦無甚影響，間有一二熄燈者，不久立卽復燃，光明如舊，夜半以前是否熄燈，文中未曾說及，但懷德前旣實驗過，想亦當是確實的事。螢火的光據法勃耳說：

「其光色白，安靜，柔軟，彷彿是從滿月落下來的一點火花。可是這雖然鮮明，照明力却頗軟弱。假如拿了一個螢火在一行文字上面移動，黑暗中可以看得出一個個的字母，或者整個的字，假如這並不太長，可是這狹小的地面以外，什麼也都看不見了。這樣的燈光會得使讀者失掉耐性的。」看到這里我們又想起中國書裏的一件故事來。太平御覽卷九百四十五引續晉陽秋云：

「車胤，字武子，好學不倦，家貧不常得油，夏月則練囊盛數十螢光，以夜繼日焉。」這囊螢照讀成爲讀書人的美談，流傳很遠，大抵從唐朝以後一直傳誦下來，不過與上邊昆虫記的話比較來看，很有點可笑。說是數十螢火，燭光能有幾何。卽使可用，白天去捉，却來晚上用功，豈非徒勞，而且風雨時有，也是無法。格致鏡原卷九十六引成應元事統云：

「車胤好學，常聚螢光讀書，時値風雨，胤嘆曰，天不遣我成其志業耶。言訖，有大螢傍書窗，比常螢數倍，讀書訖卽去，其來如風雨至。」這里總算替車君彌縫一點過來，可是已經近於志異不能以常情實事論了，這些故事都未嘗不妙却只宜於消閑，若是眞想知道一點事情的時候，便濟不得事。近若干年來多讀綫裝舊書，有時自己疑心是否已經有點中了毒像吸大煙的一樣，但是畢竟是常感覺到不滿意可見眞想做個國粹主義者實在是大不容易也。三十三年十一月二日所寫，（續草木虫魚之二。）

無忌夫人

三幕話劇附楔子一齣

法國國立文院會員薩爾都 莫羅葉密耳同著

賀之才譯

登場人物

拿皇 卽法皇拿破崙第一
李飛爾大將軍 但澤公爵
傅審 前任警政部長阿倘得公爵
賴伯爾 奧國大使館武參贊
戴溥和
沙伐理 現任警政部長羅維葛公爵
聖馬桑 御前侍衛
摩德廝 御前侍衛
孔士當 拿皇近侍
魯司湯 廝麥魯侍衛
佘士明 但澤公府管家
李和瓦
葛克
急三鎗
美心肝
甘奴衛
葛爾所
馮丹
衛內格 民軍 鼓手
佘挪
黎素
阿爾挪
裴各得
桊奴阿
杜若克 一藥劑師
羅力當 一隣人
一理髮師 一侍僕

以上男角

嘉德林 卽無忌夫人
加樂琳 拿皇之妹，拿破里王后
葉力差公主 拿皇之妹
蒲魯夫人
萬地美夫人
羅維葛公夫人
加尼西夫人
達魯埃夫人
巴沙挪夫人
摩德廝夫人
畢虐勒夫人
柏呂內夫人
阿多潘的尼夫人

杜阿儂 洗衣店女學徒
秋梨 同上
魯索得 同上
一隣婦
侍女
以上女角

▲楔子

時當一七九二年八月十日，在巴黎。

布景爲聖阿內街一洗衣店，明潔悅人。裏層有玻璃門，介于兩大玻璃窗之間；窗有憑欄，外臨聖阿內街；右邊，前層，凹入之處，有樓梯，蜿蜒而上層樓。在樓梯之扶手上，或在橫擊之繩上，晒着衣裳，有三色條紋之襯裙，挨着貴婦服御之花邊衣飾。其下有三脚木盆；前層有門，向院內開着。在此門與樓梯之間，有一碗橱。在左邊，前層爲嘉德林之臥室門；中層，有蒙着壁衣的爐台，附帶着瓦爐，以備炙熱熨斗之用。有案桌，有支在騎馬凳上之案板，爲熨貼衣裳之用；有木凳，木杓之類。案右有大扶手椅。牆上懸有彩畫磁盤，民間故事圖畫、及一老婦之影像。

▲第一場

杜阿儂，秋梨，魯索得，均爲店中之女學徒，正沒精打彩地熨着衣服。在外面街上，有許多隣人，隣婦，店夥，國民軍兵士，爬在窗台上或站在台階上，向右邊遠眺瓦窰宮那方面。諸人往來蹀躞，聚語，嘻吁。……在遠處槍砲聲中，時有戰鼓，發出警報與歸隊的信號。較近的一聲砲響，使大家爲之一驚，失聲而呼。

杜阿儂 唵？你們聽見麼？如今在梯子街一帶了！

秋梨 呵！我害怕死了！呵唷！嚇死我了！

魯索得 他們該不會殺到我們這裏來吧！

秋梨 （跪倒在地，緊抓着桌腿）呵唷！上帝！呵唷！聖母！

杜阿儂 殺到聖阿內街來？爲什麼？他們所恨的只是瓦窰宮，要讓國王滾蛋！

一隣人 （在門檻前）一定！

一隣婦 （在街中間）是在走馬營，我給你說！

（砲聲重震）

魯索得 他們要震碎我們底玻璃窗！

秋梨 嗜！這個八月十日我永遠不會忘却！

（有些好事的人們，爭着往瓦窰宮方面前去，含着同情的神氣）

杜阿儂 （走向窗前）呵！你瞧，一個受傷的，有人送他回家來了！

魯索得 （在門檻前）一個國民軍兵士！（對秋梨）你來瞧一瞧！

秋梨 哼！還來瞧咧！我兩隻腿，還不已經榖軟的？還有我們那可憐的老闆娘，也在那一帶呢！

隣人 （進至店房）你們沒能彀攔住她？不讓她去？

杜阿儂 你還想她不按照她底性子做！

魯索得　你還想她怕什麼危險！
杜阿儂　因爲她什麼都不管不顧，所以這一帶的人，全都稱她「無忌」夫人，她也可稱爲「無畏」夫人！
魯索得　（從門檻旁）呵！我們可以得着消息了！……我們隔壁的那位熟主顧來了！那南德省人。
杜阿儂　傅奢先生？
魯索得　一個拚命反對王和奧國婆娘（註一）的瘋子，那傢伙！（呼喚着）呔！傅奢先生！傅奢先生！
馬圖懶　（從街上）傅奢先生！
杜阿儂　（從窗口）嗐！你不必那樣大聲叫喊！他搬着兩隻腿，飛也似的來了！
魯索得　這不是麼！（註）路易十六王后爲奧人，法人惡之，故有此稱。

▲第二場

傅奢從右邊跑來，手拿着一個皮箱，一把雨傘，來到台上，洗衣店的女學徒們及外邊人羣的一部份圍着他，一齊說話。

大　家　怎麼樣了？
杜阿儂　怎麼樣了，傅奢先生？
魯索得　你從那邊來麼？
傅　奢　（喘着氣）是，是，我從那邊來！
衆男婦　（一齊）那邊怎樣了？那邊有什麼事？什麼新聞？
傅　奢　呵！不好的新聞。
大　家　嗐！
傅　奢　壞極了！爲我，……爲你們，我底意思是說爲你們。……那昏王得勝了！（對杜阿儂）快快將我底衣裳給我，不管牠洗了沒洗，讓我塞在我底箱子裏！……
魯索得　你這就逃走麼？
傅　奢　瞎說！我不過匆匆啓程而已！
秋　梨　（攜來他的衣裳）上南德去麼？
傅　奢　先上南德去……
杜阿儂　然則那樣可怕！究竟怎麼樣了？
大　家　是呀！究竟怎麼樣了？
傅　奢　是這麼樣：今天清早開始攻擊之時，一切都於我們有利。便是前不久民軍還佔住走馬營。
一隣人　你跟他們在一起麼？
傅　奢　我底心跟着他們，呵！一定！實在說來，我是在聖河挪熱街，窺伺動靜。猛然之間，那王八蛋的瑞士兵，從宮牆底窗口，大放其鎗，放的那樣凶，遂使進攻的民軍，拋却他們底大砲……
大　家　嗐！
傅　奢　……向後退却，（對魯，魯正給他一手帕）這條手帕不是我底，這一條，……向後退却，滿街四散逃走，于是我，自然嚕，我也學他們！（對魯）全拿來了麼？（那時在場的人，往裏層走去，對于這消息議論紛紛，有的上街去打聽別的消息）老闆娘不在家麼？
秋　梨　不！不在家！……她在那邊！
傅　奢　那邊？

杜阿儂　是呀！今天早上，有人來告訴她，說我們有些主顧，那羅克葉全家，正在收拾行李，預備逃走。

傅　奢　那一班懦夫……于是便怎樣呢？

杜阿儂　於是，我們老闆娘，因爲從前已經有幾次，許多貴族，洗衣帳沒還淸，便爾遠走高飛，她心想：「乖乖！這不作興！我去送給他們底衣裳，收回我底賬目！」

傅　奢　那位羅克葉住在？……

秋　梨　聖尼格士街！

傅　奢　正是交戰的所在。

魯索得　（從門口）而她還沒回來！

秋　梨　也許她會被人用傷兵床抬回來！

（兩聲砲響，喧嚷聲。奏着前進曲的鼓聲）

杜阿儂　你瞧又開始了！

傅　奢　（正待出門，又停住）這比較好多了！

喊　聲　（在外面）無忌！無忌！無忌來了！

（杜阿儂跑上前去）

杜阿儂與魯索得　是她來了！是她來了！

秋　梨　是老闆娘麼？

杜阿儂
魯索得　是，是，是她！

▲第三場

嘉德林進門，匆匆忙忙，許多好事的人隨着她，圍着她。她手挽着一筐衣裳，冠髮凌亂。

杜阿儂　呵！老闆娘！

秋　梨　（給她一椅）眞萬幸呀！

魯索得　我們直擔心！

嘉德林　（坐下）呵！好丫頭們！呼！呼！我累極了！……讓我吐吐氣！嗐！嗐！多麼熱鬧呵！

一隣人　你從那邊來麼？

嘉　還問我從那邊來！

另一隣人　那邊熱鬧麼？

嘉　還問熱鬧！

杜阿儂　您瞧見一些什麼？

嘉　我什麼也沒瞧見。

傅　奢　那邊情形如何？

嘉　我什麼也不知道。

大家　呵！

嘉　我也沒工夫呀！……我從聖尼格士街出來，從許多愛國同志中經過，他們喊着：『喂！那小媽媽！別向那邊走！留神吃李子（註一）……』我管牠娘呢！我正走的高興……一到法典街的拐灣處，我劈頭碰着一羣馬賽兵，他們正在分配槍彈。內中有一個大鬍子，光着膀子，滿是黑毛，他一瞧見我，便說：『你瞧！你瞧！那婆娘，她要給人打穿她底番茄（註二）……你上那兒去？——我上我想去的地方去！——你鬧着玩吧？』于是他將我從地上抱起，在我的脖子上，親一個嘴，又將我交給另一位，那另一位又遞給另一位，就這樣，一直到最末一位，一個一個地親我底脖子！嗐！那些混賬東些！……于是我趕緊跑開，不計一切地，然而我還是甯可穿過走馬營，挨一陣槍彈，不願意挨他們一陣臭嘴脣，充滿着大蒜氣味！

杜阿儂　好了，您好容易回來了！

秋梨　除了衣裳有些凌亂而外……

嘉　帽子，是不是？

女學徒們　呵！是！

（嘉走至鏡前，整理冠髮，後面隨着秋梨，她將外套給秋）

傅耆　雖然如此，我們還是什麽也不知道。

一隣人　（從街上，一堆人之中）不價！不價！情形不錯！……（傅走至他身旁）羅傻兒剛從走馬營來，他說民軍又攻上前去了。

傅　（搓着雙掌）好！這便好了！

隣人　他們同時攻擊三個院子！

一隣婦　國王逃往馬廠去了，同着那奧國婆娘！

另一隣人　瑞士兵稀鬆地放槍，因爲缺少子彈！

傅　（喜極）好極了！

嘉　我那李飛爾該不攙在他們一起吧，他，他已經攻下過巴斯底炮台！凡是厮殺的所在，總少不了他！

（砲聲重震，漸近的鼓聲，鳴着前進曲）

一隣人　這是國民軍拖着砲，上火綫。國民軍萬歲呀！

（大家，除開傅耆及衆女學徒而外，一齊奔至街上，去瞧着，喊着。）

嘉　這一切都好！……然而這並非說他們掃清他們底暴君汚吏，我們便可以不漿洗我們底衣裳，去罷（對杜與秋）快去！你們快去將這些衣裳，晾在院裏，你們倆！

杜與秋　是，小姐。

嘉　（將樓上之衣包遞交魯手）你咧！你快將這衣裳，送交住在磨子街的那位軍官。他沒有藪餘的衣裳！（小聲地）別結他帳單。他沒錢還帳！

魯　是，小姐。

（杜與秋從右邊走出。魯從裏層走出。）

嘉　（來至窗口，喊着台階上的一頭童）喂，馬圖懶！

馬　小姐？

嘉　你要招人愛麼？我停會兒給你糖麵包吃……你跑到哥兒伯街的派出所，問一問李飛爾軍曹，在不在那廂！

馬　是！小姐！

嘉　等一等！他若在那廂，叫他來！他若不在那廂，叫他們告訴你：他在那兒。

馬　（跑去）是，小姐！

嘉　（從門口喊着）李飛爾軍曹……教練官！

馬　（業已走遠）是，小姐！

嘉　（推着兩扇門，旣而又推着左首的窗門）我關上這個！……人太亂雜了。（她挽起衣袖，預備工作）

▲第四場

嘉德林，傅耆。（街上的喧嚷稍息，然隔着玻璃窗，尙

（註一）俗稱槍彈。

（註二）俗語謂胖臉龐也。

見有來去去的人。戰鬥的聲響，一陣一陣地很遠地傳來）

傅奢　（微帶譏笑）美的嘉德林，你當眞看中了那位前朝的國防軍軍人麼？

嘉德林　咦！你在這裏，你？（她從火爐上，去取漿水罐）戀愛也犯禁麼？

傅　適得其反！

嘉　難道我底李飛爾不漂亮，不好心眼兒，不勇敢？

傅　非也，非也！而且他是你底老鄉，是麼？

嘉　（漿着衣裳，時而爐旁，時而案旁，往來工作不停，傅坐在右首瞧着她）他是阿爾撒士省人，生於魯發原籍，離我底家鄉聖阿馬蘭只五里路！雖然有這些關係，可是六星期以前，我們還誰不認認誰。

傅　可果然麼？

嘉　正是和我所說的一樣！……他先充民軍，其後又進國防軍。我呢，幫人做工，其後在羅布力熱娃老太太店中當學徒，（指牆上的畫像）那可憐的老太太中了風，臨死的時候，給我留下這洗衣店與夫一切的破東爛西，于是我便一躍而當老闆娘了！殊不知，上月一個星期日，天氣很好，我同我底丫頭們說：『這且不言，我底好丫頭們，我非當請你們好好跳舞一頓，上洋蠟館。』

傅　（替她更正）上蜜臘館吧！

嘉　洋蠟……蜜蠟……管牠娘的！在神廟路，對麼？

傅　是。

嘉　既然是，那還說什麼呢！……我剛踏進這跳舞場，就有一個壞傢伙，挺在我面前，帽子戴在肥豬腦袋上，嗐！他眞醜極了！不！他眞難看死了！……一幅猴兒臉，什麼？一個醜馬猴！他說：『你願意和我跳一個「燴雜碎」麼？』我說：『不』，他說：『爲什麼不？』我說：『因爲我不高興嗎？』他說：『嗐！你瞧這個蹩扭婆娘，不肯和我跳一個「燴雜碎！」（註一）』于是他開口便駡：『你這個萬人嫌！你這臭嘴巴！』他這嘴巴二字還沒出口，他的嘴巴上，倒掉下一個大巴掌，只打得他仰面朝天，躺在地上！……原來是我底李飛爾賞給他這一下，並喊告他說『這才是你底「燴雜碎」咧！』這麼一來，他便拿出他那一份受過敎「訓」和拉長交「涉」（註二）的軍人態度來，請我同舞！你想我還不高興和他摟一摟蹦一蹦麼？……我們倆人便是這樣在社交場中相認的。

傅奢　（戲謔的）而他爲什麼終歸每日來在你店中呢？

嘉　你這話多殼聰明！他追求我，並不瞞着人呀。

傅　哦！不過隣居左右，正在說短道長呢。

嘉　哼！這我才不管呢！我是一個正派女子，李飛爾也很知道！我對他說「我愛你」的那一天，這三個字還是簇簇新的，未曾開過張！這不結了，其餘旁人的說七道八，我只一屁股壓在底下！

（註一）當時盛行之平民舞名

（註二）嘉不學無文誤以敎育爲「敎訓」以交際爲「交涉」

傅　既然如此，幾時結婚呢？

嘉　讓我們底能力提早，除非他不弄僵了一切。

傅　這是這樣說的？

嘉　嗜！因爲他最愛吃醋！呵！那樣吃醋！以致讓我害怕！他有時像發瘋一樣，對于誰都起疑，……不到三天之前，我們幾乎決裂了……（微笑着）爲你的緣故！

傅　（面有得色）也吃我底醋？

嘉　是的，因爲你底面皮像奶油似的！（發笑）他那不是瘋了麼！話又說回來了，這時候他若來到，碰着你還在這裏沒走！……你在這裏幹嗎？

傅　我等着！

嘉　等什麼呢？

傅　（泰然自若地于砲聲中）等他們攻下瓦窰宮。

嘉　你若和他們一起去攻牠，不是更好些麼？

傅　那又何必呢，因爲他們已然將這事負擔起來了！

嘉　（一面熨着衣裳）你瞧這位先生，終轉每日，在王家花園跟着大家作驢子叫：『自由萬歲！打倒昏王！愛國志士向前進呀！』而當愛國志士們去送掉他們底皮囊時候，他却呆在這裏，將屁股安穩地放在椅子上！……然則你底血管裏許沒有血吧？

傅　我血管裏的血剛彀我用，我不糟踏牠一點一滴，我瞧不出有這種需要。

嘉　膽小鬼！

傅　各人有各人底職守，我的美朋友。有的人實行革命……

嘉　而有的人利用革命！

傅　有戰鬥員，有組織員。我麼，我可以說我是組織員。

嘉　我也猜定是這樣！據說你從前幾乎作了敎士，眞的嗎？

傅　充公敎會會員，在南德省。……不過從一千七百八十九年起，我改業了。

嘉　現在呢，你操的什麼職業？

傅　革命家！

嘉　牠能供給你生活麼？

傅　還不能，但是（指砲聲爲證）不久就能了。

嘉　（譏笑的）對了，他們是爲你而打倒政府，不是嗎？

傅　也是有些爲我呀！對呀！

嘉　打倒之後，拿什麼來替代牠呢？

傅　呵！隨便他們拿什麼替代！無論如何，我是決計加入的。

嘉　（刁滑的）也許他們派你作部長，先試試看？

傅　這却……爲什麼不呢？

嘉　（在笑聲之中）總不會作軍政部長吧？

傅　不！

嘉　（搖幌着一把炙熱的猚子）寧可說是作警政部長，不是嗎？

傅　甯可這樣說！

嘉　我已經瞧見了你那小樣兒，一副黃鼠狼的臉嘴，在各人底稀髒衣服之中，亂嗅亂聞。

傅　（笑嬉嬉的）好罷，就認定作警政部長罷！

嘉　咦！他簡直信爲眞有其事！得了吧，你這玩笑大家！等着我作公爵夫人的時候，你才作部長呢！

傅　依我說，那於你底身分不大相稱！

嘉　（笑嬉嬉的）我也這樣說！

傅　還有一層，公爵夫人這銜名將要取消了，至若部長是永遠存在的。

嘉　你作部長的時候，至少該還我底帳吧？

傅　呸！呸！親愛的！你已經干請權貴哪？

嘉　因爲我白白地給你洗衣裳，已有三月之久了！

傅　白白地？我底感激之忱便不算麼？

嘉　那樁好寶貝！

傅　美的嘉德林你爲什麼對我那樣苛尅，而對於另一位，便那樣寬厚呢？

嘉　誰？另一位是誰？

傅　那位砲兵青年軍官，住在磨子街的。

嘉　哦！是的，那可憐的小把戲！

傅　對於他，你派魯束得送給他衣裳，而小聲吩咐她別帶賬單去！

嘉　乖乖！你底耳朶眞尖，你。怎麼啦，是我許他賒帳，爲這孩子，他愛賒多少賒多少。

傅　（移示近嘉）爲什麼不賒給我呢？

嘉　因爲你是一個飯桶，而他，他是一個軍人，一個祖國的衞士！

傅　是，好一位大英雄，我們且來談一談他！他在受檢閱的時候誤了卯，被革。現在上這裏來，是專爲打點復職的！

嘉　你知道這件事？

傅　都知道！

嘉　我不知道，你用一些什麼鬼鬼祟祟的方法，專門打聽別人底私事，比那管門的老太太還清楚些！

傅　我愛觀察！……總而言之，我底美姐兒，你那算是枉費心機，對於這位……你怎樣稱呼他？這位「布拿」……「布拉」？

嘉　（從爐台邊）布俄……「布俄拿巴爾德」（註）

傅　「布俄拿巴爾德」；正是。「提摸崙」布俄拿巴爾德。

嘉　不對，不是提摸崙！是拿破崙！

傅　不，是提摸崙！……拿破崙，從來沒有這個名字。

嘉　是拿破崙，我給你說！

爵　啊！也罷，拿破崙，隨你的便。……古怪名字！怎麼作興這樣的稱呼？這種名字，怎生讓人記得住？

嘉　這是苛細卡島人用的。……他是苛細卡人！

傅　這可以一望而知！一副野蠻的面孔，帶着橄欖的膚色，鸚鵡的鼻子，和一雙火眼。

嘉　就是這樣，也討我喜歡……

傅　並且那樣瘦小！

嘉　可憐的孩子！他在佘而拉店中包飯，吃六個銅板一份的飯。而且，爲付飯錢，他前天不得不將他底錶，當在

（註）拿皇本姓 Buonaparte

長城旅館的佛武勒手裏。

嘉　這件事，你也知道？

傅　那位先生，將來若有發迹的那一天！………

（街上大喧嚷；警鐘長鳴）

嘉　這是怎麼一回事？

（她跑向裏層）

傅　這股濃烟？

嘉　（開着門）失火了！

（秋梨與杜阿儂跑來）

傅　是的，聖樂克教堂鳴着警鐘！

嘉　這定然是瓦窰宮燒着了！

傅　（高興）倘若是這樣，便好了！好極了！

一鄰人　（在羣衆中）不是，這不過是瑞士兵底營棚燒着了，在走馬營，呼聲（從遠而近）得勝了！得勝了！國民萬歲！（有一羣國民軍與砲兵來到，立刻被羣衆圍住，）愛國志士萬歲！打倒暴君汚吏！

傅　（跑向門口）那麼，瓦窰宮呢？

一鄰人　（從門前）攻下來了！

傅　（喜極）我成功了！

杜阿儂　（從街上）那是衞乃格，那鼓手！

鄰人們　喂！衞乃格！衞乃格！

一鄰婦　攔住他，

（他們攔住他，向他高呼「停着！」）

嘉　（在門檻前）你從那兒來？

衞乃格　從本段來，奉着桑德兒底命令，招集國民，上國會去，那裏面擠的水洩不通！我要去了！

（他要繼續走他的路）

嘉　（抓住他底鼓帶）你倒是稍等一會兒呀！

衞　不，不，讓我去罷！

嘉　你不肯喝一口酒去麼？

衞　這却不然！

（他停步，大衆圍着他。杜阿儂從碗橱裏，取來一大杯酒。）

一鄰人　那麼那王宮攻下來了？

衞　啊！還說沒攻下來！

嘉　你進去了麼？

衞　我第一個進去，敲着前進曲的戰鼓！那時候，誰都跟着進去。亂極了！……他們擠着喊着，跳着，又殺人，又接吻，見東西便毀！他們從窗口扔出傢具，酒瓶，座鐘，鍋，盆！（他咽下一口酒）熱鬧極了！

傅　（在大衆笑聲之中）瑞士兵呢？

衞　啊！那些東西，革命軍到處追擊他們，在內院，在花園裏，在屋頂，而他們並不回手！

傅　（急忙地）「無忌」，我這皮箱，付托給你！

（他急忙走出），

嘉　是呀，再沒有危險了麼？這正是你出現的時候了！（馬圖懶回來了，她對馬）啊！小把戲！你回來了！李飛爾呢？

馬　在瓦窰宮！
嘉　我算準了！……
衛　李軍曹麼？我在梯子街和他分手，他正追擊紅衣軍人！
嘉　那麼，他沒遇險！（對馬）來，我賞給你一個蘋菓……
衛　好罷，朋友們，上路去罷！誰跟我去，參觀昏王底窠巢？
鄰人與隣婦們　我們跟你去！
馬圖懶　我們也去！
（衛走開，一面鳴着鼓，後面跟着羣衆）
杜阿儂，魯索得，秋梨　啊！我們！我們也去！
杜阿儂　啊！老闆娘！……
魯索得　讓我們去罷！
嘉　好！好！李飛爾安然無恙，我高興極了，給你們放一天假，……我自己也放一天假！
杜，魯與秋　啊！多謝！多謝！
嘉　（她們撒腿便跑，嘉止住他們）喂！你們倒是關上窗戶的柵欄哪；我一會兒到街上，追上你們去罷！去罷！
衆女學徒　（七手八脚地關上窗柵）是，老闆娘！
（他們從裏層的門走出，嘉隨手關上那門）

▲第五場　嘉德林旣而賴伯爾

嘉　（放下裏層門的柵欄，關着門，外邊鼓聲漸遠）我瞧不出，我獨自一人，在這裏有什麼事可作！（忽聞槍聲頗近）我我假若能够追上我底李飛爾！（她拿着她底外套，正待從右邊出門，那門忽然開了，賴伯爾走入，急忙關門，像是後面有人追他似的）咦！怎麼啦？你這傢伙，不用客氣吧！
賴伯爾　（傾耳聽着門外）看在上帝分上，請莫高聲，否則我底性命休矣！
嘉　我愛高聲便高聲！這才新鮮呢，像這樣跑到人家家裏來！
賭　（搖搖欲傾）請你可憐可憐！別作聲！……他們失了我底蹤跡了，於是我胡亂地闖進這院裏來。我受傷了！
嘉　（走近賴）受傷了！啊！可憐的孩子！
賴　我徼倖從瓦窰宮逃了出來！
嘉　（爲之一驚）呀！你是？……
賴　賴伯爾伯爵，奧國人。
嘉　（這這地）一個王黨！
賴　我盡了我底職責，保護王后。
（他不覺倒在躺椅上）
嘉　那奧國婆娘！（她色稍霽，惻然的）歸總說起來，我不能爲這事責備你。她是你底鄉親，而且，一個受傷的人，是神聖的！請別害怕！
賴　多謝！
嘉　（跑至案上，覓得衣衫）你那傷口，嚴重嗎？……在那裏？
賴　（解開背心）在這裏，……這邊。
嘉　（一面預備綳布）我來給你裹紮！
（她走近躺椅）

賴　可見我逃到你家，這主意不錯吧！——聽着……（外面有語聲，呼喚聲）

嘉　沒什麼！這是些過路的人！（聲音及門而止）他們停步了！

（有槍托碰地作聲。賴起立）

李飛爾　（撾門）喂！嘉德林！

嘉　是李飛爾！

李　（對鄰人）她出門了嗎？

答聲　沒有！沒有。

（這時賴一步三搖地，蹌踉達椅旁）

嘉　（指着樓梯向他）那上面！快快！

賴　要我爬上樓梯，那太吃力了！

嘉　（扶住他）那麼，這裏罷，……到我臥房裏！啊！上帝，快快

李　喂！嘉德林！你在家麼？

人聲　「無忌」夫人！

嘉　（高聲地，一面助賴走進臥室）是！是！我來了！（外間有滿意聲。她將綳帶遞給賴）你想方法自己裹紮；我一會兒便來，儘量地早來。你別動，否則性命難保！

（她鑽上臥室門，將鑰匙放在圍裙袋裏）

李　（推動門扇）快來呀！你這慢性子！

嘉　（跑上裏層）來了，來了，我給你說！你要讓我騰出工夫呀！我正在樓上有事。（她開門）

▲第六場

嘉德林，李飛爾出現，同着急三鎗，美心肝，黎素，均爲前朝國防軍人；其餘國民軍兵士，義勇軍兵士，槍口上着刺刀，跟着平民們，停留在街上。

李飛爾（摟抱着吻）　不和你底人兒接吻麼？

嘉德林　啊！自然！那兒的話！

李　他戰勝了，原封未動，……（他吻她）皮肉俱全

嘉　我希望是這樣！

李　（對同伴）請進來，朋友們（他介紹嘉）這是胡不涉嘉德林小姐，左鄰右舍全稱她「無忌」夫人……而且原籍阿爾撒省和我一樣。

急三鎗　（行一軍禮）女同志！

美心肝　給你們二位致敬！

黎素　（以手加冠）給阿爾撒省致敬！那好地方，有這些好出產！

李　（對嘉放下鎗）現在，我要給你說，第一層，我們之所以來到這裏，純是碰巧，……

嘉　怎麼？不是來看望我的麼？

李　不是！應當說老實話！我們之所以來到這裏，乃是爲追擊紅衣軍人們，和昏王鷹犬們。其中有一個，穿着平民服裝，翅膀上雖然挨了一鎗，却在這一帶兒脫了。（嘉爲之一驚）還有，第二層，我們渴極了！（對同伴）不是嗎？（他們點首，他瞥見案上的酒瓶）啊！這兒有酒！

嘉　等一等，我還有更好的！

她走向碗櫥，取出一瓶酒，並幾個酒杯；遞給他們）

美　啊！眞賢惠！

嘉　對於愛國志士，這是一番最小的小意思！那兒天天有瓦窰宮給我們攻下來咧。

（他們一齊圍案坐下）

黎素　幸虧如此！

嘉（去去來來伺侯他們）　你們打的很起勁吧，唵？

一齊　啊，是！

急三鎗　他媽底巴子！

李　他們朝着我們底大隊亂放鎗！從王宮底屋頂，從窗口！一鎗一鎗，無不中的。

美（坐着）啊！他們讓我們吃了一番大虧，總算是。

李　而且，瑞士兵猶可說也，他們作的是他們那行職業，……然而那些貴族們，那些殺人不眨眼的貴族騎士們，埋伏在許多角落裏，暗中下我們的毒手。……

急三鎗　（一面斟酒）啊！那些狗雜種！

嘉　這是顯而易見的！從這撕破的口子。

（她指着李的左肩上，撕破的口子）

李　（起立）挨了一刺刀！……

嘉　你該沒受傷吧？……

李　沒有，在那兒？我絲毫沒覺着。

嘉　這又是我明天的工作！

李　（坐下）啊！我眞有氣，剛才讓那廝跑脫了，他拖着拐杖！

嘉　得了罷！得了罷！戰勝的人，不該那樣記着仇恨！

李　我若再捉住他！

嘉　別說了！怎麼這樣發瘋！你瞧這位先生，（笑着，托起李底下巴）從前差一點兒當了神父，誰能相信！

餘人　眞的嗎？李軍曹？

一齊　（互相碰杯）爲國民祝福！

李　是眞的！那是我一位叔父底主意，他在教會裏作事！聽他那一套，我跑來巴黎，在國防軍裏入伍，同着急三鎗！我這辦法很對！我又常上蜜蠟宮跳舞，那辦法更對，因爲我在那廂，碰見了這位嘉德林！

黎　哦！哦！是在那廂碰見她的麼？

李　是在那廂！……上月，七月的第一星期日！並且，那一天，我底手挽着她，不大靈便，因爲我底右膀上剛塹了花，塹 一頂紅便帽，那下面刻着……你瞧（他捲起右袖）『誅盡暴君汚吏』

急三鎗　刻的很好。

李　這倒是的！……然而那時，我底脖子炙的我怪痛。

嘉　而不久以後，我們又上百衲宮跳舞，那一次，却是另一隻膀子炙的他痛。

李　（出示左膀）這一隻。

嘉　（中心感動，握着李手）那上面刻着一顆心，橫貫着一枝箭而下面是……

李　（溫存的）『無忌……

嘉　（低頭下視）……到老』

（大家首肯）

急三鎗　這才是微妙呢！我，我却刻的是一對鴿子，嘴裏各啣着一串玫瑰花：

嘉　（刁鑽的）愛人底名字呢？

急三鎗　沒有；這比較沒有拘束些。

（男人們發笑。嘉若有不豫色）

黎素　你們不結婚，等什麼呢？

嘉　我等着他不吃醋了之後！

李　好了！醋吃完了！我這毛病醫好了！

嘉　說的好聽！他一有機會還會和我吵架！

李　不會，我對你說，我說完了就完了。

急三鎗　（起立裝滿他底烟斗）得了罷，扯淡够了，你們這一對愛人！我們該當上國會去瞧瞧了。

李　你跟我們一起去不？

嘉　我去作什麼？

李　（注視其手）他媽的！我這雙手怎麼這樣髒！

嘉　好！那是火藥。有什麼見不了人的！

李　不管怎樣，爲了上國會去……

嘉　正是呀！

李　（有如未聞）啊！我這裏有了！

（他走近一盆）

嘉　（追着他）汰！別動我底漂衣裳的藍水！

李　對了！……那麼，在這裏？

（他走近火爐）

嘉　那是我底漿水！

李　那便上你底臥房去好麼？

（他逕向臥室而去）

嘉　（急忙地）別價！別價！還是上院子裏去，抽水機那兒！這裏有肥皂。（她遞給他一塊肥皂）

李　（推左邊的門）咦！這門關上了！爲什麼關上？

嘉　（開開通院內大門）因爲我正預備出門！這裏是手巾，拿去罷！

李　（不動）這究竟有些奇怪，這扇門關的這樣緊！

嘉　（從院裏）這才是沒影兒的事！你別又找出一些故事來招我！

李　（向後退一步）而你爲什麼將鑰匙抽下來了呢？

嘉　因爲我高興。（她重回到舞台，隨手關着門）完了罷，好不好？

李　（重走近嘉）假如我現在定要進去呢？

嘉　（在躺椅上）你？

李　我！

嘉　（放下手巾與肥皂）等着你作了我丈夫的時候，你便進去，而你現在還沒走上那條路！

李　（更走近嘉）我暫且先走這條路。我要鑰匙，你聽見嗎？

嘉　（强笑）啊，眞對不起！聖旨說：『朕意如此』

李　你別笑，你並沒心開玩笑，和我一樣！……（握緊她底手腕）鑰匙！

嘉　不！

李　哦！原來是因爲這個，你才那樣嚴密地關着街門！……叫你也叫不應！等了許久，才給我開門！原來那裏頭藏着一個人啊！

嘉　（聳肩）誰藏着誰？

李　一個情夫！

嘉　以下呢，怎樣？就算有一個情夫，我沒有我底自由權嗎？

李　你承認……！

嘉　我又不是你底妻子，又不是你底情婦，……我愛將誰安置在那裏，便將誰安置在那裏！

李　你以爲就這樣可以了結了？（舉起拳頭）他媽底巴子！……急三鎗，美心肝，黎素（試想止住他）得了罷！李飛爾！

李　（掙脫着）別管我底閑事，你們這些東西！讓我解決他，那懦夫，連露面也不敢露面！

（他跑向臥室門邊）

嘉　（前進兩步）我不許！你進去！

李　（怒極）你們聽見麼？

嘉　而現在，我要大掃除了！請罷！兩個山字一疊，請出！

李　啊！你這賤人！……他終久在我掌握之中，憑你怎樣護着她。

（她不期而然地用手保護圍裙上底口袋，他撲上她身，去奪鑰匙）

嘉　（掙扎着）你放手罷！……你放手不放手？……你們誰也不來幫我的忙麼？

餘人　（上前）好罷！……得了罷，……別吵了！

李　你們誰敢上前來！

（他們止步）

黎素　（低聲地）嘈！讓他們自己去解決罷！

嘉　（被李擰着膀子）你鬆手罷，我給你說！你擰的我痛！……啊你這野蠻東西！

李　（奪過她底鑰匙）我得到手了！

嘉　請你仔細你所要作的！……你若進那裏頭去，那我們倆便斷絕關係了，一輩子！

李　你們倆也完了，因爲我掐死他！

（他將鑰匙伸入鑽孔）

嘉　（衝上去，想阻止他）約瑟！請你慈悲慈悲！

李　你到底放手不放手？

（他掙脫，力推嘉，她倒在他底同伴們的懷中，被他們扶住，此時李却走入臥室）

嘉　唉！倒霉的傢伙！

急三鎗　他會治死他！

嘉　那便是你們底錯處！你們這班懦夫！放手罷，讓我進去罷！

急三鎗　『無忌』夫人，這於你不大相宜！

嘉　我要進去！

（李出至臥室門口，面色灰白，驚慌失措。大靜默。）

美心肝　怎麼樣？

急三鎗　裏頭有什麼？

李　裏頭有……（裝笑）眞不作興，捉弄人會捉弄到這地步！裏頭有……裏頭什麼人也沒有！

大家　什麼人也沒有？

李　（重關臥室的門，立在門首，瞧着嘉）連一隻貓也沒有！

黎素　（小聲地）這是她給你一個教訓！

急三鎗　我幾乎信以爲眞了。

美心肝　大家都是如此！（對李！）好！老伙計，你作的好事！

急三鎗　快想法子補救！

李　（慢騰騰地）我來想法子罷！你們幾位暫時請便。（他們走向裏層，莫名其妙。李走近嘉，她注視他，不動，不解所謂。他小聲對嘉）你怎麼不告訴我那裏頭有一個死人？

嘉　（失驚）一個死人？……他死了？……

李　是呀！

嘉　哎呀，我底天哪！你看的確實麼？

李　確實！……況且，他底腰部挨了一鎗！

嘉　（渾身不寧）可憐的孩子！但願這不是給我們一個凶惡的預兆，究竟我不能將他拋在門外呀，……他底腿簡直站不穩。現在我們怎樣處置他呢？

李　（釘視嘉）只有抬到他家裏去！

嘉　我若知道他底住所！他告訴我他名叫賴伯爾伯爵！別的我一概不知！

李　你不認識他嗎？

嘉　我怎麼會認識他？

李　那末，你爲什麼將他藏起來呢？

嘉　我正要關上舖門的時候，他來了。他走不動！……而你們其勢洶洶地追上來了！……我心想：『他們若捉住他，勢必結果他底性命！』於是乎！……（她忽停住）你爲什麼這樣釘着我？

李　我瞧你是不是撒謊！…是不是眞地不認識他！

嘉　我？

李　究竟，這位受傷的人，逃躲在你家裏，或許同時是你底情夫。

嘉　（大聲嚷出）一個奧國人！

李　（急忙地）別高聲！倘若讓他們聽見！

嘉　現在他不是死了嗎！

李　（遲疑之後）因爲他還沒死咧！

嘉　（不禁歡躍）啊！你不先說他死了嗎？……

李　（摟嘉腰）那是爲想知道實情……而現在知道了！（嘉忻喜若狂，抱吻李）可是，你別聲張，好好地照他，我晚上再回來，……助他出亡。

嘉　（淚盈於眥）呵！我底約瑟呵！你底心眼眞好！我多麼愛你呵！

李　那末，你不埋怨我了麼？

嘉　呵！還埋怨你！……（她抱住他底脖子）就說我愛中了

你吧！

急三鎗　，黎素，美心肝（喜笑言開地，走近）啊好極了！這才好呢！恢復和平了！

李　（握住她底雙手）和平基礎，是那樣地鞏固，使我卽日將去辦理結婚底公告，……（對嘉）不是眞的嗎？

嘉　（拭目）呵！是！眞的！

（鼓聲重發，街上漸聞騷動聲）

急三鎗　（開了街門）請注意！這是本段的國民軍上馬廠去，你們也來嗎？

大家　（重持着他們底鎗）是！是！

李　（掙脫嘉）今晚再會！

（國民軍從門外經過，鼓樂前導，後面跟着游手好閑的頑童們，步伐整齊，一面的唱着馬賽曲，李及其同伴與他們會合一起。在門外，他給嘉德林遙送一吻，隨他們底同伴唱着：自由！寶貴的自由！』

從天何言哉說起

傅彥長

生生不已的人類生活，如果不想把彼此不同的是非，歸合在一處的話，語言這一個東西大概是並不需要的吧。一個眞正替天行道的人，往往對於任何是非的來蹤去跡，總是一個不大關心。當然，有了這一個歸合之後，彼此本來無所謂的兩個人，也就不得不有一個與是非一致的交代。

有一天，下了一整天的雨。下午我在家枯坐。屋子裏的光線很不充足，除了枯坐這一個節目之外，實在想不出別的活動。思前想後地引起了一些並未說出來的話。當時，我就記起了天何言哉的這一句話。我們在替天行道之外，總歡喜去管一些與自已本身毫無關係的爲人之道。就像這一天，幸而天氣是太煞風景了，否則我決不會在家去枯坐這一個下午的。我想起了一個個時常與我歸合在一處的朋友。有一個朋友，他最不歡喜去飲的酒就是混合了的鷄尾酒，碰巧關於爲人之道的一句句話，無一不與這一杯鷄尾酒是有謀而合的。這就等於彼此不同的是非，歸合在一處了。是一句替天行道的話，一定是不謀而各自脫散着的這一個氣象。每一人的日常生活，眞的能够總是沒有一句話嗎？與此相反，太把語言這一個東西去崇敬一番的人，總不免把它認爲是神的意志。這一種處處只有算計的看法，未嘗不可以作爲一句話。有情的天，生着萬物以養育人類的時候，根本沒有什麼責報的算計。我們不大肯施捨一些給乞丐的原因，就爲了這一個個送出去的錢都落在虛空之中而已。有往而不來的人情嗎？一拳來與一脚去的所謂人情，無一在爲人之道的算計裏。想到這裏，我卻不得不沉默下去了，有情的天，決沒有要乞丐去歸還一個個錢到來處的這一句話。人類生活上意志的活動，永遠感不到什麼疲倦，這一種種成形的氣象，就是一句句都在算計之中的話。

閒談到一句句與是非有關係的話，就是在下雨的天，也是一個十分高明的算計吧。有一個朋友，他的日常生活，眞的能够幾乎連一句話也沒有了。同他在相對枯坐的局面之下，竟可以連一句話也沒有地把兩三個鐘點消磨過去，想到這裏，我卻又覺得蛙聲的決不是一個爲人之道。當然，人類生活裏一句句話所成就了的共鳴，無一不是有理取鬧的局面吧。可是與蛙聲一比之下，我卻又不得不沉默下去了。幸而知識對於意志的活動不一定要採取着助紂爲虐的立場，否則失意了的每一個人，就不能從事於替天行道的工作。所謂替天行道的工作，正如一個乞丐討到了一些什麼之後，就不必把它歸還到來處而已。是非只能在語言之中存在。雨天不出門而在家讀書，不去訪問一個個朋友，不一定就沒有是非。可是就在好天，如果不讀書而又不大開口，那末枯坐一個下午之類的這一個節目，也是替天行道的一種工作。

所謂神的意志這一種看法，其實只是人類算計之下所成形了的一句話。語言，就這一點說，它是偉大的。不過有情的天，它所要求於人類生活的，並沒有一句定型的話，至少它連一些算計的起意也並不存在。從意志的活動開始了之後，給人類生活逐一地所完成了的這一個世界，有情的天就一直沒有說過一句話。爲了這一點，替天行道的工作，偉大與否，是毫無關係的。成就的偉大與否，只是人類生活上意志的活動而已。

惠稿簡例

（一）稿費每千字一律致酬二千元，無等級之別。

（二）惠稿經發表後，其版權概歸本社所有。

（三）惠稿寄至上海雲南路二六五弄B字八號光化出版社月刊部。

閑話（一）

文載道

近一二個月來的物價，眞騰漲得有「如火如荼」之概。（不知道這篇文章可以在那一期的光化刊出？而在那個時候，筆者所根據的目前價格，想必又成「明日黃花」了吧。）不說別的，單說白報紙或其他紙張，幾乎沒有一天不是在「飆」似的「漲風」之中；由二關而三關而四關以上……，使出版者眞是連招架的餘地也沒有；於是有一部分的雜誌，就只得乾脆的關門，卽使有倖而獲存的，度其命運恐也悲觀得很。而且因了其他物價的上升，顯然必然減削了讀者的購買力，而書藉雜誌之類，雖然字面上是有什麼「精神食糧」之稱，但實際上到底不同療饑禦寒的必需品，——漲不漲固在你，買不買却在我！此其一。然而上海之大，非「必需品」如書報雜誌也者的金銀首飾之類，何以愈漲而購買者却愈擁擠？這不待說是爲了金銀可以「保障幣值」，而書報雜誌的最後命運至多是當廢紙賣掉；倒是「生坯」的白報紙可以與金銀「等量齊觀」，一印上黑字其身價便大大減削，因之縱有大量存紙的出版家，在輕重兩衡之後，也只好關門大吉，這是利之所在之其二。何況金銀和雜誌的購買者，就大不相同。前者不論國藉性別階級，只要有錢就行，聽說目前的赤金購買者中，農民卽占一個相當的比率。而雜誌等的購買者，則以所謂智識分子占重要的比率，而此等智識分子之大部分，在目前的狀態之下，誰都知道，正是過着「掙扎」的生活，所以他們對於書藉雜誌的關心，也從敏感到了淡漠。在從前生活安定時候，則「行有餘力」，不妨手執一編當作求知或消閑，現在正是救死惟恐不遑的日子，自然再沒有能力和興致來講什麼「文化」了！此其三。至於所謂主管長官或負責當局之流，他們要緊做的是「經國體野」的大題目，區區「文化」的得失，也難怪不在話下了。再說句煞風景的話，單看近一月來的米價之「神經質」的漲，漲，漲，似乎一時還沒有「對策」出來，（但願拙文刊出後，已經有了賢明的「對策」，不至「不幸而吾言中」，那就功德無量矣。）遑論紙的問題了。而且操觚之士又多是喜歡嬉笑怒駡，信口雌黃的，那末，因紙價的高漲而使雜誌之類「無疾而終」，倒也不失一件「快事」。——自然，我得申明，這也許是筆者的「小人之心」，說到底，我們還是希望負責當局能爲這刼後的文化想一想的。最後，應該說到輿論界。因爲輿論之與紙張，同樣是有密切的利害關繫。然而提到這個，正像有一位文豪所說的一樣，一首詩趕不掉軍閥，一座炮却把孫大帥趕走了。（大意如此）換言之，在平時的輿論尚需要實力作後盾，不必說在此刻「唯力」和「拜金」的時代了；況且在紙價由二三關扶搖直上以後，一部分的輿論界，未始不竭盡其職責，對於操文化之生殺的「紙老虎」，口誅筆伐不遺餘力，但結果是「帝力之大正如吾力之微」，誅伐愈厲害而漲價也隨之，這是「紙老虎」手中的「V一號」——一個報復。但誅伐還是抽象的，微弱的，而這報復倒是實際的，厲害的——又能損失他們幾根毫毛呢？俗話有「紙老虎一針拆穿」之說，今天的大大小小的「紙老虎」，確比景陽崗上的那頭大虫還要凶猛，使英勇的武都頭生在今日，也有無用武之地之嘆：——何況今日連武都頭那樣氣魄和膽量的人都沒有！

（二）

極目神州，那些蠕蠕而動的何莫非「大虫」似的東西？——因之也可稱之謂「虫的世界」。而虫之所以異於人者，即是理性之無或有而已。除非是在童話的筆下，所有的虫豸才都是天眞的，理性的，可愛的，像愛羅先珂先生著述中的虫類。記得京戲演武二哥打虎回來，腰纏紅綾，脚蹬烏靴，氣宇軒昂，頗似「結婚十年」作者遐想中的趙子龍一樣的一表堂堂，引起鄰舍親友嘖嘖稱羨，爭相驚誇。我們鄉間也以「纏紅插花」是一個人高貴與光榮的標徵。水滸二十二回：寫：「衆鄉村上戶，都把緞疋花紅來掛與武松」，並由「陽穀縣知縣相公，使人來接武松，都相見了，叫四個莊客將乘涼轎來擡了武松，把那大虫扛在前面，也掛着花紅緞疋，迎到陽穀縣裏來。那陽穀縣人民，聽得說一個壯士，打死了景陽岡上大虫，迎喝了來，盡皆出來看，鬨動了那個縣治。」——寫的何等威風出色，眞不愧壯士還家！但所以能這樣的緣故，正爲了武松替那般小百姓「除了這個大害」，而使「第一鄉中人民有福，第二客侶通行。」——這是武松以勇氣來換取人民的感激。今日正是動輒「談虎色變」的年頭，可惜還缺少武都頭那樣的打大虫的精神。而這些政治的、商業的「大虫」們，老實說，也只有虎般的殘忍、恣橫，而沒有牠雄偉、剛強，至其卑怯與庸弱，有時則只如羊如兎罷了。

我沒有看見過叢山大漠中的虎豹，所看見的，可憐牠們已被拘禁在動物園中的鐵柵裏了。更不幸的，在江湖賣藝者的手中，牠們還被作斂錢的資本，以牠們的牙爪色采，來滿足遊客的好奇與賞玩。

還記得有一天的薄暮，我帶着孩子去遊動物園，落日的餘暉正反射着殘秋的楓樹，風來時簌簌地作着抖。沿着楓樹西行，就是關着虎豹和猿鳥的鐵柵了。我看見了一匹蜷伏着的猛虎，躺在那樣狹促的天地之中。四周是一片秋的岑寂和恬澹，時或有幾聲鸚鵡們的啼唱。偶然的也露出牠猩紅的舌葉舐着身上的毛斑，或者接着發出嗚然的一聲，可是已經不同於「怒吼」了。我猜想在虎的自己的世界中，單只那片舌葉，那聲號叫，就不知使多少小動物懾伏顫動！——在一天星月的皎然夜空之下，風和海都將跟着牠而一同呼嘯，然後從遼遠的山谷間帶來一串石破天驚的回聲，那又是何等壯美的境界！然而目前，牠是與這些猿、鳥、狸、兎等同被降爲「玩物」了，以這平淡的歲月來磨琢牠的鋒稜，牠的光芒，漸漸的就在這狹促的天地中衰老與消逝了。

「牠也許想時刻的突圍而出吧？」所以有時候，牠還鼓起精神驀地來一回翻身，一個抖擻，但牠偏碰着這無情的鐵柵！於是日子久了，牠的野性逐漸馴伏，「戾氣」逐漸消失，終至人一樣的「矜平躁釋」了。

誠然，爲人這一面着想，鐵柵是萬不可少的，否則，牠的野性一發作，又要擇人而噬了。（聽說兆豐公園一匹熊出柵時，就傷過幾個人）但爲虎這一面着想，却又覺得牠倘不擇人而噬，結果又將被關在鐵柵裏，這裏的敵我之勢，正是無法調和。換言之，就跟你拚個死活而已。「鐵拳所至，玉石同碎，不畏懼者，加汝痛苦。」——虎與人之間是如此，人與人之間又何嘗不是？我倒是情願爽快拉倒的接受「鐵拳」與「利爪」，而不願嘗寒颼颼的背地襲來的冷箭，痛都沒有叫出，人已經倒下了。倘使我被虎豹們吃掉了，至少我的耳朶可以清淨點；不必聽許多明明是毒液却被說作糖汁的「理論」。

（三）

話又說得遠了，而且又是那樣的「不識時務」，在這一點上，我大約還不配昇爲「俊傑」的。因而繞過來又將談談文化，雖然仍不見得中什麽用。

不用說，目前正是文化及其從業者的沒路。試看譚正璧先生之出售藏書一事，就足够令人黯然。文人對於其他的東西，或者有看得很輕淡的，惟有書藉，除非不買，買則必愛護流連「不忍釋手。」而譚先生在著作界也已有十年以上的歷史，其所著中國文學史並有日本之翻譯，我個人與譚先生的交情也極尋常，這里自無須我的阿私，但在今日的環境之下，遂不能不售其唯一之產業，夫復何言！

由於我平日對圖書略略感到一點興味之故，對於別人書藉之聚散因之也較爲關切，尤其是被一般不能守業的後人貶價變賣的事，更其覺得可惜。劉聲木在萇楚齋隨筆中有云：

「日本島田翰撰皕宋樓藏書源流考一卷，目藏書爲不祥之物。子弟若不能讀，論斤出售，視如糞土，言之驚心動魄。予在滬，購得與化李審言茂才祥所撰媿生最錄二卷，宣統元年八月刊本。當時以一帙贈江陰繆筱珊太史，尙有審言茂才贈書一訊夾入卷中。太史病故上海，未逾年，藝風堂藏書全數爲古書流通處賈人海寗陳笠岩所得，媿生叢錄，又展轉爲余所得。茂才一訊，紙墨新如，書乃易姓，乃嘆島田之言，不爲無見也。」（見卷七）

可見「論斤出售」的事，原不是今日始。不過只要這秤得書不是做「還魂紙」或包花生米，那末卽使碰着較上進的不出賣先人藏書的子孫，而只能像田地一般「坐擁」的話，也還不如讓它流通出來，如流通到眞正做學問人之手，豈不更好？（所可惜的，是胡亂的貶賣和散佚。）這只要想到清朝亡後，及自故宮博物院等成立以來，其所展覽整理與編印的古物圖書，對於中國的學術文藝之裨益，總多少有點交待了。反之，在某些皇帝之流的手裏，則書城之大，也等於無物之陣，而小百姓更其無福看見。我想，這一點，也算是小百姓叨了「民主」之光吧。

最可笑的，是元明清中的一些「九五之尊」的胸襟及腹笥，只要看一看他們的「手諭」，那就覺得與引壺賣漿者一樣。但話說轉來，也惟有從他們「御筆」中才使我們認識了他們的較爲眞切原始的面目，一經臣工的點染或迻譯，反而眞相泯沒。例如元代的詔書，最初是照蒙古人的口吻和立場做的，可是到了乾隆中改譯遼金元三史譯名時，就改的改，削的削了，而理由據說是因「原詔蒙古語譯漢俚俗無文」之故。這樣一來，正如林琴南之譯西洋小說，因爲要想刻意的「譯須信雅達，文必夏殷周」，結果就「雅」則有之，「信」却未必了。

人類大抵都有二重人格的：在禮數習俗和法律的牢籠之下，過的是雍容揖讓，「紳士淑女」的生活，反之，則是露着赤條條的原來氣質，不過後者很不容易發見，只有在某一種條件之下，偶一閃爍而已，——這可說是（後面要談的）「蠻性」之一面吧。

（四）

我們的最遠祖先大家知道是跟猩猩一樣的猿人，就是說，我們是從野蠻的蒙昧的時代進化到眼前的所謂文明社會。因之，在我們的血液裏面，還多少的潛伏着一種「蠻性」，想時刻的衝動爆發，但因前述的禮敎法律等拘束，使我們不容易發洩，同時，還看社會機構之完善與落後，譬如像中國那樣因爲政治經濟敎育……方面漏洞太多，所以「蠻性」的色彩也較爲普遍而濃厚。胡適之先生從前所舉的小脚太監八股等遺毒，其實就是人類「蠻性」之表白。記得美國人摩耳（J.H.Moore）曾經有趣地比這爲「狗抓地毯」。意思是：「狗是狼變成的，在做狼的時候，不但沒有地毯，連磚地都沒睡，終日奔走覓食，倦了隨地臥倒，但是山林中都是雜草，非先把牠搔爬踐踏過不能睡上去；到了現在，有現成的地方可以高臥，用不着再操心了，但是老脾氣還要發露出來，做那無聊的動作。」所以，「他將來宗教家道德家聚訟不決的人間罪惡問題都歸諸蠻性的遺留。」這里，我暫不討論社會學或生物學上的問題，而却由此令我想到「江山好改，本性難移」這兩句話，實在有其正確的理由。

原來人類社會向以金錢與權位支配一切：有了錢與權，縱使是流氓娼妓出身，就到處受人的尊敬，否則，不用說被歧視凌辱，試看一樣是一個蘇季子，就使他的嫂子分出前倨後恭的態度。同時，自己的氣味舉止也不免「化裝」過了。不過話雖這樣說，人有時候還是要時時的露出他的老脾氣——「本性」來。甚而至於像狼變成狗之後一般，還念念不忘於狼時代的粗野與潑悍，也卽老話所謂「露出狐狸尾巴來。」正如「强盜扮書生」，反使强盜坐立不安，感到如芒在背似的。手頭恰巧有了一部「西京雜記」，其中有一段記事，劉邦父親的故事，正可證明這個說法：

「太上皇徙長安，居深宮，悽愴不樂。高祖竊因左右問其故以平生所好皆屠販少年，酤酒、賣餅、鬥雞、蹴踘，以此爲懽；今皆無此，故以不樂，高祖乃作新豐，轉諸故人實之，太上皇乃悅。故新豐多無賴，無衣冠子弟故也。」

這些地方，到底是小說筆記超過了正史之所在，單單這一段描寫，就使我們依稀的看到劉氏的「家風」——流氓皇帝及其父親的眞面目，相當於「狗抓地毯」的習性之發作。我們平常在酒筵席上，碰到某些新貴暴發之流，只要他三杯黃湯下肚，他的言語動作及風度，便立刻現出老脾氣來，眞像秦鏡之下洞若觀火，而這樣的人物，其實倒不失有點「本色」。最可憎的，却是明明西瓜大的字兒，挑不上幾担的人，偏要對庸風雅，妝點門面，或者一個殺人不眨眼的大災星，偏要談仁慈，講孝悌，支撐名教，賣弄道學，戴上虛僞的面冠，反而眞相垂盡了。

就說劉邦吧，當項羽要殺太公的時候，她以「分我杯羹」的話來回答，不但聰別，而且應該的。因爲一個創大業的人，必要時只得動心忍性，犧牲了局部，成全了大體，卽使太公眞的被項王宰掉，但只要記住這「不共戴天之仇」，則打落牙齒帶血咽，一旦驅走動敵，爲除暴，卽足爲宿遣仇恨而有餘；也反之，什麼都伈伈俔俔，畏首畏尾，又想成功，又怕物議，又懼禮法，結果就墜於宋襄的婦人之仁，反而累了大局。然而等到劉邦帝業穩固之後，却來讓儒生們定朝儀，（他本來是看不起讀書人的）崇禱祀，「以孝治天下」起來，那才令人覺到「强盜扮書生」之可笑可厭了。

但自然我也明白，他之所以這樣的做，是因爲他已經從流氓爬到「在上者」之故，而「在上者」是需要以禮德，儀節來維持他的特權，他從前之蔑棄這些，則由於他還是一個「在下者」之故，這是最簡單明瞭的道理。

總而言之，禮德也好，儀節也好，宗教也好，全是在上階級的穩定權力麻醉大衆的魔術。古人說，衣食足而知榮辱，倉廩實而知禮節。又說，救死惟恐不遑，奚暇治禮暇義哉。雖是老生常談，但反面正好說明一切禮節云云，原是倉廩實衣食足或救死有暇之輩的裝飾。因此，在這人吃人的社會裏面，凡是仁義道德的調子唱得愈高的人，另一方面，說不定愈顯其殘忍虛僞和暴戾。一個忤逆的兒子，或對骨肉相傾的兄弟，居然是孝友會的基本會員。在過去及現在原是司空見慣渾閒事。我看見好多表面上被人嚷着「老封翁」「太夫人」的，做起壽來，還要坐在紅燭輝煌的大廳中，然後又假借名義略施一點小惠，既釣善士之譽，又博慈孝之名，那該是「五倫輯睦」，古道可風了，然而實際上，兒子媳婦平日對這些「老封翁」「太夫人」的待遇，也許不及裙帶邊的小舅子之流。這決不是我的過甚其辭，故作狂狷，也不是我想根本推翻道德，乃是說，在人與人間存在着這樣懸殊的鴻溝之時，這些形而上的「精神文明」就無從談起。何況遠在魏晉時，像阮籍等即有「禮豈爲我設也」之呼聲，不必說每下愈況之今日了。

（五）

推開天窗說亮話，人與人之間終逃不出「利用」兩字——至少在目前的社會——不管官和民，父與子，資本家與勞工。……十幾年前，我就表示過這樣的意見：即便如骨肉之親，也還是以相互利用來結合，所以爲了防饑方才積穀，爲了防老方才養兒。（至於養兒是否一定能防老那是另一問題）這話自信並非「立異」即如古人裏面，孔融的「母之於子，亦復奚爲，譬如寄物瓶中，出則離矣」之說，就比我早說千百年，而他猶是孔聖人的後裔。在十幾年後的今天，從我自身所貼切感受的種種血親的，朋友的，賓主的，經驗而論，愈加證明了這些話並沒有過火之處。君之視臣與臣之視君，（此話孟子已說過）父母之待子女與子女之待父母，其親疏，厚薄之間也是相對而非絕對的。——父母如果確是辛苦劬勞的撫兒女，而兒女不以相等的報酬給他們，自聲是兒女的錯失，否則，兒女也就不必徒作什麼孝順呀！恭敬呀的態！這是說：假使甲是一個以汗血錢賺來養家的父親，乙是一個不勞而獲的毫不盡扶養之責，甚至浪漫揮霍置兒女於不顧的父親，則等到兒女能够自立，或境遇好轉以後，其對父母之感恩報答自也應該不同，不然的話，豈非太不公平了嗎？——而且惟有這樣，使天下做父母的都有一種責任心，一種興奮感。不過在眼前的情形之下，做黃包車夫的父親未必能有什麼好的「暮境」，而有些面團團的大腹賈大官人之流，至少在形式上，不但老的易於享受「老太爺」的福氣，就是做少輩的也極其便當的博些「孝子順孫」之美名；至於衣食足倉廩實的家庭，還要弄得骨肉相傾，一門戾氣，那才是世間不可救藥的笨伯！因爲有錢的人讓「老太爺」們做幾趟壽，吃點「山珍海味」坐坐汽車飛機，遊遊名勝古蹟……，就不知比沒有錢的容易多少，方便多少，反正他們這些費用是從大衆頭上刮來剝來，而沒有錢的人即使要「克盡孝道」，要「子職無虧，」既辦不到，也沒有人曉得。可見孝出貧家，確是不刊之論。——總之，惟有階級相同的人，一切的道德，感情，和利害，方才調和而一致。我看見家裏的老女傭對待她兒女關切愛護的天眞質樸之情，就決非養尊處優者所能想象與傳達，而才是人間最溫暖淳厚之一境。從前讀黃仲則別母詩。

搴幃拜母河梁去　白髮愁看淚眼枯
慘慘柴門風雪夜　此時有子不如無

也許這裏面字句有些錯記，然而印象之深，使我的腦海中常常湧盪這樣一幅情景逼眞的圖畫，讀了，彷彿置身於滿山風雪夜的悽淸。悲哀的氣氛中，刻劃了母愛之崇高與純至。

我不是一個非孝主義的信徒，我有我的兒女，如果說得「暮氣」點，我自然還希望他（或她）將來不至怎樣刻薄悖逆的對待我。不過對於那種幌子似的「仁慈」與「孝敬」云云，却覺得他們虛僞得討厭，做作得可嘔，像儒林外史所寫的夾著銀筷吃蝦圓的「孝子」一樣人物，簡直滔滔皆是。同時，我對兒女也曾時時反省：如果我沒有盡過扶養之責，或扶養了而動輒加以叱責，辱罵鄙賤，獲至當作煩惱時洩氣的供具似的，那末，我在將來也不必對他們有什麼奢望了。要知道父慈然後子孝，兄愛然後弟敬。又如前面所舉的太上皇故事，我猜想劉邦平日對他的舉措，也未始不是使他遠避一個成因，舉例來說：大約爲了劉邦少時無賴的故緣，太公對之難免要輕蔑責罵，可是後來劉邦「貴爲天子」了，有一天當大宴羣臣時，他就諷刺太公說：「爸爸起先總看不起我，並以爲二哥（仲）將來定有大出息，可是現在呢？啫，啫！你來看一看……」。於是接下書便是各大臣一片雷似的喝采之聲！這在劉邦固然有點尖刻，但也正爲了他是流氓出身之故，這些地方，不免要露出他老脾氣來跟他的老子一樣。倘掉蕭何叔孫通略有修養之輩，卽使心裏要這樣，表面上總還裝得「蘊藉」點。——這一面是無賴的本性難改，一面到也爽眞。其次又見得人到底是誰都不能够看殺誰的，千年瓦爿還有翻身日，做老子的尙且要看殺兒子，則兒子翻身的日子，老子之受到這種挖苦與諷刺，似乎也有「反省」的必要。易言之，是太公的輕視在先，才招來漢高的尖刻於後。——這是劉邦之幸，也是太公之不幸。——但願有一個使人與人的感情，思想、道德、秩序，都以純潔誠懇來作內容，而廓清一切虛僞做作的形式的社會，我期待着。

△△△
服美不稱·必以惡終
▽▽▽

明晰與朦朧

應寸照

明晰的詩是美的，因爲它清楚，乾淨，容易給讀者獲得十足的感應；同時，它沒有糾葛，沒有掩沓，也一定不會像這個又像那個的弄得模稜兩可，不知所適。

明晰不但是字面上的爽朗，它而且重心適切，用意顯著，看起來如同青山間的白鳥，藍天上的星星，軒敞利落，瑩澈晶明。

朦朧的詩也是美的，因爲它含蓄，蘊藉，保留着一種接觸的距離；并且，它可以給予思索，給予想像，還給予了不盡的完整——未完的美。

朦朧不獨在詞句上見其暈昏，滲化，并且在意境裏顯得飄浮，鬆動。猶好比簾外的雲月，披紗的天使。

雨後的山色是明晰的，冬夜的湖面是朦朧的；明晰如水中觀月，朦朧若霧裏看花。

無論明晰朦朧，在詩的境界上，具有適宜的需要時，它全是好的，但如超越了正當的界限以外，也立刻能夠成爲全是壞的。

所謂明晰，它只能夠做到情意的飽和爲度，如果處處着實，節節分明，它便要演成某某宗祠的家譜，不會像詩了；朦朧也是一樣，它須是給予可能的思索和想像，而不能是重而且厚的絲絨帳幕；距離不是障隔，朦朧異於掩蔽，情趣有閃避，但不可藏匿——你如像席捲的姨太太般，藏匿得影蹤全無的話，便不免有把讀者當做喪氣的姑爺看待的嫌疑了。

明晰是映照的情緒，朦朧是烱爍的意念；如果失於映照，那一定不會明晰的，又如果映照的不是情緒，而竟是實體的形象，那便連詩也失去了。意念烱爍，是說它要能半明半滅，若隱若現的；如果意念搖曳，它就怕會倒下來或是熄滅掉，如果意念模糊，我們就看不清究竟是什麼意念，如果是意念障隔，那就索性不必有意念了，因爲在這情形之下，這個有同沒有，實在是分不清楚的。

詩之明晰者，實際要避免對形象的實指，詩求朦朧，它又須顧忌障蔽——朦朧只是一些稀薄的限制，而障蔽之後，則是什麼也不看見了；到了那種局面，連清楚不清楚也都是用不着說的話。

明晰與朦朧，雖屬是差異極大的兩種事情，但有時候可以也有融合的可能，李後主有兩句詞道：

「……夢裏不知身是客，

一嚮貪歡。」

這詞句在字面上是清楚爽朗——明晰的，却是在意境上亦微有其薄薄的隱藏——朦朧。因爲他究竟還沒有清楚地點出來，說「客」原是「囚徒」，以及他「貪」的到底是什麼樣子的「歡」。

字面與意蘊，既同時有其明晰與朦朧的境界，相反的，含意明晰詞面朦朧的設施，也一定有其可能；以此推想，則兩俱朦朧的，又另是一個做法，表裏明晰的，也別是一種安排了。

所以分開來說，似乎是各管各的，合攏來說，它仍舊是詩的條件。求詩的完成的，必同時求這些事由的瞭解；求美之獲得的，也必要求美的理念之所以形成。有認自己也不懂的，生澀晦暗的詩句爲美者，也許是別有用心的，要每句都明白如話，要什麼也說盡了的這實在也不免是詩的苛政。（詩論百題）

基士的兒子掃羅，他出去尋他父親的牝驢，而尋見了王國。

譚崑崙奴

楊絢霄

不知道是在今年七月七日的那個報紙上，我彷彿讀到了如次的一則新聞：

「美國汽車工業中心地第洛德，突然發生白人對黑人之衝突事件，歷時達二十四小時。事後據警察局調查，死者二十五名（內黃人二十名），傷者也百餘名，以參加騷動嫌疑而被逮者，達一千三百名以上（大部份爲黑人）云」（大意如此）。

這一消息使家們的腦海裏不知不覺地浮起了天方夜譚（Grabian Nights）和黑奴籲天錄（Uncle Gonis Cabin）裏所提供的那些過去歐美各國普遍豢養着的黑奴底悲慘畫面！事實上，這種黑奴並不是歐美歷史上所特有底一種制度，這祗要我們翻翻我們的古代典藉，我們也能在那些斷編殘簡中發現我們在西曆第四世紀的中葉就有這種黑奴制度存在底一個事實。本文便是想來拉雜地談談中國方面的這種黑奴的各面，藉供讀者的參考。

要說明中國的黑奴——崑崙奴，最先我們就得明瞭崑崙究竟是在什末地方。據義淨所撰「南海寄歸內法傳」所述，南海中諸洲信奉佛法的計有十餘國，從西數起，有：婆魯師洲，末邏遊洲，莫訶信洲，訶陵洲，呾呾州，盆盆洲，掘倫洲，佛逝補羅洲，阿善洲，末迦漫洲。又有小洲，不能具錄。斯乃咸遵佛法；惟末邏遊少有大乘耳。諸國周圍，或可百里，或數百里，或可百驛。大海雖難計里，商舶慣者準知。良爲掘倫初至交廣，遂使總喚崑崙國焉。」

「日還誓遊西域。始者泛舶渡海。自經三載，東南海中諸國，崑崙、佛誓、獅子洲等，經過略遍，乃達天竺」（宋高僧傳慧日傳）。

「凉水之西南，至龍河；復南行至青木香山，直南至崑崙國」（樊綽撰蠻書卷六）。

（吐蕃國有藏河，去邏些三百里。東西流，衆水湊焉。南入崑崙國」（册府元龜卷九六一）。

「闍婆之東，東大洋海也。水勢漸低，女人國在焉。愈東則尾閭之所泄，非復人世。泛海半月至崑崙國，南行三日至海」（周去非撰嶺外代答卷二）。

「闍婆國在南海中，其國東至海一月，汎海半月至崑崙國」（宋史外國傳闍婆條）。

「崑崙山亦名軍屯山，山高而方根，盤幾百里，截然于瀛海之中，與占城，西竺鼎峙而相望，下有崑崙洋，因是名也。」（汪大淵撰島夷誌略崑崙條。）

「崑崙山昂然于瀛海之中，與占城，東西竺，丁機鼎峙相望，山高而方根，盤廣遠海之名曰崑崙。凡往西洋商販，必得順風七晝夜可過。俗云：「上怕七洲，下怕崐崙，針迷舵失，人船莫存」（黃信撰星槎勝覽崐崙山條）。

此外，如張華撰博物志，吳自牧撰夢粱錄江船海艦條，趙汝适撰諸蕃志闍婆國條，馬端臨撰文獻通考四裔考闍婆條，張燮撰西洋考舟師考，黃衷撰海語崐崙山條，胡學峯撰海國什記大崐崙條，都有類似的記載。總之，曩時我們所用崑崙一名，乃是泛指北至占城，南至爪哇，西至馬來半島，東至婆羅洲一帶的地域。

不但如此，所謂崐崙，同時又是南海諸國國王的姓以及大臣的官號。

「扶南國在林邑西三千餘里。自立爲王。諸屬皆有官長，及王之右左大臣，皆號爲崑崙」（太平御覽卷七八六引南州異物志。）

「扶南在日南之南七千里。地卑窪，與環王同俗。有城郭宮室，王姓古龍」（新唐書扶南條）。

「頓孫國屬扶南，國王名崑崙」（竺芝撰扶南記）。

「隋時，其國王姓古龍。諸國多姓古龍。訊耆老言，古龍無姓氏，乃崑崙之訛」（杜佑撰通典扶南條。）

「其臣曰勃郎索濫，曰崐崙帝也，曰崑崙勃和，曰崑崙勃諦索林，亦曰古龍者，崑崙聲近耳」（新唐書盤盤條）。

「暹邏貢使至中國，其王號古龍」（廣石通誌）。

據此所述，我們當然也可以這樣說：所謂崐崙國，就是那些國王大臣以古龍或崑崙爲號的國家。象這種「古龍」「崐崙」等名詞，顯然是同音的異譯，牠們都是吉蔑（Khmer）語的Kurum占波（Canpa）語的 Klum Klaum ，東浦寨語的Khlou，暹邏語的 Krum底音譯；思意是國王或攝政王。一六七三年入貢中國的暹邏王號還有「古龍」兩字，就可以當作是古名現存的眞憑實據。

不過這種崑崙民族究竟具着一些怎樣的特質呢？據義淨所撰大唐西域求法高僧傳所述：「良爲掘倫初至交廣，遂使總喚崙崑國焉。唯此崐崙，頭捲體黑。自餘諸國與神洲不殊。赤足敢曼，總是其式。」

「自林邑以南，皆拳髮黑身，通號爲崑崙」（舊唐書南蠻傳。）

「扶南西去林邑三千餘里，在海大灣中。……人皆醜黑拳髮，裸身跣行」（晉書扶南傳）。

「人形小而色黑，婦人亦有白者，悉拳髮垂耳，性氣捷勁」（隋書眞臘傳）。

「土人壯健兇惡，色黑而紅，裸體文身，翦髮跣足」（趙汝适諸蕃志蘇吉丹）。

「國人肌膚甚黑，以縵裹身，露頂跣足」（同上藍無里國）。

「波斯國在西南海上，其人肌裏甚黑，鬢髮皆蚪」（同上海上什國。）（按此波斯國，係在馬來羣島中，非指伊蘭波斯。）

「薄利國，隋時聞焉，在拘利南海灣中，其人色黑而齒白，眼睛赤，男女並無衣服」（杜佑撰通典薄利條。）

「太平興國二年，遣使貢方物，其從者目深體黑，謂之崑崙奴」（馬端臨撰文獻通考四裔考三佛齊。）

「堀倫、骨倫、崑崙，蓋一地異名也。其人不知禮義，惟事盜寇。食人如夜叉厲鬼。語言亂什，與其他蠻人異。善游泳，終日在水中，不以爲苦」（日本僧人迦葉波註南海寄歸內法傳。）

又據慧琳撰一切經音義卷八一的解釋：

「崑崙語，上音昆，下音侖，時俗語便亦作骨崙，南海州島中夷人也。甚黑，裸形，能馴服猛獸犀象等。種類數般，卽有僧祇、突彌、骨堂、閤蔑等，皆鄙賤人也。國無禮義，抄刼爲活，愛啖食人如羅刹，惡鬼之類也。言語不合，異于諸蕃，善入水，竟日不死。」

文中所說的突彌，骨堂雖然無從查考，但他們總不外乎是些南海中捲髮的黑人。

凡是來到中國的南海黑人，我們一般地都叫他是「崑崙奴」，不過也還有僧祇奴（新唐書西南蠻傳），鬼奴，野人（萍洲可談卷二），黑小廝（異域錄），番小廝（南域筆記卷七），蕃奴（嶺外代答卷三）等稱謂。崑崙奴縱然是以南海黑人爲主，但也包括那些經伊斯蘭教徒之手而被輸到中國的非洲黑奴。

按崑崙一名之最早出現於中國文獻的，或許要數晉書孝武文李太后（東晉簡文帝之妃）傳：

「時后爲宮人，在織坊中，長而黑，宮人謂之崑崙。」

可知在西曆第四世紀的中葉，中國已經從南方輸入了許多崑崙奴，這原是因爲在那個時候，我們已經平定南海一帶，崑崙船舶也相率來到交廣貿易的緣故。再，如西曆第五世紀中葉，又有宋武帝（駿）寵愛某崑崙奴使之挺擊侮辱百官的事（請參資治通鑑宋紀十一大明七年條。又據宋西五玄謨傳：

「又寵一崑崙奴子，名曰主，常在左右，合以杖擊羣臣。」

據隋書四夷傳流求傳：

「初，（陳）稜將南方諸國人從軍，有崑崙人頗解其語，遣論降之，流求不從」（通志四夷傳流求條，文獻通考四裔考流求條均有類似的記載）。

陳稜擊流求是西曆六〇八年的事，可知在那個時期已經有崑崙人在中國充服兵役了。到了唐代，崑崙奴却已經普遍地爲中國有產階級所豢養；這是可以從當時文人拿崑崙奴當做他們寫作的題材底一點上得到確鑿的證明，

「崑崙兒，騎白象，時時鎖着獅子項，奚奴跨馬不搭鞍，立走水牛驚漢官」（顧況杜秀才畫立走水牛歌。）

「蘇頲初未爲父瓌所知，後見頲詠崑崙奴詩：「指頭十頲墨，耳朶兩張匙」，爲客所稱，乃稍親之」（開元傳信記）。

到了宋代，因爲中國和南海諸國間的貿易愈益頻繁，所以崑崙奴之來到中國的也就愈多——特別是兩廣一帶，這是因爲接近南海的緣故——而蓄養崑崙奴的風尙，自然越發遍及了。據朱彧撰萍洲可談所載：

「宋時，廣中多畜鬼奴，絕有力，可負數百斤。言語嗜慾不通，性惇不逃徙，亦謂之野人。色黑如墨，脣紅齒白，髮鬈而黃。有牝牡。生海外諸山中，食生物。採得時，與火食飼之，累日洞泄，謂之換腸。緣此或病死；若不死，卽可蓄。久蓄能曉人言，而不能自言。有一種近海者，入水眼不眩，謂之崑崙奴。」

由于崑崙和水國毗連，所以崑崙奴就特別諳于游泳，這點在典籍上也有不少記載：

「唐國郁自蜀沿流，會得一奴，名曰水精，善于探水，乃崑崙白水之屬也」（李昉撰太平廣記卷二二三）。

「曾有親戚爲南海守，母訪韶右而往省焉，……瞻海船，崑崙奴名摩訶，善遊水而勇捷，……每遇水色可愛，則遺劍環於水，命摩訶取之，以爲戲弄」（同上卷四二〇）。

「故大尉相國李德裕，貶官潮州，經鱷魚灘，損壞舟船，平生寶玩古書圖書，一時沈入，遂召船上崑崙取之」（劉恂嶺表錄異）。

由於崑崙人之善於水術，更因爲身體茁壯，容貌醜陋，生性兇暴，而言語習慣，又和中華民族大異其趣，於是好些文人，基於好奇心的激發，就把崑崙奴當做是朱家郭解一流的人物，寫成了許多有聲有色的小說，而其中最出名的恐怕要數唐代裴鉶傳奇中所述的那則故事了；後來這篇故事還被一般劇作者改編爲劇本——如明代梅鼎祚（字禹金）的崑崙奴雜劇和梁辰魚（伯龍）的紅綃雜劇都是本諸裴鉶的傳奇——呢！現在且把裴氏原作摘錄於後：

「唐大曆中，有崔生者，其父爲顯僚，與蓋代之勳臣一品者熟。生是時爲千牛，其父使往省一品疾，生少年，容貌如玉，性稟孤介，舉止安詳，發言淸雅。一品命妓軸簾，召生入室。生拜傳父命，一品忻然慕愛，命生與語。時三妓

人，艷皆絕代，居前以重甁貯緋桃而擘之，沃以甘酪而進。一品遂命衣紅綃妓者擎一甌與生食，生少年赧妓輩，終不食，一品命紅綃妓以匙而進之，生不得已而食，妓哂之，遂告辭而去。一品曰：『郎君閒暇，必須一相訪，無間老夫也！』命紅綃送出院，時生回顧，妓立三指而反掌者三，然後指胸前小鏡子，云：「記取！」餘更無言。生歸，達一品意，返學院，神迷意奪，語減容沮，怳然凝思，食不暇食，但吟詩。……左右莫能究其意，時家中有崑崙磨勒，顧瞻郎君曰：「心中有何事，如此抱恨不已，何不報老奴？」生曰：「汝輩何知，問我襟懷間事？」磨勒曰：「但言，當爲郎君釋解，遠近必能成之！」生駭其言異，遂具告知。磨勒曰：「此小事耳！何不早言之而自苦耶？」生又白其隱語，勒曰：「有何難會？立三指者，一品宅中有十院歌姬，此乃第三院耳。反掌三者，數十五，指以名十五日之數。胸中小鏡子，十五夜月圓如鏡，令郎君來耳！」生大喜不自勝，謂勒曰：「何計而能達我鬱結耶？」磨勒笑曰：「後夜乃十五夜，請深青絹兩匹，爲郎君製束身衣。一品宅有猛犬，守歌妓院門外，常人不得輒入，入必噬殺之，其警如神，其猛如虎，卽曹孟海州之犬也，世間非老奴斃此犬耳。今夕當爲郎君撾殺之！」遂宴，犒以酒肉，至三更攜鍊椎而往；食頃而回，曰：「犬已斃訖，固無障塞耳！」是夜三更，生衣青衣，遂負而逾十重垣，以入歌妓院內，止第三門，繡戶不扃，金釭微明；惟聞妓長歎而坐，若有所伺。翠環初墜，紅粉纔舒，幽恨方深，殊愁轉結。……侍衞皆寢，鄰近闃然，生遂掀簾而入，姬默然良久，躍下榻，執生手曰：「知郎君穎悟，必能默識，所以手語耳。又不知郎君有何神術而至此？」生具告磨勒之謀，負荷而至。姬曰：「磨勒何在？」曰：「簾外耳！」遂召入，以金甁酌酒而飲之。姬白生曰：「某家本居朔方，主人擁旄，逼爲姬僕，不能自私，尙且偷去；臉雖鉛華，心頗鬱結。縱玉筯舉饌，金爐沉香，雲屛而近綺羅，繡被而常眠珠翠，皆非所願，如在桎梏。賢爪牙旣有神術，何妨爲脫狴牢，所願旣伸，雖死不悔！」生愀然不語。磨勒曰：「娘子旣堅確如此，是亦小事耳！」姬甚喜。磨勒請先爲姬負其囊橐妝奩，如此三復焉，然後曰：「恐遲明。」遂負生與姬而飛，出峻垣十餘重，一品家之守禦，無有警者。遂歸學院而匿之。及旦，一品家方覺，又見犬已斃，一品大駭曰：「我家門垣，從來邃密，扃鐍甚嚴，勢似飛蹻，寂無形跡，此必是一大俠矣。無更聲聞，徒爲患禍耳！」姬隱崔生家二載，因花時，駕小車而遊曲江，爲一品家人潛誌認，遂白一品，一品異之，召崔生而詰之事，懼而不敢隱，遂細言端由，皆因奴磨勒負荷而去。一品曰：「是奴大罪過，但郎君驅使，卽不能問是非。某須爲天下人除害！」命甲士五十人，嚴持兵仗，繞圍生院，使擒磨勒。磨勒遂持匕首，飛出高垣，瞥若翅翎，疾同鷹隼，攢矢如雨，莫能中之，頃刻之間，不知所向。崔家大驚愕，後一品悔懼，每夕多以家僮持劍戟自衞，如此週歲方止。後十餘年，崔家有人見磨勒賣藥於洛陽市，容髮如舊耳！」

本來是些「不知禮義，惟事盜寇，食人如夜叉厲鬼」的崑崙奴，竟在文士的生花妙筆下搖身一變而爲來去無蹤聰穎豪俠的義士，這不僅充分地暴露出當時尚武的文學觀念幷其時代背景，同時更說明了當時中國的崑崙奴制是演進到一個怎樣發展的階段！

降至元明兩代，豢養崑崙奴的風尚，更是普遍化了，凡是身爲大官顯宦的，要不畜些崑崙奴，那就不足以顯示他的尊貴和闊綽。明初葉子奇草木子卷三什制篇：

「北人女使，必得高麗女孩童，家僮必得黑厮；不如此，謂之不能仕宦。」

不僅如此，在有明一代，南洋諸國更愈大批的崐崙奴向中國進貢：

「洪武三年，王昔里八達剌遣使奉金葉表貢方物及黑奴三百人」（明張燮撰東西洋考卷三下篇，皇明四夷考卷上爪哇條也有類似的記載。）

「洪武十年，彭亨王貢番奴六人」（明會典）。

「洪武十四年，遣使貢黑奴三百人及方物，明年又貢黑奴男女百人」（明外史爪哇傳）。

「洪武二十一年，貢蕃奴四十五人，謝賜印之恩」（明外史眞臘傳。）

「洪武二十一年，貢蕃奴六十」（明外史暹邏傳）。

足證在那個時期，崑崙奴之中國的數字，一定是相當驚人的。

崑崙奴原是被我們認做是蠻裔的，所以他們當然受盡了我們的歧視，飽嚐到我們的壓迫，可是當他們的潛在勢力一旦增強之後，他們便會在一種極微的刺戟之下而掀起他們反抗的怒潮。

「秋七月戊午，廣州都督路元叡，爲崑崙奴所殺。元叡闇懦，僚屬恣横，有商舶至，僚屬侵漁不已，商胡訴於元叡，元叡索枷，款繫治之，羣胡怒。有崐崑奴，袖劍石登廳事，殺元叡及左右十餘人而去，無敢近者。登舟入海，追之不及！」（資治通鑑則天光宅元年條）。

這次暴動的規模雖然不及歐美黑奴在不堪主人鐵蹄的蹂躪下所激發的暴動那樣地偉大，但牠之爲中國典籍中關於崐崙奴叛變底唯一的史料則是無可否認的事實，所以在研究中國黑奴史的時期，他實在是值得我們深切的注意的！（完）

從戰鬥到戰鬥　從勝利到勝利

一八二五年普式庚在米哈依洛夫村給普式契納朗誦其作品情形

尼可爾，格作圖 (N. Nikol. Ge) 1831-1894.

給普式契納

A·普式庚作
范紀美譯

我最尊敬的朋友，
我唯一尊敬的朋友。
我爲你悲慘的命運把幸福來祈求，
當我在園林孤獨散步的時候，
雪花也吹來了憂愁，那沉鬱的憂愁，
你底語言的餘韻，在和着晚鐘哀奏。
你底聲音，你底聲音，我底靈魂，我底靈魂。
我以純淨的虔誠，來祈求神賜給以幸運。
在你那流刑的地方，神將賜給你以聖潔的靈光。
將你悲慘的心情洗淨，蘇醒你那爲正義而戰的靈魂。

普式契納（I. I. Puschina）係俄國十二月黨黨人，因積極參加反抗帝俄專制的革命運動，被捕放逐到西伯利亞，普式庚因極同情十二月黨的革命運動，故於一八二六年特寫此詩獻給普式契納。

一九三五，八，二十六譯於柏林

拜輪詩選

滑鐵盧頌

靈浭譯

我們並不詛咒你　滑鐵盧！
雖然「自由」的鮮血在你平原上濡染了；
血是洒了，却未下沉——
乃從每一個的「血之軀」中升起，
如同來自大洋的泉水一般，
以一種堅强的增大的運動——
他飛騰了！並在大氣之中
與失掉的拉巴道伊爾的鮮血相混——
在他的榮譽的墳墓裏
埋藏着「勇敢中的最勇敢者」。
一朶殷紅的雲他散開，發光，
但是仍要回到他升起的地方；
他一滿溢就要飛迸解散了！
這樣的雷聲聞所未聞
好像要驚震世界——
這樣的閃光見所未見
好像要明澈天日——
正如古代神巫所預言過的，
木星傾下火濤，
使所有的江河都成鮮血，

★　★　★

那將軍敗了，却不是敗於你們，
滑鐵盧的勝利者！
當他率領部衆
向導他們於
「光明」對「自由之子」微笑的勳業前進的時候
在所有這些聯盟的暴君之中，
有誰是那青年將軍的敵手？
若不是純以「殘暴」用命
若不是爲「野心之刺」中傷
致使這英雄降爲諸王
誰能向失敗的法蘭西自誇呢？
然而，他敗了——一切歸於毀滅，
誰欲以衆人受治獨夫者！

★　★　★

並且你呀也有雪白的雉翎！
而你的寶座却連一個墓碑也拒絕你，
你何如依然率領法國
驅着僱傭的部衆流血流血
豈不强如自己出賣於死亡與羞辱之地
僅爲一個卑微的皇號，
竟使彼，那不勒斯的屠戳者

戴上了你以血換來的英名，
當你策馬陷陣的時候
有如江河自其堤岸迸出
金盔炸裂皮甲摧折
在你貼身的周圍發光戰慄——
那其間你毫未注意到
你那最後光臨的命運；
豈是你高傲的雉翎
僅遭一奴輩的無恥一擊
就要低傾麼？
曾經——月動洪潮
懸空汹湧爲戰士的明燈；
通過陰慘與硫磺之戰的
煙迷之夜，
那個兵舉起他窺伺之眼
注視其冠翎聳起，——
它聳湧向前
激動了他的雄心向敵，
此際，死亡之劇痛疾速，
戰鬥之遺骸堆積，
滿佈在前進的
燃燒的鷹旗之下
（雷雲與她爲扇
勝利之光自她的胸中閃爍
有准能夠攫拿她的羽翼？）
破敗的陣線開展
死亡，或沿着平原逃竄；
那定是穆拉特正在奮戰了！

★ ★ ★

侵略者的光榮已過，
「勝利」，對着每一個斷橋頹坦啜泣——
但是，讓「自由」喜躍吧，
在歡聲之中蘊其心靈；
她一手持刀，
將加倍爲人崇敬
法蘭西已經受兩次澈底敎訓
敎她這高價的「德性之訓」——
她的安全並不在於
加倍或拿破崙的寶座之上！
却在平等的權利與法律之中，
心靈和手同爲一偉大的目的而努力——
「自由」，上帝所與普天之下，
凡有氣息有生命者，
雖然，「罪惡」欲以其殘酷貪婪之手
把自由從地上驅除——
使美國財源散若飛沙
使美國鮮血在屠戮之皇海中
湧若噴泉！

但是心靈與頭腦，
並人類之聲
將聯合而興起——
誰要抗拒這高貴的聯合者？
以利刃服人的時代過去了
人可以死——靈魂却要新生：
甚至這煩憂的卑微世界
自由的哲嗣永續無絕；
百萬人只爲承繼自由而呼吸
以解放那永是被縛的精靈——
只要再有一次自由的部衆集齊
暴君們將相信而戰慄——
他們譏笑這無謂的恐嚇麼？
但殷紅的眼淚就要繼之而下了，

給一個哭泣的公主

哭泣，在一個皇冑之女，
是父王的羞辱，寶座的衰頹；
但，時亦可喜如果你的每滴眼淚
能洗去一個父親的過犯！
哭泣——因爲你的淚是「貞德」之淚——
對於這多難的諸島是吉幸的，
並願在未來年月每一滴淚
都要以你的人民的微笑爲酬！

給奧古斯她

譯者按：奧古斯她爲拜輪之姊，姊弟之間戀情甚篤，拜輪婚後且迎其姊與共居，拜輪性浪漫多交際其妻不足以制之，惟其姊命是從，故其妻亦稍安之，離婚後，其妻宣佈拜輪罪狀姊弟之戀亦其一焉讀此詩亦可見拜輪因之聲名狼藉矣。

雖然我的「命定之日」已成過去，
我的「運命之星」，已在低傾
你的溫柔的心仍拒絕發覺
那些過犯，那是許多人都能見到的；
雖然你的靈魂已與我的劇痛相接，
却不避與我分担悲苦，
我的精靈所圖繪出來的愛情
除了在你的心中無處可尋，

★ ★ ★

哦，環繞着我的自然正在微笑，
那是回答我的笑的最後一粲，
我不信這笑是虛誑的，
因爲他使我想到了你。
風與海洋搏鬥，

我的良心也與我大作風濤，
若是它的風濤會激出一種情緒呢，
那便是它使我離開你了。

★ ★ ★

雖然我最後希望的盤石業已粉碎，
連其塊礫也已沉入洪波，
雖然，我覺出的靈魂已被投入苦海
且將永爲痛苦之奴，
雖然，這里有無數災苦對我追逐：
但是他們只可壓迫，却不能定罪，
只可折磨，却不能降伏——
因爲我所思念的只是你——不是他們，

★ ★ ★

雖說是人，你也不會騙我，
雖說是女人，你也不會棄我，
雖說被愛着，你也要禁止使我傷心，
雖說橫遭物議，你也不動搖，——
雖說我信你已極，你也不會使我失望，
雖說分別了，並非颺去，
雖說十目所視，也並不致壞我令名，
靜寞吧，世界是不會騙人的，

★ ★ ★

然而我並不譴責世界，也不輕蔑世界，
也不輕蔑這衆人與個人的爭戰——

如果我的靈魂本不宜於估彼之價，
而還不立卽退開那就是愚蠢了：
而且，卽使這過犯對我所損甚大，
或竟出乎我的預期之外，
我也看透了，無論它使我喪失何物，
却總不能從我這裏拿去了你，

★ ★ ★

從消逝了的過去的瓦礫之中，
至少我還能反省，
過去教訓我，凡是我所最思念的
就應該最被親愛：
在沙漠之中仍有一股淸泉在湧，
在不毛之地　仍有一株樹木發生，
一隻鳥在孤獨之中唱歌，
他對我的精靈談說着你。

這是我和鷓鴣般用自己的心血，飼成的一個生物。

詩人吳梅村（續）

譚正璧

第三幕

人物：卞賽　李香君　張資宏　吳梅村　王保正　巡兵六七人　卞敏

時間：前清世祖順治十七年——公元一六六〇年——的秋天

地點　無錫惠山下祗陀菴的中間。這僅是一所草菴，中間掛着一幅三清像的立軸，軸前照例放着一隻桌子，上面香爐、燭台、木魚之類齊備。桌前地上是三個大蒲團。右側另設一靈桌，中置一神位，上書「大明義民侯公方域之神主」。桌面上照樣放有燭台和香爐，但桌前縛有白布桌圍。下面也是一個大蒲團。左右兩側都有門，左通外邊，右通內室及灶間。

幕開：卞賽依舊作道裝，正把燃着的香插在三清像前爐裏。然後恭恭敬敬地在蒲團上跪下，磕了許多頭。室外正在下雨，雨聲淅瀝可聞。香君素服從右邊門裏出來，玉容慘澹，已入半老狀態。

香君　賽姐，張媽還沒回來嗎？

卞賽　（正從蒲團上起來，一邊拱手，一邊回答）沒有。外面雨很大，這老婆子手脚又不大伶俐，路又難走，怕還要有一會呢！

香君　祭菜我都已燒好了，只等她把酒和香燭都買來，我們可以開始上祭了。

卞賽　那麼你不妨先去把祭菜搬出來，待我來把桌子揩拭一下。（拿了抹布揩靈桌）

香君　賽姐，眞對不起你！（一邊說，一邊轉身回進去）我去把祭菜端出來。（下）

（卞賽把桌子拭好，香君端了一盤六色祭菜，仍從右邊門裏出來。卞賽回身把盤中的菜一一端出放在桌上。）

卞賽　（拿着最後的一色菜放下時）香君，這是什麼？這不是辣茄抄肉嗎？

香君　正是！（傷感地）這是他生前最歡喜吃的東西。這種東西本來不該上在祭菜裏的。可是我却不去管這些，所以今天的六色祭菜，我都是揀他生前歡喜吃的。

卞賽　（也很傷感地）時候眞快，想到一年前這裏天天風聲鶴唳的情形，彷彿又隔了一世。

香君　（淒然地）想不到朝宗和我們一別，竟又是一年了。你總算對得起國家，已爲國家盡了最大的力。却是我們這班苦命人，在這樣不安定的時代裏，不知將遭到怎樣的結果？

卞賽　香妹！你不用過於傷心！侯公子的死，在他是已盡他的天職，在你也完成了你的志願，你們眞正是志同道合的一對兒。我們能够活一天，我們還是好好地活下去。我們有盡力的機會，我們照樣繼續盡我們的力。這裏雖然淸苦一些，可是生活還算安定，可以免得再是飄零了！（歎息）

香君　姐姐的話果然不錯，可是我的性情不像你，好動慣了的，多吃些苦倒耐得住，這樣的寂寞却難受。

卞賽　這也難怪你。我在剛出家時何嘗不和你現在一樣？可是在經過了許多磨難之後，心也就一天天地冷下來了。到了現在，　你就是叫我一個人住到人跡不到的深山裏去，我也耐得下來。香妹，你可以多學靜坐，先把不定的心甯靜下來了再說。

（張道婆從左側門入，一手提着籃子，一手拿着雨傘，全身很溼。她先把雨傘放在牆邊。）

香君　張婆，你怎的去了這樣好久？我燒的茶也要冷了。

張道婆　李姑娘，今天各處都在戒嚴，雨下得這麼大，他們還是到處搜查。他們把大街截成了幾段，當查抄的時候，不許有人走過，所以我在店家等了好久。好不容易趁他們改換地段的時候，我捉空走了過來。（一邊說，一邊把籃中香燭取給香君，又把酒瓶提在手裏）

香君　（受香燭）今天爲什麼他們忽然又嚴緊起來了？

卞賽　（忽若有悟）香妹，今天不是侯公子忌日嗎？他們恐怕義民們在這個壯烈的紀念日子再有所舉動，所以才這樣的嚴防。

香君　（悲憤）人心都死定了，否則他們這樣搜查有什麼用？朝宗一死，我們這裏一帶早沒有反淸的隊伍了。他們這班蠢豬眞可笑，看他們搜查出些什麼來！

（張道婆還是提着酒瓶聽她們講。香君已把香燭點好。）

卞賽　張婆，你快去把酒換了壺，燙熱了送出來。

張婆　啊呀！我眞糊塗！我就去！我就去！（從右側門下）

卞賽　現在張婆不在這裏了，我問你：他們如果來這裏搜查時，我們怎麼辦？

香君　讓他們搜查好了，我早把所有一切違礙的文件都燬掉，他們搜查不出什麼來。

卞賽　那很好！不過我們不能不防，他們或許要借此來敲詐一下。因爲這正是個他們敲詐人民的好機會，他們那裏肯把牠放過？我看，臨時看情形，還是賂賄他們一下的好。

香君　也好，全憑姐姐見機行事。不過我想：他們不見得會搜查到我們荒菴裏來，因爲他們也知道我們沒有什麼多的油水給他們。

卞賽　你說得是。——你聽，這時外面的雨越加大了。這樣的深秋，還會有這樣大的雨。彷彿天也在憑弔這個可痛的紀念的日子似的！（聲音漸低下）

香君　（繼續剛才的傷感）在平常的秋天，我們一遇到風雨的日子，便想到「淒風苦雨」那些名句，但總不解風雨是沒有感覺的東西，怎會有什麼淒苦。可是自從國亡以來，我們就感到秋天的風雨果然很是淒苦。尤其是今天，(傷心下淚)這樣又大又冷的風雨，不但淒苦，簡直傷心！(哭)

(靜默二分鐘。張婆端了酒壺從右側門上。)

張婆　酒燙好了！

卞賽　香妹，酒燙好了，你斟酒吧！

香君　(停哭拭淚，接壺在靈桌上斟酒。嘴裏似在說什麼，但是聽不出。)

卞賽　張婆，你可以就去燒飯。你身上很溼，不妨去把衣服換一下。

張婆　是，是，我就去。(仍從右側門下。)

(香君斟酒畢，便在桌前蒲團上跪下磕頭。一邊磕，一邊在嗚嗚咽咽地哭。)

卞賽　(也很傷心)待我也來行個禮兒。

香君　(已站起來，帶哭地)姐姐，不敢當，你不用多禮了。

卞賽　我不是向你妹夫侯公子行禮，我是向大明烈士侯先生示敬意和哀悼！(也跪下磕頭)

香君　姐姐，謝謝你！

(卞賽起立，兩人互相拱手。忽聽得外面敲門的聲音。)

卞賽　(面色大變)他們眞的也來了！我去開門。

卞賽由左側門出去。香君急急走到桌左，把神位翻了過來，上面寫着「南方火德星君之神主」，才若無其事地在三清像前香爐中添香。卞賽復上，後面跟着一個穿破袍的人，滿面鬚髭，髮已花白，袍上雨水不住的滴在地上。)

香君　(很詫異地)姐姐，是誰？(注視一下)是吳先生？

卞賽　你猜得到他在今日，會來呀？這眞是誰也意想不到的事！

梅村　(憔悴異常，也露詫異狀)怎的香君也在這裏？你可還認得我？

卞賽　她來這裏已有，——到今天愴愴涼涼的是一年了，你來得眞巧，你可知道今天是侯公子殉難的日子？

(香君又嗚咽地哭。)

梅村　(歎息)想不到去年響應台灣兵攻打南京一役，朝宗竟作了犧牲，而我却僥倖還活着！在這樣的時代，死了倒也安穩，活着的人却沒有一天過安穩的日子，比死了的却難過！

卞賽　吳先生，你怎的會在今天這樣大雨裏到這裏來？可不是發生了什麼意外的事？

梅村　正是一言難盡。他們因爲追查去年的事，竟牽連到我，所以不能不走。待吾在朝宗靈前行一個禮，慢慢再和兩位細說。

(梅村將在靈前行禮，香君連忙過去把那神位翻正。卞賽急急走進右側門。梅村行禮畢，張婆送茶水上。

香君　姐夫，你淋得這樣濕，先洗一回臉再說，賽姐大概去拿衣服來給你換了。

梅村 （洗臉）昨晚匆匆出來，一衣一物都來不及帶走，不料今天又逢到這樣大的雨！

香君 姐夫，你快先把袍子脫下來。

（梅村洗臉畢，脫溼袍，香君幫他，卞賽捧舊道袍上。）

卞賽 香妹，我來幫他脫，對不起你！

香君 客氣什麼！我們是一家人。（已幫梅村把濕袍脫下。）

卞賽 這件舊袍是鄭老先生掉在這裏的，他的身材和你差不多，我想你穿起來一定也配身。（把袍打開，幫梅村穿上。）

梅村 三山兄近來來過這裏嗎？

卞賽 他已有一年多不來了。他究竟是個已過了八十歲的人，行路也不大方便，比了五六年前竟大不相同了。

梅村 說來慚愧，要不是他這樣仗義幫忙，我眞對不起你！（不勝感愧）

卞賽 你不必再說這種話，要不是你的關係，我和他根本不認識，他雖然生來那樣慷慨，也不會慷慨到吾身上來。

（梅村把袍換好，才坐下來喝着茶。香君到靈桌上去斟酒，卞賽又幫她添了幾支香。）

香君 賽姐，你可陪姐夫說話。吾知道你們又有好多年不見了，大家應該多談談 。我替你到廚下幫助張婆置備飯菜。

卞賽 （含笑）也好！那麼種種拜托你了！

香君 不要客氣。（向梅村）姐夫，你先同姐姐談談。我到裏面去一會就來。（强笑，從右側門下。）

梅村 賽賽，你也坐下來談吧！想不到在横塘一別，匆匆又是九年。你看我是老得這樣了。（指指自己的鬚髮。）

卞賽 （也已坐下）就是人事的變遷也有了許多花樣。侯公子和香君十多年來的活動，終于在去年因台灣兵的失敗，完全成爲畫餅。侯公子也從此完成了他的志節。只是苦了香君，她一年來死活不得的生活着。着實使人看着心酸。

梅村 （長歎一聲吟着）「死生總負侯嬴諾，欲滴椒漿淚滿尊！」（歔欷不已）想起了九年前他約吾各不出仕，我竟爲堂上所迫，不得已受了三年奇辱大恥。而他却始終反抗，一直到死。我將來死后，着實沒有面子見他！賽賽，就是我對着你和香君，也覺抱愧！

卞賽 （也感喟）這是過去了的事，不要說他了。而且朝宗他也很能原諒你。去年你能參加響應台灣兵一役，你也已很够表明你的心跡。我們也沒有什麼不能原諒你。本來死不是一件容易的事，一個人只要不是甘心降敵，得抽身時便抽身，也總會得到人家原諒的。只要不像龔鼎孶那樣，甘心做走狗到死就好了！

梅村 （很感動）賽賽，我眞的能够得到朝宗和你們的原諒嗎？我自己覺得我這幾年來早已成爲一個不齒于人的人了，所以我沒有臉子再來見你。去年一役，我總算也盡了我所能的助力。不知怎的，最近却給他們偵出了，朱國治那東西竟一面暗奏政府，一面就派人來捉我。幸虧有人早先通知了我，我就連夜逃了出來。這時我的家裏不知給他們鬧得怎樣了！好在這時不比當時，堂上都已去世，儘讓他們鬧去。

卞賽　那末，你現在打算怎樣對付他們？（關切地）

梅村　我到這裏來就爲了想和你商量。第一步，我先要設法把我罪案銷除，因爲他們並沒得到什麼證據，只要從北京方面去設法，朱國治便奈何我不得。因此，我想不得不利用一下鼎孳和媚娘。不知你以爲怎樣？

卞賽　（沉吟了一下）是利用，也好，但不知他們現在對我們的態度有沒有改變。你不是想：你自己寫信給鼎孳，叫我寫信給媚娘嗎？

梅村　正是。而且我寫信給鼎孳的信不過是盡盡人事，而要發生力量，完全要靠你給媚娘的信。

卞賽　吳先生，我老實告訴你，我本已立誓不再和她通信，但爲了你，我不能不開一回戒，可是有沒有效率，却很難說。

梅村　（很感動）我想一定有效。因爲我在北京時，她曾好幾次向我打探你的消息，看她的意思還很誠懇。

卞賽　那也罷，我們就決定這麼辦。可是今天外邊的空氣很緊張，不知你在路上遇到過什麼麻煩沒有？

梅村　沒有？他們看了我這副沒用的樣子，早不來注意了。

卞賽　據剛才張婆回來報告，今天他們正在附近一帶搜查，不知道會不會到這裏來。

（香君同張婆上。張婆手裏端着飯盤。）

香君　待我上了飯，你到外面去打聽一下。

卞賽　什麼事？你們聽見了什麼？

香君　我們剛才在廚下，聽得隔壁徐家正在講起關於搜查的事，隱約的聽說，這裏一帶，將由王保正領了按家查抄，恐怕就要到來。但不知到底確不確，我想叫張婆到隔壁去問個明白。

卞賽　那也好。

（張婆放了盤，匆匆從左側門下。）

香君　那麼我們還要儘快想辦法，怎樣把姐夫安置好。

卞賽　我早就想好了。吳先生，只好委曲你一些，你正好穿了這件道袍。萬一他們來查時，你可領吳先生到廚下去，坐在灶下燒火。吳先生，他們如果向你問話，你可假做聾子，聽不見，不要說。我自有話對付他們。

梅村　好極了！好在他們並沒有目標，不會疑心什麼來。

（香君又在靈前行了一次禮，眼淚忍不住地在流下，用毛巾不住的拭。張婆慌慌張張跑進來。）

卞賽　確不確？

張婆　確的。他們恐怕就要來了，一夥有好幾十人。將每家人家前後門都堵住，然後由王保正領了進去搜查。

梅村　（有些慌張，站起來。）

卞賽　不要緊，慢些兒。張婆，你聽得一打門，便領了吳先生到灶下了燒火。他們問你時，你說他是我們舊日的管家，這時在這裏當老道。別的你一概推說不知道好了。

（果然一陣很急的打門聲。張婆急急領了梅村走進右側門口。香君忙過去把神位又翻過來。卞賽由左側門出去開門。一會兒，王保正領了六七個巡兵進來，卞賽跟在後面，到台中站定。）

王保正 （一副奸猾的臉容。）這裏一共有多少人？菴主是誰？

卞賽 （走到他面前。）這裏一共有三——四個人，菴主是我。

王保正 （對卞賽瞪住眼只管看）是你？你好像不是這裏的人？到底一共有三個人還是四個人？

香君 （在旁接口）四個人。

王保正 （又轉頭瞪住了眼看香君。）你是誰？

香君 （指指卞賽）是她的妹妹？

王保正 你戴誰的孝？

香君 丈夫。

王保正 這麼年紀輕輕的，已沒了丈夫！（露輕浮狀）

香君 （沈了臉）我快要四十歲了！

巡兵甲 王保正，你帶我們來做什麼的？倒有這好工夫！（怒目而視）

王保正 （立刻卑躬諂笑地）是！是！（又板起臉）你們快去叫菴裏所有的人都到這裏來，讓他們爺們進去搜查。（香君轉身進右側門。一個巡兵去到靈桌上去看神位上的字。二個巡兵散開來到桌下牆邊去搜了一回。香君領了張婆同梅村出來。）

卞賽 這是張婆，是這裏的女傭。這是老梅，他本是我家的老管家，現在這裏去燒火道人。

王保正 （走到張婆前）你是那里人？到這裏幾時了？

張婆 我是張家莊人。自從這菴建造以來，我一直在這裏做裏幫。

王保正 （又走到梅村前）你是那里人？幾時到這裏的？

梅村 （不聲不響地對他望着，搖搖頭兒。）

卞賽 他是天生的聾子，你白白地問他的。他就是老梅，是吾俗家的老管家，一直跟我到這裏來做燒火道人。

王保正 有多少年紀了？

卞賽 （想了一想）大概總有六十幾歲了吧！

王保正 （搖搖頭）不像，不像，至多五十歲，怕還不到一些。

巡兵甲 我們可以開始搜查了。老王，你守着他們，不要放他們走開。

（留下巡兵二人，其餘的都跟巡兵甲進右側門去。）

王保正 （向卞賽）這菴是你募化來造的？

卞賽 不是。是蘇州鄭三山老先生出資建造的。

王保正 （態度客氣些了）是鄭保御相公嗎？

卞賽 正是。

王保正 （諂笑）大家不說不知。鄭相公是我老頭子的師伯。那末我們都是一家人，你們一切可以由我來担保，下次可以叫他們不要來查了。

香君 那麼謝謝王保正。

王保正 （問卞賽）她是你嫡親的妹子嗎？

卞賽 不是。是義姊妹。

王保正　怪不得不大像，她似乎比你反見得老些，但身體矮得多。你們都是蘇州人？

卞賽　正是。

（巡兵甲同其他巡兵們由右側門上。）

王保正　搜到了什麼沒有？

巡兵甲　沒有。酒錢你可曾講好？

王保正　（諂笑）隊長，一切在我身上。請你同弟兄們先走一步，我隨後就來。

（巡兵甲同衆兵由左側門下。）

王保正　（笑）他們奉了公事出來，搜查是名，要錢是實。今天他們的腰包倒弄得很滿滿的。

香君　他們要多少錢？

王保正　他們不看人家大小，只看人口多少，有一個人，至少要一兩銀子。這是我告訴你們的實話，因爲我們是一家人。否則二兩三兩也隨他們要。

卞賽　（從懷裏掏出銀子來，看了一看，授給王保正）王保正，這麼是十兩銀子。

王保正　你們共是四個人四兩銀子够了。

卞賽　隨王保正去派好了，多餘的請你王保正也買碗酒喝吧。

王保正　（諂笑）我們是一家人，何必客氣？（接了銀子）但你們一片誠意，我倒不好意思不受。你們以後有什麼爲難的事，只管去告訴我，在這麼附近一帶的白相人，誰都買我王保正一點小面子，只要我一句話。

香君　卞賽　謝謝你！有事我們一定來請你幫忙。

（王保正滿面高興從左側門出去，跨出了門，還回頭來對他們笑着了點頭，然後把門推上了。）

卞賽　（長長的嘆了一口氣）原來是這麼一回事！

香君　你這十兩銀子正用的着，可以省去以後的麻煩不少。

卞賽　走狗們他們要的是錢。誰有錢誰都可以做他們的主人。否則他們也不做走狗了。——好了，他們去了，我們繼續來談我們的事吧！

香君　姐夫請坐了。我們都餓了，待我同張婆撤了祭席，幫她熱了菜，我們吃飯吧。

梅村　你慢慢兒的弄吧，我這時並不餓。（仍在原位坐下）

（香君同張婆撤祭席，同到右側門裏去。）

卞賽　（也坐下）他們今天來抄查了一次，你倒暫時可以在這裏安心的住下了。關于寫信的事，我們再來從長計議。我曾經想過，這次如果我們要求了他們，在我却沒有什麼，在你却有一個問題。就是日後他借此又要強你出山時，你將怎麼辦？

梅村　（很堅決地）現在我主意早定了，從前是爲了我的雙親健在，現在已什麼都沒有顧慮。他們如再迫我北上，我非出亡，卽自殺，決不再辱！

卞賽　那麼很好！盡我力量所能，我一定幫忙你到底。——但是，萬一他們不肯或者沒法帮你取銷這案子時，你將怎麼辦？

梅村　我這次出門的時候，本想在這裏暫避一下。待風聲稍寬，再投奔廣西去，路雖然遠一些，可是那邊故友很多，或者還可以幹一番事業。此外，台灣，雲南都可以去，只是熟人少一些。

卞賽　我想着了。最近雲南那邊曾派人到這裏來招集流亡的同志，而且圓圓曾托他們帶信給我，叫我在這裏如果不得意，不妨也到那邊去。現在吳三桂正在招軍買馬，備養實力，清廷也奈何他不得。但三桂這人很靠不住，你和他也熟識，恐怕他的志向，並不爲了大明朝，而爲了他自己。那你遠道跑去，卽使他待你很好，你也太沒意思。況且當年你寫的圓圓曲，他爲了「沖冠一怒爲紅顏」那句誅心之論，送了許多錢求你把牠改去，曾遭到你的拒絕。他如懷念舊怨，那你更去不得。至于廣西那邊，已到了日暮途窮的時候，怕不待你到那邊，早已告了結束。還是台灣，你倒可以去得。況且路途旣近，又有去年一段關係，拿你的身分跑去，鄭將軍一定不會虧待于你。照我看來，還是以到台灣爲上策，不知你以爲怎樣？

梅村　賽賽，你一切都看得淸楚。廣西那方面，如果瞿式耜還在，我現在就可以立刻奔去投他，也不必去托鼎孶們什麼了。（悽然）可惜他早已殉了難。現下的情形我果然不很明瞭，因爲好久已不聞那邊消息了。唉！

（卞敏突然從左側門上。身上衣衫不整。）

卞賽　（看見了，立刻站起來上去迎接）妹妹！你是怎樣來的？爲什麼弄成這樣子？

卞敏　（撲向卞賽懷中就哭）姊姊，維久給他們捉去了！

梅村　（也站起來）什麼？維久也捉去了？難道也是朱國治那廝的鬼計？

卞敏　（從卞賽懷中掙出來，且哭且說）昨天晚上，他正從外面回來，說起外邊風聲很不好，撫台署裏有嚴治去年這裏義民響應台灣一案的意思，他到必要時，想到外邊去躲避一時。不料我們還沒商量好，他們派了許多兵士把我家前後都圍住了。維久就被他們牽了出去。倒是那位領兵的隊長爲人很好，他暗暗叫我們全家都立卽避開，防他們要繼續提人。所以我當晚就到鄭府上去住了一夜，一邊托鄭老先生設法營救，一面投奔到你這裏來。姊姊，你有什麼方法沒有？維久一天不放出來，我一天也活不了喲（號啕大哭）

卞賽　妹妹，不要哭！你一哭，大家心都亂了。我們還是大家來商量辦法。吳先生也是今天來的，他和維久同一情形，因爲他先得了消息，所以得逃走出來。

卞敏　（向梅村哭）姐夫！怎麼辦嗎？維久不是個身體結實的人，目前的酷刑先受不住！（又大哭）

（王保正忽又上，神色慌張地。）

卞賽　（吃了一驚）王保正，有什麼事？

王保正　這時從縣裏派來一隊旗兵，說奉省里的令，要到這裏來搜查要犯，一個叫做吳什麼的。我看你快些把這裏的男人都藏開，沒有男人，他們沒有話好說，可以連嫌疑也沒有，省卻許多麻煩。

卞敏　（立即停哭）那麼姐夫，你快些躲開！

卞賽　（以目示意）那麼老梅，你這樣呆頭呆腦的，他們來問你又聽不見話，先要吃虧，你快些到外面去躲一下。

王保正　老梅（和梅打做手勢）快些跟我去，就到我家去躲一回吧。

卞賽　多謝多謝你！王保正你這樣熱心幫忙，我們將來必定重重的謝你！

王保正　大家是一家人，這又沒有什麼難事。（又和梅村做手勢）我們快些走。恐怕他們就要找我了。

卞賽　那麼，老梅你跟王保正去躲一會，等事情過了，我就派張婆來通知。

王保正　你們放心。等到他們一走，仍舊由我送來！你們儘管放心好了。

（梅村跟王保正從左側門下。）

卞賽　（眼送他們出去）走狗們的消息竟這麼靈通，他到這裏還不到半天。

卞敏　王保正這人可靠得住嗎？

卞賽　（强笑）靠得住，這是剛才十兩銀子的效力！

——幕　下——

★　★　★　★　★　★　★

我們努力的焦點

舶普

占在時代的尖端，尤其是占在非常時代的尖端，我們應該知道的，應該認識的，應該努力的，究竟是些什麼？乃是值得我們今天研究的中心問題。

國家是一天天的破碎支離，民族是一天天的頹廢落伍，需要我們努力去挽救，需要我們努力去復興，這是無可疑議的，但是怎樣去謀挽救和復興，到是個很不容易具體的答案，而且題目又是那末偉大，所以我們就不能不提出一個最基本的原則，是從個人做人作出發點，也就是 陳公博先生說的：「復興國家，從做人起，建樹人格，從立志起。」有人一定會責難的說，未必我們連做人都不會嗎？老實說中國人如果都會做人，那末也許我們的國家，大概不會有今天的現象吧！閑話少說，我們就說做人吧！

第一做人要誠信，古人說：「以誠感人，人亦以誠而應，以術馭人，人亦以術而待」……「自信者不疑人，人亦信之，自疑者不信人，人亦疑之。」這話就是說我們要是拿出心肝對人，別人至少亦必傾肺腑以相向，那末一切的問題，不是都可以迫刃而解了嗎？

第二做人要知足，古人說：「罪莫大於多欲，禍莫大於不知足，」……「樂不可極，樂極生哀，欲不可縱，欲縱成災。」這可以說我們已經打過別人了，何苦再要致別人於死命呢？又如我們已經有了洋房汽車，嬌妻美妾足够享受了，何必還要極盡壓削之能事更想現實鯨呑主義呢？結果是固然打落水狗似的致人於死命了，而死人旁邊的活人，也許會路見不平，拔刀相助的同你算賬，吃虧的還不是不知足的朋友。至於享受無厭的呢？偶然東牕事發，不但鯨呑主義未會實現，連汽車洋房都歸烏有，嬌妻美妾亦變作賣履分香，甚至於自己還得嘗嘗鐵窗風味，這不是不知足的下場嗎？社會上這一型朋友，這一類事實正多着咧。

第三做人要立志安貧，曾國藩說：「凡危急之時，祇在已者靠得住，其在人者皆靠不住。」呂坤說：「貧不足羞，可羞是貧而無志，賤不可惡，可惡是賤而無能。」這話是說雖然一貧如洗，只要不墜青堂之志，一切問題就不成爲問題，何況簞食陋巷，高潔賢哲如顏回，也能安貧樂道的享他的樂趣。至於遇着困難而緊急的關頭，還是要靠自己克服一切，望別人來雪中途炭，是最沒有希望的事，所以自立安貧乃是做人的基本條件。

第四做人要有氣節，古人說：「富以苟不如貧以譽，生以辱不如死以榮，」……「士無氣節，則國勢奄奄以就盡。」我們生當亂世，何處不是寄生死於須臾，不過最要緊的是不要忘記我們是陳先生說的「一個百分之百的中國人，」尤其應該隨時隨地記着中國人要做中國事。

這些都是我們做人最起馬的條件，也就是我們應該努力的焦點，雖然似乎精神化一點，但如果要完成其他的事業，就得首先努力這個基本的修養，否則其他一切就不必說了。

我們固然不能像拿破崙說他的字典中無難字那末誇張，但是西洋人的努力和自信的確是值得人推崇的，葛利略（Galileo）從改良望遠鏡以發現木星的衛星太陽的黑子金星的光態月球上的山谷起，而至於天文談話，科學的兩新支（一六〇九——一六三八）解白勒（Kepler）發明了火星研究，更宣佈了行星運行的兩條定律，繼之以行星第三律，（一六〇九——一六一九）笛卡兒的方法論和解析幾何（一六三七）牛頓發明的微分學和白光成分與乎自然哲學原理。（一六六五——一六八七）這些偉大的努力偉大的創作，造成了西洋三百多年來自然科學的局面。

還有：以幾次講演，就能够喚起普法戰爭以後顛撲沉默的日爾曼民族的團結和愛國熱忱，這不是斐希特平時努力於德意志國民特徵的研究，那兒能够收到這樣大的效果？一個流浪孤兒成爲世界文壇上的巨星，而且對於蘇俄社會革命文學上的貢獻，又是那末偉大，這也是高爾基努力光榮的收獲。

所以我們以爲就是少數人的努力，也可以負起劃時代的責任的，如果我們常常意識到國族在危急存亡的時候，那末就趕快從做人去努力吧！

吹起我們的畫角

海風

一　世界是我們的妻子

「世界是我們的妻子」，分妻財的是什麼好漢。

一　過去了

三十年的浪漫運動過去的已經過去了，思辨的脈搏呀。

一　俘虜者

俘虜者！懼怕死亡的不可抵抗，爲什麼不懼怕生存的不可抵抗？知道懼怕本來是有兩個，爲什麼歡迎又只歡迎一個。

一　俘虜者二

一堵牆壁，本來就是兩面。「衝動」也是「理智」，怎好說這塊牆是兩堵，「錯覺」也是「經驗」，怎會說中間隔一道夾牆，俘虜者！

一　俘虜者三

我忘我，我就忘了我對臉；我忘了我對臉，我就忘了我臉對臉的我對面的地球；地球忘了地球臉對臉的宇宙，你還記起什麼是你臉對臉的生死；俘虜者！

一　思辨

愛的殘忍，比思辨的殘忍更爲思辨。

一　厭世者

厭世者，是一腳剛踏進愛世的大門；反而・愛世者・却站在大門外邊。

一　獨境

思辨抓住任何瑣碎，都能使他成爲「類例」；藝術抓住任何瑣碎，都能使他化爲「類型」；『意識』這孩子，是「獨境」的娘，把他撫養得這們乖的。

一　生的悲劇

悲劇是生的，悲劇的戲台是死的；但是，離了戲台，就如同離了死，生的悲劇也無從扮演。

一　平衡與戰慄

沒有經過戰慄的平衡，不能使生活成爲偉大；沒有經過平衡的戰慄，不能使偉大嵌進生活。一種新的戰慄呀！

一　進步

都是兩千年以前的事了：希臘人唱了他的「牧歌」，希伯來人唱了他的「雅歌」，中國人唱了他的「風詩」；也沒有進步，也沒有消滅。

一　永遠缺陷

「經驗」這條約翰牛，牠耕種了什麼瘡疤的田；「理性」的柏林姑娘呵，還不只是偷看了幾幅傷痕的畫；全世界準備填補一首合唱詩，合唱班的歌手們打得出什麼喑喉嚨的調子？

一　人性的門

如其不是憑一個人的氣力就單獨把牠掀得倒，踏得翻的，就休想憑全世界的人合力把他扶得起來；那個，就是「人性的門」。

一　伎倆者

煞有介事的米達尺，你就是科學麼？煞有介事的自鳴鐘，你就是歷史麼？煞有介事的玻磚鏡，你就是藝術麼？不都是我們把所憑借的造成能憑借的，就去嚇白癡麼？伎倆者！

一　巴黎的月亮

巴黎的月亮，一定比中國的月亮大些；羅馬的太陽，一定比中國的太陽亮些；中國人呵，我們老是這樣在想麼？

一　希臘的分量

秤錘不會自己知道已自的重量，那就先秤秤錘：中國人呵，昨天你不是磅過印度的重量嗎？今天你爲什麼不敢秤一秤希臘究竟有幾斤重呢？昨天還不就是這秤秤？

一　生命的夢

生命的足跡，印在地上是不會深的，爲什麼要那們顧忌呢？做夢就該使勁的去做呵，就算我們能主動世界一百年的戰爭，到了一百零一年呢？百年戰成了「夢裏殺人」，生命是爲了「巧格力糖式的英雄們」而屈膝纔活下來的麼？生命的夢，是這麼仄小的九宮格麼？

一　酒渦

你在一個酒渦上發現了你的新大陸，人類的歷史就該全部爲你重新寫過。

一　鼻子

蒼蠅的膽量，隨便把你的鼻子弄成一副小丑模樣；世界這鼻子，就變成無數蒼蠅的紀功碑。

一　入伍者

海，所以有那們大的魔力，就因爲他是世界上最危險的地方麼？來吧，生命的踢足球生命的吊頸！生命的入伍者！

一　波濤

生命的藝術是沒有定型的；微飈的情調，吹起生命的漣漪；狂飈的情調，吹起生命的波濤。

一　懶與疲勞

「懶」是一座火山，「過度疲勞」就是他的噴火口！

一　神話的和童話的

神話是野蠻的遺跡，童話是孩子的好夢，詩人就生活在野蠻和孩子的半中間。

一　吵架檔案

結婚的男女，用不着你去記錄他們吵架的底稿；他們願意吵，吵了就好了：他們願意好，不吵就好了；最正確的吵架檔案，在那些男女看來，通是和他們結婚，離婚，生兒子全沒有關係的；如其你是我可愛的國際史館的館長呀！

一　誰的耳朵

改造世界，定規就是刷馬桶麼？看起去並嚇不倒什麼人，聽起來總就心誰的耳朵又要活該呵！

一 游子

揣了故鄉就跑的人們，永遠不要再當心自己的口袋：游子呵，祖國是你的，被什麼人也偷不掉的荷包呵！

一 蚊蚋嘴尖

昨天蒼蠅脚爪上的暴君，今天蚊蚋嘴尖上的暴民，瘟疫全是一樣傳染的世界。

一 愛死美

愛，是一種「跨越完全」的「存在體」。死，是「炸裂現實」的「缺陷體」。美，是「跨越缺陷」的「再現體」。

一 生命的空白

音樂無處不在，牠有無音階底「休止符」做稿子；圖畫無處不在，牠有無顏色底「空白」做稿子；生命無處不在，他有無生底「死亡」做稿子。生命的美如其可以排斥死亡，那麼，音樂的美也可以不要休止符，圖畫的美也可以不要空白！

一 時代的熱絡

昨天曾經做過我們的今天，前一秒鐘曾經做過我們的現在；凡是沒有經過自己親手錘鍊過的什麼樣的大時代，也讓牠自己熱絡，讓牠自己過去！

一 樂觀

如其打噴嚏也是人類的刑事犯，那嗎就打一個呵欠罷：「樂觀」總是我們祖國的不動產。

一 貓與鷄

爲什麼避鼠的貓兒，成天老在屋裏打盹？因爲牠可以讓那拍翅膀的雄鷄，好在世界的當院，甩牠踹得壞幾個母鷄蛋的派頭。但是，看準了牆頭，一個縱步跳不上牆的，那一定不是咱們家裏的貓兒！

一 小學生

從前呢，煤炭是煤炭，爸爸是爸爸；現在呢，爸爸是炭煤，煤炭是爸爸；二十世紀的小學生！

一 兄弟

兄弟就兄弟到底，誰也不怨誰拖了誰的泥脚的兄弟呵，要有什麼特長纔成爲兄弟呢？有特長的也許要計較誰拖了他的泥脚；兄弟就兄弟到底，計較的不是祖國的兄弟，兄弟！

一 對他的尊敬

一個人站得定足跟的世界，必定是你一隻足踏到底的世界；一個人站不定自己足跟的地方，那就是我自己並沒有站在這個世界上；你必定這樣尊敬你自己，你纔配尊敬世界的人；世界被你尊敬的人，必定在你一足踏翻了的地方，纔背接受你對他的尊敬。

一 堆棧的春天

人類呀，擺進地球正在火燒的堆棧地那一個堆棧呀；我們不應該考慮百年人事的糾纏而小心，我們只考慮春天不能不從今天開始而大膽！

一 衝突的紀律

結構的法律裁制醜惡使他屈伏；悲劇的法律，裁制愛美使他衝突：我們遵守着，「永遠人類衝突的紀律」！

一　兩個世界

「現實底世界」，是在「有計劃」的平鋪道上行走；「緩急底世界」，是在「不顧後患」的炮眼上睡覺。

一　什麼樣的作品

我們最需要什麼樣的作品呢？不論寫出怎麼憂鬱得發瘋的句子，只要把讀者引進他自己的中國，中國人的祖國。噯，他的中國，活的！他笑了，他哭了！

一　再否定

怎麼，果戈里諷刺裏全是些那樣可愛的，固執的，舊俄羅斯人呢？怎麼，從胸膛把自己祖國趕走的中國文學領土，會從自己菲薄的精神，就算完成了「到自己否定」的精神麼？菲薄者！沒有固執的祖國，也就沒有可愛的祖國了。我們不從菲薄到否定，我們要從固執到再否定！

一　翡翠

世界當眞有翡翠，如其不借男人的斧頭，女子永遠是一塊頑石。

一　糾紛與生活

有人問你：爲什麼跑進糾紛裏頭討生活？無疑的，他這句話是倒果爲因了。生活的全部，全部是糾紛，生活只能到「糾紛有時平衡」，沒有「糾紛以外」的不糾紛的生活。

一　彈劾者

你倘若要藐視社會的「糾紛權」，社會就要藐視你的「生存權」：怎麼，把「人性生存的彈劾書」，錯送到「人事生活的糾紛局」？你，「人類生存的彈劾者」！

一　彈劾自己

「彈劾人性」，是爲了「同情人性」而彈劾：一個人，同情首先就同情自己：因此，彈劾就是首先「彈劾自己」！

一　彈劾的不彈劾的

是的，同情我們人類的人性，所以就去彈劾我們人類底「人性自己」。那末不彈劾的呢？那是人性自己所不必同情的，那是人性範疇之外而自己存在的。

一　覺得的懂得的

同情，是「人性範疇」你自己所「覺得的」。不彈的，是「人事紀律」他們全體所「懂得的」。

一　憤怒

告訴我：爲什麼你的羞澀是憤怒的，你的憤怒是羞澀的；好男兒！

一　拚命的一生

一個拚命擦口紅就擦過一生的女人，一個拚命刷牙齒就刷過一生的男人，一個拚命滾爛泥就滾過一生的乞丐；這中間，怎麼樣？隨你說吧！

一　邏輯的更邏輯的

「性格的證明」，比「邏輯所證明的性格」，更爲「邏輯」；依於每一個自己的性格底每一個人的邏輯，證明了邏輯所能規範的範疇，不是不合，而是不够邏輯。二千兆人的各自「特性」，他都能自己「解釋」他底「印象」，而「符合」他「特性所具有」的邏輯；沒有共他體系能够做到的；如是而破壞了「有體系」的科學所規範的人類意見。這個橫行於「生命特性」的「不邏輯」的，「邏輯」的，「更邏輯」的；如是而澎漲了「人類的世界」。

一　舊中國人

信我的話：你不要再提起你的故鄉，你認爲踹倒也不會翻箇的交游，給我壓轉來的，是一箇什麼，登時是一個比死更加無言的沈默；就說我吧，明天我也不知道該怎樣再和你認識？

咳，我不是一個游子，我是一堆爬不走的故鄉的黃泥土，刮得老遠還是故鄉的黃泥；舊中國人呵！「人繫於地，不是地繫於人」的舊中國人呵！

一　沒有血的名詞

什麼年頭開始，把一個沒有血的名詞，流得如此泛爛；「找出路」呀，替中國也要什末「中國找出路」。爲什麼不替「中國找責任」？中國對世界永遠伸一隻哀求出路的手？中國對世界永遠不站起自己責任的一雙足嗎？愛國者！你們的足？足呀！

一　貧

中國人的生命，恰像中國人的鷄雛，是餓大的一羣，不是長大的一羣；貧窮的生命，製定了安貧的哲學家。

一　永不成年的父親

一半是「祖父心理」，另一半是「兒童心理」，你爲什麼永遠沒有中年？

一　眼睛

「大砲是沒有眼睛的」，我們就該站起來呵！「人是有眼睛的」，我們就該握手走過去！兄弟！

一　公道

如其男人的世界，永遠公道得這們尷尬；倒不如女人的世界，永遠忌妒得那們坦白。缺乏悲劇人格的二十世紀！

一　定義

有人說滑稽定義的本身，就是滑稽的。我們說不特是「滑稽的定義」是滑稽的，「定義」本身就是滑稽的。任何定義都含有滑稽的成分，定義纔能成立。他成立的「鄭重性」必定鄭重得很滑稽，然後才能符合一個那樣的鄭重。滑稽是鄭重的空白，「定義」從滑稽的空白，抽出了鄭重。要不然的話，爲什麼一切現象的東西，都可以演繹的，歸納的，辨證的，各自成立「定義性」而同時一切演繹的，歸納的，辨證的成立，又都各自具有共「可破性」，難於一成不變，難於顚撲不破，永遠是隨時具有「可破性」呢？如是而說人生一切法則的「定義地滑稽。」

一　膿泡的和沒眼沒鼻的

科學變成無數個頭顱，膿泡也似的長滿了我們全身，他膨脹起來，互相地撞碰，零碎地發顚；哲學又是我們只長了一張臉，沒眼，沒嘴，沒耳，沒鼻的，尋找他什麼發獃的認識論；我們正活在這樣膿泡也似的和沒嘴沒眼的時代當中。

一　時代的驢子

時代的驢子！我們請教過你的嘴臉，你的眼睛，耳朵，鼻子，請教過你的貴蹄，也請教過你的貴尾巴；然而，我們仍然等於不請教。一條搖頭幌腦的鞭子——在我們手心裏被忘記的那一條——幹什麼？悠閒地在手心裏發出哄笑。

一　羣衆

甲說：你們是個人主義者，你們不懂得羣衆！

乙說：你忙於偷羣衆跟你做羣衆，這樣抓羣衆的你，你把個人主義送給我？還是我該把個人主義恭而且敬的還給你？

甲：那末，你們怎樣認識羣衆？

乙：堡壘的羣衆！

甲：什麼是堡壘羣衆？

乙：能够自己認清自己的，他就是一個自己的堡壘，工程是拿痛苦的技巧，建築是拿責任的鋼骨；如是而使用堡壘般的痛苦，架起堡壘般的責任；完成每一個羣衆自己的堡壘！

甲：你們是堡壘主義者？

乙：不！堡壘只有堡壘責任，堡壘沒有堡壘主義，中國竪起四萬五千萬個不同型類的羣衆自己堡壘，我們只是四萬五千萬座不同型類的堡壘當中地三座或五座。祖國的男兒們，我們都鎚鍊在曖昧的火藥氣味當中，去接受世界混亂觀念的攻打，我們無從認得國內各個據點的你們的糾紛！

★ ★ ★ ★ ★ ★

文化癥結

張契尼

我們考察人類過去的歷史並詳細研究人類的天性可以約略得出一個結論，就是人的生活是離不開宗教的信仰和藝術的愛好的，宗教和藝術似乎形成一種親子的關係，藉着兩者關係的調合人們也便可以過着安謐而和樂的生活，哲人尼采曾說「一個人如果沒有熱衷過宗教和藝術便不能成其偉大」，只是他自己似乎是過於偉大了，竟超過了宗教和藝術而全加否定，但其思想之眞價其根本上是肯定的是向上的，他所否定的宗教與藝術蓋亦庸人之宗教俗世之藝術而已，他不過是要自己親身宣傳他所創造的福音，所以我們說他的精神仍然是值得欽仰的，法國的福祿特爾說得更有趣了，他說縱使上帝其實是沒有的，我們造也要造他一個出來，他並且當眞曾經埋頭於製造宗教，後來他的父親把耶蘇基督創教的下場指給他看，這位教主似乎有些胆怯了，不再製造宗教而去寫歷史和小說，現在的人除了一些職業式的崇拜，盲目的宗教信徒而外，還有人胆敢來創造宗教麼？至於藝術呢！差不多完全是宗教的嫡出，宗教一衰微藝術的偉大性和感染性便不免消失殆盡了，此論雖藝術家或亦加以否認，可是現在的一般事實却證明它了，宗教和藝術在人類的精神上失去其慰藉與調合的效能，以後，人間的生活怎麼不變成漠般的寂寞，監牢的苦悶呢？

如果要追溯宗教與藝術衰頹的起源自然是人類的文化發生了轉變，在現代人看來似乎過去宗教時代的文化並不是人的文化是天上的文化人的文化一進步，天上的文化便要被拋棄了這種態度實際上只不過證明人們的胸襟狹隘理智蔽塞而已如果眞理只能在把眞理打倒後的廢基上去建造，何如根本不去破壞同時也省得重新建造呢？

誠然，自從歐洲的人民從蠻陌與混沌之中忽而甦醒之後，其突飛猛進實足使我等東方人大加驚異，偉大的文藝復興運動喚醒歐洲人士的心靈，創造的泉源一打開就成爲不能制止的奔流了，到了今日這種由涓涓之水造成的洪濤巨浪竟使全體的人類萬感到氾濫之災，文藝復興運動如何會發生的呢，除開一般歷史上的紀載而外，亦曾有一位現代法國藝術家提出異議說文藝復興是受了中國藝術的影響因爲那個時代意大利的畫有許多地方可以證明是與中國宋代的畫相同的，果然如此中西文化的關係豈不是更爲密切了麼，無怪乎黑格爾以爲地理上的所謂東西是相對的歷史上的東西却是絕對的呢！（意謂文化之發展乃絕對自東向西）現在一般人盛談中西文化，似有絕難合流之勢，其實是成見太深眼光太短了有許多人看去辦不到的事，自然却很容易的辦到了。

我們試來考察文藝復興之後歐洲文化的大轉變，有不少卓絕的天才於是時出世，在科學上創造出偉大的成就來奠定了近代科學文明的基礎使近代文明在人類的歷史上放一異彩，這異彩的火花照亮了全世界，使人們如從黑暗與迷夢之中甦蘇，重新發現光明的前途，這種偉大的科學精神實不愧是人類智慧的最高表現，人間生活的唯一救星，不過這科學的火光，這惠然光臨的救星不只使世界發亮同時更使世界起火，這火焰始而星星繼而燎原終於自焚，其所以救人者正所以焚人，這是我們應當加以深思的。

按科學一詞在西文中的拉丁字根原爲「我知」之意，哲學一詞爲「智慧」之意，宗教一詞則爲「神人關係」之意，知識」「智慧」與「關係」三者的性質本來相異故從而演繹出來的一切理論亦相逕庭，非有智慧的人便不能領悟三者於不同之中嘗未不相調和，又因近世以來科學的突飛猛進，人們的智慧被這種驚奇的進步迷惑了除開盲目地信從而外不復能够尋求其究竟，分析其條理，科學變成一種更專制的宗教並已成爲至高者的代名凡違背科學者就是異端科學所演出的奇蹟較諸過去舊宗敎的奇蹟尤其可驚尤其動人尤足以使人深信無疑因之科學不但成爲一種宗教而且更成爲一種迷信一種偶像他的愚頑的信徒也如古代教徒除殺戳其異類一般，大肆其掃蕩之能，且從而變本加厲非令人類新生，世界再造不止，因之，宗教，藝術，文學，皆於有意無意之中大受影響所謂十九世紀文學藝術上一時的浪漫運動僅不過是「一種將死的哀鳴」而已。

十九世紀確是一個燦爛的世紀，許多人所不敢奢望的享受，惠然而臨，無數前所未見的光明之路即在目前，人們不復尋求所謂天國因爲天國就要在地上出現了，而且這末來的地上的天國恐怕比聖書上所描繪的天國更爲壯麗，人們被這無邊的慾望所鼓動，閃爍的光明所誘惑所以瘋狂了浪漫了，這就是浪漫運動的唯一起因，人在希望的迷陣中不復能預知未來的世界成何狀況，國家政府，社會組織，是否必要，生存是否可喜，和平是否保持，凡此一切皆在不可必定之列總之舊的世界轉眼即將消逝新的天國已經近了。

誰知這希望的世紀並不會，履行其約言，結果給人的不是希望而是失望和苦悶，這執拗的世界存在依然，地上的天國姍姍而不至，人們仍須度着與過去無異的乾燥生，所不同者僅因過去的浪漫而使今日的生活更其艱苦而已，正如新郎於結婚之後滿想着人生的樂趣即將開始，豈知所得樂趣殊少而所加諸已身的負担則愈重耳。人們自與所謂科學文明舉行熱烈的浪漫的婚禮以後，萬象更新，盛況空前，舉凡飲食起居日用百端，無不大顯進步，此千嬌美媚之新娘，帶來無限光明無限娛悅，幾使其蠢丈夫受寵若驚，沉迷難悟，此在一般淺見之流或輕薄之士見之，必爭美此丈夫之燕爾新婚且更婚其有此美妻意謂其中快樂必有難以形容者，然若自見識通達或經驗宏富的人看來，正復不足爲奇，且逆料其好景不常，生活之壓迫夫婦之紛爭子女之負担，將連袂光臨，轉瞬卽使此浪漫式的快樂煙消霧散，此風流丈夫重新陷於較婚前更大的苦惱當中，此際其厭惡婚姻的心情較過去渴慕婚姻的心情尤爲深刻。

一九一四年的歐洲大戰可稱爲近代文化的唯一傑作，亦卽是人們在新文化的陶醉與瘋狂之中突如其來的當頭棒喝，人們立卽從希望的尖端墜入失望的深淵，雖科學界不絕供給新的刺激亦不足以安慰人們此次的巨創，人類本應是自然的支配者今乃並人間的關係個人的思想生活也不能自由支配了，十九世紀的浪漫潮流至此遂精疲力竭一仆不起，浪漫式的自我崇拜自我信仰主義旣然全歸失敗，全係誑言人們便不由的墜入懷疑的深淵之中，無論科學家以如何可靠的方法證明推論人類可能的光明前途，人們已經不願意輕易置信了，過去輕信的結果造成今日懷疑的事實，無論歷史家如何呼籲世界和平國際聯合，擬出如何完美的國際共存方案，人們也不會對它，存多大的奢望了，因爲人類的思想與信仰，一日不解決，辦法方案爲是不會發生效力的，一九三九年的國際聯盟不是很好的榜樣麼？近年以來人們在失望與懷疑之中苦悶已極，却又沒有適當的辦法來打破這個苦悶，所以才又產生了許多退步的，破壞的，野蠻的最不浪漫的辦法，旣然有人找出辦法來，那些沒有辦法的人自然也就無力抵抗在欲罷不能進退維谷的情形之下， 便促成了這些野蠻與破壞的方法的成功， 來使這個不堪拯救的世界更加破壞，因爲一般人的天性在沒有親身經驗到破壞的苦痛之前永遠認爲現狀是最不堪忍受的，等到破壞當眞來臨時，再想要恢復過去的現狀却已不可能了，現在的人就在這種嫌厭現狀憧憬未來似疑而信，若智若愚的情形之下，走上了規模更其宏大的破壞之途，可是負責破壞的人是並不負責建設的，等到破壞之餘滿目凄凉一片瓦礫的時候，在瓦礫上慢慢地努力建造起一間小茅屋的人還是我們自己，將來時間長了小茅屋也許又會有變成高樓大厦的時候，或者那便又是破壞者光臨之日吧，而到那目的我們呢，如果仍然是空虛的是苦悶的是失望的！也必仍然聽之再爲破壞無餘而已。這種循環式的破壞工作在某些思想家看來乃是人類所不能避免的現象，妄求澈底解决也是徒勞無功，可是我們要問思想家的任務就在宣揚這個陳迹的事實，就當眞把事實認爲是永久不變的事實麼？如此，那些創造的精神，支配的精神都到何處去了？

根據一般人的性格看來，如果對外是勇敢的，對內便常是怯懦的，勇於破壞的便是怯於建設的，勇於建設的便是怯於破壞的，勇於判斷的便是怯於深究的，勇於反對的，必連其所反對者亦無所知，勇於置信的必連其所相信者亦不瞭解，現代的世界便是由於這些人性中的缺憾始呈混亂紛雜之狀，始有不斷的破壞來臨，說到近代文化的情況似乎無論東洋西洋所以皆陷於如此的混亂者，無他，都因人類過信科學之過，其實科學本是無過的，過失仍然在人的自身，只因科學對於人類文化的貢獻過於偉大了平常人的狹隘胸襟固執的頭腦，竟至受寵若驚敬之非道，盲目的崇拜科學也不是科學所喜歡的反而把進步的路線阻擋了蔽塞了。

至於科學所以妨害了宗教與藝術的原因，可以說一部份是人故意作弄出來的，一部份是自然演進的結果，前一種原因尚可設法使它消滅，使人們的思想洞明通達，後一種原因要求解除是很費力氣的，因爲不通明不澈悟的人，本性上天然有一種缺憾，足以使人的理性趨向於錯誤與迷妄，本來任何一種事務或原理，都有其正反兩面，看到正面的得其正，看到反面的得其反，全視觀察者的態度與觀念而定，而一般人在實際上觀察起來的時候對於反面的認識却又比正面的認識容易得多了，他自己觀察得來的見解你要想去改變便十分困難，除非你能拉着他到正面去看一看。

看到科學與宗教藝術之異趣的就是看到了反面，看到科學與宗教藝術之同歸的就是看到了正面，其實科學不是一種宗教一種藝術麼？舉凡科學所供給我們的一切預言一切信念無一而非宗教性的，其與宗教上的預言宗教上的信仰之分別，不過是一個自理性出發一個自悟性出發，而理性與悟性在人的本能中，性質的上區分是極隱微的，直到人們把兩者向不同的方面發展開來，然後，他們的結果就大異了，同樣是水而有江河湖海，同樣是人而有賢愚不肖，而我們却不能因江河湖海之不同而否認其爲水，也不能因賢愚不肖之不同而否認其爲人。

自從科學日見進步；其所供給於人生者以量言實較過去的宗教爲多，又因爲科學所發明的原理又多與一般聖書的記載不同，科學家爲確言其理論與宗教反對當然是在所不惜的，自從伽利略的審判直到赫胥黎的雄辯都是這種衝突的具體表現，據說伽利略受審之時宣誓改過承認他所宣傳的地動學說爲離經叛道爲無知妄說，可是，當時他自己仍是喃喃地說：「它（地球）仍然是動的」。實際上堅持說這句話的人並不是伽利略他自己，而是天下後世，這是現代科學所確信的，至於進化論的學說達爾文自己因爲體弱多病兼之沉默寡言並未親加辯論！也未曾否認聖書的記載與上帝造物的眞理，等到他的衞道者赫胥黎才大聲疾呼使進化論爲現代一般人的信仰，這種辯解事實上在當時是不可避免的，至於後世人的迷信過度與誇大其詞却是不必要的了。因爲現代一般人的迷信進化學說較諸過去人的迷信聖書並不少讓，他們對於進化學說的眞切認識與科學的證據，其可靠性之低微亦並不比過去人對於聖書的認識與證據有何等進步。

所以我們現在對於解決這種問題的「方法」要根本加以改造，因爲所謂方法就是一種態度，對於一個問題所持的態度不同，所得的結論也就各異。過去人所用的方法是進攻我們現在所用的方法是退守，進攻的方法是自己先佔定一個立場無論在何種情形之下，這個立場是不能放棄的，根據這個立場再對對方施以攻擊，我們現在不是堅持立場的時候了，我們不要任何現成的立場，我們自己就是我們的立場，因爲固有的任何立場在我們看來都是不能作爲一種防禦攻勢的，進攻敵人固無論如何勇敢猛烈自已的根基却並不穩固，而現在人的態度正是如此，無論自已的根基如何不穩固，只要能制勝敵人就行了，敵人一掃除，不穩固的根基不也就沒有危險了麼？可是我們如果要關心人類的前途這種辦法是不可靠的，因爲這是自私而怯懦的辦法，我們現在只要立定自已的根基不要先去攻擊別人，別人要來攻擊我們我們也不必去反擊。只要看一看我們被擊的地方是不是經得起攻擊的，或者是不是應當被擊的！因之，現在我們所要討論的，不在乎擁護宗教或者反對科學，乃在於宗教經過科學的打擊是否還有存在的價值，人類對於宗教的需要是是否因科學的進步而少減，對於這個問題我們可以約略作一答案：人類文化的眞正進步不在於反復而在於前進，長江的河道如果永遠是反復改變，忽左忽右，便永遠沒有入海的一日，如今一般人以爲人類文化自神學時代進至玄學時代，復自玄學時代進至科學時代，乃是一貫的前進的過程，其實這仍然是反復，並不是前進，因爲玄學無關於神學，科學無關於玄學，這僅不過人類思想的改變而已，並不能說是眞正的前進，今日人類生活與過去人類生活之不同也是一種改變不是一種進步，今日人們所享受的快樂有爲過去人們所不及者，可是今日，人們所遭逢之苦難亦遠非過去的人可比，人類若不能澈底覺悟，將來的失望與厄運較諸今日必更形嚴重，或將不待天地自然之毀滅而先行自己毀滅，到那時連前途光明的科學，恐怕也要同歸於盡，這雖然有些危言聳衆，可是如果當眞長此錯誤下去，滅亡也是當眞要來臨的。

其次論到科學他在人類思想上所發生的自然結果，這種自然的影響恰好幫助一般人的偏見，使之更難覺悟，一切自然現象既然多數可爲科學解釋，不必歸之於上帝的大力，那麼對於上帝觀念的淡薄當是一種自然的結果，人爲疾病所苦時不必求神保佑自可以醫藥治愈，人的信仰自然就衰退了，固有的一切天然美景，個人的自由生活，也都因科學的發達全被破壞，人對藝術的愛好與欣賞自然也日漸退化，在工商業社會的下面過着死板的機械式的生活，人的崇高感情無由啓發，也無由發洩，詩歌的藝術因之也漸入絕路，凡此種種都是科學進步後所產生的自然結果爲科學家所顧慮不到的，不過要改善這種情況却相當困難因爲一般人的理解力常常是薄弱的，感覺的能力却是銳敏的。凡是能够使他親身經驗的事物無論其正確與否，他都易於接受，易於相信，凡是他親身感覺不到的無論你解釋得如何透澈，也與他漠然無關，所以關於「信仰」一事在人間至爲重要而亦至爲混淆，人只能於迷信與不信之中選擇其一，却永遠拒絕接受眞正的信仰。

所以尼采說上帝已死這話並非錯誤，因爲上帝確已自人的心中死去了。

如果要人類重新有一種眞的信仰，那除非等到人類對於現在的信仰又要不信的時候。

我們追溯科學發達的歷史三百年來可謂極其順利，不過在這個順利時期當中我們也可以找出兩個重大的打擊來，只是這兩種打擊都不是有意反對科學，更不是來自神學與藝術；實際上也尙未給科學以眞正的障礙。因爲這兩個打擊其主要性質都是有關於純粹的思想與最後的原理的。而科學進步到現在仍然是在中途活動，還沒有走到最後，最重要的問題也還沒有遇到，雖有人想到，也暫時認爲將來自可解決不會多費心思，那末究竟是那兩種打擊呢？第一就是康德的哲學，第二就是愛因斯坦的相對理論，康德的哲學至今仍然被認爲純粹的屬於哲學範圍，而所謂哲學在一般科學家看來不過是玄學時代的遺物，是一種孤獨的偏僻的，執拗的存在，與實際科學問題並無關切，而愛因斯坦的相對理論因爲發表的時日尙淺也還未直接予科學以巨大的影響，所有發生影響的地方倒是多有助於天文上的新發見的，不過我們似乎看到康德所處理的問題將來仍會是科學上一個很大的難關，愛因斯坦的理論將來會給科學界帶來許多的麻煩，甚至使固有的科學整個發生動搖，雖然現在有一般前進的思想家認爲過去哲學上所提出的問題大半都太陳腐了太煩瑣了現在科學時代有許多光明的問題，實際的問題，正待處理也就沒有閒暇去從事那些無謂的探討了，不過眞正的問題我們不去找他，他自已也會來臨的，康德的純粹理性批判裏面所處理的問題久已爲成爲古典不爲科學界所注意，而相對論的提出又恰恰甦醒了這些問題，因爲相對論本身這是一個回轉，已經不是三百年科學一脈相沿的直行路綫，它在本質上是相對的不是絕對的，是趨於否定的不是偏於肯定的，是增加問題的不是解決問題的，自今以後純粹的科學研究，或與哲學問題逐漸接近這在今日正在前進的科學界雖或爲一種悲哀的命運，可是在思想的全體上看起來實在是一件可喜的事，從此將會產生出更光明的前途來。

科學與哲學接近便是與思想接近，一接近思想離信仰的問題就不遠了，而且，我們已經看到，自人類文化開始以來思想上的檢討已經進展到很深很遠幾乎與最後的眞理相近了，只因其間又有科學的興趣另闢蹊徑，造成一個汹湧的潮流，所以人類文化的完成也須有待，所以我們現在又當考察最前進的科學究竟與最後的思想最後的信仰相距有多遠。

現在的科學界有供給我們一線曙光的就是反射性原理的研究，過去在哲學上唯物與唯心的紛爭，因爲仍是哲學上的問題從來不會解決，其實唯物論的究竟是非待諸科學的研究不可的。等到物的研究與心的研究得到同樣的成績走得同樣的深遠，然後兩者才能相遇，然後才能考量其相互的關係，才能估定兩者的價值，譬如地球上兩個人以同一速度相背而行必須兩人走同樣的距離才能在地球的另一端重新相遇，在半途的時候兩者的距離就太遠了，猶如唯物論與唯心論的距離一樣。

心與物在表面上看來本爲兩個極端，非到兩個極端各自發展至其最後的時候兩者便沒有接近的可能，心物的問題不解決人類的思想便不免是兩截的不免是支離破碎的。信仰便無由建立，心的研究過去的成績已經是大有可觀兼美兼善了，物的研究則仍隨伴科學向前進行，近有俄國科學者柏夫洛夫氏以他的著名的狗的實驗來證明反射性的原理，從而推論宇宙間萬世萬物一切變化無非爲一個反射作用。無論有生物無生物其性質莫不相同，不過所表示出來的狀態與方式不同而已。即以人類而論實亦無所謂思想，靈性，感情，凡人之一切動作都不過是因爲外界的刺激而發生的反應如此而已。

此種原理可謂使唯物論發展其至極端，因爲首先，心物二者的對立業已消除，心的作用亦不出此物之反射性的範圍，與過去唯心論者把一切外在的事物都認爲不過是一種心的影象，其澈底性實爲一致。

然而宇宙之間不能同時容納兩個澈底，兩個全體，兩個圓滿，譬如一室，如其間已爲某種物件所充滿而同時又爲另一種物件所充滿，則吾人可以斷定這兩種物件必然只是一種。所以物的原理如果永遠只有一部份合理，只有一部份的澈底它便永遠與心的原理是佔兩個位置，是不相異的是反對的。

心與物，內在與外在，我與非我，意識與現象，經過一番澈底的考察都可證明並沒有根本衝突的地方，普通說來世間的是非反正都是非絕對的，只是這個非絕對性如果不能成爲眞正的，澈底的相對性，那便是詭辯的虛無的，無力的，與眞實的智慧至上的信仰毫無補益；只有澈底的相對才能使我們感到其價值，不但不會擾亂了我們的智慧動搖我們的信仰，反而可以使我們從中恍然有悟，以前認爲不可捉摸的不可解釋的一切信仰的一切現象都變成眞實而可靠，所有一切莫非肯定，人的生活也不會感覺空虛，智慧的前途也不會顯爲黯淡，現在人們之所以感到空虛無聊其實並不是眞正的空虛。却是不能空虛，如果人的心中眞能够廓然無物，苦悶無聊從何而來？就是因爲裏面似若有物，而此種茫然的存在物復毫無條理，成爲一種贅尤的，煩瑣的，紛亂的存在，把一個人的生活擾亂了，不能負責去整理，昏迷了不能負責去啓發，使人生的意義完全喪失在這昏迷煩燥的狀態之中，想要對外物作一種格物的功夫心中的不安，便來爲祟，想要作一種致良知的功夫外面的物慾——此物慾乃就其廣義而言——便來引誘，雖有明智之士，憤發之士也不過就其性之所近勉强的或故意的找出一種思想來作暫時的避難所痲醉劑。至於這個思想的眞價連自己也不敢切實地加以考察，因之遂使現代的世界從十九世紀的浪漫瘋狂墜入於今日的狂妄悖謬之境。

其實就以信仰問題而論現在的人似乎仍未瞭解，信仰不過是一種肯定，一種解決，一種最後的安住，並不是教人一定去相信某種宗教或某一種思想的意思，一個人絕對不能沒有信仰，但是如果眞正澈底的沒有信仰，那反而是有信仰了，因爲有信仰是從無信仰發生出來的，原來是完全沒有信仰的人必定會發生出一種信仰來，原來雖沒有信仰却有對於信仰的成見的人，最難發生信仰。

因之，信仰對於自由意志非但不是一種壓迫，一種限制，一種痲醉，倒是對於自由意志一種根本的解放，人類文化進展到今日這個時代，重新給與人類一種信仰仍是次要的事，改變，對於信仰的觀念的錯誤却是第一要緊。耶蘇基督，本要予人以自由，而後來的教會把人一切的自由反都剝奪了，因而促成十三四世紀以後的屢次宗敎革命，直至我們現代仍然是處於思想與信仰的全體大革命當中。這個革命的事業不完成，人類便不會能够完全實現自由意志的一天。近代以來風行的自由，是一種狂悖的暫時的苦痛的自由，它所給與眞正自由的迫害，比不提倡自由的時候尤爲激烈，猶如暴民的共和比專制的君主更爲暴虐一樣。

現在世界各國正在從事於酷烈的戰爭，也許最賢明的思想還不如一隻炮彈效力更大，也許最高尚的信仰會被這毫無信仰的戰爭輕輕毀滅。最關心文化的人類或許會自動來毀滅文化。前途光明的科學能够征服自然，却不能征服人類自身了。凡此種種都是我們現代人應當切實加以反省的，所有我們關於思想信仰的討論。若以科學的眼光看來豈不是空虛無謂麼？豈不是與科學毫無補益麼？其實，雖說是於科學無助，只要於人類文化有所補益，那也便是補助科學了。

前人說「思想卽是生活」思想問題不解決生活問題是沒有方法解決的。

現在人的思想所以這麼混亂，矛盾，實際上也可說是歷史進展必然的現象。猶如清修的人必須要經過多少誘惑多少苦惱是一樣的，只是我們希望人們早日從這個混亂之中自拔而出，不要使人類傳統的文化半途而廢，以上所提出討論的問題也就是現代思想問題的重心。不過所談的範圍似乎是偏重於西洋文化方面的，因爲就現在來說歐洲文化仍然是代表着世界的文化，不但國際政治上各國都受着歐洲政治所左右，卽各國人民的思想也都深受其影響，而所謂歐洲文化的本質卽可以宗教與科學作爲代表。至於其他民主思想，與哲學等都尙居次要的地位。十三四世紀以來歐洲文化的復興都是爲宗教和科學兩種勢力所促成的。科學的刺激自然明顯，就是在宗教方面也可以尋出很清楚的促成進步的痕跡來，所以歷史家認爲文藝復興，不過是西方文化再生的一部份而已，不過是一種古代學問的復活，至於新思想的原動力，還是從宗教上的革命出發的，由於宗教和科學兩者的近展，便促成西方光輝燦爛的文明。

可是今日全世界各國間交通日漸頻繁，許多不同的種族，不同的文化都互相接觸了，並且各種不同的文化之間，似乎有着很清楚的鴻溝，我們卽使能够解決一種文化上的問題，是否有助於文化的全體呢？這個問題自然還須要很多的討論與很久的演變，不過單獨不就是全體麼？從一粒砂一點塵不可以窺見宇宙麼？自己的思想不就是全人類的思想麼？一種文化之中，不可也包含着整個文化的問題麼？我們不能够根據我們的想像假定出另一個宇宙來，因爲這乃是不合現的是虛妄幻想，我們解決一種文化問題同時也就解決全體文化問題，一個合理的疑問就必有一個合理的解答，否則這疑問從何而起？我們根據觀察與實驗所得出來的結果如果完全出乎我們的思想範圍之外，我們對於這個結果如何會有所瞭解？我們的思想範圍如果會全然超出這個宇宙之外，這個思想從何而生？所以人的智慧若是不被偏見局限了，不被虛妄迷惑了，便不會發現某一種文化是全然奇特，同時也會感到我最切近的文化，就在身邊的事物，乃更足奇異驚嘆。無論研究那種文化無論其所處理的問題與方法如何不同，只要探究到他最後他的根本結果必與我們的正確思想同歸一致。

（完）

「寒風集」評述

穡 損

最容易受人批評的文字，就是批評的文字，最容易引起批評的問題就是批評本身的問題。培根在他的眞理錄引用瓦頓的話說：「批評家不過是爲顯貴者刷衣服的人」。般章孫說：「批評家如像蠢陋的補鐵匠，愈補愈爛」。伯特勒說：「批評家是檢査智慧的兇差，冒充裁判官的屠戶」。珈斯通說「批評家似驢，一面吃着籬笆的草，一面告人以剪修籬笆的利益」。斯考特說：「詩人與藝術家是榮譽的棟樑，批評家是蛀蟲」。綏夫特說：「批評家是狗，是鼠，是蜂，充其量不過是智識階級中的蠢夫」。歐文說：「批評家是文壇上的搶犯」。更有人說：「詩人做不成，纔改做批評家」。這些話，都因爲「文學批評」與「文學攻擊」自古就是同時產生的。

大概批評家都各有各的脾氣，各有各的訓練，各有各的師承；每個批評家都有他的長處和短處，沒有一個人能把批評的內容絕對的正確的敘述出來，無論如何客觀的批評，主觀的色彩還是不能沒有。雖說文學批評的基礎永遠是建設在哲學上面，而文學批評是什麼？他的任務，他的方法，從來不能有一個一致的答案。

文藝批評的產生，總是在文學創作以後；文藝批評的同時，總是與文學攻擊底同時。文藝批評的發展，亦卽是文學判斷底發展。我們根據文學批評的發展，第一件事，知道批評不是吹毛求疵的攻擊，乃是一種嚴重底工作。其次，知道從事批評者當然要對於批評的對象有充分底知識，但僅僅根據研究發現什麼事實底知識，這種研究只能做批評的準備，而不是批評本身。更其次，是批評家沒有不能鑑賞的，但是能鑑賞者未必可以作爲批評。

批評的對象是「價值」，不是「事實」；判斷的本身是「衡量」，不是「武斷」。在這裏發生了一個困難，就是判斷不難，而是判斷的標準在那裏？衡量不難，可是衡量的標準在那裏？假如，各人有各人的標準，各人有各人的尺度；標準有高低的不同，尺度有長短的不同；那麼，今天有今天的標準尺度，明天有明天的標準尺度，我們就可說文藝批評本身沒有永遠的價值。

文藝批評既是判斷，他是依據一些固定的武斷的規律來判斷呢？還是依據各人的一時印象和感覺來判斷呢？從事實上看來，我們可以知道批評的本身，是可以有普遍固定的標準的。這個標準，就在首先得去考查「文藝本身」的性質，是怎樣生成的？文藝本身即是指文藝創作本身，創作本身沒有普遍的永久站得住的生成地位，那嗎批評的地位就無從談起；創作本身有他普遍的永久站得住的生成地位，那嗎批評的標準，批評的尺度，就有了根據。我們根據文藝普遍的永久站得住的生成地位，去作爲我們文藝批評的尺碼，製定批評的度量衡底標準，如是而把握文藝判斷。

偉大作家的作品所以偉大，就在乎他能體會，能把捉到人生經驗中的根本底那一點；就是文藝的根本質素在空間上在時間上，都把捉到根本感情不變，根本人性不變的那一點；如其這一個文藝性質是不會錯，那末我們對於文學批評的標準問題便有法解決。我們根據「批評以判斷爲出發，判斷以價值爲對象」；「文藝本身」，有了「完美的表現」這個表現人生最根本情感的作品底「內容」和「形式」兩方面完美價值地產物是有了，那末，「文藝批評」亦即根據這個內容形式兩方面的價值，從事評衡。

如其文學的定義，是「生活的批評」：那末，文藝批評的定義，實在是「生活批評的批評」。我們也讀過那些最優美的批評，感覺他永遠是帶有如許濃厚的哲學氣味，雖然是時間不同，哲學的進路亦不同；然而文藝批評的進路，他在一種人生哲學的進路上，完成了他應完成的任務。

二

陳公博先生在不久以前出了一本寒風集，（三十三年十月初版）全書分甲乙兩篇，我們評述這本紀述散文，也分做兩次來批評。甲篇的目錄是：

軍中瑣記　甲三五　（民國二十五年稿在民族雜誌陸續發表）

我與共產黨　甲一九五　（民國三十二年稿）

改組派的史實　甲二六八　（民國三十三年稿）

補記丁未一件事　甲二八四　（民國三十三年未刊稿）

少年時代的回憶佔十六頁，我的生平一角佔十八頁，軍中瑣記佔一百五十六頁，我與共產黨佔七十七頁，改組派的史實佔十六頁，補記丁未一件事佔三十一頁。全文以軍中瑣記篇幅爲最長。論政、論人、紀事；三俱不朽之傑構。這篇瑣記，單就文藝上的價值，足可奠定陳先生在中國近代文壇「振鬣長鳴，駿馬嘶風」的地位。自然，陳先生是無心在中國文壇的梁山泊，攫取一席三十六天罡的地位；惟其陳先生沒有把文章當做他的「心腹」，所以在林冲一般人的眼睛看來，玉麒麟盧員外，不特比較那個口口聲聲嗶出「我的心腹，那裏去了」的白衣秀士，無從比擬，就是咱們替天行道的呼保義大哥也不過因爲他是咱們大哥，就大哥好了。

掉轉話頭吧，寒風集的文章是「粗線條」的文章；巴比倫的雕刻爲什麼比希臘雕刻更爲樸素有力？不是正因爲他的「粗獷」之氣可以壓倒希臘精確完美的線條嗎？三十年來中國文壇最缺少什麼？還不正是缺少粗獷嗎？倘若我們曾經也有過「有力的尖刻」，把尖刻混充粗獷，那是錯了。尖刻還是細緻的別枝，粗獷却不是粗率的同路。

「從門入者非家珍」，要闖就闖上文藝的忠義堂，要抬就抬走文藝的武器庫，要掛就掛起文藝的稱霸旗；文壇的大時代常是被椎輪大輅的「野漢子」把他推走。高爾基在俄羅斯爲什麼掩蓋了屠格涅夫，托爾斯泰的光芒，不就是爲了這個。自然，不同的國度也產生不同的人物，不同的環境也產生不同的型類，但是，有沒有開出來粗獷的路，能不能有具着野漢子氣概的人，大抵沒有什麼不同。

粗獷是指筋肉，不是指肥胖；粗獷的山不是牛山，是邱陵起伏；粗獷的水不是白水，是海波上下；羅有高受文章法則於朱仕琇，朱仕琇的大意說：駿馬看去似乎是千里騰空，實際上他是一蹄蓋一蹄的，蹄蹄點地，沒有一蹄不是有力的，就四蹄點地，力能飛空了。劣馬看去似乎是着實在急走，實際上他每一隻蹄子都在騰空，四蹄沒有一蹄踩穩踏牢過地上，所以就蹇足不前了。看寒風集的紀述散文，要看他的筋肉，在那裏怎樣着實底在運動。

寒風集裏，擅用成語；用成語的辦法切不要闊暴發戶延請貴賓，只宜做舊家子弟隨便來些他的熟客就好了。要不然的話，左手拿一本戰國策，右手拿一本千家詩，事情可就有點不妙啦。寒風集裏如像「丈夫亦愛少子乎」？言外的沉痛，比寫一萬字的思親記還要有力。一個人在政治情操上保有了他的苦笑，偶然驅遣着一二成語，作爲咄咄書空的自慰艱難，在「共境」的不適，製造了「獨境」的怡悅自喜，有時是恢復再度戰鬥氣力的疲乏底勞者之歇。

三

在「少年時代的回憶」裏，陳先生叙說他自己的經過：「綜合我的半生，在學問方面起始學習法律，旣而習哲學，卒之習經濟。事業方面，當過學生，當過教授，當過校長，當過校對，當過編輯，更當過大兵，當過下級軍官，事業這樣駁雜，所以養成伉爽的脾胃，而同時也流於斫弛的惡習，而且少年時候沒有進過正式中小學校，以故很缺科學的常識」。

這篇文章本是一個自傳，而陳先生自己說：「我個人自問確沒有像盧梭寫懺悔錄這樣勇氣，其理由或者我根本不是一個文學家，一本自傳光擺出嚴肅的骨骼，而埋沒了戀愛的歷程，不如不寫，還可以保存一些不自欺的面目，因着這些原因，不獨早年回憶錄不能下筆，恐怕五十年回憶錄也都只存夢想」。這種不寫而寫的叙述，已經表現出陳先生自己說的「伉爽的脾胃」了。

陳先生最怕人家說「犧牲」，他認爲「說犧牲」根本就是在那裏想「求代價」；他認爲「該有責任的事，就自己砍頭也算不了什麼犧牲」。替良友寫這篇文章，他把良友給的題目裏面「奮鬥」兩個字也删掉，他說：「奮鬥是有目的的，我坦白的說，我在少年時候實在沒有什麼目的，如果勉强說有的話，那就是英雄思想……」。歷史上，事實上，我們看過：無數的「當然」，很少能造成個「必然」；反而無數的「偶然」，却造就了不少的「適然」。有目的底目的，只是個直線的進攻，就怕攔腰擊斷；無目的的目的，却是一個環形的包圍；成功是艱難，突破也不容易。因此，少年就有目的的人，中年常常走個半路；而少年斫弛的人，伉爽下去，也許就爲成各式各樣的英雄思想罷。說也奇怪，古今中外有成功，有失敗的英雄，斷沒有躲避責任的英雄。讀寒風集數十萬字的散文，抓住了「責任中心」的觀念，準不會使你不明白這位政治鬥士的骨骼究竟豎立在什麼地方。

在「我的生平一角」裏，首先舉出一幅外國諷刺畫的故事，陳先生爲這幅漫畫受無限的政治上的感動。他說：「那漫畫繪着一個武士，那是代表德國人，另外繪着一個女子，是代表法國人，兩個人很親熱的摟着，而遠處豎着無數的十字架，擁出很多骷髏頭在那裏向着兩人張望。男的很親愛對女的說，親愛的，以前是我錯了，女的也很嬌媚對男的說，親愛的，以前是我錯了；那十字架下的骷髏頭遠遠喊着，你們都沒有錯，錯的只有我們！……可是我呢，既不願喊，也不願做，只是等候歷史的裁判」。是好漢，就打落牙齒和血吞，有什麼說的。陳先生在寒風集的序文裏末了說：「這本散文，如果要拿來紀念某一個人的話，我就獻給幻想裏天涯海濫間，伶仃無語的孤兒罷」！這是陳先生，從十字架骷髏的感動的「悼詞」，挪回頭來，放到天涯海濫間伶仃無語的孤兒的「獻詞」麼？

陳先生在「我的生平一角」裏，談到治學，立身，處世三點，關於治學一點，陳先生根據經驗認爲：「未懂治前，首先要養成讀書的習慣，有了讀的習慣，跟着便有了寫的習慣」。陳先生幼年讀書的習慣怎樣養成的呢？這不能不歸美於那位「軍門要造反了」的陳先生底「慈父」。

陳先生說：「我的父親對我看小說是不大管的，有時更來考問我，三國演義內用兩個字作人名的有多少人。諸葛孔明在演義內騎過幾次馬？這更獎勵我在小說上用苦功，有時爲了這些問題，還很細心的代這班小說上的人物辦統計，父親對於我看好小說固然不管，就是看壞的小說也不理會，有時他瞥見我看小說，本來想問我看什麼書，倘若他疑我看壞書的話，就借故揚長走開，裝作不見」。

中國一般的家庭，堂上大約多是「嚴父慈母」的格式，陳先生的二老却是「慈父嚴母」底高堂。兒童習慣多數不良，我總疑心，那些嚴父裝腔，慈母護短，才把中國孩子慣得那麼壞。嚴父會裝蒜，兒童也會裝乖，反正裝腔的前足一走，有的是護短的娘，眼睛生在後頸，包庇他到底；幼童接近母親時間長，接近父親時間短，這樣長大的兒童，你說他會幹什麼？在世說新語上有過一段故實，謝夫人問謝太傅說：爲什麼從來，不看見你教訓教訓孩子們？謝公慢條理的對他夫人說：我常常都在教孩子們呀！這位安石東山的先生，難道說跑在家裏也來一套「坐鎮雅俗」的沒介事底閒情逸致麼？實在父親一慈了，無形中，孩子騰得出他也不挨打，也不挨罵的閒功夫，來模仿模仿爺兒的幹活，不也是孩子的趣味嗎？這點，陳先生是和我們一樣幸福的。一個人，認不認得幾個字，倒是其次的話；一個人能不能治穿這一部「慈父之學」，而感到凄然的自奮，那倒是英雄不英雄的「分水嶺」，「界牌關」。

關於「立身」的話，陳先生說：「…但求責任盡了，對於一己之性「不妨稍適」。對於一己之命，不妨隨時丟掉。…我一生總不覺得生命可貴，時時都是鴻毛，唯其人人生命等於鴻毛，國家生命便會變泰山了」。

又說：「中國最大的毛病，就是人人都當死有重於泰山，歷史上兩度亡國，現在社會上的無是非，皆坐於這一句話…由是張邦昌劉豫續續在歷史出現」。

又說：「所以，我寫了一世文章，只是以責任教人，從不敢以道德鳴世。」

陳先生鴻毛泰山之說，也就是一種死生觀念之論。明末高攀龍給劉宗周一封信，他說：「大抵現前道理極平常，不可著一分怕死意思，以害世教。不可著一分不怕死意思，以害世事。」這正是陳先生「責任」之說。

關於「處世」的話，陳先生說：「我平生不是落落的，但可惜是寡合：…太以骨頭爲重，國家爲輕，不但缺乏處世之道，而且自己感覺也太渺小了」。

又說：「過去反對我的朋友們，有些批評我是毫無忌憚的小人，有些批評我是封建道德的餘孽，更有些批評我是溫情主義的代言人。那三種批評自然都多少含有惡意的，但我可以坦白的承認，這三種批評都是對的。有時爲着理智爭鬥，我的確是天不怕地不怕毫無忌憚的小人，有時爲着感情涵濡，我又是一個充滿了舊道德思想的封建道德的餘孽，有時客觀批評事物，我眞純粹是一個明理密察的溫情先生。這樣處世，我不是太矛盾了嗎？…縱使眞是矛盾罷，人生本來就是矛盾的，就讓他矛盾下去，完成我自以爲是的處世之道罷了」。

在別的地方，我曾經檢討過人格矛盾的問題，大意是：任何一個人，都是自己的「立法者」同時又是「犯法者」，同時又是自己的「審判者」，同時有是「陪審者」；每一個人起碼自己具有這樣四重，或四重以上的人格。陳先生說：「人生本來是矛盾的，就讓他矛盾下去」，但是我們說，人格的「格」，格是以後附加的是非；而人格的「人」，人是主動着是非的出發者；「自以爲是」的「是」，從人發，不從附加的格子發，那個「是」，就是「人類通則的是」了。

四

一百五十六頁，將近四萬字的軍中瑣記，是陳先生最傑出的一篇紀述散文，本文分共四段描述：

〔甲〕北伐途中的戰役

〔乙〕武漢佔領的迴想

〔丙〕南昌三月的漫寫

〔丁〕廣州共黨的暴動

加上前言和結論，一共是六段。這篇紀述文字是民國二十五年在民族雜誌續發表過，那時陳先生正是壯盛之年，文章也就那們劍及履及的光芒逼人。

歐洲文藝批評家，曾經試行統計過文學上傑出作品（短篇除外）的作家年齡，大約以四十歲到四十五歲最精湛最成熟的時期。陳先生寫這篇紀述散文的年齡，正相當於這個舉出的年齡。必得這樣年齡。經驗是够了。精力也正在强旺，中西同是一樣。過此以往的年齡，那是，「中年傷於哀樂」的年齡了。

我們說，陳先生的文章不能即刻得到定評，如同陳先生的政治不能即刻得到處定評；爲什麼這樣說？我們知道「責任」

兩個字，是永遠向前，沒有向後的；陳先生的文章是有責任的，陳先生的政治也是有責任的。

那末，「責任」不就是個定評嗎？

可是，一個責任，不同一隻飯碗。飯碗是既有定名，又有定型；責任是只有定名，而無定型。飯碗除開裝飯以外，他就可以不負其他任何責任。而責任呢，空時無盡，責任亦無盡。

假如你說我已有定評，我抓住這個定評，作爲我買到手的幾畝薄田一樣，就吃著牠一生；我似乎就滿可以更無定評以外的責任了。所以，責任只是一個無限的定名，而不能拿來作爲一個人的定評。

批評也是如此，批評不是爲了『價值的有定』而下批評，是爲了價值的「嚴重性」和「可能性」正在發生發展的永遠過程上，截留一角「價值的可能發生」來下批評。

陳先生寫軍中瑣記的動機，在前言中說過：「軍中瑣記完全是我個人從軍生活的一段回憶，我自民國十四年歸國以後，便從事於軍隊的政治訓練，自是三年中間，雖然一度在湖北綜理外交和財務，一度在江西綜理政務，可是依然還參加軍事的工作，現在脫離軍隊生活已經十年，但十年之中，迴憶起來，當時在軍隊苦鬥的情形，在政治掙扎的經過，還像依稀歷歷在目」。又說：「國民革命軍的北伐，在中國近代史是一件大事，也是國民黨開國的一件大事……我由訓練軍隊政治起，以至北伐佔領長江止，雖然不是日日在前線，可算得重要的事，幾乎每役必與，所以很想就憶想所及，寫點出來，作些野聞軼事補」。

在軍中瑣記裏割裂出陳先生那麼多對話，我的初意，並不如此，實在頗有困難；譬如觀海，一波才過，一波又打來了，波波相連，叫我按着那一個波浪的好？抓不住，抓不住就不抓了，聽憑波浪把我打起走吧，反正來不及網珊瑚，那就睡倒在波濤上看海好了。爲了這個動因。就鈔寫了那們多；對話。宋人說：「我携此石歸，袖中有東海」，明人說，「未能身歷其險，聊復仰看其高」！

在祖國，史策上也不多見的外交家政治家的角度，居然發現在我們活着的同時，我們應該如何的欣喜而尊敬我們自已的時代呢？陳先生和葛禰・伯力克，陸公德，福開森，還有池田，藤村，以及後來的鮑羅廷等等交涉事實，有什麼不同於富弼兩使契丹而照耀了北宋的文獻呢？被歷史也永久愛惜的光芒人物，爲什麼一生在我們同時，就不免東西南北各執異詞呢？司馬君實，劉貢父，他們能把握眞仁之際的實錄，而我們爲什麼就甘心忘記民十四以來的燦爛底文獻呢？

並不是說要把一位革命的政治家，硬嵌進古人的行列，人的歷史不是夢，人的歷史是生活。我們生活的今天，馬上就是歷史的昨天；時間的馬，一跑過的地方，不加鋪排，也會一個時代接一個時代的，把我們的胸脯挺起成爲一條道路，讓我們的後一代，着實底踏上來；替我們後一代着想，就該把同時代具有嚴重性格的人物底路標，作爲有力底刻畫，今天的畫嚴重一分，我們「新歷史的路標」也就深到而且清楚一分…這是爲什麼要把朽爛的言詞，拉來向生龍活虎的人物對照。

軍中瑣記的材料，是以一個政治鬥士，把生涯的鐵，所集合的「複雜質料」，溶解進硬漢心子腸的紅爐，憑着時代磨鍊的錘打，迸出光芒的火花，燃爆着向四面發亮底一篇紀述散文。

當你已經是聽不見哭泣的耳朶，別人會哭着叫喊你在歷史上是如何佔有偉大；倘若你還是聞得着香臭的鼻子，就不能不失望你爲什麼還是只有兩個鼻孔呢？這不僅是國人對國人，沒有投以熱情眼光的「習慣」，凡是活人對活人，這個「習慣」就很難養成。國家是不負培養挺出人物的責任的，憑一個人的氣力給國家賣吧！自然，志士是無心可灰，可是，國家的元氣是連帶着「是非無權」，也就會鑿喪光的。

軍中瑣記的價値，就在各部分對於全體的比例相稱，亞理士多得曾經說過：「各個部分的眞價價，就在他對於全體所發生的關係及其對於各個部分的比例」。

以下是從軍中瑣記摘出來的一些叙說和對話。

（甲）…（以下摘錄：北伐途中的戰役。）

——從廣州到汀泗橋的一段北伐行軍——

「離開九峯不遠，我見政治部的李合林，坐在路邊一棵樹下，一面拭汗，一面發愁，他遠遠見着我，便揚手招呼：「公博先生，我們的行李都丟了，我們這樣組織，怎樣可以打勝吳佩孚！除非敵人的組織比我們更壞，否則準要打敗仗」他說。

我說：「是行軍床嗎？那不要緊，將來我們或者連睡行軍床的機會都沒有，今夜如果你找不着行李，我可以替你想想別的方法」。…

「嵎嶺的第一峯終在起陸的第三天越過了……我笑着對同行的人說：「我們辛辛苦苦的，總算渡過嵎嶺了，這次北伐在我的想起已是第三次，我們千萬不要再來第四次北伐，我們看看這嵎嶺，我眞不願再由湖南爬廣東」。

「在郴州遇見鄧演達，我們兩馬相碰，他很興奮說：

「公博，我又要走了，聽說我們軍隊已入了長沙，你能立刻和我們動身嗎」？

我說：「我已決定在這裏停一天，我的僚屬病倒了，反正汨羅解決還要再定計劃，你先行罷，這什麼你單身走了兩日，還在此地」？我們一面說話，一面揚着鞭，兩馬便交互走過了。

★　★　★

民國十五年七月二十二日政治部和政務局由廣州出發開始，到汀泗橋一戰吳子玉敗走入川爲止；國民革命軍北伐軍的大功，已算初期告成。中間經過的千辛百苦，軍旅的危疑，關山的險阻，志士的矢志，並馬揚鞭的朝氣蕩勃，都可從這幾段短短的對話和獨白的角度裏抽繹出來。時代的齒輪，正在向前推碾，一切新生的機運，正在澎漲沸騰。

（乙）…（以下摘錄：武漢佔領的迴想。）

——和英總領葛福最初交涉及其對話——

「這眞是糊鬧，豈不是盜憎主人，焉有中國官吏在中國地行走，還須知照外國，我下午也不管他是章程，也不管他是慣例，帶同兩個衞兵便入英租界。……我的汽車剛進路口，兩個水兵便來阻止，汽車的車夫只好停着車，我下車操着英語問：

「你們幹什麼的」？

「我們是守衞的」，一個水兵答，面色有點顯着蒼白。

「我是高級官吏來看你們的領事的，你得站開」！

「是，先生，但請你不要帶衞兵和武器」。

「糊說！我是高級官吏，無論誰都要尊敬我」。

「我上車，便命令車夫開車：那些水兵面色顯着不自然，但還聽我的說話，站在旁邊，讓我帶着衞兵過去。……

「最後果然會晤葛先生了…葛先生大約已接到報告，說我帶兵入租界，心內自然不滿意，不過表面還保持着英國紳士的態度，不至於問我懂不懂國際公法。

「陳先生，你說英國話嗎」？葛先生先開口。

「是的，我可以說你們的語言」！

「陳先生，漢口的反英運動太烈，那都是你們從廣州帶來的」。葛先生這時脫下了外交禮貌的面目，單刀直入。

「前天漢口人民，在跑馬場上開會，對英國有點表示！葛先生知道有多少人」？我很暇豫的問。

「我知道有三萬多人」，葛先生答。

「這三萬人當中，葛先生以爲湖北人多？還是廣東人多」？我進一步問。

「自然是湖北人多」，葛先生說。

「好了，葛先生旣然知道是湖北人多，那麼反英運動不全是我們帶來的，葛先生應該明白了。……不過國民政府不像蕭陳時代，人民有表示，我們決不想而且不願壓抑，人民在蕭陳時代不敢表示的，至到今日才表示罷了。我對於中英友誼也和葛先生同樣是抱憾，但要中國人消滅反英運動，最好是倫敦唐寧街改變他們的對華政策」。

我這番說話，很像一篇演說詞，雖然葛先生面上沒有把他霜雪的面孔放下，一時却開口不得。我繼續說：「我們的態度，大概葛先生也明白了，無論如何，今日我們兩人總算交上一個朋友。不過我還要聲明的，我聽說漢口租界岸邊不准中國人行，並且軍隊也不准入，或者這是你們租界的一種章程，或者是你們一種慣例，但我負的責任是外交，我只知道條約，不知道你們片面的慣例和章程，況且你們的慣例和章程，我們不只沒有承認過，並且也根本不知道。租界只是租界，還是中國的領土。以後中國人民倘然在岸邊散步，或者軍隊入租界，請葛先生不要干涉，否則有什麼意外，這是葛先生應負的責任」。

這時葛先生倒很客氣，沒有說什麼，更沒有口頭抗議，我便興辭。

★ ★ ★

武漢佔領以後，陳先生到漢口纔兩天，白崇禧也過江來視察，他認爲湖北當着外交的衝要，不可沒有人主持。那時陳友仁還在廣東，前任的交涉員陳介又早已離任，他勸陳先生幹下來。湖北的交涉那時算是站在外交的最前線，陳先生除了擔負湖北財政，從此更擔負起湖北的外交。北洋軍閥時期的積弱，積懦，積困的外交，到了國民革命軍北伐成功總算開了一個外交的新紀元，而這個外文新紀元的開始，不自武漢外交部長陳友仁氏開始，是從兼湖北交涉員陳公博先生開始；這是中國近代外交史上光榮的開頭。

弱國外交的手腕，遇上老奸巨猾的英國外交，是最使中國外交家感覺頭痛的唯一對象，而這個漢口的英國總領事葛福，自然難于例外。歷任武漢交涉員就任之始，照例拜會各國領事，而這位英國總領事葛福先生，見面的第一句話就要問：「你！懂不懂得國際公法」？

尤其沒有理由的，由中國地至海關碼頭的大路，算是中英合有，如果中國官吏帶着衛兵和武器通過，還得事前知照英國領事署才准通行，從前蕭耀南，陳家謨每次過江，要在海關碼頭登陸，無不預先關照英領事。

這回陳先生進英租界，就給他一個中國外交家向來不曾用過的一個可敬的政治家和可敬的外交家的自己尊貴的莊嚴的排頭！

兩個英國水兵是傻了，他們是第一次看見中國外交家的氣岸，也是第一次把自己這們弄傻過。就是葛福先生會見公博先生，似乎也來不及說出口：「你！懂不懂國際公法」？只好招架一句：「那都是你們廣州，帶來的」！而又被公博先生很暇豫的問他，漢口人民開會有多少人？這多少人當中湖北人多？還是廣東人多？又把他問轉去了。結果，給了他一篇面對面的演說詞，最後警告他，有什麽意外，還要叫他自負責任！

——外交家的散步，及其對話——

「……記得在下午四五點鐘，在大樹陰下排椅上坐着一個外國老太太。

「今天天氣不錯，你是英國人嗎」？我順便坐在一張排椅上。

「是的，先生」，老太太從眼鏡裏向我投射一點詫異的眼光。

「我聽說這裏江邊不准中國人行走，我不很相信這種無理的傳說，在你們倫敦泰晤士河邊和海德公園不是什麽人都可以走嗎」？我不經意的攀談。

「這是傳說罷，先生也許到過倫敦好幾次了」，老太太似乎有點不安，大約以爲我在一半閒話，一半質問。

「是的，我到過倫敦已經兩次，我很喜歡住在倫敦的太太們，個個都有禮貌和温雅」。

「老太太似乎知道我不是對女子們挑戰的，開始講述她到中國的歷史並且也曾經住過我故鄉的廣州」。

「那時我見兩個中國籍的巡捕，站在江邊，彷彿又想來干涉，同時又趦趄不前，末後終於有一個英國巡捕來了，我不等他說話先問他：

「你是來干涉的嗎？我今天要在這裏散步，我在官署沒有見到租界的章程，並且也沒有承認過這種章程，你回去報告葛福先生好了」。

「英國巡捕一時摸不着什麽，只好過去。

「馬路上的行人，大概沒有見過中國人坐在岸邊這回事，似乎很驚詫，也似乎高興，慢慢集攏到江岸來，這樣不到十分鐘，江岸上擠滿了中國人，巡捕也不敢再來過問。這次的破例，末後便沒有不准中國人在江岸行坐的事發生，更聽不到中國軍隊不准入租界的表示」。

＊　＊　＊

當陳先生與辭了葛福出來，那時總以爲不准中國人在租界江岸岸邊散步，只是一種傳說。江岸的行人路，在樹陰下排着很有秩序的鐵椅，中國人不止不能在椅子上坐，並且也不許到江邊散步和瀏覽，這個傳說，陳先生要去證實一吓子，他想：「與其留待他日文書交涉麻煩，不如我立卽去岸邊看看」。這樣，我們的外交家，就開始他好整以暇的外交家的散步了。

北伐以後，在漢口租界江岸的行人路上，中國人坐過很有秩序的鐵椅，也游目騁懷的去散過步的當然不在少數；但是，要提起我們今天所以都能够散步，是由於一位外交家的散步，散出來的；這個原因，似乎大家都可以不必去關心那個最初的散步了。

——伯力克調停葛福失禮的經過、及其對話——

「我知道英國領事和你們政府有點誤會，是嗎」？伯克克很懇摯的問。

「沒有什麼誤會，並且我還沒有聽到」，我不着邊際的說。

「聽說葛福先生不肯接受你雙十節的宴會，有這事嗎」？

「伯力克先生，你今天是自動來打聽，還是葛先生請你來的」？我已惹起注意，故意問他一句。

「那請你不必這樣追問，我想我是一個美國人，而在英美公司服務，是一個很好的調停人，你能許可我做一個調停者嗎」？伯先生露着些微笑，以爲我的問話迫得太緊，難於回答。我在抽屜拿出葛先生的請帖給伯力克、說：

「伯力克先生，你看，這是多麼無禮的舉動，我想不到深有閱歷的葛福，居然有這樣孩子表示。不過我不需要葛先生來，因爲各國領事都接受我的請宴了。就是英國的商人也接受我的請宴了。葛先生的不來，你看是我丟臉子，還是他丟臉子」？

「我可以告訴陳先生，我實是葛先生請我來調停的。葛先生對於這魯莽舉動事後很懊悔，並且還有許多英國商人責備他不應該這樣做。但是我應該怎樣才可以使你滿意呢」？伯力克見我這樣坦白，他也率直的告訴我。

「呵！葛先生明天是否還會來呢」？我問。

「葛先生既然覆了這封信，明天夜裏是不好再來的，不過明天早上照例你們還有一個香檳會，他準參加」。他繼續的獻議：「我想你們應該有一個開誠布公的談話，解除隔膜，明日過後，十一日或十二日，葛先生請你食夜飯，這樣大家可以面對面的談」。

「他不來赴我的宴會，我也不能食他的夜飯」，我露點不愉快。

「這樣好不好？我請食飯，只是我們三個人。食了飯你們談時，我讓開給你們兩個人談話」。伯力克這樣提議。

「好的，準是十二夜裏罷，你參加談話也沒有什麼，反正我們又不是商訂條約」。我決定的允諾了伯力克的調停宴。

★ ★ ★

事情是這樣發生的：

國民政府和英國的邦交，在那時惡劣到極點，陳先生打算在雙十節那天晚上開一個擴大的宴會。各國的總領事和正副領事在被請之列，自來和交涉署不大應酬的代辦領事和名譽領事也在被請之列，更且各國商人的領袖也在被請之列。

那位葛福先生怎樣呢，他把交涉署的請帖退回來，並且在請帖旁邊用藍墨水批了兩行字說：「在此地反英運動還是在盛行之前，我不能接受你的請宴」！

這是一種挑釁的行爲，當時交涉署已接到許多回帖，漢口全體領事都接受了請宴，並且英國商會的主席和幾個領袖商人也接受了請宴。這樣一來，陳先生打定了主意是：「我且看葛先生第二步怎樣挑戰」？

可是，事情並不那們僵。葛福老頭子要得叫他乖巧的地方，他也滿會乖巧的。大概英國商人責備了他對中國國際間的無禮。商人的板眼，倒並不在乎失禮， 在乎的是僵了下來，葛福的算盤失算，會影響到英國商人的算盤失利，而責備了老頭子。

漢口英美煙公司的經理伯力克就在這時候，先打電話，再行出面，而且要破鈔來當一回和事的東道主，他要這們替葛福說一個開場白。

——再度和葛福强硬交涉經過，及其對話——

「十二夜的晚上，果然只是三個人食飯，飯後伯力克又恐客廳不嚴密，帶我們到他樓上的當房，僕人倒了酒和咖啡後，退出，把門掩上，這是伯力克的事前佈置，算是他調停的苦心，在伯力克或者以爲我們再要來一次舌戰也不定。

「我在沙發還抽着烟，葛福已從對面站起來，拿着一隻酒杯：

「陳先生，已往都不談了，今天我實在要領你的敎，我不知道要怎樣做纔對，請你給我一些指示」。葛先生似乎不是客氣的，今夜的神氣，似乎當我是朋友的談話，而不是外交官的談話。

「今夜的談話，我以爲大家都須坦白，我沒有外交的經驗，只有朋友的熱情，我以爲中英要恢復友誼，有三件事請你辦，不過我的三件事，是朋友的獻議，不是交涉的條件」。我也很直率的說。

「對的，我們的談話自然是朋友的談話，我們可以無話不談，就是我有時說錯了，你也應該當作朋友來原諒」。

「第一件事我希望葛先生辦的，我聽說藍浦森公使就要來華，我很希望藍公使能够到廣州和我們外交部長陳友仁談一談。倘使藍公使到中國時，陳友仁已到漢口，那麼請藍公使來一來漢口，我看他們會面是最需要的」。

「我一定這樣做，我今夜便可以發電報」。葛先生有點興奮，認爲我的提議是溫和而且合理。

「第二件是我希望唐寗街對華的政策要改變，因爲現在的中國，已不像從前的中國，若政策不變而圖枝節解決，交誼絕不能增加」。

「陳先生，這件事太大了，你要知道我只是一個領事」，葛先生微微表示他辦不到，並且似乎有點不贊成，「唐寗街的政策，並不是一個總領事所可左右的」。

「我自然知道的，難道連唐寗街的系統我都不知道嗎？你雖然不能左右外交部的意見，但你對於觀察所得的報告總可以寫罷，外交的政策總要根據報告的，有時報告還比主張更重要。」

「陳先生，我答應你試試看」。葛先生有點勉强，然而不再抗辯。

「第三件，漢口中央日報的編輯人史密斯先生，也應該解職了，因爲他的宣傳太惡意，天天宣傳國民政府是共產政府，說國民軍是紅軍」。

「陳先生，恕我不能辦這件事，中央日報是私人的企業，你知道英國政府從來是不干涉私人營業的」。葛先生這時很像一定不答應。

「不干涉私人營業是一件事，而讓私人營業妨害國交又是一件事，國民政府不是共產政府誰都知道，至少我不是一個共產黨人。葛先生想想，倘使讓史密斯先生這樣糊幹，就是我們諒解了有什麼用處」？我看葛先生的神氣有點動搖，繼續說：「我不是主張葛先生拿領事的地位封報館，只是用其他方法，讓史先生離開，葛先生如果是有誠意的話，我看你一定有方法，而不至發生困難的」。

「如果陳先生一定要這樣辦，我當盡我的能力」。

「那麼史先生什麼時候可以離開中央日報呢」？

「在三個星期以內罷」。

「這算是葛先生對於我的三個提議都允諾了，末後我們便漫談國民政府的成立，革命軍的北伐經過，更談到葛先生幾十年在華的經歷，我自己在倫敦漫遊的記憶；葛先生看見我穿着軍服，問我是否在美國學陸軍，我說是學經濟的，他倒表示有點詫異。這夜算是歡然而散，其後，英國公使館的參贊奧馬利首先和陳友仁先生接頭，藍浦森借着往重慶考察英國僑民，路過漢口，也和陳友仁非正式會面，我自然不敢說收回漢口英租界我都與有微勞，但已鋪好一條未來中英交涉的前路」。

★ ★ ★

直到目前爲止，世界的隱憂，最後的禍患，還是英國那隻灰鷹，牠在那裏瞧準了些什麼？最後的禍患，尙不是蘇聯那匹黑熊，牠在那裏猛撲了些什麼？

近百年的世界動亂，無不有英國的特種機能，在那裏造成動亂的中心運用。唐寧街的策動，尙不是英國政治的中心。保守黨的內禪，纔是英國政治的中心。

英國之有保守黨，保守黨已經不只是英國的一個政黨底普遍結構，而他是「英國的一個宰相養成所」的特殊底結構。

包爾溫踢掉愛德華八世的王冠，接着是主持喬治六世加冕大典；使頻於解紐的英國殖民地，自治領的動搖；重復繫紐。自己呢，一足踢翻了他人的王冠，又一手替他人戴好了王冠，連着就是撕掉自己宰相的衣服，去到鄉下，牽他的狗，抽他的煙。

張伯倫奔走慕尼黑會議，才學會第一次坐飛機；世界二次大戰的戰場，在歐洲大陸，他還沒有選定誰個國家最適宜做英國的保壘前衞底戰場之先，他是受命危難，而又選擇了進棺材也不爲人饒恕，唾罵，而坦然的走進棺材。讓一切可戰的機能，在屈辱中準備好，讓邱吉爾小子一擊成名。

邱吉爾這個老小子呢，他奔馳北美，向人誇耀他自己是羅斯福的秘書（剛死的羅斯福），於是美國大少爺，欣然上了他的大西洋和太平的兩隻遊艇，直到今天。

保守黨是有少壯派的，艾登那小子，他在夾縫裏埋頭學這些師祖師爺的手藝，一聲也不響。

自由黨和工黨，皆爲保守黨所籠罩，政權也有一朝的奪取，但是跌不得跤的。

保守黨的內禪，是一個個老小子們，成天在那裏眯眼選擇他的一些小小子們，誰個可以傳給他一領英國宰相的子孫衣鉢呢？

這些說話，都必定是「把握時代」的英雄豪傑們，所不願，乃至不屑聽的謬論。

但是，我們仍然還是要說：中國目前政治的困難，似乎面子上可以推委給那些所謂一般國民平均的水準太不够。

但是，進一步再問，特殊的水準，又有幾個人够了呢？

特殊的，自己還到不着平均的水準；憑什麼又去責備不够準水的國民，咒罵他（國民）不够到平均的水準地位呢？

民治主義的國家，自然需要够平均水準的國民，但不能說是民治主義的國家可以不要有特殊水準的政治家。

如果不懂得政治是一顆徽章；自由，民主，是徽章的正面；（平均水準）政治家是徽章的背面。（特殊水準，）不懂這個，還是不要關心政治的好。似乎懂得這個背面，而又將就這個背面去謀什一之利的，那還是早些收拾點黃金，去做商店老板的好。不要把自己和中國的運命連在一塊，中國的運命是一隻痛足，可以連累你那隻做買賣心腸的好足的。

提到中國的命運，氣岸不能壓下去英國政治手法底中國政治家，是休想把中國在世界上抬一抬頭，永久站定。公博先生在這一點，是不失爲有氣岸的中國男子。

——和起碼十萬元條子的鄧演達財政上抬槓對話——

「湖北的財政情形你知道不知道？怎樣你可以亂下條子」我氣極了說。

「我那裏亂發過條子」，演達自己辯護着。

「五天以內發過一百多萬了」，我從口袋取出他的條子給他看。

「這是必要的」，他依然辯護。

「難道八月十五中秋節這個軍的犒賞費十萬，那個軍的犒賞費五萬，又是必要嗎？每月連正當軍餉都沒錢，那裏再可以隨便犒賞」？

「這是總部的命令，不是我的」，演達還很倔强。

「那裏總部命令，還不是鄧演達的糊鬧嗎」？我斥責的說，「這樣命令我絕不接受，我請你來接收這個財政委員會，我來幹你的行營主任」。

★ ★ ★

陳先生綜理漢口財政的時候，困難萬分，那位鄧演達先生拿着總司令行營主任的名義，亂發軍餉條子，他的手筆很大，每張條子起碼便是十萬以上。而每天總有好幾張，他不特不知道籌款的困難，而且更不知道自己發過幾張條子。無怪陳先生氣極了，在武昌總部行營要和他大抬一次槓。

鄧演達先生的面貌，我們在寒風集裏看見兩次：

一次是北伐途中的戰役，他和公博先生兩馬相碰時，他說：「公博，我又要走了……你能立刻和我們動身嗎」？使我們喚起一個粗豪快意的男子底鄧演達的浮雕。

另一次，就是這段對話，使我們又湧起一個那麼能够糊鬧而可愛底鄧演達的浮雕。

一個曾經經歷政治的朋友說：「用過的，才是錢」，他這個意思，比之鄧演達自己不知道自己發過幾張條子的氣派，相形之下，就不免覺得意思太纖細了些。

公博先生說他們在廣東時就抬慣槓，雖然大家吵一頓，還是一樣的和好。那是在政治主張，彼此還沒有背馳的時候。

一個人，一生和人家有工夫抬槓的回數，算起來總不會多的。而眞實够抬大槓的朋友，一生也就很難找上十個八個，事業之難如彼，朋友之難又如此，無怪陳先生自認是一個不落落而寡和的性格。

——砲擊法艦、答辯法領事抗議的對話——

「一天在黃梅附近有一艘法國兵艦上駛，我們軍隊向着他制止，一砲便打中了船艙，一個法國水兵受了傷，一個法國水兵登時被擊斃。

「法國總領事陸公德親來抗議，我見他時，似乎氣到不能出聲。陸先生年紀有五十開外，身段不高，而白髮盈顚，平日和藹，時時都笑臉迎人，這次他似乎失了常態，只把兩肩亂聳，把兩隻手互相搓着，不知放何處才適當，十足表現出一個法國人的神態。

「什麼事，陸先生」？我問。

「這是什麼話，你們軍隊把我們水兵打死了，叫我怎麼辦，怎麼辦」？陸先生站在會客室不肯坐。只把兩手亂搓，其實我進客廳時，他始終就沒有坐過。我眞摸不着頭緒，讓他坐下請他解釋，什麼理由，他費了十幾分鐘的時間，才斷斷續續給我弄淸楚那是怎麼一回事。

「這不是發急的事，據你所說，我眞惋惜，可是我們的報告還沒有來。我看這事不是你所說的簡單，我可斷定，必定兩方面都放砲；這樣，我們這邊傷亡也不少」。我只好對他這樣說，他算是被我這番半解釋半抗辯的說走了。

★　★　★

武漢人民行動，那個時候的騷亂，簡直拿出了中國式的法國初期革命的一套騷亂來。眼見着中國人可以到江邊行走，眼見着中國軍隊可以進租界，於是隨便的就對外國兵艦制止和發砲。軍隊也以爲時機不再，似乎片面宣布廢止條約就在目前。

而一砲打中的，恰好是富有西方的中國風調的法國人，法國領事先生可吃不消了。他的着急，甚過於他的反抗。

一個大陸國，而又是風和日麗的大陸國，這種國度，對於中用的事做起來，總有點不大靠得牢。損失一點什麼東西就損失點也沒條道理，面子光得過去就行。這些事情，中國人不大笑得法國人，法國人也沒多大心腸來恨中國人。所以一個炮擊兵艦的事件，陳先生只說「我們這邊傷亡也不少」。陸老先生也就很明理似的掩旗息鼓轉去不談了。

(丙)……(摘錄：南昌三月的漫寫)

——和譚延闓先生討論中央遷漢問題的對話——

「論道理是應該遷武漢，論局勢是應該留南昌，我倒沒有什麼一定的成見」。譚先生很坦白的說。

「這樣爲什麼譚先生老早不表示主張」？我很急的問。

「我的困難，難道你也不知道嗎」？譚先生皺着眉。

「我們所慮的危機已到了，這樣怎麼得了」。

「你說怎麼得了，又怎麼才算得了呢」？譚先生的態度又頓然變了幽默。

「不是這樣說，不得了應該想出了的辦法」，我急得頓足。

「得了也是這樣了，不得了也是這樣了，難道得了眞就這樣了嗎？不得了眞就不能了嗎？公博，你倒底還是年紀輕，中國的事，往往到了不得了的時候就會了，若勉强去想了，反而不能了」。譚先生到底拿出他的中國處世哲學了。

「我被譚先生一大串的了了，倒惹起一頓大笑，末後我們心氣平和之後，商量只好據實報告中央，至於中央是否遷移，還等待中央會議的決定。

「…中央決定遷武漢，我和譚先生一班人都離開南昌，末後我們掙扎了半年，寧漢再由分而合，這都是後話，我也不願而且不便再說」。

★ ★ ★

爲了中央遷漢問題，陳先生在南昌奉蔣先生之命重復赴漢視察，因爲不願再找共產黨籍的委員，也不願意找接近共黨籍的委員，爲求得大多數的中立意見，所以陳先生在漢口，只見過宋子文，孫科，顧孟餘三位便走。回到南昌已是夜晚，先見譚延闓先生，問他什麼意見，譚先生就談了以上一串了了的對話。

譚先生在政府頗類李太初(沆)在景德，祥符中，所謂：「李宗諤，趙安仁，皆時之英秀，與之談，猶不能啓發吾意，自餘通籍之子，卽席必自論功最，以希寵奬，此有何策而與之接語，苟屈意妄言，卽世所謂籠罩，籠罩之事，僕病未能」。譚先生雖未能興利除弊，但欲「急脈緩受」，息已之機，養民之和，亦是輓近執政中所難得的一個沖和有度的典型人物。

（丁）……（以下摘錄：廣州共黨的暴動）

民國十六年七月武漢分共，十七年十二月十一日共產黨在廣州暴動的經過，陳先生有如下的紀述：

「黨爭最是危險的，尤其黨內有了鬥爭更是危險的……我一次亡命在海外，月明雲淨，水波不興，曾寫過一首短詩，來寄我的感慨：

「海上凄淸百感生，頻年擾攘未休兵，獨留肝膽照明月，老去方知厭黨爭」。

——暴動主角的教導團——

「這次暴動，俄國領士署是策動中心一個機關。

「教導團本是由黃浦軍校遷到武漢的學生…軍校也採了委員會制，委員會是無法辦事的，只有設一個教育長…可是大權已旁落到政府部主任惲代英手裏。

「這次兵變，自然是教導團主動，而警衞團不過附和。

「我們知道那夜兩點鐘，葉劍英和惲代英到了教導團駐在地的沙河，集合學生的是葉劍英，向學生首先講話的是惲代英，並且爲着示威起見，把幾箇連排長和十餘個學生他們認爲反動的，都關在一個屋子裏面，用亂槍射死。所謂廣東蘇維埃的告示也出來了，廣東蘇維埃的主席是蘇兆徵未到任前由張春木代理，廣東的紅軍總司令葉挺。當中還有一張告示，說已獲了陳公博和公安局長朱日暉業已執行鎗決。

「城內沒有槍聲共產黨搶得警察的手鎗，都分給工人和學生的共產分子。這班人沒有使用過鎗的，沿街乘着汽車，四處亂放，有些拿路人作目標，有些乘機殺平日不滿意的朋友和同學，這樣到處焚殺，廣州已變成了一個恐怖的地獄。」

——可愛的吃飯打仗換班底兵士弟兄們——

「…因爲兩團士兵沒有全體叛變，脅從者多，還有些學生看見放火放得太兇，覺得共黨太殘忍，起了反感，自己抛了鎗便走。不但四軍軍部未攻破，連豫章會館和文德路的兩個師部後方辦事處也沒有被攻破。不過省政府和公安局是佔領了。

「…不過軍部那裏僅得一排人，至於兩個後方師部至多不過有一小排的守衞。四軍軍部的衞兵把門口外長堤的兩端都堵斷，直把變兵和共產黨壓迫到內街，來攻的共產黨死了許多人，以後僅是包圍，再不敢衝鋒攻擊。

「文德路的師部後方，衛兵尤爲沉着苦戰，雖然僅得十來個人，但他們輪流煮飯，輪流作戰，共產黨從警衛團調來四尊迫擊砲，想一鼓作氣的攻破那師部，結果，不獨不能佔領，還燬棄了迫擊砲逃走。

「有親見士兵作戰的人告訴我們那些衛兵都挖起馬路的礙石作防禦物，甚至安詳到一手拿着飯碗，一手放鎗，共產黨攻擊得利害，便放下飯碗作戰，若共產黨攻擊得稍懈，他們還安閑的掏出洋火吸捲煙。

「最可惜的便是豫章會館犧牲了我們一個少年兵，那少年兵必過十五六歲，看見共產黨差不多要攻入師部，一手托着機關鎗，衝出大門，這樣，共產黨便給他擊斃了十幾二十個人，卒之那位少年英雄也飲彈而死，豫章會館的師部靠這一衝，復轉危爲安，不過那位少年兵便殉了暴動之難了。

——蕭然去港前後的廣州動盪之餘波——

「我們船抵肇慶的時候：許志銳先生知道我們到達，倒吃了一驚，趕快披衣起牀，他以爲廣州已完全失守，不然我們怎會跑到此地。

「許先生是一個很沉着而有勇略的軍人，他以爲敉平共亂是不成問題，最成問題的還是怎樣善後。那時我們和東江的陳銘樞，陳濟棠，廣西的黃紹竑，都因政治問題而分立，這樣外有夾攻之師，內有叛變之卒對於善後問題是不容易收拾的。

「對於四軍由九江回粵所帶的政治部人物，許先生是最不滿意的，既然清共，接近共黨的人物，在政治部裏尤當剔除，他不但埋怨張發奎，連我也批評不够强硬。許先生未嘗不知道四軍自九江回師反粵，政治部已不屬我的範圍，許先生的說話，自然是要發他久積的牢騷。

「…那日下午六點多鐘我們便回抵河南，及到五軍軍部時，我們軍隊早在那天恢復廣州的秩序。不但江門之師早到，肇慶之師也到了，五軍在江北的潘團也到了，共產黨已全撲滅了，僅有零星二三百人沿途逃往東江。共黨的首要已在軍隊未到之前，化裝逃香港，他們的目的只在暴動！

「公安局門首橫着十來具屍骸，當中一具是俄國駐粵的副領事，這個副領事是我們軍隊進城時，還率領共黨和我們巷戰的。

「陳銘樞和陳濟棠兩位先生的軍隊，以平共爲名，已迫近東江的河源，黃紹竑先生的軍隊也自梧州溯江東下。四軍的軍長已換了繆培南，副軍長換了薛岳，開始向東江逆迎陳師，退入江西，等候中央的命令。張發奎和我是決定解職待罪的，所以不便跟軍隊走。

『我們在香港只住了十來天，十七年一月初四我先赴上海，這是我身經共產黨暴動的經過，到上海又開展了「革命評論」的另一時代，自此十年以來我也算中止我的軍隊生活了。』

——這樣久經政治陶冶的大羣成人，斷沒有事錯在一方——

「大凡政治的離合，據我個人最客觀的觀察，斷沒有事錯在一方。因為，人總是有判別力的，就幼稚到小孩子也不能沒有見解。這樣久經政治陶冶的大羣成人，居然因着一種意見而會站在對立的地位，一定他們不是為着短時間的衝動，尤其不是為着偶然間的誤會，這樣而要我清清楚楚描寫政治的內容，又要我不參一些主觀的成見，我實在沒有這樣本領。」

「說到人物的批評：批評人物，我時常說最好不識人，識了這人，批評就不容易：事情越是知道內幕，愈難說話，人物越是相熟，愈難批評。」

「…有個很長的時期，社會上當我是一個不可親和不可近的人物，其一是省港的罷工，實在當時我還不是主持人…祇是那時我是一個中央黨部的農民部長，兼着廣東省政府的農工廳長，因為職務的關係，人家只當我是一個鬧亂子的頭領。其二是武漢的外交，當日我總不覺得我是太硬，祇是履行我交涉上的責任。其三便是廣州共黨的暴動，為着政治的分立關係，原本我是一個共黨所要得而甘心的人物，因為當時廣州當局的反宣傳，好像我是率領共黨焚殺廣州的罪魁。

「我有一次見一個初次見面的朋友，那個朋友出來對人說：『原來，公博也是講理的』。……」

★　★　★

十七年十二月十日夜晚廣州共產黨的暴動，尚是共產黨未有政權時候的攫取政權底謀略的澎漲。

這次暴動的主角是敎導團，而敎導團暴動的主角無疑的是惲代英（子毅）。代英在民國九年加入少年中國學會，王光祈（潤嶼）十年赴德，代英在北京替潤嶼主編少年中國，少年世界兩個刊物，在少中一卷十期他發表「懷疑論」，反對形而上學，論及世界各方面的進化都起源於懷疑，世界將來若是有進化，懷疑論便是促進世界進化的惟一的工具。

代英在少中會員通訊裏（一卷十一期）提出：我們不僅僅是講學的團體，亦不僅僅是做事的團體，且不僅僅是講局部的學，做局部的事的團體。我們的目的，在於創造適應少年世界的少年中國。那便要知道：一我們的事業，不永遠僅是講學。二我們的事業，不永遠是靠文字的鼓吹。三我們不應該敷衍的做社會事業，做我們不能做的。四我們不應該虛偽的做社會事業，做我們不能做的。對於王潤嶼所主張的「預備工夫」，代英也有說明，他說：我們固然應該注意今天是預備做事的時候，亦同時應該注意今天不僅僅是預備做事的時候。

有時他也說風趣話、他說，我們做事不應評勉强的去做「鬧到後來，變成一個新式的政客」。我們以後不可輕於紹介會員，與其由想入會的找五個會員介紹，還不如就會員認其可入會的提出，再找四個人的同意請其加入，這可免那些「有入會癖的人，到處亂鑽」。黃仲蘇（玄）提出我們學會，是沒有中心的，代英對這話很同情。他說什麼職員，本部，支部，都不過是辦事上的便利，並非那一處，那一人，是我們學會的中心。黃日葵（一葵）那時正在鬧着熱戀的時期，他不贊成因團體活動，甚至犧牲個性。代英也同情，認爲學會可以各信其主張，「不必一致」，但能多交換意見，「漸趨一致」，我們的力量，豈不更大。後來代英主張：

我們不僅「找」我們需要的同志。

我們要有力量「造」我們需要的同志。

少年意大利黨已經救了意大利，少年中國學會一定可以救起中國。

不幸的是「漸趨一致」的事，大家沒有做到，三年之間（從民十至十二），因爲不要中心，結果，向左的暴動，向右的投機，向不左不右的獵官。代英，仲澥（鄧康）日葵（黃一葵）相繼死難，不中用的毛澤東（潤之）倒據有西北，張聞天（洛甫）却去作他的書記。投機的也投到舊金山會議去了。我不相信，除開爭取政治領導權以外，就沒一個中國人，肯爭取自已領導自已權、肯去做一個終身一無成就；而永遠爭取人類不盡的領導權者。

五

「我與共產黨」這篇散文，是陳先生寫了「軍中瑣記」以後八年纔寫的，陳先生的筆力，依然未嘗稍退，自然，事情是少年鬥爭時代的事情，紀錄也許有盛年箚記的記錄，而筋力呢，依然還是「胆由識生」的筋力底緣故罷。

爲了便於認識寒風集作家的風格，不妨抽取寒風集中的句子，試分三個類例來看：

1. 性格風趣

1. 你們既不要外國人的命，是專要中國人的命嗎？那更不是「漢子」。（軍中瑣記）
2. 我一生自命是「硬漢」，本來不大喜歡解釋。（我與共產黨）
3. 乘人之危，非「大丈夫」所爲。（同上）

4. 我本來性格是「硬綳綳」的（同上）

5. 我在外國好幾年，一點學問學不到，只學到「我是男子」。（軍中瑣記）

6. 因爲自命「男子漢」，所以要喫苦，要冒險。（同上）

7. …何不去莫斯科？我的「肝火」已動了。（我與共產黨）

8. 看見吳先生日日罵汪先生，已經惹動「正義感的肝火」。（改組派的史實）

9. 不得了應該想出了的辦法，我「急得頓足」。（軍中瑣記）

10 我是「百分之百的中國人」。（我與共產黨）

11 但是，「我的爲人」不解權謀術數。（同上）

12 「我的手腕」可以冷和辣，然而「我的性格」不能冷和辣。（同上）

2. 風趣

1. 敵人這一砲如果開花，…我回答說：這也好，如果開花，我們豈不同成正果？（軍中瑣記）

2. 聽砲西窗下，悠然見蛇山。（同上）

3. 說到高興時，把頭上的小帽往後一推，把鼻子一摸，很叫人疲倦的眼睛也忽然清醒一下。…神情已老，鬢髮漸斑…但推小帽和摸鼻子的習慣，依然一樣滑稽而敏捷。（同上）

4. 他們兩個人都不坐，但不坐難道站到南昌嗎？…倒也照我的辦法，兩個人坐櫈上，我一人坐在車板上的舖蓋。（同上）

5. …穿過一條大街，「又」找到一輛手車，我「又」讓經武先生坐了…「我就冒雨步行」到江西大旅社。（同上）

6. 女中學生又來請願了…以爲大凡學生，尤其中學生，是革命的！官，都是不革命的；她們既然是革命者，那末凡是她們的主張都對！（同上）

7. 我很感謝你們擁護的意思…你們擁護不擁護我倒不在乎，我實在不能放棄我的責任，而受你們的擁護。（同上）

8. 差不多像蘇秦揣摩太公陰符，你需要一雙鞋子，他們便送你一雙大靴。（同上）

9. 許先生（德珩）發出命令叫同學不要走，若請願不應，預備「下跪」，他不發命令還好，他一發命令，頓時惹起我莫名其妙的反應，我心想，請什麼願，有力量便打進去，沒有力量便散去更作後圖，爲什麼要下跪？好，走罷！（我與共產黨）

10走到南池子，僱了一部洋車，便回公寓看書去了。（同上）

11跑上屋頂散了傳單之後，便下至三樓聽梨花大鼓。心想不久恐怕警察要來搜索了，但遲之甚久還是鷄犬不驚，我自己也覺好笑，…黎花大鼓實在聽得無味，一個人又到了香廠一家澡堂洗了澡「踽踽凉凉」的回公寓去了。（同上）

12有一次德國共黨失敗，其首領李卜克來西和盧森堡「死之」，上海中共一定要廣東極力宣轉…拿綵亭抬着李盧遺像，滿街鼓吹着走。過路的人們，以爲是什麼牧師和太太死了，故而小出喪。（同上）

13心中又是好氣，又是好笑，各人都走，我偏不走。（同上）

14審訊完了漢俊之後，便輪到我了。在搜索時間，我不能發言，我不能起身，但抽煙是可以許可的。自從國黨們走後，漢俊開了一聽長城牌煙捲，我們剛剛燃着一枝，法國警察便上來，我坐着沒有事做，連續把那餘下的四十八枝煙捲吸完，終於被審問了。還幸他們問得早一點，若再遲五分鐘，便無煙可抽，眞是不知如何是好。（同上）

15法國巡捕開始用法語問我，我那時還未習法文，旁邊一個中國人說：「總辦大人問你是不是日本人」？這時，我很詫，爲什麼那位先生倒以爲我是日本人。我想還是直接通話爲便罷，遂用英語問他懂不懂英語，他便用英語問我：（同上）

16「你是不是日本人」？警官很神氣的。

「我是百分之百的中國人，我不懂你爲什麼懷疑我是日本人」，我有些開玩笑？

「你懂不懂中國話」？

「我是中國人，自然懂中國話」。

「你這次由什麼地方來」？

「我是由廣東來的」。

「你來上海什麼事」？

「我是廣東法專敎授，這次暑假，是來上海玩的。」

「你住在什麼地方」？

「我就住在這裏」。我一想不好，我決不能告訴他我住在大東，在旅館我還有許多關於社會主義的書籍，也有廣東共產黨的報告，所以我這樣告訴他。（同上）

17他們一窩風下樓之後，漢俊便催我急走，我說危險算是過去，我們何必事後張皇，再開一聽長城牌享受一下罷，因爲不吸煙又半個多鐘頭了。（同上）

18樓梯又響，我那時眞有些吃驚，難道他們又捲土重來，誰知那人頭探出來的是包惠僧，惠僧問我們法國巡捕走了沒有，我說，「此非善地，你還是走罷」。（同上）

19在杭州讀報，知道那件命案，是男女的情死……到了天明，開了一槍，而孔女士居然不死，那男的急極了，所以又「加工」的用毛巾去勒。…他收拾起死心，寫了一封自白的長信，又叫了一碗麵吃飽，才揚長而去。（同上）

20九時左右仲甫便和居素給陳炯明接去了，我和秋霖便在惠州城內亂逛。見了一間女子師範，秋霖「發起」進內參觀，我覺得沒有多大意思，而秋霖堅持非進去不可，秋霖那時還沒有結婚，大約是求偶心切罷，見了女師的招牌，免不了有些遐想，君子成人之美，反正是遊覽，何必固執已見。（同上）

21名片遞進之後，出來迎接的是一位校長金碧西，談起來牠是市民大學聽講的學生，原來我和牠有師生之雅……她帶我們參觀各教室，「又要」請我食飲，「又要」帶我們遊惠州的西湖。秋霖大概是興盡了，而我那時還非常面嫩，總覺得遊覽地方有了女子同行不方便，秋霖和我是無話不談的，更不難長日露出粗獷的面目，因此我們都「婉辭」了。

22關心我的同學們，却都勸我不要到中國城，但是不教書又怎樣生活呢？我常對我的朋友笑說，你們的盛意是可感的，但是，去教書是可以打死，不去教書是可以餓死，打或者打不死，而餓一定是可以餓死的，我還是教書罷。

3. 故雨的愴懷

1. 經武先生倒已露點頹唐神氣…想起他結婚時的羅曼斯，心內倒有點「悽然」。（軍日瑣記）
2. 在山西飯店碰見趙先生…數年不見，意態漸非，人之容易老大，也是惹人「傷感」的。（同上）
3. 及後仲甫先生被捕下了獄，我曾到獄中探視兩次，人是蒼老了，髮也禿白了，顏也憔悴了，我「何忍」再發表。（我與共產黨）
4. 我對於植棠的印象和交誼都比別人爲深，至今「懷念斯人」，猶戀戀不釋。（同上）
5. 國燾……絕不像在上海開代表大會那樣鋒芒，倒像言必規行必矩的紳士，「氣質眞可以隨時代變化的」，我於國燾先生尤可見之。（同上）
6. 平山年紀雖然比我大幾歲，但看來眞老了…酒量也減了，豪情也盡了，班荆道故，「不禁」感慨系之。（同上）
7. 仲甫又表示感謝我招呼君曼夫人，我祇有唯唯，心內有說不出的「悽愴」。（同上）
8. 將一場全武行於手揮五絃，目送飛鴻之中，平定下去了，今日上海電影明星袁美雲…他那時還是九歲的童伶…「我想

，我眞老了麼」？（同上）

試把第一項的「漢子」，「硬漢」，「大丈夫」，「硬綳綳的」，「我是男子」，「男子漢」，「肝火」，「正義感的肝火」，「急得頓足」，和第三項的「悽然」，「傷感」，「何忍」，「懷念斯人」，「氣質眞可以隨時代變化的」，「不禁」。「悽愴」，「我想，我眞老了麼」？這樣對照起來，看去兩者中間似乎有極大距離，但是根據陳先生兩句自白，就可以把兩者連貫起來。陳先生說：「我的手腕，可以冷和辣」一句，便可包括第一項，陳先生接着說：然而，「我的性格，不能冷和辣」，一句便可包括第三項。

至於第二項的風趣兩個字，或者也可以用「談笑風生」四個字，但我以爲還是用「風趣」罷；至於「滑稽」兩個字我覺得是不大相稱的，所以就不用了。中國名詞，向來是缺少界說，用起來，只好各人寫文章各人下界說，這也是沒辦法的事。這裏所提出的風趣，是指「有高潮的一種停蓄」。如其滑稽呢？儘可以一味的「閒」磕牙，一味的「窮」捻酸，一味的「惡」，作劇，一味的「冷」燒人，一直平流下去，既無所謂丈夫意氣的停蓄，更無所謂山飛海立的高潮。

我們看水滸傳，武松殺人，發配起解，他是一個殺人不眨眼的鐵漢子，跑進孟州道孫二娘的酒店，問饅頭是不是人肉做的，挑出饅頭裏的一根毛來打趣孫二娘，自己賣乖，倒了蒙汗藥酒，却裝死裝活的夾住孫二娘兩腿輕易不肯放鬆，直得孫二娘殺豬也似的喊叫，渾家不回來，還得有瞧；你想武二郎是個什麼漢子？今天怎麼歪纏得有板有眼的？這就是暴風雨以後的一線晴日暖風，這就是憂調以後的一個散板，這就是高潮以後的一個緩流。接着是什麼？接下去，又要鬧血濺鴛鴦樓的一串暴風雨了。

叫不出憂字調的滑稽，吹不起暴風雨的幽默，那就不是我們所指出的風趣；我們認爲一個人開玩笑是可以的，但是，一個人沒有「夷然不屑」的氣概而去開玩笑，那個玩笑是「帶方巾」的玩笑，那個玩笑是「走方步」的玩笑，就大可以不必去開。快樂來了，也夷然不屑；憂愁來了，也夷然不屑；這個樣子，在快樂中也不妨開開玩笑來反省自己，在憂愁中也不妨開開玩笑來慰藉自己，那就是陳先生所說的「踽踽涼涼」了。武二郎對孫二娘的打趣，也正是咱們武二哥的「踽踽涼涼」！

要看陳先生的風趣，就要理會得，陳先生的「踽踽涼涼」，陳先生說他自己的性格「不是落落」的，但是「寡合」的；這個「不落落而寡合」的性格是什麼？我們說，陳先生「風趣盎然」的部分就是陳先生「不落落」的部分，陳先生「踽踽涼涼」的部分就是陳先生「寡合」的部分；但是風趣盎然怎麼又會踽踽涼涼呢？陳先生風趣的骨子，有一個樂亦夷然不屑，憂亦不屑的中心，風趣之前，之後，都是一串暴風雨。我們看，一個大海，經常地在高潮與低潮間搖着，就激盪起風趣的波瀾。

有什麼證據呢？康白情和馬叙倫師生的一場爭辯（我與共產黨一九六頁），陳先生好「觀人於微」，對於康先生打趣馬先生底不滿，因此不願引爲新潮社的同列，明白康先生的風趣，爲什麼不同於陳先生的風趣？（白情不缺少聰明，而缺少高潮）那就是一個證明。

在這裏附帶說一說陳先生的用字法：

1.共首領李卜克來西和盧森堡「死之。」

2.「加工」的用毛巾去勒。

3.秋霖「發起」進內參觀。

這個「死之」、「加工」、「發起」；都用極其吃重的字面，嵌進稀鬆一袋煙的事情，使他格外稀鬆；在格外稀鬆的當兒，愈益表現出情節的有力。

——研究馬克的三個發覺——

陳先生棄共之後，赴美國紐約入哥倫比亞大學的大學院，除了研究經濟史和經濟學之外，其餘時間都用在馬克斯的理論身上，陳先生研究馬克斯有三個發覺：

「第一，我最先發覺的就是馬克斯所說的「中等階級」消滅的理論絕對不確，照馬克斯的理論有幾個階段，第一個階段，是資本主義消滅了封建。第二個階段，資本主義更消滅了中產階級，然後社會上僅存資產階級和無產階級兩大壁壘。最後的階段是有產階級自掘墳墓而無產革命成功。…從我的調査統計，美國那時距馬克斯的共產宣言出世，中產階級不但沒有照他推想消滅，反而增加百分之十二，其他所謂資本主義國家大致相同，這個原因，因爲在馬克斯之後產生不少技術工人，這班工人的工資比其他自由職業者的收入還大，於是這班工人遂慢慢變爲中產階級，至於爲中產階級中堅的農民增加數還不在內。這樣馬克斯引爲革命基礎的產業工人羣衆根本潰散了。

「第二個發覺，是馬克斯的辯證法不確。…我研究「辯證法」的結果…是由希臘形而上學的學者斯諸所發明。據黑格爾的辯證法一切進步都由於矛盾，由矛盾而生眞理，A正面和B反面的對立，便生了C的眞理。不久D又作了C的反面，兩相矛盾便生了E的眞理。這樣相反不已，而相生也不已，但我不懂馬克斯爲什麼獨斷了無產階級專政的正面便停止，而不復有無產階級的反面？因此，我認定共產宣言不是眞理而是對工人的宣傳，既然他的理論不是眞理而是種煽動宣傳，所謂科學的

社會主義便根本搖動了。

「第三個發覺，馬克斯所謂剩餘價值也是片面的觀察，據馬克斯卅張，一個工廠的盈餘，都是廠主剝削工人而來的，在一個小小的手工廠，這個理論還有點相似，但施於大產業則馬克斯的理論完全失了根據。譬如拿一條鐵道來說罷，鐵道是獨占的事業，剩餘價值很多，但剩餘價值决非單獨由於鐵道上的工人日常工作來的，當建築鐵路時國家給他事業的獨占權，沿鐵道土地的强制收買，都是造成鐵路剩餘價值的很大原因。⋯因爲馬克斯寫那本資本論時候是在英國產業革命的初期，而馬克斯又在那時因流亡卜居英國寫這本資本論。英國產業革命初期的確有這些剩餘價值現象，所以馬克斯據爲定論，馬克斯的資本論就算有價值罷，也祇如亞當斯密所著的原富和馬爾薩斯所著的人口論一樣的價值。⋯我經過長時間研究⋯我决然擺開馬克斯所有的著述，而專從研究美國的實際經濟着手」。

★ ★ ★

關於第一項，論「中等階級」之消滅與否，馬克斯對亞細亞方面的經濟材料底根據是不够充分的，這個已經是多數人說爛的話，我們依據西洋文化的經濟地理之發展過程底主要階段來說，——這個自然是馬列系統所反對的地理環境說——第一期是以「江河」環境爲基礎的發展，第二期是以「海岸」環境爲基礎的發展，第三期是以「大洋」環境爲基礎的發展，希臘羅馬强盛的時代，文化已由江河環境性轉移到海岸環境，中古時期的最高文化，還是屬於海岸性，附着於君士但丁堡的地中海方面與意大利的城市，但發展的動向已逐步偏於西北，久而久之，沿海諸城市才征服海洋，那個時候，地中海支配下的黃金時代纔告了終結，文化的大海洋基礎最後得以成立。這個由於產業革命掃除了世界史的海岸基礎的事例，就相當於從前亞歷山大里亞與羅馬以前的推翻古代東方的江河基礎性的事例相等，一七五〇年後科學與工業革命，所創造的西洋現代社會，更於國際與世界基礎上，推進了經濟生活達於更高階段。

回看我們中國呢，文化地理的經濟價值，事實上依然還沈滯在江河基礎性的文明階段，中國海岸綫旣短，而大陸的江河環境又自己生存於自己包圍之中，錯綜的大海洋性底程序，我們一直不會經過，並且就連雅典人所能够運用的海岸底使用技術，我們也不會有過，我們自己關於地理的，文化上的，商業上的，科學與工業革命上的程序底不够，也正是我們怎樣不適合於馬克斯所規範的消滅和生長底進程。

中國以江河作基礎底文明，其階段自秦歷漢到今天，政治結構經過郡縣，郡國，州郡，道制，路制，軍區省制，監察省制，行政行省制的諸結構，二千年同在這一個階段上面生活，沒有進步，沒有消滅，這樣很長期的自己生存在自己包圍之中底行政結構其基礎單位，從來沒有小過於縣的單位或大過於縣的單位來作基礎單位，單位老是下面伸達上去到縣的單位，上面歸結下來也是歸結到縣的單位，全國一千九百三十五縣的基礎單位，統率着二三十萬個的鎮村都是沿於：「莊戶經濟」的底（主戶，客戶，封建莊戶，）以參列於「州府經濟」，而帶着「强烈的土地經濟色彩」底一種經營方式，而參加「國民經濟」過程底中國中等階級的中堅性，其所形成的視野，遠謀不達於「海岸，大洋」；近圖不捨於「鄉、廬、田、墓」。環繞於如此個別的鄉廬田墓底聯接，其單位基礎擴展，不能不以大至於縣而止。這是中國江河環境形成自己生活在自己包圍的「公共經濟」條件下，所產生的中等階級爲中堅底治政適然的結構。

中國所謂中等階級其「中堅」有二：一是「農出而仕」者，無中產之實，而確保其中等之名；二是「居鄉而農」者，亦中農以下之貧農。例如江蘇農民，平均有田二畝，幾乎不可謂爲有產，而農民仍不肯委棄其物質生產勢能絕少變化的中堅地位，則由於貧農「低度生活」密接着「家」與「墓」底自然意識而堅守其旣無能從事「外線生長」底發展，（海岸，大洋）而轉入生產貧弱勢能的「內線生長」底凝固。（江河）

內線生長貧弱所凝固的社會實物，就是「家與墳」的社會結構；內線生長貧弱所凝固的政治實物，就是「縣單位」基礎的行政結構；內線生長貧弱所凝固的文化實物，就是「安貧哲學」傳統下來的文化結構，內線生長貧弱所凝固的經濟實物，就是以「民實無產」，而又「願保中等」的中產階級底經濟結構；這是中國生產關係的總合，所自然形成的這個樣子。

往歲，中國政府大聲疾呼「農村破產」，實際上「中國農村的產，二千年都是破的」。但是，國家所恃而不崩潰者，皆此破產，安貧，戀家，守墓的「破落戶」底中等階級之有功，實非新起的「買辦」，「敎友」，「吃庚款委員」等等階級以及資本帝國主義的附屬底金融資本主義的尾巴者之有功。

我們的祖國呵！二千年來到今天的結構是什麼？我們仍然是：「有貧乏的農民，而後有貧乏的國家，有貧乏的國家，便有貧乏的統治者」。

關於第二項，陳先生紀述馬克斯對黑格爾辯證法的使用說：「A正面和B反面的對立，便生了C的眞理。不久D又作了C的反面，兩相矛盾便生了E的眞理」，這是馬克斯的錯，黑格爾不會這樣錯。

黑格爾不講抽象的概念，他的特點：一是理論與事實合一，二是本體與具體合一。他把名學上思想變化的歷程法則，即認爲事實上宇宙發展的歷程法則。他這種法則，即是所謂「對演法」，（日本人譯爲辯證法）一先有一個意思「正」，二會有一個想反的意思「反」，三再產生與原有兩意思相調和的意思「合」。正（有）反（無）合（變）三者是「矛盾」；有（質）無（量）變（權）三者和質（主觀）量（客觀）權（絕對）三者，合此六者是「相反」；主觀（藝術）客觀（宗敎）絕對（哲學）三者是「遞進」；藝術宗敎哲學三者是「相輔」。

正反合三者雖然是由正而反，由反而合，思想是這樣進展，宇宙亦是這樣進展，但我們千萬不可誤會，以爲一個正反合，以後就跟着又是一個正反合接連下去，黑格爾的意思不是這樣。

黑格爾主張只是一個「大正反合」。什麼是大正反合呢？

在「正」裏，有一個「正反合」。

在「反」裏，有一個「正反合」。

在「合」裏，也有一個「正反合」。

這個正反合裏，各自都有他的一個正反合，就叫「小正反合」。

「小正反合」中的「正」，又有一個正反合」。

「小正反合」中的「反」，也有一個「正反合」。

「小正反合」中的「合」，也有一個「正反合」。

如此小下去，如此包括下去，乃至「無窮正反合」。

正反合的無窮，不是「連接」的無窮，乃是「包含」的無窮。

不是「先後正反合」去「橫連」，乃是「大正反合」去「套聯」。

馬克斯採用黑格爾的方法，乃是故意誤解。

關於第三項，陳先生說馬克斯的資本論就算有價值，也祇如斯密所著的原富，馬爾薩斯所著的人口論一樣的價值，這是對的。但是卡爾・馬克斯他還有一個異點，就是在「奪取信仰」上，他是以消滅普遍宗教觀念，而豎起獨特宗教觀念，換句話說就是他反對神學上給我們以上帝最高的「裁判」，而代替以神學上他給我們以上帝最高的「主宰」。

馬克斯並未能建立「科學的社會主義」，但是他類似的編製了，「科學的宗教縮本」，——馬克斯福音——首先他學習法律，套聯了哲學，從哲學套聯了歷史，從歷史套聯了經濟，從經濟站定自己足跟，在倫敦一角的書齋裏，從經濟而套聯了文化結構的總體，從文化結構的總體他把事物人格化，幾乎都用形而上學的方法，驅遣着規範人類行動法則的名詞，而匯爲近代使用修辭的廣泛而豐富的辭彙；以作爲人類生活勢態所必需翻檢的行動法則底馬克斯宗教大辭典，如是而供人學習；那就是馬克斯經濟學說裏面所驅遣的各樣格式的「修辭」。

他驅遣了他新鑄的解析性的名詞，使時代入於他的純粹分解的「定律」而無可逃，等於宗教的教義使人入於聖經的「戒律」而無可逃。聖經以各個意義所集合的總體意義成爲宗教，馬克斯驅遣他的每一個有力的名詞都使他成爲「奪取信仰」的每一個有力的條款。

卡爾・馬克斯，他是最忽視經濟學的心理性質的人，而又是最會利用經濟學的心理性質的傑出的一個人。在這上面，他是如何地使用着他的「對立的統一」了。

因此，馬克斯在近代文化地位，是以唯物史觀姿態出現，他與斯密同樣是露出目的性，原子性的經濟本質底面貌，而却去奪取了如像馬丁路德那個不同的權威，而代替之。如其斬截馬克斯的學說，不刺染出他「名詞」的血，那就是只斬了預言者走過後，他預先鋪好在牀上的一條空鋪蓋，（經濟的學說）而沒有砍倒的「十字架」。（辯證的修辭）然而，我們同時代的先知們，肯不肯豎起跨越於馬克斯的更高的十字架，給我們的時代以進展呢？

一個人，把自己關牢了在多霧城市一個小書齋裏的一隻手，就憑這一隻手，要去掀起全世界一百年或二百年的騷動，你信不信？從孤獨世界的窗口，拋出一枝火柴，就正在看地球上我們的喊聲震地，火光燭天，你信不信？人類從此再選不出一個孤獨世界的自己窗口，對準迎面拋出火柴的那個窗口，也回敬他一枝火柴，給他一個「火不燒火」的力量麼？

再說一個比譬：多數巨人的成就，乃是靠着吃桑葉的「方法論」，變成自己吐絲的一套集中的「思想體系」底蠶蛹，馬克斯却是驅遣他無數爬動的「修辭」底足，拚逗成爲「智力分散」的百足之蟲。

——武漢分共和譚平山的一夜對話——

民國十六年夏天武漢繼南京淸黨，在七月十三日共產黨發表退出國民政府的宣言，十五日國民黨通過制裁共產黨的決議，十三日夜譚平山找陳先生作最後談話，以下是陳先生和譚平山的對話：

我說：「現在國共已到不能不分的時期，我們是十年的老友，並且是三年來在國民革命共同工作的同志……今日我們談話，你應該離開共產黨的地位，我也離開國民黨的地位，我也離開國民黨的地位，以純粹革命黨的資格來談話。因我相信我們爲革命並且爲羣衆的需要而革命，斷非專站在黨的立場而革命。其次今日談話的焦點，我專討論「國民革命的領導權」和「農民暴動」，「沒收土地」的方法，其他枝節，我們當擱而不談。

平山說：「這是我同意，對於第一問題，革命領導權當然屬於中國國民黨，但今日有一先決問題，是中國國民黨到底尙能否革命，中國國民黨能不能代表農工及小資產階級的利益，而建設一個狄克推多的政府」？

我說：「如果談到這個問題，以我隸於國民黨的立場，當然否認你的疑問，而且能不能革命是人的問題，而不是黨的問題，若就個人立論，我不能肯定國民黨人個個能革命，但同時你不能肯定共產黨人個個能革命吧！但現在我姑且承認國民黨不能代表農工和小資產階級以建設强有力的政府，那麼我們應該如何呢」？

平山說：「那麼我們應該改組國民黨或另組第三黨」。

我說：「改組國民黨或另組第三黨，我以爲也有相當討論的價值，但到底中國共產黨還應否存在」？

平山說：「中國共產黨還應該存在」。

我說：「我們離開黨的立場討論，就工作方面觀察，我看不出國民黨和共產黨有什麼分別。國民黨要國民革命，共產黨也要國民革命。國民黨的成分是農工和小資產階級，共產黨的成分也是農工和小資產階級。現在既認國民黨不能代表農工和小資產階級的利益，才要改組或另組第三黨，那麼這個改組的國民黨或第三黨，當然可以實際代表農工和小資產階級了。我不懂得爲什麼共產黨還有存在的必要和理由」。

平山說：「因爲怕第三黨不能眞正代表農工和小資產階級，不得不拿共產黨來推進這個第三黨」。

我說：「你這種理論，完全證明共產黨不肯放棄國民革命的領導權。我們既以國民黨不足代表農工和小資產階級，所以要改組或甚至另組第三黨。現在我們又不能信任第三黨，必須再以共產黨的組織來推進，不難又以第三黨不足代表農工和小資產階級而組織第四黨，或更組第五黨，第六黨，這種奇異的推進絕沒有窮期，而國民革命的壽命已爲此一組再組所消滅」。至此我已承認對共產黨討論國民革命的領導權，已無可再談，我們於是再進而談共黨以農民暴動沒收土地方法。我說：「今日國共所爭焦點，除了爭奪領導權之外，要算土地問題。國民黨的主張是以政治的方法來解決，共產黨的方法是以農民暴動來沒收。今日土地問題已不成問題，只在解決此問題的方法……但就我個人的經驗，中國目前土地問題，不在耕作的土地，而在於耕作的資本……江西當然可以代表長江的農業區，據我調查，滿千畝者，全省不過十家，滿五百畝者平均每縣不滿三家，滿一百至三百畝者平均每縣不滿五家，此所謂一家的人口平均皆有十人至三十人，如果說到純粹的沒收，則此種人家自己分配，每人不過十畝。如果說到有土地的皆有大罪，則暴動起來沒收土地，也不過移轉私人土地的所有權，對於國有土地，還是很遠很遠。我以爲在長江以南解決土地問題，只有待革命完成，第一將過剩的人口移送於北方，其次則速行建設國營企業，消納無土地的農民。否則甲攘乙奪，暴動將無窮期，而革命政權亦隨暴動而失落」。

平山說：「有歷史到現在，沒有以政治方法解決土地問題的前例，只有農民暴動起來沒收」。

我說：「如果能一次暴動來解決土地，我也相當的贊同，因爲革命也是暴動，不過革命是有計劃的有條理的，暴動是無計劃的無條理的。然而照我的經驗和我在長江流域的觀察，決不能以一次暴動解決土地問題，並且中國的農民問題，還有耕作的智識問題，決非簡單的分配土地可以解決」。

平山說：「如果一次暴動不能解決，則當爲第二次的暴動」。

我說：「如果第二次第三次暴動不能解決，那麼再用何種方法」？

平山說：「由於第二次以至於無數次的暴動，必以農民能够解決爲止」。

我說：「你的理論是你自己的理論呢？還是莫斯科的理論呢」？

平山說：「這是莫斯科的理論」。

我說：「如果單是你的理論，我也不再辯論，如果是莫斯科的理論，那我不能不加以糾正……革命會不會失敗，完全靠着革命後的措施如果革命以後不能維持秩序不能塡補損失，反動卽可突起。我個人不承認反動是一個壞名詞，因爲革命沒有方法和沒有力量才有反動……像你所說一次暴動不能解決，可以第二次暴動。第二次暴動不能解決，可以第三次以至無數次的暴動。那麼恐怕第三次的暴動還沒有起來，四方八面已起反動。……就是革命黨的本身見沒有辦法可以維持革命的力量，也會反趨於反動的傾向，根本一句話，關於土地的問題，國共兩黨的方法完全不能相同。共產黨爲什麼主張農民暴動沒收土地，就是不信任國民黨的方法，換一句話說就是破壞國民革命的方式」。

★ ★ ★

這段談話，關於民國革命領導權問題斷然屬於國民黨是毫無問題，國民黨的革命路線，無疑的是「以中等階級爲對象的革命」。如果民國黨依然不能把捉中等階級的「確實性」，那麼，危機不是在外，而是在內的問題。

站在「革命黨的立場」，應該注意有一件事實，就是：國民革命降服了軍閥的北洋，然而與北洋軍閥共命的「官僚政治」却掉過頭來，征服了國民革命的心臟！話也就是說，正好北洋軍閥被一脚踔翻過去的擋口，冷不防「官僚政治」從褲當下面，鑽過背後，給我們國家一個二十年爬不起來的撲通：

什麼是官僚政治？一、公事的行使。二、機關的結構。所謂公事是什麼？是「有公事」而「無民事」。所謂機關是什麼？是「機關對機關」，（上行、平行、下行、）機關不對「非機關」或機關　以外的「人民」！

陳先生說：「革命會不會失敗，完全靠革命後的措施。如果革命後能維持秩序，塡補損失，革命卽可成功。如果革命以後，不能維持秩序，不能塡補損失，反動卽可突起」。這個話是對的。陳先生又說：「我個人承認反動是一個壞名詞。」這個話是通明透亮的豪傑之言，只有陳先生纔肯如此說過。陳先生又說；「就是革命黨的本身見沒有辦法可以維持革命的力量，也會反趨於反動的傾向」反復叮嚀，可爲戒惕。

關於農民暴動與土地問題，距離陳先生與譚平山談話十八年後的今天，他們已經不再是「使用農民暴動」而是使用「戰鬥與生產相結合」，（李守常在民國九年已經主張：以村落爲基礎，建立小組織的運動。）已經不再是土地國有問題，而是着重典型，影響全區的耕二餘一，或耕一餘一的問題。「春耕生產運動」接着「保衛夏收運動」，「組織紡婦運動」了。已經不再是抓產業工人，而是普遍的在抓中等階級中堅的農民了。更有所謂十一運動的勵行，他們自已知道說：「在我們中國，大部份地區都是農村，絕大多數人民都是農民……十一運動（例如一戶儲一年的糧，每村要備織布機一架，每區要設小鐵廠一處等等）所要做的事情，不是在一個時期內十一項節目，不分輕重緩急，樣樣都做，也不是所有地區平均分配力量並頭齊進；而是要着重幾個典型，去影響全區，一個地區的計劃，必須有他的特點和中心，如經濟工作已有基礎的地方可以多做文教工作，而經濟工作沒有基礎或基礎薄弱的地方，則仍須以經濟工作爲中心」。這樣普遍抓中等階級中堅的事實，而我們應怎樣自肅呢？陳先生曾經很痛切的說：「最足影響中國社會的，還是宣告中立的中等階級」。是的，我們明白看見國民革命已經從陳先生二十年的奮鬥，解除了共產黨所束縛我們的左手；今後要看陳先生的奮鬥，如何解除「官僚政治」二十年來給我們所束縛的右手了。韋處厚論裴度說：「王覇之理，以一士止百萬之師，以一賢制千里之難」。要叫中等階級宣布他永遠放棄中立的辰光，就在我們右手也被解開的辰光。陸贄陳政事說：「民者，至愚而神」，此語可說是千年猶新。

——成爲政治鬥士的一席對話——

陳先生因廖仲凱先生，片談之傾，意氣感激，而決定了自已終身成爲政治鬥士的一個經過，陳先生是這樣說的：「我回國第一次見他時，（指廖先生），我們兩個人的對話，似乎也得說說，因爲他有了那一席話，才使我到今日成爲政治的鬥士。……經過我們短短談話：在最後一分鐘，我便下了決心從事政治，我知道廖先生批評我太聰明，同時我就下決心專做笨事，既不諉過，更不邀功，直到今日，我還是如此」。以下是陳先生與廖先生的對話：

「好了，你回來了，就搭起擂台罷」，廖先生很高興的，我默然了一陣，我不知廖先生意何所指。

「你回來打算做什麼」？廖先生見我默然，現出一些奇異神態。

「我打算到廣大當敎授」，那時我在美已受廣大之聘，並且六百元美金旅費，就是廖先生叫廣大匯給我，作爲預支修金的。

「我們不希望你當敎授」廖先生斬釘截鐵的說。

「這樣廖先生希望我做什麼」？我反問着，並說明我性格實不適於政治。

「恐怕你還有理由」？廖先生聽了之後說：「性格也可以訓練的，有了決心，性格也可以改變」。

「實在說，過去國民黨沒有什麼人，而且我也看不順眼，我源來也是看不慣才不願幹」，我只好直言奉上。

「惟其沒有什麼人，才叫你加入，有了人，我何必叫你加入」，廖先生非常懇切的，我又默然，因爲我實在想把這幾年研究所得來教授學生，若做了別事，實在於我初心違背。

「你對於現在政治是滿意了」？廖先生有些不高興。

「自然不滿意」。

「不滿意是要幹的」，廖先生迫着問。

「我不相信眞幹的有幾個人」，我也不客氣。

「你總相信我罷」？廖先生大約知道已到題了。

「我是相信的」，我並不是恭維他，因爲我已從各方得來的消息，他眞苦幹。

「既相信我，那麼我們一同幹，成功也一起成功，失敗也一起失敗罷」！廖先生再不遲疑的拿出最後的斷語。

★ ★ ★

廖仲凱先生對陳先生碰頭第一句話就是：「好了，你回來了，就搭起擂台罷」！廖先生愛才若渴的飢渴，是夾有悲壯的飢渴。陳先生接受這個悲壯，是答以一個「沈默」。

「我們不希望你當教授」，廖先生「痛愛」的深心，兼有「敬愛」。

「惟其沒有什麼人，才叫你加入，有了人，我何必叫你加入」。不希望陳先生當教授的廖先生用的「我們」，叫陳先生加入，廖先生不再用「我們」，只用一個字，「我」！「我何必叫你加入」。陳先生回答這個懇摯，報以第二個「沈默」。

「你總相信我罷」！「成功也一起成功，失敗也一起失敗」！這個能夠作「令人心死」語言底廖先生，就是那個能夠「死難甚烈」的廖先生。

廖先生撫循還就陳先生兩次的「沈默」，這是爲什麼？正所謂：「千人之諾諾，不如一士之諤諤」，廖先生是整個懂得陳先生的。陳先生在最後一分鐘，只是一分鐘，就決定爲政治鬥士，陳先生終於拿出他的「季布一諾」了！

「不知其人視其友」，譚延闓先生的「雅度」，（見軍中瑣記）廖仲凱先生的「肩荷」，陳先生都是親炙朝夕，典型在望，所以能够：既拂元規之塵，更恢伯紀之志。

六

——站於黨爭以外的一個短的對話——

「改組派的史實」一篇文章裏面陳先生提到：「二十年冬至南京，以至二十六年，我始終站於黨爭以外，什麼CC，什麼革新社，我都認爲沒有意義，而是小孩子吵鬧的小事。至於二十七年夏天在漢口，當時各方面似乎有些覺悟，陳立夫和陳誠兩位先生到我所住的德明飯店談話，希望黨的統一。

陳誠先生說：「以往黨的糾紛，應該由我們三人負責」。

我笑說：「民國二十一年以前，我可以說完全由我負責，二十一年以後，我可以說完全我不負責」。

立夫先生說：「近年黨的糾紛，公博先生的確沒有責任」。

陳先生在「軍中瑣記」的廣州共黨的暴動一文，在楔子裏頭引用他自己「海上淒淸百感生」一詩，在「改組派的史實」一文的末尾，再引用他自己這首「老去方知厭黨爭」的詩，往復低迴於這首詩，我們可以窺見陳先生皎然的心志。這裏，我們引用晚淸時代，南皮張孝達相國暮年感事絕句一首，來對照：

「璇宮憂國動霑襟，朝士翻爭舊與新，門戶都忘肝膽在，調停頭白范純仁」。

——先德的一角生平——

「補記丁未一件事」，是陳先生思親的紀實，陳先生的父親是以廣西提督解職回到廣州，丁未年在乳源起義，反靖不成，兩廣總督張人駿組三司會審，據奏淸廷，擬「斬監侯」，陸軍大臣鐵良，先是在上海，與陳先生尊翁有杯酒之雅，議改奏斬監候爲永遠監禁，辛亥廣州響應武漢獨立，陳翁始行出獄。

批評家布窪裴說：「永遠不要寫令人不能相信的東西，眞理也有時是令人難信的，所以常識是最可靠的標準」。布窪裴所謂理性卽是常識，文學若離了他的眞實，便失了可能性。陳先生記述他父親的言行，都是沒有緣飾過的常識的眞實。霍瑞思也說：「讓每個人的說話，代表他的型類」。陳先生的父親有如下的幾個話例，可以供人省發：

一、「凡是外國人所喜歡的人，必不利於中國」。

二、「還不是爲了這班小孩子嗎？他們以後能不變，才稱得上男子呢」。

三、「治世是無機可乘，少年人，還是好好求學問罷」。

自然呵，在這個依然還是「有機可乘」的世界，就很難於感受到陳先生的父親底說話所給我們的一塊心靈重壓底石頭，就是打破頭也該迎上去的語言沉重底三塊石頭。

從寒風集裏看到陳先生寫對話的本領，在國內是希有倫比的，所惜陳先生無暇長期從事此道，不然的話，中國文壇的筋肉，是可以從陳先生開啓一個粗獷的時代的，因爲祖國的現代文壇肌膚旣不細緻，而筋肉更談不上粗獷；細緻在我們民族倒不大需要，「粗獷的長成起來」，倒是我們民族最緊要的一樁事。然而「一命文人，便無粗獷」，眞是徒喚奈何。技巧這件事，本來是可以學得到而又是假不來的東西。國內作家，五四以來恕我所知不廣，寫散文倒有一位梁遇春，可惜死得太早。寫對話也有一位丁西林，可惜除開獨幕，就沒有再看見他的分幕劇了。寫詩的如像臧克家，大意說過：兵士像牆垜子排開一垜一垜的冒起來了，這樣，也不失爲撐得住氣。此外，我就不大知道了；陳先生技巧犀利的部分，丁西林的「壓迫」是可以相比的，的粗獷部分，只好求之「羣狼」或者「夜店」，但是，陳先生是不是能再寫下去？倘若有人要這樣問呢？

寒風集甲篇的文章，他是從複雜類型的生活學習得來，一個人生活的複雜與否，一半是遭遇上的，另一半也是可以把自己丟到那裏，鍛鍊到那裏，而鍛鍊出來的。能够去支配複雜生活，不使他漫然的分別存在；複雜生活裏找得出他的「單一性」，文學作品裏也就抓得住他的「可能性」。蒲伯說：「文筆的流利，是藝術得來，不是偶然的，如跳舞一般，學過跳舞的人，舉動纔能嫻熟」。

關於陳先生的整體浮雕，那是陳先生自已已經雕好，是什麼？是：「除責任以外無道德，除經濟以外無政治」。

最後，關於我寫這個評述，四萬字當中，「述」倒佔了二分之一强，「評」倒反轉只佔了二分之一弱，不得不默契自己的不行。沒辦法，最後還得請一位人類師資之一的，去年冬天才殞落的人類巨星。羅曼羅蘭先生，借他的話，來作爲我對寒風集甲篇的「價值在發生上」的總批判。

「……大凡表現海上的風濤，不在乎描寫各箇的浪頭，應當描寫大海的掀播。細情末節的眞確，沒有如火如荼的全部事實關係重大。「今人往往抹煞活人」，而將歷史上的遺聞軼事，極意鋪張，逾越尋常，那未免有些虛僞，並且令人不平了。更使過去的力量甦轉過來，要重新振作他的作事的精神，不要冷靜的描寫古代的裝束，而反忽略其性格以滿足少數愛美者的好奇心；要重新點燃國民的英氣和信仰，發出共和的火焰，使…………年未竟的事業，完成於較爲成熟較爲明瞭自己的命運之民族手裏，這便是我們的理想」。（羅曼羅蘭著「七月十四日」自序，賀之才先生譯）。（甲篇完）

中國信遠煙草公司出品
金虎牌
煙味芬芳
煙絲純黃
GOLDEN TIGER
CIGARETTES
CHINA SUN YUAN TOB. CO. LTD.
SHANGHAI

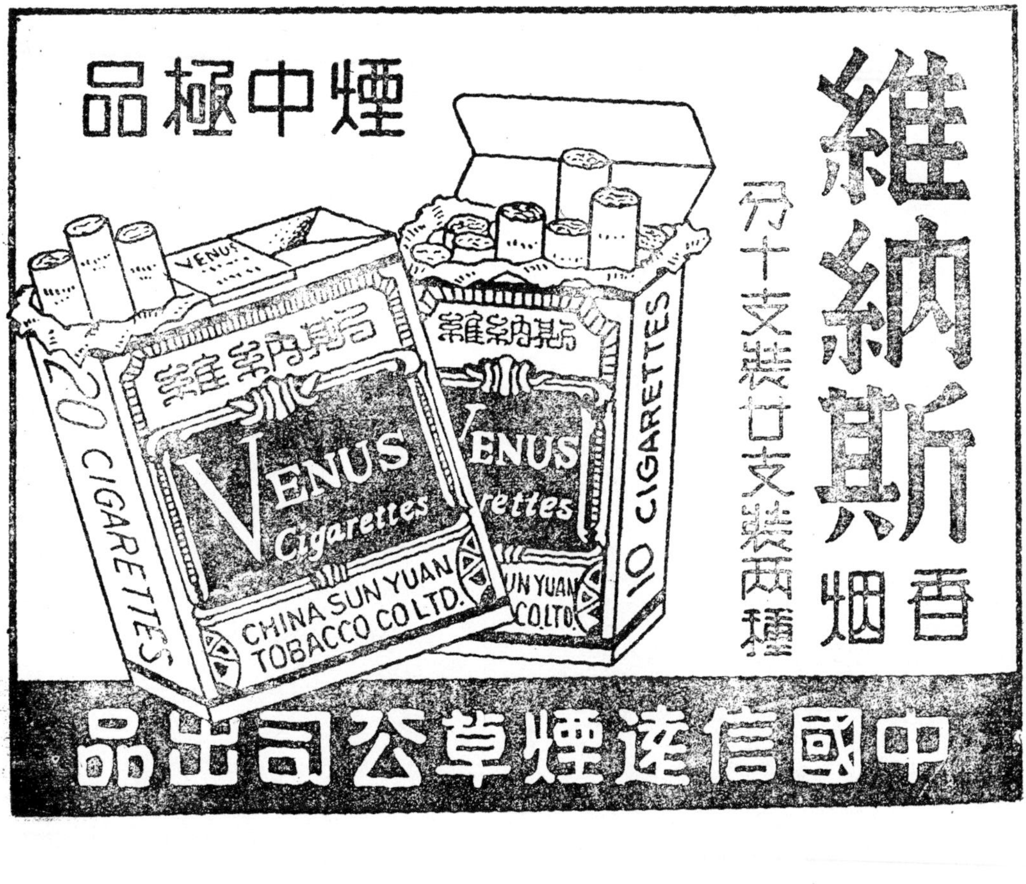
煙中極品
維納斯香烟
分十支裝廿支裝兩種
VENUS
Cigarettes
CHINA SUN YUAN TOBACCO CO LTD.
20 CIGARETTES
10 CIGARETTES
中國信遠煙草公司出品

四期要目預告

光化月刊

第一卷第三期

宣傳部登記證滬誌二一九二號

三十四年四月二十日出版

編輯者 光化出版社

發行者 光化出版社 上海霍山路五九九至六〇五號

印刷者 建東印刷公司 電話五〇七二七號

經售處 街燈書報社及全國各大書局

本期售價每冊國幣六百圓

社址：上海雲南路二六五弄B字八號

電話九〇二〇八

毛豐皮鞋公司

‥出品精良

式樣美觀‥

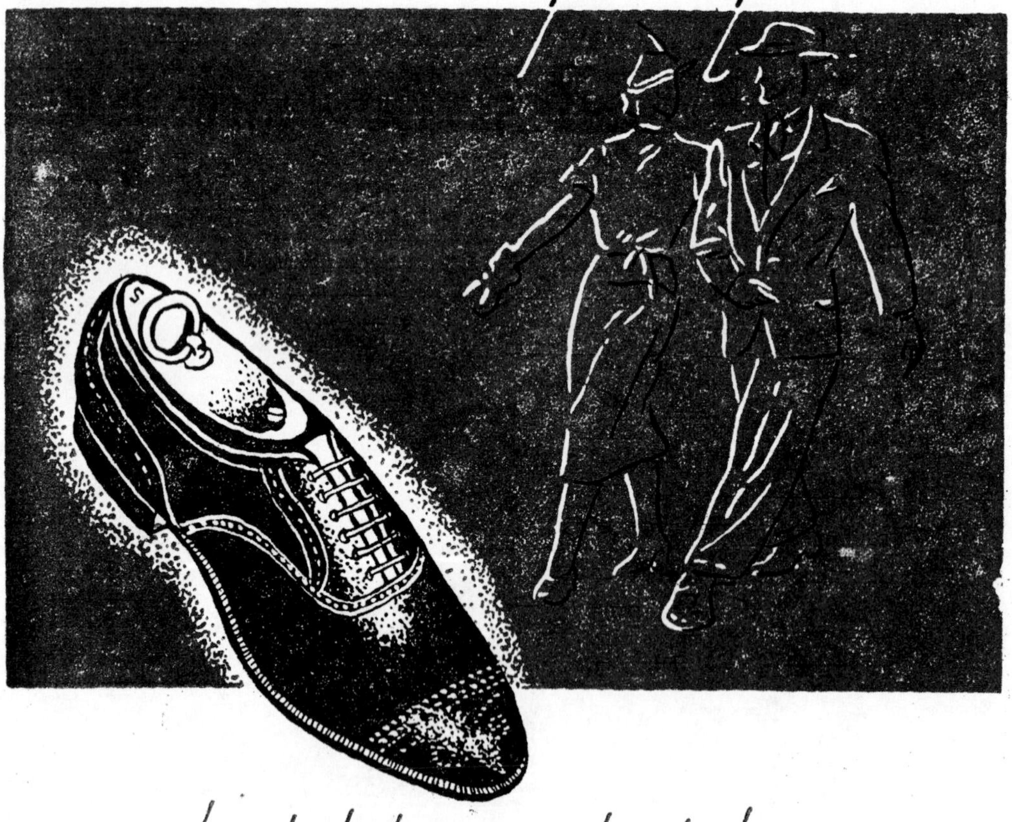

江甯路靜安寺路口四號電話六〇四二一

光化（一）

數位重製・印刷　秀威資訊科技股份有限公司
https://www.showwe.com.tw
114 台北市內湖區瑞光路 76 巷 65 號 1 樓
電話：+886-2-2796-3638
傳真：+886-2-2796-1377
劃　撥　帳　號　19563868　戶名：秀威資訊科技股份有限公司
讀者服務信箱：service@showwe.com.tw
網　路　訂　購　秀威網路書店：http://store.showwe.tw
國家網路書店：http://www.govbooks.com.tw

2020 年 2 月
全套精裝印製工本費：新台幣 6,000 元（全套兩冊不分售）

Printed in Taiwan　ISBN: 978-986-326-777-5　CIP: 487.78

本期刊僅收精裝印製工本費，僅供學術研究參考使用

ISBN 978-986-326-777-5